“地狱之猫”彩图集

摄于1943年8月，图中“地狱猫”内的飞行员是詹姆斯·弗拉特利中校，“约克城”号第5航空大队的队长，他指挥了“地狱猫”的首次战斗。弗拉特利的F6F-3挂载了副油箱，机翼下的地勤则坐着等待移除轮挡信号。

两架 F6F-3 正在编队飞行，飞机上看不出任何编号，这大概是一张宣传照。飞机国籍标志周围的红色色带表明拍摄时间在 1943 年 7 月至 8 月之间。

在海上飞行的 F6F-3，国籍标志周围色带已经改成了蓝色，注意该机也没有任何部队编号。

F6F-5N 夜间型“地狱猫”，可见机翼右侧的雷达仓，以及飞机通体的光泽深蓝色涂装。机头编号是工厂生产时留下的，交付部队后通常会被抹去。

在美国本土基地拍摄的照片，地勤们正在维护一架“地狱猫”的 R-2800 发动机，周围蒙皮已经被卸下。

“约克城”号航空母舰正在诺福克港接收新出厂的“地狱猫”战机，该舰的船员们与“埃塞克斯”号比赛谁能先进入服役，不过最后还是“埃塞克斯”号赢了。

查尔斯·克罗姆林中校，拍摄于1943年9月，他家四兄弟都加入了美国海军。11月，克罗姆林驾驶的“地狱猫”被防空炮击中，他带伤以单眼驾驶“地狱猫”安全地返回并降落到“约克城”号航空母舰。

1944年5月，两架“地狱猫”准备从“企业”号上弹射起飞。

第 15 航空大队队长戴维·麦坎贝尔。这是他击落 21 架敌机后的照片，他是美国海军航空兵排名第一的王牌，总战绩 34 架。这架飞机是他驾驶最多的“Minsi Ⅲ”号。

美国海军陆战队 VMD-534 中队的“照相猫”在完成任务后回到关岛基地，飞机被小口径武器打出了几个不痛不痒的小洞。飞行员淡定地与座机合影留念。

在战后，“地狱猫”被改装成无人机用于各种实验。无人机的涂装都很鲜艳，以便遥控者目视识别。虽然加装了遥控系统，但必要时飞行员仍可以驾驶它们飞行。

1946 年，美国进行了两次核武器对舰打击测试，即是所谓“十字路口行动”。这些就是给该行动准备的爆炸检测用无人机，它们的机身都是橙色，机尾则五颜六色，方便辨识各自不同的遥控无线电频率。

1953 年，预备役飞行员正在“蒙特里”号航空母舰上练习起降。F6F 即将从美国海航完全退役，这些预备役飞机是海航最后作为战斗机使用的“地狱猫”。

战后用于飞行表演的“地狱猫”，飞机涂装方案是戴维·麦坎贝尔的“Minsi Ⅲ”号。现在它正与当年的死敌零式战斗机进行编队展示飞行。

1974 年在芝加哥大区机场被发现的、遭废弃的 F6F-5K 无人机。该机的航空局编号为 79683，曾经用于高空地图测绘。这架幸运儿在 1981 年被卡拉马祖航空博物馆买走，修复后作为静态展品展示。

格鲁曼的世代更替，同时也展示了美国海航涂装演变过程。使用战前鲜艳识别涂装的“野猫”，战争中期三色迷彩的“地狱猫”，战争后期到战后初期的深海蓝单色“熊猫”。

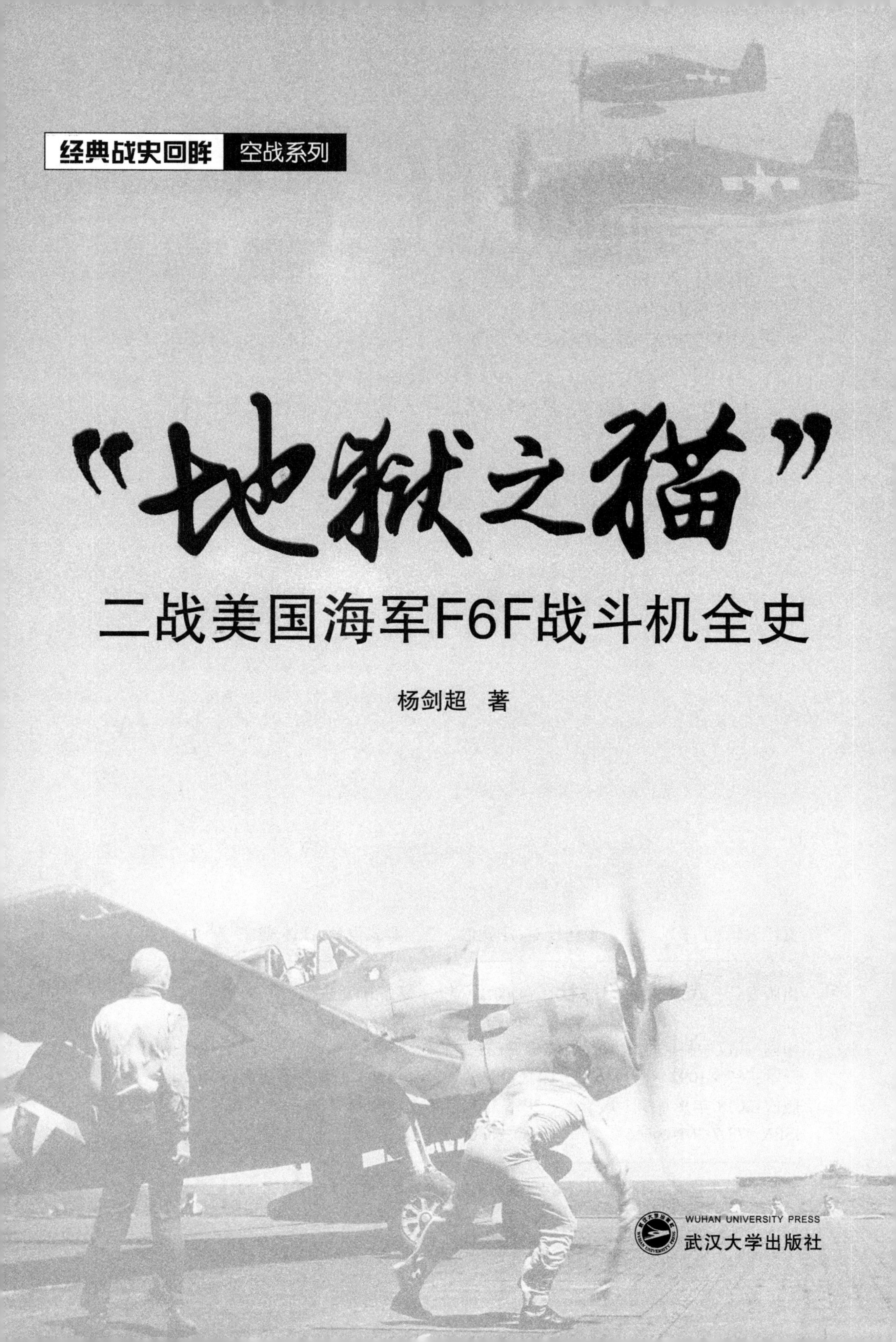

经典战史回眸 空战系列

“地狱之猫”

二战美国海军F6F战斗机全史

杨剑超 著

WUHAN UNIVERSITY PRESS
武汉大学出版社

图书在版编目(CIP)数据

“地狱之猫”:二战美国海军 F6F 战斗机全史/杨剑超著. —武汉: 武汉大学出版社,2018.9
经典战史回眸. 空战系列
ISBN 978-7-307-20366-2

Ⅰ. 地…　Ⅱ. 杨…　Ⅲ. 第二次世界大战—歼击机—史料—美国
Ⅳ. E926.31

中国版本图书馆 CIP 数据核字(2018)第 162406 号

责任编辑:王军风　　责任校对:汪欣怡　　版式设计:汪冰滢

出版发行: **武汉大学出版社**　(430072　武昌　珞珈山)
(电子邮件: cbs22@whu.edu.cn　网址: www.wdp.com.cn)
印刷:武汉中科兴业印务有限公司
开本:787×1092　1/16　印张:28.5　字数:703 千字　插页:6
版次:2018 年 9 月第 1 版　2018 年 9 月第 1 次印刷
ISBN 978-7-307-20366-2　定价:88.00 元

目　　录

第一章 “地狱猫”的起源

在第二次世界大战中，F6F“地狱猫”是美国海军最重要的战斗机。美国生产的战斗机里，它击落敌机数量最多，也造就了最多王牌飞行员。它曾为无数攻击机护航，让它们较顺利地把怒火倾泻到日军头上。它还是舰队的守护者，使得日本航空兵无法有效攻击美国战舰。

很少有人认为“地狱猫”的外观优美，然而它坚固而有效。飞行员们喜欢它，因为“地狱猫”飞行稳定且易于操纵，又常常能带着满身伤痕载着飞行员活着飞回航空母舰。地勤们喜欢它，因为“地狱猫”比其他海航战斗机更便于修理维护。指挥官们喜欢它，因为“地狱猫”交付及时，快速提高了海军航空兵的作战能力，高出勤率也意味着能在任何需要的时候将足量战斗机派出去执行任务。

只有日本人不喜欢它，这种蓝色的大型战斗机当然给他们留下了深刻印象。当它随着特混舰队征战太平洋后，日本官兵开始把所有蓝色的美国海军飞机都叫做“地狱猫”，不论它到底是“野猫”、“复仇者”还是“海盗”。

“地狱猫”在太平洋战场立下了汗马功劳，看起来很难想象它在美国海军航空兵中只做了三年一线战斗机，毕竟这终究是个备用方案。但它在最关键的时刻登上了航空母舰，并在这几年中让美国海军取得了战争的胜利。这种战斗机的历史和设计哲学，可以追溯到勒罗伊·格鲁曼创立公司之初。

一、格鲁曼飞机工程公司成立

格鲁曼公司的开创者，勒罗伊·格鲁曼与他的好友里昂·斯沃巴尔以一种不寻常的方式来到洛宁公司工作。两人都从军队退役，格鲁曼是前海军飞行员，斯沃巴尔则在海军陆战队服役，此后成为陆军航空军团的民间检查员。他们被军方派到洛宁航空工程公司监察军用水上飞机生产。

洛宁和他的兄弟阿尔伯特见到了他们，立刻发现格鲁曼和斯沃巴尔非常有天赋，于是洛宁立刻建议两人转到他的公司工作。然而1929年大萧条开始了，洛宁公司的业务分崩离析，此时格鲁曼是公司总经理，斯沃巴尔是工厂经理。

他们本应该指责埃德加·戈特，这个人是吉斯通飞机公司总裁。很不幸，吉斯通飞机公司间接导致了这两人失业，因为公司老板格罗弗·洛宁把他自己的公司卖给了吉斯通。到了1929年底，洛宁和吉斯通两家公司完成合并。

合并完成后，吉斯通飞机公司宣布洛宁的曼哈顿工厂将要关闭，前洛宁公司的工人也被遣散。生产转移到北面120公里外的宾夕法尼亚州布里斯托市。格鲁曼、斯沃巴尔，还有一些不愿意离开纽约的人聚集在一起，他们想自己开个飞机公司。这群人就是最初的老板和员工，而此后这个公司则延续到今日。

1929年12月，他们筹集了81325美元，因为格鲁曼本人拥有最多股份，这个公司被叫做格鲁曼飞机工程公司。一块大板子上印着格鲁曼的大名，悬挂于纽约鲍德温区铁路大街的一栋小楼外。创业期开始了，当他们搬进来时这里的窗户全是破碎的，天窗也都垮了下来，一片片像树叶从窗口飘入，覆盖了地板。

1930年1月2日，格鲁曼飞机工程公司开门营业。这是个最糟糕不过的时点，华尔街股票市场在刚刚两个月前完蛋，整个美国的经济正在崩溃之中。看起来似乎没人能买得起格鲁曼想生产的飞机。

为了挣口饭吃，公司先开始维修有毛病的洛宁飞机。他们拖回来的第1架飞机上坏掉的部分和完好的部分几乎同样多。这架飞机从保险公司买回来后，用格鲁曼自己的小车一路拖到鲍德温区。公司小楼空间不够容纳它，于是这架尚未完成维修的飞机有半截伸到了大街上。在冬天的黑暗中，一辆路过的汽车撞上了飞机。格鲁曼告诉愤怒的司机说这里有所有工具、人力和知识，能在工房里修好他的汽车，他这才冷静下来。接下来一段时间里损坏的飞机旁边放着这辆撞坏的汽车，一同等着维修。

另外一项工作更有利可图，员工们从张伯伦湖用450美元买回1架报废的洛宁“通勤者”水上飞机。在付出了很多努力之后，这架飞机算是修好了，然后卖到了20000美元的价格。其他诸如回收航空废品，还有维修一些铝制车体和美国海军飞机的浮筒，让格鲁曼公司度过了凄凉的第一年：公司总共盈利5500美元。

这并不足以让公司管理层脱离实际业务，夸张点说，所有人都要在阴沟里搜罗那些没人要的宝贝，以换取每一分营业收入。

公司第一年的盈利来之不易，除了搜集所有可以找到的原材料以外，公司领导还不得不经常少给雇员付一周工资。当格鲁曼自己操作飞机时，公司员工只能确保在试飞的几小时内可以顺利运转。每个人都在祈祷加满油的飞机在晚上不要发生火灾。

出于公司建筑非常拥挤和

图上右侧建筑是格鲁曼飞机工程公司最初的厂房，据说平时公司根本没有招牌，为了照相才让工人们临时做了一个。

勒罗伊·格鲁曼，前海军航空兵飞行员，转行到了飞机制造业。他的公司经常设计一些简单而实用的飞机，还硬得出奇。他经常说：“我们干事情总是很扎实。”

及时交流沟通的必要，格鲁曼和斯沃巴尔，公司的总裁和副总裁在一间办公室里办公。他们的桌子面对面，这两人并不总是同意对方的观点，时不时还大声争吵。不过他们在离开办公室前总能获得共识，然后下楼帮工人钉铆钉或者处理铝皮。

终于格鲁曼遇到了一个机会，在军用航空领域迈出了第一步，公司从这次开始缓慢融入海军，最终以海军主要战斗机生产商闻名天下。这个机会不那么直接，它是个子承包合同，内容是生产水上飞机浮筒。回到格鲁曼还在为洛宁工作的时候，他曾经参加过一次在华盛顿特区举行的会议。在会议上某位海军上将随口说了句话：谁能为海军的O2U“海盗”飞机生产一种好浮筒，海军一定会让他赚大钱。

沃特公司研制了一种双翼水上观察机，叫做O2U“海盗”，它在1926年首飞，后来大获成功。不过在这架飞机上要转换机轮和浮筒简直是个噩梦。应该有一个可靠而且聪明的浮筒设计，让转换过程能容易地进行。这样，在水面舰艇上用浮筒操作和用起落架在航空母舰与机场上操作，当飞机从这两种状态之间切换时就不会消耗太多工时。

格鲁曼一直把海军上将的话记在脑里，直到他有了自己的公司。接着他从海军争来了一份合同，制造一只原型浮筒。它们应当比沃特的设计更好，不仅要坚固异常，还要包括可收放的起落架和着舰钩，后者在航空母舰上运作时使用。

格鲁曼的第一个突破口，给O2U生产的浮筒，可见起落架收起到浮筒侧面。

格鲁曼设计制造的长铝制浮筒很有特点，主轮用曲柄向飞机纵轴外放下，这还能有效增加轮距。飞行时机轮则收起嵌入到浮筒侧面，形成流线型从而减少阻力。这个特征毫无疑问受到了洛宁水上飞机起落架的启发，以后还将在其他格鲁曼飞机中出现，直到“复仇者”和“地狱猫”才不再使用。

第二个特点也是所有格鲁曼产品的共性，不论是“地狱猫”还是其他产品。勒罗伊·格鲁曼的飞机制造哲学就是坚固耐用，他一直坚持在设计上使用厚实的铝皮。所以格鲁曼非常确信，他的浮筒比钱斯·沃特公司或者布鲁斯特公司的产品更好。

不过，海军的飞行员们不那么信任初出茅庐的格鲁曼公司和其生产的新浮筒。作为保险措施，飞行员们劝说格鲁曼和斯沃巴尔驾机参加试飞，试飞项目包括高负荷的弹射起飞和水面降落，格鲁曼用自己的产品显然会让飞行员更有信心。

最终海军飞行员和两名自信的乘客安然通过了测试。浮筒通过测试对于格鲁曼公司很重要，他们的业务跌跌撞撞，需要可靠的项目。在负荷很大的弹射、跑道上着陆弹跳以及在波浪中被冲刷之后，这一对铝制浮筒表现得好像钢铁一般坚硬。这是个好开端，多年以后格鲁曼飞机工程公司由于这些坚硬的产品，被海军飞行员们称为“格鲁曼钢铁厂”。

格鲁曼设计的第一架战斗机颇为独特，为此先制作了全尺寸木质模型，向海军展示。由图可见它的机身非常肥壮。

VF-5中队的波音F4B战斗机，这是一种典型的固定起落架双翼机。

很快海军就下了订单购买更多浮筒，供应商和顾客都很高兴，这个发明有效提升了“海盗”的多用途性能。接下来的问题花了格鲁曼很多周时间，如果不是很多个月的话——这个天才的浮筒起落架收放设计能在战斗机上使用吗?

格鲁曼去调研了当时海军一线战斗机波音F4B，他带着改装飞机的想法在机场上观看这种小小的双翼机，最后发现这个型号没法改造。可收放的起落架无疑能让F4B飞得更快，但是没有可行的方案，这种飞机开始设计的时候根本就没预料到以后会有改装。如果要安装可收放起落架，那么F4B必须从头开始设计。

问题的症结出现了，如果哪架战斗机要带着格鲁曼的革命性起落架飞行，那它必须是格鲁曼的飞机，而不是波音的飞机。于是海军告诉他：“好啊，那就让我们看看飞机。”这个小公司还没创办多久就迎来了最大的机遇，如果在这个考验中成功，那足以让格鲁曼在未来的很多年里与海军捆绑在一起。如果失败，则会变成完全无关的路人，海军显然没理由不停地让这种第一次就失败的菜鸟公司设计飞机。

海军将飞机型号定为“高性能双座战斗机”，简写HPTSF，高兴的格鲁曼公司工人们把它简称为“这架飞机”。1930年3月29日，海军接收了第1架格鲁曼制造的舰载战斗机。

“地狱猫”最年长的大哥看起来与未来太平洋上的捕食者基本没有共性。HPTSF是一架双翼机，骨架外面套了一层织物蒙皮，机身呈奇怪的桶状，在机腹向下凸出，这里安装了格鲁曼的可收放主起落架。起落架由人力操作收放，在起飞后猛转一个手摇曲柄35圈将它收起。

飞机能容纳两个乘员：飞行员和机枪手，机枪手坐在后座操作一挺7.62毫米活动机枪。飞机还能再装备两挺朝前射击的7.62毫米机枪，通过协调器穿过螺旋桨射击。发动机预定是莱特的R-1820旋风，早期型号可以输出575马力。

在长达一年的模型试验、计划、风洞测试之后，海军在1931年3月28日下定决心买1架功能齐全的原型战斗机。海军航空局给它的编号是XFF-1。X的意思是试验，第一个F代表飞机类型——战斗机。第二个F是公司编号，给予新来的供应商格鲁曼飞机工程公司。逻辑上来讲，波音的编号是B，寇蒂斯的编号是C，格鲁曼却没拿到G的编号字母，这是因为此前大湖航空公司已经用了G字母。于是格鲁曼的飞机，包括F6F“地狱猫”，带着F字母编号飞行了很多年。

“这架飞机”停放在格鲁曼公房外，等待下次试飞。进行了一轮测试后，XFF-1交付海军，为此公司得到了73975美元。

这张照片上的FF-1有双重控制系统，后座也能操作飞机，所以被改叫FF-2。格鲁曼特色的起落架收放系统非常明显，这种设计一直持续到F4F“野猫”。

海军很快订购了另一种版本的飞机，这让格鲁曼公司的管理层不得不去寻求扩大生产厂房。海军新要求的XSF-1是XFF-1的侦察机型号，它要携带更多燃油，气动外形要更精炼，另外还要使用功率稍强的发动机。

这两种实验型号代表着对未来的更多承诺。格鲁曼公司搬家了，移动了13公里，来到了长岛的寇蒂斯机场。这里有足够的空间，还有一个完备的机场可用于接下来的试飞，公司可以在这里继续扩大。

1931年12月29日，XFF-1原型机第一次试飞。在晴朗而寒冷的清晨滑跑了几次之后，试飞员比尔·麦卡沃伊将油门向前推满，旋风发动机随之咆哮。聚集在附近的一小撮人群不约而同地屏息凝视，看着原型机加速，在跑道上弹跳了几次之后跃入天空。随着飞机消失在视野中，制造者们爆发出了一阵欢呼。

但是麦卡沃伊回来得太快了，肯定是有什么东西不对。在原型机降落后所有人都清楚地看到了问题：战斗机光滑的铝皮和风挡上糊了一层黑色的滑油。调查立刻就结束了，有人忘了将滑油箱的加油盖拧紧。麦卡沃伊可能在问题引发的坠机中丧命，不过他这次只是稍微有些恼怒。格鲁曼反而更为愤怒，他害怕这个小小的错误会毁了整个公司的前程。

麦卡沃伊报告说XFF-1是架好飞机，很快他就将这架飞机飞到阿纳卡斯蒂亚交付给海军。海军飞行员们花了两分钟时间给这架飞机想出一个半轻蔑性的绰号，它的凸出机腹太明显了，不论从哪个角度看上去都很丑。飞行员们在此后一段时间内都将它叫做“胖妞默特尔”，他们开着飞机做各种机动，滚转、俯冲、失速螺旋，希望能在它的铝装甲上找出一条裂缝。

虽然很少有飞行员承认自己喜欢XFF-1，但它确实是一种快速的战斗机。这架肥胖的双座战斗机飞行速度比小一圈的波音F4B每小时快20公里。显然可收放起落架起了作用，在收起时气动外形比波音战斗机干净得多。

这个革命性的可收放起落架带来了另一个恼人的毛病，当时海军的飞机在航空母舰降落时经常发生弹跳。试飞员在海上测试XFF-1时遇到了一样的毛病。于是海军通知格鲁曼这个坏消息：“我们又遇到了起落架故障。”

这成了格鲁曼的自尊问题，而不是技术问题。格鲁曼和海军都知道起落架问题迟早都要解决，他们也都觉得格鲁曼飞机会是第一个解决问题的。很快事态就改善了，至少不比其他新飞机表现得更糟。

格鲁曼终于证明了自己的能力，1932年末，海军订购了27架战斗机。公司也已经再次搬家，移动到了长岛更东面的法明代尔。这里有原本为了生产卡车修建的厂房建筑，它足以容纳格鲁曼的生产线。

这27架飞机获得了正式编号FF-1，前面代表实验的X字母在转为生产型号后便取消了。当飞机在舰队中服役时，飞行员们开始叫它“菲菲”，发音很接近FF字母，比以前的胖妞绰号更讨人喜欢。这种格鲁曼战斗机的革命性特性让那些“皮衣和护目镜”世代飞行员们花了不少时间习惯。他们都已经习惯在开放式座舱中享受风声和景色，很多人声称在FF-1上将座舱盖关闭时有种让

飞行中的“菲菲”，发动机罩有蓝色和白色两种，表示这些飞机来源于不同小队。

又一次尴尬的着陆，总有人忘记放下起落架。

他们发疯的感觉。

更糟糕的是他们都还没习惯收放式起落架，此前的所有飞机上起落架都是固定的，用不着任何操作。但在“菲菲”上飞行，如果在起落架处于收起状态时将油门收小，座舱内的一个蜂鸣器会响起。即使这个警报响着，很多飞行员仍然记不住放下起落架，就这样继续降落，最后机腹着地，真是尴尬至极。还好机械师们很快发现格鲁曼飞机相当坚固，他们只需要把飞机架起来，放下起落架，再将碰坏的地方敲平就又能继续用了。

二、F2F和F3F

回到长岛，格鲁曼公司已经在绘图板上设计新战斗机。XFF-1飞到阿纳卡斯蒂亚时新飞机就开始设计了，它将成为F2F。谁都知道更小的单座战斗机容易达成更好的性能，这并不需要多高的空气动力学天分，而且即使肥壮的XFF-1带着两个飞行员和三挺机枪都飞得比现有战斗机更快。

从海军飞行员的眼里看来，新飞机小不少。实际上几乎从不用费多少力气就能说服战斗机飞行员们买这架小、轻、快的战斗机。飞行员们也会自己去告诉上级，说航空母舰甲板上有很多空间放下这些小战斗机。

格鲁曼XF2F-1起飞前照片，很可能这次就是该机首飞，它比FF-1更小更快。

XF2F-1出生的时候像个肥胖的发电机带着交错的机翼。发动机是普拉特·惠特尼产的“小双黄蜂”型，套在一个大整流罩里，位于泪滴形飞机的头部。这次试飞员是吉米·柯林斯，他开始试飞前已经有些格鲁曼工人把新飞机称作“飞行水桶”了。1933年10月18日，XF2F-1第一次升空飞行。

这架小飞机表现得和预计相同，速度、机动性和整体性能都非常出色。但是它有一个缺点：柯林斯发现它有点过于敏感，航向稳定性也不太够，飞行员一不小心就可能进入失速。它可以轻松地从俯冲中改出，前提是要有足够的高度让飞行员安全拉起，而不是猛烈拉杆导致失速螺旋。这个怪癖不算太严重，海军还不至于过分紧张，所以订单又接踵而至。连续两个订单让格鲁曼公司成为美国海军战斗机的制造王牌。

当F2F进入许多海军航空兵和陆战队航空兵飞行中队时，下一种格鲁曼战斗机又开始设计了。这次格鲁曼的工程师们要改正F2F上的稳定性毛病，于是新飞机稍微扩大了些。结果产生的F3F看起来很像F2F，不过机翼和机身都更长。很多人都无法分辨出这两种飞机，除非它们并排停放在一起。

设计上的相似性让一些思想激进的航空界人士担忧。格鲁曼F3F仍然是双翼机，而1932年3月20日波音P-26战斗机首飞，这是一种更快速的单翼战斗机，陆军航空兵已经领先于海军航空兵。在大西洋的彼端，德国的梅塞施密特也快要完成Bf 109原型机了。

显然双翼战斗机的时代即将结束，但是海军还没准备好接受改变。海军热爱传统，双翼机从海军航空兵起步的时刻起到现在一直工作得很好，让海军官僚们觉得没必要转换为单翼机。从更现实的角度来看，海军高层认为单翼机的降落速度太快，在航空母舰上起降更难以操作，也是个乍看起来很有道理的说法。

F3F在设计时为了解决失速和螺旋问题而变得更为瘦长。但是新飞机又遇上了新的结构和稳定性问题。首飞两天后，XF3F-1原型机在俯冲测试中解体，试飞员柯林斯当场身亡。格鲁曼公司重新制造了1架原型机，七周后一位海军飞行员在试飞时从机上跳伞逃生，他进入了螺旋而且无法改出，第二架原型机就这样坠毁了。

海军仍然相信格鲁曼和格鲁曼的飞机，公司生产了第三架原型机，其中部分零件直接从坠毁的飞机上拆过来用。尽

坠毁的XF3F-1原型机。

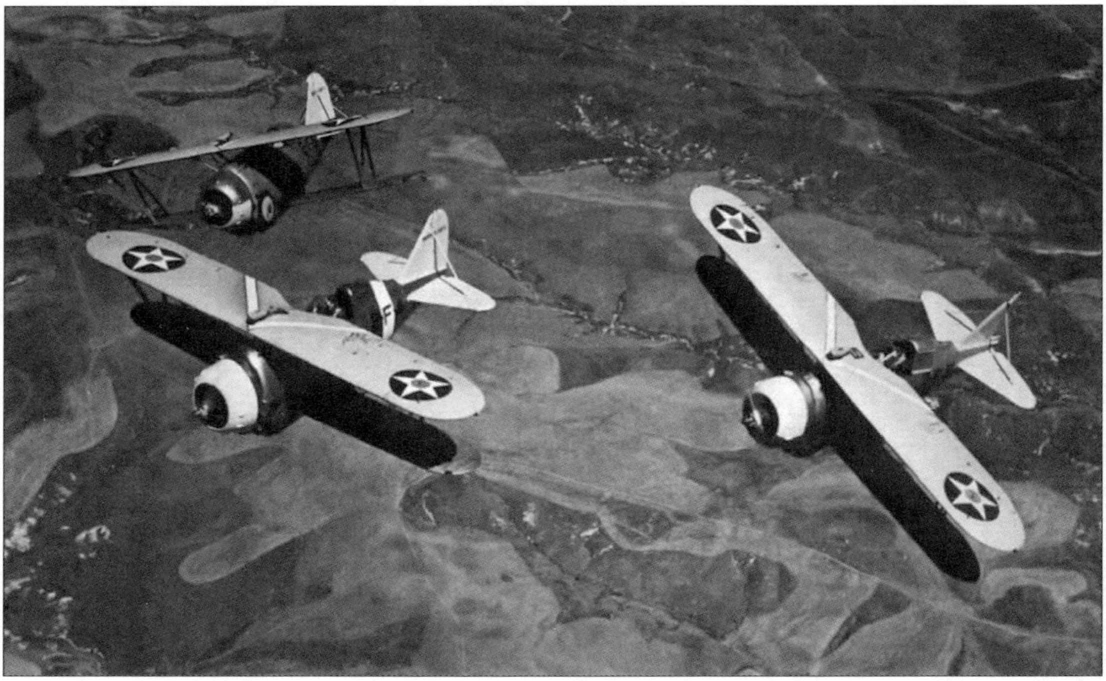

1937年7月7日，飞行中的3架格鲁曼F2F-1，属于VF-2中队。拍照时它们正在机动，使得这个编队看起来颇为混乱。

1架VF-4中队的F3F-1正在“突击者”号航空母舰上起降训练。

管遇到了这些困难，最终F3F仍然获得了成功。

几乎所有飞过F2F和F3F的飞行员都认为它们是“飞行员的飞机”，声称飞行员在飞机上不用太费力，甚至也不用考虑太多就能让战斗机滚转、盘旋、俯冲。这些活泼的飞机会立刻执行飞行员的操作。他们深深地记住了飞机留下的好印象，这是他们飞过的最单纯而又令人兴奋的飞机。

不过凡事总有例外。一名年轻的飞行员艰难地驾机飞进芝加哥附近的海军航空站，他当时正在执行转场运输任务，将飞机在美国两侧海岸间运输。“嘿伙计们，这是我飞过的第一架格鲁曼”，他对着聚集而来的地勤说道，“如果这就是所谓的‘伟大的格鲁曼’，那么它真糟糕。它起飞困难，它爬升驽钝，它飞不高，它过热飞快，而且还抖动得好像地狱。”地勤们围上来，但是没人查出飞机到底哪里不对，于是他再次上路，一边抱怨一边起飞。

飞到落基山脉时他不得不降落到公路上，找了辆出租车把飞机拖过去。直到他飞到圣地亚哥的时候才有人发现问题。一个地勤对他说道：“啊，看起来你的螺旋桨桨叶装反了。你不觉得这就是问题吗？”

据说海军对这件事的“麻烦报告”被装到框里挂在格鲁曼先生办公室墙上很多年。他似乎被这个粗心的飞行员和奇葩的飞机逗乐了，居然在螺旋桨叶片装反的情况下横穿美洲大陆。

1930年代末的有段时间里，每个海军陆战队和海军的战斗机中队都使用格鲁曼双翼战斗机，当然在螺旋桨安装正确的情况下，飞机表现相当不错。最后1架F3F在日本偷袭珍珠港前几个月才从一线退役，这也是最后一种交付给海军航空兵的双翼战斗机。

巨大的成功也给公司带来了改变。1936年，格鲁曼再次开始寻找更广阔的厂区，以满足海军日益增长的需求。最终公司搬到了贝思佩奇镇，这个地方位于法明代尔西北几公里外。

三、“野猫”

格鲁曼公司搬家的同一年，海军向格鲁曼下达了第四种双翼战斗机设计和原型机的订单。但是到了1936年3月，还要继续使用双翼机的想法已经不是不明智的问题了，简直可以说滑稽可笑。在这个时候，德国的梅塞施密特Bf 109、英国的霍克“飓风”和“喷火”，这些将在未来世界大战中扬名天下的飞机都已经在天空翱翔，它们全都是快速的单翼战斗机，其中Bf 109和“喷火”甚至在战后继续服役了一段时间。

在纽约的工厂里，格鲁曼公司正在进行第四个战斗机的设计，设计方案编号为16，显然已经过时了。它甚至比不上也是水桶外形的布鲁斯特F2A“水牛”战斗机，后者好歹是一种单翼飞机。

朝单翼机发展的技术趋势，以及更强力的发动机，有了这些前提，格鲁曼成功说服海军接收第18号设计方案。这是一种单翼战斗机，安装普拉特·惠特尼的R-1830“双黄蜂”发动机。这个设计实际上直接与布鲁斯特的XF2A-1对抗，格鲁曼的原型机编号为XF4F-2，即为后来的“野猫”战斗机。XF4F-2在很多关键的方面表现更好，但是这架飞机遇到了很多发动机问题。接着在一次航空母舰上舰许可测试中迫降，导致飞机严重损坏。

海军选择“水牛”的消息严重打击了格鲁曼公司，过去几年中海军收到的绝大多数战斗机都是格鲁曼产品，但是现在它们居然采购了其他公司的飞机。为了公司的信誉，格鲁曼立刻开始改进型“野猫”的设计，飞机编号也更改为XF4F-3。

在20世纪30年代末，战争的威胁越来越明显，海军也对水牛在未来能否承担起战斗任务缺乏信心。从操作的方面来说，“水牛”的起落架和着舰钩有结构问题，会导致长时间维修或者着舰时坠毁在甲板上。整件事让飞行员们无不怀念以前的日子，那些坚固的格鲁曼战斗机可没这些毛病。

XF4F-3会安装一台更可靠的R-1830发动机，带有二速增压器。无论是与陷入困境的“水牛”还是以前的“野猫”相比，新飞机都将飞得更快更高。于是1938年10月，海军订购了1架XF4F-3，这架原型机首飞时间是1939年2月12日。由于飞机测试表现良好，到了8月海军订购了第一批54架“野猫”，后又增加订购了79架。到了1940年第二次世界大战已经爆发并日益扩大，美国被卷入其中看来已经不可避免。于是海军航空兵开始大规模扩张，为了满足战斗机需求又下了759架“野猫”订单，而这已经超过了“水牛”的总产量。

生产型“野猫”战斗机仍然带着格鲁曼的典型特征：机身肥壮。飞行员坐在温室型座舱盖里，板状机翼从机身中央两侧伸出，水平尾翼也像主翼一样方正。有人说机身形状像一个圆锥形的汽缸，同时整架飞机显得有些方正，好像某种

1937年9月，XF4F-2原型机被吊起来拍照。由于飞机向下视野不好，在座舱下方安装了舷窗。

布鲁斯特F2A-2“水牛”，它在某个方面与格鲁曼生产的飞机很类似——肥壮。

一队飞行中的F4F-3“野猫”，拍摄于1941年。这些飞机属于VF-5中队，此时飞机使用浅灰色涂装，注意后机身的国籍标志尺寸很小，其中的红点在1942年5月15日后全部取消，以免有人把这个红点看成日本机徽。

没有修形的半成品。

F4F“野猫”确实不怎么漂亮，它没有继承以前那些双翼战斗机微妙的魅力。与外观美妙的“喷火”或者“飞蛇”比起来可谓一坨黏在一起的铝板。有些飞行员，即使是那些喜欢“野猫”的飞行员，也都承认这是“舰队里最难看的飞机”。

飞机上还有些地方简单到令人失望。“野猫”仍然带着格鲁曼战斗机一直使用的起落架设计，现在这虽然仍可说是聪明，但是远远谈不上出色。随着发动机功率增大，较窄的轮距在起降和滑行时也开始造成些许不便。

此外，几乎所有东西都要求飞行员用座舱里的手柄手动控制。起落架仍然使用手摇收放，而同时期的新战斗机却都开始普及液压或者其他动力收放的形式。散热片、着舰钩、增压器变速当然也都是手动操作。机枪上膛用的推把位于座舱地板上，用钢缆连接到所有的12.7毫米M2航空机枪上。在欧洲的空战已经证明战斗机必须装备装甲和自封闭油箱，早期批次的“野猫”却没有装备其中任何一种。

机身变大导致战斗机重量增加，单翼化也会要求一定程度上增加机翼面积，这样新飞机在甲板上就要占用更大空间。而初期型号的“野猫”甚至没有可折叠机翼。F4F的翼展只比美国航空母舰升降机的

从斜上方拍摄的F4F-3，机翼上没有折叠点。“野猫”直到F4F-4才安装了折叠机翼。

勒罗伊·格鲁曼手上拿着他的橡皮擦，这就是旋转折叠机翼的起点。

这是交付给英国皇家海军的飞机，机翼上可见英军标志。它们刻意摆放成这样，以展示旋转折叠机翼可以节省一半空间。

宽度小15厘米，地勤们要花很大力气才能将这架满载后超过3吨的飞机安放在正确的位置，要不然在上升途中翼尖会被甲板边缘打断。

最终格鲁曼本人解决了这个问题，他构思了一种很特别的折叠机构，在此后的“野猫”上使用。“地狱猫”战斗机和“复仇者”鱼雷机也使用这种构造。格鲁曼注意到鸟类向后收起翅膀，这时翅膀几乎转了90度并贴在身上。他用一个橡皮擦表示飞机的机身，再加两根弯曲的回形针，一端插进橡皮擦代表飞机的机翼，就这么给设计组描绘讲解这个折叠机构的原理。

这个主意最后成就了旋转折叠机翼，这项技术大幅度提高了美国航空母舰的载机量。

1942年，“黄蜂”号航空母舰上的舰载机群。8架格鲁曼“野猫”折叠机翼以后拥挤在一起，后方和侧面是“无畏”俯冲轰炸机。

在航空母舰拥挤的甲板上，1架固定机翼“野猫”的空间几乎可以挤下2架安装旋转折叠机翼的“野猫”。新型号不仅节省了很多空间，而且总载机量的增加也能让航空母舰放飞更多飞机。

四、战争爆发

最早参加战斗的格鲁曼战斗机碰巧不属于美国海军航空兵。1940年圣诞节，英国皇家海军舰队航空兵的一个三机小队在奥克尼群岛上空遇见1架德国Ju 88轰炸机，飞行员们用12.7毫米机枪猛打这架飞机，它最后坠入海中。这是美国产的舰载机在第二次世界大战中第一次战斗，也是获得的第一个战绩。

接近一年以后，日本偷袭珍珠港，将美国拖入世界大战。虽然美国航空母舰和飞机当天不在港内，将军们立刻让“野猫”和战斗机飞行员们进入了作战准备状态。

接下来几个月，海军航空兵的战斗机飞行员们遇到了真正的对手：日本精锐飞行员和他们灵巧的零式战斗机。在实战中，“野猫”表现得比“水牛”更好，但是这种粗短而坚硬的战斗机在飞行性能上被三菱零式战斗机压制。A6M零式战斗机，后来被美国情报机构称为“泽克”，显然是一个令人不快的强大对手。它的航程非常远，机动性和爬升率都比美国海军战斗机更优越，零战与盟军现有的战斗机完全不一样，飞行员们被它出乎意料的性能震惊了。

在那些大多数美国人从未听过的地方——威克岛、珊瑚海、中途岛、瓜达尔卡纳尔岛，“野猫”的飞行员们只能主要依靠战术和技巧与日军对战。海军的领导们多年来一直低估了敌人，这直接导致了战争初期的糟糕态势，让他们只得硬着头皮咽下苦果。

绝大部分战果都要经过一番苦战才能获得，战争早期一些不错的胜利完全应当归功于英勇的海军航空兵和陆战队航空兵飞行员们，他们手中性能一般的“野猫”不值得获得太多赞誉，这种飞机除了坚固以外，没什么特别的优点。但即使如此，飞行员群体中仍然涌现出了许多英雄，例如福斯、奥黑尔和萨奇，他们在战争中学习并克服了“野猫”在性能上的劣势，利用飞机和战术的优势反制日本飞行员。约翰·萨奇发明的双机配合战术尤为重要，这种战术，尽可能利用了“野猫”的优点和美国飞行员训练特点，在日本飞行员不擅长的领域作战，最终取得了出众的战果。

虽然格鲁曼的广告吹嘘称：“对于东条的飞行员来讲，最糟糕不过的事情就是开一架零式战斗机，然后被我们的小伙子打成筛子。美国的勇气！美国的技巧！再加上一架‘野猫’这样的出色战斗机，日本人根本无法匹敌！”但是现实很严峻，萨奇中校在1942年中的一份战斗报告中提到“野猫”的“爬升率、机动性、速度比起零战来都差得可悲”。

为了使他的战斗机有效空战，并且让飞行员们能活着回家，萨奇发展出了一种防御性战术。他将这种战术叫做横向防御，后来大多数人将这种机动称为“萨奇剪刀”。两架“野猫”组成的双机以合适的间隔飞行，执行剪刀状交叉机动，轮流射击另一架飞机后方的零战。这个战术在关键的中途岛战役发挥了威力，少量“野猫”战斗机拖住了许多零战，为胜利做出了不少贡献。

但是当“野猫”单机遇上零战时，就只有寄希望于上帝保佑和飞行员的勇气了。此外在太平洋作战的舰载战斗机飞行员并不多，最少的时期内甚至只有138人。航空母舰、飞机和飞行员都数量不足，再

“萨奇剪刀”

该战术发展的基础是由于“野猫”战斗机飞行性能较差，既无法摆脱零战的追击，又不能在格斗中胜过零战，因此要将双机之间的互相掩护射击次数尽可能增加，在被动防御态势下进行反击。“萨奇剪刀”本质上就是这样一种机动：固化机动模式，将队友互相掩护射击的频率加强到最高。

萨奇剪战术的弱点也在于此，为了互相掩护，双机频繁机动，难以恢复速度。结果就是如果维持剪刀机动就无法重新获取进攻态势，一直保持在防御状态被动迎战。而同时对双机进行攻击也容易使得互相掩护难以继续，甚至可能双机同时被敌机击落。但是很长一段时间内习惯于追踪射击，而非高速攻击后立刻脱离的日本飞行员不知如何破解这样的配合，甚至因为自身作战风格偏近单机对战而非配合作战，而不能判断出正在进行萨奇剪刀机动的美军双机。此外，日机无线电装备不全且性能较差，难以协调攻击；武器配置不合适，无法迅速击落美国战斗机，拖长追击时间后易遭到反击。这些问题加到一起，在战术上造成了日机的更多劣势，使得萨奇剪刀更为有效。

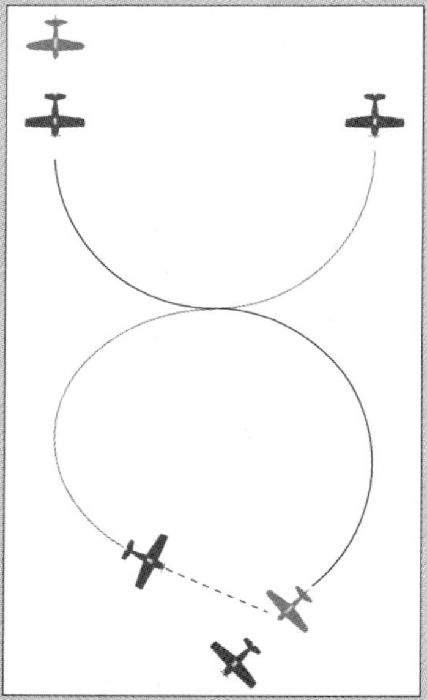

“萨奇剪刀”的简单示意图。零战追着一架“野猫”，在第二次交错时另一架“野猫”向零战射击。

受到攻击时，多数日本飞行员更倾向于自己反咬攻击者，而美国飞行员却首先寄希望于队友帮助，他们的飞机经常在格斗中无法胜过轻巧的日本战斗机。在编队空战中，团队意识更强的飞行员无疑更容易取得胜利，他们总是优先帮助队友，即使不进入萨奇剪刀，仅仅是单纯的掩护射击，抑或通常的双机配合，都能造成一个局部战术优势，一点点累积起来的优势最终会决定战斗的走向。

曾经有说法称萨奇剪刀可以转向垂直方向执行。但这并不是可行的方式，若转向垂直方向，低空高速的飞机和高空低速的飞机转向节奏不同，配合时机难以把握，而且在高处以低速过顶的飞机很容易被击落。

加上“野猫”的性能有限，美国舰队在执行防御作战时力不从心，难以拦截数量众多的日机。

情报人员的辛勤工作和飞行员们舍生忘死的战斗奠定了中途岛战役胜利的基础，但这并不是“野猫”和格鲁曼的胜利。格鲁曼的工人们自愿在中途岛战役后一周里全天候工作，生产了原定数量外的39架“野猫”，以弥补战役中的损失，但这解决不了根本问题。

在珍珠港，一些经验丰富的战斗机飞行员与里昂·斯沃巴尔进行了会面。他们总结了中途岛战役和此前战斗中的经验，并共同讨论了格鲁曼新战斗机的一些细节，这时两架原型机正在贝思佩奇的工厂里制造，而且即将完工。这次会面的最大成果也许是推动了“地狱猫”原型机的发动机升级。飞行员们从残酷的经验中获得了教训，他们希望能在飞行性能上取得对零战尽可能多的优势。

五、设计“地狱猫”

虽然格鲁曼公司的公共关系部很喜欢吹嘘“地狱猫”的设计是来对付零战的，而且这种宣传在后世造成了广泛的误解，但事实却并非如此。在美国人知道零战存在之前，海军和格鲁曼就在准备改进“野猫”的设计，这是飞机发展的自然趋势。只是正好各种巧合使得“地狱猫”成了零战的主要对手。

格鲁曼的第一步是响应海军航空局的招标，提出双发的XF5F-1“天空火箭”战斗机计划，它布局很特别，机鼻特别短，缩在机翼前缘后方，以改善着舰视野。而后原型机试飞暴露出了很多问题，改善它们要花很多钱和精力，海军和格鲁曼公司都开始对这个设计失去兴趣，转而增产单发飞机。而后格鲁曼修改了“天空火箭”战斗机的设计，用XP-50的编号向陆军航空兵推销。1941年5月14日，XP-50原型机坠毁，陆航想再付钱造一架继续测试，但是格鲁曼拒绝了这个请求。因为陆航只订购一架原型机，而不是下一个大订单，单架原型机的生产成本颇高，又遇上了海军要求格鲁曼扩大产能的时间点，这个项目就此作罢。不过格鲁曼公司高层倒不觉得这有什么影响，他们认为现在做的基础研究已经足够满足海军的需求，而且新订单正在稳步增长。

1940年中旬，在美国参战前一年多的时候，海军就有了个“超级野猫”的提案。F4F按此时的标准完全是一种古董设计，它的制造方式也是双翼机的那种套路。格鲁曼虽然早在1938年就开始计划升级飞机，不过已经从某些过于激进的方案中回到了更为普通的改动上。当时莱特公司刚开始投产R-2600发动机，它能输出1600马力功率，格鲁曼工程师就准备用这种发动机改装“野猫”战斗机。

1939和1940年，欧洲爆发了大规模空战，战况发展让美国航空兵屏息凝神。航空技术的发展趋势越来越明显，若要在未来的空战中取得胜利，战斗机就要有更强的火力和更大的功率。钱斯·沃特公司已经提出了一个新战斗机方案，它被编号为F4U，这是另一种名机的开头。但是海军已经从“水牛”战斗机身上学到了教训，凡事总要有个备案，于是就计划将格鲁曼公司作为保险措施。

这个时段格鲁曼的工程师们还在纸上规划新飞机的性能和数据，他们很快就发现了严重问题。他们本想修改“野

这张手绘图展示了“地狱猫”的基因，它开始就是一架更大更强的“野猫”。几度改进后仍然没有摆脱“野猫”的影子，所以当飞机正式公开时有人笑话说这根本就不是“地狱猫”，这只是个翻版的F4F，一只“复制猫”。

猫”战斗机，但是从原有的发动机换成R-2600发动机总会导致飞机的所有部分都要改动。大型发动机需要更大的机身、翼面积还有螺旋桨才能完全发挥潜力。当他们画完图纸时，“野猫”形式的起落架仍然在飞机上，虽然轮距扩大了，但看起来仍然滑稽可笑。这个改进版本“野猫”就是格鲁曼的第35号设计。

如果要完全解决问题，整架飞机都应当重新设计，如果格鲁曼的设计师们从一开始就重新设计的话本可以做更多的改良。但是第35号设计已经在改进的大前提上完成了，完成后格鲁曼通知了海军，然而在1938年9月海军决定投产XF4F-3，于是将这个方案搁置。接下来海军航空局否定了最初的“超级野猫”概念，并且决定新战斗机需要更远的航程，更强的火力，更坚固的装甲，改进型“野猫”无法提供这些要素。设计概念也只好随着转变，格鲁曼公司总工程师威廉·施文德勒立刻开始新的设计工作，新设计将成为“地狱猫”的基础。

这个新方案的思路仍然很直接：为了安装更大的发动机，设计了更大的机身；发动机和机身都变重了，那就要加大机翼，以维持航母起降所需的低速性能；飞机要体现简单、坚固、有效的格鲁曼哲学，那么在整个气动外形上，减少阻力的优先程度就没那么高；既然飞机体积已经这么大了，那么油箱就可以继续放在飞行员正下方，而不用像同期的其他战斗机，尽量将飞行员和油箱前后分开布置，或者放在机翼内，以减小机身截面。初步方案完成之后，海军的领导们在1941年1月12日前来公司观看第50号设计的模型。他们提出了几条改动建议，目的是增加机内燃油携带量，增加弹药储备以及装甲板。定下的修改方案主要内容包括增加机身长度0.66米，机翼面积从26.9平方米增加到31.03平方米。

除开飞行性能，“野猫”的另一项主要缺陷就是航程短。太平洋是人类历史上地理尺度最大的一个战场，占地球表面积的四分之一，此前海军的扩大改动建议就是为了让战斗机能更加适应这个战场。

海军航空局战斗机设计办公室的杰克逊少校在F6F的外形设计上也起了很大作用，他深知对于一架战斗机来讲视野非常重要，他说“你如果看不到敌机，那你就打不中他们”。结果因为这个要求，“地狱猫”发动机罩的设计图有了修改，机鼻更为下倾，改善了射击时的视野，同时也有效扩大了降落和滑行时的视野。这项改进将会帮助“地狱猫”飞行员们与各种日本战斗机有效地作战，但也进一步增大了飞机阻力，在一定程度上影响飞机性能。

最后总体设计就这样定下来了，这个设计造就了第二次世界大战中机翼面积最大的单发活塞战斗机，总体尺寸也数一数二。一眼望去，新战斗机的设计图样仍能看出和“野猫”的血缘关系，它还是方方正正，但是尺寸更大，在所有部位都显得更有肌肉。格鲁曼的设计哲学是“地狱猫”的优势，最终让它成为了海航最重要的战斗机。但这也是“地狱猫”的劣势，当战争临近结束，需要深度挖掘性能的时候，它比不上主要竞争对手和自己公司的新设计，只好让位于其他飞机。

1941年6月19日，海军正式向格鲁曼公司订购两架使用R-2600发动机的原型机，正好这天海军也下令F4U“海盗”战斗机开始生产。这是个很明智的决定，虽然“海盗”生产应该开始了，在将来它确实不能及时装备舰队。“海盗”早在1940年首飞，但是一次事故中原型机坠毁，然后又因为大规模修改设计造成了额外的拖延，再加上生产扩张很慢，没能在1943年前形成足够战斗力。而在格鲁曼这一边，当战争爆发时，修改过的第50号设计正在作为XF6F-1原型机制造。

首飞前02981号XF6F-1原型机照片，机身没有涂装。注意安装R-2600发动机时飞机的机头尺寸较小。

格鲁曼按订单生产了2架原型机，海军航空局的编号为02981和02982。罗伯特·哈尔是这个项目的主试飞员，1936年他就加入了格鲁曼公司，已经积累了1300飞行小时。他此前曾经试飞过三种格鲁曼飞机，包括XF4F-2原型机。

1942年6月26日，哈尔驾机进行第一次试飞，XF6F-1原型机在天上飞了25分钟。飞机没有出现任何需要报告的异常状况，但是莱特R-2600-16发动机明显地功率不足。眼下发动机只能输出1700马力，“地狱猫”设计之初可没有料到海军会指示扩大尺寸，现在飞机既不能达到设计速度指标，又爬升缓慢。

1942年的珊瑚海和中途岛战役之后，海军飞行员伸手向格鲁曼要求更快的速度和更高的爬升率。“野猫”在这两个问题上已经让飞行员不满，再加上斯沃巴尔与飞行员们会谈获得的意见，格鲁曼向海军提议更换发动机，海军也立刻同意了这个提案。

最后的答案是普拉特·惠特尼的R-2800-8“双黄蜂”发动机，它的18个汽缸能输出2000马力。“海盗”就是安装的这种发动机，此后在生产型“地狱猫”使用R-2800-10型。很多人认为这是有史以来最好的气冷活塞发动机，R-2800坚固可靠到了不可思议的程度，而且维护相当方便。XF6F-1原型机改装R-2800发动机后编号改为XF6F-3。

除了发动机以外，还有另外的新设计会让飞行员们高兴。首先是新飞机的起落架轮距大为增加了，在地面和甲板上使用时安全性大增。不仅如此，手摇收放终于改成了液压收放，飞行员只需要按动按钮就能完成。武器上膛也一并更改，此前的上膛拉线经常与飞行员耳机线缠绕在一起，在起飞前将他的头盔扯掉。

在发动机改装完毕后，哈尔进行了更多飞行测试。在7月30日他第一次飞行XF6F-3，飞机滞空时间为11分钟，在试飞中简单检查了新发动机的性能。这架原型机的命运在8月17日就终结了，R-2800发动机在飞行中停机，哈尔盯着停止不动的螺旋桨，试图找出哪里不对，但是没什么结果。原型机变成了一架超重的滑翔机，下落进长岛上空厚重的云层，到了200米高度才从云底飞出。最终哈尔将飞机迫降到一片豆田里，在接地时撞击损坏。哈尔本人也受了伤，飞机和试飞员都只能休息几个月。还好，其他的原型机在这期间担负了试飞任务，海军著名军试飞员弗雷德里克·特拉普内尔中校在1942年9月正式宣称“地狱猫”达到可准备量产的阶段，这距离XF6F-1首飞只有短短三个月。钱斯·沃特的F4U-1可是花了整整19个月才达到这个阶段。

格鲁曼本人深知飞机生产性能的重要性，此前的“野猫”和“复仇者”就在设计时注重了这个方面的特性，生产迅速扩大后，每种飞机每个月能产出超过300架。“地狱猫”也带有同样特点，例如飞机尽量避免复合曲率蒙皮，埋头铆钉只在翼面前缘使用。相反“海盗”在机身和中央翼段上都采用了复合曲率蒙皮，而且整机使用埋头铆钉，相当程度增加了生产复杂性。此外，海鸥形机翼的中央翼梁也是个大问题。

飞行中的XF6F-3原型机。

罗伯特·哈尔与塞尔登·康维斯两人承担了F6F的早期试飞任务，前者驾驶原型机首飞，后者则第一个测试了生产型飞机。

最后，格鲁曼公司将整个飞机按照八个主要组件分开计划生产，这样可以将许多生产合同转交给子承包商。例如格鲁曼自己制造座舱组件，约翰·迪尔公司生产内翼段组件，所谓的“发动机快速更换组件”则由勒斯科姆飞机公司制造，EDO公司生产了机腹组件，自由飞机公司负责的部分是操纵面，外翼段供应商是南方飞机公司。现在已经无法确定哪些子承包商制造后机身和垂尾，但是最终各个公司将组件运到格鲁曼总装，成品“地狱猫”在测试完毕后就可以等

1942年8月17日，发动机停机后迫降的XF6F-3原型机。

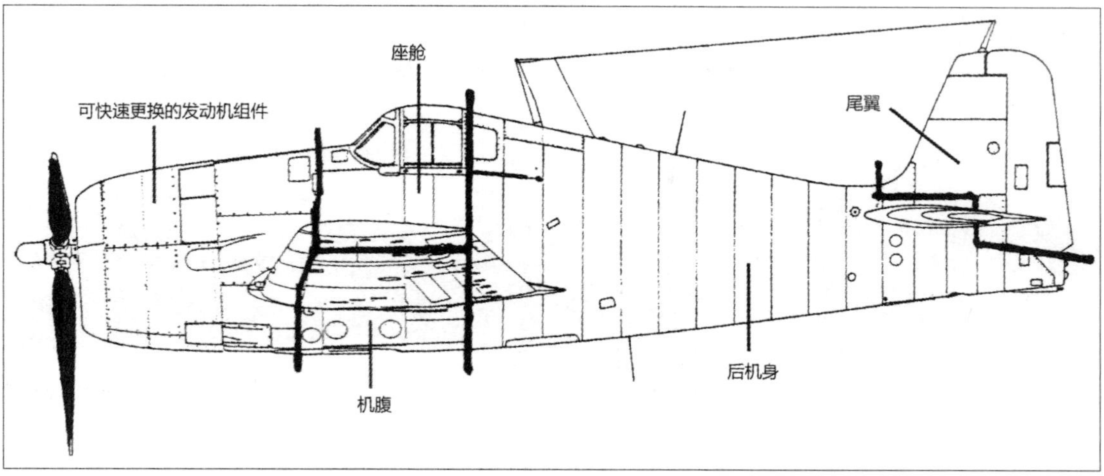

“地狱猫”主要组件分区示意图。内翼段、外翼段和操纵面没有在图上表示出来。

着海军来接收了。

由于格鲁曼公司的这些措施，“地狱猫”生产扩大比“海盗”更迅速，在换装旧机型开始时，相对后者也取得了一些优势。

六、“地狱猫”生产启动

实际上海军在原型机首飞前的1942年1月7日就下了大规模订单，第一批总数达1080架，接着又增加到1264架。这时原型机才开始制造，离试飞还有半年。如此早就大规模订购不仅是因为对格鲁曼的信任，更因为珍珠港事件后美国参加了世界大战。现在对日本的战争真正开始了，海军航空兵需要每架可用的飞机。发动机变动还在图纸上时海军就更改了此前的订单，所有飞机都将安装R-2800-10发动机投产。

说起来容易做起来难，不论“地狱猫”对战争有多重要，格鲁曼公司得先与其他公司站在一条起跑线上争夺资源，现在每个公司都获得了各种订单，所有人都在努力获得更高配给优先级。其中一项重要资源是新厂房所需的钢材，飞机不会自己把自己生产出来，它们需要生产线和工厂。

总经理斯沃巴尔展示了他的足智多谋，这时纽约市第二大道的旧地铁拆除工程产生了很多废钢材，斯沃巴尔把这些钢材买下用作厂房建设。当海军说他们能帮助公司获得钢材时，斯沃巴尔回答说：“我已经搞到了！”这个故事传到舰队中时莫名变了味，关于F6F的谣言四起，说飞机而不是厂房，使用那些旧钢材生产。于是早期“地狱猫”交付时经常受到这么一句欢迎词：“又来了一片第二大道的废钢！”

1942年8月，利用这些废

1943年7月1日，正在训练的VF-7中队组成了一个检阅编队，此时所有飞机都已经涂上了三色涂装。

1943年9月，格鲁曼4号工厂门口等待接收的飞机。4号工厂用来做量产型飞行测试和交付中心。

1943年冬天，40架“地狱猫”摆放在机场上等待海军接收，这仅仅是格鲁曼两天的产量。

钢材搭建结构，一个专用于生产“地狱猫”战斗机的新工厂开始施工。新的第3号工厂一边建设一边开始生产。10月3日，第1架生产型F6F-3首飞，由格鲁曼试飞员塞尔登·康维斯驾驶。到12月底总共12架飞机已经完成。在此之后生产稳定加速，1943年1月第一批12架飞机交付，2月交付了35架，3月交付了81架，4月增加到130架。公司产能飞速扩大，到了1943年11月，格鲁曼一周生产的飞机比整个1940年生产的还多。这个月总共400架“地

最初批次“地狱猫”中的某一架正在贝思佩奇附近进行飞行测试，注意飞机使用的早期双色涂装。

狱猫”交付海军，还有135架“复仇者”和20架水上飞机。

为了尽可能增加“地狱猫”产量，海军要求将“野猫”和“复仇者”的生产工作转交给通用汽车公司的东方飞机分部。这个决定解放了几千名工人和他们的工厂，在工人招募和训练上节省了大量时间。

1942至1945年间，“地狱猫”总共生产了超过12200架。生产巅峰是1945年3月，海军在这个月接收了658架格鲁曼飞机，其中605架是“地狱猫”，另外的飞机是48架F7F“虎猫”，2架F8F“熊猫”，3架JRF“鹅”式水上飞机。

这个成绩的背后是杰出的管理，勒罗伊·格鲁曼和里昂·斯沃巴尔各起了一半作用。他们要管理工厂里的大约20000名雇员和23万多平方米的厂房设施，每天生产将近100万美元价值的飞机和零件。在战争开始之前，格鲁曼的工人多是已经工作过一段时间的熟练工，他们喜欢把自己叫做“格鲁曼人”，此时公司正开始扩大“野猫”和“复仇者”生产。战争开始后，美国所有飞机公司都在迅速扩张，格鲁曼也不例外，前12个月格鲁曼生产了超过过去20年历史三倍数量的飞机，这当然需要公司招募大量人手前来工作。

如此巨大的扩张会带来很多问题，工人、空间、装备都需要公司自己解决，钱反而不用担心，美国政府会支持足够资金。其中人力资源是最大的困难，战时招募的工人此前几乎没人参与过飞机生产，而且工人里有相当比例女工。按格鲁曼公共关系部的说法，屠夫、华尔街破产的金融界人士、加油站业主、农民、一般公司职员，还有警察都应招加入格鲁曼飞机生产大军。90%员工来自于长岛本地，有领班甚至怀疑部分新雇员这辈子从来就没碰过机械加工用的工具。

人力资源问题的一部分实际上是“女人力资源问题”。年轻男性被军队招走，成为飞行员、步兵或者水手。妻子、祖母和年轻女士在工厂里接替

在格鲁曼工厂里组装飞机的女工。

了他们的工作，用打钉枪钉铆钉、切割金属、操作台钻。很多工人永远都不会忘记一位美丽的黑发女子每天穿着百叶裙，戴着棉手套来上班，她穿着漂亮的服装猛敲铝皮，就好像一台11吨重的液压机。她们的人数和作用如此之大，以至于所有鱼雷机和战斗机都带着“玫瑰”们努力的一部分离开长岛开赴战场。

总的来说格鲁曼公司是一个快乐的工作场所，公司的人事变更率低于3%，只有航空工业平均数的一半，也从未有罢工造成生产停滞，雇员们甚至没有理由成立工会。虽然工资名单长度是战前的10倍以上，公司仍然像一个小型、关系紧密的家族企业那样运作。公司领导层喜欢将事情搞得更人性化，而且如果他们不这么做，山姆大叔就会找上门来了。

格鲁曼先生（很少有人叫他的绰号“罗伊”）维持着公司传统，例如在圣诞节给每一名员工发一只火鸡。有人问他为什么不在传统的感恩节发火鸡，格鲁曼解释说这会给长岛的火鸡饲养者带来很多麻烦。公司还有很多其他福利：有幼儿园让工作的母亲将孩子托管于此，各种体育比赛，时不时有航空表演，经常举办舞会，甚至还提供心理咨询服务。

斯沃巴尔倒是喜欢别人叫他的绰号“杰克”，他在这方面起到了重要作用，且不说幼儿园和咨询服务就是他帮助建立的，舞会也是他安排的。

雇员们都很喜欢斯沃巴尔，他站在一个发动机封装箱子上演讲了15次，以“确保每个人都能听到”。自从他劝说消防队长开辟了吸烟区之后大

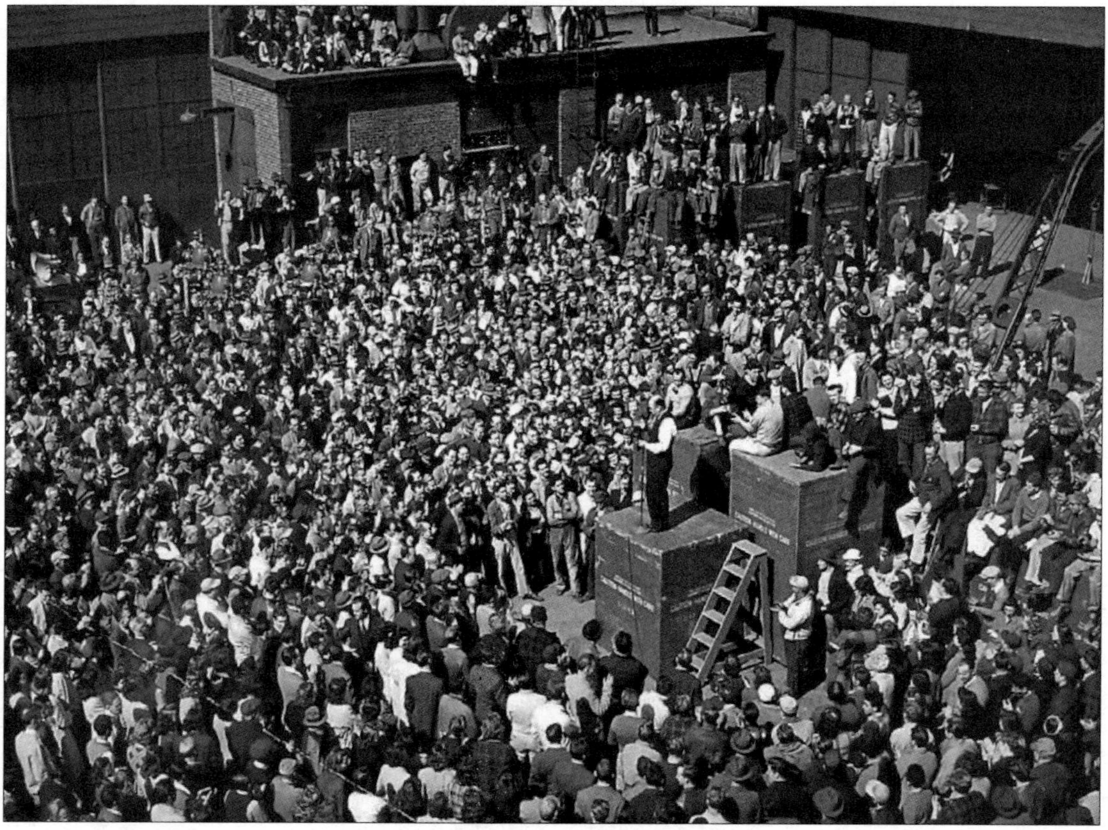

站在发动机封装箱上的人就是里昂·斯沃巴尔，很多人觉得他是工人之友。斯沃巴尔让这里的人们愉快工作，并且生产出了多于预订数量的飞机。

家都把他当做某种英雄看待。在晚上还找人来演唱，给昏昏欲睡的夜班工人提神。

公司安排的运动项目有很多，包括垒球、高尔夫、保龄球和篮球。格鲁曼公司内部各个工厂之间的竞争很激烈。隔壁共和飞机公司的队伍前来比赛时，格鲁曼的队员们更是铆足了劲。这种竞争精神对于格鲁曼的工人们保持生产效率和质量也颇有帮助，让公司成为海军最喜欢的飞机供应商。

格鲁曼的生产方案同样具有想象力。一位生产效率专家参观工厂时获得了展示，这也许是最好的例子。他问软管夹如何在组装线上保持供应，导游钻进一大桶夹子里向他展示：从桶口向下四分之一桶高位置上的内壁涂了一排提示。

为了节省厂房空间，飞机的机翼将在最后组装，这样机体能紧密排列在一起。飞机尾部也是出于同样原因，集中竖直紧密放置，大致完成后才组装到机身上。

垂直放置的机尾，机身总装时它们才会被翻过来，图中的女工正在为铆钉钻孔。

七、阴影中的战斗机

在1942年，F6F的保密程度很高，很少有媒体提到这架飞机，更没人知道它到底长什么样。人们确实知道了某种新飞机正在研发生产，甚至在长岛的天空中瞥见它飞过天空的身影。在格鲁曼公司自己出版的新闻报纸上有一个漫画小人，长得像雪貂，外形怪异，穿着灯笼裤向每个人喋喋不休。这个漫画的寓意是现在大嘴巴，以后可能导致别人在战斗中被杀，所以雇员们都有意对外模糊飞机的细节。

但是，这并不足以阻止一个聪明的纳粹间谍将情报整合起来，很多事情太明显，不可能被忽略。海军在向通用汽车转移“复仇者”和“野猫”生产工作，格鲁曼也在提及某种“更新、更快、更致命、更强大”的东西。1943年2月中旬，公司报纸上多了一幅漫画，画上有希特勒、东条英机和墨索里尼，他们读到格鲁曼最后一架“野猫”下线的新闻，希特勒问道：“接下来是什么？”

一周以后，所有人的脑子里都塞满了“新飞机”，生产转换工作正在进行。此前生产“野猫”的雇员们坐立不安，很多人都不习惯连续几周没有狂热的制造飞机。由于无事可做，部分人觉得快闲疯了。公司要裁员的谣言也开始传播，公司报纸的态度变成了半恳求半责怪：“保持镇静，不要紧张。”

2月末，公司报纸才终于向外界透露出一点关于“更野的野猫”消息。4月1日愚人节，公司终于放出消息说查尔斯·林德伯格已经试飞过了新战斗机。“他不是喜欢唠叨的类型，但是对格鲁曼的新战斗机表现出了相当热情，他一边从螺旋桨仔细看到机尾，一边点头表示赞赏。”公司报纸这样写道。他告诉焦急的工人们新战斗机“确实是一架特别出色的飞机”。

在3号工厂围墙内，这种蓝色大怪兽早已不是秘密，他们已经生产出了上百架飞机。工厂完工之前生产就开始了，车间房顶都还没完全盖好，围墙倒是修好了，但是没有管道向车间内供暖，男女工人们在寒冷的冬天里制造飞机。到了1943年4月厂房才完工，随着其他工厂和工人转产，“地狱猫”产量正在顺利扩大。这个月，一个奇怪的礼物被送给了格鲁曼公司：一架被击落且燃烧过的零战。不过这架飞机实际上是带有浮筒的水上战斗机型号，而不是标准型。

很多工人来参观检查这架飞机，大部分人都不以为然。这架飞机的铆钉很小，蒙皮也很薄，这些减重措施给日本战斗机带来卓越的机动性。但是在工人们看来这些东西很廉价，而且就是以次充好的手法，完全比不上他们心爱的格鲁曼飞机。装甲在哪里？自封闭油箱呢？参观完这架从太平洋战场拖回来的飞机后，工人们觉得日本对手更加不可思议了。他们的新战斗机——虽然现在还没有名字——必定能在战斗中击败这种奇异的敌人。

直到1943年9月初，格鲁曼的新战斗机都还没获得名字，然而此时F6F已经生产了1055架。对马库斯岛的空袭终于将这种飞机展现在世界面前。1943年9月16日，格鲁曼公司的报纸上刊登了一幅飞机大照，下面写着“地狱猫”这个名字。

报纸上的一段文章讲述了“地狱猫”如何得到这个名字的花絮。上一次格鲁曼和斯沃巴尔赋予F4F战斗机的名字是“野猫”，他们用这些吓人的名字给飞机命名，而非海军那一套毫无感情的字母/数字编号。格鲁曼本人喜欢各种猫科动物名字，最后“地狱猫”这个单词被选中。文章写道：“韦氏词典给‘地狱猫’的定义：一种女巫。”然后又加了一句“不过，也许韦伯斯特先生是在引用日本人的说法”。

命名一架飞机不会总是很容易的事情，“地狱”这个前缀似乎已经没那么可怕，此前寇蒂斯的SB2C俯冲轰炸机已经被叫做“地狱俯冲者”。在战争开始的头几个月，格鲁曼正在给新飞机找名字，

XF6F-1是个秘密，只有格鲁曼的雇员们才知道它的存在。这张照片很可能是在原型机首飞前拍摄的，途中飞机被严严实实地藏在机库里。

“地狱猫”在阴影中隐藏了一年多，1943年8月空袭马库斯岛后才向民众公开。图为纽约市来的记者们正在围着飞机拍照谈论。

一架F6F-3正在进行展示飞行，飞机在圣弗朗西斯科湾内的空中，为了拍摄照片而放下了起落架。另外这架飞机没有安装武器，机枪口被简单地封住了。

到威斯康星州的基诺沙检查生产问题。回程时这架小飞机上塞满了喷射化油器，现在什么都不能阻止“地狱猫”稳定交付海军航空兵。

一名新来的员工说：“我从未见过这么多人如此努力地将这一事业完成。他们在这里一个月接着一个月将数量难以置信的飞机送出工厂，而且他们喜欢干这事。天哪，他们甚

第一个建议是“雄猫”，但却被海军立刻拒绝。他们说这个名词带有性暗示，不过格鲁曼等了几十年，终于又以另外的理由用“雄猫”命名了F-14战斗机。

此后各种刊物上一篇接着一篇的文章赞美这种飞机，从海军的需求讲到第一次参战。当然在此之前，已经有很多战斗机中队接收了F6F。

据说是第一架向海军交付的F6F-3，它安装了大型主起落架舱门，遗传自原型机。后来的型号上起落架舱门小得多。

八、工厂生活

在3号工厂中，员工们简短地庆祝了马库斯岛战斗胜利。海军需要每一名水手、每一名陆战队、每一名飞行员和每一架飞机将日本人打回去。所有人都很快放下了报纸，打钉枪的轰鸣声再度响起。

当一个关键发动机部件供给不足时，格鲁曼公司征用了1架比奇飞机，飞过2900公里

3号工厂生产线，工人们挨个将汉密尔顿公司生产的螺旋桨安装到飞机上。注意所有飞机都安置在可以横向滑动的架子上，而且都没有安装主翼外段，为了节省空间，主翼是最后装到机身上的大型组件。

至不会停下来擤鼻涕。”

除了竞争本性和爱国热情以外，还有其他因素激励着雇员们工作。玛丽·维塔小姐很确定她的表兄驾驶的“地狱猫”，就是她参与制造的飞机之一。从北非战役就开始作战的老兵，哈罗德·维塔上尉写信回家：“可以说我和其他飞行员都无比感谢玛丽和其他女性的奉献。”工厂里还有很多人的家族成员在战场上驾驶格鲁曼飞机。

威廉·考恩从另一个角度看待这场战争。他在年轻时加入了陆军，参加了第一次世界大战。考恩在18场战斗中英勇作战，曾经9次在冲锋时攻近敌军战壕，还多次暴露于毒气之中。战争结束后，他成为了范德比尔特家族的贴身保镖。格鲁曼公司招募的工人中包括几百名他这样参加过上次世界大战的老兵。

伊丽莎白·努森女士在3号工厂上夜班，负责操作钻床，努森很少离开这个岗位。1940年，纳粹德国攻占了她的祖国挪威，从那时起就再也没与家里联络上，包括她的年轻女儿。努森女士以努力工作消磨时间，这也许还能让她的家庭能更早被解放。当被问到时，努森说更喜欢夜班，这让她有时间回忆所爱的人。

在这里，班尼·吴和戴西·吴代表地球另一端，他们出生于美国本土，都是华裔美国人。他们在格鲁曼工作，希望生产“地狱猫”会帮助盟军将日本人从中国的土地上赶走。她告诉记者：“我知道格鲁曼制造的这些飞机正在给日本人带来死亡和毁灭。在这里作为公司的一员生产‘地狱猫’，

3号工厂中成排的新机身，全都涂着黄色的富锌底漆，用于防止生锈。部分难以涂装的组件已经预涂了深海蓝。

我觉得对中国和美国都尽到了义务。”

至1943年末，格鲁曼成为了战机生产上最领先的公司。25094名员工带着各种不同理由来到这里夜以继日的工作，公司将所有人的动力集合到一个最终目标上。这一整年，海军总共接收了2566架“地狱猫”，足够装备现有的全部快速航空母舰。老对手“海盗”的产量不足让部分战斗机中队先换装了“地狱猫”，协助了格鲁曼在航空母舰甲板上占据统治地位。

1944年的生产工作以稳定而繁忙的节奏开始，1月生产了500架，2月生产了510架，3月生产了512架。在春季，工程师们已经开始制定生产转换方案，这样在转产海军需要的新型号F6F-5时生产计划不会被打乱。新型号的原型机一度被称为“超级地狱猫”，在4月5日首飞。“超级地狱猫”这个称号听起来很厉害，但实际上飞机整体改动颇少，以保证生产不会被型号转换打断。

到了这一年中旬，格鲁曼生产扩张超过了海军需求。长期以来绝大部分工人每周工作5个10小时长的轮班，周六时常加班，如果有需要周日也会到工厂上班。最终工厂被海军要求减少生产，为此除了周六和周日的轮班被取消以外，还闹出了另一个事件。

这架F6F-5已经完成了最后涂装，它将被推到外面的机队里，等待测试或者海军接收。

许多格鲁曼的老雇员还记得这个事件。斯沃巴尔声称公司20000多名雇员里，至少有1000多人没有全力工作，所以他已经悄悄通知领班安排遣散生产能力最弱的那些工人。消息传出去后剩下的人都认为一场大规模裁员正在进行，结果是下个月的“地狱猫”产量多了20架。

斯沃巴尔决定如果手下的人工作更努力的话，还要遣散另外1000多人，但是这次又事与愿违。在第二批1000多人被遣散后，剩下的人以为他们就是下一批，于是工作得又更努力了，再下个月飞机产量又额外多出几架。有人问他是不是

没什么能阻止飞机交付，某位格鲁曼试飞员在33号跑道尽头降落时撞上了一辆41年产别克汽车，“地狱猫”只受了点擦伤，别克的情况就不怎么好了。这次事故发生在1944年12月3日。

还要再减少1000人，斯沃巴尔说不再裁员了，他没想到海军能吸收多出来的飞机。

格鲁曼的公司报纸上加了幅漫画，一个快乐的工人在睡觉，同时梦见钓鱼、游泳、园艺和高尔夫。

截至1944年末，美国海军总共接收了8695架“地狱猫”，包括F6F-5型。由于年中的裁员事件，雇员总数减少到了21607人。

九、继续飞行测试

每种战斗机在其生命周期中都会不断测试，不断改进。“地狱猫”的初期试飞尤其短，留下的后期试飞科目当然相当多。1943年2月27日，科温·迈耶被调来专门负责试飞“地狱猫”，此前他一直在负责量产型“野猫”和“复仇者”检查测试，以后他将成为公司首席试飞员，负责试飞多种格鲁曼战机。

“地狱猫”飞行包线的很大部分都还没经过实际测试，其中之一就是升限，格鲁曼告知海军的大约11890米完全是估算结果。以前飞机进行的高空测试主要是为了确定临界高度（即飞机达成最高速度的高度），从未有人真的把飞机飞到9150米以上。

迈耶先到海军低压室里体验模拟的高空环境，在万米高空上如果氧气系统失效，那么飞行员通常只能保持5到10秒意识。另外格鲁曼公司此时还没有高空飞行所需的压力呼吸面罩。

在万米高空，由于飞行员关节内的氮气扩张，会使得他弯曲手脚非常痛苦。为了排除氮气，飞行员要在起飞前在一个固定的“自行车”上骑半小时，其间一直呼吸纯氧，上机期间也不能呼吸普通空气。海军提供了器材，但并未好好说明具体应该怎么做。总之，迈耶在试飞前骑上了“自行车”，接着其他人就离开干自

1943年7月在长岛上空高飞的“地狱猫”，它没有安装瞄具，可能是在进行工厂测试。

不仅工人中有很多女性，从地勤到飞机维护长，还有三名工厂试飞员也是女性，图中即为一名女性飞机维护长。这架F6F-5已经准备好交付海军，发动机罩上的大白字仅在格鲁曼自己生产测试以及运输时使用，交付时会被抹掉。不过有些中队把这个数字留在那里不管。

己的事去了。迈耶使劲踩踏板，骑出了不少汗，在25分钟后其他人回来帮迈耶穿着飞行服，并将他送上飞机。

起飞一切正常，测试用的“地狱猫”一路爬升到大约5500米高度，然后爬升率就下降了很多。飞到5800米时飞机停止了爬升。迈耶仔细检查了一遍仪表，又看了一遍发动机读数，看起来都没问题，最后忽然发现起落架忘了收起！他顿时觉得羞愧难当，搞砸了这次准备许久的试飞，只好驾机降落。回到地面后自嘲地想，至少现在知道放下起落架时飞机能飞多高，不过似乎没谁对这个记录有兴趣。

迈耶询问首席试飞员塞尔登·康维斯，关于起飞前运动的事，因为他在出汗后爬升时有些眩晕。首席试飞员回答说根本不该出汗，那个所谓的“自行车”上有一个马达，会带动飞行员的腿运动。迈耶根本不知道这回事，他一直在使劲蹬，呼吸了过量氧气，发生了醉氧现象，无怪乎记不得收起落架。

第二天试飞再度开始，迈耶驾机一路顺利爬升，飞机顺利爬过了9750米高度。他正在想这种事情就是小菜一碟，飞机发动机就在9950米高度停机了，没有一点预兆，也没产生故障现象，就好像有人直接关闭了点火系统一样。他立刻通知地面并检查仪表，随着飞机高度下降，不断试图重启发动机，直到5180米高度发动机才又开始响起来。而后飞机高度继续降低，发动机工作越来越顺畅。降落后工程师们检查了一遍发动机，但却未发现任何异常。

于是第三天飞机继续起飞尝试达到升限，发动机更换了火花塞，同时化油器和其他部分也稍微调整过，但是又在同样的9950米高度停机。迈耶已经有了处理经验，这次在9150米发动机再启动成功，他甚至为此有点高兴。终于格鲁曼公司的人员已经无计可施了，他们去咨询普拉特·惠特尼公司，但是后者却没有给出答案。

迈耶想起距离不远的共和飞机公司已经在试飞中达到了大概12200米高度，P-47也在使用R-2800的B系列发动机，他们应该会遇到类似的问题。迈耶打电话询问共和公司的首席试飞员，他的好友卡尔·巴伦杰。巴伦杰回答说：“如果你没有压力点火配电线的话，不可能把飞机开到万米高度。”接着巴伦杰告诉迈耶他们之前也遇到过一样的问题。真是让人开了眼界！

早期R-2800发动机的配电线与汽车发动机的没什么区别，单纯地将电力从磁电机传导到火花塞。外层用橡胶绝缘，防止漏电。直到1943年为止这种配置都没什么问题，能在9000米高度以下正常运转。

这时新一代战斗机开始服役，它们的升限都超过1万米，普通橡胶在这种环境下绝缘性能会变差，最终导致漏电短路。火花塞得不到供电，无法继续点火，发动机就停机了。普拉特·惠特尼公司其实已经解决了这个问题，他们发展出一种密封配电线，由发动机驱动的压气机加压，能在高空保持绝缘性能。更换了配电线后，发动机可在高至13700米高度正常运转。

事情的根源很快就浮出水面，格鲁曼公司发现陆军航空兵征收了所有加压配电线，他们预计“雷电”将在欧洲参与高空空战，把这个问题作为最优先项目。普拉特·惠特尼派到格鲁曼的代表一开始就知道这回事，但是他们不敢说什么，因为管理层中有人决定了先不管格鲁曼公司的死活，即使在知道“地狱猫”要进行升限测试的情况下。

这件事可以说是军种互相拆台的典型，立刻闹到了华盛顿的海军高层，通过他们的努

科温·迈耶正在驾驶第2架生产型F6F-3，机号为04776。最初批次的F6F-3采用双色涂装，上表面为蓝灰色，下表面为浅灰色。该机尚未安装机枪，但是有小型枪管整流罩，这个组件没多少实际效果，很快就取消了。

04776号的最终命运，它在莱克赫斯特海军航空站进行模拟着舰测试时，机尾被扯掉。飞机翻了个跟斗，严重损坏。

重载降落测试，这架40460号F6F-3挂载了一枚907公斤模拟炸弹进行测试。降落时飞机摔断了机尾，假炸弹也掉在了地上。“地狱猫”设计时没有这种重载降落要求，但是后来海军在实战中发现飞机经常要携带外挂返回航空母舰。

力，格鲁曼公司获得了一套加压配电线。发动机改装完毕之后，“地狱猫”测试机在试飞中达到了12025.88米高度。

接下来的一个重要项目是跨音速性能，第二次世界大战时，世间对跨音速区间内空气的表现所知不多。洛克希德公司设计的P-38“闪电”战斗机在这方面遇到了严重问题，花了很长时间也无法根治。首席试飞员康维斯此前已经进行过一些初步俯冲测试，因为要负责教育超过50名生产测试飞行员，还要与航空管理打交道，只好将这个试飞任务转交给迈耶。

迈耶在1943年12月才第一次听说马赫数这个词，他还不能完全理解马赫数的意义。海军要求“地狱猫”以每小时780.3公里的指示空速俯冲，此时飞机真空速为每小时933.2公里，然后执行2.5G的拉起改出动作。

1944年4月7日，航空局编号为26101的F6F-3型被用来进行展示飞行。迈耶爬升到8530米高度，然后油门全开，进入大约60度角的俯冲。随着高度迅速减少，飞机速度越来越快，飞机下降率超过了每分钟11500米！迈耶估计到了3000米高度飞机就会达到每小时780.3公里，然后开始拉起

测试飞行中的某架F6F-3型，飞机没有安装武器。“地狱猫”有个不为人知的外号：“祖父的战斗机。”这是因为它的飞行特性很温和，而且需要刻意操作才能进入反螺旋。首席试飞员塞尔登·康维斯一度不知道如何将飞机飞入反螺旋，科温·迈耶偶然进入了反螺旋并成功改出，当时所有人都不知道“地狱猫”的反螺旋改出性能，迈耶也没有相关知识，为此他还被骂了一顿。

1943年6月21日，这架F6F-3（航空局编号25887）即将进行试飞，它安装了扩大的尾翼，注意垂尾部分有道白线，表示标准垂尾的轮廓。测试中飞机稳定性过强，反而不适于射击修正，所以大型垂尾没有投产。

1944年9月8日，这架F6F-3安装了两个助推火箭进行起飞测试。不过助推火箭没有推广装备。

改出。在途中为了保持俯冲角度，他一直在调整配平，抑制飞机抬头倾向。

正准备拉起飞机时，迈耶突然发现情况不对，飞机不再需要低头配平。它正在自己增加俯冲角度，迈耶被吓坏了，开始拉杆抑制低头倾向，但是毫无作用。他又更用力拉杆，却仍然没有效果，机头更加朝向地面，而且操纵杆好像变成了混凝土，根本拉不动。

转瞬之间飞机高度已经冲过1800米，按这个节奏不到10秒就会撞上地面。迈耶本能地将油门收到最小，双手全力拉杆。过了漫长的一秒或者两秒后，“地狱猫”终于开始抬头，它抖振着进入4G改出机动，接着过载增加到7G，终于在离地760米高度恢复平飞。

惊魂未定的迈耶慢慢飞回工厂，他当时对压缩效应一无所知，以为有什么东西卡住了操纵杆，但是地勤在操纵系统上什么都没查出来。一位工程师被飞行数据吓到了，他认为飞机的指示空速实际上达到了每小时823.8公里，拉起时的过载也超过了飞机设计载荷。

由于强烈的抖振，飞机水平尾翼严重变形，右侧向上弯曲了15度，左侧向下弯曲了15度。但是除此之外飞机没有任何结构损坏，也没有任何铆钉从飞机上掉出，无愧于“格鲁曼钢铁厂”的称号。

飞行部门的工程师们谁都不知道飞机到底发生了什么，幸运的是一位名叫伦纳德·格林尼的研究工程师刚完成了一篇论文，名为《压缩空气流动的衰减理论》。格林尼简单易懂地说明了飞行中出现的现象。他估计“地狱猫”在俯冲速度达到0.75马赫时就会出现超音速激波，刚才飞行中的俯冲速度达到了0.77马赫，激波让机翼升力中心后移，导致飞机抖振并且俯仰操纵失效。收油门的动作增加了飞机阻力，而且到了低空由于空气密度增加，音速本身也增加了，使得飞机终于从俯冲中改出。

因为测试还要继续，26101号“地狱猫”的水平尾翼在更换过后又被加强了一次，水平尾翼前缘添加了1厘米厚，25.4厘米宽的铝皮。下一次飞行中迈耶刻意控制了俯冲角度，而且也非常注意俯冲速度，终于正常完成了海军要求的780.3公里/时俯冲项目。

海军的包线要求还没完，下一个项目是以每小时482.7公里和724公里指示空速在3048米高度做俯冲改出，飞机加速度要达到6.5G。康维斯说飞机会在5.5G时开始抖振，平尾操作也会失效，导致飞机达不到规定的G力。迈耶只好祈祷加强过的水平尾翼能让飞机通过测试，而且如果确实有效，格鲁曼将生产超过4000套改装件，发配给已经交付的战斗机。

26101号安然通过了482.7公里/时改出测试。在724公里/时测试中飞机遇到了强烈抖振，以至于座舱中的加速度计在5.5G到7.5G之间乱跳，两侧加强过的水平尾翼再次弯曲。在下一次飞行，前强化铝板的厚度进一步增加到2.06厘米，这次终于承受住了抖振考验，通过了测试项目。

第1架“地狱猫”交付两年半后，飞机终于通过了海军要求的结构强度测试。按照格林尼的说法，“地狱猫”的抖振边界确实比此前“野猫”的0.7马赫更高。此外由于26101号的表现，格鲁曼的工程师们加强了F6F-5的后机身，重新设计了水平尾翼结构，新尾翼比加强的F6F-3尾翼更坚固。不过由于F6F-5全面取代了F6F-3，改造套件没有按计划投产。

F6F-5原型机由一架生产型F6F-3改装，航空局编号为42186，除了上面提到的结构加强以外，增强战斗力的改进包括：NACA发展的弹簧补偿副翼，可以增加飞机在高速时的滚转率；新型风挡玻璃；机翼外段下方火箭挂点；R-2800-10W发动机作为标准配置。

原型机第一次在后机身安装了摄像机和示波设备，前者用于记录座舱内六个主要仪表的读数，后者连接了六个应变仪，实时监测后机身和水平尾翼上六个位置的变形情况。工程师们现在能准确地知道飞机在不同G力下的状态，F6F-3是最后一种“靠猜测和上帝”设计并测试的格鲁曼战斗机，俯冲测试的开拓期结束了。

得益于各种改进，飞机在测试中表现得游刃有余。即使加速度增加到了7.5G，抖振也随着增强，示波设备显示飞机受到的压力仍然没有超过设计值。飞机在八天内完成了要求的展示测试，海军相当满意。

奇怪的是海军或者格鲁曼工程管理部门里，没有任何人坚持要求把压缩效应的部分写入飞行手册。很多飞行员在F4F-4“野猫”上完成作战训练，“野猫”的俯冲特性较为温顺，他们以为“地狱猫”也会这样。于是在实际飞行“地狱猫”时，有些人从高空进行大角度俯冲，最后一头撞在地上，每次事故报告都写着“原因不明”，甚至“心脏病”。

少量“地狱猫”在空战机动中超过了抖振边界，每一

第3架生产型“地狱猫”04777号，它由控制机遥控飞行，很快就在测试中坠毁了。过了一年迈耶才完成了“地狱猫”的俯冲测试。

侧水平尾翼被扯飞了一半，飞机靠着剩下的一半返回航空母舰。尾翼断裂位置与迈耶用的测试机尾翼弯折位置相同，正好在升降舵中央铰链外侧，这真是个无比幸运的结果，升降舵勉强还能使用，让飞行员有机会返回母舰。

此前海军曾经用第3架生产型“地狱猫”进行俯冲测试，他们将飞机涂成黄色，并安装了无线电遥控设备。在最后一次试飞中飞机从9150米高度开始进行60度俯冲，然后理所当然地垂直撞在地上，海军将原因归结为无线电遥控失效。在格鲁曼公司了解了压缩效应后这次事故的原因已经很明显，飞机速度必然超过了0.75马赫。

还好格鲁曼公司从未要求迈耶进行最大马赫数测试，工程师们估计这个数值为0.8马赫。为了解决美国战斗机的俯冲问题，NACA研究出了俯冲襟翼，打开时可以增加飞机阻力，并产生抬头力矩，将飞机强制改出俯冲。受压缩效应影响最明显的P-38战斗机优先安装了俯冲襟翼，接着是P-47战斗机。遗憾的是海军从未要求“地狱猫”安装这种东西，他们对一些新鲜玩意儿的敏感度远不如陆军航空兵，直到1945年才要求格鲁曼公司在“熊猫”和“虎猫”上安装俯冲襟翼。

十、零战是对手，“海盗”是敌人

从“地狱猫”和“海盗”诞生到今天，哪种飞机更好的争论从未停止过，即使在美国海军内部也是如此。但是在战争形势的逼迫下，海军采取了特别务实的态度：所有战斗机都应当更好，如果它们各有优点，那么就必须从对手身上学习长处。

1943年夏季，美国海军将1架F4U-1交给格鲁曼公司，这架飞机的航空局编号为17781。海军直接下达了命令：增加“地狱猫”的速度20节，同时改善飞机副翼，让“地狱猫”能在速度和滚转率两方面与“海盗”媲美。

与此同时，钱斯·沃特公司收到了1架F6F-3，海军给他们的命令则是改善飞机视野、座舱布局、失速特性，另外重新设计起落架以解决讨厌的降落弹跳问题。

对于格鲁曼公司的员工来说，他们自己的“地狱猫”显然是美丽的飞机，但是“海盗”的线条确实更为优雅。这两架飞机放在一起时，“地狱猫”看起来好像一个盒子，格鲁曼的员工们便开始强调“地狱猫”的外观“非常功能性”，而不是“丑”。

一开始，格鲁曼的员工们认为钱斯·沃特公司会花很多时间解决那些毛病，因为会牵涉到大量修改。而比起那些康涅狄格州挖蛤蜊的家伙来，格鲁曼人显然能生产更好的舰载战斗机，很快就能改善问题。

敌人就在机库里。格鲁曼公司立刻开始测试这架飞机。迈耶第一次试飞就发现“海盗”的指示空速比“地狱猫”快20节，同时副翼效果相当平滑且强力，海军说的没错。座舱布局则显而易见地糟糕，连地板都没有，在方向舵踏板下方只有两块脚踏板能防止铅笔、航行图或者耳机之类的东西掉下去。下方可是接近一米深的黑洞，要是飞行员的导尿管在长途飞行中掉进去了，那真是灾难性的结果。

为了简化测试评价流程，“地狱猫”测试机与“海盗”编队飞行，直接对比在各种高度下的飞行速度，以及从巡航速度到最大速度下的表现。这两架飞机还进行了编队俯冲测试。

对比测试结果令人惊讶，在低空只使用发动机级增压器时，“海盗”的真空速确实比“地狱猫”快15节。但是从1500米高度开始到升限附近，这两架飞机飞得差不多快，有时候“海盗”会慢慢领先30到60米，其他时候“地狱猫”领先一点。同时“海盗”的空速计显示总是比“地狱猫”快20节，让人颇为不解，这两种飞机分别使用R-2800-8W与R-2800-10W发动机，构造和最大功率几乎相同，螺旋桨也差不多，为何会有这种结果？

格鲁曼公司收到的“海盗”战斗机，航空局编号为17781。1943年9月至11月间，这架飞机在格鲁曼进行了许多飞行测试。

17781号前侧照片，它也没有安装武器，机枪口被封闭了。右翼前缘机枪位置外侧有一个扰流片，以改善飞机失速特性。

“海盗”在低空飞得更快的理由很快找到了，在只使用发动机级增压器时，高速空气会直接通过进气道流向“海盗”的喷射化油器。“地狱猫”在这种情况下则从发动机后方的附件区吸取空气，这里的空气近乎于静态空气。冲压效应会增加“海盗”的发动机功率，让它飞得更快。在双方都使用辅助级增压器时，高速空气都通过进气道进入发动机，所以它们在高空的表现就差距不大。

格鲁曼的工程部门出来辩解说，从发动机后方吸取空气可以避免化油器结冰，结冰会让发动机停机。此前不少“野猫”就由于这个理由损失掉了，这个设计海军知道而且通过了，没有理由修改。迈耶也同意这个意见，他自己曾经在“野猫”上遇到过这个毛病，导致飞机在无动力降落后向前倾覆。

对于高空的指示空速差距，格鲁曼公司决定先修改空速表系统。此前“地狱猫”空速计的静态压力和动态压力孔放在一起，这次决定像“海盗”一样将静态压力孔放在机身上。工程师们尝试了很多位置，迈耶不停地测试飞机，几乎飞遍了整个包线，终于空速计读数与“海盗”相当了。接着将测试机送往帕塔克森特河海军航空站，让海军飞行检查。

海军很快发回了测试报告，除了赞扬飞机的低速性能以外，还指出在放下起落架和襟翼后，如果打方向舵向左侧滑，那么飞机的指示空速将会变成零！看起来真是个奇迹！格鲁曼再度领先于航空业界！然而，在检查后立刻发现事情不是这样的，对于新空速系统缺乏经验的工程师只在飞机左侧开了静态压力孔，在飞机放下襟翼向左侧滑飞行时，静态压力孔受到的压力不平衡，当然会让空速计整体失效。迈耶自己也很愧疚，作为主力试飞员，居然忘了进行侧滑测试。最后在远离襟翼的位置上安装了双侧静态压力孔，与“海盗”的安装位置类似，算是解决了这个问题。

当然，“地狱猫”的飞行速度指标确实比“海盗”差，格鲁曼公司自用的测试机很可能仅仅由于机况和维护更好而飞得很快。公司自用的测试机飞行速度经常高于海军测试量产飞机得到的速度：在1944年1月，1架改装了部分F5F-5组件的F6F-3型就在6400米高度飞到了每小时659.7公里，这是F6F-3型的最高速度记录。

要真正让“地狱猫”的飞行速度赶上“海盗”是一件不可能完成的任务，这意味着飞机整个气动布局必须重新设计。更低阻力的战斗机设计将在下一代F8F“熊猫”上实现。总之性能增强似乎搞定了，但是副翼问题一度令人陷入手足无措的地步。

“地狱猫”的滚转率不高，一般空战速度下有每秒60度至70度，高速时会严重下降。而“海盗”可以达到每秒100度左右，超过“地狱猫”很多。格鲁曼公司的工程师们为了改良飞机滚转性能重新设计了几十种形状的副翼，安装到飞机上测试后却毫无改善，无论如何都不可能实现“海盗”的滚转性能。终于大家认识到“地狱猫”的机翼大上反角给飞机带来了过强横向稳定性，为了增强滚转性能必须先改动机翼，但是机翼上反段正好在折叠位置。

因为战时生产情况根本不允许对机翼做大幅度设计修改，格鲁曼甚至开始尝试制作一套与“海盗”完全相同的副翼，但改装到飞机上之后仍然毫无改善。这时NACA起到了关键作用，他们在这时发展了一种弹簧补偿系统，可以减小操纵杆50%的杆力，让飞行员在高速飞行时能将操纵杆侧向打满，最大限度利用现有副翼的性能。在安装了弹簧补偿后，飞行员可以在比以前高100节的速度下将副翼打满，有效增强了高速滚转性能。

弹簧补偿副翼从F6F-5型开始作为标准配置，格鲁曼公司生产了超过3000套改装件，向已经交付海军的F6F-3发送。

格鲁曼公司对“海盗”的考察不算少。送到格鲁曼的飞机右翼前缘安装了一个扰流片，用来改善飞机失速特性，但安装了扰流片之后还是比不上“地狱猫”。正常平飞失速时仍然会发生突然的单边失速，让飞机突然滚转。高G机动中也有一样的表现，飞机毫无预兆地开始快速滚转。

迈耶在这段时间发现了一种新的起飞方式：当“地狱猫”开始滑跑并且尾轮离地之后，一到达最低起飞速度，就猛拉杆将尾轮摔在跑道上，然后飞机会被弹到空中。在无风条件下可以节省大约30米滑跑距离。试飞员们把这个动作叫做“跳跃起飞”，后来推广作为“地狱猫”的标准短距离起飞方法。迈耶在“海盗”上测试这个动作却差点酿成事故，飞机弹起时来了一阵侧风，飞机立刻向左侧偏航30度，而且左翼立刻失速并导致飞机滚转，接着猛地落回地面。斜着滑行时又差点撞进交付区的“地狱猫”机群中，最后总算在距离最近的“地狱猫”15米地方停了下来。可见由于“海盗”的失速特性不稳定，无法运用这种比较极端的起飞方式。

在钱斯·沃特公司，“海盗”的改进项目同时进行着。失速特性通过安装扰流片已经有所改善，而后降落弹跳也减少了，同时通过抬高尾轮和座椅来改善前向视野，以上这些部分比较简单，而且能融入现有生产线，最终让F4U-1D登上了航空母舰。另外较大规模的改进，例如重新排布座舱，要到1944年末的F4U-4型上才能投入生产。

与“地狱猫”一样，“海盗”的生产任务也特别重，不可能进行任何本质性的改动。例如前向视野差是飞机整体布局导致的结果，原型机的油箱全部位于机翼内，量产前移动到了飞行员和发动机之间的机身内，导致机头过长。再加上其他因素，使得战争期间“海盗”没能在航空母舰甲板上占据主导地位。

钱斯·沃特公司的历史

在舰载战斗机这个项目上，钱斯·沃特公司毫无疑问是格鲁曼公司的最主要竞争对手，尤其是在第二次世界大战前后。该公司设计的F4U“海盗”也是美国海航历史上最重要的舰载战斗机之一，并且与两代格鲁曼战斗机有竞争关系。

和格鲁曼相同，钱斯·沃特也是一个人名。1890年2月26日，钱斯·米尔顿·沃特出生在纽约长岛。他本人是美国的航空先驱之一，也是航空工程师，并一度担任莱特公司的首席工程师。在离开莱特公司后，他与伯兹艾·刘易斯一起在1917年成立了刘易斯和沃特公司，随着刘易斯退休，公司也改名为钱斯·沃特。

该公司生产的VE-7双座教练机是第一种从美国航空母舰起飞的飞机。而后又向美国海军提供了多种产品，包括O2U“海盗”，这是第一种叫做“海盗”的飞机。

1928年，联合飞机与运输公司收购了钱斯·沃特，不过后者在运作上仍然保持了相当独立性。正好在大萧条开始时，沃特本人因为败血症英年早逝，年仅40岁。但是公司的业务仍在稳步前进，并且搬到了康涅狄格州。1938年，钱斯·沃特公司开始设计XF4U-1，“海盗”原型机在1940年5月29日首飞。此后几经波折，终于获得了成功——逐步改进的“海盗”生产了12571架，在美国海军中服役到1953年。“海盗”的飞行性

1945年，“富兰克林”号航空母舰甲板上停放的F6F-5与F4U-1D。

能出色，而且在多用途方面的发展引人注目，在战后诞生了专用的攻击机型号AU-1。“海盗”的设计时间早于“地狱猫”，而与“熊猫”同时从一线退役，可见其基础设计水平相当不错，确实是格鲁曼战斗机的好对手。

钱斯·沃特在1954年从联合飞机公司完全独立，此后为美国海军生产了F-8十字军战士战斗机和A-7“海盗”Ⅱ攻击机，后者其实已经是第三种叫做“海盗”的飞机。这些飞机与格鲁曼公司的F-14“熊猫”、A-6“入侵者”一起在美国海军中服役。1962年，钱斯·沃特公司被一个叫做詹姆斯·凌的商人买下，与他自己的公司合并成了凌·特姆科·沃特公司。由于该公司经营上出现了许多问题，沃特的飞机分部在1992年卖给了诺斯洛普公司，1994年诺斯洛普公司又并购了格鲁曼公司。最终，钱斯·沃特和格鲁曼这一对欢喜冤家以奇特的方式走到了一起。

十一、邻居

在第二次世界大战中，日本陆军和海军以互相斗争而闻名于世，实际上军种斗争在各国都存在，美国也不例外。美国陆军和海军、陆军航空兵和海军航空兵经常把对方当做死对头，也经常产生摩擦。不过美国的战争资源丰富，这种摩擦并没有带来什么无法挽回的恶果。

对于格鲁曼公司来讲，它的另一个对手就在面前。共和飞机公司的厂房距离很近，这两个主要军用飞机生产商在任何事情上都想争一把。在国内，它们经常争吵谁能生产更多飞机，到了战场，争论的题目又变成了谁为胜利作出了更多贡献。这两家公司有时也会合作，他们的试飞员经常跑到隔壁公司去飞对手的飞机，帮着指出一些毛病。

有一个当时流传甚广的故事，在长岛以各种不同形式来回传播：一个海航飞行员说：“陆航的飞行员都是些偷偷摸摸的家伙，他们跑过来洋洋得意的吹嘘‘雷电’战斗机，就是说P！4！7！怎样怎样好……我告诉他们‘如果你有那么强，飞机也有那么好，我们明天就来决胜负。你们出四个人，开你们满肚子铆钉的‘雷电’，我们出四个人开‘地狱猫’。就在长岛上空3000米高度，正午时分，头对头打一场，看谁的飞机更好。’”

“到了第二天，那些说谎的陆航大头兵倒是在正确时间到场了，但是他们在4500米高度，而不是我们讲好的3000米高度。你能想象吗？真是一群小贼！孩子我告诉你，如果我们不是从7500米高度冲下去把他们抽了一顿，这些作弊的陆

长岛是个危险的地方，到处都是已经交付部队的战斗机在训练飞行。不在飞机上画这么大“TEST（测试）”标记的话，总有自以为是的飞行员来找茬。

航崽子一定把我们干掉了！”

这两种飞机虽然有一些共性，也都使用R-2800发动机，但设计目标完全不同，使得飞行性能表现也迥异。P-47B的设计目标是高空截击机，它要在高空飞得很快。所以共和飞机公司给它配置了巨大的废气涡轮增压器，使它的高空性能在同代战斗机中位居榜首，只有很少使用机械增压器的高空战斗机能与之相比。“地狱猫”则是舰载战斗机，由于要在航空母舰上起降，必须保证一定程度的低速性能，所以盘旋能力更为出色，在经典的咬尾狗斗中容易胜出。

由于“雷电”的技术特征，它在试飞时的高度也经常比“地狱猫”更高。在长岛的格鲁曼和海军飞行员要时刻警惕着共和的飞机，陆航飞行员经常开着“雷电”从高空俯冲下来搞事。这种情况有时闹得很烦人，于是测试用的飞机在机身侧面涂上了白色的“测试”大字。否则当试飞员准备进行一些认真的测试时，总有些冒失鬼俯冲下来模拟攻击。

这张宣传图将“地狱猫”和“雷电”画在一起，左上角写着“队友”。它们都从长岛出发，支援法国南部登陆战役。

当盟军在法国登陆的新闻传到国内后，格鲁曼与共和的对立势头多少缓解了一些，这两种飞机在同一个区域内协调作战。虽然谈不上配合，但是也没什么摩擦。

格鲁曼工厂的试飞逸事

肯尼思·耶恩斯泰特是共和飞机公司的试飞员，他曾经服役于海军陆战队航空兵，还去过中国参加陈纳德的飞虎队。因为患上了严重的疟疾返回了美国，不能再服役而加入了共和飞机公司，在这里他参加了P-47的飞行测试。

共和公司和格鲁曼公司的试飞员们彼此非常熟悉，他们还经常交换飞行。耶恩斯泰特回忆说：“我们会经常交换飞行不同的飞机，当我们开发出一个新型号，康维斯和其他几个格鲁曼的小伙子会跑过来试飞。

当他们开发出了新型号的时候，我们一样会过去飞他们的飞机。”

1943年早期的一个下午，耶恩斯泰特跑来贝思佩奇等着轮到他飞F6F。他在洗手间遇上一个高个子中年飞行员，正当此时另一个共和飞行员冲进来，大叫“嘿！杰尼，林迪在这附近！”耶恩斯泰特指着那个高个子说：“是的，我知道。”

林迪是查尔斯·林德伯格的绰号，他很骄傲地展示借来的F4U，他开着这架飞机来到了格鲁曼公司。在这个时期，他是钱斯·沃特和普拉特·惠特尼公司的顾问。不过今天他来贝思佩奇的原因和耶恩斯泰特一样——飞一架“地狱猫”。

虽然耶恩斯泰特在飞行计划表上排位靠前，但是他决定让他儿时的英雄偶像先上飞机。林德伯格说不必如此，但是耶恩斯泰特坚持：“我会开车回家，但是你要飞回去，这会搞到很晚，所以你为什么不先飞？”林德伯格回答：“好，实话实说，我很感激。”做完起飞前检查，林德伯格爬进F6F，启动发动机并起飞。大约过了25分钟他回到机场上空，但是并未降落，很快传来他的起落架卡在收起位置的消息。

“如果你从未见过一个紧张的飞机公司，你应该去看看这天的格鲁曼工厂。”耶恩斯泰特说，“查尔斯·林德伯格在这里，在格鲁曼的一架‘地狱猫’里，他想降落但是起落架放不下来。我从没见过其他什么飞行员能从无线电中听到那么多帮助和建议，工程师和机械师蜂拥到塔台。最后在三次俯冲拉起之后，他终于放下了起落架并安全降落”。

林德伯格关掉发动机并开始爬出座舱，耶恩斯泰特走上前去说：“多谢帮我检查这架F6F，林迪。”

终于耶恩斯泰特飞过了“地狱猫”，但是他仍然忠于共和公司与自己的飞机：“它没P-47那么好。”

勒罗伊·格鲁曼当然不可能同意这种说法，虽然他从来没有飞过“雷电”，但是他确实飞过“地狱猫”。1944年夏季的一天，格鲁曼告诉康维斯想飞飞“地狱猫”，康维斯对这个想法可没什么放纵的热情，但是他的老板已经决定了。虽然格鲁曼好多年没在天上飞过了，不过这看来并未有什么影响。格鲁曼脑子里有太多生意问题，他想像以前那样放纵一把，把麻烦丢到楼上然后一走了之。

据传说，康维斯花了10分钟给格鲁曼先生讲解座舱和操作，然后董事长一脚把他的试飞员踢开，自己启动发动机并起飞。他流畅地转了个弯离开起落航线，然后消失在天边。地上聚集的人群看着他起飞，对于年轻飞行员们来讲董事长老的可以算是一条恐龙了。

过了大概20分钟，那架孤独的“地狱猫”回到了降落航线，转弯并开始最终进场，然后安然落地。格鲁曼做了一次非常专业的降落并将飞机滑行回飞机保养场。他关掉发动机从座舱中爬出，摆了个很酷的姿势用烟斗抽烟。让在场所有人都好奇在飞行中他是不是一直叼着这个烟斗。

然而工厂测试飞行员们可没准备赞扬他们雇主的飞行技巧，他们坚持要老板给派对基金付1美元罚款，因为他在滑行时放下了襟翼，而且关上了散热片。飞行测试部门的年轻人们制定了这个规矩，以防谁因为忘了导致发动机过热。格鲁曼回答说这罚款对他不公平，他只飞了一次F6F，不知道这些事。但是他最后交了5美元，自称：“1美元是付给在滑行时被看见的错，4美元是付给在天上这些家伙没看见的错。”

当勒罗伊·格鲁曼飞“地狱猫”时已经50岁了，作为公司高管已经很久没碰过操纵杆。这一次可以说是对他本人和格鲁曼飞机的致敬。

十二、最后一年

1945年初，格鲁曼公司将1架F6F-5拖到纽约市区，参加战争债券募集活动。这里就是著名的纽约第五大道。

第10000架“地狱猫”的发动机刚刚组装完毕。

1945年的头几个月里，格鲁曼的工人似乎也有些疲惫了。在海外，盟军高奏凯歌，各条战线都在反攻，战争正在稳步走向胜利。工厂里的工作还是那样日复一日，大量的零件从生产线上经过，最后形成大量的飞机，从另一头被推出厂房，检查测试之后交付给海军。

部分员工喜欢在澡堂里徘徊，抽着烟讨论世界局面，然而这时他们本该在工作。当斯沃巴尔听闻这件事后，他让维护工人每隔20分钟就用大型拖把清理一遍澡堂，免得那些人在里面无所事事。

在澡堂里讨论各种流言是个很受欢迎的打发时间方式。流言之一就是1945年早期格鲁曼公司可能会再度削减支出，并解散10%的工人。有八卦消息说格鲁曼本人让各级经理制定一个列表，将效率最低、最没有活力、最能制造麻烦的工人列出来。

结果比上一年的减产指令还可怕，很多人找到了新的工作动力。公司应当在3月生产500架“地狱猫”，结果紧张的工人们生产了605架。第10000架“地狱猫”也在这个月完工下线，员工们在上面签名纪念，通过生产线时每个人都额外仔细地加工它，将铆钉敲打得更平滑，每根电线都安装得更坚固，让它更为完美。

等到试飞检查即将开始时，飞机表面已经写满了名字，车间主管都找不到地方把他自己的名字写上去。在交付给海军前飞机被还原成正常涂装，不过发动机罩两侧仍然保留着几个白色的字，将它与其他飞机区别开。

开始生产接下来的1000架飞机时，普通工人都因为紧张和压力而筋疲力尽了。他们的交通工具状况加重了事态。汽油和橡胶在战时都受到国家管制，1942年头几个月过去之后美国公民再也买不到一辆新汽

1945年3月，这44架F6F-5正等待交付。格鲁曼在这个月的交付量达到了创纪录的640架“地狱猫”和85架其他飞机，包括F7F-1“虎猫”。此前的月交付记录由北美航空公司保持，他们在1944年2月交付了610架“野马”战斗机。

车。战争状态又过了三年，许多汽车都已经无法使用。

公司里举办了一个“谁开的汽车最烂”比赛，哈罗德·波特只差一步就能获得冠军，他开着一辆破烂的1927年产雪佛兰来公司上夜班。最终胜者是罗伯特·罗克斯伯勒，他的车也是雪佛兰，不过在1940年才购买。从使用时间上这看起来根本不可能获胜，但是这辆车与一辆公共汽车相撞，几乎因此报废。在挡风玻璃前方的所有蒙皮都被拆掉了，发动机和水箱裸露在外面，两边胎纹几乎磨光的轮胎也很显眼。

里昂·斯沃巴尔再次行动起来，他组织了一个维护队去维修雇员们的老爷车。自从有专人维护车辆，雇员们能准时到达工厂制造飞机，而不是延误在工厂外的某处等待救援。维护队开着车上门更换轮胎、维修蓄电池，还能将其他车从雪地和泥泞里拉出。雇员们把这支队伍叫做“杰克·李的绿卡车”，新闻则将他们报道为“四个轮子上的圣人伯纳德”。这支队伍很受欢迎，每年要出动上千次。

长岛发了洪水，“杰克·李的绿卡车”正在营救一辆陷入水中的汽车。

1945年5月8日，盟军在欧洲战场取得了胜利，纳粹德国无条件投降。当然，工厂里的每个人都知道“地狱猫”生产还要继续，因为日本人显然还要继续打下去。最终美军将登陆日本本土，海军还会需要这些战斗机，所以这个月的产量仍然有475架。

8月，原子弹轰炸日本的消息传回了美国，接着日本宣布投降，一切都改变了。9月2

1945年5月，3号工厂的工人们正准备收听杜鲁门总统的欧洲胜利日演讲。中间是一个“地狱猫”的机鼻整流环。

日东京湾的舰队上正在举行正式受降仪式，在国际日期变更线另一端，海军取消了剩余的1677架F6F-5订单。工厂中的工作立刻停滞下来，公司要求绝大多数工人整理个人行装，在几天内回家。

与此同时，格鲁曼的管理层正在检查并确认，看哪些合同可以直接取消，哪些可以修改，这个步骤花了不少时间。此前海军和格鲁曼都同意了整个“地狱猫”合同终止，但是很多半成品仍然可以完成并交付，以免造成过多浪费。于是9月没有任何飞机交付，10月交付了32架，最后30架在11月完成。第12275架“地狱猫”的航空局编号是94521，从头几架飞机交付海军到现在已经过了接近三年。“地狱猫”生产彻底终结后，公司下一步业务希望是生产F7F“虎猫”和F8F“熊猫”，海军已经订购了这两种新飞机。

大概5700人被召回公司，而到了1946年初只剩下了4670人。这些剩下的员工孤单地开车到贝思佩奇，将车停放到空旷的巨大停车场一头，漫步到寂静的厂房里。很多人觉得伤感，好像他们热爱的家乡在一夜之间消失无影。

94235号飞机，这是最后下线的“地狱猫”之一。

贝思佩奇的格鲁曼工厂鸟瞰，左侧大片厂房即为3号工厂。跑道上涂着巨大的GRUMMAN（格鲁曼）字样。

“地狱猫”年产量	
1942 年	10 架
1943 年	2547 架
1944 年	6140 架
1945 年	3578 架
总数	12275 架

交付情况	航空局编号	生产顺序	交付日期
F6F-3（总产量4402 架）	04775—04958	1—184	1942. 9—1943. 4
	08798—09047	185—434	1943. 4—1943. 6
	25721—26195	435—909	1943. 6—1943. 8
	65890—66244	910—1264	1943. 7—1943. 9
	39999—43137	1265—4403	1943. 9—1944. 4
F6F-5（总产量7868 架）	58000—58999	4404—5403	1944. 4—1944. 6
	69992—72991	5404—8403	1944. 6—1944. 12
	77259—80258	8404—11403	1944. 12—1945. 6
	93652—94521	11404—12273	1945. 6—1945. 11

第二章 “地狱猫”详解

一、各种型号的“地狱猫”

因为格鲁曼公司的巨大能量，“地狱猫”在首飞后一年出头就开始参加战斗。对于美国海军来讲这是非常幸运的结果，虽然“海盗”的飞行速度和发展潜力都更高，却无法获得上舰许可。直到1944年仍然没有完全解决问题，除了少量夜间战斗机分遣队在1944年早期登上航空母舰以外，“海盗”要等到这年的年末才会大规模在航空母舰上起降。

结果“地狱猫”参加战斗的重要性翻倍了，它能提供足够击败零战和其他日本战斗机的飞行性能。这架巨大的格鲁曼战斗机不仅能在空战中取得优势，它还改变了空战规则，现在美国战斗机能在交战中取得主动权。它的航程比“野猫”更远，能让美国海军航空兵主动去搜索敌机，并与之交战。但是日本人也在研制新飞机，为了保持特混舰队的战斗力，“地狱猫”需要不断改进。

XF6F-1

“地狱猫”的原型机有两架，如前文所述航空局编号为02981和02982，对应的工厂编号为3188和3189。它们均安装了XR-2600-10发动机，配套寇蒂斯电动螺旋桨，外加大型整流罩。除了发动机以外，其他部分设计均已固定，日后没有大规模更改过。

“地狱猫”首飞已经过去很久，格鲁曼和海军都不能完全确定早期试验型号背后的真正故事。格鲁曼的历史学家舍能堡格认为这段历史已经永远不可能被完整还原，当时格鲁曼公司档案显示由于不明理由与航空局编号互换了，02982号变成了格鲁曼的3188号，成为了唯一测试机。这架飞机后来又改装R-2800发动机成为XF6F-3原型机。

试飞员罗伯特·哈尔否认这个记录，他的日志表明有两架单独的原型机，一架是XF6F-1，航空局编号02981；另一架XF6F-3，航空局编号02982。他说这两架不可能是同一架飞机，因为在1942年7月25日的这一周，他既飞过XF6F-1又飞过XF6F-3。结果两份相反的记录让这件事成了个谜团。

XF6F-2

这个编号实际上对应两种不同的型号，最初原型机计划是1架XF6F-1，1架XF6F-2，后者为02982号。它应该装备二级增压的R-2600发动机，但是这个计划根本就未实施。最后这个机号改给XF6F-3原型机使用。

1944年，这个编号被捡起来再度使用，但现在大家通常都会忽略掉这架原型机，飞机的航空局编号为66244。格鲁曼计划在这架飞机上测试比尔曼涡轮增压器，它最初安装的发动机是R-2600-15型，在1944年1月由卡尔·阿尔伯驾驶首飞。后来改装了R-2800-16和R-2800-21型发动机，这两种发动机都附带了比尔曼涡轮增压器。飞机螺旋桨改成了四叶寇蒂斯电动型。

与很多实验品一样，比尔曼涡轮增压器指标出色，实际上却很不稳定，令人失望。它看起来可以将海平面输出功率保持到7600米高空，在空战中这一点价值很高。与许多人想象的不同，美国海军希望飞机有良好的高空性能，但问题是如果由此造成飞机的低空性能很差的话，他们也不能接受这种结果。

比尔曼涡轮增压器在测试中经常起火，原因是没有燃烧的汽油排出汽缸后顺着增压器涡轮叶片流到排气管集成处，在这里起火燃烧。这个经常发生的危险情况无法容忍，更糟糕的是仅有的几次试飞中，原型机表现出的飞行性能不比普通F6F-3好。因为涡轮增压器安装在机头，这种形式让发动机舱变得硕大无比，相当程度增加了阻力，降低了飞行性能。出于这些原因，比尔曼涡轮增压器没能成为标准配备。此后，66244号原型机最终改回R-2800-10W发动机，按照F6F-3标准交付海军。

停放于地面的XF6F-2原型机，可见这个型号的下巴相当臃肿，其中安装了废气涡轮。

从后下方跟随拍摄飞行中的XF6F-2，这架飞机只飞行了几次，整个计划就取消了。

XF6F-3/ F6F-3

原型机编号为02982，无论它到底是哪架飞机。飞机安装了R-2800-10发动机，螺旋桨仍然是寇蒂斯生产的三叶电动桨。该机在8月17日迫降后损坏，被拖回公司后改装重建为XF6F-4原型机。

第1架专门制造的F6F-3在1942年9月13日首飞，这架飞机继续进行测试项目。飞机终于改成了汉密尔顿标准的液压螺旋桨，但是仍然被称作XF6F-3。同年11月11日交付给海军。1943年12月至1944年7月之间又被转交给普拉特·惠特尼公司当做发动机测试平台，最终1944年11月30日被除役。

第1架生产型标准的F6F-3在1942年10月3日首飞，交付时还带有螺旋桨整流罩，此外还有扩大的起落架整流盖和机枪整流盖。生产了10架之后，

XF6F-3原型机照片，原型机与生产型的差异很小，最显眼的差距就是螺旋桨整流罩。

原型机的座舱仪表布局，方向舵踏板之间的那几排仪表仅限于测试使用。

刚出厂的F6F-3，航空局编号为26093。它已经喷涂了标准三色涂装。

这架F6F-3用来进行火箭挂载测试，注意每侧翼下有四个挂点，后来在F6F-5上每侧只配置了三个挂点。

其余所有飞机就不再附带螺旋桨整流罩了。1943年9月起生产的F6F-3增加了机腹油箱挂载能力，右侧主翼下添加了一个重挂点，以携带炸弹，此前的飞机则部分通过改装获得相同能力。

1943年末开始给F6F-3型加装喷水系统，至1944年4月前线机队完成改装。

1942年12月，海军要求格鲁曼设计一种基于F6F-3的水上战斗机，以协助登陆作战时的防空任务。此后由于安装了浮筒的“野猫”在测试中表现糟糕，两种“猫”的水上飞机型号都被取消了。用护航航空母舰搭载那些多余的“野猫”掩护登陆显然是个好主意。

F6F-3E/ F6F-5E

F6F-3E是最初的夜间战斗机型号，基于普通“地狱猫”改装，在右翼吊舱内安装了西屋公司的AN/APS-4雷达。另外首次安装了平面风挡，原意是减少眩光，此后成了F6F-5的标准配置。飞机还安装了雷达高度计和红色座舱灯。这个型号总共只有18架，1943年末完成交付。

少量F6F-5也使用了AN/APS-4雷达吊舱，同样添加E后缀以示区别。

F6F-3E侧前方照片，AN/APS-4雷达吊舱悬挂在右翼下。

41060号F6F-3E的座舱面板，中央物件即为雷达屏幕。

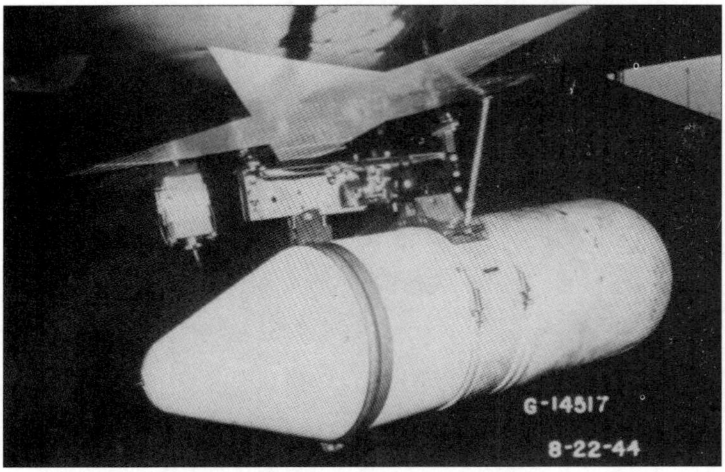

AN/APS-4雷达吊舱和挂架近照。

F6F-3F

这个型号据称由普拉特·惠特尼公司的发动机测试飞机使用，现在已经难以考察详情。

F6F-3N

正式夜间战斗机型号，因为F4U-2夜间战斗机在航空母舰上操作事故率很高，海军要求格鲁曼在“地狱猫”上安装AN/APS-6雷达，提供更合适的夜间战斗机型号。此外飞机还安装了AN/APN-1雷达高度计，雷达高度计比一般气压高度计更精确，适合在夜间或者能见度低下的时候使用，雷达屏幕则安装在座舱中央面板上。第1架飞机在1943年6月就交付了，但是配套的雷达直到9月才安装完毕。其实到了1944年3月，这个型号才正式从海军获得F6F-3N编号，5月开始投入战斗。F6F-3N总共生产了229架，其中航空局编号为65950的飞机在左翼整流罩内安装了探照灯。

F6F-3K

1945年末到1946年，海军将一批“地狱猫”改装成遥控无人机，用于执行各种测试任务，以及充当导弹和枪炮的靶机。

F6F-3P/ F6F-5P

由标准型号改装的照相型

F6F-3N侧视照片，注意AN/APS-6雷达舱融入了机翼，而不是挂在机翼下方。AN/APS-6雷达的保密等级很高，在夜间型飞机测试时要与普通昼间型号分开。

41302号F6F-3N的座舱面板，雷达显示屏凸出于仪表盘中央。

XF6F-3原型机被拖回后维修完毕，同时改装了相应的R-2800-27型发动机，在1942年10月1日首飞，首飞7天后交付海军。由于飞机综合性能相较改进过的FM-2型“野猫”优势不大，海军航空局认为这个计划不值当，于是下令终止这个型号研发工作。

1942年11月起，由于海军希望强化飞机固定火力，这架原型机被再度利用起来，机翼上的机枪被拆除，改装了四门20毫米航炮进行测试。1946年10月31日它被海军除名。

XF6F-5/F6F-5

原型机于1944年4月5日首飞，除了预定的各种主要改进以外，发动机罩也稍微紧密了一些。生产从1944年4月延续到1945年11月。初期生产批次飞机，在后机身左侧安装长焦距照相机，同时保留标准武器配置，不过有些飞机会拆除一部分机枪。

XF6F-4/F6F-4

这是一种减重型号，发动机安装一级二速增压器，而非标准型的二级二速增压器。机枪也将减少为四挺，这些减重措施将让它更适合在飞行甲板有限的护航航空母舰上使用。

XF6F-4转为测试四门航炮配置，图为航炮和弹链的安装方式。20毫米航炮原始设计使用60发弹鼓，改为弹链后在原来弹鼓的位置安装了一个形似弹鼓的装弹器。

XF6F-4俯视照片，20毫米航炮的炮管比12.7毫米机枪长不少，伸出机翼许多。

与F6F-3相同，只有右侧内翼段有一个重载挂点，不过另一侧很快就加装了挂点，并以三个重载挂点作为生产标准。

主要改动包括以下10条：

1.新的燃油转移系统。这个系统能让飞行员将副油箱内的汽油转移到右侧主油箱。

2.副翼配平片不同。F6F-3的左侧副翼可调配平，右侧副翼则是固定配平片。F6F-5上每侧副翼都有一个弹簧补偿配平片和一个固定配平片。F6F-3型有对应的改装套件，但是没有覆盖所有飞机。

3.新型风挡。这种风挡从在F6F-3N开始安装，接着融合进F6F-5生产线。飞行员脑后两侧的观察窗从F6F-3延伸到早期F6F-5，一直到航空局编号71662的飞机才停止使用。71663号开始的飞行员背后的装甲板也扩大到全座舱宽度，以提供更好的防护。所以从外观上是否有后侧窗口这一点不能用来完全区别两个型号，相比之下它们涂装的区别更明显，F6F-3多为深蓝、浅蓝迷彩加白色机腹，F6F-5则通体光泽深蓝色。但是涂装上的差异对于留在国内的飞机也不适用。

4.采用了间接仪表照明灯。

5.电气布线管道被取消了。

6.空速计布线和皮托管位置更改。皮托管开口外有一行贴字“不要堵塞这个洞”。

7.装甲布置调整，例如飞行员背后的装甲被加厚并加大了。

8.新涂装方式和颜色，另外飞机在工厂内就打了一层蜡。

9.内侧机枪位结构修改，现在可以将其换成20毫米航炮。

10.可取下的平尾尖端，不过仍然有一些飞机使用旧式固定尖端。

其他生产中的修改包括：所有F6F-3和前1297架F6F-5在背鳍上安装了两盏识别灯，前方一盏白灯，后方一盏蓝灯。后来前方白灯被取消了。前272架F6F-3在左侧外翼段安装了收放式的降落灯。

由于从40634号F6F-3开始，喷水系统作为标准配置安装在飞机上，此前交付的飞机则逐渐改装这一系统，所以没有被算入以上的主要改动中。

39999号以前的飞机每一侧有两上一下总共三个散热片，从这架飞机开始最下方散热片被取消了。前1501架F6F-3上的排气道上有凸起的整流罩，此后飞机的集成排管重新设计过，这个整流罩就被取消了。

前500架F6F-3的无线电天线向前倾斜，而且安装在稍微靠右的位置，而非机身中线。25787号至41294号飞机安装了垂直的天线，位置仍然靠右。

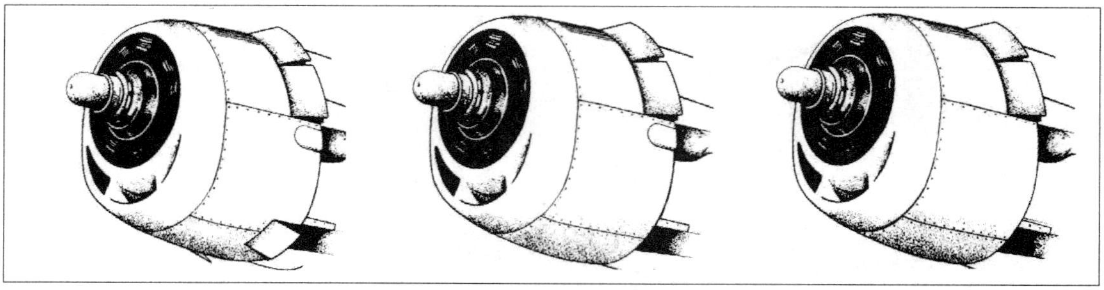

两种型号的发动机整流罩区别，左侧为早期批次F6F-3，中央为后期批次F6F-3，下方散热片被取消了。右侧为F6F-5，排气管上不再安装凸起整流罩，整体也稍微紧凑了一点。

从41295号飞机开始垂直天线被移动到了靠左的位置。

机翼折叠门从40734号开始稍有改动。前900架F6F-3安装了凸出的内侧机枪整流罩，不过在战区使用的大部分飞机都拆除了整流罩，也没再给新飞机配置过。美国海军的“地狱猫”使用零长火箭发射架，包括前后两个支撑桩，英国的飞机则安装他们自己的火箭发射导轨。

格鲁曼公司为04775号至40456号飞机生产了副油箱，此后的飞机副油箱则由美国政府供应。

航空局编号25181的“地狱猫”，这架飞机也被改成F6F-5原型机，用于空气动力和飞行性能测试。科温·迈耶在上面飞行了26架次，测试飞机性能和弹簧补偿片的效果。

F6F-5在生产时即安装了六个火箭挂点和内翼段炸弹挂点，而且大部分没有座舱盖后方的后机身窗口。

F6F-5D

战后无人机计划中需要操控飞机，少量加装了遥控设备的飞机编号即为F6F-5D。

F6F-5K

1949年至1957年，相当数量的F6F-5被改装为遥控无人机。其中几架在朝鲜战场被用来自杀攻击。编号为78933的飞机改装成导弹载机，机腹挂载了照相吊舱，机翼下可挂载导弹。

F6F-5N

这是产量最大的夜间战斗机型号，总数为1459架。

停放在一起的F6F-3和F6F-5，前者是三色涂装，后者是光泽深蓝色。这种蓝色在阳光下看起来更近似黑色，让飞机表现得更为霸气。

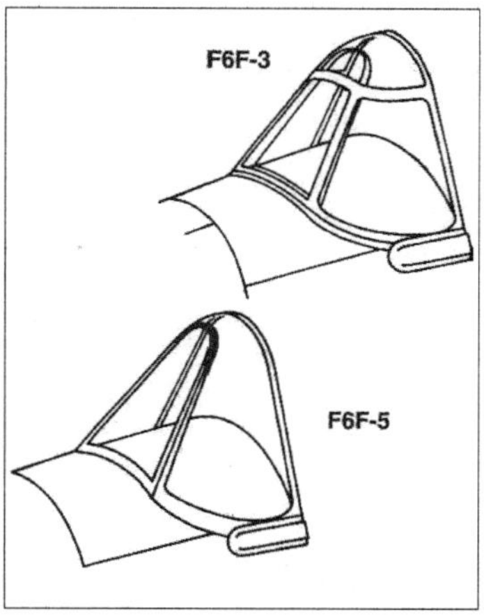

两种不同风挡的线图，上方为F6F-3使用的早期样式，防弹玻璃在风挡内部，下方为F6F-3N/5使用的平板风挡型，风挡本身即为防弹玻璃，加强筋减少了，飞行员视野有一定改善。

尚未交付的F6F-5N，注意内侧机枪已经被换成了20毫米航炮。

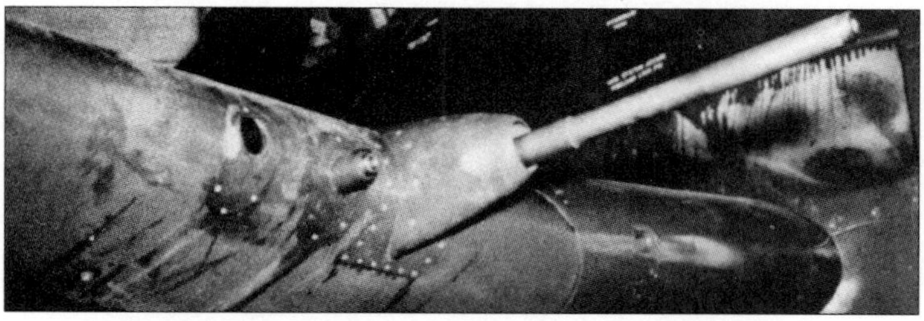

内侧20毫米航炮近照，虽然机枪整流罩生产初期就取消了，航炮却重新配置了整流罩。

安装的电子设备与F6F-3N相同，只是基于新型号的机身。最后期的批次出厂时即将内侧两挺机枪换成了20毫米航炮。至少有2架飞机，编号为70729和79139，在左翼安装了探照灯，它们用于评估夜间反潜任务。

XF6F-6

原型机制造了2架，航空局编号为70188和70913，由未完成的F6F-5改装。第1架在1944年7月由帕特·加洛驾驶首飞。新的R-2800-18W发动机可以输出最大2380马力的功率，螺旋桨也改成了汉密尔顿标准公司的四叶型号，7月6日的试飞中达到了每小时671公里的速度，爬升率也提升了不少。

格鲁曼公司挤出时间继续进行XF6F-6飞行测试。虽然在

79139号“地狱猫”，探照灯安装在左翼，正好与雷达舱相对应。

F6F-5N座舱面板，雷达显示屏与F6F-3N型不同。

1944年里格鲁曼每个月要生产500架左右“地狱猫”，工厂的主要任务是交付更多飞机，但是仍然努力将这个型号的生产计划排在了当年9月。

8月份XF8F-1“熊猫”原型机首飞，这种小型化战斗机的飞行性能远超“地狱猫”，甚至令格鲁曼公司和海军感到惊异。海军非常看好下一代战斗机，就近期空战状况来讲，也看不出有什么紧急需求要进一步改进“地狱猫”。此外使用相同发动机的F4U-4在试飞中取得了每小时717.6公里的成绩，这种新型号迟早要登上航空母舰，应当把发动机留给它。最终海军指令格鲁曼直接从F6F-5跳到F8F-1，甚至到了1945年2月有意让通用汽车公司也加入“熊猫”生产。如果战争继续进行到1946年，快速航空母舰将会混编F8F-1和F4U-4这两种型号。

这种形势下，F6F-6计划被直接取消的结果理所当然，但是却多少让人遗憾。当“地狱猫”在日本本土遇到新型战斗机时，部分飞行员发现F6F-5已经在很多性能上没有优势：速度和爬升率已经被赶上，日本战斗机的盘旋性能仍然更强。虽然这对战役和战争的结果毫无影响，但是如果F6F-6能少量在舰队服役，无疑会在部分战斗中让海航飞行员们打得更好。

第54号设计

1942年2月，在XF6F-1首飞前，格鲁曼公司开始试图将层流翼融入“地狱猫”。但是最后计算结果表明性能提升不

XF6F-6原型机侧前方视图。四叶螺旋桨是该型号仅有的识别特征。

值得更换整个机翼。

第59和60号设计

为了从另一方面增强“地狱猫”性能，这两个方案用于研究在“地狱猫”上安装巨大的R-4360发动机，这种发动机至少能输出3000马力。59号计划安装一级变速增压型号，60号设计安装二级变速增压型号。但是R-4360发动机进展缓慢，这两种设计也就只停留在纸面上。

第61号设计

1943年8月，这个设计在“地狱猫”后机身安装一台通用电气的I-20喷气发动机。由于喷气发动机还在发展初期，很快格鲁曼公司和海军就决定不在“地狱猫”上做进一步计划。

NACA用的特殊“地狱猫”

NACA获得了1架F6F-3型，编号为42874。这架飞机从1945年6月22日一直使用到1960年9月9日。这架飞机在NACA的编号是158，它被改成了世界上第一架变稳定测试机。这架飞机成功模拟了XF10F-1可变后掠翼战斗机的飞行特性。时任格鲁曼公司首席试飞员的科温·迈耶在XF10F-1首飞前，就用这架“地狱猫”熟悉飞机性能，不过可悲的是XF10F-1的飞行性能和NACA 158号表现得一样糟糕。此后它也模拟过洛克希德的F-104战斗机，让该公司首席试飞员托尼熟悉飞机起降性能。

XF6F-6原型机侧后方视图。

NACA的158号变稳定测试机。

飞行中的158号测试机，此时代表美军的标志已经被抹掉。

二、F6F的结构简述

以下部分以后期型F6F-3和F6F-5为准。各个时期飞机的技术状态稍有不同，升级或者改装套件也并非完全向所有飞机供应，不过本节内容能代表1944年起大部分“地狱猫”的情况。

机翼

机翼由三个翼段构成，一个内翼段和两个外翼段，其中内翼段制造成一个整体，它穿过机身。机身由上至下安装在内翼段上，将这两个主要部分连在一起。外翼段是机翼的可折叠部分，折叠时将外翼段后缘向上反转，再朝机身转向，折叠过程全手动进行。

内翼段包括两根翼梁，一前一后放置，均为常规腹板和缘条形式，不过前方翼梁较重。两根翼梁的长度都与内翼段标称宽度相同，为381厘米。前翼梁向后倾斜，这使得它的上缘实际上在下缘后方，这是为了给折叠铰链提供一个合适的倾斜中轴。折叠铰链使用的安装凸出部在内翼段两端的翼梁之间，固定外翼段用的锁定装置位于后翼梁顶端。

前翼梁笔直地穿过内翼段，没有任何掠角。翼肋包括翼梁前方、翼梁之间和翼梁后方的部分，分布于全翼展，外面用埋头铆钉蒙皮包裹，形成整个翼段。内翼段后缘有一部分是襟翼，所以翼段后缘固定的部分用凹板封闭，以配合襟翼形状。

内翼段中一左一右安装了两个主油箱，夹在两根翼梁之间，每个容量331.2升。还有主起落架以及弹射挂钩连接结构，与机身之间通过一个加固的凹槽以螺栓连接。前翼梁直接与发动机防火墙连在一起，内翼段其他部分也用螺栓连接机身上下两侧。后翼梁后方的部分则使用螺丝钉和铆钉固定。在内翼段顶端与外翼段连接的部分安装有氯丁橡胶带，在机翼展开时负责密封连接处。靠近机身的蒙皮上表面有加强的走道供飞行员或者地勤踩踏，走道上涂有金刚砂防滑。

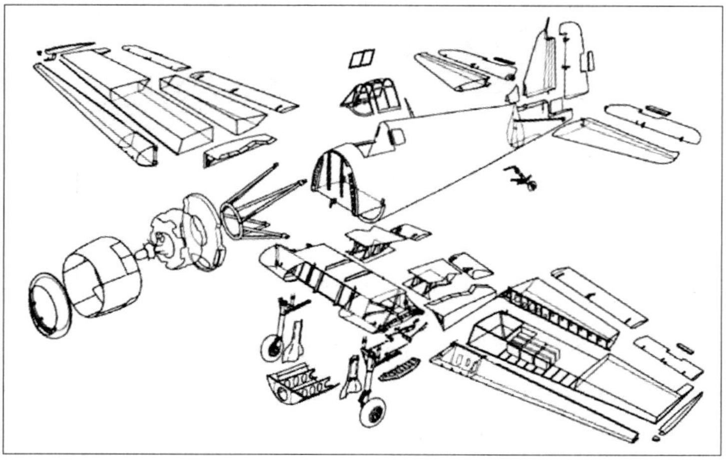

“地狱猫”主要构件分解示意图。

在下表面靠近机身的位置有两个重挂点，可以携带重至454公斤的炸弹或者其他挂载。

内翼段部分的襟翼为全金属，有一根中央翼梁，同样有翼肋，后缘则是单独一根条状零件。内翼段的两侧襟翼不与外翼段襟翼连接，它们由独立液压曲柄驱动。内外翼段襟翼之间由三角形的突出物隔开，这个构件延伸于内翼段后方，因为是固定的，在襟翼放下时可见它凸出于襟翼上方。

外翼段为全金属悬臂梁式设计，可折叠。副翼和外侧襟翼都在外翼段上，每一侧还有三挺12.7毫米M2航空机枪以及机枪附件，包括弹药槽和加热器等。空速管安装在右侧外翼段，靠近翼尖的前缘，它配有电热系统防止结冰。航行灯安装在可拆卸的翼尖盖子内，编队灯位于翼段外侧上表面，左侧外翼段前缘另有一着陆灯。外翼段下表面有内嵌的缆绳固定环，上表面有起重环。

外翼段与内翼段相同，都有两根翼梁，在机翼展开时外翼段翼梁与内翼段翼梁成一直线。前翼梁与内翼段的相同，呈倾斜状态，后翼梁较短，仅延伸至刚超过副翼内侧的位置，副翼前方另有一根支持梁。翼肋是冲压成型的铝制构件，带有垂直方向上的补强。前翼梁后方有Z形截面纵梁分布于全翼展，外面同样用埋头铆钉蒙皮包裹。

前翼梁靠近内翼段一头安装了铬镍钢锻造的折叠铰链，这里是机翼折叠时的支点，带有润滑注油器的特殊螺栓负责结合铰接。后翼梁内侧则安装了闭锁装置，在机翼展开时与内翼段的后翼梁固定。

前翼梁、前翼肋和厚实的蒙皮组成抗扭翼盒，这个抗扭翼盒要负责承受弯曲和扭转力矩。前翼梁后方的机翼上表面有大型检修口，以便地勤维护武器，装填弹药。机枪位于前后翼梁之间，枪管穿过前翼梁从机翼前缘伸出。外翼段下表面还有零长火箭挂点，每侧可挂载三枚火箭弹，这些挂点也可改为流线型炸弹挂架。左侧外翼段前缘可安装一台照相枪。翼尖由一个整体零件封

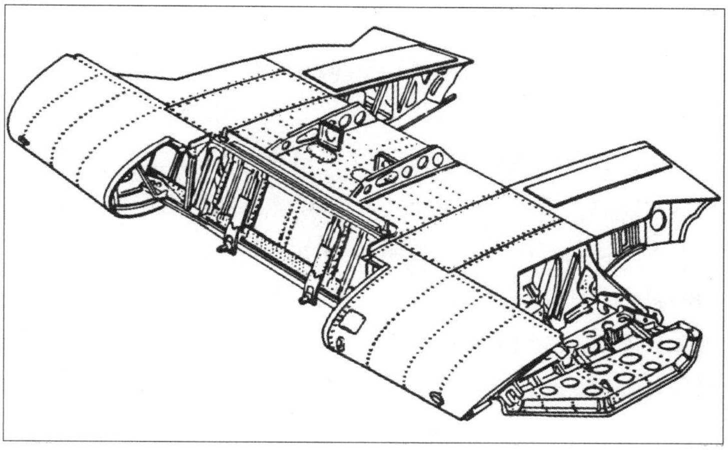

飞机内翼段组件。

外翼段襟翼放下时的状态，注意内外翼段襟翼之间的突出物。

这是XF6F-3原型机上主翼折叠铰链的照片，一块蒙皮已经被取下。左侧柱状物为起落架支柱。

闭，它铆接在最外侧翼肋上。

外翼段襟翼结构与内翼段的类似，但是更长，而且为帆布蒙皮。它的动作机构包括三个双臂曲柄支撑的三个铰链，曲柄本身则随着液力扭矩臂驱动的转矩管动作。所有襟翼都带有自动门，在收起时完全封闭襟翼和主翼之间的空隙。副翼没有延展到翼尖，由三个铰链连接在副翼支持梁上。副翼也有一根翼梁，还有全金属的前缘和后缘构架，但是表面蒙皮为布质。两侧副翼后缘有金属配平片，只有左侧副翼的能由飞行员在飞行中调节，F6F-5型的副翼另外加装了弹簧补偿片，以改善高速滚转性能。

有人说格鲁曼把飞机设计得过于坚固，在结构上浪费了很多重量。F6F-5型的设计过载是7G，不过此时飞机处于轻载状态，全重仅有4983公斤。在正常重量5771.2公斤时，设计过载会下降到6.6G，空战中时不时会有飞行员将飞机拉过设计过载，但是由于安全余量充足，而且格鲁曼从不偷工减料，在战场上没有任何“地狱猫”在空战机动时发生过主翼结构破坏。

机尾

机尾包括固定的悬臂式水平尾翼和垂直尾翼，带有可动的升降舵和方向舵。

水平尾翼为全金属，与飞机推力轴线之间有1.5度正攻角，其结构由位于后方一根翼梁和铆接在上面的冲压筋组成，外部包裹埋头铆钉蒙皮。水平尾翼安装在机身的一块隔离壁上，机翼和机身之间的结合段由橡胶边缘封闭。

左右两侧升降舵构造相同，它们由分开独立的转矩管驱动，两侧转矩管在机身中连接到一起，形成整体结构。静态配重安装在蝶铰线前方一个D形凸出上。

升降舵包括一根带凸缘的翼梁，翼梁前方翼肋上覆盖的是金属蒙皮，后方翼肋占据了大部分长度，其上则是帆布蒙皮。后缘留有一个空缺用于安装配平片。升降舵配平可以由飞行员在座舱内控制。

垂直尾翼是一个单独组件，由一根后梁和铆接在上面的翼肋构成，同样外覆埋头铆钉蒙皮。方向舵由三个铰链连接在垂尾翼梁上，垂尾顶部有凹进，以配合方向舵平衡面。无线电拴柱安装在垂尾顶端。垂尾前缘下方和机身结合处有一块金属蒙皮，将结合部平滑过渡，翼梁则直接安装在机身结构中。

方向舵构造与升降舵相同，金属结构外加帆布蒙皮，静态和动态下都是平衡的，也带有可由飞行员控制的配平片。

机身

机身包括从发动机防火墙到支撑机尾的后部隔这一段区域，尾轮和着舰钩也安装在机身上，它本身是全金属半硬壳结构。

机身框架和隔板都是槽截面或者角截面，用凹槽与上下主梁连接，其中上主梁沿着座舱边缘通过。前隔板是飞机结构中最重要的部件之一，它也同时作为防火墙，上面覆盖了一层不锈钢。发动机支架的四个脚、前方装甲板、两个起重环以及前主翼翼梁都安装在这上面。

前隔板后的座舱部分有五根框架，再往后是另一个隔板，这一隔板与内翼段连接，飞行员头垫和背后装甲都安装在这里，此外这个结构能在飞机翻倒时为飞行员提供保护。座舱两侧机身上装有踏板和扶手，以便飞行员进出。

座舱盖包括固定式前风挡以及滑动舱盖。固定风挡正面是一块防弹玻璃，其他透明部分为树脂玻璃，所有透明部件都由金属框架固定。座舱内顶部安装了一个后视镜，滑动部

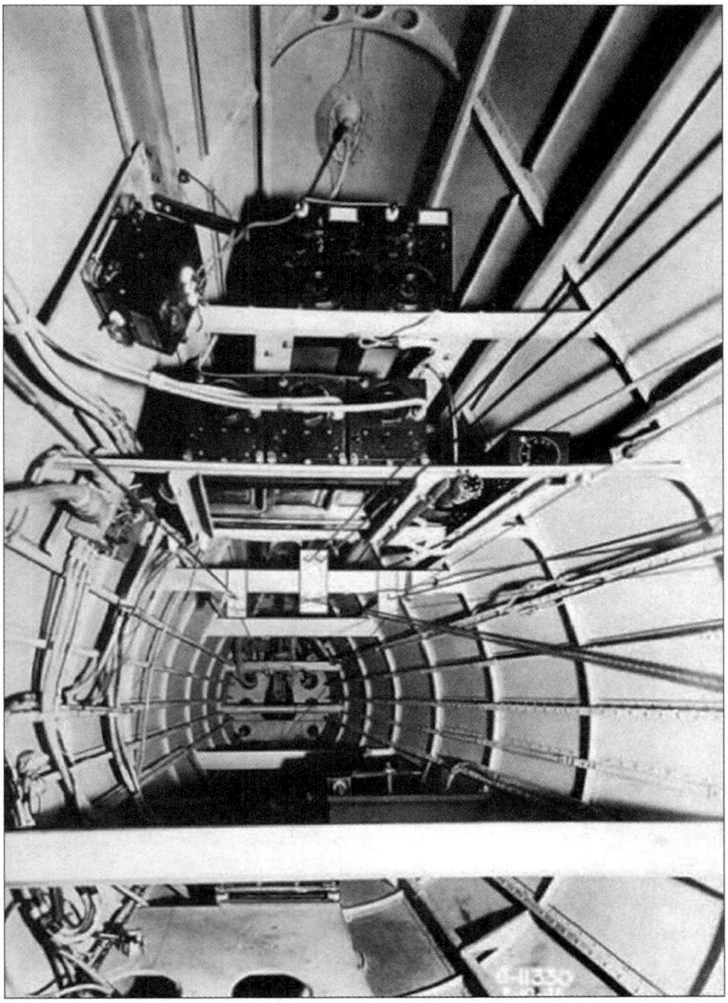

机身区域，可见空间相当大，上方是无线电设备。在转场时各种杂物可以放置在机身内，照相型飞机的照相机也安装在这里。

从后往前看的机身空间，上方盒状物体即为喷水系统的水箱。

分包括侧面四块和顶部一块树脂玻璃，通过座舱边缘两侧导轨向后滑动开启。座舱盖开关通过一套软缆线系统进行，这套系统包括一个手摇柄，链条和链轮齿。飞行中遇到紧急情况时，可以在打开闭锁定针后将舱盖向上抛出。飞行员使用的凹背折椅可调节高度，上下范围达到15.24厘米，足以配合不同身高飞行员。

F6F-3和F6F-5型的固定前风挡形状不同，前者分为四片：正面、两侧和顶部弧形盖子。后者则将顶盖取消，两侧玻璃向上延伸合并。

座舱后的机身部分由轻量化的构型框组成，直到需要支撑机尾的后隔板为止。后机身内有一些横向支柱，无线电和其他设备安装在这些支柱上。后机身下方大梁之间有一个大型检修口，用一个90度锁扣闭锁，各种杂物或者行李之类可以通过此处储存在机身内。在末端安装有水平隔板，用于支撑尾轮，另外的隔板和平台上安装了水平尾翼以及着舰钩。由于空间宽大，侦察型飞机的照相机也都安置于此。

机身中央下方有一个重挂点，这个挂点最大的用处是携带567.8升副油箱，也可以挂载其他东西，例如炸弹或者一枚鱼雷。

在“贝劳森林”号航空母舰降落时，这架“地狱猫”钩住了阻拦索，但是着舰钩却把整个机尾扯掉了。机身带着飞行员在甲板上滑行了几秒后就落入海中，还好跟在后面的驱逐舰救起了飞行员。

一次硬着陆，这架VF-1中队的“地狱猫”在航空母舰上降落时摔断了机尾，阻拦网也将发动机整流环扯变形。

机身内还有一个油箱，位于后翼梁后方，飞行员座位下方。它是备用油箱，容量283.98升。

“地狱猫”的机身可以说相当坚固，但是飞机不是坦克，它的坚固程度有限。曾经有“地狱猫”在降落时将整个机尾撞掉，而如果钩住阻拦索之后弹跳太猛烈的话，可能会把整个后机身从座舱后的位置扯成两半。结构设计总是一种取舍，既要轻到保证飞行性能，又要重到能承受一定战损。

起落架和着舰钩

起降机构包括两个可收放的主起落架，一个尾起落架和着舰钩。

主起落架安装在内翼段外缘，包括尺寸为81.28×20.32厘米固特异轮胎，以及同样由固特异生产的液力刹车盘。轮胎安装在起落架支柱外侧，整流板由三个夹钳固定在支柱内侧，在起落架收起时封闭机翼下表面，但是只掩盖小半个轮胎。

主起落架支柱顶端安装在套筒座中，侧面有负载支撑架，支撑架顶端是两个耳轴轴承套，这种设计可让主起落架向后收起。套筒座用铰链与主翼梁相连，起降造成的垂直和

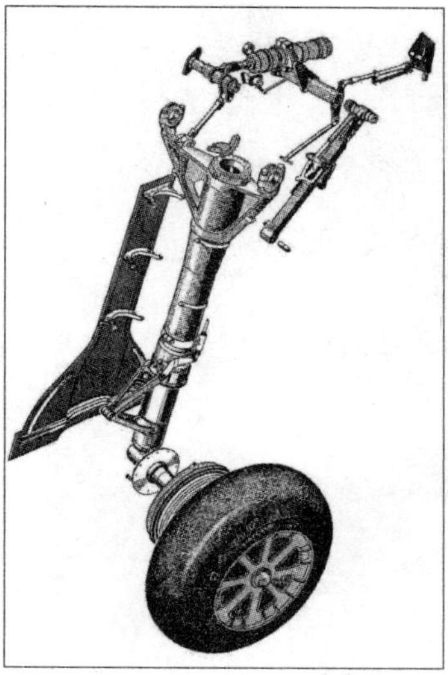

“地狱猫”主起落架零件分解示意图。

主起落架在收起时会旋转90度，再向后收入机翼内凹槽。

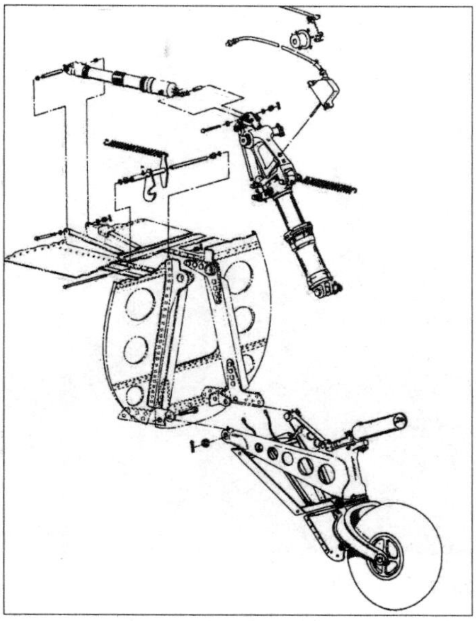

后起落架零件分解示意图，可见它在后机身隔板上的安装方式。

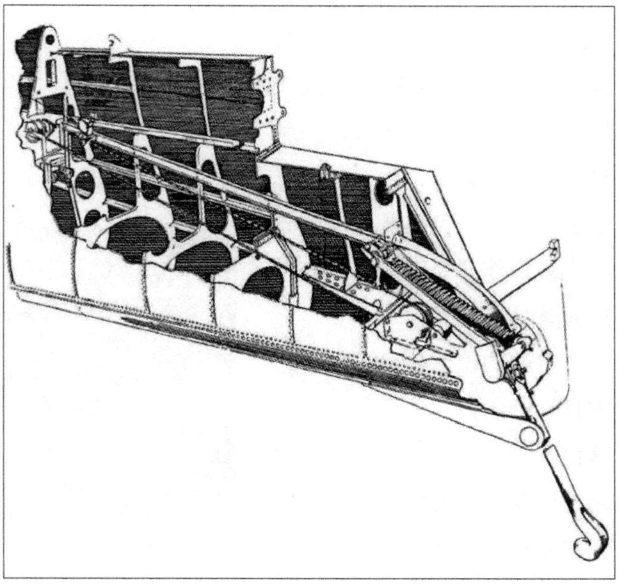

着舰钩安装解剖图，此时处于放下状态。

侧向冲击负荷最终由主翼梁承担。减震支柱在起落架支柱下半段，顶端有一个锥齿轮，在起落架收起时轮胎会转向90度，平放在机翼凹槽中。安装于机翼内的液力动作器伸长活塞，通过联动器将起落架支柱收起，同时松开起落架下位锁。当然起落架系统也包括上位锁，在收起时锁定起落架支柱。

在座舱起落架控制与左侧主起落架的减震支柱之间另有一套机械连接系统，在地面上减震支柱被压缩时会阻止误操作，将起落架收起。只有当飞机在空中，减震支柱完全伸展时收放操纵杆才能移动到收起位置。座舱中安装了起落架位置指示灯，以提示飞行员当前起落架收放情况。

后起落架安装在机身站位538.48厘米处的后机身隔板上，轮胎以脚轮形式安装于转向拉杆后。转向拉杆和脚架带有整流罩，在收起时封闭开口，但是轮胎本身有一部分裸露在外。隔板上有两根加强肋，起落架安装在此间，并以此为轴上下旋转。后起落架也有一根减震支柱，减震支柱顶端是收放用的双动液压动作器，安装在隔板上部，由此部分起降冲击负荷传递到安装隔板和前方的一块横板上。

后起落架带有轮胎转向锁定装置，可以在座舱内操作锁定。轮胎有两种形式，一种是实心橡胶轮胎，用于航空母舰起降。另一种是普通充气轮胎，被称作“炸面圈”，在陆地起降时使用。

着舰钩位于机身最后处，本身是钢制，与液压收放的起落架不同，它是电动收放。收起时储藏在机身内部垂尾正下方，使用时向后伸出再放下。座舱内有着舰钩位置指示灯，并且提供了手动系统，在电动机失效后仍可使用。座位后方有一个T字柄，来回推拉5次之后，一套机械系统会将着舰钩放下。

起落架结构相当坚固，格鲁曼的设计标准是能承受每秒5.8米的下降率，同时还有着舰钩带来的侧向负荷。在实际使用中甚至有人以每秒6.4米的下降率着舰。作为对比，陆军航空兵的飞机起落架只要求承受每秒2.75米的下降率。

贝思佩奇的格鲁曼工厂内，这架F6F-5正在进行掉落测试。海军要求飞机能承受从3米高度自由落体，“地狱猫”实际可以达到两倍高度。

早期“地狱猫”起落架的典型问题，可见图中飞机右侧主轮歪扭了90度，无法滚动的轮胎在“考佩斯”号甲板上摩出一阵青烟。

海军要求飞机从3米高度自由落体，以测试起落架能否达标。格鲁曼的人员将“地狱猫”吊到了测试机库屋顶，离地高度6.4米，它已经无法再提升了，飞机落下时起落架仍然保持完好。

这点对于野战机场降落也颇有帮助，海军航空兵的陆基中队经常用在航空母舰上的着陆方式在陆地机场着陆，他们

这架F6F-5的着舰钩在降落时损坏，钩头被扯掉了。所以11号机没法停下，它一头撞上了前方的23号机。

会“撞”在跑道的一小块地面上，而非降下去。

早期“地狱猫”的主起落架有些问题，减震支柱本来的设计是在收起时旋转90度，在锁定系统失效故障发生时，机轮会在放下状态反向扭转90度。甲板人员经常看见“地狱猫”带着半歪的主轮着舰，轮胎在甲板上横向滑动，摩擦让橡胶轮胎冒出一阵青烟。

发动机区域

发动机部分包括发动机支架和整流罩，构成一个“发动机快速更换组件”，该组件可以整体拆下更换。

发动机支架由钢管焊接，最后用螺栓装在防火墙上，连接点一共有四个，两上两下。发动机支架向前延伸的部分从外部通过发动机附件机匣，与发动机上的安装环相连。安装脚上有减震垫，以减少传到机身上的震动。

发动机整流罩包括几个部分：支架、支撑环、面板、散热板以及一个机鼻整流环。整流罩面板，实际上就是飞机蒙皮，由可以快速拆装的90度锁扣安装在支架和支撑环上。机鼻整流环是一个整体，螺旋桨轴从中穿出，发动机冷却空气、中冷器进气和发动机进气都从这里通过。散热板位置正好在发动机支架前方，开关由液力动作器控制，座舱内有一个三挡控制杆，分别为：打开、中间、关闭。另有一个备份的手动液压泵，在液压系统失效时用来操作散热板。

三、飞机子系统

发动机

“地狱猫”的发动机是一台R-2800-10W型，双排18汽缸风冷发动机。发动机在军用动力下最大功率为2000马力，最大转速为每分钟2700转，减速比则为2:1。该发动机带有两级增压器，分别为发动机级增压和辅助级增压，有三种工作模式：空挡、低速挡和高速挡，由飞行员手动控制。飞机俯冲时发动机最大允许转速每分钟3060转，在这一转速上不允许运转超过30秒。从座舱位置看过去，螺旋桨旋转方向为逆时针。

发动机使用AN-F-28汽油，标号100/130，是该时期美国航空兵的标准战斗机汽油。润滑油编号则为AN-VV-0-466a。

这种大型气冷发动机不仅以功率强劲著称，而且坚固结实。经常有“地狱猫”带着损坏的发动机返回母舰，即使在滑油泄漏的情况下也能坚持工作一段时间。

发动机启动前有13个步骤，一位熟练的飞行员必须记住它们，并按顺序执行：

点火和电池开关位于“关闭”位置

混合比控制杆位于“切断”位置

螺旋桨转速控制位于“最大转速”位置

增压器处于“空挡”

油门杆只向前推2.5厘米

油箱选择右侧主油箱

滑油散热器处于“打开”位置

散热片处于“打开”位置

将电池切换到“打开”

将注油器切换到“打开”

将燃油泵切换到“打开”

将点火开关切换到“两侧”

最后打开启动开关

当飞行员按步骤操作到打开启动开关时，启动弹被击发，带动发动机启动。如果没有发生什么意外的话，发动机在一阵咳嗽后冒出一些青烟，随之开始运转。

在天气太冷的时候发动机可能无法一次启动，地勤需要打开发动机罩右侧铰链门，往启动器中再装入一发启动弹。其他地勤则去拉动飞机螺旋桨，以人力压缩汽缸。如果启动仍然不成功，那么飞机将被认为有故障，要被拖到升降机上带回机库，以免妨碍正常起降作业。

发动机正常启动的情况下，飞行员应将混合比控制杆推到自动富油位置。在地面或者航空母舰甲板上，由于飞机速度不够，使发动机冷却不足，需要额外汽油降温。接着再将注油器关闭。飞行员此时要一直盯着仪表面板上的滑油压力表，如果油压在30秒内没达到要求的200磅/平方英寸这个水平，那么应当关闭发动机，以防发动机由于缺乏滑油损毁。

如果某台顽固的R-2800拒绝迅速启动，那么就要用人力转动螺旋桨，带动发动机启动。图中是在美国本土的人力启动训练，注意左上角有架格鲁曼FF-1，右侧则是SB2C“地狱俯冲者”。

进气系统

在低空飞行时增压器应调节到空挡状态，此时辅助级增压器不运转，空气进入机头下方中央进气道后，沿着发动机后方流过，再通往单点喷射化油器进气口。直接进气口位置在左右两侧中冷器下方，如有必要可安装空气滤清器。

发动机在低速挡和高速挡运转时，辅助级增压器会介入工作，这种情况下进气方式则变为另外两种，由飞行员通过左侧仪表板上的T形把柄控制。第一种是直接进气，空气从机头下方进气道进入，沿着进气管通向辅助级增压器，在这里增压后分别流入左右两个中冷器，从中冷器流出之后再通向化油器。第二种称为“保护空气”，这种情况下辅助级增压器从发动机后方的附件区域吸入空气，这一区域的空气被发动机加热过，可以防止化油器结冰。但是由于温度较高，在正常飞行时不应使用这种方式。

中冷器本身使用冷空气进行热交换，虽然使用冷却液的中冷器效率更高，但是风冷发动机没有必要使用这种方式。冷却空气由机头下方两侧进气道进入，通过中冷器再流出，出口位置在发动机罩下半部，滑油散热器出口两侧，有液压散热片控制开闭，动作器可由飞行员操作。

排气系统

排气管由不锈钢制成，每个汽缸一根，其中16个汽缸的排管两两合并成八根，另外两个汽缸为独立排管，这样总共有10个排气口。排气口分为四组布置，左右对称各五根，机身中部两侧各有三根一组，正好位于散热片下方，主翼上方。下部两侧各两根一组位于主翼下方，所有排管朝向正后方以获得最大排气推力。在R-2800这么大的活塞发动机上，排气推力可以超过120公斤，在飞机高速飞行时相当于200马力的效果。

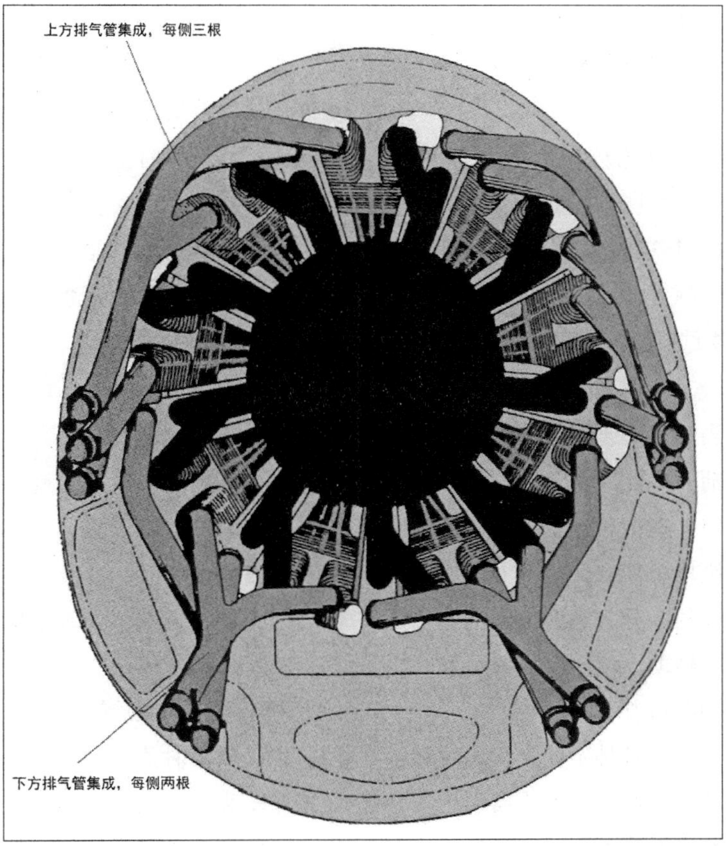

从后向前看的示意图，清楚地表现了上三下二的排气管集成方式。

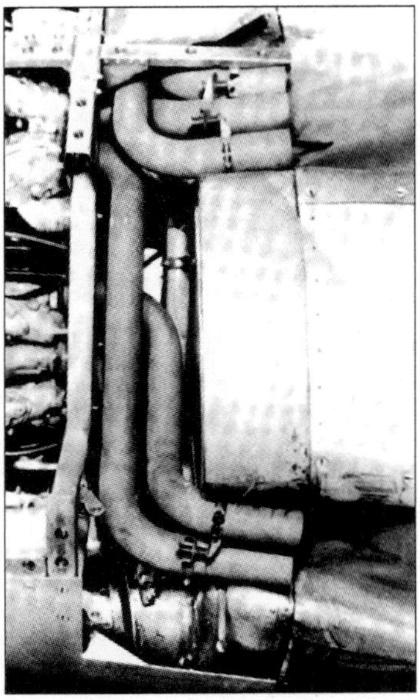
XF6F-3原型机的排气管照片。

发动机附件

由发动机传动的主要附件包括喷射化油器、磁电机、发电机、燃油泵、滑油泵、仪表发电机、真空泵、液压泵以及桨距控制器，除了桨距控制器和磁电机位于发动机前机匣中以外，其他附件都位于发动机后机匣，夹在两个增压器之间。

发动机控制系统

发动机控制板在座舱左侧，这里包括增压器切速、油门、混合比以及螺旋桨转速控制杆，还有一个摩擦力调节旋钮。所有操纵杆都通过机械方式连接到发动机上，此外座舱内还有用于控制辅助进气口的T字柄，中冷器和滑油散热器出风口的开关控制，最后还有发动机启动时使用的注油和启动开关。

增压器控制杆向前位置是空挡，中央位置是低速挡，向后位置是高速挡。通常来讲在飞行时切换增压器时间间隔不能低于5分钟，留出时间让离合器散热。切换时必须很清晰地将控制杆移动到位，以免离合器打滑。

由低挡向高挡切换时应当：1.收一些油门，以免切速后进气压过高；2.如果可能的话减少转速；3.快速切换；4.重新调整油门和转速。

由高挡向低挡切换时应当：1.快速切换；2.重新调整油门和转速。

在推荐高度以下使用辅助级增压器会使进气温度有不必要的上升，也会增加油耗，因为辅助级增压器需要从发动机抽取动力。

在各种不同飞行速度和发动机转速下，增压器理想切换高度都会不同。在爬升时，飞行员们通常在3600米高度将控制杆切换到低速挡，到了6700米高度切换到高速挡。也可以由大队长或者中队长决定在什么时候切换挡位，整个编队会同时切换，以免有人掉队。

混合比控制有三挡：切断、自动贫油、自动富油。自动富油在飞机起飞、降落进场和地面滑行时使用，额外汽油可为发动机降温。否则就必须降低发动机功率，或者保持打开散热片，以保证汽缸头温度不超过规定值。

自动贫油在正常飞行时使用，除了需要在上述条件下给发动机降温以外。

混合比控制上有第四挡全富油，但是会被地勤调整为无法使用，在操作时也不应尝试使用这一挡。在引入喷水系统后，因为水/乙醇喷液的抗爆震效果无需再喷入过量燃油。开始喷液时一个去富油阀门将减少燃油喷射增量，所以不再需要全富油挡。

汽油压力在4磅/平方英寸以上时就会喷入增压器，所以发动机没有运转时，混合比控制必须保持在切断位置。否则如果辅助燃料泵仍然在工作的话，增压器内部就会充满汽油。下次启动时很可能被引燃而损坏发动机。

关闭发动机时，尤其在高温天气下，化油器内的残留汽油可能由于发动机残留热量散发太慢而沸腾。过高蒸汽压力会导致带有橡胶顶端的旁通管针卡住，在下次启动发动机时使得汽油蒸汽无法正确散出。所以在换成全钢零件前，建议步骤是：1.在关闭发动机前确保辅助燃油泵已经关闭；2.用切断挡关闭发动机；3.换到自动贫油挡，直到发动机和附件冷却；4.再度将混合比转换到到切断挡。

螺旋桨和螺旋桨控制

螺旋桨由汉密尔顿标准公司生产，有三片桨叶，液力控制桨距，型号为23E50或者23E60。螺旋桨直径为13英尺1英寸，合3.9878米，桨叶为实心铝制，设计编号6501-0。在离桨心106.68厘米站位处的基本桨距设置是：低桨距迎角26度，高桨距迎角65度。

“地狱猫”原型机上曾经使用过带整流罩的螺旋桨，但是整流罩被认为不实用，最后在量产型上取消了。

螺旋桨转速控制杆位于发动机控制面板上，带有微调功能。控制杆直接连接到发动机前机匣中的螺旋桨匀速器，如果输入值与当前发动机转速不同，则液压控制会将滑油压入桨距控制机构，改变螺旋桨迎角，从而将发动机转速调节到输入转速。

转速控制杆向上推是减少转速增加桨距，向下拉是增加转速减少桨距。在空战或起飞这类需要增加发动机功率输出的情况下，飞行员会将转速控制杆向下拉到底，螺旋桨匀速器会将发动机转速稳定到每分钟2700转。

增加发动机动力操作步骤如下：1.增加转速到预计位置；2.推动油门直到预定进气压。减少发动机动力时则应反过来，先收油门再降低发动机转速。

在最早的一些“地狱猫”上安装了不同的螺旋桨系统。原型机装备的R-2600发动机搭配的是寇蒂斯电动螺旋桨，寇蒂斯电气这个名字在战时让很多飞行员深感战栗。罪魁祸首倒不是螺旋桨本身，而是螺旋桨控制机构，经常在毫无预警的情况下跳到最高转速或者最低转速。在一些关键时刻会造成灾难性后果，例如起飞或者空战时会忽然失去动力。不过幸好在“地狱猫”的型号上没有出过事故。

XF6F-6原型机改成了四叶螺旋桨，仍然由汉密尔顿标准公司提供，结构与量产型使用的三叶螺旋桨类似。

发动机启动系统

发动机点火开关位于座舱左侧控制板上，启动开关和注油开关则位于座舱右侧的电气控制面板上方。启动器是Ⅲ型火药启动装置，装填器位于发动机右侧，可以通过蒙皮上的铰链门直接填充。启动器使用美国海军的D型启动弹，在寒冷气候下则使用E型启动弹。启动弹类似于霰弹枪子弹，但是没有弹头。当它爆燃时产生高温燃气，驱动一个汽缸中的活塞运动，从而带动曲轴并传动附件，让发动机启动。

发动机启动前主油泵无法工作，所以需要一个启动注油器，用于在启动前向汽缸内注入汽油，它的安装位置是发动机上方支架处。

喷水系统

正式名称是抗爆震喷射系统，最初为了应对欧洲战场的形式而研制，在测试完毕后开始推广到所有装备R-2800发动机的战斗机上。

喷水系统能在中低空为发动机提供最多250马力的额外动力，这一功率挡位被称为“战斗动力”，F6F-5型在生产时即安装了该系统，F6F-3型则逐步改装完成。加装了喷水系统的发动机编号通常会增加W后缀，例如“地狱猫”的R-2800-10发动机编号就更改为了R-2800-10W。

喷液为一半乙醇一半水组成的混合液，液箱位于后机身上方，飞行员后面171.45厘米站位至209.55厘米站位之间。加液口位于飞机右侧，盖板用90度锁扣封闭。水箱容量60.56升，在座舱右侧仪表盘上有液量表，座舱左侧有水泵开关，系统工作压力大约为18磅/平方英寸。

喷水调节器作为附件之一与发动机安装在一起，喷液流经调节器后通过一根管道流向与喷射化油器安装在一起的喷口。调节器中有一个电磁阀负责控制流量，座舱中的开关通过控制电磁阀来管理是否使用这一套系统。

喷射流量会随着进气压和燃油流量变化而变化，大致来讲总共能让发动机使用七至九分钟，用光之后发动机只能在军用动力下运行。自从安装以后，大部分飞行员都很喜欢使用该系统，额外的功率可以让他们尽快追上敌机或者从危险的情况下逃脱。

由于会给发动机带来额外负担，所以通常一次不应使用超过五分钟。这种完全靠飞行员自己计时的规定在激烈的空战中很容易被忘记，不过发动机生产质量和维护水平不会让这一问题造成显著的负面影响。

冷却系统

R-2800发动机为风冷，空气流过汽缸散热片，带走热量，再从发动机后方的散热板处流出。散热板一共四片，位于发动机罩上半，飞行员正前方留空以保证散热板打开时的前向视野，它们由一个液压动作器通过机械连接统一开合，同时这些散热板还能用备用手动液压泵操作。座舱内的散热板控制杆有三挡：打开、中间、关闭，它位于座舱左侧。

润滑系统

F6F战斗机只有一个圆柱形滑油散热器，安装在发动机后下方，它与辅助级增压器共用进气道，部分空气在进入进气道后被分流通往滑油散热器，最后通过机身正下方活门排出。在F6F-3上滑油散热器活门和中冷器散热片由一根控制杆统一操作，在F6F-5上则分成两根操纵杆。滑油散热器上安装了自动温度控制阀门，在从发动机来的滑油温度低于54摄氏度时，它会打开旁通管让滑油不再流经散热器。实际上这会让发动机启动时所有滑油都通过旁通管，直到温度达到54度为止。

滑油箱安装在发动机后机匣上方，正好在防火墙前面，加油口在发动机罩左侧。滑油箱容量为71.9升，留有11.4升

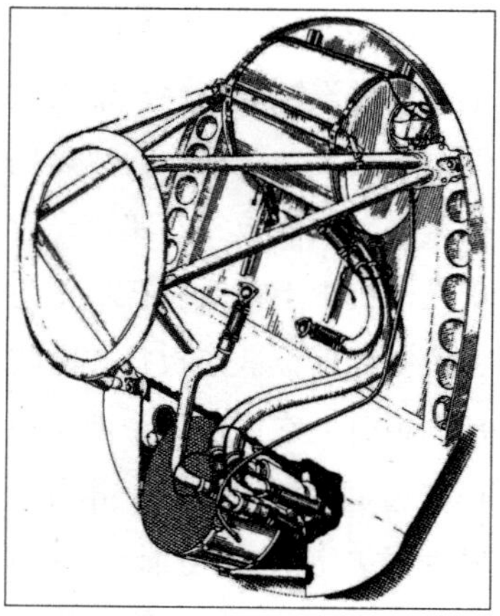

“地狱猫”的发动机支架，下方蜂窝状物体是滑油散热器，上方扁桶是滑油箱。

发泡空间，带有加热隔区。滑油箱还有一套滑油稀释系统，汽油可以从化油器流经一个稀释阀门进入滑油。发动机驱动滑油泵和回油泵，让滑油在润滑系统中流动。

滑油理想油温为70至85摄氏度，起飞和平飞时允许以最低40度运转，飞机爬升时最高允许100摄氏度。滑油理想油压为75至90磅/平方英寸，发动机怠速运转时最低压力25磅/平方英寸。

灭火系统

座舱右侧安装了一个灭火器，飞机没有火焰感应设备，全靠飞行员的判断。

燃料系统

燃料系统包括三个机内油箱，位于内翼段的左右主油箱和座舱下方的备用油箱。所有机内油箱都是自封闭油箱，由一层硫化橡胶包裹。主油箱每个容量331.2升，备用油箱容量283.9升，机内总燃油量946.3升。加油口位于机身左右侧，分别用于向两侧主油箱加油，右侧加油口同时用于给备用油箱加油。

机身重挂点可以携带外挂副油箱，最大容量的副油箱可储存567.8升汽油，从F6F-5开始内翼段挂点添加了油路，也可以在此携带567.8升副油箱，虽然最多可以外挂三个567.8升副油箱，但是通常只会在机身挂架下携带一个。一些F6F-3内翼段挂点后来也加装了油路，增加了携带副油箱的能力。飞行员可以从武器控制面板上操作抛弃副油箱。

备用油箱内汽油少于189.3升时，座舱左侧的一个燃油警示灯会亮起，提示飞行员燃油已经不多。座舱左侧有一个油箱选择器，飞行员通过它来管理喷射化油器从哪个油箱中提取汽油。这个选择器包括以下几个选项：关闭、左侧主油箱、备用油箱、右侧主油箱、外挂油箱。曾经有一些飞行员忘了切换油箱，在另外两个油箱还没消耗的情况下坠毁，飞行训练时教官经常会用这个例子警告那些头脑发热的学员。最终在F6F-5型上飞行员可以从其他任何油箱向右侧主油箱补油，多少能改善这种情况。

主油泵作为发动机附件的一部分从曲轴获取动力，将燃油压入输油管。此外系统还包括电动辅助油泵，开关位于座舱左侧，在发动机启动、切换油箱和保持油压时需要打开。一根蒸汽回流线连接化油器和油箱，多余汽油会从这里流回右侧主油箱，每小时甚至可以多到超过30升。为了避免油箱

溢出，当右侧主油箱满油时应先从这里使用大约57升汽油，再切换到其他油箱。

高空飞行时，汽油由本迪克斯公司生产的加压系统加压。加压系统由一个T形手柄控制，拉动它泄压，推动它加压。这个系统只在3657米高度以上有效，在战斗中应将其关闭，可用电动辅助油泵稳定油压。

燃料系统设计运行压力17磅/平方英寸，16至18.5磅/平方英寸下都可接受，发动机怠速运转时最低压力7磅/平方英寸。

与“地狱猫”的战斗历程相反，飞机航程测试一直不顺利。1943年，海军用1架F6F-3飞机进行了初次测试，测试中发动机的喷油量表现反复无常，燃油流量计算也有误差。海军宁愿不发布不准确的数字，因此没有公布测试报告。第二次测试在1944年秋天进行，测试机改为F6F-5型，测试数据又立刻表现出不准确的倾向，特别是关于单位燃油消耗率的测量值。所以实际上F6F机队长时间在靠推算的航程规划战斗任务，各种不同资料中也能见到有些差距的航程指标。

还好舰载战斗机中队很少执行极限航程战斗任务，就

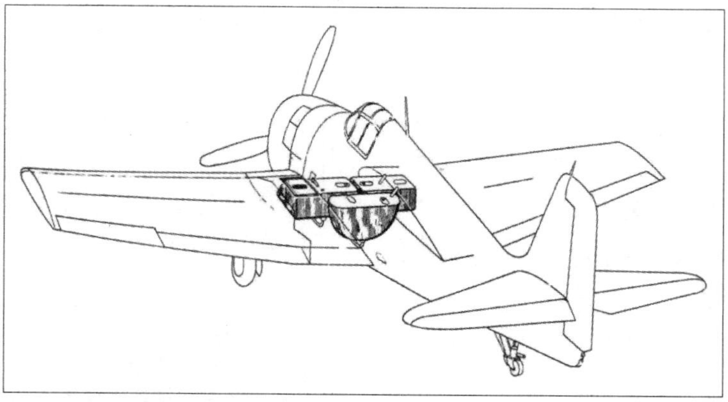

三个主油箱在飞机中的位置。

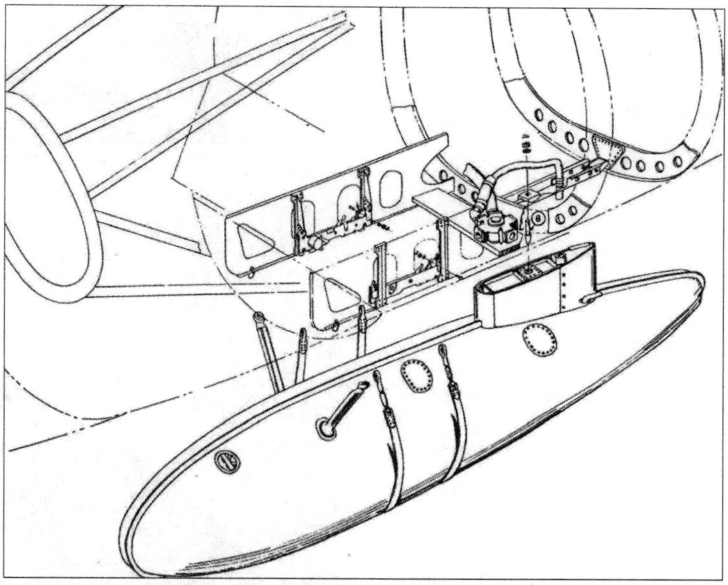

567.8升副油箱在飞机中央挂点的挂载方式，油路在后方整流罩内。

通常在内翼段挂点使用的副油箱，容量较少，为378.5升。

算要进行远距离攻击、侦察或者长时间空战巡逻都会携带副油箱，所以这一问题没有造成什么影响。例如在马里亚纳战役中著名的夜间追降时，“地狱猫”由于都挂载了副油箱，反而比“地狱俯冲者”和“复仇者”情况更好，攻击机队的航程问题倒更加限制了空袭机群的作战半径，而不是“地狱猫”本身的耗油率问题。

由于航空母舰上储备空间有限，通常会鼓励“地狱猫”飞行员们将副油箱带回舰上，以免它们消耗过快，在真正需要的时候又数量不足。

仪表盘

飞行仪表包括：时钟、陀螺方向仪、地平仪、高度表、空速表、转弯和侧滑、爬升率指示表。

发动机仪表包括：转速表，喷水系统水量表、汽缸头温度计、发动机进气压表、滑油油压表、滑油温度计、燃油压力表以及燃油油量表。

各种仪表和操作面板按功能分组布置，飞行员前方和中央是主要的飞行仪表，空速、高度、罗盘、时钟等等。中央靠右面板上是发动机仪表，还有滑油和燃油仪表。中央靠左则是起落架控制和指示等。中央靠下的部分是武器面板，管

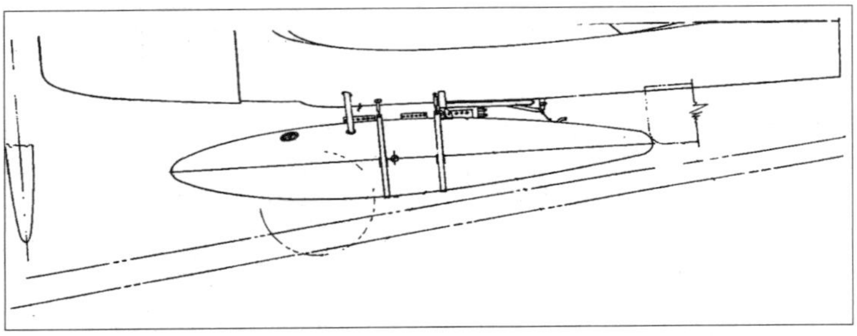

海军在1945年设计了一种新的通用型567.8升副油箱，型号为Mk.5 mod-1，这种油箱没有旧型号上的尾部整流罩。这是“地狱猫”挂载时的线图。相当大数量“地狱猫”接受了小规模改装，以使用这种新油箱。不过因为在战后快速退役，很少有“地狱猫”使用它，Mk.5 mod-1油箱主要使用者是战后才服役的各种新飞机。

这是架海军陆战队的“地狱猫”，正在瓦胡岛上空飞行。飞机挂载了两个673.7升容量的转场用大型副油箱，这种油箱很少使用。

F6F-3正面仪表盘布局

1.化油器加热空气控制开关（仅限辅助级增压） 2.点火开关 3.时钟 4.起落架紧急控制 5.航向陀螺 6.罗盘 7.瞄具 8.高度陀螺 9.绘图板灯 10.高度陀螺锁定旋钮 11.转速表 12.抗爆震喷射水量表 13.仪表盘荧光灯 14.汽缸头温度表 15.滑油压力表 16.起落架和襟翼位置指示灯 17.起落架控制 18.高度表 19.方向舵踏板 20.空速表 21.机枪上膛控制开关 22.座舱加热开关 23.转向和侧倾指示表 24.武器表弹器 25.荧光灯控制开关 26.爬升率表 27.机翼锁定安全控制手柄 28.进气压指示表 29.绘图板存放位置 30.滑油温度表 31.燃油压力表 32.燃油余量表

理各种装备。发动机管理、配平和油箱选择等都在飞行员正左侧。电器开关、断路器和通信设备在正右侧。

仪表盘的布局无论是从飞行员的角度还是工业标准来看都很不错。座舱设计者是格鲁曼的座舱工程师布鲁斯·史密斯，他设计了多种格鲁曼战斗机座舱，熟知海军和飞行员的要求与希望。“地狱猫”的座舱布局相当不错，以至于海军多次通知钱斯·沃特公司，要求他们在升级“海盗”时参考“地狱猫”的布置。

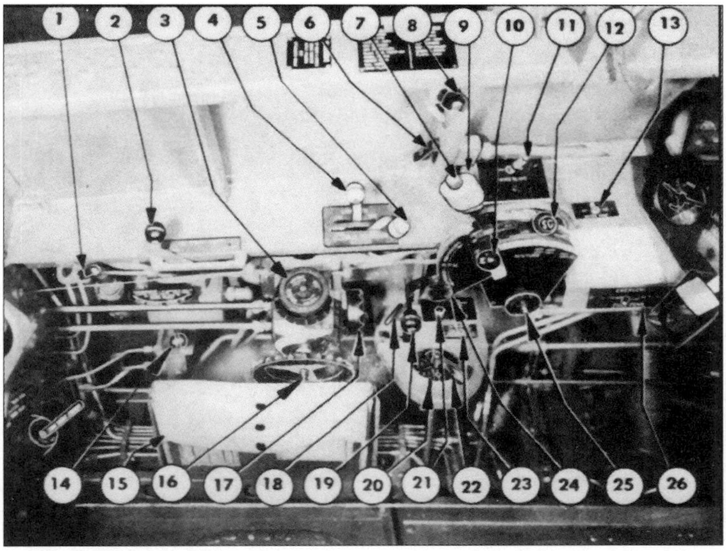

座舱左侧布局

1.座舱左下照明灯　2.尾轮锁定控制　3.方向舵配平控制　4.散热片控制　5.滑油散热口和中冷器散热口开关　6.副油箱投放开关　7.飞行员面具麦克风开关　8.座舱左上照明灯　9.油门控制杆　10.混合比控制杆　11.襟翼电气控制开关　12.增压器控制　13.喷水系统开关　14.襟翼手动控制开关　15.地图箱　16.升降舵配平控制　17.副翼配平控制　18.油箱加压控制　19.桨距控制杆　20.燃料选择阀表盘　21.备用油箱　22.油箱选择阀控制　23.滑油稀释开关　24.桨距微调控制　25.发动机控制区域摩擦力调节旋钮　26.辅助电动燃料泵开关

座舱右侧布局

1.座舱盖滑动控制　2.电池开关　3.主配电面板　4.电气控制面板照明灯　5.无线电控制开关　6.识别灯　7.手动液压泵选择阀　8.座舱右后架子灯　9.液压系统压力表　10.起落架应急下方系统压力表　11.机翼锁定液压控制　12.手动断路器面板　13.备用继电器检修口　14.手动液压泵　15.武器面板　16.手持麦克风　17.信号枪弹药架　18.信号枪架　19.无线电控制开关　20.敌我识别仪自毁开关　21.敌我识别仪支架

操纵面控制

操纵面控制方式为普通的操纵杆加方向舵踏板式。方向舵踏板用一根横梁悬空，位于仪表盘下方，有四个位置挡调节，以适应不同腿长的飞行员。座舱到方向舵和升降舵之间用预拉伸过的钢缆连接，在机身中由滑轮支撑，末端与操纵面扭矩管相连。

升降舵钢缆有两套，作为损坏余量。通往副翼的操纵钢缆穿过前翼梁处的折叠连接点，在这里由拖钩支撑，这样在折叠机翼时就不用断开操纵缆。

左侧副翼、升降舵和方向舵的配平片控制轮位于座舱左侧。座舱到操纵面由链条连接，连接副翼的链条同样穿过折叠连接点。

襟翼由液压动作筒收放，但是动作筒本身由电力伺服马达操作，在电气系统失效时可由座舱左侧控制杆手动操作。襟翼带有自动控制系统，在飞机空速超过170节时即使飞行员操作放下襟翼，襟翼也不会放下。如果飞机当前速度低于170节，达到170节时襟翼将自动收起。

电气系统

电气系统包括由发动机驱动的发电机和一个电池，这一系统使用28伏直流电，是单线机身地回路型，电池电压为24伏，容量为11安培小时。在发动机启动之后，发电机是飞机子系统的唯一供电设备，同时也会给电池充电。系统由配电面板控制，控制开关盒位于座舱右侧。电池开关必须在飞行员离开飞机之前关掉，上机启动发动机之前打开，识别灯和无线电不受这个开关影响。

使用电力的子系统很多，包括：机翼片状阀、着舰钩、启动注油器、辅助燃油泵、各种灯光、座舱加热器、飞行员用管式加热器、武器选择和控制、枪炮击发、照相枪、反射式瞄准器、枪炮加热、外挂副油箱抛弃、炸弹引信激活和投放、发动机启动弹点火，最后是无线电系统。

控制开关、可变电阻器都位于配电盒中，这里还有一个电压电流两用表。所有座舱内外灯光和子系统都从这里控制，因此该面板上操作按钮很多。

液压系统

液压系统带有一个8.32升容量的贮液箱，贮液箱安装在发动机支架上，机身后下方安装了收集器，还有过滤网和液压调节阀。由发动机传动的主液压泵为整个系统提供压力，这一系统还包括主泄压阀和备份的手动液压泵，与液压管道系统相连的压强计。

液压系统使用一种红色的矿物油，编号为AN-VV-0-366，在整个系统中的总量大约为15.14升，系统运行压力1500磅/平方英寸。各种液压子系统控制面板位于座舱右侧，电气控制面板后方。飞行员可以选择向哪些部分供给液压：全系统、仅起落架、仅襟翼、武器上膛、散热片、机翼锁。应急手动液压泵手柄位于座位右边。有经验的飞行员们说在主液压系统被打漏时，只需要手动八至十次就能看出继续用手动液压泵有没有可能将压力补足。在手动供压的情况下放下起落架或者襟翼是件非常劳累的工作。

使用液压控制的子系统包括：飞机襟翼、枪炮上膛、机翼锁定汽缸、主起落架和尾起落架收放、中冷器出口散热片、滑油散热器出口活门。

机翼折叠/展开系统

机翼只能在地面由人员操作折叠或者展开，到达折叠位

机翼折叠点的近照。

解锁安全锁钉后机翼折叠颇为容易，虽然是人力完成，但是每侧两三名地勤就够了。

这张照片在“独立”号航空母舰上拍摄，图中的F6F-5只折叠了左翼，可以看见旋转折叠机翼节省了多少空间。另外飞机已经连上了弹射器。

置时会自动锁定。机翼展开时同样会锁定，需要飞行员在座舱中操作解锁。液压安全锁钉操作T形手柄位于中央控制面板下方。

当安全锁钉由机翼折叠位置收起时，红色的警告圆筒会浮现在机翼上表面，每侧机翼都有一个。在起飞前要检查它们的位置，它们顶端与机翼表面齐平时说明机翼正常展开并锁定完毕。

机翼折叠步骤：1.确定襟翼收起；2.解锁安全锁钉；3.操作机翼折叠液压阀控制杆，将主锁钉切换到折叠位置；4.如果此时发动机没有运转，则转用手动液压泵；5.推动机翼直到自动折叠锁锁定。

机翼展开步骤：1.确定襟翼收起。2.操作机翼折叠液压阀控制杆，将主锁钉切换到展开位置。3.解锁陪锁钉。4.在发动机没有运转的情况下，用手动液压泵将液压加到1500磅/平方英寸，此后再推动机翼到展开位置。在机翼锁定后继续用手动液压泵加压，确保锁钉到位。5.锁定安全锁钉。6.检查红色警告圆筒位置，确认机翼锁定正常。

气动系统

发动机驱动一个真空泵，给各种气动系统提供动力。

起落架带有一次性气动下放系统，在液压系统失效时提供应急操作手段，放下并锁定主起落架和尾起落架。这个系统由座舱中央面板下方的一个T形手柄控制，座舱后隔板后方安装了一个压缩空气瓶，气压为1950磅/平方英寸。在拉动T形手柄后起落架上位锁会松开，气动系统通气阀关闭，压缩空气瓶阀和液压自卸阀同时打开，气压会代替液压驱动动作器，将起落架放下。

通信/导航/识别系统

早期批次飞机安装的是ATA和ARA型通信设备，导航信号接收设备为ZB或ZBX型。后期飞机安装AN/ARC-5通信系统和AN/ARR-2导航信号接收设备。

AN/ARC-5通用于指代一系列成套无线电接收、发信和附件整合的系统，由战争中期开始到战后一段时间成为美国军用飞机标准配置。这套系统可用于低频、中频、高频和甚高频无线电信号收发，可用于飞机对飞机、飞机对航空母舰的通话，飞机进行转场任务时会用低频接收机换掉高频接收机。控制面板位于座舱右侧，接收机和发送机安装在座舱后方机身中。

AN/APX-1敌我识别系统会在被舰载雷达扫描时返回信号，让雷达控制员认出这是友军飞机，避免舰队做出错误反应。不过糟糕的是总有些人会忘记打开它。这套系统也可以发出紧急信号，在迫降于敌占区后必须摧毁，防止落入敌手。破坏识别系统的方法很简单，飞行员只需要打开一个保护罩，然后翻转一个触发开关。一些老兵喜欢吓唬新人，告诉他们说这个开关是用来引爆炸弹用的，不仅会炸毁识别系统，还会把飞行员也炸上天，让日本人抓不到俘虏。

武器装备

固定武器包括六挺12.7毫米AN/M2型勃朗宁机枪，使用12.7×99毫米弹药，在第二次世界大战中是美国战斗机的标准配备。每侧外翼段有一个炮舱，内中安装三挺机枪。机枪用电击发，扳机是飞行员操纵杆前侧的一个按钮。枪尾安装

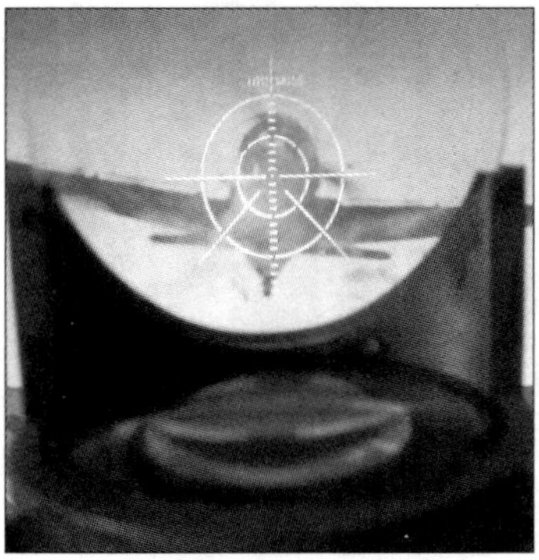

Mk.8反射式瞄具的光圈视觉效果。

在前后翼梁之间，枪管穿过前翼梁和机翼前缘。弹药盒位于炮舱外侧，弹链通常构成顺序为一发曳光弹、一发穿甲弹、一发燃烧弹，每挺机枪备弹400发，总共2400发。由于航空型M2机枪为了减重使用了较轻的枪管，而且射速增加到每分钟800发左右，这使得长时间连射会快速磨损枪管，让机枪迅速报废。飞行员们在训练时就会被提示不要长时间射击，一个菜鸟飞行员可能会在20至30秒内打光所有子弹，枪管加热和磨损也会让武器变得不准确。在战斗中头脑冷静的老手通常会进行两秒半或者更短时间的点射，这样他可以看着曳光弹进行修正，也能让机枪降温。

部分飞机用20毫米M2航炮取代最内侧的两挺机枪，航炮安装方式和机枪一样，但是由于炮弹尺寸较大，每门航炮的最大备弹量下降到225发。航炮的射速也较低，为每分钟650发左右，虽然连续射击的性能较好，但是由于备弹量少，通常有经验的飞行员也不会刻意长时间连射。

机翼外翼段上表面开有大型检修口，用于维护武器和装填弹药，枪炮上附带了电动击发马达，炮舱中还有上膛用的液压汽缸。枪炮用电加热器加

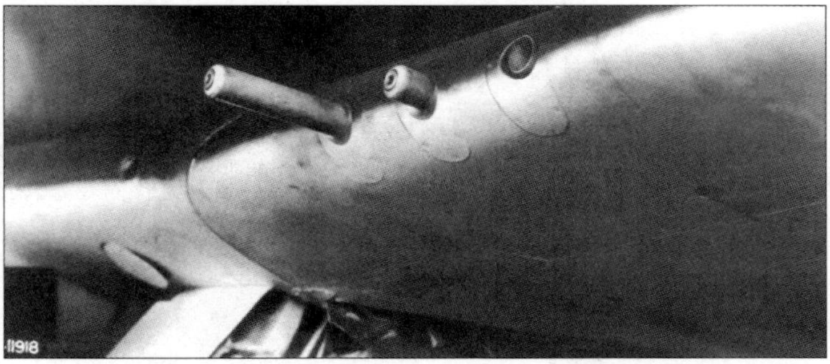

机枪口近照，可见取消了整流罩之后，机枪口直接用一块小蒙皮封闭。

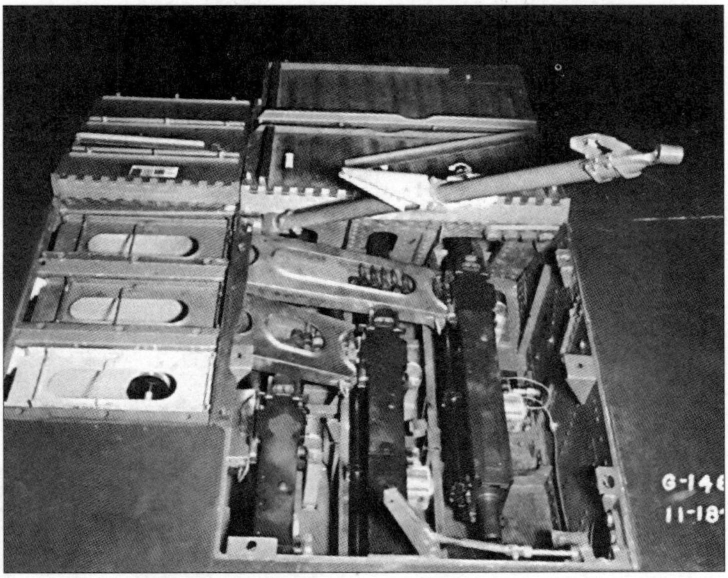

F6F-5左翼机枪安装位置，三挺机枪前后稍微错开，以方便布置弹链。

两门20毫米航炮和四挺12.7毫米机枪的配置。图中数字3下方即为航炮，炮弹弹链的体积明显比机枪弹链更大，所以备弹量下降到了225发。

热，飞行员无法控制加热器，它们直接连线到发电机，如果任务有需求，那么在起飞前就要将加热插头插上。

枪炮选择开关位于座舱右侧武器面板上，中央面板上有两个手柄用于武器上膛或者上保险，手柄控制液压动作阀，管理流向上膛汽缸的液压油。飞行员应当在降落前将武器上保险，降落冲击可能使武器意外击发，伤害甲板人员。

液压管线和副翼操纵钢缆同样穿过前翼梁折叠连接点。如果主液压泵失效，手动泵也可以用来驱动上膛汽缸，工作压力大约为800磅/平方英寸。与其他飞机不一样的是“地狱猫”能让飞行员选择是否使用成对的机枪，一些飞行员会只使用外侧的四挺机枪，把内侧两挺机枪的弹药保留下来，以备不时之需。

枪炮的交汇点通常设置在274米距离，部分喜欢近距离射击的飞行员会让地勤将交汇点改到228或者182米距离。

飞行员正前方安装有Mk.8型反射式瞄具，开关和亮度调节都位于武器控制面板上。光源灯有两根灯丝，一根作为备份，瞄具座里面还放置了一个备用灯，可以在飞行中更换。

照相枪位于内翼段左侧前缘。武器控制面板上有开关，

从前下方观察机枪位置，可见机翼下表面对应的抛壳窗。

机翼仍然处于折叠状态时就能挂载武器，图为“埃塞克斯”号的地勤正在往飞机上安装127毫米高速空射火箭弹。

早期型零长火箭发射架细节，分别为前方支架和后方支架。

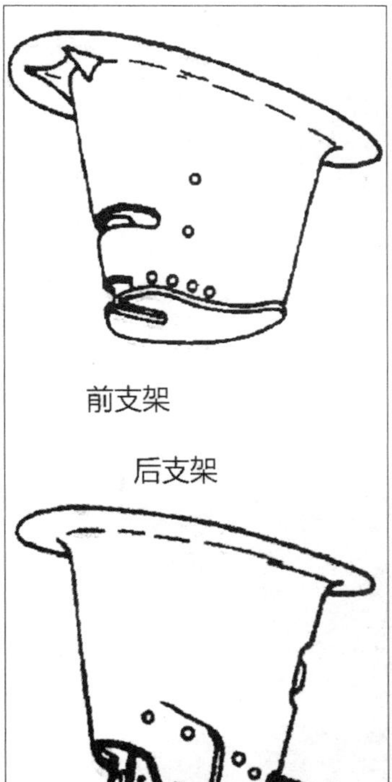

后期型零长火箭发射架线图，修改了整流罩外形，上图为前方支架，下图为后方支架。图片右侧朝向飞机前方。

机枪补弹和飞机加油也可以在折叠状态下完成。这张照片摄于“提康德罗加”号航空母舰，时间是1944年11月，在菲律宾附近海域。

1943年早期，一枚Mk.13型鱼雷在F6F-3上挂载测试，但是飞机没有实际飞行。

（上下图）1945年3月31日，帕塔克森特河海军航空站，这架41588号F6F-5挂载了一枚Mk.13-2航空鱼雷模拟弹。因为“地狱猫”替换掉了不少俯冲轰炸机和鱼雷机，所以鱼雷挂载测试就再度展开。

这两张图展示了1架F6F-3型用早期炸弹挂架挂载227公斤炸弹，该机同时携带了中央副油箱。

军械员正在航母甲板上给F6F-5挂载两枚227公斤炸弹。

后期型挂架下挂载的M29破片集束炸弹，注意挂架本身与早期型号的区别。

这架“地狱猫”携带了两枚454公斤炸弹和中央副油箱。副油箱两侧的物体是起飞用的助推火箭。

与名字完全相反，“小提姆”是种巨大的火箭弹，总重量高达569公斤，弹头有67.4公斤重。这么大的武器只能在内翼段挂点或者机身挂点携带。

1945年，正在进行“小提姆”发射测试的F6F-5。

当开关打开时，照相机会随枪炮扳机一同工作。不过大部分飞机不会携带照相机，尤其是在1944年中期以后。不使用它们的原因有好几条：首先，胶卷在温暖、高湿度、高盐度的环境中保存不了多久；第二，射击时的震动经常让拍下的胶卷毫无价值；最后，指挥层中的部分人认为照相机会驱使飞行员干些危险的行为，比如追着坠落中的敌机拍照，而不是观察周围寻找潜在的威胁或者其他目标。

飞机共有三个重载挂点，一个位于机身正中，两个位于内翼段，使用Mk.57-7挂架。机身挂点可以挂载227至907公斤重的炸弹，或者一枚小提姆火箭弹。设计之初也能在此携带一枚Mk.13航空鱼雷，虽然进行过鱼雷攻击测试，战况却从未发展到需要“地狱猫”携带鱼雷的程度。所以机身中央挂点最主要的作用是携带567.8升副油箱。内翼段重载挂点可以携带454公斤炸弹，从F6F-5起这里也可以携带副油箱。如果飞机要挂载小提姆火箭弹的话，通常会挂在这个位置，两侧一共两枚，而不是只在中央挂架挂载一枚。炸弹投放按钮位于操纵杆顶部，炸弹选择和引信激活由武器面板上开关控制。

外翼段挂点共有六个，可以安装零长火箭挂架，携带六枚127毫米高速空射火箭弹。也可以用六个小型挂架挂载45.4公斤炸弹。火箭和炸弹都用电控击发或者投放，控制按钮同样位于武器控制面板。

被动防御系统

防御系统包括自封闭油箱和装甲板，后者分为较厚的防御装甲板和偏转射弹的跳弹板。

滑油箱正前方有一块匀质钢板，用于保护滑油箱。发动机防火墙上段也有一块匀质钢装甲板，作为飞行员前向防护的一部分。座舱正面风挡是防弹玻璃，防弹玻璃和防火墙装甲板之间有一块紧贴蒙皮的跳弹板。飞行员后方隔舱壁有两块装甲，一块大面积匀质钢板保护飞行员背部，头部后方较小面积装甲板则是表面硬化钢板。发动机下方有一连串装

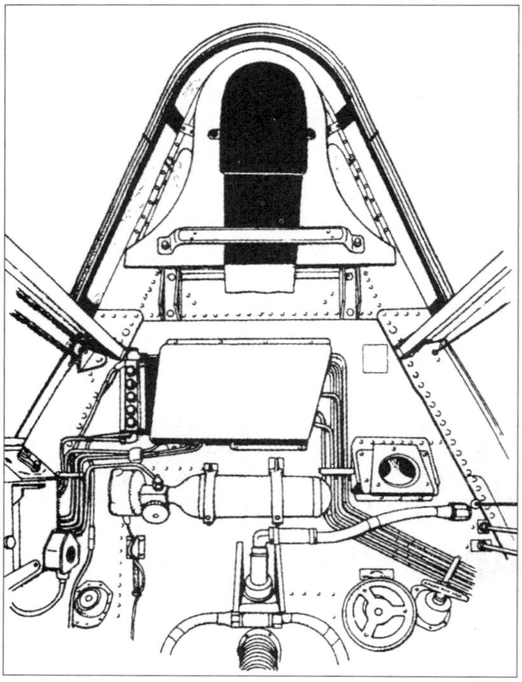

F6F-3到早期F6F-5的座舱背板。因为留有后机身窗口，为了让飞行员能向后观察，装甲板没有覆盖整个背板。

后期F6F-5的整体装甲板，两侧不再留有空隙。

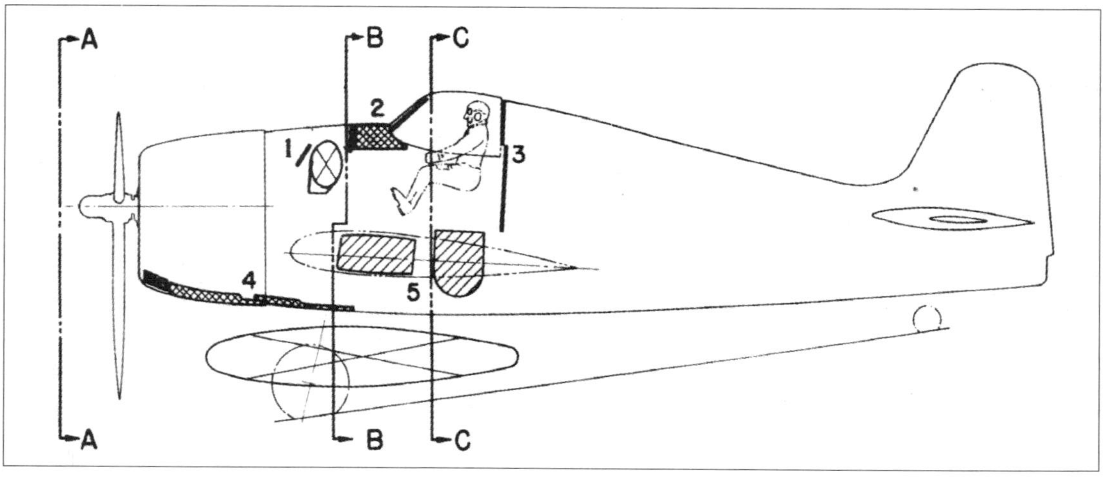

“地狱猫”防护和装甲排布示意图。

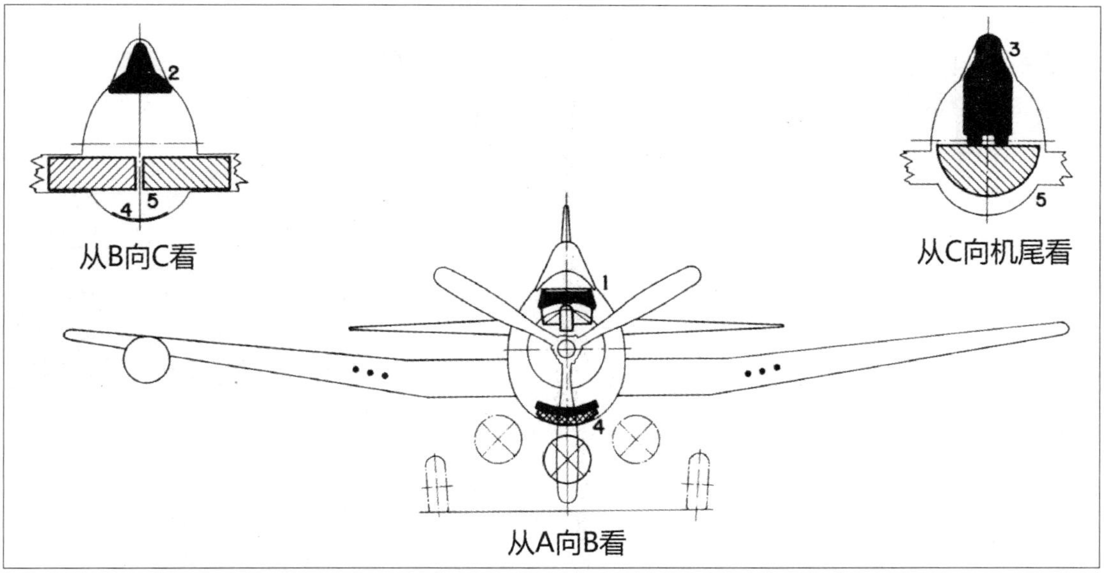

该图分别对应上图的A、B、C截面位置。图中（1）滑油箱装甲；（2）飞行员前方装甲；（3）飞行员背后装甲；（4）滑油散热器装甲；（5）自封闭油箱。黑色区域表示装甲板，网格标出的区域为跳弹板，斜线区域是油箱。

甲，包括一块匀质钢装甲板和多块跳弹板，用于防护滑油散热器和阻止由前下方射向飞行员的子弹。

发动机本身和自封闭油箱也是飞行员防护的一部分，这些东西阻挡子弹的效果非常好，所以在这些组件后方不再额外安装装甲。除了滑油箱和滑油散热器有额外装甲保护，其他防御措施目的都是保护飞行员。防护水平的设计要求是在前向和后向一定角度上为飞行员防御12.7毫米机枪穿甲弹。

F6F-3各处防御重量为：滑油箱装甲8.6公斤，飞行员前方装甲和防弹玻璃总共28公斤，飞行员后方装甲46.7公斤，滑油散热器装甲7.2公斤，

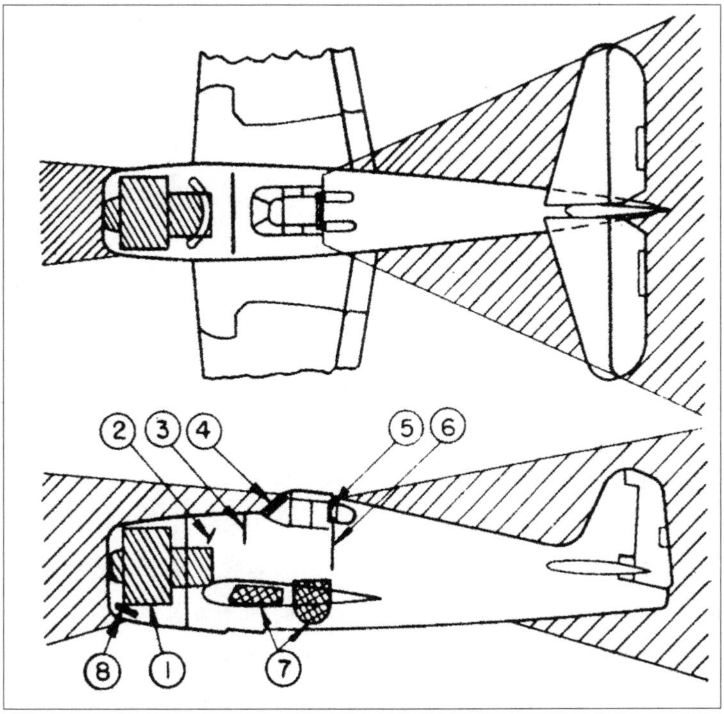

上述措施，再加上发动机本身，可在图示的角度范围内为飞行员防御12.7毫米机枪子弹。图中标示的装甲材质：（1）钢、铝混合的发动机；（2）滑油箱的匀质钢装甲板；（3）匀质钢装甲板；（4）防弹玻璃；（5）飞行员头部的表面硬化钢装甲板；（6）飞行员背部匀质钢装甲板；（7）作为次要防护的油箱；（8）滑油散热器的匀质钢装甲板。

自封闭油箱86公斤。

F6F-5各处装甲位置不变，但是装甲本身有所调整，导致重量有所变化：飞行员前方装甲和防弹玻璃总共27.4公斤，飞行员后方装甲68公斤，滑油散热器装甲10.4至12.7公斤，自封闭油箱84.3至110.5公斤。

加热/降温/通风设备

座舱内安装有燃烧型的座舱加热器和风挡除霜器。加热器有电控开关，在F6F-3上开关位于中央面板，F6F-5上移动到了电气面板。中央面板上有一个手柄控制出风口，可控制热空气流向风挡或者飞行员脚部，也可同时流向这两处。

一个手动控制系统用于管理外界新鲜空气是否流入座舱，开关位于中央面板下方，由脚操作。

起落架/着舰钩收放控制

起落架收放控制位于左侧控制面板，方形旋钮外观与其他控制的不一样，以免飞行员误操作。只有在飞机指示空速低于135节时起落架才能完全放下，用手动液压泵操作时最好将空速降低到100节以下，这样可以在手动加压上省很多力。

着舰钩开关、位置指示器、断路器都位于配电面板。开关控制电动马达，马达驱动着舰钩收放系统。在电动机失效时可手动操作，使用座位后左下方的T字柄，来回推拉以通过机械系统将着舰钩放下。

氧气系统

座舱后方隔壁下侧安装了一个防破碎氧气瓶，容量8423立方厘米，最大压力1800磅/平方英寸。氧气开关阀门在飞行员座位左侧，稀释系统和氧气面罩也在这一侧。逆时针旋转阀门为关闭氧气供应，顺时针旋转为打开氧气供应。

在3600米至9200米高度，飞行员会使用纯氧和外界空气混合呼吸，在更高高度上，飞行员就不再混合外界空气了，只使用氧气瓶内的纯氧。

氧气压力计也位于座舱左侧，飞行员可以根据压力估计剩下的氧气还能使用多久。缺氧在高空是一个真正的威胁，会让人昏迷直至死亡。飞行员们被教育脱下飞行手套，看他们自己的指尖，指甲变成蓝色是缺氧的标志。还有些飞行员被告知一次只爬升几千英尺，在每个高度层都做一个算术题，比如“18加18等于36，36加36等于72，72加72等于144……”因为氧气管弯折或者面罩漏气导致身亡，这在感受上比被零战打死糟糕多了，每个海航飞行员都会认同这个观点。

1945年早期“大黄蜂”号的一名典型飞行员，他的头上是AN-6540型头盔，再加AN-6530型护目镜。氧气面罩是A-14型，与麦克风连接在一起。他还穿着救生衣，背着降落伞。

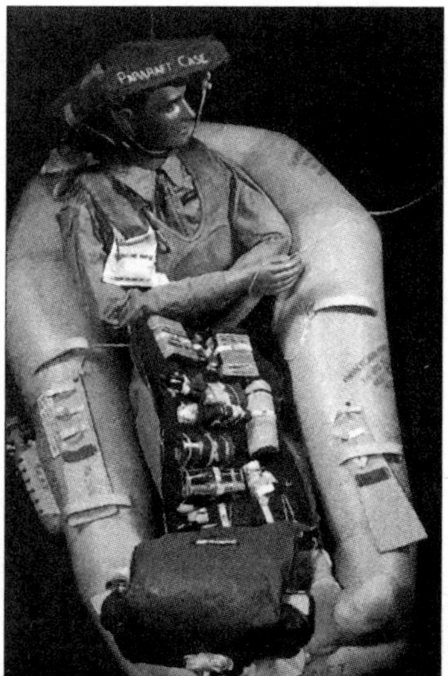

飞机上携带的救生设备展开后的状态，这个小救生筏刚好能让一名飞行员躺在里面。

“地狱猫”战斗机主要尺寸	
翼展	13.055 米
长度	10.226 米
地面停放高度(到螺旋桨顶端)	4.394 米
高度(到垂尾顶端)	3.962 米
主轮轮距	3.353 米
螺旋桨直径	3.988 米
折叠后主翼翼展	4.928 米
主轮到尾轮水平距离	6.534 米
机翼面积	31.03 平方米
外翼段上反角	7.5 度
机翼前缘后掠角	5 度
机翼安装角(翼根和翼尖)	3 度
机翼展弦比	5.51
翼根翼型	NACA23015.6MOD
翼尖翼型	NACA23009
翼根弦长	303.37 厘米
翼尖弦长	160.02 厘米
平均气动弦长	247.396 厘米
机翼根梢比	2
副翼翼展	194.31 厘米
副翼面积	0.729 平方米
副翼弦长	0.2 倍主翼平均弦长
副翼活动范围	向上 17 度，向下 13.8 度
副翼配平片活动范围	上下 8 度
襟翼面积	3.697 平方米
襟翼类型	NACA 开缝
襟翼翼展/主翼翼展	65%
襟翼平均弦长/主翼平均弦长	19.70%
襟翼最大下放角度	48 度
平尾翼展	563.88 厘米
平尾安装角	4.5 度
平尾翼面积	7.227 平方米

“地狱猫”战斗机主要尺寸	
升降舵面积	2. 601 平方米
升降舵弦长	49. 53 厘米
升降舵活动范围	向上 26 度，向下 15 度
升降舵配平片活动范围	向上 4 度，向下 18 度
垂尾面积	2. 174 平方米
方向舵面积	0. 836 平方米
方向舵活动范围	左右 30 度
方向舵配平片活动范围	向左 30 度，向右 8 度
主轮尺寸	81. 28×20. 32 厘米
尾轮尺寸	26. 67×11. 17 厘米/21. 59×10. 16 厘米

“地狱猫”战斗机空重表(公斤)		
组件	F6F-3(1943 年 9 月 28 日)	F6F-5(1945 年 3 月 15 日)
机翼	918. 11	925. 05
机尾	123. 08	127. 34
机身	279. 36	293. 82
起落架	332. 42	340. 67
发动机区域	186. 39	193. 28
发动机	1119. 69	1113. 34
发动机附件	142. 40	144. 21
发动机控制系统	16. 55	13. 97
螺旋桨	220. 04	218. 31
启动系统	25. 85	19. 68
润滑系统	65. 44	67. 34
燃料系统	207. 93	212. 01
仪表	18. 59	20. 63
操纵面控制系统	77. 82	66. 76
液压系统	51. 20	57. 41
电气系统	94. 51	101. 49
武器支持	130. 97	142. 22
陈设	31. 38	24. 67
着舰勾	16. 96	16. 19
喷水系统	无	18. 82
总空重	4059. 32	4117. 24

“地狱猫”战斗机载荷表(公斤)		
载荷	F6F-3(1943年9月28日)	F6F-5(1945年3月15日)
飞机空重	4059.32	4117.24
管道内死油和滑油	40.59	40.59
点50机枪	196.64	194.14
烟火设备	1.59	无
照相枪	1.90	1.90
通信设备	61.68	74.42
导航设备	1.72	1.72
其他设备	23.45	25.40
飞行员	90.70	90.70
以上固定载荷总重	418.26	428.87
基本重量	4477.59	4546.11
可用滑油	54.42	54.42
机枪弹药	326.52	326.52
内部燃油	680.25	680.25
水/乙醇混合液	无	54.15
总有效载荷	1479.45	1543.67
飞机全重	5538.78	5660.90

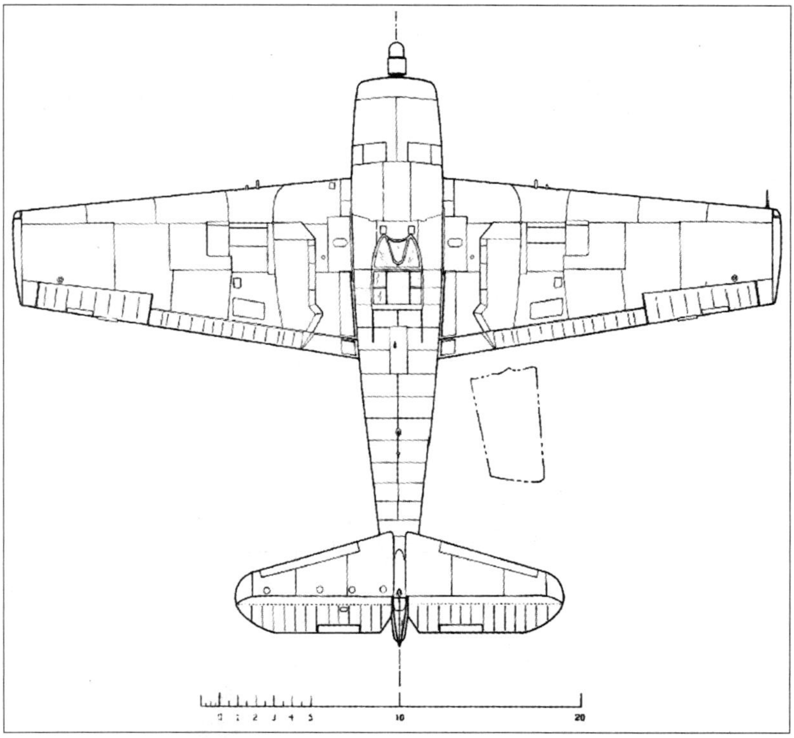

F6F-5俯视图，虚线表示右翼折叠后的位置。

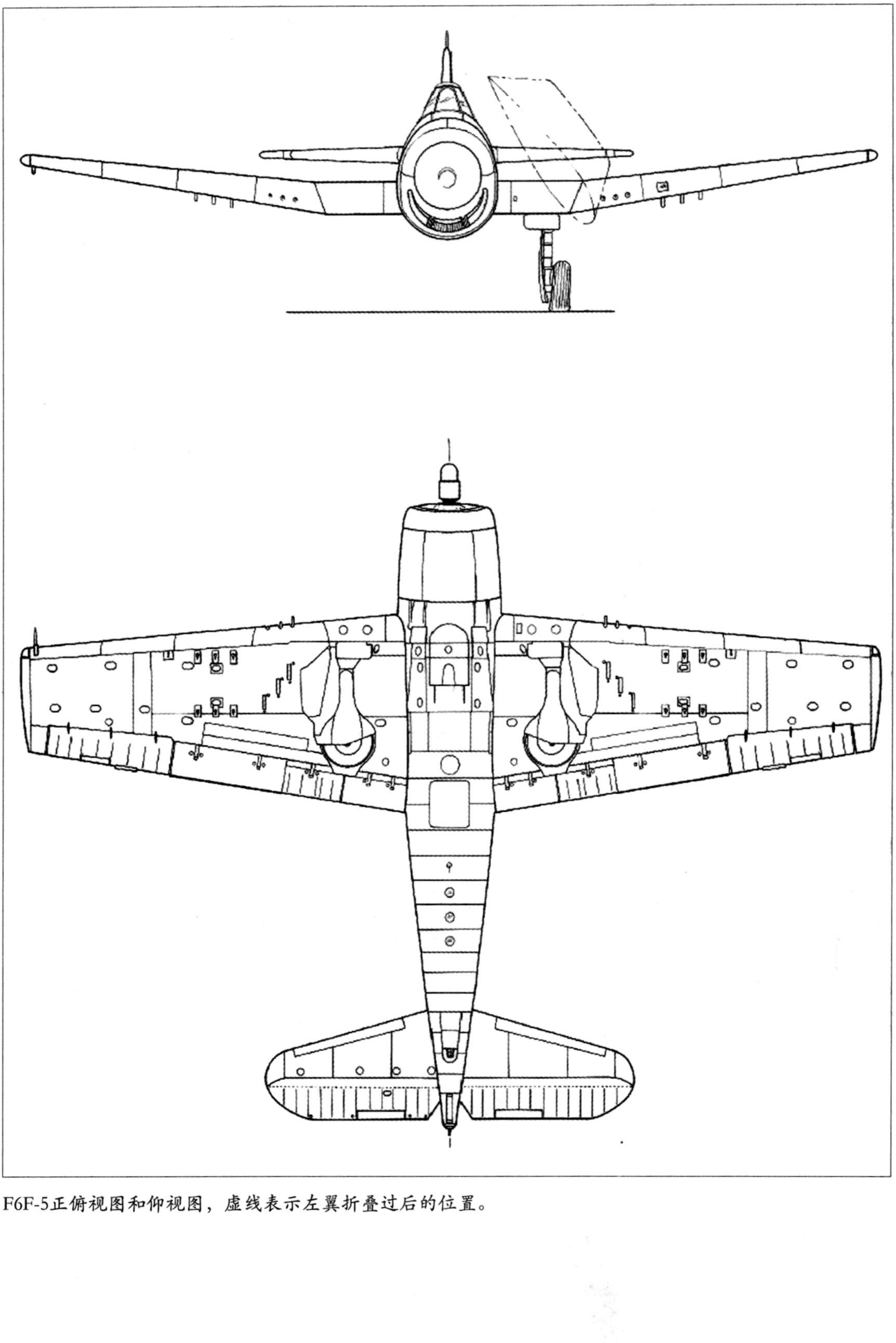

F6F-5正俯视图和仰视图，虚线表示左翼折叠过后的位置。

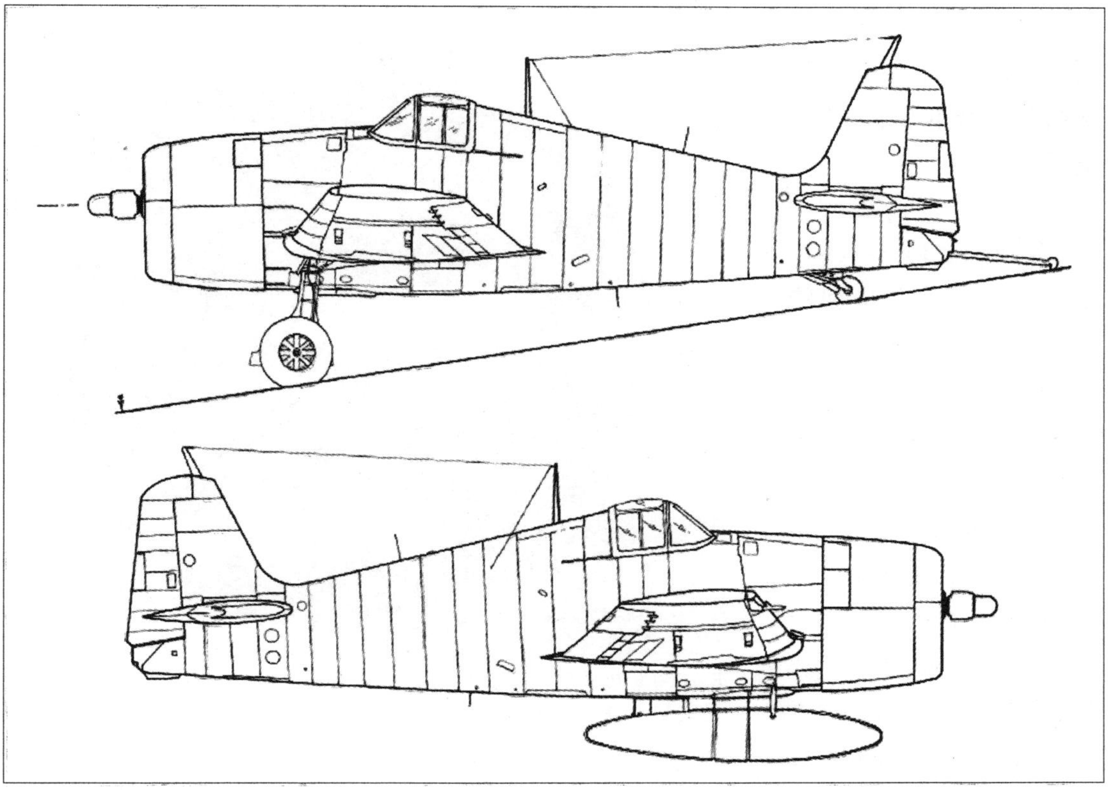

F6F-5侧视图。

F6F-5剖视图。

四、“地狱猫”的心脏：普拉特·惠特尼R-2800发动机

几种主要F6F战斗机型号均使用一台普拉特·惠特尼公司研制生产的R-2800-10或者R-2800-10W发动机。R-2800“双黄蜂”系列是最为著名的星型风冷活塞发动机之一，除了F6F以外多种飞机使用这种发动机，包括F4U“海盗”和陆军航空兵的P-47“雷电”、P-61“黑寡妇”。这种发动机尺寸重量适于中大型战斗机，在同档次发动机中输出功率最高，而且坚固耐用，可以说是最好的战斗机用风冷发动机。

R-2800是典型的双排汽缸发动机，每一排9个汽缸。汽缸直径146毫米，冲程152.4毫米，总排量2800立方英寸，合约46升。排量是它编号的来由，美国人用立方英寸排量定下编号数字，R则代表星型发动机。

1937年3月21日，R-2800发动机获得了正式开发批准，这天曲轴和曲轴箱的锻造、铸造件实际上已经制造完毕。发动机总共有五个系列：A、B、C、D、E，分别代表不同时期的发动机发展水平，带数字后缀的编号系统则是军用生产编号，一个系列会对应很多种军用和民用型号。

R-2800发动机前视图，A和B系列发动机的前机匣较小且光滑，可以通过这个特征很容易辨认出来。

在研发过程中，一共有4台原型机获得了编号：X-77、X-78、X-79、X-80。其中X-80是一台单排9缸发动机，它代表半台R-2800，于1938年2月制造完毕并投入测试。在接下来的一年中X-80和另外三台原型机承担了开发任务。到了1939年3月，X-80已经运转了总共695.92小时，其间无数次拆解重组，为R-2800项目做出了最大贡献。所有主要组件在它们的最初开发环节中都在X-80上安装过，包括主连杆、关节销、轴承、滑油泵、减速齿轮组和曲轴。此外润滑油的油压和回油系统也都以这台测试发动机为标准进行了优化，具体包括理想滑油流量、油压、油温以及粘稠度。

发动机结构

汽缸有两个主要组成部件：汽缸套和汽缸头。汽缸套用SAE3140铬钼合金锻造，在一头带有外螺纹。汽缸头是铸铝，在内圈带有相应的内螺纹。燃烧室则是半球形带有两个阀门，一个进气一个排气，不仅是普拉特·惠特尼，其他制造商生产的大多数空冷发动机都采用这种设计。

散热是决定高性能气冷发动机成败的关键。A和B系发动机将汽缸头铸造技术推到了当

时的极限。以20世纪30年代末的标准看R-2800的汽缸可算是件杰作。

每个汽缸有两个火花塞，一前一后分布。双火花塞通常被认为是安全备份，实际上完全不是因为这个理由，至少对于这些高增压的高性能发动机来讲是这样的。大排量航空发动机使用双火花塞的主要目的是保证性能。单火花塞在高功率区间运转的话容易产生爆震，导致发动机内部严重损伤。

只有单个点火源时，单一火焰锋面会花较多的时间燃烧混合气，航空发动机汽缸尺寸远较现在的汽车发动机大，这一点表现非常明显。缓慢的燃烧速度会让没有参与燃烧的混合气升温并到自燃点，然后开始无控燃烧，即产生爆震。如果有两个点火源，则会产生两个火焰锋面，汽缸内的混合气在较短的时间内全部点燃，让发动机顺畅运转。

实际上很多点火系统，包括绝大多数R-2800，都只安装了一个二重磁电机，只是用两套配线向两套火花塞供电。因此磁电机失效时整个点火系统都会关闭，发动机也会停转。

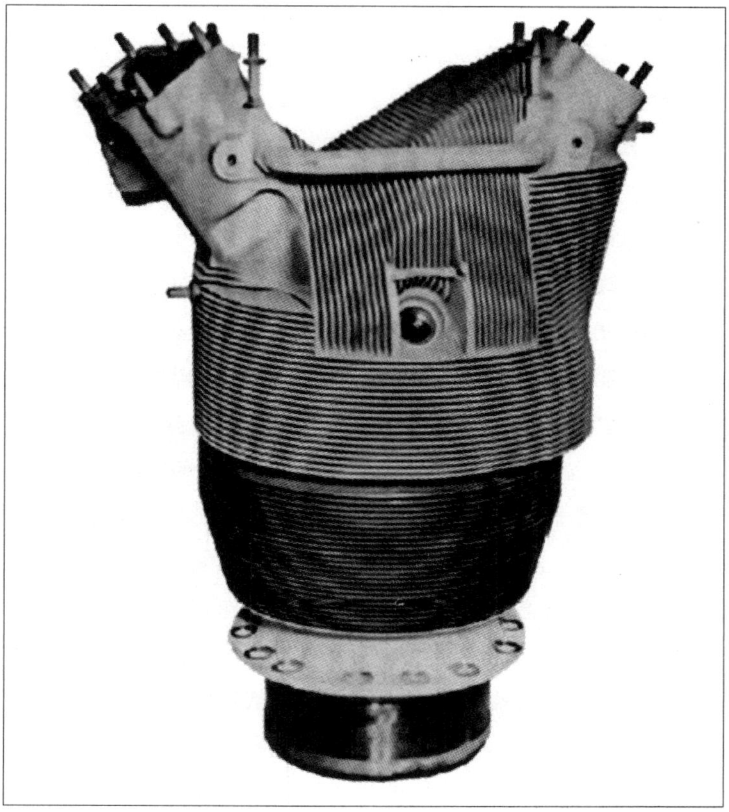

R-2800发动机汽缸，外表面密布散热片。

另外某些发动机，比如罗尔斯·罗伊斯公司生产的“灰背隼”发动机，虽然有两个磁电机，但是都经由一根传动轴驱动，如果传动轴故障，两个磁电机也会同时失效。

R-2800的活塞材质是锻造铝，汽缸压缩比为6.65:1，以现在的眼光来看这个压缩比并不算高，但是航空活塞发动机都有增压系统，以较高进气压运转的发动机容易产生爆震，压缩比就需要降低些。尽管压缩比不高，发动机输出的总功率毋庸置疑。

发动机的主连杆由SAE 4010铬钼合金锻造，设计上是经典的工字截面，轴端双凸缘。每个凸缘上有八个3.175厘米直径的孔用于连接其他连杆。

前机匣安装了很多关键的发动机功能组件：螺旋桨减速器、磁电机和磁电机传动系、配电器和它们的传动系、回油泵、螺旋桨控制器以及螺旋桨轴。机匣罩由镁铝合金铸造加工而成，螺旋桨轴在两端都有支撑。

在标准大气压下音速为每秒340米。如果R-2800发动机没有减速齿轮，桨尖不超音速的最大螺旋桨直径只有2.22米，根本不够发挥输出的动力。各种R-2800使用的典型螺旋桨直径接近4米，当减速比为2:1时桨尖速度为每秒280米。设计师们通常会将桨尖速度保持在每秒304米以下，以防止激波产生；而且某些情况下发动机转速会超过预定值，必须留出一定余量。

R-2800的生命期中使用过多种减速比，因为要让螺旋桨轴和曲轴处于共轴的状态，所有的减速齿轮都是行星式。

A和B系列发动机主要的减速比有以下几种：（1）5:2，减速齿轮由一个太阳轮六个行星轮组成。（2）2:1，部分A和B系列发动机使用，构成与上一种相同。这种减速比产生的故障和失效最多，在以后的C和E系列发动机上就再也不使用这种比例。“地狱猫”所用的R-2800-10发动机就是这种减速比。（3）16:9，这种传动比使用了15个行星轮，而不是以往的6个。

点火系统位于前机匣，内部安装了一个辛提拉公司或者美国博世公司产的磁电机。磁电机连接了两套配电器，左侧负责所有汽缸后侧的火花塞，右侧负责所有前方火花塞。部分B系列的发动机则使用通用电气的点火系统，通用电气点火系统的特点是有两个磁电机，它们完全一样且可以互换。

R-2800发动机主要使用奔迪克斯生产的喷射化油器，A和B系列的发动机使用各种不同批次的PT13型，C系列则使用奔迪克斯 PR58型。喷射式化油器在飞机进行负G机动后不会造成富油停机，日本发动机通常使用普通化油器，再加装负G补偿装置，性能较喷射化油器差。

从第一次世界大战发展到第二次世界大战前夕，航空活塞发动机已经普及了压力润滑系统，因为战斗机经常要改变飞行状态，泼溅润滑难以适应状态变化。R-2800上所有的机油泵都是齿轮式，由一个高压泵给三个主油路供油。从发动机流出的滑油先通过回油泵，再进行过滤，最后返回滑油箱。

大气密度随着高度上升而下降，战斗机需要在高空作战，那么使用增压器来维持高空飞行性能就是必然的结果。R-2800发动机的增压器是典型的离心式，包括一个离心盘，上面安装了增压器扇叶，也经常被称作叶轮。还有附属的进气管道和配气管道，全部都紧贴发动机中后机匣。增压器动力来源是发动机曲轴，通过一套变速齿轮系统获得数倍于发动机的转速。空气进入飞机进气道后会先流经喷射化油器，在这里形成汽油和空气组成的混合气，再通过增压器叶轮加压，最后通过配气管道进入发动机汽缸。

很多R-2800发动机使用一级二速增压，例如A系列全都是这种配置。类似于螺旋桨叶，增压叶轮尖端的速度不能超过音速，不过在高温高压的环境下音速会增加。在A系列发动机上低速挡的传动比为7.6:1，高速挡则为9.45:1，这意味着增压器转速是曲轴转速的7.6倍或者9.45倍。两个传动挡的目的是适应不同高度，低速挡在低空提供足够空气，同时从曲轴取走较少的动力。到了高空，低速挡不能供应足够空气，增压器就要切换到高速挡运转，通过消耗更多动力获得更大进气量。

中后机匣和增压空气收集器装在一起，增压器叶轮和传动轴也在这里，此外还有其他各种附件传动轴。中后机匣顶部是喷射化油器安装台，供油阀就在这个安装台的下面。

后机匣则用来安装一些额外的附件和它们的传动轴，由镁合金铸造加工而成。诸如增压器变速阀、油压阀、后机匣回油泵都安装在这里。

另外一些会安装在后机匣的附件包括：1.转速计发电机。它用来给座舱内的转速表

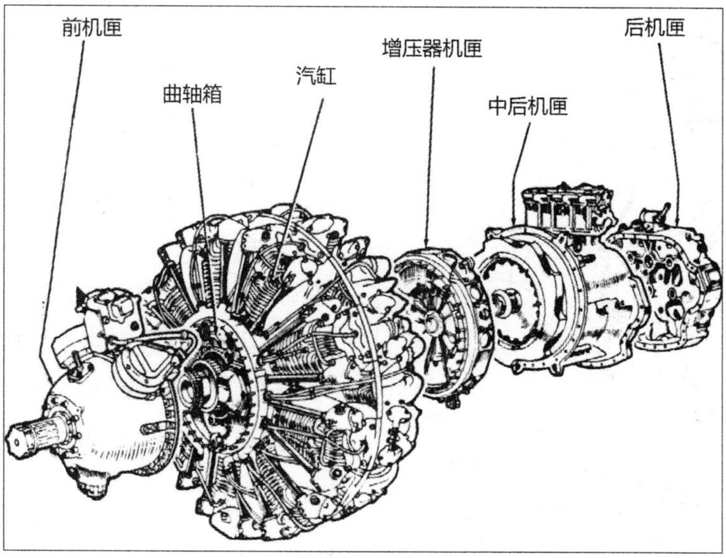

基础一级增压发动机型号结构简示图。从左至右分别为：前机匣、曲轴箱、汽缸、发动机级增压器、中后机匣、后机匣。

供电。2.武器协调器/转速协同器。主要用户F6F、F4U和P-47战斗机都不使用穿桨射击的武器，所以没有什么战斗机安装了协调器。转速协同器则用来同步多发飞机的发动机转速。3.液压泵。提供液压供起落架收放、襟翼、刹车、武器上膛等等。4.120伏/400赫兹发电机。通常商业飞机用这一发电机给座舱灯之类的电器供电。

在后机匣后方还有一些附件和它们的传动轴：启动器、24伏直流电发电机、真空泵、燃油泵。

以上这些就是A系R-2800发动机的大致构成，典型的发动机安装重量大约有1580公斤，包括螺旋桨在内。在增压器周围有六个矩形凸台对应六个发动机支架。发动机通过这些支架连接在机身结构上。很多飞机在连接处有橡胶片或者橡胶垫圈，也有部分硬式安装的飞机。

A系列发动机于1939年投产，很快就表现出各种不足，通常只能输出1850马力。所以没有战斗机批量装备该系列，总产量也不高。

B系列发动机

很快普拉特·惠特尼公司就基于A系做出了改进，B系发动机看起来和A系很像，但改动量足够给它一个新系列编号。1940年5月24日，B系发动机完成了100小时发展测试和180小时耐力测试。

B系发动机的动力部分做出了改进，以提高汽缸容积效率。另外扩大了曲轴箱上的滑油孔，使得滑油流动更快，工程师们高兴地发现这个改进让滑油热损耗降低到了预期水平。这项简单的改动对功率提高有很大贡献，B系发动机因为这些改进提高了150马力，最大功率达到2000马力。这150马力可以说是“免费的”提高，因为进气压和发动机转速都没有变化，完全通过优化发动机本身达成。

除此以外滑油散热器也减小了，降低了少许冷却阻力。其余改进包括使用一体推杆管、进气管改为法兰连接、汽缸头修改、增大排气阀、凸顶活塞等。

因为一级增压器性能有限，即使有两个传动比也无法在高空提供足够性能。为了满足战斗机高空使用要求，B系列发动机首次引入二级增压系统，用两个串联的增压器给发动机提供足够空气。普拉特·惠特尼引入的二级增压系统有两种：二级机械增压和一级机械增压加一级废气涡轮增压。

海军航空兵使用二级机械增压的发动机，在这些发动机上，第一级增压器被称作辅助级增压。在“地狱猫”的R-2800-10型上，两个增压叶轮面对面布置，其间有一个中冷器，用于降低进气温度。纯粹从提升性能的观点来看，后冷

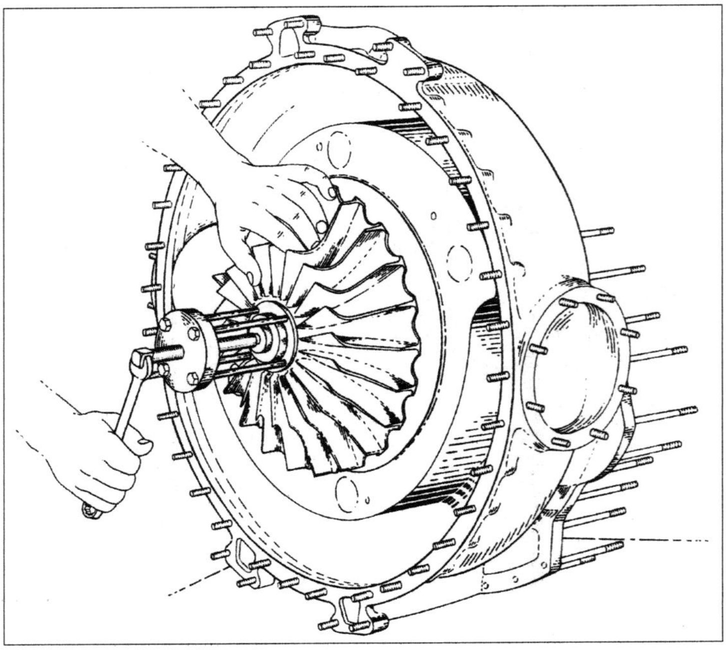

辅助级增压器拆解图，显示正在卸下增压器叶轮传动轴，注意离心盘的尺寸。

器更加适用，因为混合气经过二级增压后温度达到最高。但是由于发动机基础设计限制，无法安装后冷器，除非将整个发动机构造推倒重来。

第二级增压被叫做发动机级或者发主级，因为它贴在发动机曲轴箱后方，而且经常单独运作。实际上发动机级增压就是此前的一级增压器，只是现在以固定传动比运转，而非以往可切换的两个传动比。此外自动进气压限制系统一直是标准配置，以防发动机过度增压。

海军的第一台二级增压B系列发动机在1940年8月交付给了钱斯·沃特公司，安装在“海盗”战斗机上。此前“海盗”首飞时使用的是A系列发动机，原型机大幅度修改过后就更换了新系列的发动机。格

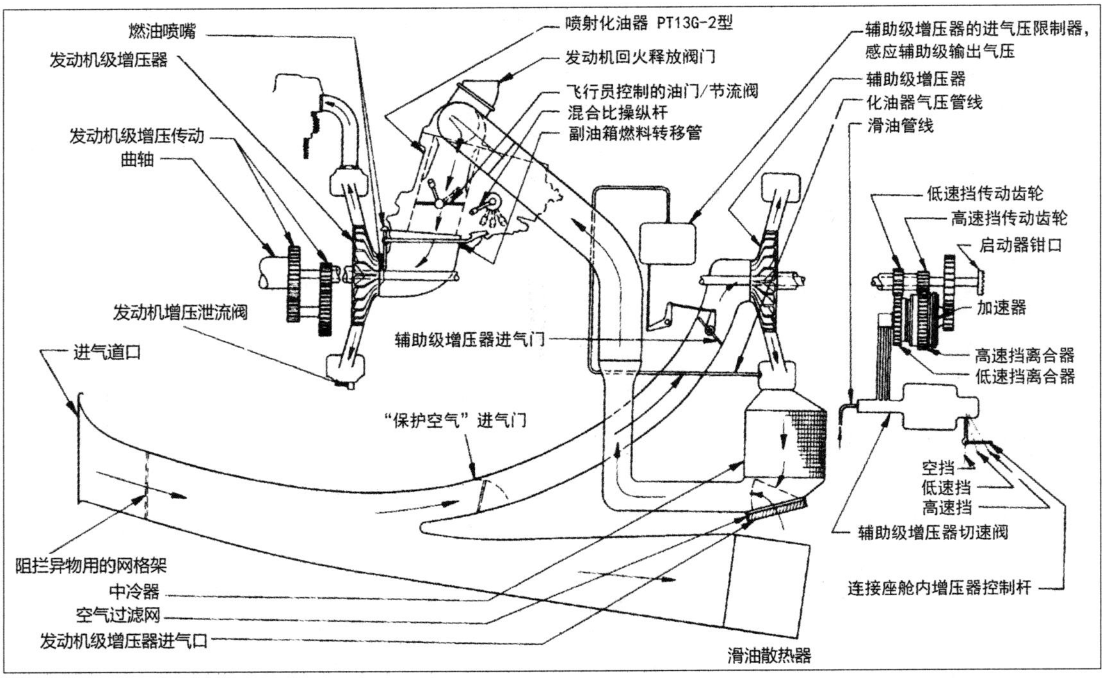

“地狱猫”的发动机进气系统示意图。空气首先从机头下方的进气道进入，一部分流向滑油散热器，另一部分流向辅助级增压器。从辅助级增压器增压过后，经过中冷器，再进入发动机级增压器。在第二次增压过后，沿着进气歧管分配至汽缸。使用加热空气时，发动机直接从中冷器后方的进气口吸入空气。

鲁曼公司则在第二年更改“地狱猫”的发动机之后才开始使用，“海盗”的R-2800-10和“地狱猫”的R-2800-8发动机基本相同，操作方式完全一样，输出功率也相当，不过仍有部分区别。例如前者使用方向朝下的化油器，后者则是朝上的化油器，进气和散热系统等细节随这两种飞机不同而有所差异。

这两种发动机的发动机级增压驱动比固定为7.93:1，不可控制。辅助级有3个挡位：空挡、低速挡和高速挡。低速挡时传动比为6.46:1，高速挡时传动比为7.8:1。增压器变速为手动，由飞行员控制。在低空飞行或者起飞降落时，辅助级增压器应该被切换到空挡状态，辅助级增压器不工作，空气会从另外的进气管绕过辅助级，直接通往发动机级增压，此时发动机是以一级增压状态运转。由于日本在战时从未成功量产过二级增压发动机，这让“海盗”和“地狱猫”在绝大多数时候能拥有明显的高空性能优势。

福特公司生产的第一台B系列发动机则在1941年12月交付给陆军航空兵，这是一台R-2800-21型，用于共和P-47战斗机。

喷水系统

为了应对德国FW 190战斗机带来的冲击，美国陆军航空兵决定尽快提高发动机功率，增强P-47的性能。陆航在莱特机场开了个会议，普拉特·惠特尼公司派了一名工程师参加。因为陆航很早就在测试往发动机内喷水的效果，所以这名工程师在会议上得到了使用喷水系统的建议，会后普拉特·惠特尼便开始研究安装喷水系统。向汽缸内喷水可以降低混合气的温度，同时冷却火焰锋面，非常有效地阻止爆震，发动机可以在更高进气压力下运转，从而输出更大功率。

最初的测试只往发动机内喷水，但是战斗机在高空飞行时周围环境的低温会使水结冰，因此需要添加防冻剂。首选抗冻剂是醇类，它同时也是抗爆震性能很高的燃料。在测试了各种醇类之后，乙醇被定下来作为标准配备，虽然此时仍被叫做喷水系统，但是实际喷液由50%水和50%乙醇组成。该系统正式名称是抗爆震喷射（Anti Detonation Injection，简称ADI），在战斗功率时还能省掉大部分降温用汽油，此步骤由一个去富油阀门进行，它会减少汽油流量。

1943年下半年，所有使用R-2800发动机的战斗机都开始加装喷水系统，虽然最初是陆军航空兵的项目，但实际上海军航空兵收益更大，因为他们使用R-2800的战斗机不仅数量更多，还是无法替代的绝对主力。于是“地狱猫”和“海盗”都同时开始加装喷水

R-2800-10W 功率表(无喷水系统时只能使用军用动力挡)					
每分钟 2700 转			每分钟 2550 转		
战斗动力(马力)/高度(米)		军用动力(马力)/高度(米)		最大正常动力(马力)/高度(米)	
2250	海平面	2000	海平面到 520 米	1675	海平面到 1680 米
2075	550	1755	1650	1570	2200
2135	3780	1800	4790	1625	5100
1965	4450	1640	5520	1530	5550
1975	5150	1650	6400	1550	6700

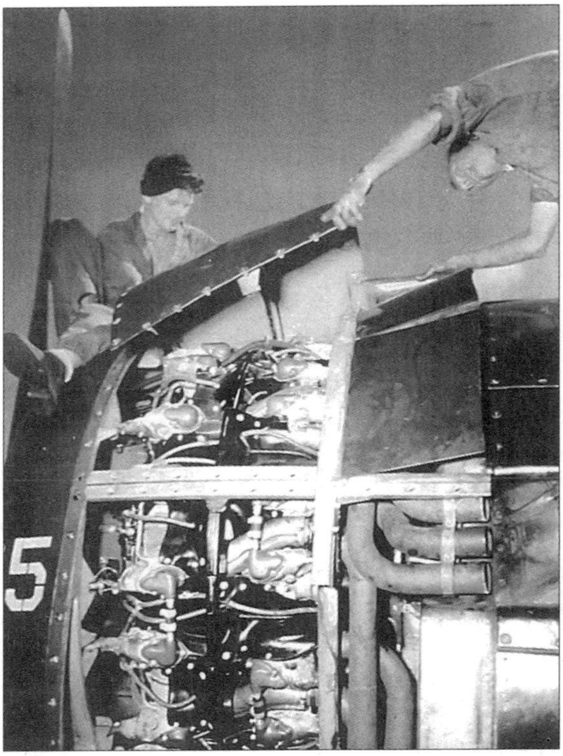

安装在“地狱猫”上的R-2800-10发动机。地勤打开了蒙皮，正要检修发动机。

拆下的发动机和部分附件，包括后方的发动机支架和下方滑油散热器。

这是“海盗”上的R-2800-8发动机，与R-2800-10区别不大。

系统，到了1944年4月，所有F6F-3都改装完毕。F6F-5则在生产时以此为标准配置。增加了喷水系统后R-2800-10发动机添加了W后缀，以表示区别。

B系发动机总共生产了91781台，其中30992台二级增压型号，绝大部分都提供给了“地狱猫”、“海盗”、“雷电”这三种战斗机。

D系列

该系列发动机是专为诺斯诺普XP-56飞翼战斗机改造的型号，它基于B系列而非后来的C系列。为了尽快让发动机投产而大量使用了已有的零件，例如二级增压直接来源于F6F使用的-10型发动机，动力区的零件除了汽缸以外都来自P-47使用的-21型发动机，汽缸本身则为了应对推进布局有所改动。对转螺旋桨的减速比为0.577。由于XP-56计划取消，D系列发动机默默消失了。

C系列发动机

随着美国汽油性能的提高，普拉特·惠特尼公司决定有效利用这个优势，进一步提高进气压力。这当然会提升功率，同时也会增加发动机的负荷。问题是现有的发动机已经难以继续发展，因此C系列发动机的需求被提上日程，该系列于1940年开始正式研制，测试用发动机在1943年开始制造。

C系发动机的所有组件都进行了重新设计，A/B系发动机和C系发动机唯一能互换的零件是启动锁簧。发动机前机匣被分成了两部分，减速齿轮重新设计过，所有动力区的零件也都有很大变动，增压器组件则完全是从头开始的新东西，所以到最后发动机的外观也与此前的大不相同。

由于以前的汽缸已经达到了极限，重新设计的“C汽缸”进一步增加了散热片密度。散热片排列紧密而深远，全都由组合铣刀铣成，要完善化这项工序很困难，公司在这上面花了很多精力。由于热交换效率提升，发动机压缩比提高到了6.75:1，同时“C汽缸”也能在更高的进气压和转速下运转，发动机转速随之从每分钟2700转提高到2800转。不过例如燃烧室设计和进/排气阀的配置仍和B系发动机汽缸的相同。

铸造汽缸头改为了锻造，普拉特·惠特尼在1941年用90和100号汽油对新旧汽缸头进行了对比测试，新的锻造汽缸头在所有方面都表现出了优势。平均来讲，锻造汽缸头能以稀10%的混合比在更高的动力上运行，同时散热效率也提高了。另外各个气门开闭对应的曲轴转角也有所改变，以改善汽缸进气情况。

设计师们从发动机曲轴上移除了两个配重，另外现在中机匣改为整体式，曲轴箱强度提升了。这对发动机的寿命和生存力很有帮助，变相提高了战斗机的生存力。新的曲轴分为C、CA/CB、E几种，在细节上有所不同。

C系发动机前机匣与之前相比差别很大，也复杂很多。这里安装了自动提前点火控制系统，再加一些其他的改动使得前机匣实际分成了两个部分：前机匣和前附件机匣。前机匣增加了安装扭矩表的功能，可以监控发动机的扭矩或者平均有效压力。

螺旋桨轴的钢材牌号由SAE#50改为SAE#60。减速齿轮虽然保持行星式，但是减速比进行了重新设置，现在的主要减速比为0.45（反过来写是20:9）或者0.4375。

随着自动提前点火控制系统安装，磁电机驱动轴也变了，传动会先通过点火提前齿轮系统和磁电机中间齿轮组。配电器的驱动也同样会先通过自动提前点火系统和中间齿轮组，这些东西都安装在前附件机匣中。

A/B系发动机的点火提前角固定在曲轴上止点前20°。在1941年9月2日，C系发动机原型机上安装了二挡自动点火提前控制，最后投产的型号是线性变化的点火提前角，可以改善发动机在不同转速下的运转状态。

润滑系统进行了大幅度修改，油路从A/B系发动机的三个增加到了七个，其中一条油路专门给自动提前点火控制齿轮组使用。回油系统也分为两组，一组回收前机匣的滑油，另一组回收动力区、增压器等后方区域的滑油。

C系发动机的增压器组件虽是重新设计，但是原则上和B系发动机一样。二级机械增压还是由主级和辅助级组成，前者固定传动比，后者仍然分为三挡，它们之间有中冷器。

辅助级的传动系统与之前不同，采用了液力偶合，这样就可以不用安装传统离合器，两组液力偶合器分别给辅助级增压的高速和低速挡使用。但是本质上来讲，液力偶合的效率不高，它会产生大量热量，保持合适的滑油温度更为困难。不过普拉特·惠特尼在这方面做的还算不错。早期的测试中由低挡换到高挡容易出故障，最后通过修改过油孔解决了问题。

给战斗机用的新发动机从1944年开始生产，主要战斗机用户包括F4U-4、F7F、F8F-1、P-47M、P-47N。XF6F-6使用与F4U-4同样的C系列发动机，型号均为R-2800-18W。这种型号的军用动力提高到2100马力，战斗动力提高到2380马力。如果F6F-6能投入生产可能会专门为它提供一种细节稍微不同的型号。但由于最后计划取消，“地狱猫”与C系列发动机就此无缘。

E系列

C系列发动机很快趋于成熟，于是普拉特·惠特尼公司将下一阶段发展计划提上了日程。E系列发动机于1943年11月11日开始设计，1944年11月9日第一台样机完成。

从前方看来C系和E系发动机没什么区别，它们的前机匣相同，动力部分也差不多。不过在E系发动机上，发动机级增压器也改为了液力传动。以前辅助级增压器的驱动轴与发动机中线平行，现在则改为与其垂直。另外启动器和发电机的朝向被改成向前，而非往常的向后，从而减少了发动机的长度。

除了以上改进，E系发动机整合了自动控制系统，将增压器也纳入了自动控制。普拉特·惠特尼在自动控制系统上的进步也反馈回了C系发动机，从P-47N-25开始的批次加装了自动控制系统。

此外E系列发动机一开始便预定使用115/145号汽油，而非往常的100/130号汽油。

因为研发生产很晚，E系列发动机只有两种型号，R-2800-30W和-32W，-30W用各种于格鲁曼战斗机，包括一个“虎猫”型号：F7F-5，两个“熊猫”型号：F8F-2、XF8F-3。-30W相对简单，只有一级增压器，但是有3个传动比，保证了一定水平的高空性能。而-32W则仅用于F4U-5，该型号上的增压器配置和传统二级增压器类似，不过辅助级实际上由两个并列的增压器组成，而非传统的单个增压器，同时因为这个奇特的形状被叫做“响尾蛇”。

E系发动机基于-30W和-32W计划过民用型号，不过从未走下绘图板。

R-2800的C和E系列发动机前机匣分成两个部分，上面有数量众多的螺栓，一眼即可看出与A、B两个系列的区别。这台发动机是-32W型，后方侧向安装的增压器非常显眼。

第三章 “地狱猫”的特性，及其与主要对手的比较

一、“地狱猫”的操纵品质和飞行特性

1944年10月16日至23日，战斗机联合会议在帕塔克森特河海军航空站举行，这次会议由海军航空局主办。参会人员包括美国海军航空兵和陆军航空兵的飞行员，各个飞机和子系统供应商的试飞员和其他相关人士，还有英国皇家空军与海军舰队航空兵飞行员，NACA也派出了人员参加。联合会议上，所有服役中的美国战斗机都参与了试飞和评价，部分原型机例如XF8F和XF7F也参与了会议，还包括1架在塞班岛缴获的零战52型，机身号为61-120（即TAIC-5号），参加飞机总共有十余种主要型号。德国战斗机缺席令很多飞行员相当失望，前段时间陆军航空兵对这些飞机进行了大量测试飞行，有人说由于缺乏备件这些飞机正在趴窝，也有人说由于其他各种原因没有来参加——比如可能只是由于陆航不想把它们交到海航主导的活动里。

以下操纵品质和飞机特性评价主要来源于此次会议。飞行员对飞机具体飞行品质的评价包括五类：好、一般、差、其他（只有细节描述而没有定性）、无评价。此外还有一些最佳评比项目，所有机种都可以被投票。因为飞行员包括各作战部队和公司试飞员，而且作战部队飞行员基本不试飞自己部队装备的飞机，例如“地狱猫”飞行员不在会议上再飞“地狱猫”，他就不会习惯性地投票支持自己经常驾驶的型号，所以会议评价可较好反映飞机的实际水平。

总共有27位飞行员在会议上试飞了F6F-5战斗机，包括11位陆航飞行员，4位海航飞行员，2位英国飞行员和10位其他飞机公司的试飞员。

地面操纵

F6F战斗机座舱位置较高，发动机罩有一定倾斜角度，所以即使是后三点起落架，在地面时发动机罩上端仍然大致与地面平行。在飞行员座位调高后，前向视野比其他后三点起落架战斗机更好，他能看见飞机前方大约90米处的跑道。这与另一种主力战斗机F4U形成鲜明对比，后者的长鼻子使得飞行员在地面几乎无法看到正前方。但是即使如此，在机场上滑行时仍经常需要走S形路线，为此需要松开尾轮锁，让其可自由旋转。在航空母舰上滑行时则需要遵守引导。如果横向风力太大，飞机仍会像风向标那样被吹得旋转，此时操作建议是将尾轮锁定。此外降落和减速滑跑时也应将尾轮锁定。

飞机滑行时建议将操纵杆向后拉到底，保证尾轮接地，突然增加动力会让飞机有向前颠覆的倾向。

美国海军的情报机构

TAIC是Technical Air Intelligence Center的缩写，意为航空技术情报中心，它的前身是TAIU（Technical Air Intelligence Units，航空技术情报部队），最早的TAIU单位成立于1942年，位于澳大利亚墨尔本，后来转移到布里斯班，主要目的就是为了收集日本飞机情报和测试缴获的飞机。早期TAIU留下的最为著名的遗产是盟军代码名系统，最初叫做麦克阿瑟西南太平洋代码名系统，这套系统提供容易记住的绰号给那些在战斗或侦察照片中辨认出的飞机。这个系统中男性名用来命名战斗机，女性名用来命名轰炸机、水上飞机和侦察机，运输机以T开头命名，训练机则用树名，滑翔机用鸟名。日本飞机那些各种各样的英文名字就来源于此。

在1944年多数的TAIU成员回到美国本土，在华盛顿特区附近的阿纳卡斯蒂亚海军航空站重组成TAIC。TAIC从属于美国海军情报部，同时包括了陆航和盟国人员。其属下有一个测试部队负责重建和维护被选择来测试的德国、日本飞机。TAIC的主要功能是收集敌机情报；推测敌机性能指标；准备图像和模型供训练使用；接收和维护缴获的敌机，并安排测试；发布资料和报告。

实际运作中多数测试委派到了帕塔克森特河海军航空站，这里也是海军新型飞机和装备的测试和评估中心。TAIC使用的测试机在机尾涂有TAIC XX字样的编号，比如TAIC-1号就给予了最早在阿留申群岛缴获的零战21型，TAIC-5、7、8、11则都是在塞班缴获的零战52型。

总共有4个TAIU单位，作为TAIC的现场工作组，负责在战区进行的维护、测试、信息收集、报告发布等工作，分别为：ATAIU-东南亚、TAIU-西南太平洋、TAIU-太平洋海域以及TAIU-中国。

绝大多数飞行员都认为F6F是一种滑行操作很容易的飞机，因为主轮距很宽，刹住一侧主轮并利用发动机动力旋转时飞机相当稳定。

飞机起飞时也应锁定尾轮，但是在航空母舰上操作时不能锁定尾轮。

27位试飞过的飞行员中有21位给F6F的地面操纵性评价为"好"。

起飞和爬升

有飞行员写下这样的起飞评论："我使劲踩下刹车踏板，将操纵杆拉到肚子上，才能让它不向前颠覆。"此后松开刹车滑跑加速，与其他战斗机一样，F6F起飞时需要踩舵外加方向舵配平，以抑制飞机向左偏向的扭矩效应。

起飞时襟翼可处于任何位置，完全收起或者完全放下都可以，但是很少会完全放下襟翼起飞。襟翼放下角度越大，起飞滑行距离越短，相应地在襟翼全放下时要将升降舵配平调到使飞机抬头的设置，因为襟翼的升力会让飞机倾向低头。短距离起飞一般会将襟翼下放到20度位置。

F6F战斗机在起飞时的加速性能不错，机尾很快就会抬起。在不同飞机重量和襟翼角度下，离地速度通常在每小时128.7公里到161公里之间。飞行员们对起飞性能的评价与地面操纵一样，有21人评价"好"。另外由于飞机翼载较低，在"重载飞机狭小场地起飞"这一项目上超过其他战斗机获得了第一名。这个特性对于舰载战斗机来讲无疑相当合适。

爬升中飞机可以靠配平片

控制，襟翼应当收起，爬升速度一般为每小时241公里指示空速。如果在较低空速下用大动力爬升，要用方向舵向右配平保持飞机直线飞行。飞机爬升率不算很差，到达2130米高度时将增压器从空挡切换到低速挡。爬升时飞机操纵性可认为不错，除了开始时有一些横向不稳定现象。

配平

在收起起落架和襟翼后飞机需要向抬头方向改变配平，不过幅度很小，转入爬升时也一样。总的来讲随着速度和动力变化，配平总会有一定程度改变，不过配平片总能让飞行员不再费力控制操纵面，除了方向舵以外。在飞机低速且高动力飞行时，配平片不能减少方向舵所需操作力。

14位飞行员认为飞机配平性能不错，但是也有人提出诸如“速度改变时配平变化太多”、“方向舵配平改变太频繁”、“飞机需要过量配平调整”和“配平片不够灵敏”等意见。另外值得注意的是俯冲时用配平减少控制力的过程也不够快。

需要频繁改变配平是飞机操纵性上少有的缺点之一，会让很多没有飞过“地狱猫”的飞行员感到厌烦，但是在长期飞行后就会养成本能的配平动作。

俯冲和改出

多数飞行员认为F6F俯冲性能不错，俯冲时操纵杆力度适中，在“俯冲时稳定性和控制性能”排名中位列第三。此外所有飞行员都认为飞机俯冲改出性能很好。与其他战斗机一样，F6F在俯冲时俯仰操作力会变重，飞机向右偏航，如上一节提到，配平跟不上飞机变化，但是操纵杆和方向舵所需控制力仍然可接受。

发动机在俯冲时最大允许转速每分钟3060转，在这一转速上不允许运转超过30秒。增压器应切换到空挡，让辅助级增压器处在不工作状态。这两条规则的目的是防止发动机因为转速和进气压太高而造成损坏。保证安全的俯冲限制速度如下：4572米高度以上时为370节指示空速，4572米以下时为391节。这些指标是按5G拉起制定的，在特定速度下以高G力拉起时会让飞机陷入严重压缩效应：在任意高度，指示空速320节时禁止以5至7G拉起。

4572米高度的391节指示空速相当于每小时910.7公里的真空速，或者说相当于0.78马赫，这是不陷入压缩效应的极限。要从相当高度开始俯冲才能达到这一速度。越接近限速，飞机震动就越强烈，对于飞行员来讲这是很充足的改出提示。

机动性

F6F整体机动性不错，所有正常的飞行动作都可以进行，除了倒飞时间限制到只有3秒，这是由于发动机滑油回收泵不能长时间在倒飞情况下工作。筋斗、滚转、殷麦曼这类通常机动都容易进行。一位飞行员说：“你可在任何时候忽然进入剧烈机动，即使在高速下。”

F6F-3型战斗机在高速下滚转率不足，副翼控制力太高。一般来讲指示空速每小时370公里时滚转率可以达到每秒72度左右，速度增加到每小时600公里时滚转率会减少至每秒40度左右，这个特性和零战几乎一样。F6F-3型进行了弹簧补偿片安装测试，在低速下滚转率与以前相当，每小时600公里时滚转率保持在每秒60度，这是不错的提升。零战在每小时370公里时滚转率大约每秒55度，600公里时下降到只有大约30度，弹簧补偿片让“地狱猫”在全空速范围能保持有效的滚转率优势。与其他战斗机一样，拉杆进行正G

机动时滚转率会下降，滚转时踩舵则会增加滚转率。

就增强副翼过后的飞机来讲，很多飞行员认为副翼杆力“较轻或者说适中，效果很好”。在“每小时161公里时的副翼效果”这一排名上F6F-5位列第一。

由于翼面积很大，使得飞机翼载较低，F6F的盘旋性能胜过其他所有美国后期战斗机，只有贝尔公司P-63才能与之相比。当然它盘旋性能还是赶不上主要对手，包括各型零战以及其他多数日本战斗机。与F4F战斗机类似，由于螺旋桨产生的扭矩效应，在低空速而高动力的情况下F6F向右盘旋比向左更困难。飞机在高G盘旋中机身会产生震颤，给飞行员足够高G失速警告。

一项现代评价表明F6F-5战斗机在最大速度时，每拉出一个G过载需要的杆力为5.66公斤，这意味着飞行员需要有相当强的体质，否则就必须连续利用配平减少操纵力。不过这似乎与战时飞行员们的看法不太一样，12人对升降舵杆力评价是“好”，这意味着杆力大小合适。具体来讲只有一人明确说杆力很高，两人认为适中，四人认为很轻。也许现在修复的飞机与战时的状态有区别，从而产生了这个差异。总之，在“最佳升降舵”评比中与F8F、F7F、P-51得票相同，并列第二。

与其他战斗机对比的话，F6F并不算是一架飞起来令人惊讶的飞机。但是它非常稳定，不论是静态还是动态。几乎所有飞行员都给飞机各向稳定性“好”的评价，在“飞机整体稳定性”评比中超过其他战斗机排名第一。

虽然飞机方向舵操纵力较高，尤其是在使用方向舵侧滑时表现尤为明显，但是由于效果很好，仍然在“最佳方向舵”这项评比上获得第二。

进场和降落

在这一对于舰载战斗机最为重要的方面，F6F真正展现了它的闪光点。一位飞行员评论道：“低速飞行性能除了杰出以外没有其他合适的形容。”另一位飞行员说：“对日本一线战斗机优势很小，但是事故率很低。”某王牌舰载战斗机飞行员的评价是：“作为一架要降落在甲板上的战斗机，‘地狱猫’在80节速度时稳定得像一块石头，而且能很精确地控制高度和速度。”这对于在航空母舰上起降来讲是再好不过的特性了。还有飞行员说：“到今天为止我进行过很多次航母降落，我对‘地狱猫’的稳定性和易于操作感到惊叹，至少是在关键降落阶段的操纵特性。我甚至能完全靠感觉飞行。”

正常进场降落要求开着发动机，不过也可以关掉它。如果有需要，飞机可很容易地用方向舵侧滑。进场时要先将速度降低到110至120节。飞行员应当打开座舱盖，将襟翼放到最低，放下起落架，发动机散热片可以放在半打开状态，以减少对视野的影响。此外发动机要调到每分钟2250至2450转，以防需要复飞时无法及时输出动力。此外航母降落时不能锁定尾轮，最后放下着舰钩。

联合会议上飞行员们普遍认为F6F战斗机降落时操作品质非常优秀，试飞过的飞行员中有20人给“进场和降落”项目的评价是“好”。航母降落时飞机最终进场速度为75至80节，飞行员收到降落信号官的“停止”信号时将油门收到最小，着舰钩钩住阻拦索后飞机主起落架会先碰到甲板，然后起落架被冲击压缩到最低。如果航空母舰航速能达到30节，飞机着舰的相对速度可以减少到50节。

此外在复飞性能上，F6F获得的评价也可以说不错，虽然没有降落性能那么好评。

失速和螺旋

飞机失速特性不错，无论是开关发动机还是有无外挂，高G失速也如此。在“比失速速度快每小时8公里时的操纵品质”评比项目中F6F以压倒性票数取得第一名。在不同挂载、重量和动力水平下失速速度也不尽相同，如滑翔、降落和爬升此类正常飞行情况下。但是无论挂载如何，失速速度之前一点飞机震颤会明显增加，给飞行员提供失速预警。在关掉发动机的情况下，失速之前发动机罩下方进气道会产生声响，在较缓慢接近失速速度的时候，飞机将温和地震颤。但是在进场降落和复飞时失速缺乏预警。

在不同飞行状态下失速时，飞机既可能向左翻滚也可能向右翻滚，大多数情况下失速造成的滚转比较温和，可以用副翼和方向舵恢复。如果不进行恢复操作，飞机会开始俯仰震荡并进入失速状态，此时可用一般失速恢复操作使飞机改出。

盘旋中进入加速失速的情况下，飞机会发生温和的震颤，这是失速预警。失速开始时飞机会忽然停止转弯，然后又忽然继续抬头，进入较为温和的滚转震荡。此时翻滚倾向容易控制，立刻停止拉杆，将操纵杆回中即可恢复正常。

F6F进行螺旋测试时飞机重量为5096.25公斤，重心位于26%平均气动弦长处，飞机旋转四圈再开始改出，测试中利用副翼控制进入螺旋方向。在向右螺旋中飞机机头向下掉50至60度，副翼控制力比较低，机鼻回转频率与飞机旋转频率一样。在向右旋转四又四分之一圈后反向踩舵开始改出，一秒后将副翼打向相反位置到底，飞机螺旋角度立刻变得更陡峭，旋转速度看起来加倍了。此时方向舵控制力很低，副翼和升降舵控制力较重。改出动作在又转了一圈半之后生效，螺旋中飞机总共损失了大约1520米高度。向左螺旋时机头下掉角度没有那么多，不过副翼控制力更重，机头震荡也更严重。同样旋转四圈后改出，再旋转一又四分之三圈后改出操作生效。副翼和升降舵操纵力大概是向右螺旋时的两倍，方向舵控制力大致不变，高度损失约为1340米。

座舱

F6F座舱空间很大，飞行员们对其舒适性评价颇高。座位和方向舵踏板均可调，可适应各种身材的飞行员。一位飞行员形容座舱“宽广”，甚至担心坐进去之后看不到外面，不过可调座位能大致解决这类问题，测试飞行员中只有一位认为座位调节范围不够。座舱内起落架和襟翼控制位置令人满意，但是发动机控制安排就很一般。F6F在“整体最佳座舱”评比中排名第三，次于F8F和F7F战斗机，这个结果倒也理所当然。

此外飞机的加热和除霜也表现良好，在高空飞行较为舒适。不过座舱内噪音较大，尤其是高速俯冲时除了噪音几乎什么都听不到了，这方面“海盗”和“地狱猫”都不如陆航的“雷电”。

视野

F6F座舱位于机身顶点，如前文所述前向视野较好，尤其是在地面操纵时表现明显。不过其他方向视野就很糟糕，由于高机背造成的影响，飞行员无法直视后方，视野死角很大。参加评比的陆航战斗机，比如P-47和P-51都已经改换气泡座舱盖，飞行员们对其评价相当好。“海盗”的机背也遮挡视野，但是安装了马尔康姆座舱盖，这种座舱盖向周围凸起，对后向视野也有所改善。由此“地狱猫”在“最佳座舱盖”评比中排名倒数第二。主要对手零战也使用了水滴形座舱盖，虽然加强筋很多，但是视野仍好于“地狱猫”。

发动机控制

F6F发动机控制系统没有出众之处，与同期的F4U战斗机相同，自动控制系统较少，只有基本的自动贫油和自动富油设置。联合会议上有两项关于自动控制系统的投票，分别是“单一操纵杆控制发动机是否可行？”和“自动散热片是否可行？”前一个问题有76票支持，21票反对，后一个问题无人投反对票。由于XF6F-6改进计划被放弃，所以没有装备增强了自动化水平的C系列发动机。

飞机在某些特定情况下飞行时会出现增压器喘振现象，这一现象在满足以下条件时最容易发生：1.高度大约为7620米；2.增压器处于高速挡；3.发动机转速为每分钟2200或者2500转；4.外界气温零下10至20摄氏度。这一现象会让发动机运转不稳定，并在进气道中产生吹气异响。采取以下手段中的任何一种即可消除这一问题：1.将增压器切换到低速挡；2.加大油门并降低转速，保持相当的动力输出但是避开问题转速区间；3.将进气切换到热空气。

有飞行员对燃油系统给出了有趣的评价：“飞机有三个油箱，每个都差不多大，这产生了一个臭名昭著的奇怪毛病。当你把烧空的油箱和另外两个满的接通之后，之前那个空油箱的油量表会降得飞快。”

抗战损/装甲

在大众的认知中，F6F以坚硬威名远扬，被命中多次还能正常飞行，前任F4F战斗机也是如此，由此格鲁曼公司得了个“钢铁厂”的绰号。飞机结构强壮，也有足够装甲。散热器是液冷发动机的命门，冷却液很容易漏光并导致发动机损坏。滑油和滑油散热器则是所有发动机的命门，虽然它尺寸较小且滑油粘稠度很高，泄漏更为缓慢，但开始泄漏后仍然可以让飞机飞行较长一段时间。

其他美国战斗机都不为滑油散热器提供防护，而F6F在机头下方也有装甲，可以阻止高射枪炮或者弹片从前下方特定角度内打坏滑油散热器，额外保障了整机生存性能。在空战中，很多受损的F6F能保持关键部分完好，带着战损飞回母舰。

武器平台

飞行员们对F6F作为武器平台的评价两极分化。部分人认为它很好，另外一部分人却觉得它不怎样。一位飞行员说：“作为一个射击平台F6F非常杰出。”此前提到的现代评价指出飞机较重的杆力影响射击提前量修正，较重的方向舵控制力也让方向舵和升降舵配合不易。另外某位战时飞行员评论道：“最有经验的那批飞行员们认为F6F作为射击平台比F4U更稳定，但是我个人看来这两者之间没有什么差距。”他也谈到了关于武器的问题：“我必须提到我们经常给武器上膛，弹链经常在机枪的机匣附近跳动并发出异响，我们就算想也没法停下来整理它们。在每一次攻击之后重新给机枪上膛能让它们运转良好。”

就武器威力来说，由于六挺12.7毫米航空机枪是最为通用的美国战斗机配置，与其他战斗机没什么区别。虽然单挺机枪威力较小，但是安装数量较多，连续命中时可以将日本战斗机的主要结构部件打坏。配用的穿甲燃烧弹很容易点燃没有自封闭油箱的日本飞机，经常迅速将敌机打成一团火球。

其他评价

联合会议上飞行员们还留下了很多细节评论，以及一些其他评论，其中有好有坏：

动力不足。

对于日本战斗机性能优势不够。

如果性能再好一些的话，无疑会是最好的战斗机之一。

很适合太平洋战区，直到速度不够用为止。

性能有些不够。

即使对于太平洋战区来讲，飞机临界高度也太低了。

非常适合太平洋地区的环境。

在战斗机联合会议上“最佳生产中舰载战斗机”一项中F4U获得了61票，F6F获得了31票。它们使用很接近的发动机，但是F6F肥壮的机身阻力较大，使得飞机飞行速度较慢，此外滚转率比F4U低不少，F4U的各个操纵面的操纵力也更为和谐，这几项是F6F在对比中的主要失分点。

一位飞行员回忆说“地狱猫”作为高性能战斗机，却很容易驾驶，甚至经常可以漫不经心地飞它，不会坐在“地狱猫”里面还不面带微笑。

某位飞行员说F6F的优点如此多，以至于不知道从哪一个先开始讲，这是战时最好的飞机。

还有人形容F6F“不可思议”，只有它才能做到让训练最少的飞行员参加最多战斗。

很多喜欢F6F的人认为它飞行品质出众，让飞行员们在战斗后降落航空母舰时不至于失速。声称F6F是“我们自己的战斗机”。

与F4F不同，F6F在地面的操纵性非常好。

有飞行员谈到在F6F上起飞，只要推油门增加动力，你就飞起来了。

降落时将操纵杆向后拉到底，可以做到三点同时落地，飞机也不会弹跳。

某些日本观点认为，美国战斗机中只有F6F适合狗斗（即近距离格斗或缠斗）。这有些言过其实了，但是证明了“地狱猫”给他们造成的影响有多深刻。

作为夜间战斗机F6F比F4U更合适，不论作战使用还是维护。

在指示空速超过250节时F6F机动性比零战好，后者由于高速时杆力尤其重，实际上机动性比多数战斗机都要差。

F6F对航空母舰的适应性与F4F相当甚至更好，同时空战性能上与F4U相差不多。

在P-47对F6F的一对一模拟空战中后者更容易胜出，因为盘旋性能好很多，尽管“雷电”飞得更快，但是优势不够大，在这种限定条件下的空战中作用较小。

有些飞行员认为第二次世界大战中设计最好的美国战斗机是“灰背隼”P-51和F6F，这也许是对“地狱猫”最好的褒奖。

二、“地狱猫”与日本战斗机

1920和1930年代成长起来的美国人对“日本制造”的概念是非常便宜，但是质量很糟。所有在廉价商品店里能买到的东西都带着这个标签，这些东西全都不耐用，或者干脆很快就坏了。

实际上，日本在第二次世界大战前很久就开始有效提升军力，而且保密工作相当出色。一般美国人完全被蒙在鼓里，天真地以为一旦开战，日本军队会像他们那些廉价商品那样迅速崩溃。但是日本人却击败了一个又一个国家的军队，他们的航空兵在战争初期展现出了巨大的优势。

终于到了1941年12月7日，从这天开始“日本制造”对于所有美国人来讲有了个新意义。零战在战斗中表现出了相当大的性能优势，压制了太平洋上所有盟军战斗机。很多不愿意承认的人还在声称这种飞机是仿制的沃特143型，甚至是休斯H-1，这两种飞机在某些方面看起来像零战。但零

零式战斗机的始末

1937年，三菱公司的A5M九六式舰上战斗机刚服役不久，日本海军决定开始规划下一代战斗机。10月5日，海军向三菱和中岛两个公司发布了新战斗机的性能要求计划书，这就是零战历史的开端。这个计划书同时要求飞机增强速度、提高爬升率、大航程，与此同时机动性不能低于前一代的九六舰战。

该计划书要求颇高，实际上其中一个核心要求，即飞机的机动性不低于九六式，与前几个冲突相当严重。通常来讲，飞机提高速度主要从减阻与增强动力上入手，减阻的手段之一是减少飞机翼面积，这会同时减少飞机诱导阻力、压差阻力和摩擦阻力。然而减小翼面积意味着机翼产生的升力也减少了，机动性必然会变差。

而在增强动力的方面，发动机功率越强，本身的重量就越大，耗油率也相应增加，为了保证航程自然需要增加油箱容量。最终发动机和燃油增加的重量又会降低机动性。另外，由于有效的战斗机空战武器只有航空枪炮，而且没有辅助瞄准设备。飞行员必须靠近敌机才能有效命中，而靠近敌机的大前提就是速度比敌机快。所以，当时的战斗机发展方向是逐渐放弃机动性，增强速度和爬升指标。

然而日本海军抓住机动性指标不松手，三菱公司总要想办法满足这个指标，那么就只能从其他方面下手。主设计师堀越二郎首先尽力修整了飞机的气动外形，他的设计方案在机身外形上相当简洁，尽可能降低了飞机废阻力。同时绞尽脑汁减少飞机结构重量，先选择了功率和尺寸都较小的“瑞星”而非稍大的“金星”发动机，而后甚至擅自下调了飞机载荷安全余量。早期原型机阶段过后，A6M换成了中岛公司的“荣”型发动机，这是日本海军硬塞的发动机，不过性能比“瑞星”稍好。各种手段加到一起的结果，A6M设计方案达成了要求的主要指标。

1940年，即日本皇历2600年，A6M开始服役。按日本的年代命名方式，A6M被称为零式舰上战斗机，简称零战。初期标准的A6M2型最大速度比前一代九六式舰战提高了大约100公里/小时，爬升率更好，航程增加了很多，同时机动性与九六舰战相当，乍看起来可谓完美无缺。

但是减重并非完美的解决方案，零战在原型机阶段就发生了俯冲时蒙皮起皱，甚至飞机解体的事故。结构强度居然也没有满足已经私下调低的安全余量。同时该机没有任何飞行员防护措施，因为这类东西都被包括在了减重的一环里。

零战就这样参战了，精雕细琢的设计使得它在飞行性能上对于格鲁曼五大三粗的“野猫”有着压倒性优势。随着战况发展，零战的弱点开始暴露，它缺乏防御力，在残酷的消耗战中额外增加了不必要的飞行员损失。而如前所述，日本海航飞行员的战术习惯将他们暴露在萨奇剪的威胁之中，空战战术和飞机技术的缺陷凑在了一起。只打了不到两年的消耗战，损失了大批精锐飞行员的日本海航就陷入了回天乏力的局面，而后便一败涂地。

零战的生产贯穿了整个战争时期，它在战争中后期已经明显落后时代，但是日本人却无法提供足够替换它的新型战斗机。三菱公司一直在改进它，但是限于日本的航空工业能力无法让飞机性能跟上时代。

零战21型的“荣”12发动机能输出940马力，52丙的

“荣”31发动机用水/甲醇喷射系统升级到了1210马力。就投入批量生产的型号来讲，在整个生命周期中，看起来零战功率增长比“地狱猫”还高一些。后者只提高过一次功率，幅度为250马力。同时零战的空重从21型的1745公斤增长到52丙的2155公斤；F6F-3初期批次空重为4059.3公斤，而后期批次F6F-5的空重却只增长到了4190.5公斤。

原因很明显，零战设计之初省掉了各种在美国飞机上是必备品的东西：装甲、火力、结构强度、自封闭油箱。战争却证明了战斗机需要它们，于是零战不得不慢慢将这些东西装上飞机，或者强化已有的子系统，于是造成了更大比例的重量增长。确实，零战并非无法改进，为了让平飞和俯冲速度更快，机翼可以裁短，蒙皮可以加厚，结构可以强化。为了能有效击落坚固的美国飞机，武器也在持续升级。战争的残酷使得零战不得不放弃最初咬住不放的机动性指标。

“地狱猫”在一开始即拥有全部装备，重量增加最大的部分反而只是给发动机提供增强功率的喷水系统。所以“地狱猫”表现得游刃有余，且不说只进行了一次主要升级仅仅由于美国海军不想继续改进这个临时型号。

从另一个角度看来这个对比很讽刺，经常被称作“设计到了极限，缺乏改进潜力”的零战实际上升级幅度比“地狱猫”更大，不论从绝对量还是相对比例上来讲都是如此，但是仍然无法抗衡美国战斗机。

为什么经过了这么多升级，零战仍然性能不足呢？理由很简单而又复杂：日本的航空发动机工业水平不足，零战的功率增加不足以支撑飞机的深度改进。从发动机设计到生产工业水平，再到航空汽油性能，具体到每个细节上都可以说比美国人差。在另外两个工业强国，比零战更早设计，同时生产也持续历经整个战争时期的主力战斗机：“喷火”和Bf 109。在生命周期中，它们的发动机功率都翻了一倍以上，使得这两种飞机能不断修改设计，机翼、机身、机头、机尾都有过大规模变动，甚至重新设计，所以在1945年仍然能跻身一线战斗机行列。功率稍大的“金星”发动机在战争后期增加到了1500马力左右，假使零战在设计阶段就选择了金星，这种程度的功率增长也许能让它飞得跟F6F-5差不多快——但这也并不足以对抗美国人的新战斗机，可能还会让美国海军有理由投产F6F-6。

日本海军冥顽不化的思维，在零战后继机种“烈风”招标时再次出现了，他们仍然要求机动性不低于前一代战斗机，这可以说直接导致了烈风的失败。日本海军最终只好自己咽下这颗苦果。诚然，在格鲁曼公司，F8F也按照机动性不低于F6F来设计，然而“地狱猫”的机动性指标却算不上有多高，而且本身设计颇为松散，下一代战斗机自然就很容易达成这个目标。

零战在某些方面确实远远优于“地狱猫”——它的文化影响非常广泛而深刻。问日本人“最著名的飞机是什么”，绝大部分都会回答是零战，甚至不需要这个人有多少航空知识。零战成了日本的象征之一，这个曾经落后的国家刚刚工业化没多久，就造出了能与列强媲美的战斗机，并将他们打得满地找牙。有一个词形容得恰当：“日本神鸟。”且不论从好的方面，还是坏的方面——零战是日本航空技术的结晶，也是日本人偏执性格的结果。时至今日，日本人对零战仍念念不忘，电影、电视、小说、漫画、动画，各种媒体里“零战”、“零式”或者仅仅是“零”这个字眼不断再现，冠给从一条狗到宇宙战斗

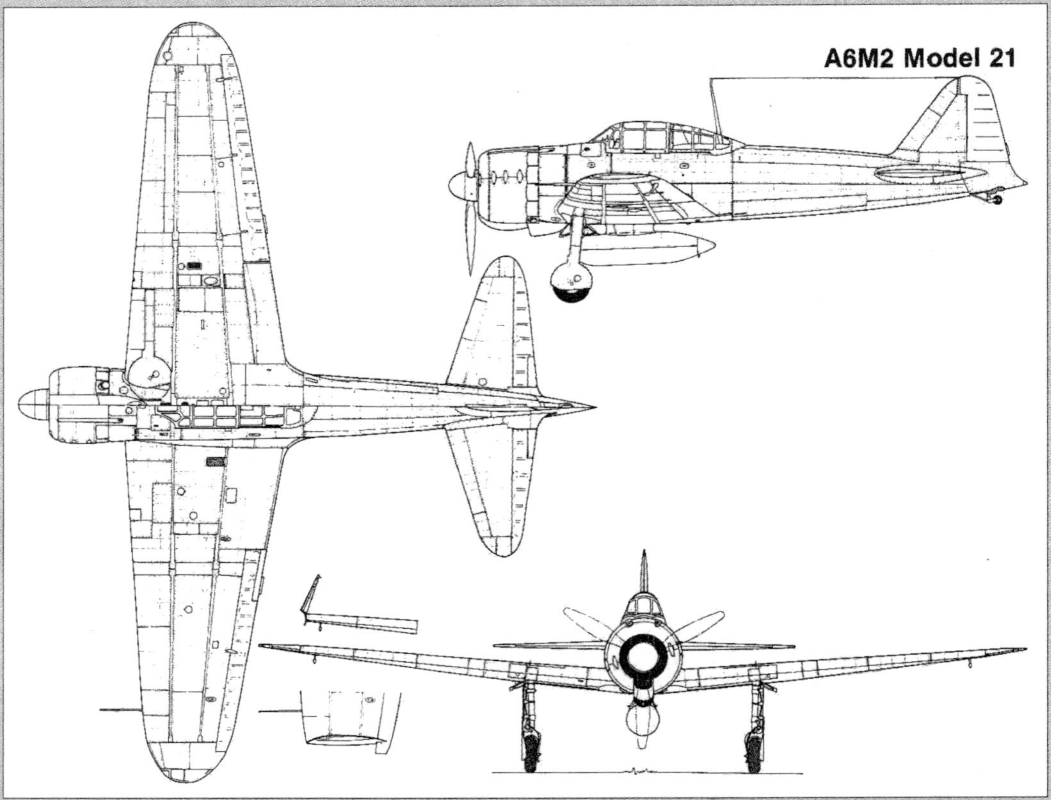

零战21型三视图。

机的各种东西。仿佛“零”这个圆圈就象征着旭日。

美国人则不一样，同样的问题“最著名的飞机是什么”，如果问美国人，答案会五花八门，且不论可能有根本不是飞机的奇特回答。这个航空大国有太多名机，如果硬要选一种出来，某个有一定航空知识的人大概会回答说：“是DC-3。”这个答案看起来颇为商业化，因为DC-3是第一种可以靠运输乘客盈利的飞机，倒是符合美国的商业氛围。但是这个答案确实更好，航空业的发展，不能只依靠战争时期的军事订单，而是要能在和平时期自力更生。一种能改善人们生活，并让航空业看到未来曙光的运输机，显然比任何战争机器都更值得纪念。

飞机性能表		
飞机型号	零战 21 型	零战 52 型甲
长度(米)	9.05	9.121
翼展(米)	12	11
地面停放高度(米)	3.525	3.57
空重(公斤)	1745	1894
最大起飞重量(公斤)	2757	3083.07
发动机功率(马力)	940	1130
最大平飞速度(公里/小时，高度/米)	533/4550	565/6000
最大航程(公里)	2321	1920
升限(米)	10300	11740
武器	2挺7.7毫米97式机枪 2门20毫米99-1航炮	2挺7.7毫米97式机枪 2门20毫米99-2航炮

战却是完全不同的东西，飞机本身的线条设计得比较精炼，除了座舱盖以外，机身上没有任何多余凸起，从每一个角度看它都在彰显战斗机的本色，甚至许多美国飞行员都承认这是很漂亮的飞机。

1942年7月10日，美军在阿留申群岛发现了第一架基本完好的零战21型，日军飞行员古贺在迫降时身亡。美国人花了五周时间才将飞机拖走，又花了七周时间才把飞机运到圣地亚哥的北岛海军航空站，零战在这里进行了全面维修，同时更换了螺旋桨。到了12月，美国飞行员终于能试飞这架飞机，并同其他美国战斗机进行对比测试。测试结果广为人知：零战的飞行速度较慢，在中低空爬升率与同代美国战斗机相当或者稍好，而盘旋性能优于所有美国战斗机，不管是在低空还是高空都有巨大优势。但是零战在高速下俯仰和滚转性能急速恶化，美国战斗机反而获得优势。此外零战的高空性能不佳，这是日本战斗机的通病，即使仍可在高空保持盘旋性能优势，但是飞行速度和爬升率差距进一步拉大，既不能追击敌机，又不能获得高度优势。

“地狱猫”的基础设计在当年1月就已经固定了，甚至

古贺的零式战机，在阿留申群岛迫降时翻覆。

古贺机被吊到一艘驳船上，向岛外运输，好奇的人群围着飞机观看。

1942年末，修复完毕开始试飞的古贺机（零战21型）。

海军也下了购买订单。这架零战还没运到美国时XF6F-3原型机已经首飞，古贺机正在维修时“地狱猫”已经通过了生产许可。初步测试完成后美国人终于理解了零战的飞行性能，此时“地狱猫”已经开始批量生产。显然“地狱猫”并未有任何真正根据古贺机而进行的针对零式战斗机的重要设计，但古贺机确实促进了飞机的一些改进和升级。

科温·迈耶也参加了战斗机联合会议，他在会议上试飞了14种非格鲁曼生产的飞机，其中包括缴获的那架零战52甲型。在检查飞机时他发现起落架整流罩上有一截竹制零件，日本人正显而易见地缺乏资源。飞机使用的中岛“荣”-21发动机很像它的普拉特·惠特尼老前辈，让迈耶在飞行过后倍感亲切。

因为零战很稀有，会议上只有它配备了一名飞行员，以帮助其他飞行员进行起飞前检查和讲解基本操作，以免某些粗枝大叶的人在会场上将飞机摔掉。缴获的零战没有自封闭油箱和飞行员装甲，联合会议正在进行的时期日本海航已经开始更换52丙型，这种型号上装甲和加厚的蒙皮增加了飞机重量，提高了俯冲速度上限，但是降低了飞机的爬升率和机动性。

这架零战（古贺机）此前被用来与“地狱猫”、“海盗”和“野猫”做对比测试，在美国的试飞成绩只有每小时547公里，比三菱标定的最大速度每小时565公里低不少，比标准F6F-5的每小时611公里慢得更多。实际上两种主要“地狱猫”生产型号在不同时期的性能稍有差异，零战从21型到52型也有所长进，但是总的趋势没有变化。

特定到F6F-5对零战52型上，在低速盘旋对比测试中，缴获的零战52型转到三圈半时，已经领先了F6F-5一整圈。在大约2700米高度以下F6F-5战斗机爬升率低于零战52型，这以上直到4260米左右爬升率相当，更大的高度上爬升率更好。在进入俯冲后的开始阶段F6F-5加速与零战52型相当，而后很快就会领先零战52型。俯冲后进入高速爬升时也会将零战甩下。自然，“地狱猫”在所有高度的平飞速度都比零战快，而且到了高空，R-2800发动机的二级增压器给“地狱猫”带来了非常可观的优势。

虽然在试飞中能达到更高速度，为了安全起见，美国海军在飞行手册中将“地狱猫”的俯冲速度限制到391节指示空速，即每小时724.5公里。大多数零战型号的俯冲限速均低于“地狱猫”，而加强蒙皮过后，零战52丙型的俯冲限速为每小时740公里，看起来似乎比“地狱猫”更高。但是因为“地狱猫”的重量和功率都是零战两倍，俯冲加速比零战快得多，除非在俯冲开始时零战本身拥有明显速度优势，否则纵使零战52丙也无法用俯冲逃脱“地狱猫”的追击，或者在俯冲中追上“地狱猫”。

不过零战仍然保有盘旋性能优势，即使后期型号越来越重，这个优势也没有减弱多少。在200节指示空速以下，零战能在盘旋和筋斗中轻松胜过“地狱猫”和其他所有美国战斗机。即使到了9000米高空，动力不足的零战仍然在盘旋性能上更好。对比测试的结果美军高层建议任何美国战斗机都不要与零战狗斗，尽可能利用速度优势进行空战。

随着飞行速度增加，零战的控制面受到的气动压力也随着增加，尤其是副翼。由于设计问题，零战在高速时所需要的操纵杆力骤增，杆力增加远没这么明显的美国战斗机就开始占上风，在“地狱猫”安装了弹簧补偿副翼后表现得更明显。

登上零战之后，迈耶认为

这架飞机在一些细节部分设计得不错，虽然他需要铅笔标记才知道飞机飞行时公制仪表的指针大致应该处于什么位置。零战的座舱出人意料的大，身高1.9米的迈耶仍然能舒适地坐在座位上。不过他还是太高了，腿只能蜷缩在踏板上，虽然不舒服，但不至于无法飞行。飞机在地面的前向视野一般，在升起座位后眼睛的位置可以高于座舱盖，此时的视野就相当好了。

对于美国飞行员来讲，零战的机鼻机枪很新奇，枪尾伸到座舱内部，飞行员能处理卡壳之类的故障，或者直接上膛。座舱内其他部分的布局也不错，很容易使用。不过迈耶刚飞过“海火”没多久，英国人的布局与美国人习惯相差甚远，让他觉得很糟糕，此后看其他飞机座舱都觉得很不错。此外零战的发动机控制与美国飞机很类似，在飞行中并未造成什么麻烦。

零战的起降性能颇好，滑跑了210米后迈耶升空了，因为爬升空速比“地狱猫”低20节，它的爬升角度要陡峭得多。爬升率也表现得像对比测试中那样好，迈耶一度想为什么飞机还没有爬升到3048米，直到他忽然想起仪表使用公制单位，此时高度计已经指向3500米，早已超过3048米。

作为试飞员，迈耶尤其注重飞机的失速特性。零战是一种翼载相当低的战斗机，测试机表现出奇的好，在各种情况下飞机的失速都表现得很温和，也没有单侧失速的现象。在机动中的失速也同样表现良好，“地狱猫”的失速特性在美国主力战斗机中已经算是出类拔萃了，零战的表现还远在“地狱猫”之上。这架已经增重的零战52型失速速度比“地狱猫”还要低20节，可见它减重设计的有效性。诚然，低速性能出众有助于飞行员训练，但仅就这点无法从本质上改善日本海军航空兵的训练状况。

接着迈耶测试了零战的筋斗性能，以150节指示空速平飞时进入第一个筋斗，在筋斗完成后飞机高度增加了550米。在这个筋斗中他还没将飞机的性能推到极限，尚未有效利用飞机的低翼载和低失速速度特性。第二个筋斗以120节低指示空速开始，前半圈迈耶将飞机拉至出现失速预警，筋斗完成时飞机飞行高度仍然比机动开始时高360米。作为对比，如果1架“野猫”以160节空速进入筋斗机动，动作完成时飞机高度会比机动开始前低100米以上。

无怪乎零战在战争初期获得了奇迹般的声誉，在盘旋格斗中它能轻松切入盟军战斗机的内圈，被咬上时也能急速盘旋规避，如果追击者执意要进行跟踪射击，那他一定会被甩到外圈或者失速，除非他驾驶的是一架盘旋性能更强的双翼机！

接下来迈耶开始测试零战的高速特性，其实零战在此前的测试已经将这一点暴露无遗，他也早已知道。指示空速超过200节时飞机立刻开始表现出设计问题，飞机滚转所需的杆力增加得比他预想的更快，升降舵杆力增长也异常的快，零战的机动性迅速消亡。飞机变得好像一坨铅块在空中横冲直撞，到了240节时操纵杆已经硬得好像灌了水泥。比较奇特，而且很少有人提到的是，此时零战的方向舵踏板仍然很轻，飞机仍可正常执行偏航动作。方向舵的特性让飞机在高速下的操作感受很不和谐，迈耶完全无法理解为何会有这种情况。而“地狱猫”和“野猫”直到俯冲限速为止杆力表现都不错，飞行员能有效操控飞机。美国飞行员一直利用这点在空战中对付零战。

海军的试飞员和工程师们花了很多时间调整这架零战，让它在擅长的中低速度区段内可轻松控制，迈耶感觉就好像以前飞过它很多次一样。飞机操纵平衡、座舱视野出色、发动机运转顺滑、仪表安排合理，再加上优秀的失速特性，迈耶认为仅就飞行性能来说，这是他飞过的最适合菜鸟飞行员的飞机。

零战有一个不那么引人注目但是却很严重的问题：机翼折叠范围很小，只能降低翼展大约1.8米。航空母舰的升降机一次只能安放1架飞机，同时载机量也受到了严重限制。只折叠翼尖比起从翼根开始折叠可以节省很多用于加强结构的重量，但是这个设计的代价要由航空母舰来承受。在关键的珊瑚海和中途岛海战中给日本人拖了很多后腿。

格鲁曼的旋转折叠机翼可以减少飞机翼展大约5.2米，极大增加了航空母舰载机量，升降机也能一次放置两架飞机。起飞时飞机更容易在甲板排布，改善了航空作业效率，代价则是飞机增加77公斤重量。

勒罗伊·格鲁曼在1943年9月前往英国考察了缴获的FW 190A-4战斗机，他被这种飞机的设计理念感染了。回国后下一代格鲁曼战斗机设计立刻开始，F8F的设计理念更类似于FW 190，是一种小尺寸的高性能战斗机，所以它违反了格鲁曼传统：更小、更轻、更紧凑，甚至为了减重不惜使用复杂的可断安全翼尖。F6F遗传下来的要素只剩下了刻意抬高的座舱，以增强前下方视野，还有仍然位于飞行员脚下的油箱。当然它仍然配备了美国战斗机应有的设备，比如自封闭油箱和装甲，而不像零战那样全都减掉。

“熊猫”将装备最新的C系列发动机，服役时安装的R-2800-34W可以在海平面输出2750马力的巨大功率。其实功率稍低的原型机在试飞中就表现出了可怕的性能，海平面爬升率两倍于“地狱猫”。生产型的海平面飞行速度达到每小时678.2公里，“地狱猫”只能飞到每小时510多公里。虽然增压器减少到一级，发动机高空性能有所下降，但是因为飞机阻力更小，高空飞行速度反而比“地狱猫”更快，达到每小时689公里。最后因为飞机翼载维持在了“地狱猫”的水平，起降能力和机动性也很好。不过小尺寸机身限制了飞机的载油量，为此“熊猫”的航程比“地狱猫”更短，“地狱猫”已经不如零战了，经常要挂载副油箱起飞。当然，以“熊猫”的基础性能，挂载副油箱之后飞行性能仍然好于敌机和前辈许多。

“熊猫”的研发、测试、生产一路顺风顺水，海军对飞机性能的评价极高。1945年5月21日第1架F8F-1交付给重组完毕的VF-19中队。该中队很快完成作战训练，随着“兰利”号轻型航空母舰开往战场，8月8日他们再次抵达夏威夷，为参战做好了准备。但是没过几天日本宣布投降，“熊猫”最终没有赶上战斗。

太平洋的另一边，三菱公司也在研制零战的后继者，他们早在1942年就开始设计新飞机。A7M“烈风”将使用新发动机，飞机体积和重量比零战大很多，以提高综合性能，也将配置装甲和自封闭油箱等必要品。这个设计有一个致命的缺点，虽然空战已经进入高速时代，但是日本海军却顽固地要求机动性维持在零战水平，而零战的机动性已经过剩了。最后A7M1带着一副巨大的机翼进行首飞，在测试中性能居然不比零战好多少。中岛的“誉”发动机已经在很多新型日本飞机上使用，起飞功率2000马力，高空输出1600至1700马力。但是它对于“烈风”这么大浸润面积的飞机功率不足，更糟糕的是提供的发动机样机性能也达不到设计指标。三菱只好改用自己研制的Mk 9A发动机，这种型号的起飞功率增加到了2200马力。终

1944年9月8日，科温·迈耶驾驶“熊猫”原型机进行第五次试飞。

1950年6月，在科珀斯克里斯蒂海军航空站上空结伴飞行的“地狱猫”和“熊猫”，后者在外观上就彰显着先进性，而且实际上飞行性能也要好得多。

于修改过的A7M2在测试中达到了每小时627公里的速度，这个指标有了足够提高，而后日本海军同意“烈风”投入生产。

1944年12月，一场大地震给三菱的发动机生产造成了毁灭性的影响，接踵而至的B-29空袭最终让“烈风”生产完全停滞。飞机总产量只有10架，包括2架A7M1原型机、7架A7M2原型机和1架A7M2生产型。

“烈风”的飞行速度、爬升率、盘旋性能与“地狱猫”相当，或者略微好一些，但是不足以形成像样的优势。说起来挺搞笑，三菱公司在使劲扩大下一代战斗机的时候，格鲁曼公司却在努力缩小下一代战斗机。双方努力的结果就是“烈风”与“熊猫”重量相当，这意味着动力强而阻力小的后者在空战中仍会获得很大优势，这个优势甚至比上一代战斗机的差距更大。再加上新型F4U-4也投入服役，陆军航空兵的P-51D和P-47N都开始参与对日作战，“烈风”即使顺利地大批量生产也不能改变双方性能差距，只能在短时期内让日本战斗机的性能不被拉得更远。

其他的日本新型战斗机都比“烈风”更加成功，到了1944年，“紫电”、“紫电改”、“雷电”和“疾风”战斗机都开始服役，并且开始与“地狱猫”交战，它们的性能已经与“地狱猫”相当，甚至在一定程度上反超。

“紫电”和“紫电改”均采用中岛“誉”发动机，前者在1944年初开始服役，后者在年末也缓慢开始装备部队。这两种型号战斗机的飞行速度达到了每小时580至590公里左右，爬升率、盘旋性能和滚转性能均与“地狱猫”相当或者稍好。固定武器配置了四门20毫米99-2航炮，火力也很不错，足以抵消“地狱猫”在结构上更坚固的优势，部分飞行员称一个点射就能击落美国战斗机。由此“紫电改”被不少人认为能够真正作为零战的后继机种，而非问题不断的“烈风”。著名的日本海军第343航空队即是集中了精锐飞行员再配以“紫电改”战斗机，在战斗过后能让VF-17的中队长马歇尔·毕比少校评价说：“‘紫电改’与F6F相当，甚至更好。”

日军川西N1K-J“紫电”战斗机。

在菲律宾战役时，美国人缴获了几架“紫电”，由于起落架脆弱，这种中单翼飞机在克拉克机场试飞时就摔坏了两架。TAIC按照“紫电”的轮廓绘制了识别图，但是他们不知道“紫电改”变成了下单翼，于是接下来几个月战斗中美国飞行员们都认不出“紫电改”，总是将这种飞机当成其他型号。

日军343航空队的N1K2-J“紫电改”战斗机。

“雷电”使用三菱“火星”发动机，由于安装位置靠近机身中段而有散热不足和传动轴震动的问题。“雷电”也于1944年初交付，因为飞机视野和盘旋性能较差不受日本飞行员欢迎，但是它能飞到每小时596公里，爬升率比“地狱猫”稍好，配备的固定武器则是与“紫电”相同的四门航炮。

日军三菱J2M“雷电”战斗机。

“疾风”则是日本陆航最寄予厚望的新型战斗机，虽然使用与“紫电”同型号发动机，但是气动布局比水上飞机改来的“紫电”更好。“疾风”飞行速度为每小时624至631公里，据称在测试中达到过每小时660公里的速度，是飞行速度最快的日本量产战斗机。爬升和盘旋性能也都超过“地狱猫”，武器配置比海航的“紫电”、“雷电”稍差，主要型号装备两门20毫米航炮和两挺12.7毫米机枪。“疾风”同样在1944年列装部队，

日军中岛Ki-84“疾风”战斗机。

在菲律宾即与美军开始交战。

虽然日本航空工业努力造出了能与“地狱猫”平等对战的飞机，但是日本航空兵已不能提供足够的熟练飞行员。由于错误的飞行员培训计划，开战时飞行员数量只是勉强足够当前部队作战需要，在战争转入消耗阶段后，大量战前培训的精锐飞行员迅速消磨殆尽。为了提供足够数量的新飞行员，他们的训练时间被大幅减少。日本海航战斗机飞行员在1941年开战时，平均飞行时间高达700小时，而后逐年下降，到了1945年平均飞行时间仅有100小时。大量菜鸟飞行员根本无法有效空战，只有343航空队这样精锐部队表现出了足够的战斗力，在战争末期也许是表现最好的日本战斗机部队，但也只能与美国海航的普通战斗机部队打个平手。美国人由于部队组织制度所限，不可能编成这类精锐部队。

即使那些接收了足够时间训练的日本飞行员，其中很多人的战斗力也有缺陷。日本战斗机飞行员的训练和战术思路比美国人落后，他们还在用老旧的三机小队，这种编组里两个僚机飞行员很难同时看好长机和另一名僚机。日本人直到战争最后一年才缓慢转向四机小队，训练不足的飞行员们难以利用这种编成方案的优势，无法有效协调进攻和防御，机载无线电落后给这个问题雪上加霜。

美国海军航空兵也曾经用过三机小队，到了“地狱猫”服役前战斗机中队已经全面转为四机小队。四机小队由两个双机组成，双机的长机和僚机能有效互相照应，通常长机负责攻击，僚机只负责他自己的长机。如果僚机需要帮助，长机也只需要掩护一架飞机。

随着战争的深化，各国的空军或者航空兵都越来越强调团队配合作战。日本海航已经落后于时代，而美国海航无疑是其中的佼佼者。

“地狱猫”对零战沿用了“野猫”的成果。到了1943年，海航飞行员已经对萨奇剪刀战术非常熟练，飞行员们能自觉地开始这种配合战术，甚至可以说在长时间训练后成为了第二本能。海航对这个战术进行的训练有效加深了飞行员们的配合意识。在大规模空战中，双机分队也很容易被打散，但是任何两名“地狱猫”飞行员，不论来自哪个中队都能即兴进入萨奇剪刀动作，甚至一架“地狱猫”与一架“海盗”也能执行这个机动。

当然对于“地狱猫”来讲，空战中的战术灵活性实际上大为改善，由于空战时平均速度的提升，飞机更不容易被日军零战和“隼”等旧式战斗机咬上，而后者经常需要刻意俯冲加速才能追上“地狱猫”。而且“地狱猫”因为俯冲加速性能优于敌机，除了萨奇剪刀以外，被攻击时也可以推下机头俯冲加速，直接以拉开距离来规避速度优势较小的攻击者。拉开距离之后仍然可以由僚机掩护，转而攻击身后的敌机，也可以暂时脱离战斗，寻找再次以有利态势进入攻击的机会。

在面对日本新型战斗机

时，纵使“地狱猫”的性能不再占优，然而美国飞行员的作战原则和熟练程度仍然让他们继续取得胜利。

在技术层面上，新的“誉”发动机在维护和生产质量上有严重问题，经常无法输出指标额定的功率，日本人甚至将其称为“亡国的誉”。而且这种发动机过于依赖水/甲醇喷液，甲醇对稀有金属的腐蚀性效果进一步恶化了发动机维护性能。美国人用的乙醇则没有这个化学特性，更不用说后勤维护水平比日本人高很多。日本的航空汽油供应甚至经常达不到“誉”所需的92号水平，于是各种各样的毛病造成这些飞机的性能无法得到充分发挥。“疾风”在这个问题上可谓典范，可靠性不高，维护水平不够，再加上飞行员能力低下。各种日本新型战斗机在菲律宾、台湾和日本本土与“地狱猫”交战时，美国飞行员们经常感受不到对手是新型战斗机，自以为在与旧式的零战、“隼”或者“钟馗”交战。

最后一个严重问题是日本新型战斗机的产量远较零战和“隼”低，新型发动机和机体的产量增长缓慢。零战、“隼”还有“钟馗”、“飞燕”等旧型号飞机仍然在日本航空兵中占据相当大比例。相

日军主要机型名称对照表

（这里主要使用日本型号、简称或者别名，而非TAIC给予的绰号）

工厂型号	日军称呼	别名/简称
三菱 A6M	零式舰上战斗机	零战
中岛 Ki-43	一式战斗机	隼
川崎 Ki-61	三式战斗机	飞燕
中岛 Ki-44	二式单座战斗机	钟馗
中岛 Ki-84	四式战斗机	疾风
三菱 J2M		雷电
川西 N1K-J		紫电
川西 N1K2-J		紫电改
中岛 C6N		彩云
中岛 Ki-27	九七式战斗机	
爱知 D3A	九九式舰上爆击机	九九舰爆
横须贺空技厂 D4Y		彗星
中岛 B5N	九七式舰上攻击机	九七舰攻
中岛 B6N		天山
爱知 E13A	零式水上侦察机	零式水侦
三菱 F1M	零式水上观测机	零式水观
三菱 A6M2-N	二式水上战斗机	二式水战
川西 N1K1		强风
爱知 E16A		瑞云
三菱 G4M	一式陆上攻击机	一式陆攻
三菱 Ki-46	百式司令部侦察机	百式司侦
横须贺空技厂 P1Y		银河
中岛 J1N1		月光
川崎 Ki-45	二式复座战斗机	屠龙
三菱 Ki-21	九七式重爆击机	九七重爆
中岛 Ki-49	百式重爆击机	吞龙
川崎 Ki-48	九九式双发轻爆击机	
三菱 G3M	九六式陆上攻击机	九六陆攻
三菱 Ki-67	四式重爆击机	飞龙
川西 H8K	二式大型飞行艇	二式大艇
川西 H6K	九七式大型飞行艇	九七式大艇

比之下美国海航只在护航航空母舰上还继续使用改进过的FM-2“野猫”战斗机，快速航空母舰则早已全部换装“地狱猫”和“海盗”，战争末期则基本统一到了最新的F6F-5和F4U-1D，前线战斗机的平均水平远高于日本航空兵。陆航也尽快淘汰了P-40等旧机型，全面改换P-38、P-47和P-51战斗机。

“地狱猫”的改进同时有助于保持特混舰队的空中优势，虽然剩下的少量F6F-3一直战斗到胜利日前不久，从1944年秋开始换装的F6F-5逐步提高了战斗机中队的整体战斗力。为此美国海军不惜换下大量经过升级，飞行性能相差不远的F6F-3。飞机细节上的改动，例如座舱盖改动、弹簧补偿副翼、无线电升级等对改善飞机空战性能有不小帮助。

1944年后期，舰队防空要求航空母舰搭载越来越多的战斗机，战斗机中队必须担负相当部分攻击任务，以弥补俯冲轰炸机的缺席。为了应对舰队的要求，F6F-5在出厂时即安装了六个零长火箭发射架。此后，各种任务中“地狱猫”携带炸弹或者火箭便成为了常态，即使搜索任务也经常全副武装，只有在空战巡逻和战斗机扫荡任务中完全负责对空的飞机才不携带外挂。

最后“地狱猫”成为了美国舰队的全能飞机，除了鱼雷攻击以外，“地狱猫”在战争后期执行过所有类型的任务。它在多用途性能上始终超过日本战斗机，后者只能携带很少的载荷，而且既缺少火箭供应又无法挂载较重的炸弹。

第四章　美国海军航空兵

一、人员和组织

美国陆军航空兵在第二次世界大战中使用过八种主要战斗机，包括英国型号，到了战争后期，战斗机飞行员分散在P-38、P-47、P-51这三个主要型号上。与他们不同，海军和陆战队航空兵使用的战斗机型号要少得多：F4F/FM“野猫”、F6F“地狱猫”、F4U“海盗”。“地狱猫”集中参加了战争中后期多次大规模战斗，这些战斗中“野猫”和“海盗”几乎完全缺席，因此“地狱猫”自然而然地成为美国最大的“王牌制造者”。在第二次世界大战中，有1300位美国战斗机飞行员的击落敌机数达到或超过了5架。其中371人是海军航空兵飞行员，124人是海军陆战队航空兵飞行员，这意味着大战中超过三分之一的美国战斗机王牌带着海军航空部队的金色翅膀徽章。而在海军和陆战队的495名王牌飞行员之中，有307名是“地狱猫”飞行员。作为对比，北美航空的P-51“野马”造就了275名王牌飞行员，名列第二。

从另外一个方面来说，参加了最多战斗也意味着F6F飞行员损失比较严重。在整个战争期间，在战斗中共有450位“地狱猫”飞行员阵亡，包括20名王牌飞行员。

1943年，美国海军的战斗机编在“战斗中队”下，后来拆分出的也叫做“战斗轰炸中队”，类似的还有“轰炸中队”和“鱼雷中队”。而“战斗机中队”或者“攻击机中队”这类名称是战后的产物，不过出于习惯，本书还是使用战斗机中队这一类战后的称呼。

在“地狱猫”开始服役的时候，每艘大型航空母舰配备一个舰载航空大队，通常下辖三个中队：一个战斗机中队、一个轰炸机中队、一个鱼雷机中队。到了后期则变为：一个战斗机中队、一个战斗轰炸机中队、一个鱼雷机中队。轻型航空母舰的“小型”航空大队则配备一个战斗机中队和一个鱼雷机中队，每个中队的飞机也比较少。夜间航空大队的配置则看情况而定，此外一些夜间战斗机会以分遣队的形式派驻到各艘航空母舰上，作为额外的战斗力补充。

由于航空母舰上空间有限，不能无限容纳过量中队人员，海军和陆战队飞行中队都会将各种杂务交给飞行员完成。一个战斗机中队只有三名本单位的高级军官：中队长、执行官、飞行官。资历较浅的飞行员们负责管理枪炮、导航、人员、降落伞和应急设备，还有其他杂事。此外，中队通常还会包括两名不飞行的军官，负责飞机维护和情报工作。这两者都是预备役军人转来，通过所谓的“90天奇迹”

训练成为志愿航空专家，他们在战争中也起到了很大作用。

在任何战斗机中队里，不可避免地有各种各样性格的飞行员，一个敏锐的中队长会懂得哪些家伙需要冷静下来，哪些家伙需要鼓舞。他必须在飞行员的个人自主性和团队互相依靠之间取得一个微妙的平衡。这不是什么简单的工作，但是任何战争中的领导艺术从来就没有简单过。中队指挥官应该懂得团队配合的重要性，同时又拥有一副好头脑，能精明地策划并执行攻击方案。

除了这些难以说清的心理问题外，每个成功的战斗机飞行员还需要物理上的技巧，这就明确得多。大多数人都可以通过训练获得驾驶某架飞机的一般技术，航空射击则不那么容易学到。虽然个人潜在能力可以通过练习获得进步，但是手-眼协调和判断力在很大程度上是一种天分。从航空技术上来讲，战争末期美国航空兵引入了计算式瞄准具，这可以极大程度提高普通水平飞行员的射击能力，让不论什么样的飞行员都能射得一样准。不过技术最好，又遇到了最多机遇的射手仍然会获得最多战绩。

与日本海航相反，美国海军从未接受过“一支精英航空兵”这个概念，而倾向于喜好水准平均的部队，这样的部队能快速地互相替换，而不影响舰队的战斗力。但是从历史结果来看，少数战斗机飞行员还是击落了多数敌机。

以VF-11中队为例，在1944年10月至1945年1月之间，该中队配属于“大黄蜂”号航空母舰。长度为4个月的作战期中，共有121名飞行员在中队里服役，其中只有45人获得了战果，总击落声称数为103架。有五名飞行员击落了5架或以上敌机，这五人的总声称数为33架。这就是说，VF-11中队里4%的飞行员贡献了30%战绩。这不是说战斗机王牌们都是超人，在VF-11这个案例中，所有经历过三至五次战斗的飞行员都是小队或者分队长机，他们的作战飞行架次更多，自然有更多击落敌机的机会。

在飞行员构成上，“地狱猫”的飞行员都是典型的美国年轻人，年龄从19岁到35岁不等。一般的情况是，大多数中队长和执行官都从安纳波利斯海校毕业，毕竟海军不喜欢让预备役人员和参军不久的家伙担任高级职务。但不会总是这样，也不可能总是这样，因为飞行员候补训练计划扩大得很快，海校毕业生数量不够。多数战斗机中队才刚刚成立，战争开始前已经成立，打到后来换装“地狱猫”和“海盗”的老牌中队是少数，它们的人员很快被分散到新中队，而本身的人员缺口也要由大量新兵补上。再加上一些海校毕业生在战时阵亡，最后不少高级指挥岗位也只能任命给参军时间较短的上尉。

中队里的小队长则是新晋升的上尉，通常由那些老牌中队转来，已经拥有作战经验。分队长既可能是老兵，也可能是前教官，才毕业的菜鸟则担任僚机。

在1940年，美国海军还只训练了708名飞行员，1942年的毕业人数就暴涨到了10896人，而到了1943年数量又翻了一倍，多达20842人获得了代表海军航空兵的金色翅膀徽章。1944年则维持在21067人的水平，1945年的训练量终于下降了，毕业人数为8880人。1942年到1945年间，海军航空兵的飞行员训练总人数达到61658人，迅速扩大的海军航空兵是太平洋上反攻的矛尖，而且这个训练人数是日本海军航空兵的2.5倍，且不说毕业时平均飞行时间远超过后者。

1942年5月27日，美国海军宣布将新建八个飞行训练基地，用于应对世界大战的飞行员需求。其中七个基地位于佛罗里达州，一个位于乔治亚州，其中三个用于“地狱猫”训练的基地是：戴通纳海滩、维罗海滩、墨尔本（佛罗里达州）。它们会协助四个已有的训练基地：杰克逊维尔、香蕉河、迈阿密、西锁岛。这些都是高级训练基地，通过了初级训练的飞行员，如果被选来飞战斗机，他就会被送到这些地方。

墨尔本海军航空站建立在城市机场和两个辅助机场上，1942年10月基地即告完工，次年1月18日，第2战斗机作战训练单位在这里开始运作。训练单位一开始使用各种F4F，在战争期间这里一直负责训练战斗机飞行员。6月1日开始接受F6F-3，将那些老旧的“野猫”换下，换装过程持续到1944年3月1日。这个训练单位实力相当可观，换装完成时拥有150架“地狱猫”，相当于当时三艘航空母舰的战斗机搭载量。到了1945年中期飞机数量减少到75架，这是因为海军此前预计会发生大规模消耗战，制定的作战要求很多航空大队轮换作战和补充修整，就需要远超航空母舰数量的航空大队。但是此时发现飞行员作战损失比预想的低很多，现有的人员过剩，只好减少培训量。

无论在哪个国家，世界大战时的战斗机飞行训练扩张方案都多少有点赶鸭子上架的意味，训练不仅仅意味着多流汗，也经常多流血。在1943年，有546名战斗机飞行员从墨尔本海军航空站毕业，35人被淘汰，20人在训练中身亡。1944年1月至10月，有916人毕业，62人被淘汰，27人身亡。到战争结束时这里已经死了63名训练生，事故原因如下表所示：

训练事故	死亡人数
空中相撞	24
飞机失控(失速/螺旋)	15
未能返航	6
降落事故	6
发动机故障	4
飞机结构损坏	4
天气	2
起飞事故	1
飞行中火灾	1

训练基地使用的F6F-3，机身上的ME表示墨尔本基地，F表示战斗机。

1943年10月，在训练中损毁的F6F-3。

墨尔本基地的F6F-5训练机在降落时机头撞地，海军更改过航空站的编号缩写，现在WF表示墨尔本基地。

1945年5月3日，“所罗门”号护航航空母舰上发生的训练事故。前2架“地狱猫”顺利着舰，第3架飞机没有钩住阻拦索，也没被阻拦网拦下。编号为70的飞机在撞上50号后一起落水。

1944年5月25日以后，每个训练班包括七名学员，再加一名教官和助理教官，早晨和下午都有课程，他们有10架“地狱猫”可以用。训练的第一个环节是地面学习，23.5小时的课程用于学习飞机系统、通讯、导航。再加上在地面的3.5小时用于编队飞行、氧气系统、航行图版、环形训练舱和YE/ZB导航系统。

高级飞行训练包括：（1）7小时熟悉飞行；（2）6小时编队飞行；（3）4小时导航；（4）35小时射击；（5）4小时轰炸/对地扫射；（6）33小时初级空战战术；（7）14小时高级空战战术；（8）20小时夜间飞行；（9）8小时仪表飞行；（10）8小时航空母舰降落。总共139飞行小时。

在墨尔本的训练课程以航母着舰结束，大部分飞行员会被送往格伦维尤海军航空站，从这里驾驶飞机起飞，在“狼獾”和“貂”号训练航空母舰上取得着舰资格。其余人会被送到维罗海滩海军航空站，成为夜间战斗机飞行员，或者到彭萨科拉海军航空站去接受成为教官的课程。

戴通纳海滩海军航空站在1942年12月15日建立，最初用于训练俯冲轰炸机飞行员，装备是SBD“无畏”俯冲轰炸机。1944年3月，战争的需求变了，“地狱猫”将换下相当数量的“地狱俯冲者”。这里就改编成了第8战斗轰炸机作战训练单位，用于给预定分配至战斗轰炸机中队的飞行员培训轰炸技巧。SBD很快被换成F4F和FM，到了9月，这些“野猫”又被“地狱猫”换下，1945年4月再度重新编入了FM-2“野猫”，6月最后加入SB2C“地狱俯冲者”。此时训练单位编号从第8被改为了第1。战争结束时，第1战斗轰炸机作战训练单位拥有62架“地狱猫”和116架“地狱俯冲者”。

维罗海滩海军航空站则

混杂了好几个训练单位，1942年11月24日建立时配属的是第7俯冲轰炸机作战训练单位。1943年11月，这个单位被解散，航空站改成了第7战斗机作战训练单位和第1夜间战斗机作战训练单位的基地。1944年9月，昼间战斗机训练单位被解散了，这里成了纯粹的夜间战斗机训练基地。到了10月，基地开始接受最初一批F7F和少量SB2C。

其他几个基地，例如桑福德和金斯维尔海军航空站也有“地狱猫”训练中队，不过规模小很多。训练课程结束后，飞行员们会被升为少尉，并被分派到各个中队驻地，在这里随着资深飞行员继续训练，继续训练的飞行时间依各个中队情况而定，都会持续到上战场为止。

1945年，戴通纳海滩海军航空站的第138学员小队在飞机前合影留念。

所属不明的训练单位正在编队飞行。

除了这几个训练基地外，其他机种飞行员转换到“地狱猫”上也是飞行员的主要来源之一。以VF-9中队的汉密尔顿·麦克沃特中尉为例，他此前在大学时通过民间飞行员训练计划学习过飞行。1941年6月参加了美国海军的V-5飞行学员计划，在彭萨科拉海军航空站完成了初级培训，此后被选为战斗机飞行员，来到迈阿密附近的奥帕洛卡海军航空站学习操作F2A战斗机，1942年2月9日通过考核，拿到了金色翅膀徽章。

麦克沃特接下来被送到诺福克海军航空站，在这里的航空母舰训练大队学习操纵“野猫”战斗机。这里的训练更多偏向于对空射击和航母着舰，最后在“长岛”号护航航空母舰上成功降落八次，获得上舰许可。训练计划看起来没完没了，飞行员基本每天都有飞行任务，甚至一天几次编队飞行、射击和机动训练。飞行训练经常以互相咬尾结束，负责训练的长机经常让学员们做任何他想象得到的机动。陆军航空兵的兰利机场就在附近不远处，他们有很多学员用P-40训练，双方经常在模拟空战里打成一团。将新的F4F-4转场飞行到西海岸也是积累飞行时间的有效做法。6、7月还有在弗吉尼亚州外海的清晨/傍晚反潜巡逻。

4月24日，麦克沃特完成了训练，拿起包裹穿过大楼，加入到驻扎在这里的VF-9中队。随着该中队成为第一个换装“地狱猫”的战斗机中队，队里所有飞行员都进行了时间较短的机种转换训练，用新飞机重新取得上舰资格后，正式转为“地狱猫”飞行员。

由于有多种途径成为“地狱猫”飞行员，在参战前的总飞行时间自然也有所不同。而从进入部队到参战前还有长短不等的训练时间，这样“地狱猫”飞行员的飞行时间就差距很大。通常来说，1944年的新飞行员在参战前可能会有400至600小时不等的飞行时间。

二、飞机涂装与部队标志

当“地狱猫”开始交付时，飞机涂装为上表面蓝色或灰色，下表面浅灰色，均为亚光色。国籍标志是圆形，位于飞机蒙皮上的六个位置。机身两侧的标志直径127厘米，机翼上下表面有四个标志，最初的直径为139.7厘米，后来也改成直径127厘米。前一种五角星中心位置距离翼尖203.2厘米，后一种距离翼尖152.4厘米。国籍标志本身由白色五角星和蓝色圆圈组成。

这种国籍标志在1942年5月6日至6月28日期间使用。

只有大约60架F6F-3使用了上述的涂装，因为海军很快在1943年1月5日出台了新涂装规范SR-2c。新规范从2月1日起生效，首先要求去除右翼上表面和左翼下表面的国籍标志，同时整体涂装也改变了。看起来相当漂亮的三色涂装就是这个规范引入的，包括海蓝色、中蓝色和亚光徽章白。主翼和尾翼上表面是半光泽深海蓝，机身上半和机翼前缘则是亚光海蓝色。机翼下表面与机腹涂装为亚光徽章白，机身侧面和垂尾侧面中段则是中蓝色。该规范才开始使用时没有严格规定迷彩形状，部分飞机将机身上半的亚光海蓝从机身侧面延伸到主翼翼根。

1943年6月28日起，新国籍标志开始使用。这种标志中心仍然是白色五角星，环绕着蓝色圆盘，两侧添加了白色矩形色带，高度等同于圆盘半径，宽度等同于1.5倍圆盘半径。矩形上边缘与五角星左右两角的上边缘齐平，整个标志完全由红色色带包围，色带宽度为1/8倍圆盘半径。机翼上表面的国籍标志使用略微不同的白色，由一半浅灰色和一半亚光徽章白调和而成，颜色更为柔和。最后新规范要求将蓝色圆盘的直径缩小到114.3厘米，机翼标志上五角星中心距离翼尖152.4厘米。

1943年6月28日至7月31日期间使用的国籍标志。

过了仅仅一个多月，海军再度修正国籍标志涂装。这次的AN-1-9b规范要求将外围色带从红色改成徽章蓝。改过之后的国籍标志在舰载机上沿用到1947年。

1943年7月31日至1947年1月14日期间使用的国籍标志。

1944年3月13日，海军发布了涂装修正案SR-2d，要求所有战斗机全身涂成光泽海蓝色。在格鲁曼公司看来，全身蓝色的战斗机就没必要在国籍标志上使用徽章蓝的外围色带了，涂上去之后也很难看出区别，所以只有少量飞机以涂装有色带的状态交付。不过到了1945年1月2日，海军才正式通知取消色带。

F6F-5实际上涂装的国籍标志，只有白色五角星和两侧矩形。

到了1947年1月14日，第2修正案更改了AN-1-9b规范，要求在国籍标志两侧矩形内添加红色色带。色带位于矩形正中，高度为1/6倍圆盘半径。

1947年1月14日之后的国籍标志。

因为F6F-3/5N两种夜间型号在右翼安装有雷达仓，雷达仓中心位置距离翼尖为107.9厘米。雷达仓与国籍标志涂装位置互相冲突，所以在这些飞机上国籍标志位置不同。标志本身仍然是114.3厘米圆盘直径，中心位置距离翼尖203.2厘米，圆盘边缘在三色涂装的飞机上位于副翼前7.62厘米，单色飞机上位于副翼前15.24厘米。由于雷达仓在机翼下表面有巨大凸起，标志一侧色带延长了不少，才能让国籍标志在投影上对称。

所有飞机的左翼上表面国籍标志位置相同，五角星中心距离翼尖152.4厘米，圆盘边缘距离副翼10.16厘米。

海军只规定了飞机外部涂装，内部涂装则由各个公司自行负责。因为有许多子承包商生产飞机组件，最后交给格鲁曼的组件内部就有各种颜色。大致来讲，发动机和后机身组件内部以浅灰色居多，也有黑色、绿色和黄色。机腹和垂尾内部则多为绿色，还有些黄色

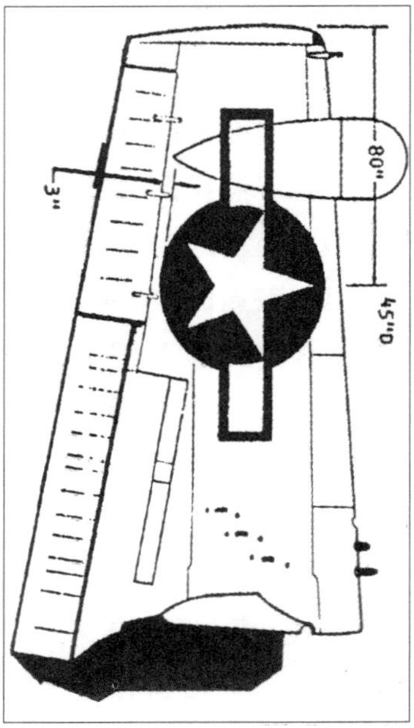

夜间战斗机的机翼下表面标志涂装示例。

的飞机。大概前100架量产型号的座舱内部是灰橄榄绿，此后的飞机则是绿色或者绿色加亚光黑，仪表盘全都是黑色。

外翼段的内部颜色最为杂乱：绿色、绿色和深海蓝、黄

最早期批次的F6F-3型照片，这是VF-4中队的36号机，注意中队编号数字4已经抹掉了。

色、中海蓝等。经常某架飞机两侧的外翼段内部颜色还不一样。垂尾内部颜色则有白色、绿色、深橙红色。

在飞机编号方面，战争爆发前，海航的编号是“数字-字母-数字”的形式，例如4-F-36表示VF-4中队的第36号飞机。这个系统在太平洋舰队里用到1942年4月29日，此后出于保密需要而将中队编号抹掉了。到了1943年夏天的某个时候，字母F也被去掉了，所以此后的飞机侧面只有一个数字编号。有些中队将飞机编号涂在机身侧面，有些中队涂在垂尾上，或者两个位置都涂装。

到夜间战斗机开始服役时，表示中队类型的F又再度出现，例如F(N)28，注意中间没有短线连接。几个战斗轰炸机中队也加上了VFB前缀。

“地狱猫”服役之初，没有任何飞机带有专用识别标志，无法目视区分它属于哪一艘航空母舰或者哪个航空大队。但是从1943年后半年开始，在同一海域内作战的快速航空母舰越来越多，如何在空中有效识别各个大队的飞机立刻成了个大问题。所有航空大队自发组织了一套非官方的识别涂装方案，以航空母舰为单位制作识别涂装，用白色图案

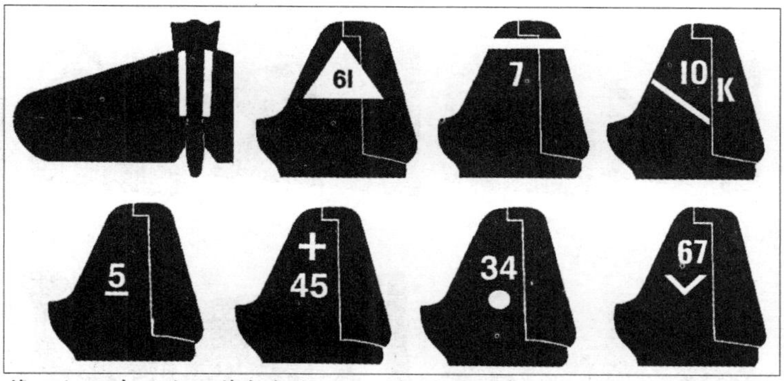

第一行从左至右：萨拉托加(CV-3)仅尾翼上表面、企业(CV-6)、埃塞克斯(CV-9)、约克城(CV-10)
第二行:勇猛(CV-11)第一版、勇猛(CV-11)第二版、大黄蜂(CV-12)、提康德罗加(CV-14)

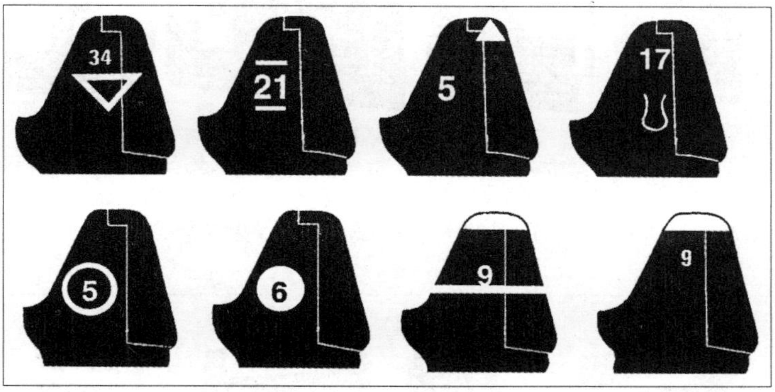

第一行：列克星敦(CV-16)、邦克山(CV-17)、黄蜂(CV-18)、汉科克(CV-19)
第二行：独立(CVL-22)、贝劳森林(CVL-24)、考佩斯(CVL-25)、兰利(CVL-27)

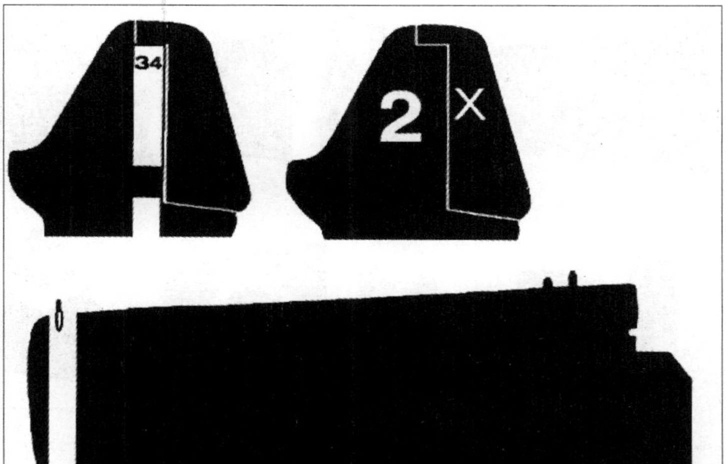

第一行：卡伯特(CVL-28)、圣贾辛托(CVL-30)
第二行：蒙特里(CVL-26)双侧机翼

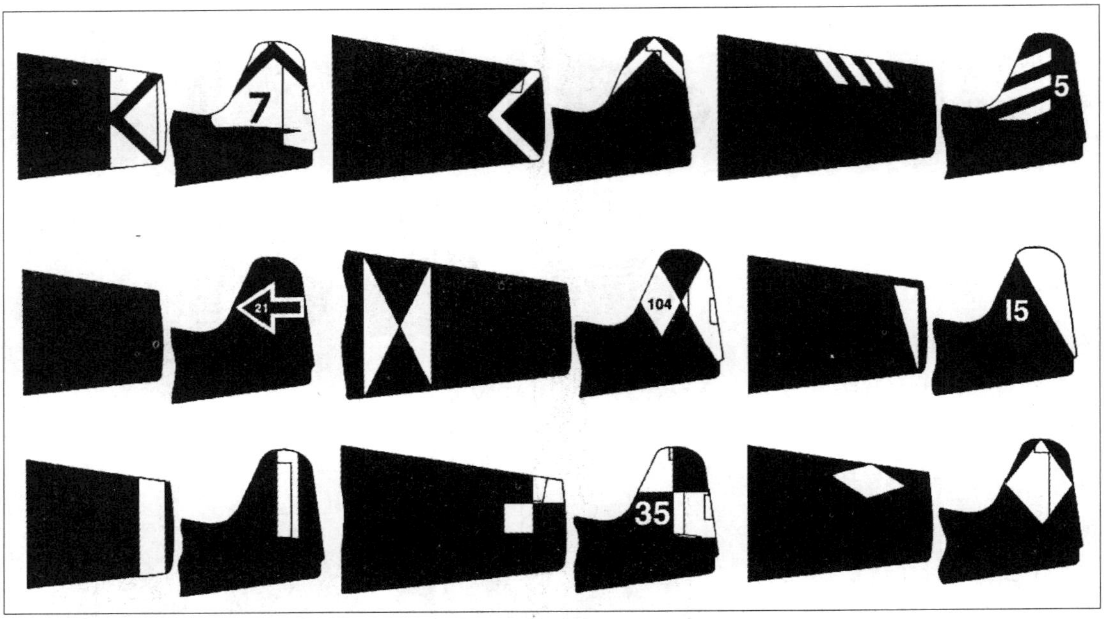

第一行从左至右：萨拉托加(CV-3)指定方案、萨拉托加(CV-3)实际使用方案、企业(CV-6)指定方案
第二行：企业(CV-6)实际使用方案、埃塞克斯(CV-9)、约克城(CV-10)
第三行：勇猛(CV-11)、大黄蜂(CV-12)、富兰克林(CV-13)

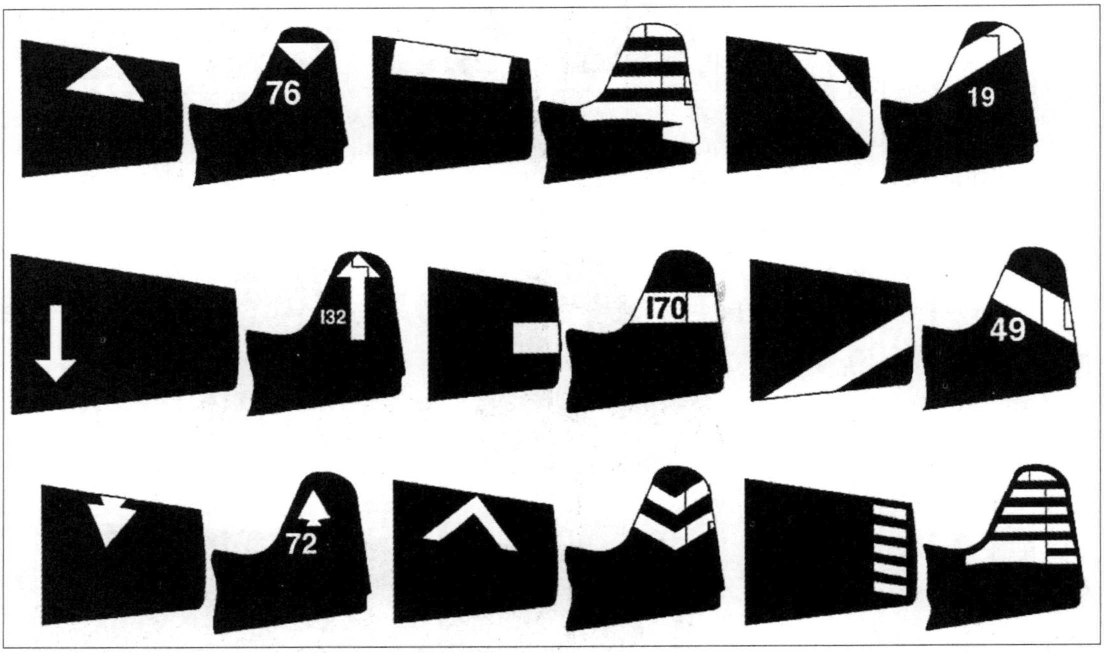

第一行：提康德罗加(CV-14)、伦道夫(CV-15)、列克星敦(CV-16)
第二行：邦克山(CV-17)、黄蜂(CV-18)、汉科克(CV-19)
第三行：本宁顿(CV-20)、拳师(CV-21)、好人理查德(CV-31)

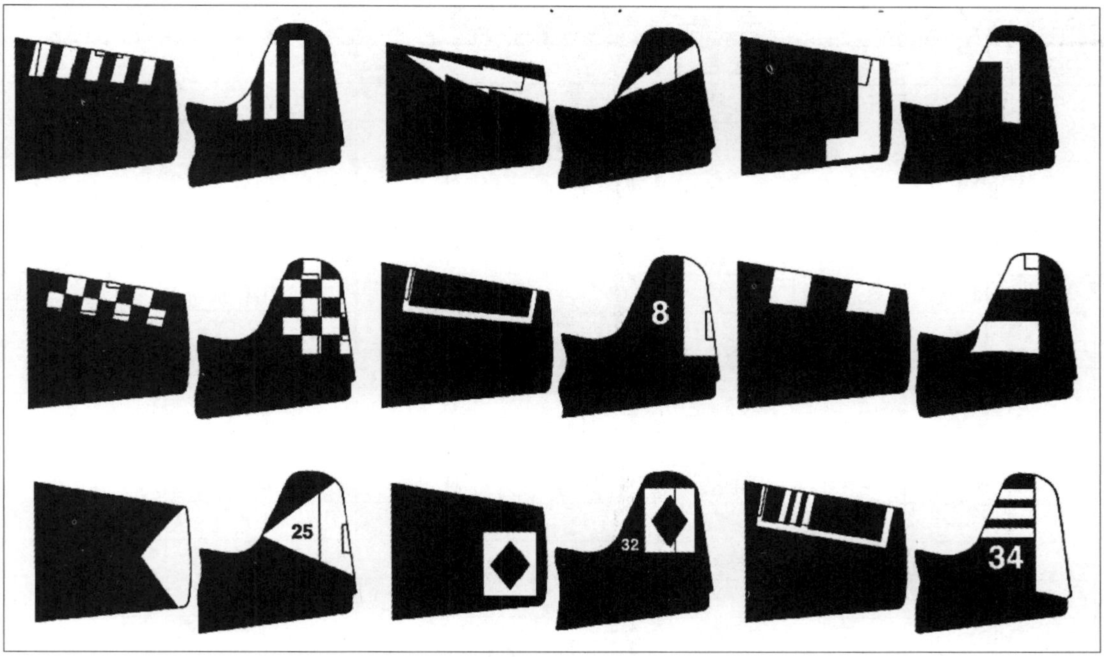

第一行：安提坦(CV-36)、香格里拉(CV-38)、张伯伦湖(CV-39)
第二行：独立(CVL-22)、贝劳森林(CVL-24)、考佩斯(CVL-25)
第三行：蒙特里(CVL-26)、兰利(CVL-27)、卡伯特(CVL-28)

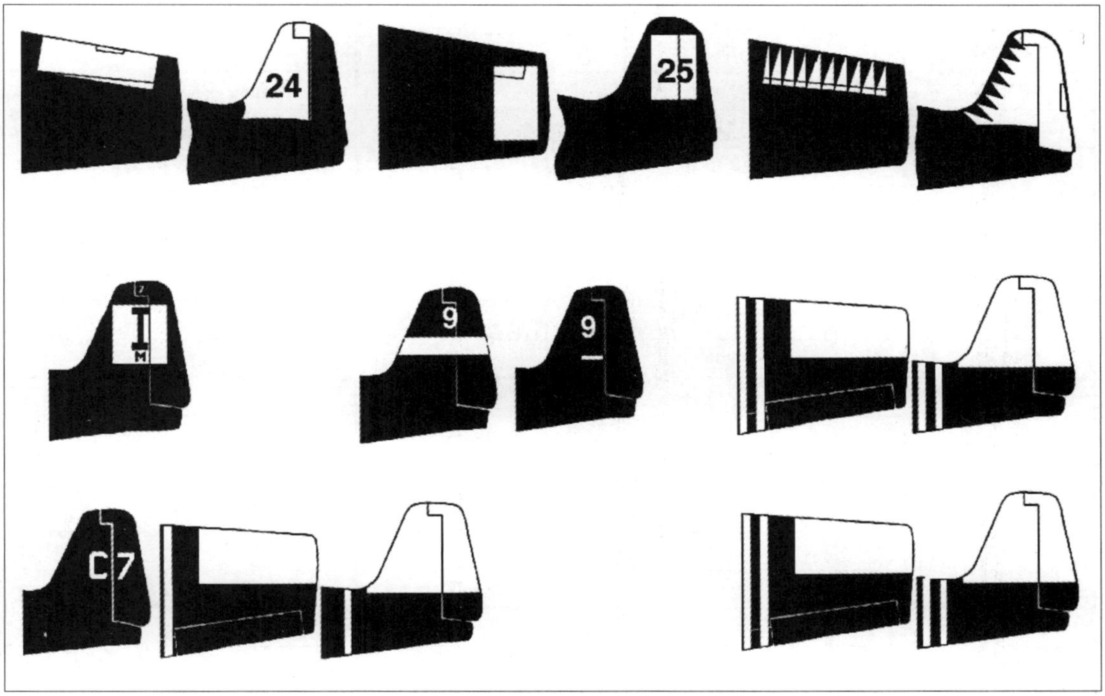

第一行：巴丹(CVL-29)、圣贾辛托(CVL-30)、未指派航空母舰/轻型航空母舰
第二行：布洛克岛(CVE-106)、桑加蒙(CVE-26)1944年/1945年、苏万尼(CVE-27)
第三行：切南戈(CVE-28)1944年/1945年，1945年方案在垂尾前方和机翼内侧的色带为黄色、桑提(CVE-29)，色带也为黄色

航空母舰		识别字母		
舷号	舰名	1945 年 7 月	1946 年 1 月	1946 年 12 月
CV-3	萨拉托加	CC	MM	
CV-4	突击者	PP	BB	
CV-6	企业	M	EE	
CV-9	埃塞克斯	F	E	
CV-10	约克城	R	Y	
CV-11	勇猛	E	HH	
CV-12	大黄蜂	S	FF	
CV-13	富兰克林	LL	S	
CV-14	提康德罗加	V	TT	
CV-15	伦道夫	L	R	R
CV-16	列克星敦	H	LL	
CV-17	邦克山	Y	U	
CV-18	黄蜂	X	XX	
CV-19	汉科克	U	N	
CV-20	本宁顿	TT	SS	
CV-21	拳师	ZZ	D	B
CV-31	好人理查德	SS	KK	
CV-32	莱特		L	L
CV-33	奇尔沙治		K	K
CV-34	奥里斯坎尼		D	RI
CV-36	安提坦	A	A	A
CV-37	普林斯顿		P	P
CV-38	香格里拉	Z	X	S
CV-39	张伯伦湖	AA	Z	
CV-40	塔拉瓦		T	T
CV-45	福吉谷		V	V
CV-47	菲律宾海		H	PS
CVL-22	独立	D	DD	
CVL-24	贝劳森林	P	RR	
CVL-25	考佩斯	A	CC	
CVL-26	蒙特里	C	AA	
CVL-27	兰利	K	PP	
CVL-28	卡伯特	R	UU	
CVL-29	巴丹	T	VV	
CVL-30	圣贾辛托	B	YY	
CVL-48	塞班		ZZ	SA
CVL-49	莱特		W	W
CVB-41	中途岛	YY	M	M
CVB-42	富兰克林 · D. 罗斯福	FF	F	F
CVB-43	珊瑚海	EE	C	C

涂装在飞机垂尾和其他部分，让飞行员们能互相辨认。

这套涂装方案用到了1945年初，直到1月27日太平洋舰队发布保密技术指示信2CTL-45号。其中规定了28种几何图案，对应每艘航空母舰。当某个航空大队在该舰驻扎时，要按照指示涂装识别图案，垂尾两侧、右翼上表面、左翼下表面都要喷涂。“萨拉托加”号与“企业”号航空母舰搭载了

1942年7月16日，XF6F-1原型机涂装式样，绝大部分外表面没有涂色，只有桨毂和垂尾有颜色。

VF-9中队的13号机，“埃塞克斯”号试航期间飞机使用的早期双色涂装式样。

1943年9月，VF-5中队的8号机，注意该机的早期三色涂装。上半部分的蓝色延伸到主翼翼根。另外国籍标志较小。

标准三色涂装，VF-16中队的61号机，飞行员是尤金·拉尔夫·汉克斯少尉，第一名“地狱猫”一日王牌。

1944年夏季，VF-27中队的23号机，此时国籍标志外圈已经改为徽章蓝。VF-27中队在机头涂有猫嘴，不过看起来更像某种鬼脸，表现得非常独特。

1944年8月，驻扎在关岛奥罗特机场的VMF(N)-534中队涂装式样。

1945年2月，“约克城”号航空母舰上VF-3中队的37号机。

VF(N)-41中队的F6F-5N型战斗机，该机驾驶员是威廉·亨利上尉，海航排名第一的夜间战斗机飞行员。

英国皇家海军舰队航空兵第800中队的“地狱猫”II型涂装，1945年。

夜间航空大队，这两艘航母被允许自行修改图样。图案颜色仍然是白色，只有少数样式用黄色色带区分。

1945年7月，第38特混舰队指挥部提出了另一种识别涂装方案。这个方案要求飞机在右翼上表面、左翼下表面、垂尾两侧涂上60.96厘米尺寸的字母。到了1946年1月8日，太平洋舰队重设了字母识别涂装方案，字母尺寸从60.96厘米增加到91.44厘米，如果是双字母的识别图，每个字母的尺寸则为76.2厘米。另外也规定了具体位置，机翼识别字母距离翼尖15.24厘米。

飞机编号数字尺寸为40.64厘米，位于机身国籍标志前方22.86厘米，座舱盖滑轨下方15.24厘米。右翼上表面数字尺寸也为40.64厘米，距离识别字母45.72厘米。左翼下表面的数字尺寸较大，为60.96厘米，同样距离识别字母45.72厘米。

1946年12月23日，字母编号再次改动，这次取消了G、J、N、O、Q、Y几个字母。同时引入了新的数字编号系统。每艘航空母舰上的第一个中队编号从101到199，第二个中队从201到299，第三个中队从301到399，以此类推。

为了方便飞行员和地勤上下飞机，在机身两侧有弹簧门掩盖的脚踏和把手，许多飞机上会用白线或者黑线将脚踏和把手连接起来，以便飞行员使用。

三、战场之中

当“地狱猫”在1943年8月份加入中太平洋战区时，每个大型航空母舰的战斗机中队通常会拥有36架F6F-3，独立级轻型航空母舰的战斗机中队则拥有24架左右飞机，陆基战斗机中队则与大型航母中队编制相同。

战斗机中队的基本组成是四机小队，每个编队由两个双机或者称作分队组成。每次任务通常按小队出动，不过经常会因为某人的飞机故障而导致小队不满员。一名战斗机飞行员的任务不仅仅是击落敌机，他还要为所属舰载机大队的俯冲轰炸机和鱼雷机提供护航。在这种任务中并非一定要击落敌机，单纯地保持编队，或者不被诱饵吸引远离友军，这类非攻击性的战术反而经常是最好的作战方式。在天上有一条纪律非常严格：无论击落一架什么敌机，价值都不会高于被击落的一架友军轰炸机。

因为“地狱猫”比轰炸机和鱼雷机飞得更快，标准的护航航线是战斗机在攻击机上空进行蛇形飞行，可以所有飞机在一起，也可以分成两组交叉做剪刀状飞行。只有在比较安全的空域，战斗机才能降低速

1944年12月，在菲律宾上空飞行的空袭编队。“地狱猫”以典型的四机小队编组，挂载着副油箱以延长滞空时间。

度与攻击机群结伴飞行。参战较早的F6F中队在1944年上半年就结束了作战期，其中几个飞行员自豪地扬言——这很正当——从未在日本飞机手里损失过1架轰炸机。此后其他中队都开始努力获得这个成就，这代表100%护航任务效率。

“地狱猫”还要执行很多其他任务，其中最多的就是战斗机扫荡。这种任务通常在黎明时分发起，目标是攻击那些还停在地面的敌机，将它们打烂在机场上是最好的制空手段。战斗机扫荡是飞行员们最喜欢的任务，他们不需要保护轰炸机，而且在这类任务中经常会发生纯粹的战斗机对战斗机空战，这是证明他自己实力的大好机会。而且实战结果表明，先期进行的战斗机扫荡很容易给当地日军战斗机部队造成重大打击，后来的护航任务就会轻松很多。

还有一类不那么令人兴奋的任务是空战巡逻。在战区中巡航时，每个航母特混大队都要尽量保持不间断地空战巡逻，负责巡逻的战斗机飞行员要时刻等待着战斗机引导官的指示。这个年代，海战模式已经开始转变。1942年的珊瑚海海战是一个标志，从此水面舰艇之间炮战的决定性作用开始逐渐降低，战役的结果越来越取决于航空母舰和飞机之间的战斗情况。肉眼看不见的雷达波扫描着天空，搜索远处机群，将负责空战巡逻的战斗机引导向任何可疑的入侵者。这个前出拦截的概念使得空战经常在“地平线以下”进行，超出舰队所见的水天交际线。

除非发现了不明飞机或者所谓的“可疑目标”，并且由战斗机引导官指示，巡逻中的“地狱猫”不能自主改变航线。“无聊的烦，烦的像块石板”，某位中队长这样形容巡逻任务。一次空战巡逻可能会长至4小时，其间什么都不会发生，能做的事情只有保持队形，检查仪表盘，或者回忆被派到战区前在旧金山马克霍普金斯酒店的最后一次约会。有时候唱歌会有点帮助，不过飞行员们很快就会发现喜欢的曲子已经全唱完了。

如果雷达确认显示器上的一组光点有敌意，“可疑目标”立刻转换为“敌机”，之前的无聊立刻就会消失。远距离识别依赖于飞机上安装的敌我识别器，它会响应雷达扫描，返回识别信号，在雷达显示器上将光点显示出不同颜色。如果光点显示不正确，那么这一组目标将被假定有敌意，至少一个四机小队将被引导前往调查。战斗机引导官会告知飞行员紧急程度，如果指示是“闲逛”，说明不紧急，敌机还在很远距离。如果他说“班轮”或者“小鬼”说明目标已经比较近了，如果战斗机引导官给出“大门”指示，飞行员们就要立刻将油门推满，在敌机到达舰队上空之前进行拦截。

另外一些任务本不该由战斗机主导，例如执行远程搜索任务和无线电中继任务。前者的目标是寻找日军船只和军舰，但是为了保护侦察机则经常要“地狱猫”执行这类任务。这类任务有时将1架“地狱猫”和2架“复仇者”编组，有时则是单独的战斗机四机小队或者双机分队。在气象状况合适时，“地狱猫”搜索半径最远可以达到500海里，极限条件下飞机滞空时间超过6小时，这虽然比陆航远距离护航任务的滞空时间短，但是在海面上飞行导航是个大问题。如果编队中有“复仇者”那再好不过，“复仇者”有导航员，没有的话就只能靠自己了。大多数飞行员发现丰富的飞行经验有助于消除，或者至少减少一部分恐惧感。单发飞机在一望无垠的水面上飞行，自然会让飞行员产生这样的感觉。对自己的导航技能保持自信——舰载机飞行员中流传的方式，纵使只能靠地图板导航，把注意力集中在管理发动机上，因为发动机故障这个因素很难由飞行员控制。

后一种任务也不怎么有趣，要在一个无线电中继点保持盘旋。本来任何飞机都可以执行这种任务，但是也有个明显的理由：“地狱猫”能在某个中继点盘旋时更好地自我保护，而“复仇者”可能会被无助地击落。

航空母舰上忙碌的一天。几架“地狱猫”正准备从“埃塞克斯”号航空母舰上弹射起飞，同时航空母舰在接收舰队油轮的油料补给。

在登陆战打响后，战斗机中队经常要负责对登陆部队的航空火力支援。火箭、炸弹和凝固汽油弹都会用于压制日军防御，掩护陆战队和陆军大兵抢滩。当然在确保制空权之前不会执行这类任务。

“地狱猫”有两类特别任务——夜间战斗和照相侦察，远离陆基机场的快速航空母舰编队必须自己携带夜间战斗机和照相侦察机。当然陆基中队也会使用装备雷达的夜间战斗型“地狱猫”，尤其是在岛屿和机场较多的菲律宾与琉球群岛。照相侦察任务则交给专用型号F6F-3P与F6F-5P，这两种战斗机内置垂直和倾斜照相机，多用于损坏情况评估和映射地图绘制。

航空母舰作业总是带着一种内在魅力，第二次世界大战是航空母舰走向成熟的时期，也是它们表现的巅峰时期。巨大而美观的埃塞克斯级航母位于舰队中央，较小的独立级航母伴随在周围，它们在热带天空下准备起飞满甲板飞机时的景象令人难以忘怀。

五颜六色的信号旗跟着升降索上升，在星条旗下方随风飘扬，钻石形状的起飞旗也跟着挂起，宣告飞行行动开始。航空母舰转向迎风，加速到30节破浪前行，飞行员们从准备室中冲出，每个人都带满了装具：救生背心、降落伞背带、手枪和生存刀、护目镜和氧气面罩，最后还有永不会被拉下的飞行图板。他们成群结队从舷梯走上，舷梯出口就在舰岛一侧，舰岛本身安置在航母右舷，顶上装着雷达天线，看起来窄得很不协调，尤其是与宽广的飞行甲板相比时。

杉木甲板上立刻变成某种有组织的大混乱，穿着卡其色制服的飞行员爬进飞机，同时身穿黄色衣衫的飞机引导员向其他人员大声发令，让他们将飞机推到准备位置，展开并锁定机翼，或者取走轮挡。红衣军械员此时取下炸弹和鱼雷引信上的安全绳，消防员穿着石棉大衣站在旁边时刻准备，绿衣弹射器工作员等着看风速是否够强，可以让飞机无助力起飞。

飞机本身则没那么多颜色：“地狱猫”总是在前排，它们起飞需要的甲板长度最小，通常也不会外挂太多东西，后排则是鱼雷机和俯冲轰炸机，所有飞机都是蓝色主调的三色涂装或者通体光泽深蓝色，白色几何形状识别图案涂装在垂尾上，用于区分各个航空大队。

当然这里不只有各种颜色和飞溅的海雾，还有噪音：三十几台或者更多星型活塞发动机正在启动，惯性启动器的哀嚎是主旋律，霰弹枪子弹形制的启动弹击发响声是点缀，它们打响了普拉特·惠特尼和莱特生产的汽缸。弯鼻子“地狱猫”和大肚子“复仇者”安装的三叶汉密尔顿标准螺旋桨，圆尾巴“地狱俯冲者”安装的四叶寇蒂斯螺旋桨都开始慢慢旋转，越转越快直到成为看不清的模糊影子。启动带来的浅蓝色轻烟缭绕在飞行甲板上，但是又立刻被海风和螺旋桨洗流吹散。此时噪音变成了低沉而又躁动不安的轰鸣，震动着每个人的耳膜。

而后忽然之间甲板上各种颜色的人都不见了，只剩消防员和起飞指挥组还留在甲板上，飞行中队现在准备完毕，即将起飞。埃塞克斯级有260多米长的飞行甲板，可以让“地狱猫”、“复仇者”和“地狱俯冲者”起飞，180多米长的轻型航空母舰则只能放飞“地狱猫”和“复仇者”。不过无论航母大小，发生在甲板上的场景都一样：防空炮位和舰岛上所有人都注视着飞行员们滑行到起飞点，打开座舱盖，将背带松到能站起来的程度。此时每一艘“平顶船”上最重要的人都是起飞官，他将决定每一架飞机的起飞时机。

平均来说，每架飞机滑行到弹射位置，连接弹射器并弹出甲板需要60秒左右，正常滑跑起飞只需要这一半的时间，所以只有在甲板上堆满了飞机，前方的“地狱猫”又挂载很多时才会弹射起飞。正常滑跑起飞时，起飞官会站在每架飞机右翼翼尖外，在头顶转圈挥动一只黑白相间的小旗。当航空母舰舰首冲出浪尖抬起时，他将小旗向前下方挥下——这是起飞信号。飞行员看到信号后将油门和转速都推到最大，螺旋桨自动切换到平桨距，有些飞机要放下襟翼以获取更大升力，再踩下右舵以防止飞机左偏，最后松开刹车，飞机马上开始沿着甲板冲刺。

起飞信号！在“列克星敦”号航空母舰甲板上，约翰·克拉克上尉正给一名VF-16中队的飞行员发出起飞指示。远处的航空母舰是“约克城”号。

部分美国航空母舰设置了机库弹射器，在飞行甲板损毁时作为起飞的备用方案，但是在实战中从没使用过。这是1943年6月3日“约克城”号航空母舰海试时进行的测试，H4A型弹射器能将7257.4公斤的飞机加速到85节，刚够让满载的F6F-3起飞。

起飞时飞行员会将座舱盖打开并锁定，同时打开氧气面罩，起飞失败坠海时这两个措施可以救人一命。不过很多人后来自称没有严格执行规定，比如在大雨中起飞时将舱盖关闭。另外还要注意的是起飞前快速检查一遍所有仪表，看看有没有什么奇怪的读数。起飞时将油门推满，此后将左手放在油门控制区前方，以免无意识下收回油门。

在重载的情况下，“地狱猫”的离舰速度只比失速速度高10节，放下的起落架带来很大阻力，要等它们收起之后飞机才能顺利加速。无怪乎有人说从航空母舰起飞就像小鸟第一次学飞时被从巢里推出去，要么顺利升空，要么摔断脖子。

如果起飞顺利，在几分钟之后，天上就会塞满了爬升和盘旋的飞机，各个小队与他们的中队集结到一起，再和整个大队会合。战斗机以双机分队为单位组成四机小队，俯冲轰炸机和鱼雷机既可以是三机也可以是四机小队。通常在起飞指令发出后15分钟以内，攻击编队就会编组完毕，开始朝

从“约克城”号起飞的F6F-3，注意下方机库两侧都打开了，中央滑轨即为机库弹射器。

机库弹射器起飞瞬间，该照片摄于1944年2月25日，“大黄蜂”号航空母舰。

着目标飞行。如果整个特混舰队组织攻击波，那么四个来自不同特混大队的航空大队长会轮流在不同任务中担任编队领队。1943年后半年开始，越来越多航空大队用F6F将F4F换下，很快大多数任务的领队和指挥官均会由“地狱猫”飞行员担任。

战斗结束后，很少有编队没被打散的情况，飞行员们通常会就近与其他一些飞机会合，然后直接返航。编队返航时通常滞空时间已经超过4小时，他们会回到预定的“回收点”，航空母舰在这里等待飞机降落。在那个时代，飞行员可能会遇上各种糟糕的事情，他可能在起飞时因为发动机故障冲进航母舰艏前的海水里；可能在黎明前起飞集结中撞上友机，也可能在狗斗中撞上敌机；最后，尽管很少有战斗机飞行员愿意承认这点，他可能会被某架日本战斗机击落。更容易发生的事情是被防空火力击落，这也是大多数飞行员讨厌攻击有良好防御机场和其他阵地的原因。在空战中，他的飞行和射击技巧让他有机会在战斗中胜出，对地扫射则不同，他会面对各种自动武器，而又看不见这些武器在哪里，无论什么样的飞行员都跟其他人相同，在很大程度上只能靠运气决定自己的命运。

多数飞行员宁愿在海面迫降也不愿意被日军俘虏，至少海面迫降意味着有相当机会被友军舰船或者水上飞机救起。虽然空海救援是特混舰队和指挥官们放在优先位置的任务，但是这种事情不会总是成功。有时几小时内救援就到达现场，有时飞行员要在海面上漂几天，这是段很难受的时间，缺少粮食和淡水，海里还可能有鲨鱼游荡。还有些时候，救援队永远也没再找到飞行员，毕竟这就是如此浩瀚的太平洋。

太平洋虽大，也大不过天空。在开始战斗前“地狱猫”编队通常会尽可能爬升高度，高度可以转化为速度，不仅让战斗机飞行员们更快地追上敌机，也能让他们逃出生天。有一句话说得好：“速度就是生命，高度就是生命保险。”战斗机通常会最先到达作战区域，扫荡这里的日军航空兵力，或者压制防空炮。另一部分战斗机可能会进行伴随护航，与攻击机编队同时到达。

所有飞行员，尤其是战斗机飞行员，在训练中会被教导要保持观察四周。各个中队条例会稍有不同，但是大多数优秀中队的政策都差不多，无论谁发现了疑似目标就立即成为领队，不论他的军衔和在编队中的位置。这是个很有效的策略，在空战中胜利者经常是先发现敌机的飞行员。“永远警惕，或者永眠与此”，海军中校詹姆斯·弗拉特利这样说道。

空战识别是个很有趣，也很无奈的话题。第二次世界大战时昼间战斗机都不装备雷达，虽然敌我识别器是个很普遍的装备，但它只会应答地面或者舰载雷达。飞行员们没法依靠这个东西，他仅能用肉眼识别敌机或者友机。在远距离上经常不容易看清飞机线条，这时飞机颜色就是最可靠的辨认方法。所以美国海军航空兵的飞机在战争后期都放弃了迷彩，涂成单一深蓝色，以海洋为背景时还有些许伪装效果，以天空为背景时则很显眼，而且与机腹白色的日本飞机差距很大，还能尽量防止高炮手打错人。到了较近距离则可通过飞机徽标辨认国籍，垂尾上还有各个航空大队的标识。在空战中经常有人因为过于激动认错飞机，将友机当敌机乱打一顿。敌机的识别问题就更大了，日本战斗机长得多少都有点类似，也经常都涂装了破坏线条的迷彩，再加上零战和“隼”装备量较大，而且前者尤其著名，说到日本战斗机总是离不开零战。这些因素导致很多飞行员经常将其他型号误认为零战或者“隼”，他返航后就这样声称击落了一架“零战”或者“隼”，实际上却根本不是这回事。

这是看得到敌机的情况，还有看不到敌机的情况。

“地狱猫”、“海盗”和“野猫”的后向视野都不太好，需要小队互相观察后方，但人没法做到全知全能，即使最警觉的中队和飞行员也会被偷袭。他会突然听到子弹打在飞机上产生的金属撞击声，还会有队友那迟来的敌机警告。然后高G机动带来的痛苦感充斥全身，几乎要将他压穿座位。如果机动摆脱了敌机，现在就要开始准备反击了。“地狱猫”的盘旋性能弱于大多数日本战斗机，持续盘旋经常是个要命的动作。反击的第一步是拉开距离再爬升高度——不过最好的方法是让其他友机来解决这个问题，互相配合、互相掩护是海军航空兵的战斗原则，在无线电中吼叫，总会有空闲的“地狱猫”前来帮忙。另外一些时候敌机可能已经被击落了，合格的战斗机飞行员会条件反射地先攻击友机身后的敌机。

攻击敌机时最好以浅俯冲开始，推满油门并降低发动机转速，有些时候飞行员们会打开喷水系统，或者将增压器降低一个挡位。“下坡赛”开始后“地狱猫”的速度会快速增加，即使油门全收也会因为重力而加速。大家很快就学会了当不准备射击什么东西的时候不要俯冲，另外通常也不会射击后立刻拉起，最好的方式是一定程度的滞后追击，在俯冲时先对准敌机身后的某处，再拉起射击。当然，飞得很低、很快，也能将暴露在防空炮面前的时间减到最少。

在周围的蓝色“地狱猫”与绿色或者迷彩色的日本战斗机稍纵即逝，无线电频道里充斥着队友的警告、各种大声吼叫、诅咒还有哭求帮助的声音。在没有抗荷服的年代，所有G力都只能靠飞行员自己承受，转弯时、从俯冲中改出时，还有时要推杆做负G动作，黑视和红视随之而来。还有看见友机失控冲进海面带来的震惊，但是激烈的战况不会让人有空闲继续思考朋友阵亡这件悲伤的事。最后，当看见敌机背影滑进反射瞄准具光环之中，心里顿时涌上甜蜜的满足感，这将是一个确定击落战绩。扣动扳机，六挺机枪开始抖动着喷出子弹，机枪快速吞噬掉弹链，从机翼下方吐出一串串弹壳。

“击落”又是另一个概念，在空战中有时稍有几发命中，或者仅仅是提醒了敌机飞行员，敌机开始俯冲逃逸，因为飞行员处于紧张状态，他可能以为这架飞机被击落了。曳光弹在弹尾填充的燃烧剂不仅发光，还会拖烟，视线也随着瞄准具的光圈抖动，这些因素加起来就更容易造成误会。还会有多名飞行员攻击了一架飞机，返航之后就变成了几个战果，抑或几名飞行员从不同角度看见一架坠落的飞机，返回后作证说不同的队友击落了它。确实，我们也无法排除某些飞行员只是想回去炫耀一把，就编了个故事的情况。

空战就这样混乱地进行，忽然之间又什么都没有了，空空荡荡的蓝天令人难以想象几十秒之前无数战机在这里厮杀。这是空战的本性，战斗永远不会停留在一个位置，战场延绵于广阔的距离和高度之中，战况也瞬息万变。

在空战中，飞机发动机会长时间以战斗动力或者军用动力运行，这种状态下燃油消耗非常高，现在空战结束了，回收点却可能在200海里以外。飞行员必须收小油门，把转速降到经济巡航状态，再将混合比调到自动贫油，飞到合适高度上慢慢回家。本来战斗机不应该带着副油箱空战。但是在战争末期，由于空战巡逻时间越来越长，越来越多飞行员在遭遇战中不想丢掉这个东西，他们也许只是想多留点汽油回家。

现在新问题来了，回家是往哪个方向？对着飞在旁边的友机飞行员微笑——也许是强迫出来的笑脸——说那个古董笑话：“你什么意思，你现在跟着我在飞？不！我是在跟着你飞！”打开“地狱猫”上的ZB接收机，调到航母YE无线电导航发信机的频率上，发信机向每个15度扇区发送不同莫尔斯码，例如航空母舰会向正北方发送HH字母信号，向正南方发送CC信号。这个信号每天都会变更，听到这个声音就说明距离母舰不远，快到家了。飞行员们要按照当天的密码本转向对应的方向。在测试中，飞行员们在1200米高度时可以听到64公里外的信号，1800米高度时可听到96公里外的信号，2400米高度上能听到128公里外的信号。

又飞了一段时间，前方就是特混舰队的尾迹，母舰被簇拥在钢铁花环的中央。下降到进场高度，看着航母甲板上的舷号寻找自己的船，如果不是什么紧急情况，降落到错误的船上会被其他飞行员耻笑。做一个当天的识别转弯，希望不要有哪个紧张过度或者神经兮兮的炮手扣动扳机。

最后这个部分是海军航空兵的骄傲，谁都能从航空母舰上起飞，就算那些没怎么训练过的陆航飞行员也能即兴做到，但是只有光荣的海军航空兵飞行员才能降落在甲板上。航空母舰会迎着风向航行，以尽量减少飞机和船之间的相对速度。几条驱逐舰跟在航母后方，其中一艘会跟在正后方450米距离，作为进场标志点，剩下的随时准备打捞迫降飞行员。在航母侧后方盘旋的中队开始顺次解散成单机，在这个盘旋圈内的飞机以每40秒间隔一架一架脱离，飞行员们开始进行降落前检查：打开舱盖并锁定、松开背带、将混合比调到富油、燃料从剩余最多的油箱抽取，散热片全开以便在低风速下保持散热，最后将螺旋桨转速定在适当的位置。

然后飞行员放下尾钩，“地狱猫”需要减速到120节以下，才能放下起落架和襟翼，后者在放下后会让飞机有一点低头倾向。转到最终进场，“地狱猫”的速度会下降到90节，以机鼻高抬的状态，在航母尾迹上方飞行，最终在甲板上空速度降到83节左右，只比失速速度高一点。“地狱猫”在降落状态下很稳定而且

一艘埃塞克斯级航空母舰后方排队等待降落的“地狱猫”。

1944年2月，空袭特鲁克过后，“企业”号正在回收VF-10中队的“地狱猫”。飞机以20至25秒间隔着舰，在没有斜角甲板的年代，降落流程中的事故率相当高。

表现规矩，它是航母上最容易降落的飞机。飞行员可以完全依靠感觉飞行，目光只需要注视现在甲板上最重要的人——不再是起飞官，而是降落信号官。

降落信号官站在飞行甲板左舷后方，背后有一块帆布风挡，这让他更容易从飞机上看见。飞行员要集中注意力在他手上的色板上。信号官用有标准含义的色板向飞行员传达关键信息，有些信号官颇有个性，潇洒地舞动色板，好像一个正在众目睽睽之下指挥繁忙交通的警察。虽然如此，所有信号官都使用同样的基本信号，一共有13种，其中10种用来告诉飞行员技巧或者流程上出了错误，例如高度不对、机翼没有水平、进场速度太快或者太慢，有时候还有些马大哈忘记放下襟翼、着舰钩甚至是起落架。

另外三个信号是“明白”、“停止”、“复飞”。所有飞行员都希望看到“明白”信号，降落信号官此时展开双臂将色板平举，表示进场情况良好。飞机拥抱飞行甲板时，信号官立刻将右手转到左侧同时放下左手——这是“停止”信号，有些时候也同时在无线电中向飞行员喊叫，飞行员要立刻收小油门，将操纵杆向后拉到底，让飞机贴在甲板上。随着着舰钩钩住阻拦索，飞机会忽然停下，不过即使是情况最好的降落也可能导致爆胎或者将螺旋桨打在甲板上。一个好飞行员会让飞机随着阻拦索向后反弹一点距离，这样地勤就更容易将阻拦索从着舰钩上取下。

如果进场状况很不好，信号官会在头顶挥舞色板，让飞行员加大动力拉起复飞。复飞指令原因很多，飞行员未必会知道细节。敌机来袭或者前一架飞机撞在了阻拦网上，这类紧急事态都会打断一次完美的进场，无论原因如何，复飞指令必须服从。

阻拦索取下后，飞行员要收起着舰钩，接着推一点油门，向前滑行到阻拦网前方停机区域，阻拦网将在他驶过后再度升起。他必须动作麻利地完成这个阶段，因为下一架“地狱猫”就在后方不远处，即将降落。到了停机区甲板观察员会给飞行员发信号，打开机翼折叠锁，让地勤们将机翼推到锁定位置。最后观察员会指示飞行员将飞机放到预定位置，等到飞机到位，地勤将会把轮挡放在机轮下，终于飞行员可以关掉发动机了。

纵使航空母舰降落相当危险，“地狱猫”的降落记录和其他舰载飞机同样良好。很多“地狱猫”飞行员会同意切斯特·史密斯的发言，他是一个陆战队飞行员，1945年在护航航空母舰“布洛克岛”号上驾驶

复飞！近处两名地勤放下轮挡让飞机保持不动，其他人在后方正努力将卡在阻拦索上的着舰钩取下。由于动作慢了一拍，后一架飞机只能复飞。图片右侧的降落信号官也在向这边张望。

1943年5月，这架新“地狱猫”在“约克城”号航空母舰降落时起落架损坏，起重机将飞机吊了起来。地勤们则在检查飞机受损的右翼。

“地狱猫”。他说道：“我很幸运，我飞行的是这架设计非常理智的飞机。”

不只是飞行员们赞赏F6F，还有一群人对它很赞赏，他们于战争同样重要——那些让飞机能继续飞行的人们。

航空母舰上的飞机维护工作总是受到很大重视。船上能运输的飞机数量有限，每架飞机“可用”或“不可用”状态对于任务更加重要。与陆地机场不同，航空母舰空间宝贵，没有那么多地方储存不能飞行的飞机，所以损伤过重的飞机经常被丢到海里，为补充留下空间。这也是为何航空母舰载机可用率总是高于陆基飞机的原因。

纵观整个美国航空兵，很少有飞机的可用率高于“地狱猫”。在战争期间，陆航、海航和陆战队的陆基飞机通常保持75%至80%可用率，有些很复杂或者太先进的飞机有时会掉到35%至40%。航空母舰上的“地狱猫”却能保持90%可用率，有一段时间甚至高达98%。这样出色的维护水平，如果没有地勤们付出非常多时间、技巧和献身精神的话不可能达成。

大多数舰载机中队编制有他们自己的地勤，例如1944年，一个典型F6F中队配有30人左右的地勤队伍，包括机械师、军械员、无线电和电气技师。某位资深飞行员会被指定为中队工程官，他要负责管理飞机维护。后勤管理人员还包括一位资材官，他不是飞行员，但是通常对飞机有很深刻的理解。通常情况下，主要军官们都是最有经验和知道如何处理事务的人，他们要在自己专长范围内指示每日维护工作，发动机、机体、电气设备或者弹药。

对于扩大后的战斗机中队，这时可能有50多到70多架飞机，30人不可能有效维护这么多飞机的运作。作为中队地勤补充，每艘航空母舰都永久编制了地勤人员，规模大得多。他们被称作航空母舰飞机支持部门，负责飞机大修这类中队所属地勤没有装备进行的工作。他们还要操作船上的车间，进行发动机大修，同时要提供零配件。在航行中，支持部门经常会吸收当前配属航空大队的技师，以便整合所有维护资源。

1943年末，这些机械师正在“列克星敦”号航空母舰上维护“地狱猫”的发动机。维护飞机是个体力活，在来回晃动的航空母舰上更为麻烦。

1945年夏季，这两架“地狱猫”将参加下一次空战巡逻任务，地勤们挤在机翼的阴影中休息。

航空母舰上的生活经常被描述得很轻松愉快，但是这只是一些战争宣传上的说法。在第二次世界大战中，航空母舰上只有一部分舱室有空调，例如准备室、雷达室还有高级军官居住区。机械师和军械员经常在甲板下每天工作16小时，相当闷热又缺乏通风。他们之中很少是专业航空技师，但是学习得很快，战争需要他们学习得很快。

对于每个地勤来讲这都是件幸运的事情：格鲁曼公司在设计F6F时充分考虑了维护性。他们将这个概念称为“鞋店售货员方式”。拉尔夫·克拉克是一个格鲁曼战地维护代表，他是个年轻的纽约人，在太平洋战场上奔波了两年，帮助舰载机大队维护他们的TBF和F6F。“我们有鞋店售货员制造‘地狱猫’，我们有鞋店售货员维护‘地狱猫’，我们还有鞋店售货员来飞它们”，克拉克回忆说，“不是我想说鞋店售货员或者其他非专业人士的坏话，但是我们必须记住，大多数和F6F相关的人员在1942年之前根本没见过飞机”。

在这些人之间，“地狱猫”和“鞋店售货员”帮助美国海军赢得了战争。

第五章 第二次世界大战

1941年12月7日，日本悍然偷袭珍珠港，太平洋战争爆发。停泊在港内的美国太平洋舰队主力毫无防备，4艘战列舰被炸沉，4艘损伤，其他11艘船只沉没或受损，3000多名官兵伤亡。另外还有188架飞机被毁，159架损伤。这些损失中最难以弥补的就是战列舰，它们本是计划中对日作战的主力，却在转眼间灰飞烟灭。幸运的是，空袭时几艘航空母舰出海在外，躲过了灾难，为美国海军留下了一些宝贵的可用之兵。

偷袭珍珠港同日，日本南方军在寺内寿一的指挥下进攻东南亚。此时已无任何盟军舰队能阻止日军的侵袭，短短5个月时间，从新加坡到所罗门群岛全部陷落。日本构筑起了一个庞大的“大东亚共荣圈”。然后开始转入防御，准备引诱剩余美国舰队打一次决战，以此胜利压迫美国进行和谈。

美国举国上下群情激奋，同仇敌忾，即使美国海军缺乏反击所需的兵力，仍然不准备坐着被动挨打。1942年4月18日，杜立特带领16架陆航的B-25轰炸机从“大黄蜂”号航空母舰起飞轰炸了东京，而后大多数B-25穿过日本本土在中国降落。这次空袭造成的物质损伤微乎其微，但是让日本人深感震惊，并且认识到了不彻底消灭美国舰队，他们无法得到实质性的安全态势。

而后，在日军准备攻占莫尔兹比港时，遇到美国舰队拦截。5月4日至5月8日，双方在珊瑚海打了世界海战史上第一次航母会战。美国海军丢掉了大型航空母舰“列克星敦”号，日本海军的“祥凤”号轻型航空母舰沉没，双方飞机损失相当。美国人在战术上吃了点亏，但是阻止了日本的攻势，而且让“翔鹤”号与“瑞鹤”号两艘大型航空母舰无法参加接下来的作战。

珊瑚海海战结束后，山本五十六大将决定攻击中途岛，将美国海军引出来打一场决战。他制定了一份过于复杂的作战计划，而这个计划的主要部分却被美国海军情报部门破译了。6月初，尼米茨上将把剩下的航空母舰派到中途岛附近，再加上岛上驻扎的航空兵，决心挫败日军的计划。最终，美国飞行员舍生忘死的进攻击沉了“赤城”、“加贺”、“飞龙”、“苍龙”号4艘大型航空母舰。6月7日，中途岛战役以日本的惨败告终，战略主动权转到了盟军手里。

8月7日，美军登陆瓜达尔卡纳尔岛。美日双方围绕着这个岛屿打了6个月残酷的消耗战。双方在此损失了大量人员、战舰和飞机，最后美国人胜出。瓜岛战役的胜利为“地狱猫”的成功打下了基础。双方在这里打了很长时间航空消耗战，美军总共损失600余架飞机，日军损失了接近900架。由于主要空战战场在瓜岛机场周边，美国人以逸待劳，而且飞行员容易获得救援，人员损失比日军低很多，而日军却在这里损失了大批精锐飞行员。本来美国飞行员凭借战术优势，驾驶着各种旧式战斗机都能与零战相对抗。当他们换上新战斗机后，再回头与水平更低的日本飞行员交战，空战结果就已经注定。

1942年7月31日，中途岛战役结束后不久，一瓶香槟砸在新航空母舰的舰首。“埃塞克斯”号航空母舰下水，这是该级航空母舰的首舰，此后将成为美国海军主力，1942年12月31日它正式入役。独立级轻型航空母舰的第一艘“独立”号在两周后也加入海军。它们将搭载新型战斗机开始反攻。各战斗机中队开始换装新型战斗机。

美国海军的核心战舰

在太平洋战场上的反攻阶段，美国海军最重要的主力舰是埃塞克斯级航空母舰。对于“地狱猫”来讲，该型航空母舰自然也是最重要的基地。

这种大型航空母舰设计于20世纪30年代末期，最终设计定案时标准排水量27500吨，满载排水量34000吨，长度265.8米，舰宽28.3米，主机功率150000马力，可搭载90架左右飞机。在两洋海军法案通过后，美国海军总共订购了11艘埃塞克斯级。首舰“埃塞克斯”号于1941年4月28日开工，7月15日“列克星敦”号开工，9月15日“邦克山”号开工，到了12月1日，另外两艘“约克城”号和“勇猛”号也同时开工。这样，在日本偷袭珍珠港前，已经有5艘大型航母在建。

战争头一年半，美国海军损失掉了大半战前服役的航空母舰，于是在1942年8月，国会追加了10艘埃塞克斯级订单。海军靠着“企业”号挺过了几个月之后，前几艘埃塞克斯级在1942年末至1943年初服役，它们预定搭配的就是“地狱猫”和“海盗”——两种被寄予厚望的新型战斗机。这些航空母舰与同期入役的独立级轻型航空母舰一起，拉起了太平洋反攻的大旗。

1943年3月，埃塞克斯级航空母舰得到了一项较大改进，即所谓的长船体型。舰首增长，在增长的位置安装了两座4联40毫米炮位，改进使得总长增加到270.7米。随着战事发展，该级舰得到了各种小幅度改装，战争结束前的总订单也增加到了32艘。到1950年为止，最终有24艘完工。

该级舰设计并不完美，例如飞行甲板不是装甲甲板，使得航母对炸弹和自杀飞机的防御力较差。但是由于美国海军

1943年2月1日拍摄的“埃塞克斯”号，这张照片展示了该舰的原始风貌，此时还没有进行任何改造。

的整体实力强大，尤其是战斗机飞行员们的出色表现，这种防御漏洞并未让日军占到多少便宜。

战争结束后，埃塞克斯级仍然继续改进，接受了包括添加斜角甲板这样的大幅度改装工程，可以让该级航母使用各种尺寸较小的喷气飞机。首舰“埃塞克斯”号于1969年退役，最晚退役的则是“列克星敦”号，时间是1991年11月，结束了埃塞克斯级半个世纪的历程。现有4艘埃塞克斯级航母留存，作为博物馆向公众展出。

第一个“地狱猫”中队

用某个飞行员的话来讲，VF-9中队由“一群快乐的人”组成，它在1942年3月1日成立。中队长是约翰·拉比，他是个老资格的海航飞行员，1929年从安纳波利斯海校毕业，先后在好几个中队服役过。拉比接到任命时手下只有一个中尉作为执行官，六个新晋少尉，162个征召兵负责各种勤务。装备也很可怜，5架古旧的布鲁斯特F2A-3和1架北美SNJ教练机。

VF-9成立以来，已经历过了一次很短的战役。1942年末，该中队在“突击者”号航空母舰上用F4F-4战斗机支援登陆北非的行动，这时中队只有27架“野猫”。在11月开始的短期战役中，“野猫”们在法属摩洛哥击落了6架维希法国飞机。当他们回国后，美国海军决定扩张战斗机中队的规模，从27架增加到36架，于是又有10名飞行员在两个月里陆陆续续来到中队报到，其中就包括未来的大王牌尤金·瓦伦西亚。

现在离1943年新年只有几天了，拉比中校和手下飞行员们正准备接受第一批F6F-3战斗机，他们将是第一个“地狱猫”作战中队。本来海军的计划不是这样，在回程途中，VF-9中队都还被告知将改装F4U-1。但是1943年1月沃特公司产量不够，无法将足够飞机交付给计划换装“海盗”的中队。于是拉比的中队只好等着换装“地狱猫”，他们将在1月中旬接受最初批次的新飞机，这算是因祸得福，“海盗”还有很多问题，就算真地交付了也很可能被换回“地狱猫”，并且让中队浪费很多时间。

拉比带着手下两个比较有经验的飞行员赫伯特·霍克和亚米斯德·史密斯中尉前往位于贝思佩奇的格鲁曼工厂。1月16日，他们将中队第一批3架飞机飞回驻地。接下来几周中如果天气允许，则每次会交付3至4架飞机。每当格鲁曼完成几架飞机的技术检查和接收飞行，拉比就派飞行员到长岛去签字接收飞机，然后把飞机飞回钱伯斯机场。

这样的远征进行到2月5日，又轮到史密斯中尉，还有基南·奇尔德斯上尉、梅奥·哈登和鲁本·登奥夫中尉。

即使是在战时急切要求下，“地狱猫”计划都还没有达到它应当的效率。在生产早期，飞机尚未编写飞行手册，所以只有让格鲁曼试飞员给海军飞行员讲解座舱和操作，帮助他们启动巨大的普拉特·惠特尼发动机，让他们升空。当时所有四个人都毫无问题地起飞了。

在回机场半途上，作为领机的奇尔德斯上尉遇上了发动机故障。此时他们正处于新泽西州五月岬北面大约48公里处，飞机下方是一片茂密的树林，里面全是小松树。奇尔德斯别无他法，只能进行一次不放起落架的迫降。他开始向下滑翔，然后将这架巨大的战斗机撞进树林，在地面滑行了相当一段距离才停下。在天上的其他三人看着他的“地狱猫”从松树林中切过，一边砍倒松树一边撞得支离破碎。当“地狱猫”在一片沙尘和残渣中停下来后，奇尔德斯从座舱中爬出来向天上挥手。多亏格鲁曼飞机机身特别坚固，他没有受伤。

尽管奇尔德斯运气不好，VF-9的飞行员们对这架巨大战斗机相当热情，与它的小兄弟不一样，F6F的座舱非常宽大，而且飞行速度比F4F快每小时80公里以上，爬升率也更好。几个在摩洛哥与维希法国打过空战的飞行员，例如登奥夫、史密斯和哈登，他们都对“地狱猫”大得多的弹药携带量颇为赞赏。

日后第一位“地狱猫”王牌飞行员，汉密尔顿·麦克沃特说：“我第一次飞‘地狱猫’是在1943年1月23日，那真是个不可思议的经验。这架飞机比‘野猫’大很多，它当然让人感到更结实、更有力。发动机更强劲，但是运转时发出的声音却更平顺。还有飞机上的所有东西都是液压驱动的，再也不用与起落架较劲了——用手收放还要担心把关节扭伤，或者把手腕刮破之类。当我往这架大飞机里‘倒进煤块’时，它的发动机发出了令人惊讶的功率。这架飞机看起来就好像从地上跳了起来——起飞滑跑距离比‘野猫’还短。升空之后，‘地狱猫’看起来自己想不停地爬升、爬升、再爬升。最好的一点是，它飞起来像梦幻一般——如此稳定，而且比‘野猫’更容易操纵。降落表现也很好，起落架轮距很宽，飞机在降落时没有多少翻滚的倾向。能从小‘野猫’换到这种飞机真是太好了！”

VF-9中队队徽，一只站在云端上的猫。

VF-15中队的王牌飞行员乔治·邓肯少校在战后也给出了类似的好评：“我的第一印象是‘地狱猫’与SNJ或者‘野猫’完全不一样。它动力强劲，座舱舒适，而且在整个飞行包线中飞机都很容易操纵，简直难以置信！”

到了2月末，中队里只剩下了2架“野猫”，“地狱猫”则增加到21架。飞行员们很高兴地发现“地狱猫”是一个出色的射击平台，很多人的射击成绩比在“野猫”上时提高了很多。不过真正的挑战是航母着舰资格。

在“长岛”号护航航空母舰上，VF-9中队成员们完成了F6F航空母舰降落资格考核。飞行员们发现这架相当重的飞机，因为机翼面积很大，在进

1943年4月5日，VF-9中队正在“埃塞克斯”号航空母舰上训练，他们正要起飞。面前33号机的航空局编号为04788。

场降落时令人惊讶地稳定，它的降落速度甚至比之前更小更轻的“野猫”还要低每小时8公里。有些新手飞行员在用“地狱猫”进行第一次航母降落之前只进行过12次地面降落。

1943年2月17日，中队长拉比在“埃塞克斯”号上完成了第一次着舰，对于“地狱猫”和埃塞克斯级这个组合来讲，今天是里程碑式的日子。

3月中旬，“埃塞克斯”号开始试航，第9航空大队随船出发。按VF-9中队的日志里记录，第一次航行前队里95%的人员从没出过海。第一次航空作业也搞砸了，在混乱中练习了两周后，中队才大致能有秩序地行动。以整个大队为单位的模拟空袭训练也开始了，这次试航给未来的航空母舰、航空大队、战斗机中队、轰炸机中队和鱼雷机中队之间如何协调提供了无价的经验。

4月9日，VF-9中队回到了基地，为他们的第二个作战期做最后准备。试航中“地狱猫”暴露了一些细微的机械问题，当“埃塞克斯”号也在维护时，这些毛病正在赶紧解决。过了一段时间，VF-9的36架F6F-3，VB-9的36架SBD还有VF-9的18架TBF被吊上船，人员也随之登船。5月10日“埃塞克斯”号起航，到了海上后舰长唐纳德·邓肯宣布了目的地：珍珠港和太平洋战区。

当第9航空大队离开美国时，大多数战斗机飞行员在新格鲁曼飞机上飞行了超过50小时，另外又在8月开始战斗前又多飞了30小时。例如鲁本·登奥夫，他在第一个太平洋战区的任务之前飞行了总共680小时，其中只有85小时是在F6F上。以战争后期的标准，这个“地狱猫”飞行时间可以说相当低。那时，在第一次执行任务之前，很多飞行员已经有300小时“地狱猫”飞行记录。但是在1943年夏秋，对日军的反击正快速展开，美国海军急需每一架飞机和每一名飞行员。

同在4月5日，33号“地狱猫”着舰钩损坏，在降落时冲出甲板掉进大海，这是最早在航空母舰上损失的飞机之一。

一、1943年，加入战争

1943年8月中旬，瓜达尔卡纳尔岛战役已经结束了半年，VF-9中队也已抵达珍珠港两个多月，但是仍然驻扎在夏威夷，整个航空大队都在这里加紧训练。约翰·拉比被提拔成为第9航空大队队长，VF-9中队获得了一个新中队长，菲利普·托里少校。他的父亲是个陆战队将军，不过他本人是正牌海军。VF-9的队员们对于这个新指挥官没什么好气，他曾经是“独立”号上VF-22的中队长，现在被空降过来，这种人通常都不怎么受欢迎。不过托里很快证明了他自己是位有能力的指挥官，同时也是很好的飞行员。他对“地狱猫”的热情感染了手下飞行员们，他曾经告诉某个记者“你不会看见我飞其他飞机的”。

与此同时，其他几个F6F中队也随着新航空母舰到达了夏威夷，新一代“约克城”号和“列克星敦”号，还有轻型航空母舰“独立”号、“普林斯顿”号、“贝劳森林”号，他们也一起为了即将开始的中太平洋攻势做准备。新来的战斗机中队之一是爱德华·奥黑尔指挥的VF-6中队，奥黑尔有个“布奇”的绰号，他本人已经因为在1942年拉包尔的表现成了名人。当时他在前一代“列克星敦”号航空母舰上飞F4F-3“野猫”，在一次任务中声称击落了5架日本轰炸机，很可能由于他的英勇行为，母舰才免遭灭顶之灾。奥黑尔由于这个功绩被授予了国会荣誉勋章，他是第二位在第二次世界大战中被授予荣誉勋章的海军航空兵。这年29岁，长得又矮又黑的奥黑尔备受手下飞行员们的尊敬，不论是作为指挥官还是战斗机飞行员。

据约翰·萨奇的说法，奥黑尔经常用《圣经》布道。战争初期，奥黑尔在萨奇指挥的VF-3中队中服役过，战斗经验加强了他在VF-3学到的空战原则。奥黑尔非常强调团队配合以及准确射击，这也是他找僚机的要求。最后他选择了亚历山大·弗拉修作为僚机，弗拉修是个24岁的罗马尼亚移民，在芝加哥长大。他们很快成为了亲密的朋友，但是这不意味着奥黑尔会产生轻视什么东西的倾向。实际上跟这完全相反，弗拉修回忆说：“在夏威夷驻地附近也有陆航的P-40，中队里一些飞行员想试试飞它们。”奥黑尔的意见是不同意，他问道：“为什么你们会想飞一架P-40？因为这样干了会让你有的可吹？而且看起来像个很受欢迎的飞行员？”他明白无误地告诉手下说在F6F上积累飞行时间很重要，他们将开着这架飞机参加战斗。回想到这里时弗拉修说：“他是对的，理所当然。但是我们还是偷跑去飞了P-40。”

弗拉修战后还回忆说：“奥黑尔还教了很多队员如何保住他们的小命，比如在开始攻击前先扭动脖子，确认屁股后面没有日本战斗机跟着。”从侧面高处攻击一式陆攻也是从奥黑尔这里学的，这样可以避开陆攻机尾部的20毫米炮。

计划中的吉尔伯特群岛登陆战将在11月进行，此时美国海军已经有了足够数量的新飞机和航空母舰，这些装备将是反攻的基础。然而无论是埃塞克斯级还是独立级都没有参加过战斗，“地狱猫”也是如此，它们需要在战斗中磨合，才能顺利运转。

马库斯岛，日本人把它叫做南鸟岛，位于西北太平洋，在珍珠港西面将近5000公里处，距离日本反倒比较近，到东京只有1800多公里。自从战争开始的最初那几天以来，就成为了日军基地，但是战略价值却不大。所以被选作一系列演练性质袭击的最初目标。当然美国人不准备占领这里，因为实在是不值得。航空母舰的运用方式，例如如何编组，在支援登陆战时是否应该停留在当地，最后还有新的航空大队作战效率怎样，尤其是“地狱猫”是否能有效应对零战，都将在这次战役中得到检验。

六艘航空母舰被分为两组，查尔斯·波纳尔少将指挥两艘航空母舰和一艘轻型航空母舰——“埃塞克斯”号、“约克城”号以及“独立”号，将在8月启程前往马库斯岛，在这里F6F将参加第一次战斗。

8月22日，“约克城”号、“独立”号外加四艘驱逐舰在外海与“埃塞克斯”号会合，整个舰队转向开赴战场。

为了在战术上达成奇袭效果，美国舰队在黎明前放飞空袭编队。“约克城”号的第5航空大队最先升空，包括16架VF-5中队的“地狱猫”。VF-5的中队长是查尔斯·克罗姆林中校，他是个服役了10年的老飞行员，曾经在两个战斗机中队和一个观察机单位飞行过。8月31日凌晨4点22分，打头的F6F从“约克城”号甲板上升空，此时天色还没亮起，飞机全靠前方领航驱逐舰上带了罩子的尾灯导航。恰当地说，这时候热带天空中最闪亮的一点光是火星，正好对着目标的方向。

“埃塞克斯”号的第一波攻击机群也在黑暗中起飞，中队长菲利普·托里带领着VF-9的战斗机，他居然称自己怕黑想回家。按某些说法，还好空中可见星星，要不飞行员们只能抓瞎了，因为托里的“地狱猫”们居然没有可用的陀螺地平仪。匆忙的训练和运输由此可见一斑，这种忙碌将成为常态。据说VF-9在北非和第一轮在太平洋的战斗飞行中，飞机上陀螺地平仪的空位都是被遮住的状态。

另外还有一个问题，这次起飞序列对于F6F的历史造成了某些额外后果：“约克城”号先放飞了飞机，VF-5中队可以自称拥有第一个参战“地狱猫”中队的荣誉。但是2架

1943年8月31日，“地狱猫”初战告捷。近处编号00的飞机即是第5航空大队长詹姆斯·弗拉特利的飞机，照片拍摄地点不明。

从近距离拍摄的大队长机，这架飞机稍微改装过，它能挂载三个副油箱，此时其他“地狱猫”都没有这个功能。

詹姆斯·弗拉特利在1943年的照片。

1943年夏季，詹姆斯·弗拉特利站在大队长座机上。此时飞机仍然是最早批次的双色涂装，在空袭马库斯岛时改成了三色涂装。

VF-9中队的飞机扫射了日军哨艇，这是新战斗机对敌人开的第一枪。

最后一架从“约克城”号起飞的F6F上面坐着第5大队指挥官詹姆斯·弗拉特利。作为太平洋战区最老资格的飞行员之一，弗拉特利在珊瑚海战役期间就赢得了很高的声誉，然后担任VF-10中队长，在所罗门群岛作战，在这里他将自己的战绩增加到了6.5个。现在他要承担更大责任，指挥对马库斯岛的空袭，为了延长滞空时间，他的“地狱猫”带着两个副油箱。

专门负责导航的TBF将会把攻击编队带到马库斯岛。早晨6点08分，带队“复仇者”到达岛屿上空，飞行员发现基地指挥塔上亮着灯，他将自己的航行灯打开，希望看见飞机的日本人会将“复仇者”当做他们自己的飞机。接着他飞到低空投下第一枚炸弹，在攻击开始后才脱离返航。总的来说黎明前起飞的策略很成功，被突袭的日军在空袭开始时只回应了很少的防空炮火。

战斗机飞行员们在第一枚炸弹爆炸后就冲下去扫射机场目标。他们多少有点失望，本准备和零战大打一场，但是没有任何日机起飞，于是只好开始扫射地面飞机。7架一式陆攻被“地狱猫”打烂，坏成一排。然后攻击编队开始干活，它们对着跑道和设施投掷炸弹，此时F6F机群转去压制防空火力。与高射炮对射可不算是什么愉快的经历，但这在以后会是“地狱猫”飞行员的重要任务之一，至少要吸引高炮手注意力，让轰炸机能更顺利地投弹。攻击持续了几小时，各艘航母都派出了几个攻击波，“无畏”和“复仇者”不

VF-5中队的“地狱猫”，摄于1943年9月。该中队在海上重新涂装了国籍标志，可见近处的8号机的标志下方还留有旧版本的痕迹，尺寸也很小，不符合规定。

“约克城”号的机库，几名军械员正在准备炸弹，其他人则坐在一起看电影。注意左侧编号00的大队长机。

断扔下炸弹破坏岛上设施。以VF-9中队为例，他们在今天就执行了四次护航任务，由中队长托里和执行官赫伯特·霍克轮流带队，最后的攻击波在12点35分起飞。

“独立”号搭载的是VF-6中队，这艘轻型航空母舰被定为“勤务航母”，主要负责空战巡逻和搜索救援任务，所以这次VF-6中队就只能做空战巡逻。但由于没有任何日机升空，他们无所事事地呆在高空盘旋，观看战况。

在早上7点时，弗拉特利估计岛上设施已经有三分之一被摧毁或者受到损伤，他在离开时估计超过85%的设施已经被毁。没事可做的“地狱猫”机群发现了一条小船，飞行员们好像小孩子找到了玩具，来回扫射这个可怜虫，直到它爆炸沉没。到了中午时分甚至连高射炮都不开火了，当然这不意味着它们没造成任何影响。空袭中，VF-5中队的“地狱猫”被高射炮打下2架，此外“约克城”号还损失了1架“复仇者”，还好战斗损失只有这3架飞机。

VF-9的哈登中尉因为飞机发动机故障无法返回母舰，只能将飞机迫降在海里。幸运的是，他正好在某艘美国驱逐舰附近着水。哈登穿着救生衣跳进海里，随着海浪沉浮，在水里等待救援。时间慢慢流逝，哈登变得越来越焦躁不安，因为起飞前任务简报的最后一句是“马库斯岛周边海域有鲨鱼出没”。他的思绪忽然被旁边一片水花打断，哈登从刀鞘中抽出小刀，然后绝望地试图游远点，但是又发现周围水里多了两个更可怕的东西。似乎他正处在郊游的鲨鱼群中，正在这个时候，驱逐舰上的船员往水里扔下了一张货物网，已经吓坏了的飞行员赶紧爬上船，庆幸从可怕的死亡方式中逃脱。

刚站上驱逐舰甲板，哈登就听到有个水手对他打趣：“我第一次看见有人从救生圈旁边游开。”

空袭过后的马库斯岛，图上岛屿左侧一排燃烧的飞机就是那些被“地狱猫”打烂的陆攻。

空袭编队里最先返回降落的“地狱猫”，查尔斯·克罗姆林带着VF-5中队的新战斗机参战，现在他回到了母舰。

9月1日是“地狱猫”参战第二天，在马库斯岛东南方很远处，它将创造更多的历史。美军开始在豪兰和贝克群岛登陆，这个群岛位于夏威夷西南方2575公里。所以另一组航空母舰被派到了这里，“普林斯顿”号和“贝劳森林”号轻型航空母舰要负责为登陆部队提供不间断航空支援。“普林斯顿”号带着VF-23中队，加上VF-6中队的一个分遣队，“贝劳森林”号则带着VF-22和VF-24中队，这些单位已全部换装F6F-3。

VF-6的一个四机小队由理查德·勒施中尉带领，他们在中午起飞，空战巡逻位置被指定在贝克岛上空3000米高度。一年前VF-6在东所罗门群岛作战，勒施中尉当时就参加过战斗，在那里取得了最初的空战胜利。现在他带领的分队收到了战斗机引导官指示，让这4架“地狱猫”去调查2100米高度向东飞行，正在接近特混大队的不明目标。

入侵者是1架川西H8K飞行大艇，美国人把它称作“艾米丽”，似乎这架水上飞机的乘员根本就没看到冲过来的战斗机，即使看见了也认不出来是什么向他们飞过来。勒施中尉和他的僚机奈奎斯特少尉从大艇12点高方向发起迎头攻击，他们在450米距离开火，一直打到90米距离，他们每人都射击了大约300发子弹，大艇的座舱位置和内侧发动机被大量子弹命中。它开始右转并下落，在撞到水面爆炸之前已经转了180度。

“地狱猫”获得了第一个空战击落记录，勒施中尉也成了第一个在两种格鲁曼“猫”上取得战果的飞行员。两天之后“贝劳森林”号的VF-22中队也击落了1架H8K飞行大艇，然后到了9月8日，“普林斯顿”号的战斗机引导官指示2架VF-6的“地狱猫”攻击了第3架大艇。这次飞行大艇的尾炮手向格鲁曼飞机反击，但是没有命中，然后“地狱猫”将这架在2400米高度飞行的飞机打了下去。这些窥探者中没有任何一个来得及在被击落前向吉尔伯特群岛基地发报通信，可见它们被击落得如此之快。

9月中旬，“列克星敦”

模糊的照相枪影像，1架川西H8K已经被击中。“地狱猫”最初的三个空战战绩都是这种飞机。

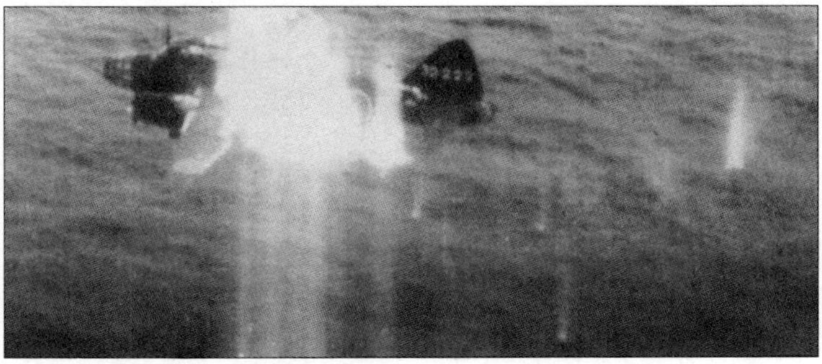

具体时间不详的照相枪图像，这架一式陆攻正开始燃烧。

号航空母舰，再加上“普林斯顿”号和“贝劳森林”号对塔拉瓦环礁进行了空袭。18、19日为期两天的空袭中也没有日军战斗机升空抵抗，“地狱猫”击落了1架一式陆攻，这是第四个空战战果。舰载“地狱猫”第一次对日军战斗机空战要等到25日，VF-12中队的约翰·玛格达上尉在布干维尔岛的贝瑞科马上空打掉1架零战。

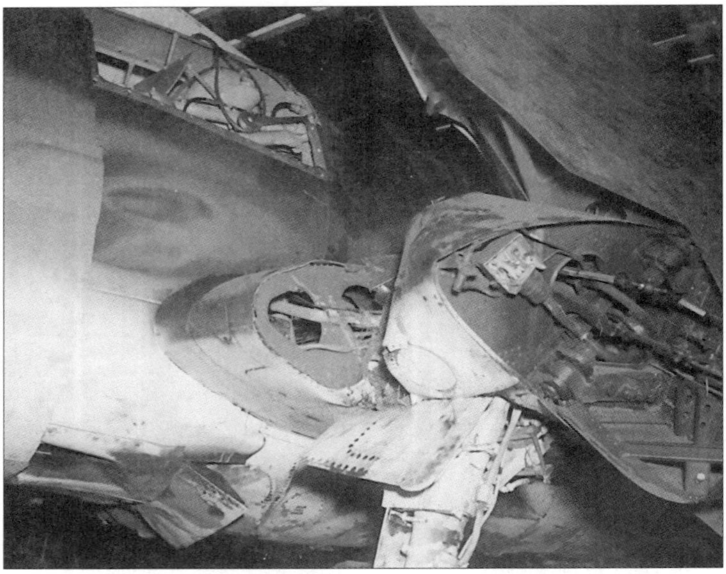

拍摄于1943年9月28日，这架“地狱猫”在扫射地面目标时撞上了电线杆，内翼段被撞了个大坑。它带着飞行员安全返回母舰，机翼竟然还能正常折叠，这样的表现最终给格鲁曼公司带来了那个著名的称号“格鲁曼钢铁厂”。

下次六艘快速航空母舰集结在一起的行动时间在10月5日和6日，特混舰队开始空袭威克岛。威克岛的防御比马库斯岛强很多，今年早些时候，日本海军第252航空队部署到了马绍尔群岛，航空队的两队零战配置在了威克岛。

这是战争中美国海军第一次能将半打快速航空母舰送上战场，不过它们分为小编队作战。“独立”号和“贝劳森林”号一组，部署在威克岛东北的“游击手”位置，它们负责截击从马绍尔群岛飞来的日军飞机。“埃塞克斯”号和“约克城”号一组，“列克星敦”号和“考佩斯”号一组，这两个编队负责在给这次战斗分配的两天内尽可能削弱威克岛上日军实力。

“考佩斯”号轻型航空母舰，VF-25中队的“地狱猫”集中停放在舰首。

查尔斯·克罗姆林中校此时已经从VF-5中队长被提拔到

大队队长，他对这次袭击威克岛加入了部分个人动机。实际上，那个时候没有美国海军军人会忘记威克岛战役。在发起空袭前一天晚上，他把全大队所有飞行员都召集到准备室，然后宣布：第一个打下日本飞机的人将获得一瓶老乌鸦威士忌，这是作为他个人的礼物。飞行员们其实不需要这样的兴奋剂，但是这为这次战斗增加了些额外调料。VF-5曾经是克罗姆林的中队，飞行员们深知他的为人并且对之相当尊敬。克罗姆林在亚拉巴马州一个出名的家庭中长大，这家人对于战争做出了很大贡献：他有四个兄弟，全都在海军服役，而且都是安纳波利斯海校毕业生。其中三人跟他一样是飞行员，他们被认为是飞行员中的飞行员。

10月5日，每艘负责攻击的航空母舰都要起飞三个四机小队，起飞时间仍然定在天亮前。日出前30分钟飞机开始起飞，好像黑暗还不够麻烦一样，忽然吹起一阵狂飙。几架飞机在昏暗中迷路没能和中队会合，一名VF-5中队的飞行员坠海，可能是由于陷入了眩晕。在黑暗中从甲板起飞，作为今天的开头真是让人不愉快。

等到太阳升起来的时候，事情就变得更加令人不快了，47架“地狱猫”还在80公里外时就被威克岛雷达发现，然后日本人出动了26架零战拦截。几千次“地狱猫”和零战之间对抗中的第一次即将发生。

VF-5的霍夫曼上尉和罗伯特·邓肯少尉最先与零战交战。邓肯看见几架敌机正开始发起攻击，他转向这些飞机，然后瞄准最近的1架。邓肯对着这架零战打出一个大偏角射击，子弹命中零战座舱周围并引燃了油箱，爆发的火焰照亮了仍然昏暗的天空。邓肯立刻又咬住另一架零战，迫使零战飞行员放弃正在追赶的某架“地狱猫”，这次还没等邓肯射击，他自己的机身被打中了。但是邓肯的“地狱猫”并未受到致命伤害，攻击他的零战拉起开始进入筋斗，不知是这名飞行员过分紧张还是飞行技术不熟练，他的动作太慢，晚于零战拉起的邓肯反而追上了攻击者。筋斗过顶的瞬间，2架战斗机似乎都悬停在了天空中，然后邓肯开火了。与第一架飞机同样，这架零战被命中后起火，旋转着坠入海中。按某些说法，这架零战是末田利行飞曹长的飞机，他从中国战场以来已经有9个战绩。

在这场狗斗进行的时段内，另外两名“约克城”号的飞行员声称击落了第3架零战和1架一式陆攻机。然后VF-5中队开始扫射停在地面的飞机，摧毁了至少4架陆攻机。霍夫曼和邓肯重新开始爬升获

VF-5中队的罗伯特·邓肯，拍照时已经成了王牌飞行员，也升到了中尉。

取高度，此时另一架零战出现在头顶，他们两人都向这架飞机射击，邓肯打光了所有子弹，接着霍夫曼给予这架零战最后一击。外号叫做“摇摆舞”的霍夫曼从应征飞行员干起，他还在北岛海军航空站试飞过在1942年7月于阿留申群岛缴获的零战21型。他熟知零战的性能，也能用行动证明这一点：追击另一架零战并声称击落了它。

战斗并非完全一边倒，第一波空袭时，威克岛上的防空火力就相当猛烈，2架VF-5的“地狱猫”被敲掉，不过其中一名飞行员被美国潜艇救走。

中队返航回到“约克城”号，克罗姆林大队长履行了承诺，将老乌鸦威士忌送给邓肯。在第一次战斗机空战中击落两架敌机，邓肯不得不承认大队长的兴奋剂还算管用。今天VF-5是表现最好的战斗机中队，总共有16架声称击落。

VF-5中队开打时，“埃塞克斯”号的“地狱猫”也卷入了空战，VF-9中队长托里带领三个小队为第一攻击波护航。他们于凌晨4点45分起飞，和VF-5类似，攻击编队会合不怎么成功。三个小队分散开在150多米低空向威克岛进发。距离目标二三十公里时爬升到2130米，这时攻击机编队才赶上“地狱猫”。

汉密尔顿·麦克沃特中尉配属在了梅奥·哈登的小队里，他向下望去，看见1架零战在轰炸机编队下方反向飞行。他害怕零战飞行员做股麦曼机动咬住轰炸机，就右转并俯冲下去，转到一半时，麦克沃特震惊地发现零战已经朝着他飞来，而且已经飞到与他相同的高度并开始射击了！麦克沃特第一次领教到了零战的卓越机动性，但是他知道“地狱猫”的俯冲性能更好，他做了个半滚倒转机动，推满油门从零战枪口下溜掉。这让他冷静了下来，爬升回到高空与小队会合。

VF-9的飞机终于到达了威克岛上空，此时太阳尚未完全升起。托里和奇尔德斯的小队先扫射了机场上的建筑和飞机掩体。拉起之后遇上了大约12架零战，日本战斗机现在拥有高度优势，他们立刻向“地狱猫”发动攻势。

托里在飞过威克岛上空时与小队分散了，他看见1架零战在他左上方，正转入俯冲攻击。托里转向零战，对着它打了个长点射，被击中的零战螺旋下坠。另一名飞行员此后不久看见1架零战坠入海中，因此中队长获得了一个战绩。然后两架零战飞到了中队长身后，追着他的“地狱猫”打，他只好逃进附近云层躲掉它们的攻击。

此时哈登中尉的小队在大约7000米高度盘旋，他们负责提供高空掩护，在这里等着太阳完全升起以方便目视搜索敌机。在大概4900米高度，2架零战正在俯冲攻击下方“地狱猫”编队。为了掩护友机，哈登和他的僚机基钦中尉向这2架零战俯冲，却又被另外2架零战咬上。后两架零战飞行员的射击水平看来不怎样，攻击过后没有哪架“地狱猫”被命中。

多年后哈登回忆说：“我们开始转向他们，他们也开始转向我们。突然之间圈子越转越大，至少我这样想，‘喔小伙子，我抓到他了，我现在抓到他了！’不过实际上我还没飞进有效射程——离得太远了，只是在用自以为正确的提前量射击零战长机，但是他的僚机被打中了！”

零战长机拉起并消失了，僚机冒着烟坠落，接着失控，在撞击到海面时爆炸。哈登拿到了第一个战绩，但是此时他表现得缺乏经验，目不转睛盯着零战掉进海里。哈登说：“我们太亢奋了，我转了个大圈看着这家伙坠落。转了360度整整一圈，然后就遭殃了。

第一架零战正在我屁股后面，我听见7.7毫米机枪子弹打在背后的装甲上，就像爆米花那样作响，飞机上忽然出现了一大堆洞。那小子瞄得真准。”

零战切进了哈登的内圈，“地狱猫”吃了5发20毫米炮弹和许多机枪子弹，飞机两翼都挨了炮，右侧升降舵和垂尾被打坏，方向舵尖端被打飞了20多厘米长的一段，飞机座舱前也受了损伤，滑油箱被打漏。还有一块破片打伤了哈登的脚。

哈登现在疯狂似地想溜掉，还想得起有人告诉他如果你开始跟零战转圈，并且让对手坚定不移地相信你会继续转，这时滚转向反方向，滚转率更糟的零战就没法跟上。哈登就这样开始转弯，当零战开始跟进时他猛然滚转反向，然后与一直跟在他后面的基钦中尉进入高速俯冲，溜回了“埃塞克斯”号。因为他的飞机受损，在航母上方等到其他飞机回收完毕之后才能降落。飞机失去了液压，降落时没有襟翼，但是运气好钩住了阻拦索。地勤们发现发动机滑油已经漏得只剩几升，离坠海只一步之遥。

麦克沃特中尉在混战中四处躲闪，他先被零战攻击，只得俯冲逃跑。拉起后看见1架零战在头上，他抬头试图攻击这架飞机，但是后者很快转到了麦克沃特身后，他又只有俯冲逃跑。20分钟之后他和另一架VF-9的“地狱猫”组成分队在威克岛上空巡逻，又是1架零战从高处飞下来攻击他们，他再度俯冲逃跑。在1200多米高度改出时麦克沃特看见1架零战在他正前方，他从后上方射击，零战被打冒火，接着坠海爆炸。这真是个微妙的好运战果。稍后他又对着另一架零战打了个点射，但是它立刻躲进了云里，被计做一个可能击落。

此后的任务中VF-9中队就没再遇到过零战了，飞行员们来回扫射岛上目标和防空炮位。只有一些机枪和小口径防空炮还击，在几架飞机身上开了一些洞。

“考佩斯”号的VF-25中队这天过得就很糟糕了，参加黎明攻击任务的2架“地狱猫”没有返回航母，推断是被防空炮击落。第3架受损严重，飞行员只能在“列克星敦”号上紧急降落。VF-16中队今天拿下了6个战果，不过日本人要是看了他们的飞行员名单，肯定会以为德国人倒戈了：贝克霍姆、博克哈特、弗里德伯格、施瓦茨，全是德国姓氏。

两艘分开的轻型航空母舰也遇上了日本飞机。中队长奥黑尔带着一个VF-6的四机小队巡逻到威克岛南面时发现了3架零战，他立刻追上去。此时数量处于劣势的零战正在往威克岛机场逃命，但是在进入安全距离之前就被奥黑尔击落1架，这时中队长才忽然意识到他上次空战已经是一年半之前的事情了。

另一个双机组的长机是亚历山大·弗拉修。弗拉修回忆说：“我当时是布奇的分队领机，我的僚机是威利·卡兰少尉，布奇的僚机则是汉克·兰德里少尉。我们的侧前方有3架零战组成的小队，高度比我们低一两千米。我的无线电完全没法用，但是我感觉到了什么正在发生。布奇打燃了左侧的零战，我打烂了右侧的那架。这是我第一次空战，表现得像个白痴，似乎被零战催眠了一样。我盯着零战领机降低高度，并降落在威克岛，接着飞机在地上被打燃，接着又是1架一式陆攻被打坏。在第一次攻击之后，布奇和汉克飞到了云层下面，后来在中队准备室中他说遇到了几架陆攻机，还击落了其中1架。”

实际上，弗拉修接近到几乎撞上的距离再开火，成功将右侧零战击落。而后零战领机逃脱并降落成功，飞机刚停下，飞行员就从里面跳出来。另外几架VF-6中队的"地狱猫"来得正巧，冒着猛烈的防空炮俯冲下去把这架零战打成一堆熊熊燃烧的废片，还打坏2架轰炸机，这时弗拉修正如他自己所说"像白痴一样在发呆"。奥黑尔的僚机兰德里此后声称击落1架零战，奥黑尔本人也攻击了云层下方的1架一式陆攻。兰德里处于掩护位置，奥黑尔冲到近距离对着轰炸机射击，将其打落在海中，这是他的第七个战果，也会是最后一个。

模糊的照相枪影像，这架零战在威克岛上空被VF-6中队的乔治·布拉德上尉击落。

一架"地狱猫"降落到"考佩斯"号轻型航空母舰前一瞬间的照片。

到了10月6日，天气逐渐恶化，开始刮风下雨。日军的抵抗已经相当地减弱，然而各艘航空母舰还在继续空袭。VF-9中队的尤金·瓦伦西亚中尉正开始扫射地面目标，1架不知从哪里来的零战俯冲到他面前，穿过了机枪火网。瓦伦西亚就这样捡到了一个击伤战绩。同中队的麦甘恩中尉与马尔文·弗朗格中尉在护卫1架TBF时飞进了风暴云，弗朗格陷入了眩晕，差点撞进海里，麦甘恩中尉则没有返航，可能就是由于同样原因而坠机身亡。

美国航空母舰离开时，岛上日军总共34架飞机中的22架被击毁，第252航空队丢了16架零战，队里资格最老，技术最好的王牌末田利行身亡，还有三名飞行员带伤返航，这给全队的士气造成了严重打击。在特混舰队这边，除开VF-5中队的16架声称战绩，其他中队总共还有15架声称数，超过日军损失差不多一倍。至少九位未来的王牌飞行员在这里获得了第一个战绩。零战则击落了第14特混舰队的6架飞机，虽然声称战绩的数量很不准确，但是“地狱猫”确实获得了胜利。而防空炮手们证明了他们自己跟零战同样危险，他们用高射炮击落了8架美国飞机。

空袭给这里的日军基地造成了相当严重的损害，但对于“地狱猫”飞行员们来讲，这场战斗有更重要的意义：这是第一次F6F与零战交锋，它表现得比预计的还要好。虽然现在并不是时候从这次短暂的交战中总结出太多结论，但是所有人都亲身体会了一些已知的事情：零战的机动性比“地狱猫”好很多，盘旋对战时可以轻松切进后者内圈。“地狱猫”高速俯冲转向，尤其是右转能有效地从零战的追击中逃脱，因为“地狱猫”的俯冲性能较好，这种战术更为有用。

（上下图）1943年10月9日，这架“地狱猫”在“贝劳森林”号降落时跑偏，飞行员踩右舵到底，然而飞机仍然错过了四根阻拦索。最后被阻拦网兜住，卡在了侧舷走道上，差点掉进海中。飞机副油箱的汽油仍然没有消耗光，摔破后被发动机排气焰引燃，造成了一场小火灾。因为如果没有交战，就要求飞行员将副油箱带回母舰，于是这个东西经常由于破损漏油引发火灾，在战争期间一直是个问题，时不时由此损失飞机。

此外“地狱猫”的武装更为有效，同时结构强度和防护水平都要好很多，梅奥·哈登的飞机在第一次战斗机对决中就表现出了这点，零战则经常被报告说直接爆炸。

总的来说，威克岛战斗证明之前确立的战术原则非常正确：以尽可能高的速度飞行，在垂直面空战以抵消零战低速下的盘旋性能优势，最后保持团结，以团队合作取得胜利。

在第一批舰载F6F中队上舰的时期，另外少数几个F6F部队驻扎到了所罗门群岛的前线机场。VF-33中队在霍利·罗素少校指挥下抵达瓜达尔卡纳尔岛，然后转场前往蒙达，他们共有24架飞机和36名飞行员。该中队于1943年8月28日加入战斗，接下来三周时间里他们飞了10次轰炸机护航任务，轰炸目标是卡西里岛、巴拉尔岛等地的多处日军机场。

9月14日，四个VF-33的小队起飞掩护轰炸机群攻击巴拉尔岛，这次攻击机群规模异常庞大，总共有72架“无畏”和“复仇者”。日军第204航空队前来拦截，护航的“地狱猫”与截击者发生了战斗，纠缠在一起。趁着双方战斗机交战，攻击机编队投下了炸弹。然后日本战斗机又追了上来，VF-33中队的肯·希尔德布兰特上尉咬上了1架零战，这架飞机正试图攻击撤退的无畏俯冲轰炸机。他后来说道：“在60米高度，我将子弹打进他的机身，接着零战冒着烟滚转了半圈。然后曳光弹在我周围飞舞，于是我使劲拉起飞机，这时一串7.7毫米子弹打进座舱周围。他们已经到了我背后！零战转开时，我顺势转向杰克·弗鲁温少尉，他背后也有架日本战斗机。我在90米近距离开火了，零战开始拉起滚转试图溜走，我瞄着零战继续射击，它的左翼被我打断掉了下去。”

“现在高度只有30米了，另一架零战俯冲下来打我。我拉动操纵杆放下襟翼，看见零战超过我之后开始拉起转弯。于是我扣着扳机不放，直到他凌空爆炸为止。突然之间天空中什么都不存在了，也看不到弗鲁温少尉在哪，我只好返航回家。”

所有“地狱猫”都返回了蒙达机场，中队的飞行员们声称击落8架零战。2架“地狱猫”因为严重损坏而注销，飞行员也受了伤。希尔德布兰特上尉在12月又获得了两个战绩，成为最早一批“地狱猫”王牌之一。

在VF-33中队的第一个作战期里，飞行员们总共声称击落了21架飞机，全部都是零战，自己损失了4架F6F和2名飞行员。到了9月末，“地狱猫”机队总共击落35架敌机，其中29架是陆基中队的战果，真是个相当奇妙的结果，“地狱猫”本该是舰载战斗机，服役头一个月却是陆基中队抢了风头。

10月份，VF-33中队返回所罗门群岛。VF-38和VF-40这两个“地狱猫”中队也加入了陆基队伍，后者在9月份才开始作战。他们来的正是时候，11月会是特别多事的一个月。

“萨拉托加”号航空母舰参与了大部分任务，作为美国海军最早的大型航空母舰之一，它也有了个新伙伴，轻型航母“普林斯顿”号。“萨拉托加”搭载着第12航空大队，自从6月以来一直在西南太平洋训练。战斗机中队长是个性丰富多彩的约瑟夫·克利夫顿，他是个充满活力的肯塔基州

在南太平洋的岛屿机场上，两个土著孩子站在巨大的“地狱猫”面前，也许对于他们来讲这架飞机就好像某种巨神。

所罗门群岛驻扎的“地狱猫”中队，洛克里奇上尉坐在以他妻子名字命名的F6F-3中。

人，自从读安纳波利斯海校的日子以来，就以“喜欢冒险的乔”这个绰号著称。

VF-12中队在斐济群岛的楠迪接收了“地狱猫”战斗机，但是在中队自己飞这些飞机之前，它们差点被“借走”。7月时，VF-11中队完成了在瓜达尔卡纳尔岛的作战期，向南面撤离，他们是最后一个还在使用F4F的中队。一些VF-11中队的资深飞行员，包括作战军官威廉·伦纳德上尉都借着这个机会来试飞为VF-12中队保留的飞机。VF-11的飞行员们立刻对“地狱猫”的潜力表示非常满意，伦纳德和其他几个狂热分子请求带着这些飞机回到瓜达尔卡纳尔岛继续战斗。这个计划的风声走漏到了克利夫顿耳朵里，他立刻表态说这些飞机绝对不能带走，即使是“租借”。

克利夫顿的担忧还挺有依据，1942年末期，VF-12中队接收了海军第一批F4U“海盗”战斗机，然后“海盗”在舰载资格测试中搞砸了，此后海军只好计划给VF-12中队改装“地狱猫”。总之，在这件事情的最后“喜欢冒险的乔”冲出来阻止了这个“租借”，伦纳德说道：“他叫嚷得比我们还大声。”

热带风情，成排椰子树下的战斗机。近处的“地狱猫”可能属于VF-33中队，远处是VF-17中队的“海盗”。照片摄于1943年9月。

二、空袭拉包尔

1943年11月，“萨拉托加”号和“普林斯顿”号开始支援托罗基纳角登陆作战，这个地方位于布干维尔岛西岸中央。不过很快就被从此任务中调走，因为由于原定5日的塔拉瓦登陆被推迟了，实际上登陆战要等到20日才开始，所以美国海军准备在这段空当里空袭拉包尔港。

在日本的防守策略中，拉包尔颇为重要，日本帝国海军仍然期望在一次决战中击败美国太平洋舰队。在空袭威克岛时，联合舰队就曾经出航，但是随着美国第14特混舰队撤退，又只好返回特鲁克。

然后联合舰队司令官古贺峰一大将决定用航母上的飞机增援拉包尔的第11航空战队。于是“翔鹤”、“瑞鹤”、“瑞凤”号的第一航空战队转到了拉包尔，该航空队共有82架零战、43架九九舰爆、40架九七舰攻和6架侦察用的“彗星”。11月1日他们抵达拉包尔，这里本来就有大约200架日本海航飞机，再度加强后实力颇为强大。

虽然这里防御严密，但是情报表明拉包尔集中了大量日军船只，机不可失。11月

4日，美国舰队接到命令，指示说5日就要开始空袭，这让航空大队没有时间详细计划攻击方案，所以只准备进行一次攻击——以最快的速度发起空袭，然后打完就跑，立刻离开日军陆基飞机作战半径。

5日早上9点前几分钟，“萨拉托加”号和“普林斯顿”号航母开始起飞攻击机群，97架飞机冲进飘雨的阴云中，拉包尔在他们西北大约370公里处。VF-12和VF-23两个中队总共起飞了52架F6F，他们掩护的攻击机群则由45架SBD和TBF组成，舰队只留下了少量战斗机在船上预备。攻击机群指挥官是亨利·考德威尔中校和克利夫顿中校，前者在12航空大队的“复仇者”中坐镇指挥，后者带着33架VF-12的“地狱猫”。“普林斯顿”号上的19架“地狱猫”由VF-23中队长亨利·米勒中校带领，他们责任重大，要负责保证“地狱猫”护航队完整且正确到位，还要挡住预料中的大规模截击战斗机。52架F6F组成梯次阵形在轰炸机上方飞行，米勒自己的四机小队飞在最高处，提供高空掩护。

在机群飞行途中，糟糕的天气开始变好了，飞行员们可以在空中望见80公里以外的拉包尔。此时辛普森港中挤满了日军舰船，从空中看起来大约有40艘货船和8艘重巡洋舰，也许还有20艘轻巡洋舰和驱逐舰。天气这么好意味着几乎不可能达成奇袭，实际上日军反应也证明了这一点，接近60架零战起飞升空。这时候攻击机群刚飞了两小时，正在圣·乔治海峡上空。

考德威尔和米勒成功地将两个编队维持在一起，让日机找不到机会进行围攻，直到机群最后冲进防空炮火中。日军防空炮火射击准确，在空中的零战无意冒着被一起击落的风险在弹幕中追击美机，他们在弹幕外盘旋，抑或互相追逐，希望能将“地狱猫”从轰炸机身边引开。虽然打一场华丽空战的诱惑很强烈，考德威尔和米勒的战斗机飞行员都没去咬钩，所有战斗机小队都跟着轰炸机飞到目标头顶。

直到“无畏”和“复仇者”开始攻击时，才有少量零战前来截击，当然这已经太晚了，炸弹和鱼雷已经对着目标投下并造成了损失：鱼雷机和俯冲轰炸机飞行员们自称命中了六艘巡洋舰，其中三艘严重损坏。攻击机群开始脱离战斗返航，这个时候他们更容易受到攻击。在防空炮和零战的夹击中5架轰炸机被击落，另外还有2架“地狱猫”被防空炮打掉，不过“地狱猫”在大部分时间里有效掩护了攻击机群。克利夫顿中校本人演示了VF-12如何执行护航任务，他将1架零战打冒烟，僚机套住了另一架，然后将这架飞机赶进中队长的瞄准光环。混战结束后该中队声称击落了至少11架零战，还可能击落了14架，自己只损失了4架。

负责飞高空掩护任务的VF-23中队被大量零战持续攻击，米勒返回后声称击落了1架零战，过程类似克利夫顿中校的那个战果。克罗克特上尉和卡尔顿·罗伯茨少尉负责给考德威尔的“复仇者”护航，他们遇到的情况就不那么容易控制了。8架零战俯冲下来攻击这3架格鲁曼，它们都被打得千疮百孔，还好最后都杀出了包围圈，而且声称击落了3架飞机。其中克罗克特上尉受伤，飞机被打了大概有200个洞，襟翼无法使用，不过他在“普林斯顿”号成功降落，坚固的“地狱猫”救了他一命。罗伯茨少尉没有返回航空母舰，他飞往韦拉拉韦拉岛上还未完成的机场迫降。

这次重要的空袭中有10架舰载机被击落，但是攻击机群让日本海军在所罗门群岛战区相当数量的水面战舰暂时无法使用，有力支持了盟军在奥

1943年11月，“萨拉托加”号航空母舰上，飞行员们正在走向飞机。领头的这位表情严肃，他们今日即将前往日军要塞——拉包尔。

古斯塔皇后湾的登陆行动。VF-12和VF-23中队总击落声称数为21架，不过这明显过分乐观了，日机至多损失了12架。而“地狱猫”共损失了5架。因为他们一直都保护着轰炸机，轰炸机和鱼雷机中队飞行员们对此特别感激。空袭结束后，克利夫顿手下的飞行员们现在深信“地狱猫”是“现在天上最好的战斗机”。

美国海军很快规划了一次跟进空袭，以期彻底终结拉包尔的海运，空袭的日子很适当，或者说很讽刺——在几天后的11月11日，第一次世界大战停战纪念日。

这次空袭计划如下：9日和10日由美国陆军航空兵的第13航空军先攻击拉包尔，以陆基飞机削弱这里的防御力量，最后11日由海军的舰载机进行决定性打击。弗雷德里克·谢尔曼少将指挥的“萨拉托加”号和“普林斯顿”号将提前起飞飞机，在8点整进行第一波攻击。阿尔弗雷德·蒙哥马利指挥的50.3特混大队起飞主攻击机群，此时大队中航空母舰包括“埃塞克斯”号、“邦克山”号以及“独立”号。预计主攻击机群将在9点30分到达目标上空，这时日本战斗机应已经降落，正在加油补弹。

11日，谢尔曼的航空母舰从北面接近，在拉包尔东面362公里处开始放飞攻击编队。跟之前不同的是这次天气在帮日本人，把计划好的时间表全部打乱了。美国人的第一攻击波晚到了半个多小时，主攻击波却早到了大概半小时。55架“地狱猫”、25架“复仇者”和21架“无畏”需要和云层作斗争，而且在飞往拉包尔的路上一路狂飙。编队在接近9点时到达辛普森港，这时港区完全被笼罩在云层之下。轰炸机只好集中攻击在大港中可见的三艘巡洋舰，并命中其中一艘，其他船只完全被云层和大雨遮盖。接近70架零战起飞拦截，在云层中进进出出追击攻击机群，恶劣的天气也让防御者无可奈何，他们只找到少数美国飞机。小规模战斗后5架飞机带着战伤飞回母舰，VF-12中队只有一个声称击落战绩。此时南面的主攻击机群即将到达。

蒙哥马利在拉包尔东南方向起飞攻击波。第9大队起飞了29架“地狱猫”、28架“无畏”、18架“复仇者”。中队长菲利普·托里带着12架飞机掩护“无畏”，赫伯特·霍克带着13架飞机掩护“复仇者”，剩下4架“地狱猫”跟着临时大队长座机飞行，他的“复仇者”要负责拍摄空袭效果。由于能见度很低，在9点左右，第9航空大队的飞机在圣乔治角上空径直撞上之前起飞的零战机群，此时还有超过60架零战在天上。

距离拉包尔60多公里时，“地狱猫”还在攻击机头上剪刀飞行，他们看见了8到10架日本战斗机，在远处跟着攻击编队飞往目标地域。接着大编队飞入一片雨区，从中穿出时已经接近了布兰奇湾，这是港区入口外的水域。飞行员们看见一些日本船只正试图出港，在港外的雨区寻求掩护。无线电中传来了“萨拉托加”号和“普林斯顿”号飞机的通话，他们正开始攻击。临时大队长保罗·埃姆里克少校命令主攻击编队里三分之一的飞机继续前往辛普森港，三分之二的飞机攻击下面逃窜的船只。

除了他自己以外，菲利普·托里带领的另外两个小队领机分别是奇尔德斯和哈登，他们以标准的护航战术掩护SBD俯冲轰炸机，后者正开始从接近4000米高度向日本船只俯冲。三个小队的“地狱猫”跟在最后尾的SBD后方下降，以防止零战围追它们。轰炸机投弹完毕，拉起从低空脱离后，“地狱猫”再度跟上去在其上方开始剪刀飞行。这时零战追了上来，开始从后方展开进攻，攻击一直持续到“无畏”飞到外海很远。这让空战演变成了围绕轰炸机边跑边打的形式，VF-9中队的飞行员们忙得不可开交，来回赶走零战并回到护航航线中。

托里少校和僚机转向攻击者，从侧面高处向1架零战射击，它的机翼油箱被打中，冒着火焰坠落到海里。几分钟后1架零战咬住了托里，但是很快被僚机打中发动机和翼根，带着火焰俯冲消失。

亚米斯德·史密斯中尉在这次任务中担任托里小队的第二分队长机，在空战开始后几架零战直奔轰炸机，史密斯则追着零战中的1架，将它打得燃烧坠海。然后转向另一架日机，在飞行员拉起从他头上经过时将一串子弹打进零战机身，这架飞机既没有冒火又没有爆炸，但是此后似乎坠毁到了海里。

在混战中奇尔德斯上尉都没搞清楚到底有多少敌机，在拉起并飞向集结点时，他回头检查僚机在哪，却发现罗伯特·卡普少尉的飞机被击中起火。1架零战“抓到了”卡普的“地狱猫”，用20毫米炮把他的飞机狠狠打了一顿。卡普在海面迫降成功，但是这场空战中没人能停下来在他的头上盘旋护卫，可怜的卡普少尉就这样被报在战斗中失踪。

哈登上尉的小队在混乱中飞散了，他们飞进了雨云，既没跟上“无畏”，自己的长机和僚机也没联系上。汉密尔顿·麦克沃特中尉从云中穿出时看见面前有一串日本军舰，他顺势扫射了一艘看起来像是最上级的重巡洋舰。爬升飞向集结点时，他看见港口南面一个日本机场上正在发生空战，零战和“地狱猫”纠缠在一起，虽然现在是单机飞行，麦克沃特仍然转向了这个方向。

看见1架零战正追着其他“地狱猫”，麦克沃特从右后侧向它射击，并把零战打得起火燃烧。在逼近前方另一架零战时，他开始听到子弹打在飞机上的声音，麦克沃特后来写道：“就好像我站在铁皮棚子里面，有人在外面对着棚子扔石头。这噪音震耳欲聋，还能感觉到飞机随着机枪子弹打在上面而震动。”麦克沃特犯了个错，他没有僚机，却专注于第二个目标，而不是观察周围。现在他看见2架零战在屁股后面开火，立刻推杆进入俯冲并转弯逃跑。当他跑远之后，发现1架零战正好在前面，零战飞行员也看见了“地狱猫”靠近，拉起飞机进入陡峭的爬升。这回轮到日本飞行员犯错，就跟赛车过弯一样，领先的车辆在弯道前先刹车减速，晚刹车的后面车辆会快速靠近。同样，先拉起做大角度爬升的飞机会迅速减速，让攻击者能迅速追上获得一次射击机会，除非前者有非常大的性能优势，但是零战不具备这点。麦克沃特跟上去从侧面打了个90度偏角射击，他看见零战冒出了火焰。

在另外一边，赫伯特·霍克掩护的“复仇者”顺利向日本巡洋舰发射了鱼雷，然后与“地狱猫”结伴离开港口。六七架零战俯冲下来攻击他们，路易斯·梅纳德中尉转向攻击者，爬升并对其中1架开火。被他瞄准的飞机为了躲避子弹转向右侧，梅纳德紧追不舍，直到追到零战后方并将它打着火，最后看着这架飞机坠海。

未来的王牌比尔·邦诺和尤金·瓦伦西亚也在雨云中飞散了。飞出雨云时看见一艘日本巡洋舰和一艘驱逐舰正在躲避鱼雷，他们两人对着这两艘船来回扫射了三次，然后看见“邦克山”号的几架TBF从港内飞出，就跟上去加入编队。2架零战从右侧向这个小编队靠近，领头的在看见2架“地狱猫”向他飞来时猛转向左边，邦诺中尉追上去射击，直到它坠落到海里。另一架零战专注地飞向TBF，在被瓦伦西亚追上时开始爬升试图逃跑。瓦伦西亚打了个长点射，他看见零战的左翼开始燃烧，又追到近距离，继续开火，零战在空中爆炸。这是邦诺和瓦伦西亚最初的战绩。

在整场空战中，VF-9中队的飞行员遇上了大多数还在滞空的零战，混战结束后，他们总共声称击落其中14架，第9大队的轰炸机和鱼雷机则被日本人打掉了2架。有几个飞行员在空战中发现放下襟翼后，“地狱猫”能在短时间内跟上零战的盘旋，另外12.7毫米航空机枪对脆弱的零战也有毁灭性的效果。

“邦克山”号航空母舰才服役，这是它和搭载的第17航空大队首次作战。不过“邦克山”号配属的战斗机中队却是VF-18，该中队由山姆·西尔伯少校指挥，他是个强壮的马里兰州人，前橄榄球运动员。约翰·布莱克本少校的VF-17“海盗旗”中队被航空母舰和航空大队抛下了船，成了孤儿。这是由于海军认为在航空母舰上运作“海盗”战斗机不安全，本想将该中队的“海盗”换成地狱猫，但是中队成员却认为海盗是一种更好的战斗机，拒绝更换，于是只能作为陆基中队作战。VF-17的飞行员们现在驻扎在奥东加机场，作战计划是起飞给特混大队提供空战巡逻支援，之前5日的空袭中他们就负责这个任务。与VF-17同样驻扎在陆地机场的VF-33中队由约翰·凯利上尉另外带领了7架“地狱猫”，他们一度降落到“独立”号航母上加油补弹，接着再度起飞继续空战巡逻。

外号“桑勃”的西尔伯少校和手下飞行员在拉包尔上空遇到了几架零战，但是他们跟VF-9相同，一直与轰炸机在一起飞行。詹姆斯·比约中尉与2架零战空战，回到“邦克山”号之后报告称这2架飞机都被他击落。第17航空大队被零战和防空炮击落了6架飞机，然后在“独立”号的机群开始攻击时撤退。“独立”号上的22航空大队由VF-6中队来的12架飞机增强，这样“独立”号的攻击编队就有四个“地狱猫”小队，他们在空战中声称击落4架零战。

主攻击波到达后30分钟，拉包尔上空云层终于开始散去。一艘日本驱逐舰被击沉，还有四艘战舰受损，日本方面的记录说只有6架零战被击落——这相当于美机损失的一半。在恶劣天气中的混乱狗斗，使得四个“地狱猫”中队自认为击落了30架敌机。

两个航母大队都在计划实施第二次攻击，但是天气变得越来越差，谢尔曼少将不得不取消后续攻击行动。蒙哥马利这边的第50.3特混大队还在继续加油和装弹，给第二波攻击做准备。下午1点28分，“埃塞克斯”号的飞机再度起飞，这次由19架VT-9的“复仇者”带头，接着是VF-9的31架“地狱猫”。但是此时日本人的反击打断了空袭任务。

早晨空袭时，拉包尔的日本指挥部发现美国飞机是舰载鱼雷机和俯冲轰炸机，他们立刻就开始准备反攻。特混舰队的雷达发现190公里以外大批可疑目标正在接近，一些“地狱猫”紧急起飞前往调查。

大约20分钟后，VF-33中队的几架“地狱猫”发现目标距离特混大队只有64公里了。这些是日军第一航空战队的飞机，包括33架零战负责护航，主攻部队是27架九九舰爆和14架九七舰攻，还有些数量不明的一式陆攻以及“彗星”。

第一波九九舰爆在1点56分到达舰队上空，美国人看起来有32架，两分钟之后第二波9架舰爆向“邦克山”号飞去。2点03分舰攻到达，还有些一式陆攻，最后是另一队九七舰攻。接下来的45分钟变成了完全的大混战。天空中覆盖着十分之三的云层，“地狱猫”和“海盗”冲向日机编队，但是在对方投弹前都没能有效拦截。后者则组成优美的阵形，坚定不移地在高炮火网中向特混编队飞行。九九舰爆最先开始攻击，集中向“邦克山”号投弹，“埃塞克斯”号和“独立”号也受到了攻击。所有三艘航母都只挨了一些近失弹，没有被直接命中。

第9航空大队的起飞作业在航母受到攻击时就停止了，但是VT-9的飞机已经起飞，他们被指示在一个远离特混舰队的位置兜圈等待。第一波日机投弹过后VF-9和其他中队的“地狱猫”赶紧起飞增援。

“埃塞克斯”号和“独立”号负责引导战斗机，但是雷达室和飞行员犯了几个错误。第一波截击被引导向零战，而不是舰爆和舰攻，还有

VF-17“海盗旗”中队的著名照片，摄于1944年初，注意机头的骷髅队徽。

四个四机小队被引导去调查另一批不明目标——这些所谓的不明目标是第二波空袭编队的飞机，又浪费了额外的战斗机。

从结果上来说，VF-17的“海盗”战斗机在战斗早期起了最大作用，直到其余“地狱猫”从航空母舰起飞支援他们为止。4架VF-33的“地狱猫”进行了第一轮截击，追着几架零战和2架一式陆攻往拉包尔方向飞去。

到了这时候没人想再继续第二次空袭了。航空母舰承受着日机重压，眼下它们主要靠着防空炮自我防卫，战斗机飞行员们迷惑不解，有些人完全没有听到任何方位指示，还有一些搞不清楚听到了什么，直接向特混编队的高炮弹幕方向飞去。还有部分人刚起飞就开始交战，其中之一是VF-18中队的瓦茨少尉，他最后从“邦克山”号起飞，在舰爆开始攻击时刚刚收起起落架。瓦茨看见1架投弹后改出的舰爆，立刻将机枪上膛，把这架飞机打成一团火球。

VF-9中队的鲁本·登奥夫中尉也遇到了相同状况，他刚从“埃塞克斯”号甲板升空，1架九九舰爆自己飞到了瞄准具光环中。“我还没时间把轮子收起来。”他回忆说，但还是将这架飞机击落。过了一会他的僚机找到了他，此时登奥夫正在向少数躲过VF-17攻击的九七舰攻之一射击，这架飞机成了他的第二个战果。然后他的飞机左翼被不知哪条船上的127毫米舰炮炮弹破片打中，只好返回“埃塞克斯”号。随着“地狱猫”落在甲板上的震动，他的机枪走火了，对着地勤头顶打了一串子弹。调查发现炮弹破片卡在了勃朗宁机枪上膛电线里，即使登奥夫关上保险，这些机枪仍然处于待发状态。

赫伯特·霍克刚起飞，爬升到400多米高度，看见1架舰爆在下方大概150米的高度飞行，它刚投下了炸弹正在逃跑。霍克俯冲下去，从后方把这架飞机打燃，看着它落进水里。就像霍克这样，在日机编队开始返航时，VF-9预定掩护攻击队的“地狱猫”跟了上去，一路追打。这时负责掩护的零战不是被其他中队驱散就是不知所踪，毫无护卫的九九舰爆机群遭到了毁灭性打击。多位VF-9的飞行员声称从侧后方俯冲开火击落敌机，他们说只要几个准确的点射命中机身，九九舰爆的非自封闭油箱就会被点燃。

如果不是“埃塞克斯”号的战斗机引导官让飞行员们脱离，飞向其他目标的话，这些舰爆很可能就在这里被全歼了。此时雷达发现的另一队飞机是九七舰攻，在“地狱猫”接近日本编队时，有个VF-9的飞行员在无线电里叫出声：“耶稣基督啊，他们有100万架飞机！”当然日本飞机实际上只有十几架，“地狱猫”迅速围上去，又是一次打靶大赛，光是VF-9就声称击落了18架舰攻。

1架舰攻正进入投雷航线，霍克直追上去，从正后方打了一个长点射，这架飞机冒着烟落进海里。接着又看见1架舰攻在海面上空低飞，就转过去从高处对着它打了个大偏角点射，不过看起来没什么效果。霍克急转到舰攻背后，第二个短点射让这架飞机着火坠毁。

九七舰攻毫无反抗能力，虽然其中一些飞机试图转弯躲避“地狱猫”，机枪手也在努力射击，但是都没有什么效果，接二连三被打掉。它们的出现救下了最后几架九九舰爆，但是自己却被全数消灭。

VF-9中队表现最好的是伯顿·巴丁和爱德华·麦高恩中尉，这个双机分队一共获得了六个战绩。在敲掉几架九九舰爆和九七舰攻后，麦高恩看见1架“飞燕”在头顶上飞行，这实际上是架“彗星”。但是他们不知道日本陆航和海航通常不会在一起出击，另外日本陆航的“飞燕”单位也在新几内亚地域作战，让他们容易产生误解，最后美国飞行员对“飞燕”和“彗星”恐怕都不是很熟悉。总之，麦高恩爬升上去追这架所谓的“飞燕”，日本侦察机看来根本就没看到“地狱猫”，麦高恩从后下方向“彗星”射击，它着火坠毁。

乔治·布莱尔中尉用一种奇特的办法击落了敌机，他的机枪有毛病，断断续续地卡壳。在舰爆来袭时，因为这个原因什么敌机都没打掉。然后布莱尔跟着其他飞行员围攻九七舰攻，追上1架之后，机枪打了几发子弹就再度卡壳。战友们正在连续得分，布莱尔决定无论如何都要打掉1架飞机，他飞到舰攻头顶，靠近到只有几米距离，然后将副油箱扔了下去。舰攻被副油箱砸中，就这么掉进了海里。

特混大队对于战斗结果的估计很夸张：飞行员们在下午的舰队防空战里声称击落了85架飞机，日本人的攻击队总共还没这么多，再加上拉包尔上空的30架，总击落声称数为115架。有14名“地狱猫”飞行员的声称数达到或者超过2架。虽然日本人确实受到了严重打击，但是攻击机群实际被击落的只是稍微超过40架，包括17架九九舰爆、全部14架九七舰攻、2架零战、2架“彗星”和几架一式陆攻。再加上拉包尔上空的损失，在1943年一战停战纪念日这天日军损失大约50架战机。不过这次交战结果的关键点是特混大队的航空母舰毫发无损。

在美国舰载战斗机中队这边，排名第一的VF-9声称击落了55架飞机，41架是在航空母舰上空击落，这个数字可以说明托里手下的飞行员承担了多少战斗。VF-9中队确实是当天作战主力，“埃塞克斯”号的水手在某一时间数到11架日机同时在天空中燃烧，单日55个声称战果记录直到马里亚纳海战才被打破。“邦克山”号的VF-18中队有25个声称数，“海盗旗”中队上报了18.5架声称击落，这0.5架是和VF-33共享的击落，后者是当天声称数最少的中队，只有5.5架。VF-33派到“独立”号的分遣队指挥官约翰·凯利上尉失踪，最后一次被看见时他追着1架一式陆攻冲进特混大队的防空炮火中。另外有3架“地狱猫”被护航的零战击落，特混舰队这天总共损失了18架飞机。

空袭拉包尔行动获得了成功，达成了主要目标：击沉或击伤了多艘日军战舰，减少了未来在所罗门群岛发起行动时水面舰艇的压力。集中使用航

1943年11月，空袭拉包尔过后的“萨拉托加”号航空母舰正在回收“地狱猫”，近处的这架正在被降下机库。

母的特混大队展现出了有效的攻击能力，而且在编队防御上表现出了足够的实力。尽管战术还有很多问题，而且运气成分比较重，但舰队确实在大规模日本陆基飞机攻势下站稳了脚跟。此外日军的航空兵力也被打残，更重要的是，他们在陆基基地作战半径内也没有击败美国特混编队。11月1日，驻扎在拉包尔的3个日本航空队总共有173架飞机可用，两周之后打得只剩52架返回特鲁克，这些残余飞机几乎全是零战。

现在通往吉尔伯特群岛的大门敞开了。

三、吉尔伯特群岛战役

拉包尔空袭后，美国航空母舰重组成为了第50特混舰队。现在共有六艘舰队航空母舰和五艘轻型航空母舰，这些舰只分开编组成四个特混大队。阿尔弗雷德·蒙哥马利少将的50.3特混大队保持不变，查尔斯·波纳尔少将指挥50.1特混大队，亚瑟·雷德福少将指挥50.2特混大队，弗雷德里克·谢尔曼少将的第38特混舰队改为50.4特混大队。

第一次中太平洋行动即将开始——入侵并占领吉尔伯特群岛。各个特混大队将在一个宽广的海域中展开，以保护登陆部队并且阻止日军航空部队穿过防御圈支援岛上日军。

11月18日，第50.3特混大队开始空袭塔拉瓦。飞行员们本以为会跟零战打一场空战，但是没人前来迎战，只扫射了地上放着的3架飞机和防御设施。VF-9中队在当日第四次任务中扫射了一番防空阵地，以方便俯冲轰炸机投弹。返航时他们看见1架零式水上观察机在大约1800米高度靠近贝蒂欧岛，汉密尔顿·麦克沃特中尉看见没人想上去打这架飞机，便自己追了上去。他转到水上观察机后方，但零式水观却一个半滚倒转溜到他下面，麦克沃特飞到另一侧，从水观左上方靠近，但是又被一个向右的急转甩掉。然后日机溜进了云层中，他跟着追进去，在模糊的云里看见有个深色影子，就对着影子开火了，在冲出云底之后一会儿，麦克沃特看见水观带着火焰坠向海面，这是今天唯一的空战战果。

24小时后，麦克沃特正在飞空战巡逻任务，“埃塞克斯”号的引导官让他所在的小队去检查低空不明信号。雷达回波位于距离舰队将近50公里处，这是1架一式陆攻。在看见几架“地狱猫”靠近后，陆

这张照片上了《生活》杂志。1943年11月24日，这架VF-25的飞机从“考佩斯”号起飞时出现了燃油泄漏，这张照片是“地狱猫”试图返回航母降落时拍摄的，可见主油箱内的汽油在漏出后被发动机排气焰点燃。飞行员马吉上尉在成功降落后逃生成功，飞机本身则烧毁了。这种情况下坚持驾机降落是很危险的举动，因为没人能保证飞机不会爆炸。

攻飞行员俯冲到海面高度试图逃跑，梅奥·哈登和他的僚机约翰·基钦从后方接近日机，但是陆攻的20毫米尾炮让他们一时无法稳定瞄准。麦克沃特与陆攻平行前进，准备从侧面避开尾炮射击范围。从右侧俯冲攻击时，他命中了飞机的机身中央，又打燃了左侧发动机，陆攻栽进了水面并解体。这两个击落在战术上无关紧要，但是至此麦克沃特中尉的战绩累积到了5架，他成为了第一个“地狱猫”王牌飞行员。回到母舰后，地勤发现他只打了87发子弹，中队长托里给了他“一枚弹头”的绰号，形容麦克沃特节俭子弹。

该照片拍摄时间不明，但很可能就是马吉上尉降落后拍摄的。

1943年11月20日，“萨拉托加”号航空母舰上的机群，图中有VF-12中队的F6F-3、VT-12中队的TBF-1以及VB-12中队的SBD-5。

塔拉瓦环礁登陆日是11月20日，为了给海军陆战队提供战术航空支援，海军另外派出了八艘护航航空母舰。50.3特混大队此时仍包括“埃塞克斯”号、“邦克山”号和“独立”号，也准备支援登陆战，此后的战役进程中，这几艘航母的战斗机中队就主要负责对地支援了。在另外的特混大队里，“地狱猫”飞行员们最关心的事情是哪个大队负责那个关键位置——吉尔伯特群岛与马绍尔群岛之间。最后波纳尔的50.1特混大队部署在此，从这里，“约克城”号、“列克星敦”号和“考佩斯”号航母的战斗机几乎必定会拦截住日军来往于两个群岛之间的机群。

一个新F6F中队来到了航空母舰上，不过注定不会在船上呆很久。这就是伯纳德·斯特

11月20日，VF-5中队的“地狱猫”正在从“约克城”号航空母舰起飞，他们要掩护正在贝蒂欧岛登陆的陆战队大兵。飞机螺旋桨划出凝结尾迹，舰桥上所有没事干的人都在围观航空作业，看起来颇为悠闲。

林指挥的VF-1中队，他本人毕业于安纳波利斯海校1933届。从1936年起就成了海军航空兵飞行员，外号“烟雾”的斯特林是一位经验非常丰富的战斗机飞行员，他的飞行时间已经积累到了4000小时。他手下有44架“地狱猫”，平均分配在“拿骚”号（CVE-16）和“巴恩斯”号（CVE-20）护航航空母舰上，飞行员们从21日起开始飞对地支援任务，攻击塔拉瓦环礁目标。VF-1计划将在攻占环礁后成为这里的航空驻军。

到了登陆日这天，日军在这一区域的航空兵力已经相当程度减少了，主要是由于这个月早些时候向拉包尔转场。然而在20日黄昏，16架一式陆攻从马绍尔群岛飞来，由于光线昏暗很晚才被美国人发现。他们攻向50.3特混大队，此时美国航母正在回收当天最后一波对地支援飞机。“邦克山”号的空战巡逻机立刻向日机俯冲，但是动作太慢，没有阻止陆攻发射鱼雷。“独立”号舰尾被鱼雷击中，只好退出战斗，向埃利斯群岛的富纳富提撤退。VF-18中队和防空炮手打下了9架一式陆攻。这次，以及后来几次夜间攻击表明，特混舰队需要全天候夜间战斗机保护。然而令人遗憾的事件立刻就发生了，爱德华·奥黑尔刚被提拔为“企业”号航空母舰的第6航空大队队长，就在11月26日的夜间作战实验中失踪。

到现在为止，“列克星敦”号的第16航空大队还没获得过像样的战果，但是这回保罗·布伊少校的VF-16中队在正确的时间和正确的地点遇到了机遇，还连续两次。

与“约克城”号和“考佩斯”号的战斗机一起，在马金岛与米利环礁之间海域巡逻，“列克星敦”号的战斗机飞行员们于23日第一次遇到大规模交战。正午时分，布伊少校和手下11名飞行员在天上执行例行巡逻，“列克星敦”号的引导官告知雷达上出现了日机目标。这些“地狱猫”被引导到布伊所谓的“战斗机飞行员梦

陆战队员们正在登陆马金环礁，“地狱猫”从头顶飞过提供支援和掩护。

想的位置”，比下面的21架零战高1200米，而且背对太阳。日本战斗机以日常的典范阵形编队飞行，根本没注意到“地狱猫”就在头顶。说来奇特，战斗机大编队经常与单机同样容易被偷袭，有一名飞行员说得好：“所有人都在看着自己希望敌机出现的方向，自以为别人会帮你看着后面。”

空战开始了，布伊少校和他的手下从7000米高度开始俯冲，整个编队配合良好。第一轮攻击中，布伊自己就击落2架零战。这轮攻击结束后日机就只剩少数几架散兵游勇还在飞行，而且都被逼到了低空。空战很快一边倒地结束了，12架“地狱猫”返回“列克星敦”，清点后的战果：17架击落和4架可能击落。

这场战斗中表现最为惊人的是拉尔夫·汉克斯少尉，一个年轻的费城人，这是他第一次空战。他推满油门进入俯冲，由于速度太快几乎控制不住飞机，为了修正飞机航线双脚同时踩在左舵上，双手紧握操纵杆。汉克斯先瞄准了一个三机小队中靠右的飞机，一串子弹将零战机翼打断。此时另一架刚开始试图俯冲逃离的零战出现在他面前，汉克斯使劲拉杆急转，差点因为黑视失去意识。他后来回忆说：“我感觉好像在通过双管猎枪的管子瞄准。”在扣动扳机之后，第二架零战被打爆。接着他拉起飞机，顺便将某架“地狱猫”身后的零战击落，这是他第三个战绩。此时油门仍然处于推满的状态，汉克斯忽然意识到自己正在倒飞，从座舱里向“上”望去，他被战斗场景惊住了——被击落的零战燃烧着四散，似乎像是在升上天堂，飞入他“上”方的海面。他还顺便看到了剩余的零战，它们正在逃离战场。汉克斯摆正飞机看向周围，试图寻找他的僚机，后者似乎在最初俯冲时就飞散了。汉克斯觉得没关系，于是开始一个人追赶零战，这在海航的空战原则里面可是严格禁止的行为。在击落第四架飞机之后，剩余零战转向“地狱猫”开始反击，飞机周围各种曳光弹乱窜，但是都没击中。

汉克斯向前直飞甩掉零战，又发现另一个目标，这架零战的滑油正在泄漏，飞行员完全无暇顾及周围战况。他追上去对着零战打了个长点射，零战根本就没有任何躲避动作，起火燃烧后带着一大片黑烟坠落。

返回“列克星敦”号之后，舰长让汉克斯用播音系统

拉尔夫·汉克斯少尉，第一名“地狱猫”的“一日王牌”。

向全船广播这场战斗经过，他还从未遇到过这种大场面，颇为紧张。汉克斯在空战中总共击落了5架飞机——第一位“地狱猫”飞行员达成在一天之内击落5架飞机的成就，他成为了“一日王牌”。之后还会有超过40位“地狱猫”飞行员在接下来两年中达成或者超过汉克斯的单日击落数。

24日中午，布伊少校又带着三个四机小队执行空战巡逻任务，巡逻位置几乎和昨天完全相同。战斗机引导官再次将VF-16中队引导至日机面前，“地狱猫”飞行高度仍然是7000米，但是这次零战占据了高度优势，比“地狱猫”高大约600米。布伊少校带着他的编队转向迎战，虽然有1架“地狱猫”在第一轮交火时被击落，但是此后零战“根本就没有任何机会”，布伊这么回忆说。空战转往垂直方向展开，“地狱猫”和零战上下飞舞，从8500米高空到1500米低空都在发生战斗。布伊少校击落了另一架飞机，弗朗西斯·弗莱明中尉也再获战果，昨天他击落了一个双机零战分队，然后打碎第3架，今天他又击落2架，不过其中一个战果被别人分走一半。24日空战结束后，VF-16中队声称击落了13架飞机，还有6个可能击落，这两天他们总共声称击落30架敌机，再加11架可能击落，自己只损失了1架“地狱猫”。

VF-16中队的飞行员们正在走向飞机。

VF-16中队的一张用于公共宣传的照片，1943年12月在“列克星敦”号甲板上拍摄。正中央飞行员即为保罗·布伊少校。

VF-16中队的两次战斗实际上就是塔拉瓦战役中最主要的空战。登陆日加3日，斯特林中校带着VF-1的“地狱猫”转场到小小的贝蒂欧岛，此时日军尚在顽强抵抗。贝蒂欧机场跑道只有900多米长，勉强可以使用，但是对于40多架飞机来说过于拥挤。参谋部军官们曾经推算这个小岛可以容纳大约100架战斗机，但实际上完全不是那么回事。当11月30日克利夫顿中校带着36架“萨拉托加”号的“地狱猫”着陆后，这两个中队挤得几乎完全没法活动。“在克利夫顿到了以后，我们这两个中队完全没法移动。” 斯特林回忆说，“所以他的中队只在这里呆了一晚上，正好这天晚上我们遇到了最大规模的一次夜袭”。

每天半夜日军轰炸机都从高空出现，特混舰队只能用探照灯引导高炮反击。由于没有夜间战斗机，斯特林中校和保罗·亨德森上尉轮流在9150米高度飞夜间巡逻，希望能靠着探照灯光抓住夜间入侵者。他们运气不好，没有任何轰炸机能

在贝蒂欧岛上的VF-1中队，1943年11月25日拍摄，周围的椰子树被炮火炸得零零散散。

VF-1中队的F6F-3正在贝蒂欧的跑道上滑行，注意画面右侧有架底朝天的“地狱猫”。

一张充满象征性意义的照片，“地狱猫”经过零战残骸，拍摄日期为1943年11月29日。

被探照灯连续照射超过90秒，他们也就没法有效追踪并攻击敌机。

12月，VF-1转移到同一个环礁中的布欧塔岛机场，这里机场跑道更长，生活条件也比贝蒂欧岛稍微好点。但是这里有很多假警报，让中队毫无意义地紧急起飞，还有不少任务是给陆军航空兵的轰炸机护航，但是这类任务中却从未遇到日军飞机。斯特林这样给中队在吉尔伯特群岛驻留期总结："我们和飞机睡在一起，经常执行任务，但是却什么都打不了。既没有作战损失又没有飞行事故，我们总是能在指定的时间将所有44架飞机全部送上天。"

11月25日在贝蒂欧机场上维护的"地狱猫"，许多前线基地与这里一样，没有像样的机库，维护飞机要在露天环境下进行。

中队的一半人员在1月中旬回到夏威夷，另一半在塔拉瓦环礁又逗留了六周。此后VF-1终于重聚，在1944年6月和7月部署于"约克城"号航空母舰上，这段时间多少补偿了在塔拉瓦那段没有战斗的无聊日子。

与此同时，战争仍然在海洋上继续，而且不总是随着美国海军的意愿进行。11月24日早晨，一艘日本潜艇向"利斯康姆湾"号护航航空母舰发射鱼雷，被鱼雷击中后，该航母还没漂到22分钟就沉没了。幸存者之一是约翰·克罗姆林上校，此时已经成了参谋军官，是"约克城"号上现任航空大队长查尔斯·克罗姆林的哥哥。曾经作为海航飞行员颇有名气，他能将1架TBF在460米高度飞入反向螺旋，然后在海平面高度改出。

当然查尔斯也是训练有素的飞行员，他在极端逆境中表现出色。三天前的11月21日，他正带着VF-5中队的编队在米利环礁上空巡逻。2架轰炸机开始从岛上起飞，克罗姆林决定俯冲下去打掉这个轻松的目标。这时机场周围的高射炮开始向他射击，一发炮弹命中他的"地狱猫"。这一发可能是37毫米口径的炮弹在座舱旁边爆炸，毁掉了大多数仪表并将挡风玻璃炸碎，还有一大堆织物碎片挡住了前方视野。他本人受的伤也不轻，左眼暂时失明，右手手腕骨折，胸口创伤，碎片还造成了很多小割伤。克罗姆林本能地拉起飞机，发现前方风挡几乎什么都看不见了，于是打开座舱盖向周围望去，看见他的僚机，才到中队没多久的新人提姆·泰勒少尉，还在旁边编队飞行。

回到"约克城"号的距离有190公里，但是克罗姆林几乎无视了伤痛，在回程上与泰勒的"地狱猫"保持着阵形。途中普拉特·惠特尼发动机开始运转不顺，功率越来越低，克罗姆林发现如果不将油门保持在一定位置，发动机就会转得越来越慢。他用受伤的手在座舱地板上摸索，最后找到了绘图用的铅笔，将铅笔折断后卡在油门上，受损的“地狱猫”又继续正常飞行。

最后，克罗姆林展示了他为何能被选为大队长。他们两人翼尖对着翼尖同时进入下滑航线，泰勒为他领航，将他带到接近完美的着舰位置。随着降落信号官的停止信号，“地狱猫”钩住一条阻拦索，完成了一次完美的正常航空母舰降落。这好像还不够，他驾驶飞机向前滑行，将飞机停下来之后试图自己从座舱里爬出来。但是这对于伤员来说有点过分了，克罗姆林瘫倒在座舱里，地勤把他抬出来送往医务室。他在住院三个月后回到指挥岗位，作为另一个航空大队的队长重返战场。亚拉巴马州的韦塔姆卡“出产”了很多强韧飞行员，克罗姆林可谓其中的典范。

埃德加·斯特宾斯少校接任了航空大队队长，他在SBD和TBF上飞了3600小时，之前是VB-5轰炸机中队指挥官，但是接任后选择转飞F6F战斗机。这个时期越来越多的大队长选择飞“地狱猫”，它既拥有一架战斗机应有的防御性能，又能提供足够的航程和滞空时间，非常适合作为指挥飞机。斯特宾斯的宠物“地狱猫”额外安装了一台倾斜K-28照相

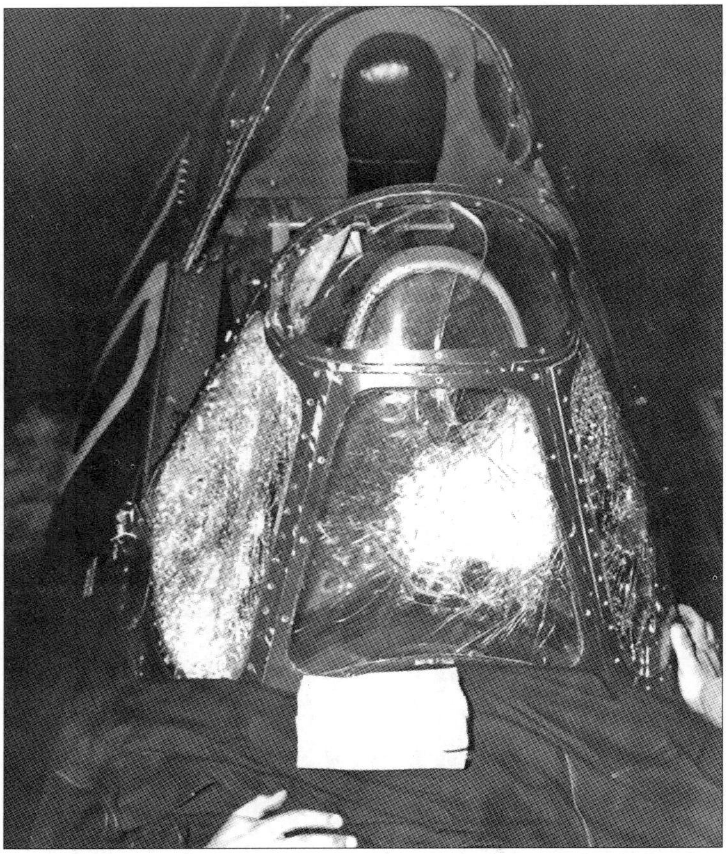

查尔斯·克罗姆林中校的“地狱猫”，座舱风挡三面都被打碎了。他本人的照片见本书彩图集。

1943年末期，战斗间隙中的“列克星敦”号航空母舰与VF-16中队的“地狱猫”，座舱盖上罩着帆布，以免内部温度被太阳晒得太高。远处的航母是“企业”号。

机，在空袭后他可以用相机拍摄照片评估战果。

一般来讲，在航空母舰上很少会有个人专用的飞机，因为飞机在停放时都挤在一起，某架特定的飞机可能会很难排到起飞位置上。但是航空大队长们就不同了，他们的待遇要比其他飞行员更好，通常都会有专用的“地狱猫”。例如后来第15大队队长戴维·麦坎贝尔的“Minsi Ⅲ”号，第19大队队长休·温特斯的“99莫霍克”号。大队长经常会带领战斗机扫荡任务，或者指挥空袭等等，所以这些专用飞机的飞行架次数也会比较多。

1943年12月，美国海军开始准备攻击马绍尔群岛，两个航母特混大队编成了攻击部队，它们分别是波纳尔少将的50.1特混大队和蒙哥马利少将的50.2特混大队，前者此时包括“约克城”号、“列克星敦”号、“考佩斯”号航空母舰，后者则包括“埃塞克斯”号、“企业”号、“贝劳森林”号航空母舰。“列克星敦”号的航空大队指挥官欧内斯特·斯诺登极力要求在第一波攻击前进行战斗机扫荡，但是波纳尔少将没有同意。小心谨慎的波纳尔认为航空母舰在半路上就会被日军发现，所以必须要将战斗机留下执行空战巡逻和护航任务。这是他许多防御为主的决断之一，这些决断最后将让他丢掉现在的职务。敌情方面，在夸贾林环礁驻扎着日本海军第281航空队，特混舰队攻击前一天有21架零战正好增援到罗伊岛。

特混编队在4日黎明时分放飞攻击波，此时编队位于目标北面240公里处。这次攻击机群强得不比往常——接近250架飞机，包括91架“地狱猫”。波纳尔悲观地认为攻击无法达成突然性，但实际上没那么严重，日军雷达发现美机接近时，距离只有大概64公里，没有做好充分的截击准备。

“埃塞克斯”号和“列克星敦”号的机群径直飞向罗伊-纳慕尔岛，这里有个日军机场，大约50架零战紧急升空迎战。22架“开膛手”负责在6100米高度进行高空掩护，他们由于飞得太高错过了在低空发生的多数空战。不过迪恩的三个“地狱猫”小队被空袭指挥召唤，指示他们攻击埃贝耶岛附近海面上停泊的水上飞机，此时他们表现得倒像“开膛手”，攻击之后11架水上飞机在海上和岸边燃烧，其中包括4架二式飞行大艇。

只有一个VF-2的小队遇上了零战，格里芬上尉此时正在罗伊-纳慕尔岛上空掩护1架照

这架VF-16的“地狱猫”在降落时遇到了起落架歪扭事故，地勤们拥上来将损坏的一侧起落架放在小车上，这样就能尽快把飞机拖走，以便其他飞机降落。飞行员拿着地图板正在离开。

相的TBF。他们看见4架零战从岛上机场起飞爬升，格里芬让1架“地狱猫”留在高空，保持掩护“复仇者”，他自己带着另外2架俯冲下去，在600米高度抓住那些零战。此时零战正高抬机头爬升，空速很低，发现“地狱猫”向他们冲来后立刻试图从低空逃跑。但为时

VF-2中队重生

马绍尔群岛战役是VF-2中队长威廉·迪恩中校第一次驾驶战斗机作战，他的中队有个“开膛手”的绰号，目前临时编制在“企业”号的第6航空大队下。虽然编号仍然是VF-2，但却不是上一代“列夫人”的战斗机中队，旧VF-2中队在1942年7月解散了。现在的VF-2成立于1943年6月1日，有三分之一的飞行员是有作战经验的老手，另外的人员则由训练指挥部的教官和刚毕业的新人组成。迪恩本人毕业于安纳波利斯海校1934届，曾经负责过训练工作，后来又担任过VB-2的中队长，长期飞轰炸机，直到VF-2建立为止。在大战中，他发现为手下所有飞行员提供击落敌机的机会是激励士气的最佳方式。与许多同僚不一样，他没有“偏好”，队里的飞行员们都记得很清楚，中队长既会带领空战巡逻，也会带领战斗机扫荡。

唐·勃兰特回忆说：“迪恩中校以身作则，从不让谁去执行他自己也不愿意执行的任务。我们都爱他。”中队的老兵骨干来源于VF-10中队，许多人在“企业”号和瓜达尔卡纳尔打过硬仗。执行官和飞行官也都来自于VF-10，后者是罗伊·沃里斯中尉，他在2004年的一次采访中说道：“当战争的阴云逼近时，我住在圣弗朗西斯科。我看过一幅巨大的征兵海报，上面写着‘飞翔的海军’，画上一名飞行员站在机翼上，抬头望着无限的蓝天。”1942年2月他获得了海军航空兵的金色翅膀徽章，在珊瑚海和中途岛海战后被分配到VF-10中队。圣克鲁斯海战后中队转场到亨德森机场，在这里沃里斯和日本海航的精锐对战。他说：“我在瓜达尔卡纳尔击落了第1架零战，但是我没看到背后来了1架零战，他把我打掉了。我没有跳伞——日本人会射击降落伞，如果迫降在海里鲨鱼又会吃了你。我被弹片打伤了，而且发动机也坏了——我滑翔回了瓜达尔卡纳尔。我是个运气很好的家伙。”在70年后勃兰特说沃里斯是“我在海军中遇到的最好领导和最好教官”。战后沃里斯被调去组织飞行表演队，即著名的“蓝天使”。

VF-2的中队长威廉·迪恩，照片摄于马里亚纳战役结束后。

VF-2中队成立时只有8架FM-1“野猫”，到了7月初“地狱猫”才送到中队。中队成员在匡塞特角海军航空站完成射击训练，此后在“军马”号护航航空母舰（CVE-30）上通过起降资格考核。9月6日离开匡塞特角，同月18日到达珍珠港，11月10日登上“企业”号航空母舰。19日击落了1架日军九五式水上侦察机，这是中队的第一个战绩。

已晚，3架被当场击落，第4架侥幸逃脱。

VF-5中队的飞行员们发现空战打得没那么容易。霍夫曼上尉的四机小队在夸贾林环礁东北方击落1架孤零零的九五式水上侦察机，而后向航空母舰返航。他们爬升到1200米高度，队里的罗伯特·邓肯少尉看见18架零战向他们俯冲下来，他在麦克风中大吼，但是无线电台在关键的时候坏掉了。零战飞行员们有效利用了太阳光和云层，成功突袭了这4架“地狱猫”。空战开始后，霍夫曼上尉意识到这些日本飞行员水平很高，他们分成三队，每6架零战追击一个双机“地狱猫”分队，另外一队则保持在高空掩护。在低空受到攻击，而且由于之前扫射过地面目标而几乎耗光了弹药，霍夫曼小队现在麻烦大了。他们现在只有继续进行萨奇剪刀，在每次零战攻击时都转向它，做出一副威胁的态势。零战在数量上有压倒性优势，这让他们可以2架一组俯冲攻击，无论格鲁曼战斗机向哪边脱离都不会有影响。霍夫曼上尉和手下的飞行员表现出了超然的职业态度，他们形容敌机的战术“纯粹且直接，优雅又带着美丽的飞行机动，是最为出色的战斗机攻击形态”。

邓肯少尉的飞机从左翼尖到座舱背后装甲板位置被打满了弹孔，但是仍然能继续飞行。然而萨特菲尔德上尉的“地狱猫”在萨奇剪动作分离时被击中，两侧机翼都冒出了火焰，这可能是由于油箱被彻底打烂所致，它坠下撞在水面上，然后消失了。

又过了似乎是永无止境的几分钟，剩下3架“地狱猫”逃脱升天。战斗报告总结这样写道：“为什么他们没将我们全打下来是一个谜，如果情况反过来我们肯定会将他们全部击落。我们这次学到的是他们并不像我们这样擅长射击。”零战糟糕的武器配置无疑在相当程度上帮助了美国飞行员逃脱，而倒霉的萨特菲尔德上尉是这天VF-5中队唯一被日本战斗机击落的人。

这天对于VF-5中队来讲喜忧参半，中队长爱德华·欧文少校在独自飞行时，看到2架零战追打1架“地狱猫”，他追上去咬住其中1架，然后被另外四五架零战包围。当他逃脱后飞机已经变成了一堆飞行垃圾——一侧副翼被打掉，大多数仪表损坏，一侧主起落架悬在机翼下，另外发动机正在快速泄漏滑油。在回程途中，另一位飞行员与他编队，说道：“你不会想把这架破飞机飞回去降落吧？”欧文不需要这么做，他的发动机滑油漏空了，在半途彻底损毁停机，中队长跳伞落到海中，一艘前来救援的驱逐舰将他送回“约克城”号。

“列克星敦”号的战斗机今天倒是走运。12架VF-16中队的飞机与大约30架零战打得不可开交，空战结束后飞行员们声称击落了19架零战，外加1架一式陆攻。爱德华·温多夫少尉是个21岁的得克萨斯人，他声称击落了那架一式陆攻外加3架零战，不过后来海军把他的战果修正为与别人分享的半架陆攻，零战之一也被算作可能击落。

温多夫少尉在报告中写道：

我的幸运日到了！就是1943年12月4日！我们的大部队飞往夸贾林环礁，有三层战斗机保护那些俯冲轰炸机和鱼雷机。低空掩护位于2130米高度，中层掩护位于3650米高度，高空掩护位于5500米高度。我是僚机，在吉姆·赛贝特上尉的小队里，他有个绰号叫“酗酒者”，肯定是来源于他以前的生活习惯，但是自从我认识他以来，从未见过他喝太多酒！

吉姆的小队被分配到中层

掩护里，我们在早上7点左右到达目标区域，接着前往扫荡敌机。没看见对手，我们就开始扫射罗伊机场，这里有一些停放的飞机，机库区域也成了我们的目标。

“酗酒者”把我放在他的右侧，这时给了我个“分散”信号，接着向左脱离。我等了几秒再开始攻击，一边将‘酗酒者’保持在视野中，一边在他右侧拉开高度差距。这样我就能在集中扫射目标时仍然看得到他在哪。我对着机库围墙里的2架飞机打了几个长点射，然后瞄准了一个打开的机库，对着里面打了个长点射。这时我感到飞机被近处爆炸的防空炮摇晃了几下。我做了几个急转的假动作（改变高度和航向），让那些炮手瞄不准。然后我们商定在机场左侧（水面上空）1500米高度会合，但是高射火力太过猛烈，我只好向右脱离。

当我爬升时看见1架一式陆攻贴着海面低飞。我不知道它是才刚起飞，还是从另一个机场返航。不论怎样，我得减少很多油门，因为朝陆攻俯冲时速度太快，超了过去。我向右转了一圈回到陆攻背后，第一个短点射中所有六挺机枪的子弹全从他脑袋上飞了过去。于是我压下机头对着轰炸机打了两个更长的点射。它开始解体，并冒出了浓烟，然后缓慢地向右俯冲转弯，最后撞进海里。（很奇怪的是“列克星敦”号的一个情报军官将半个声称数记在另外的飞行员身上，这个飞行员是VB-16中队的阿诺德·伯勒中尉，驾驶的是SBD-5“无畏”俯冲轰炸机。）

此后我推满油门，开始向左做爬升转弯，同时试图找到赛贝特上尉。我爬过2100米高度后，看见4架飞机在太阳方向的高处，因为没有发现敌机的报告，我认为它们是“友机”。这时我正处在无线电静默状态，我也没听到关于空情的报告。当时我还不知道在扫射时的震动是由40毫米高炮造成的，实际上弹片打中了我的飞机，把无线电打坏了。当我从内侧下方靠近4架飞机时，他们还没发现我。当我接近编队时被吓到了，这些飞机上全都带着红色的“肉球”，旭日徽章！这是个零战小队！

一不做二不休，我侧滑到右边并瞄准靠外的2架飞机，开火！最外侧的零战立刻爆炸，第2架开始燃烧并向右坠落。终于零战长机和僚机发现了我，他们遂分散摆脱。我仅有可行的策略是追击其中之一，所以我选择了长机。他向左急转，我很快就没法跟上了，这时他的僚机已经转回了我身后。我向右急转，几串曳光弹立刻从头顶飞过。没办法，我只好俯冲试图甩掉他，但是他却紧紧咬着我。

我开始使劲拉杆，飞机接近筋斗顶端时速度已经下降了许多，也不知道哪根筋不对，我决定保持拉杆完成一圈筋斗。当我在头朝下时可以看见零战也在拉杆，疯狂地想追上我，我忽然意识到当我做完机动开始恢复时，将给他一个完美的射击位置。正当此时我决定向前推杆，飞机多倒飞了几秒。零战急于切我内圈，我想这个机动出他意料，他还保持着拉杆，立刻就看不到我了。

因为我推迟了改出几秒钟，我在恢复正常飞行时零战正处于瞄准镜中。一开始距离稍远，我就加大油门以图接近。我觉得在开火前他都没看见我。我一阵猛射，零战很快起火，接着坠落到海里。

真是令人亢奋的几分钟，带来了四个胜利——一式陆攻和3架零战。周围几个地方都在交战，所以我决定向最近的一处爬升，再俯冲以获得一些速度优势，看看我能不能帮上忙，比如打掉某人屁股后面的敌机之类。

我爬升回到战区，必须承

认，此时我的注意力全集中在了脑袋上面，而不是背后。转瞬之间，我看见7.7毫米机枪和20毫米航炮的火网在我的机翼上打掉很多蒙皮，曳光弹不停地掠过我。当时我的第一反应是转头从装甲板后面偷看，正在我偷看时一发7.7毫米子弹越过左肩，擦过我左侧太阳穴，又从座舱右前方穿出去。那种感觉就好像是有人用一块大木板敲在脑袋上。我被打晕了一会儿，也记不得用了多长时间才恢复过来并意识到被击中了。

我立刻想“得从这个该死的地方跑出去”。我们曾被教导说最好的摆脱机动之一就是俯冲到飞机限速（我想红线速度是400至425节），再向右急转。于是我就这样做了，看来确实有效，零战飞行员决定不再继续追我，真是感天谢地。高速俯冲拉起时带来的高G力将血液向下压，我发现血液正从放在油门上的左手喷出。

我立刻找到通往左手的动脉并施压，看起来这阻止了大部分流血，但是仍然有些血沿着手流到腿上。

大部分空袭中都会有一艘“小飞象”（友军潜艇）停留在海岸外十来公里处，等着营救被击中的飞行员。这次空袭中，我想潜艇应该位于夸贾林环礁东北海岸外，但是除非它发现了某个飞行员在这一区域内迫降，否则会一直保持潜航状态。而且我独自一人，无线电也被防空炮打坏，完全没法联系“小飞象”。

我仍然在快速失血，现在必须作出决定了！我能在潜艇等待区域迫降后保持足够长时间清醒么，还要爬进救生筏，希望谁飞过时看见我并通知潜艇。或者我能在天上坚持45分钟么，返航并降落在航母上需要这么长时间。来回想了一会儿之后，我选择了后者。

返回的航向是大约045度方位，当我试图指向这个航向时，发现因为高炮造成的损伤让罗经复示器失效了，充液罗盘在30至40度之间乱跳，完全不可能准确读数。我决定利用罗伊岛上南/北和东/西向的跑道估计方位，用两片云连接定位，并朝这个方向飞去。当我飞过其中一片云之后又找了另外两片云接力。

天气非常晴朗，只有在大概1500米高度有一些碎云，能见度大约有6.5到8公里，所以大部分时间我都在云上飞行。过了45分钟后，我决定下降到云下，开始进行方块式搜索，直到发现“列克星敦”号为止。在完成两个来回之后我看见了航空母舰的尾迹，顿时大大松了口气。

不幸的是，我发现航母的舷号是10，这是姐妹舰“约克城”号。此时我的伤口已经好多了，变成了滴血，但是仍然没有停止，所以相当焦虑，想立刻降落在航空母舰上，不管哪艘都可以。我从舰岛旁边通场，同时摇晃机翼，表示没有无线电。也注意到船上有很多飞机正在提升到甲板上，他们正在准备下一个前往夸贾林环礁的攻击波。能见度保持在大约6.5到8公里，我四处张望但是仍然没看到“列克斯”。我猜“约克城”号上的人发现了我的问题，用一些白色的东西做了个箭头，指向南面，外加12的数字，这是表示到我母舰有多少英里。我再次摇摆了机翼表示看懂了他们的信号，接着转向寻找“列克斯”。

只飞了几分钟我就看见了“列克斯”的尾迹，到达航母上空后我发现甲板空荡，已经准备好接收飞机。他们用手提信号灯发出一个‘准备查理’的信号，表示我可以开始进场，接着又是个“查理”信号表示可以着舰。我转向顺风开始进场，然后发现着舰钩似乎被打掉了，让我相当懊恼，而且我也没有液压可以用来放下起落架和襟翼。飞机上有个压缩空气瓶，在紧急情况下可以将起落架吹下去，现在显然就是所谓的紧急情况。我用它放下了起落架并继续下降。甲板净空，但是当我接近下滑航线时降落信号官发出了复飞的指示，当我飞过他身旁时，他又发出了放下尾钩和襟翼的信号。我摇了摇机翼表示明白，但是其中任何一项都没法做到！

我飞向迎风，再转向第二次进场。当我打开座舱盖并尝试用双手操纵飞机时，风打在脸上，因为没法保持太阳穴上的压力，血液自由地流出。横流的血液完全遮挡了我的左眼视力，相信我，两眼正常时在航空母舰甲板上降落已经够难了！

准备第二次进入下滑航线时，我发现1架“地狱猫”以收起起落架的状态迫降在甲板上。后来我才知道这是卡波斯基上尉的飞机，他的座舱周围吃了好几发20毫米炮弹，手严重受伤。航空母舰让他直接进入降落，他也没法在着舰前放下起落架。

除了仍然流血以外我感觉还行，既没有感觉到头晕也没有飘忽感，眼睛上方的伤口已经有了某种麻木感，结块的血液抑制了流血。尽管现在没有感到太多痛苦，我也不喜欢一边盘旋一边看着甲板人员清理迫降的飞机，但是我别无选择。

盘旋了大概15分钟后，他们又向我发出“查理”信号，因为意识到我没有着舰钩和襟翼，甲板上架起了阻拦网。这东西包括一堆一英寸粗的钢缆，可以直接兜住飞机。

我开始第二次进场，很快发现如果不把左手压在太阳穴上阻止流血，就没法看清楚阻拦网。所有我只好这样下降，一边飞行一边调整油门，最终收到“停止”信号后用右手关闭油门。我成功地降落了，滑行并同时减速，几乎停下了飞机，最终还是撞进了阻拦网。这是场严酷的考验，尽管失血接近两升，我仍然幸存了下来。

在伤愈后，温多夫随着VF-16中队完成了作战期，1944年4月29日在特鲁克上空声称击落1架零战，6月19日在关岛上空击落1架不明轰炸机。战争结束时他在“萨沃岛”号护航航空母舰（CVE-78）上的VC-3中队里服役，官方认可的战绩仍然是4.5架，外加两个可能击落。

“埃塞克斯”号的VF-9中队出动了22架飞机，他们随着大队的攻击机群，从接近4000

爱德华 · 温多夫少尉，摄于1943年12月11日。

温多夫刚降落时的照片，通过阻拦网后飞机机头栽到了甲板上，可见螺旋桨在木质甲板上切出一道口子，发动机也撞歪了。

米高度飞到目标上空。接着鱼雷机开始下降高度攻击环礁内的两艘日本轻巡洋舰，俯冲轰炸机分成两半，一半跟着飞向轻巡洋舰，一半开始轰炸罗伊岛。

托里少校带着他的小队扫射了机场，打中好几架一式陆攻，但是这些飞机似乎没有加油，没有哪架起火。拉起后他们看见1架零战试图攻击俯冲轰炸机，小队围上去打这架零战，但是日本飞行员技术相当好，被击伤后溜掉了。

阿尔伯特·马丁中尉和他的僚机乔治·布莱尔负责掩护拍照的SBD轰炸机。轰炸机正在照相时，8至10架零战飞到了这个区域，其中4架飞过来攻击SBD。有1架从500米高度正面飞来，马丁从零战侧前方45度角位置迎上去，迫使零战飞行员做了个半滚倒转机动，以摆脱“地狱猫”的瞄准线。但是这个机动将他的机尾暴露在“地狱猫”面前，布莱尔反应很快，他立刻跟下去咬住零战，从后上方开火并命中其机身，很快这架飞机撞到海面并爆炸。接着布莱尔看见另一架零战从海面上低空飞来，他向敌机俯冲过去，零战向左急转试图躲开，但是布莱尔穷追不舍，零战飞行员似乎水平不怎样，自己在机动中坠到了海里。与此同时马丁打掉了1架追赶队友“地狱猫”的零战，成为了VF-9中队第二名王牌。

在环礁上空的空战中，“地狱猫”总共声称击落28架零战，自己损失了3架，当天总击落声称数是40架。VF-16中队此前已有两名王牌飞行员，今天中队长保罗·布伊打掉了3架零战，加入了王牌的行列。

第一波空袭完毕，效果不如预计的那么好，飞行员们返航后报告说“机场上塞满了鱼雷机”，而且还没来得及攻击它们。从中午开始，小股九七式和“天山”舰攻开始攻击特混编队，虽然总是被驱散或者被高炮击落，但是日机仍然坚持攻击。波纳尔过于担心日本飞机的空袭会损伤航空母舰，他拒绝发动第二波空袭。于是特混编队开始远离陆基飞机作战范围，同时准备向沃杰环礁发起压制空袭。VF-5中队在1架一式陆攻机起飞时将其击落，又声称在地面击毁4架飞机，但是此时主要威胁还未出现，罗伊-纳慕尔和马洛埃拉普环礁的一式陆攻将在天黑后发动攻击。

两个特混大队向东北方以24节速度拉开距离，但是舰队速度还不足以离开双发陆攻机的作战半径。从下午6点50分至半夜1点30分月亮完全落下为止，总共有37架陆攻向舰队投放鱼雷。虽然只有一枚鱼雷命中，但是这足以让“列克星敦”号航空母舰退出战场。这次战斗结束后，日本的宣传喉舌“东京玫瑰”在无线电中广播说（再一次）击沉了“大E”（“企业”号的绰号）和两艘巡洋舰，然而根本就没有这回事。

这年的年末，只有另一场值得一提的航空母舰行动，“邦克山”号和“蒙特里”号轻型航空母舰护卫五艘战列舰，在12月8日攻击了瑙鲁岛，在圣诞节这天又攻击了卡维恩港。对于战斗机中队来说，这两次行动都没什么收获，他们只执行各种日常任务。

与此同时，陆基“地狱猫”中队仍活跃在所罗门群岛，现在他们的飞机可用率非常高，令海军相当满意。12月17日，所罗门战斗机指挥部属下共有268架陆军、海军、陆战队和新西兰战斗机，其中199架可使用。58架F6F处于可用状态，比其他任何型号都多，即使F4U和P-39的总数更多。F6F在战斗机的总数中占比21%，在可用飞机中占比26%，这两种海军战斗机的对比，让格鲁曼支持者们非常振

1944年初，与陆航飞机驻扎在同一个机场的“地狱猫”，远处可见不少B-25轰炸机，不过也可能是海军所用的PBJ型。

少见的场景，“地狱猫”同架陆航战斗机一样，停放在掩体中。摄于1943年末，塔拉瓦环礁。

奋，他们的说法是：“海盗”每周有三天飞的比“地狱猫”更快，这周剩下的四天停在地上维护。

1943年就这么过去了，在所罗门群岛和吉尔伯特群岛空袭中，“地狱猫”机队的声称击落数接近230架，战斗损失还没超过30架。海军第一战斗机王牌仍然是唐纳德·鲁尼恩中尉，他有九个战绩，但是八个是1942年在“企业”号上驾驶“野猫”取得的。

舰载战斗机的战术原则和装备改进都在1943年末得到了检验，接下来会在1944年早期进一步完善。快速航空母舰编队回到了珍珠港修整补充，各个航空大队也开始休息。VF-9中队的医疗官甚至从一个游艇俱乐部“借”了一棵三米高的棕榈树，放在“埃塞克斯”号的准备室里，还说些什么要用来做医疗实验的鬼话糊弄过去。另外一边，太平洋舰队正准备进行大幅度改组，新的一年中将带来现代海战史中最成功的战役。

“地狱猫”将站在这个舞台的最前方。

1943年9月，这队“地狱猫”正在西雅图海军航空站附近飞行，据信这些飞机属于VF-3中队。现在是个备用的战斗机中队，驻地为惠德贝岛海军航空站。

参战的“地狱猫”中队，1943 年	
中队名	配属航空母舰或地区
VF-2	企业
VF-5	约克城
VF-6	独立
VF-6	普林斯顿
VF-6	贝劳森林
VF-6	考佩斯
VF-9	埃塞克斯
VF-12	萨拉托加
VF-16	列克星敦
VF-18	邦克山
VF-22	贝劳森林
VF-22	独立
VF-23	普林斯顿
VF-24	贝劳森林
VF-25	考佩斯
VF-30	蒙特里
VF-33	所罗门群岛
VF-34	所罗门群岛
VF-38	所罗门群岛
VF-40	所罗门群岛

留在美国本土预备的“地狱猫”中队或航空大队，1943 年 12 月 31 日		
航空大队	中队	位置
CAG-1	VF-36	希洛海军航空站
CAG-2	VF-39	巴伯斯角
CAG-3	VF-3	惠德贝岛海军航空站
CAG-10		谱尼尼海军航空站
CAG-11	VF-11	阿拉米达海军航空站
CAG-19	VF-19	洛斯阿拉米托斯海军航空站
CAG-20	VF-20	圣地亚哥海军航空站
CAG-21	VF-21	圣地亚哥海军航空站
CAG-26	VF-26	沃森维尔海军航空站
CAG-27	VF-27	沃森维尔海军航空站
CAG-28	VF-28	圣塔罗萨海军航空站

已经配属到航空母舰，但是尚未参战的“地狱猫”中队，1943 年 12 月 31 日	
中队名	配属航空母舰
VF-8	勇猛
VF-31	卡伯特
VF-32	兰利
VF-35	切南戈
VF-37	桑加蒙
VF-60	苏万尼

四、1944，决定性的一年

“地狱猫”在前线打了两年多仗，其中只有1944年的12个月打满了。这年里，盟国海军和陆军发动了全面反攻，日军占领的地域连续失守，多个重要岛屿被攻占。

1944年1月6日，快速航空母舰编队完成重组，它现在有个新编号TF-58，有个新指挥官马克·米切尔少将。最后还有个大战役，马绍尔群岛中的夸贾林环礁，位于现在已经被占领的吉尔伯特群岛北面，下一次两栖攻击目标就是这里。

虽然离新型F6F-5换装还很远，现在服役的F6F-3机队正在进行一个比较重要的升级：加装喷水系统，在新型号到来之前尽量提升F6F-3的飞行性能。这个改造项目到了4月时已经基本完成。而在4月21日，最后1架F6F-3下线交付，此后F6F-5型在生产线上全面取代了旧型号。

特混舰队现在拥有6艘舰队航空母舰，包括“萨拉托加”号和“企业”号，还有6艘轻型航空母舰。这12艘平顶船上一共搭载了超过350架“地狱猫”，另外三艘护航航空母舰带着36架“地狱猫”，这些飞机将用于对地支援。战斗机中队要在预定于2月1日的登陆前清理掉日本航空兵，获得制空权，在登陆战开始后继续执行空中支援任务。然而美国人不知道的是，日本海军已经放弃增援马绍尔群岛，只是让第281航空队在这里做困兽之斗。

作为战役开幕式，日出时将进行一次例行战斗机扫荡。1944年1月29日，58.2特混大队派出30架“地狱猫”扫荡罗伊-纳慕尔，所有飞机都在早上6点之前升空。此时已晋升为少校的赫伯特·霍克带着VF-9中队的19架飞机从“埃塞克斯”号起飞，他在之前的修整时被提拔为中队长，菲利普·托里则当了大队长。轻型航母“卡伯特”号也起飞了11架“地狱猫”，它们由罗伯特·温斯顿少校率领，少校已经当了八年战斗机飞行员，但是他的VF-31中队是第一次参加战斗。这个中队将创造轻型航母战斗机中队在单个作战期内的击落数记录。

在天明前的黑暗中，三名VF-31中队飞行员没能成功与温斯顿少校会合，但是他们没有原地等待或者返航降落，而是直接向罗伊岛飞去。VF-9中队应该在扫射地面飞机，他们需要高空掩护。中队长温斯顿对此却完全不知情，他迷路的手下加入了VF-9的机群。

温斯顿带着全中队以仪表飞行爬升至6100米高度，忽然收到霍克的无线电呼叫。在飞往目标路上，VF-9中队长发现了一片阴云，位于1800米高度，他决定打破无线电静默通知温斯顿这个情况。他的决定很正确，日军雷达发现了来袭编队，超过20架零战已经升空等待。温斯顿听到了建议，他带着本人的四机小队飞到云层下面，其他小队仍然保持在上空掩护。

导航TBF对着机场投下了标记照明弹，VF-31中队的高空掩护战斗机刚看见闪光的照明弹，机枪曳光弹的火线就开始在仍然昏暗的天空中出现，而在低空飞行的VF-9中队已经开始向勉强可见的地面敌机射击。然后零战现身了，他们向正在扫射机场的“地狱猫”俯冲。1架VF-9的“地狱猫”在此时被击落，由于天色尚不明亮，很难说到底是零战击落了它还是高炮击落了它。VF-9中队在起飞前接到的命令是尽可能回避空战，集中火力摧毁地面敌机，这时地面可能有20架双发飞机，还有30至35架单发飞机，每个人都被分配了一个飞机掩体，在第一波扫射时负责攻击。但是因为零战缠了上来，在这种情况下不少飞行员只得向零战反击。

温斯顿这时正在1500多米高度飞行，他看见一串飞机，于是带着僚机科尼利厄斯·诺伊少尉飞过去加入。昏暗的光线欺骗了他，那些他以为是“地狱猫”的飞机实际上是零战。幸好2架“地狱猫”从日机编队后方接近，温斯顿发现不对后，立刻向最后1架零战打了一串子弹，但却没有命中，曳光弹反而提醒了日本飞行员。就好像捅了马蜂窝，零战编队立刻分散开来，然后转向反咬“地狱猫”。

温斯顿和诺伊立刻进入防御机动，拉出高G试图甩掉尾后的攻击者，并进入萨奇剪刀。至少7架零战在追赶他们，坚持不懈地保持攻势。其中1架在诺伊屁股后面跟得很紧，温斯顿有足够的时间机动并进行一次大偏角射击，一串子弹把这架零战打进环礁湖中。在进行了更多回合机动和快速射击后，2架格鲁曼终于逃开并甩掉了这群零战，然后温斯顿和诺伊飞往集合点。

道格拉斯·马尔卡希上尉和他的僚机原本随着温斯顿下降到云层以下飞行，在昏暗中与中队长的双机分开了，好几架零战俯冲攻击他，他只得开始俯冲，试图甩掉零战。马尔卡希这个俯冲把僚机丢不见了，现在他独自飞行，有5架零战向他飞来，与他交错而过之后其中1架转到他尾后，将一串机枪子弹打进“地狱猫”机身。马尔卡希只得再次俯冲规避，天色这次看来帮了他忙，零战暂时没缠上来，马尔卡希爬升回到6100米高度并开始搜索那些攻击者。令人惊讶的是他居然找到了那些零战，马尔卡希从零战6点高位置开始俯冲，这个纽约人瞄准了最后1架零战，将其左翼打断。其他日本飞行员显然没看见他们的友机解体下落，仍然保持着编队飞行。这样的态势鼓励了马尔卡希，他重新爬升然后开始第二次俯冲攻击，但是这次什么都没打中，4架零战立刻解散编队，马尔卡希聪明地决定不再死缠烂打，脱离了战斗。

战斗开始前，VF-9的飞机其实已经分散了，例如哈登就带着小队飞进了云层之中，在他估计接近罗伊岛时才命令小队从云底飞出，开始扫射。作为分队领机的麦克沃特不知为何犹豫了一会儿，他飞出云层时已经被拉下了800米距离。刚开始追赶队友，他看见1架零战32型从小队后上方悄悄靠近，因为日本飞行员集中注意力在前面3架“地狱猫”上，没有发现麦克沃特。麦克沃特从零战后方快速靠近，对着它打了个长点射，零战冒出火焰坠落到了海里。

当VF-9的飞机开始扫射机场时，日本高射炮和机枪也开始还击。但是“地狱猫”俯冲到了300至320节速度，还在改出时机动躲避，被高炮击中的不多。大部分飞行员扫射了六次，但是因为许多被攻击的日军飞机没有起火燃烧，很难判断到底有多少效果。他们估计打坏了15至18架一式陆攻和其他双发飞机，还有22至24架单发战斗机。

已经起飞的零战努力阻止VF-9中队，但是却没什么成效。马尔文·弗朗格中尉在扫射时看见1架零战32型咬住了前方300多米的另一架“地狱猫”，“地狱猫”进入了高速左转，零战飞行员没有继续追击，而是开始做一个大桶滚，可能是想飞到弗朗格背后。弗朗格使劲拉起飞机，在零战机动过顶时对着它打点射，他肯定打死了飞行员，零战完成了桶滚后直接坠入海中。

过了会儿另一架零战从正侧方攻击弗朗格，然后转到他后面。弗朗格高速左转，这架零战也没有继续跟进，而是向右转向弗朗格的僚机。弗朗格完成了一圈左转，迎头飞向零战，打中了它的发动机和翼根，点燃了飞机油箱，零战燃烧着螺旋坠毁。

尤金·瓦伦西亚和他的小队领机查尔斯·蒙托特上尉在扫射后开始爬升，他们看见2架飞机，认作是日本陆航的“隼”（实际上是零战32型）。蒙托特射击了其中1架，它立刻拉起做筋斗机动摆脱射击，瓦伦西亚则跟着进入了筋斗，从正后方开火，零战直接爆炸了。

即使VF-9的“地狱猫”集中攻击地面飞机，追击的零战却一点便宜也没占到，他们经常被其他“地狱猫”击落，表现得还不如高射炮管用。在斯蒂芬·莱特中尉扫射时，高射炮打中了他的“地狱猫”，虽然在外海跳伞，但是前来搜索的OS2U“翠鸟”水上侦察机却没找到他，莱特被记录为行动中失踪。

由于在混战中编队完全打散，“地狱猫”们以单机、双机、四机小队的状态陆陆续续返回了特混大队，总共有26架飞机返航。“卡伯特”号的1架飞机受损严重，在一艘驱逐舰附近迫降，飞行员被救起，“埃塞克斯”号则有3架飞机失踪。尽管是被卷入空战而非主动接敌，VF-9中队的飞行员们声称击落了8架零战，初战告捷的VF-31中队则称击落了5架。战斗机扫荡结束后不久第二波攻击开始，“埃塞克斯”号的TBF轰炸了机场，他们只遇到了1架零战。等到上午过了一半时，罗伊-纳慕尔上空已经没有升空的日机了，这天接下来的几次任务中SBD和TBF在毫无干扰的情况下扔炸弹。空袭结束后，特混大队评估超过100架飞机被击毁在机场上。空袭战果评估颇为不准，但日军281航空队还是被打残了，两天的空袭结束后，他们在地面又另外损失了25架

亚历山大·弗拉修中尉在“勇猛”号航空母舰上拍摄的照片，这时他已经有了9个战绩。

1944年1月29日，2架VF-6中队的“地狱猫”正在飞行中。

零战。

就整个环礁来讲，日本飞机威胁并未消除。到了下午，“勇猛”号航空母舰的VF-6中队起飞了10架“地狱猫”，在空战巡逻时遇到了7架日机，其中6架一式陆攻，它们似乎来自于布勒斯克岛。亚历山大·弗拉修中尉和他的僚机哈尔少尉立刻开始攻击。

弗拉修发现岛屿南面顶端处冒出一团烟雾，他迅速意识到这些是飞机。接近敌机后，他从2100多米高度开始俯冲，由一式陆攻右侧高位进入攻击，在很大偏差角下打出一个长点射。陆攻被击中后带着火焰从120米高度坠落。他勉强拉起飞机，发现另一架一式陆攻在礁湖上空不到100米高度飞行，弗拉修和哈尔从陆攻正后方靠近，日机下降到30米高度，试图干扰追击者，但是弗拉修第一个点射就将一侧机翼的油箱打起火。

他们两人爬升回到1060米高度后，又看见另外2架轰炸机。他们立刻开始俯冲，2架一式陆攻分开逃窜，哈尔去追击长机，这架陆攻正在被另一架VF-6中队的“地狱猫”攻击。弗拉修转向追击另一架向西逃跑的飞机，他的第一次射击看不出来效果，在第二次攻击时又发现只有一挺机枪在开火。这架陆攻急速下降到不到30米的高度，弗拉修则尽全力准确瞄准目标，并利用剩下的一挺机枪射击。他追着轰炸机飞了40多公里，在其坠海前进行了八九次俯冲攻击。这3个战果让弗拉修中尉成为一名王牌飞行员，但是击落5架飞机远远不足以补偿此前失去奥黑尔的悲伤。

另外三个特混大队都找不到像样的对手，无论在塔罗亚岛、沃杰环礁甚至是夸贾林环礁本身。他们一共只在天上遇到了14架日本飞机，全都被击落或者降落后被击毁。另外还有45架轰炸机、战斗机和水上飞机在地面和水面被击毁。

登陆支援战斗进行了五天，此后除了第58.4大队留下来掩护登陆舰队占领埃尼威托克岛，其他航空母舰都返回了马朱罗环礁补给。对于战斗机飞行员来讲，这次行动颇为令人失望，他们本来预计会遭遇强得多的抵抗，但是战斗第一天过去之后，整场登陆作战都没有再被日本飞机干扰，大部分“地狱猫”飞行员接下来只是无所事事地飞空战巡逻任务。

米切尔少将手下这些热情的年轻飞行员们如果知道接下来的战斗就不会这么想了，他们即将进攻中太平洋上防御最为严密的日本海军基地。

五、太平洋上的直布罗陀

特鲁克环礁位于加罗林群岛中央，以“太平洋上的直布罗陀”著称。它是日本联合舰队在本土以外的最大锚地，这里还有很多仓库和维修站，一个水上飞机基地，另外三个岛上修建了机场。前往拉包尔和其他中太平洋地区日本基地的飞机要先在这里转场。

对于其他国家来讲，特鲁克笼罩在迷雾之中，因为在战争之前没有任何西方人被允许到这里参观，美国海军几乎完全不知道这里有什么设施和驻军。由于它不祥的名声——实际上更基于谣言而非证据——特鲁克被广泛地认为是航空母舰飞行员能遇到的最强大的目标。除此以外，大家对这里都懵懵懂懂，甚至它的拼写都搞不清，很多飞行员把这里叫做“特洛克”。

1944年2月4日，美国人才拍摄到了第一张特鲁克的照片，联合舰队的战舰被拍了下来。由于美国侦察机的行动，日军大部分舰只从这里撤退以避免受到攻击，此后只有2艘轻巡洋舰和8艘驱逐舰还在礁湖内。但是由于天气恶劣，使得大概50艘运输船和辅助船只滞留在这里。

二月中旬，日军在特鲁克的航空兵力两倍于美军情报部门的估计。情报部门推测这里有185架飞机，但是实际上三个岛屿机场上塞了365架飞机，包括准备转场到所罗门群岛的飞机在内。战斗机部队包括第204和504航空队，201航空队的一部分已经从塞班岛到达这里，以及装备水上战斗机的902航空队。

在高级军官公布目的地之前，第58特混舰队就已经开拔。航行途中，所有飞行大队指挥官飞到“约克城”号航母上开会，然后带着目标信息回到本舰传话。当了大队长还没三个月的菲利普·托里中校在战斗结束后对一名记者说：“他们没告诉我们要到哪里去，直到走到半途上。他们用扬声器说出来目的地，就是特鲁克，我的第一反应是想跳到海里。”

雷蒙德·斯普鲁恩斯上将在“新泽西”号战列舰上升起了将旗，他在这里制定了对特鲁克的两天空袭计划。如果万事顺利，“地狱猫”会在第一天获得空中优势，然后俯冲轰炸机和鱼雷机就能解决在这里发现的日军舰船。美国潜艇也会在附近准备好营救被击落或者迫降的飞行员，此时这已成为标准程序。58.1、58.2和58.3特混大队的9艘航空母舰搭载了超过250架“地狱猫”战斗机，它们将用来进行战斗机扫荡、对地对海攻击以及空战巡逻。

在2月16日，日出前2小时，舰队已到达特鲁克环礁东面大约145公里的起飞点。五艘航空母舰计划起飞72架“地狱猫”，执行第一波战斗机扫荡，再放飞鱼雷机和轰炸机，这时候飞行员们正摩拳擦掌准备迎接今天的战斗。

当地时间6点40分，太阳尚未升起，第1架F6F从飞行甲板升空，机群开始集结编队。“邦克山”号的VF-18中队在这个编队中占了最多飞机，由中队长山姆·西尔伯带领22架“地狱猫”，五个四机小队爬升到大约6100米，后来队员说：“我们认为这应该是高空掩护的高度。”“邦克山”号的航空大队长罗兰·戴尔也驾驶了1架“地狱猫”升空，他要负责协调扫荡和此后的空袭。“企业”号的VF-10中队和“勇猛”号的VF-6中队各起飞了12架“地狱猫”，“约克城”号的VF-5中队也起飞了12架，“埃塞克斯”号的VF-9中队起飞了11架。

扫荡任务指挥官是“企业”号的威廉·凯恩少校，他是VF-10中队队长，绰号“杀手”，他的中队绰号“死神”。VF-10中队的12架战斗机与VF-6中队的12架会合，这六个四机小队组成先锋，在450米左右高度完成集结。飞行计划是带着整个编队绕一圈，从北方接近环礁。这24架“地狱猫”一路上保持在305米高度飞行，直到接近目标才会再度爬升。当50公里宽的环礁湖在晨光中清晰可见时，凯恩带着机群进入螺旋爬升，在继续靠近之前获取一些高度。此时VF-5中队的飞机飞到他们下方，VF-18中队则在头顶上几乎看不见的高度。日军看起来没有任何行动，虽然从7点14分起，特混舰队的无线电监听室就听不到特鲁克环礁的无线电通讯了。

凯恩的编队在8点05分到达目标附近，此时太阳刚刚升出水平线没多久。编队在3960米高度向西南方向飞行，然后在摩恩岛上空盘旋了几圈，这个行动引来了一些没准头的防空火力，然后“地狱猫”开始发起攻击。VF-6中队的飞行员在此时看见2架一式陆攻刚从机场上起飞，凯恩的“死神”就已经冲到机场开始扫射。

VF-6中队的“地狱猫”跟在VF-10后面，最后一个双机分队正准备跟着俯冲下去，分队长机弗拉修忽然叫起来，他看见敌机位于左侧比他们高出760米的位置。但是VF-6的其他人都没注意到他的呼叫，他们全都跟着凯恩进入了陡峭的螺旋下降，并开始攻击机场。

弗拉修认出敌机是零战，于是带着僚机转向迎击日机。零战长机被迫放弃攻击同时俯冲规避“地狱猫”。而后弗拉修和僚机立刻被更多零战围住，麻烦开始了。他们进入大幅度的爬升转弯动作，转向尾随他们的零战。零战跟着进行爬升转弯，但是由于速度不够而失速下落并转入俯冲，2架“地狱猫”在其身后滚转追击。这是个致命的错误，零战在俯冲中不可能跑得过“地狱猫”，弗拉修靠这个战术在礁湖上空敲掉了2架零战和1架二式水上战斗机，他的僚机也击落了1架零战。

爬升回到原来的高度之后，弗拉修又在一片云旁边看见另一架零战，他转向这架零战，并准备攻击。三菱战斗机立刻钻进云层中，弗拉修紧追不舍，时不时从缝隙中瞅见猎物的身影。一连串毫无决定性的机动之后，他放弃了在云层中追击的想法，转而向太阳方向爬升，等待零战自己现身。当零战出现后，弗拉修俯冲到敌机4点位置，接近到非常短距离再开火将其击落，他确定日本飞行员根本不知道他在哪里。

与此同时，VF-6中队击落了相当数量敌机，清晨战斗机扫荡演变成了迄今为止最大规模的混乱狗斗。朝阳将云彩染成红白色，大量飞机在空中交火，曳光弹拖着烟四处飞舞。

优美、迷人并且致命，“杀手”凯恩和他的僚机弗恩·乌德在五分钟内击落了5架飞机，然后才又将注意力集中在对地扫射上。

凯恩带队向摩恩岛机场俯冲时，日军紧急起飞了40至50架截击机。47架在低空的“地狱猫”全部卷入了战斗，同时更多日机正在起飞。接下来一段时间里，不到30秒就有1架飞机在环礁某处坠落。有些F6F飞行员返航后发誓说，看见日本飞行员跳伞时遇到各种各样开伞失败——这是奇袭成功的证明，但是实际上日军飞行员表现得既有进攻性又有足够勇气。在战斗进行到最激烈时经常会有人射击错误的目标，弗拉修看见1架“地狱猫”追打友机。这并非闻所未闻，实际上他之前就见过差不多的事情，不幸的受害者很快就跳伞了。

VF-10中队的飞行员发现二式水上战斗机是难缠的对手，这让他们颇为惊讶，尽管它们在零战的基础上附加了相当影响性能的浮筒，盘旋性能仍然出色。“法国佬”卢雷特上尉在短暂的战斗后点燃了1架零战，然后他追着1架水上战斗机进入筋斗，在筋斗过顶时又将这架水上战斗机打成火球。这场战斗结束后，他发现1架零战32型咬着1架“地狱猫”友机，于是追上去将其击落，又立刻被日军另一架水上战斗机咬住，卢雷特上尉很高兴地看到他的僚机追上来击落这架飞机。

另一位“死神”队员杰克·法利上尉在急转中刚击落1架二式水战，他的座舱前就被一发20毫米航炮击中，炮弹爆炸损坏了仪表盘并打伤了法利。他带着受损的“地狱猫”逃脱，但是很可能就是这架水战稍后击落了他的僚机林顿·考克斯少尉。

VF-10中队最后总算穿过了战斗机和高炮防御网到达机场，他们点燃了17架停放在地面的飞机，并且在空战中声称击落了4架日本飞机。不是每个中队都能做得这么好，山姆·西尔伯的VF-18中队在3小时的任务时间中只遇见了16架敌机，他们与其中一半交战，结果也只拿到了一个击落声称数，外加一个可能击落。西尔伯对空战结果百感交集：“我们的伙伴中队和中队长们干得太过漂亮，他们在日本飞机飞到4600米高度前就将其击落。根本没给在6100米高度飞行的我们留下多少机会。”

西尔伯的老朋友，也是飞行上的密友哈里·哈里森少校却认为这很公平。同为指导者，他们两人经常争论谁是更好的战斗机飞行员。西尔伯有七个战果，其中三个是在一场空战中获得的，那是在1月西尔伯带队空袭卡维恩港时的战绩，西尔伯据此说这证明了他技术更好。而哈里森从特鲁克返航时带回了他唯一的零战击落，这也是在整场战争中他击落的2架飞机之一。由于击落数/飞行架次的比例更高，现任VF-6中队长自称技高一筹。

VF-9中队与其他几个中队同样，先从300米低空向特鲁克飞行，还剩15分钟航程时再爬升到4260米左右高度，这是给他们预定的巡逻高度。接近目标时三个小队分散开，互相距离大概1.6公里。

到达礁湖时，只有3架飞机的蒙托特小队成员，包括比尔·邦诺和尤金·瓦伦西亚都看见了头顶上有一小队战斗机，但是它们的机腹和机翼下表面涂装是浅色，就被当成了负责高空掩护的“地狱猫”。几分钟之后6到8架零战俯冲下来攻击这个小队，他们三人直到日机开火才意识到那些不是“地狱猫”。由于规避机动，小队分散了，而且几乎没可能重新集合，三人开始自顾自地空战。蒙托特高速俯冲脱离，到了海平面再拉起爬升，恢复高度后视图寻找友军，但是又被攻击，只好又俯冲逃跑。就这样来来回回折腾了十来次，其间他打掉1架零战，还打中另一架，后者作为可能击落记录在案。

对于邦诺来讲，这是他最惨烈的空战经历：“被攻击后和其他人分开了，我看见的每架飞机上面都涂了大红太阳。有个人打烂了我的液压系统，我只好用海军最经典的机动解决他们——‘不要命地逃跑’。”

零战开始向他射击时，邦诺向左急转，然后滚转并反向右转，零战从他旁边超了过去。他和零战做了一系列下降剪刀，高度从3600多米掉到1800多米，在这种高速俯冲转弯里零战没多少优势，被几个点射打中后螺旋着向海里坠落。邦诺独自在战区飞了10分钟，看见头顶出现了6架二式水上战斗机，他爬升上去对着编队里最后那架开火，水战冒出了黑烟掉进海面。剩下5架飞机被激怒了，围着他转，用7.7毫米机枪猛打“地狱猫”。邦诺甩掉了水战，做了一个爬升转向，从侧面向1架水上战斗机俯冲射击，他的点射正中目标机身，将它直接打爆。这时屁股后面又来了1架零战，他只好俯冲到600米逃离战场。

因为飞机被打伤，邦诺决定返回“埃塞克斯”号。他向外海飞行，离开礁湖大概24公里时遇见2架二式水上战斗机，就从侧面向长机俯冲，将它打冒火，看着飞行员跳伞逃生。这四个击落让他成了王牌。

瓦伦西亚也在空战中成了王牌，当天的空战经验激发了他对空战战术的思考，这些想法在下一个作战期中会起到巨大作用。被打散时瓦伦西亚也俯冲逃离，在低空拉起时他发现6架零战围着他——可能就是一开始攻击他们的飞机，都追着瓦伦西亚俯冲。他决定在海面上直飞，因为如果用盘旋摆脱的话零战会占优势。2架零战从侧面向他射击，但是只有几发7.7毫米子弹打中。第三次攻击时这两架零战犯了个错，在瓦伦西亚面前拉起，他拉起机头对着长机打了个点射，零战着火坠落。接着又立刻对着第2架零战开火，这架飞机直接爆炸了。另外2架零战从左侧飞来，瓦伦西亚干脆直接转过去与零战迎头对射，长机被他打的起火坠海，这给了他一个逃跑的好机会。这3架飞机是他的第五、六、七个战绩。

瓦伦西亚注意到，日本飞行员在攻击时，似乎不怎么清楚如何应对他的对抗性反攻动作。后来他说："我在特鲁克发现，当你向日本人展开攻势的时候，他们完全不知道该怎么办。"还补了一句，"如果不把大象给他们拴好，他们都打不中。"他认为日本飞行员的战术有缺陷，可以有效利用。这次任务让他成为了王牌，也耗光了他的体力，在返回母舰后他说了一句名言。这个说辞在美国被广泛报道，这也代表了大多数海军飞行员对F6F的感想："这些格鲁曼是美丽的飞机，如果她们能做饭我就娶一架回家。"

因为开战时他们飞散了，其他两个小队没有注意到蒙托特小队被日本战斗机打散。中队长霍克带着他的小队在目标区域盘旋了两圈，看见周围到处都在空战，日本战斗机似乎都在忙于和其他中队纠缠，还有飞机正在从机场起飞。霍克决定带队前往扫射摩恩岛的水上飞机基地和帕拉姆岛的机场，在打燃10到12架水上飞机后他们转到帕拉姆机场，对着地面停放的陆攻和舰攻扫射，点燃了大概15架。在攻击时有些零式水上观察机和九七舰攻起飞逃跑，但是很快被敲掉几架。

约翰·基钦的小队则在开战后立刻遇见了日本战斗机，他们参加了礁湖上空的大乱斗，在混乱中估计周围有50架日本飞机。与几队零战交火后他们也分散了，几个人各自为战。基钦的僚机约翰·弗兰克斯称击落3架飞机，总成绩达到4架，不过他要到1945年2月才会获得第5个战果。

马尔文·弗朗格迎头打掉1架零战，他后来回忆说："特鲁克环礁上空如同地狱，我从来没感到这么可怕过。我做了教科书上教的所有事情。甩掉一架飞机，爬升了一点高度，又开始躲避高射炮火，另一架又溜到我下方。我滚转向下俯冲，他则拉起进入垂直爬升。他迎着我飞来，我对着他冲去，我们都在开火。但是我先打中了，在交错而过时他的飞

在特鲁克上空，某架"地狱猫"的照相枪拍下了正被击中的零战。"地狱猫"飞行员在空袭第一天声称击落超过80架零战。

2月17日，特鲁克港内的日军运输船被一枚鱼雷命中瞬间。

机开始冒火。"

弗朗格中尉的僚机亨利·席布勒少尉失踪了，与弗朗格中尉失散后没有返回母舰。也没人看到他身上到底发生了什么，也许某架日本战斗机把他击落了。弗朗格在战斗中看见了有架"地狱猫"认错目标，把他后方的另一架"地狱猫"打冒火，但是他没法确定那是不是席布勒的飞机。

早上第一攻击波遭遇日机时，几个"地狱猫"中队在开战头20分钟内就声称击落大量敌机，总数接近50架。VF-5的中队长爱德华·欧文少校带领他的中队到场时日本人还在手忙脚乱，许多零战在机场上滑行和起飞，准备好迎敌的不多。少校后来回忆了空战经过，可以说是对这次空战的概括性描述：

我们到达目标地区时拥有一切所需的优势：清晨、战术情报、日本人遭到了突袭，飞机都停在地上。

当我们扫射机场时，日本人开始升空，很快就发生了一场大空战。实际上空中飞行的日本飞机太多了，情况尤为混乱，很难选择一个目标，追着它打直到击落为止。经常在中途就被其他正在起飞的目标引走了，还有那些看起来像是在加入某种编队的目标。

仅仅几分钟之后就很难找到干净的天空了。在每一个角落里都有日本飞机燃烧着坠落，还有很多正在起飞的因为被扫射直接坠毁。地面设施正在爆炸燃烧，所有这些都沐浴在清晨金色光辉中。大概就是这种景象让我把这次战斗称作"好莱坞战争"。有时看起来就好像是在拍电影一般。

空战结束后，欧文少校声称击落了2架零战，他的战绩达到了王牌标准。

第一次扫荡任务中，战绩最好的VF-9中队声称击落21架飞机，其他中队的总声称击落数为48架。到目前为止，这是太平洋战场上最壮观的战斗机大战，这次战斗以美国海军航空兵的压倒性胜利结束。日本战斗机只打掉了4架"地狱猫"，自己损失惨重。不过环礁上还有众多目标未受到攻击，几个"地狱猫"中队还要为攻击机群护航。由于在第一次空战中的损失和消耗，剩下的零战已经降落补给，30分钟后的鱼雷机和俯冲轰炸机中队到场时一度没有遇到日本飞机拦截。

刚到下午，米切尔决定摧毁仍然完好的机场跑道，让日机无法再度起飞。因此VF-10中队出动5架F6F，全都挂载了带延时引信的炸弹，他们的目标是摩恩岛机场。其他航空大队则继续攻击那些仍然对舰队有威胁的机场。这5架"地狱猫"全都成功将炸弹投中摩恩岛机场唯一的跑道，14架轰炸机紧随着对机场上的目标扔下炸弹。其他负责掩护的"地狱猫"轮番扫射了停机坪，摧毁了11架单发飞机，SBD投下的炸弹则另外炸毁了12架日本轰炸机。

大多数飞行员在今天飞行了两个架次，还有些人飞了三个架次。其中VF-10中队的沃尔特·哈曼中尉是少数在两次不同任务中都获得战果的人之一。清晨战斗机扫荡时他声称击落2架零战和1架二式水上战斗机，下午"企业"号的飞机攻击摩恩岛时，哈曼的四机小队刚扫射了机场，4架零战就俯冲下来攻击他们。接下来15分钟里哈曼和1架零战开始单挑，双方看起来旗鼓相当，谁都无法取得上风，直到最后哈曼终于一个点射打中了零战，它坠毁在岛内土坡上。

在为时太晚前，哈曼勉强冲回了主战场帮助队友。拉瑞·里查德森中尉的飞机差点被打碎。飞机风挡的一部分炸飞了，发动机也被命中，一侧机翼和机身上开了两个大洞。

一部分方向舵消失无踪，液压系统失效，但是这架坚固的格鲁曼仍然在天上飞行了很长时间，直到里查德森找到一艘驱逐舰并迫降在附近水面上。

虽然看起来不大可能，哈曼分队中的汉普顿上尉遇到的情况比里查德森还要糟糕。在开始与零战的混战里被击中，而后他开始向“企业”号返航，在途中却遇到了3架日本战斗机，这些战斗机显然是在外围徘徊，专找落单或者受损的飞机攻击。汉普顿上尉是个完美的目标，此时周围没有任何其他F6F，日机三合一：包括1架零战、1架短机翼的零战32型和1架二式水上战斗机向受损的格鲁曼追来。

零战32型最先靠近射击，但是看来技术并不高明，它从汉普顿上尉左侧上方一点飞过，开始爬升准备再次攻击。汉普顿拉起飞机转向这架零战，将它套入瞄准具光环然后开火。这架32型冒出一大片浓烟，向着水面方向消失了踪迹。然后另一架零战选择从前上方进入攻击航线，这是个致命的错误，汉普顿拉起飞机与零战迎头对射，虽然只有三挺机枪还在开火，但是零战仍然被命中并开始燃烧。二式水战见势不妙，放弃了继续攻击的想法，脱离战斗逃命去了。

勇猛无畏的汉普顿上尉终于找到了一艘驱逐舰，然后在旁边迫降，迫降的冲击让他一头撞上了瞄准具。驱逐舰上的水手发现他被撞晕了过去，跳到海里将他从下沉中的“地狱猫”里拉了出来。

虽然早晨战果颇为不错，但是今天VF-5中队头号得分手是罗伯特·邓肯少尉，与那些早早就击落敌机的“地狱猫”飞行员一样，10月在威克岛战斗中他获得了两个零战声称击落。下午1点，邓肯少尉的小队起飞护航“约克城”号的轰炸机，他当时负责后方掩护。邓肯看见10到15架零战从6100米高度太阳方向俯冲而下，“约克城”号的打击编队飞行高度要比敌机低1800米左右，由于接战前的高度劣势，“地狱猫”分队只得直接开始做萨奇剪刀。

邓肯少尉和他的僚机被1架从左侧俯冲而下的零战攻击。日本飞行员咬上了邓肯的僚机，许多子弹打在“地狱猫”机身上，但是在剪刀交错位置时邓肯没有错失机会，一串子弹将从他机头前横向飞过的零战打出火焰。几乎立刻又有一架零战试图从正面上方攻击他，不用等僚机转回来，邓肯直接迎头将这架零战也打起火。

与第3架零战交战时，这个伊利诺伊州飞行员与敌机进入了剧烈的剪刀机动，然后零战飞行员可能害怕了，或者想改变态势，他进入俯冲试图脱离。对于俯冲加速缓慢的零战来讲，当然又是个大错——在水平剪刀中他很可能胜过“地狱猫”，邓肯少尉在2400多米高度追上了零战，这架飞机同样被打中后燃烧着坠落。击落了这架飞机之后，邓肯开始爬升恢复高度，刚回到2400米，1架零战就从比他高出100米的地方展开攻击。零战滚转了半圈而后拉杆转向，看起来就像是个自杀举动，邓肯在迎面对射时左侧三挺机枪已经无法开火，迎头过后邓肯使劲拉起机头并向一侧滚转，准备再次射击。不过这时他看见零战在慢速螺旋中坠向杜伯伦岛的山丘。这样，邓肯少尉就成了今天第五名击落了4架日机的飞行员。

下午VF-9中队也再次起飞参战，菲利普·托里中校已经是今天第二次带队。这次任务是给第9大队的空袭机群护航，他的四机小队第一个飞到目标上空。与往常一样，他的二分队长机是亚米斯德·史密斯，13个月前从格鲁曼工厂带回第一批3架“地狱猫”的飞行员之一。他正准备跟着SBD进入俯冲的时候，1架零战前来攻击了他的编队，但还好没有打中他。看见曳光弹从飞机旁边飞过之后，史密斯收回油门并踩舵让飞机侧滑，零战从他旁边超了过去，然后他追上去打中零战左翼，它燃烧着螺旋坠落。

几分钟之后，在摩恩岛上空飞行时，史密斯看见2架零战从岛北的机场起飞。他俯冲下去直接将第1架打爆，第2架也吃了不少子弹，螺旋着掉进水里。这三个战绩让他成了王牌，但是飞回“埃塞克斯”号途中飞机耗尽了汽油，他只好在水上迫降，还好很快被驱逐舰捞起。

在VB-9的无畏机群开始俯冲前，梅奥·哈登的小队遇见了大概15架日本战斗机，由普通零战和方翼尖的32型组成。其中一队位于3000米，另一队位于1000米高度。哈登带着僚机随俯冲轰炸机下降，扫射了机场之后，他看见1架零战从右侧靠近，就转向对着它。后者发现“地狱猫”飞来后被吓住了，拉起飞进旁边的云层。哈登追进去，在零战飞出云层时抓住了它，日本飞行员做了个筋斗，但是哈登却能毫无问题地跟上，并在零战筋斗过顶时打了一个点射，不过没有效果。零战飞行员从筋斗中脱离，试图反咬“地狱猫”，哈登却和零战一起机动，下一次点射把零战点燃了。接着他发现另一架零战，然后直接击中它的机身，可能将飞行员打死了，零战直接坠落到海里。第3架零战也被击中机身，开始俯冲逃跑，但是此时开始燃烧，很快它就掉进了礁湖里。这三个战果让哈登成了今天VF-9中队的第七名王牌。

麦克沃特中尉带着僚机巴德·金豪向几架零战靠拢并交战。麦克沃特返航后报告说：“他们迷迷糊糊不知道在打什么仗，我和僚机遇上了3架零战。第1架完美地瞄准了我，但是不知道为何他没有开火，巴德把他打了下去。另外2架挨个飞到我的瞄准镜里，不到10秒就都被打掉。一公里多距离上还有另一架零战，也向我飞来，他可能会打掉我，但是很奇怪他还是没有开火。我让他吃了一个点射，起火后飞行员跳出了飞机。”

这几架飞机有奇异的橙色和黑色涂装，这种涂装实际上用于训练机，所以他们没什

汉密尔顿·麦克沃特中尉的飞机，正在贴第10个战绩标志。

空袭特鲁克后，这架VF-5的“地狱猫”在“约克城”号降落时翻覆。这张照片倒是很清晰地展示了飞机下表面细节。

么战斗力，自然会被轻松击落。哈登击落的零战可能也是如此，缺乏经验的菜鸟飞行员无法有效发挥飞机性能，即使在零战占优的格斗中仍然会被“地狱猫”击落。在这短暂的战斗过后，汉密尔顿·麦克沃特以总共10个空战胜利，暂时在所有航空母舰战斗机飞行员中排名第一，他也是第一个到达10架的王牌。VF-6中队的亚历山大·弗拉修以9架战绩排名第二。

今天中队排行榜上第一名是VF-9，他们的总声称击落数达到35架。战斗结束后霍克手下有七名飞行员成为王牌，中队总共有了12名王牌，他自己在这天也达到了5架战绩的标准。

特鲁克在早晨一共有365架飞机，到了下午2点时，“地狱猫”机队已经将这一数字大为减少了。飞行员们总共声称在空中和地面摧毁204架飞机，空中击落数为124架，日军记录表明只有62架飞机在空战中损失，正好是声称击落数的一半。但即使如此，“地狱猫”也确实掌控了特鲁克的天空。

就目前所知，在地面击毁的飞机远比在空中击落的多。抛开海航飞行员们的声称数不论，日军方面损失了大约270架飞机，16和17日两天在地面损失了至少200架。大约110架准备转场的飞机在埃滕島机场上被摧毁，摩恩岛上的150架飞机中接近70架被毁。

第58特混舰队完全控制了战场，第二天空袭时没有遇到任何战斗机拦截，实际上到了17日晚上，特鲁克只剩6架飞机处于可作战状态。由此俯冲轰炸机中队和鱼雷机中队能毫无阻碍地实施轰炸，他们击沉了6艘油轮、17艘运输船、3艘轻巡洋舰、4艘驱逐舰，其他各种辅助船只加起来总吨位达到了20万吨。日军唯一成功的反击是在17日夜间用鱼雷命中“勇猛”号航空母舰，不过它安全退出战场，回到了埃尼威托克岛。

美国人的飞机损失量远比他们战前预计的少，两天战斗结束后，总共只有8架“地狱猫”被日军击落，这还包括防空炮的成果，其他飞机也仅损失了17架。损失的“地狱猫”之一是VF-6中队的乔治·布拉德上尉所驾驶的飞机。他是个大个子，一头红发，已经有4个空中战果和5个地面战果，在摩恩岛机场上他又胜过了以往的自己，或者说打得过于兴奋了。他连续不断俯冲扫射停在地面的成排飞机，将6架一式陆攻和4架零战打燃，然后他又去追一艘轻巡洋舰。但这不是他的12.7毫米机枪能应付的对手，终于发动机被防空炮打坏，然后布拉德在水面迫降。由于迫降地点太靠近岸边，营救飞机还没到来日本人就先把布拉德抓住了。从另一方面讲，日本人减少了很多未来的损失，他在战俘营呆到1945年战争结束。

接下来几个月特混舰队又空袭了特鲁克数次，但是没有哪次的战果能有第一次这么好。中队长爱德华·欧文总结说得好：“到那时为止，空袭特鲁克是最伟大的一次表演秀，我不会因为任何事情错过这一场。”

六、中太平洋

特鲁克空袭后，快速航空母舰编队被暂时解散，分散在中太平洋各处执行各种任务。58.2和58.3特混大队开往北面侦察马里亚纳群岛，前者负责关岛和塞班岛，后者负责提尼安岛和罗塔岛。由于这些岛屿的战略位置相当重要，四个月之后它们将成为太平洋战争的焦点，所以现在需要尽可能多的岛上情报。作战计划还是跟以前相同，由早晨的战斗机扫荡开始，等到“地狱猫”解决掉日本战斗机，攻击机群就能

1944年2月22日，日机来袭。VF-24中队的“地狱猫”正在从“贝劳森林”号紧急起飞。

轰炸机场和船舶。

2月22日一大早，40架日本轰炸机突袭了特混大队，超过半数飞机在这次作战中损失，被雷达引导的高炮击落，或者因为飞行事故坠毁。日机没有击中任何船只，但是这次攻击让计划48架飞机组成的战斗机扫荡任务延迟了一个小时。

大概是上帝保佑，天气状况相当恶劣——低空笼罩着一大片雨云，云底只有100米，云层中很少有缝隙。“地狱猫”机群侦察了塞班岛、提尼安岛和罗塔岛，但是飞行员们根本看不清地面，收集不到任何可靠的信息。所以他们只想随便找点什么事，然后看着办。不少零战在雨雾中起飞迎击，但是糟糕的天气让日本飞行员没法有效集结，结果这一整天都在零零星星地发生空战。

VF-9的中队长，赫伯特·霍克少校带着10架“地狱猫”从“埃塞克斯”号起飞，从接近5500米高度飞到塞班岛上空，在这里盘旋了20分钟却

1944年早期，在“大黄蜂”号甲板上等待起飞的VF-2中队。

1944年2月，VF-10中队的“地狱猫”排列在“企业”号航空母舰甲板上。升降机上是1架F4U-2夜间战斗机，属于VF(N)-101夜间战斗机中队。

没看见任何敌机。接着他带着编队下降到2400多米继续盘旋，看见机场上有很多完好无损的飞机，霍克命令哈登上尉、弗朗格中尉带着僚机呆在这里掩护，他和另外五名飞行员俯冲下去扫射。在几次高速掠袭后他们点燃了五六架双发飞机。很快，中队其余的“地狱猫”就掩护着轰炸机来了，霍克带着编队转而攻击水上飞机基地，打烂了几架水上飞机后向母舰返航。

留在上空掩护的哈登小队遇到了一些零战，日本战斗机似乎从提尼安岛起飞，过来截击空袭编队。哈登上尉正带队在1800多米高度飞行，他看见1架战斗机从侧面向他前方的“地狱猫”编队俯冲。这架零战什么都没打中，然而拉起来的时候自己飞到哈登面前，还在爬升时就吃了子弹，滚转了半圈向岛上坠下。他又向另一架正靠近其他“地狱猫”的零战俯冲，日本飞行员转过来与哈登对射，但是打不过“地狱猫”，零战冒出了火焰并爆炸了。现在与僚机科恩中尉分开了，他想找其他“地狱猫”编队，向下方的2架友机飞去的时候，看见第3架零战向提尼安方向返回，就俯冲过去轻松将其击落。

科恩在掩护哈登第一次攻击时，看见2架零战在后下方飞行，他猛收油门，做了一个侧滑并持续转到零战后方。接近后，他才发现这2架飞机一上一下飞行，他对着低处的零战开火，它立刻冒出了火焰。科恩扣着扳机不放，同时拉起操纵杆，子弹顺势将上面的零战也打燃。稍后他又从侧面对着1架零战打了个大偏角射击将其击落。至此他获得了总计4.5个战绩，差点就能成为王牌。

弗朗格和僚机弗兰克斯打掉了3架零战，弗兰克斯先打中1架试图攻击弗朗格的零战，又顺手打下另一架刚从云层中飞出的飞机。弗朗格则击落1架试图爬高的零战。

第9航空大队的大队长菲利普·托里带着护航战斗机飞进了一块云层笼罩的区域，他的地图板告诉他这里应该是塞班岛。“上帝突然在这一锅汤里开了个洞”，他说道，“我朝下望去，上帝也在保佑我，这就是个日本机场”。他呼叫俯冲轰炸机，通知他们目标上空云层碰巧散开了，然后花了很大力气说服他们飞过来看看。一阵空袭之后他们认为可能有20架日机在塞班岛机场被炸毁。

在VF-9的行动后报告中，记录如下：“这次行动中遭遇的敌人海航飞行员看起来蠢得出奇，而且战术训练相当差。零战飞行员几乎不进行规避动作。一名零战飞行员与F6F迎头对射，试图这样赢得空战。但是零战比不过F6F。”

VF-18的编队从“邦克山”号起飞，被导航错误引导到了关岛上空。他们幸运地路过一个大型机场，俯冲下去击毁地面上11架飞机，然后在阴云中击落4架飞机。几个岛屿上空的战斗结束后，“地狱猫”飞行员们一共声称击落20架零战，自己损失了5架，包括被高炮击落的飞机。

大多数战斗发生在海面上空，相当数量的一式陆攻和“彗星”俯冲轰炸机向特混舰队反击。执行空战巡逻的F6F声称击落了接近40架敌机，但是其中部分飞机相当靠近舰队，1架陆攻从“埃塞克斯”号上空十来米高度飞过，居然没有任何人向它射击。

VF-9中队正在试验一种新近距离防卫战术，似乎对于应付这种情形相当合适。这种战术被称作“快速指向基地”，其目的是简化最终截击流程，直接引导战斗机飞向母舰以截击穿过空战巡逻线的敌机。

亚米斯德·史密斯中尉本该随着大队长掩护空袭机群，但是他在起飞后被战斗机引导官调走拦截日本攻击机，他带着小队转向距离航母只有大概24公里的目标。这是2架一式陆攻，很快就都被击落。30分钟后，他们被引导去截击另一架飞机，在能清楚看见“埃塞克斯”号的距离上追击1架陆攻，跟着它飞过下方的护航舰只。小队当时收到的命令是“快速指向基地，270”。最后这架惹麻烦的陆攻成功逃脱，但是特混编队的高炮手们扣着扳机不放，小队里由马修斯少尉驾驶的第3架飞机被这些友军火力击中，在海面追降后失踪，此后“快速指向基地”战术就被放弃了。

作战结束了，特混舰队安全离开战区，飞行员们带回的侦察照片放入存档，用于未来作战的参照。包括停放在地面的飞机，接近170架日机损失，糟糕的天气依然影响着判定，但是这次很奇特，总损失数竟然比美国人的击毁声称数多50架。升空的日机共有74架，其中67架被击落。

这一次战斗同时也是VF-9第二个作战期的结束，VF-9是第一个完成作战期的“地狱

1944年3月，VF-9中队完成第二个作战期，在下船前他们拍了这张照片。旗子上有六个万字旗表示击落的6架维希法国飞机，还有一大堆日本旗表示现在的战绩。

猫”中队，其间总共声称击落120架敌机，在地面击毁124架。他们在不到一年以后就会再次加入战局，这次将会在西太平洋。特混舰队也会再次回到马里亚纳群岛。

1944年3、4月里，第58特混舰队在西太平洋连续进行了三次空袭战役。对于“地狱猫”机队来讲，这些作战行动对于战术进步没什么作用，仅仅是加强了之前战斗获得的经验教训。3月初，VF-2中队重返战场，这次他们配属在刚服役的“大黄蜂”号航空母舰上。本来该登上这条航母的是第15航空大队，但是最终由于各种问题换成了第2大队。

“大黄蜂巢”

有个小插曲，对第2和第15两个航空大队，以及下属的VF-2、VF-15两个排名顶尖的“地狱猫”中队影响颇大。

“大黄蜂”号舰如其名。它的舰长迈尔斯·勃朗宁曾经是哈尔西上将的参谋长，被称为“海军最重要的人物”，或者“海军最好的战略家，最坏的军官”。他是个酒鬼，经常烂醉如泥，还经常与他人闹矛盾。海军部长在造访哈尔西的司令部时被他吓到了，让哈尔西把他搞出去，结果大人物们商量了一阵之后他就到了这个位置。

第15大队的飞行员确实有些训练不足，更关键的问题是他们很早就与勃朗宁怼上了：在训练中损失了2架SB2C轰炸机，原因是降落事故。这倒没什么奇怪的，因为当时VB-15的飞行员在“地狱俯冲者”上的平均飞行时间不到20小时。但是勃朗宁不买账，他给了中队很大压力，最终VB-15的中队长迪尤少校不堪重负，病倒后被调职。接下来第15大队的大队长德雷恩也被搞下台，接任大队长的就是戴维·麦坎贝尔，他毕业于安纳波利斯海校1933届，曾经是校际潜水冠军。这倒给了麦坎贝尔一个好机会，1938年他就成为了一名海军航空兵飞行员，1943年9月担任VF-15中队长，1944年2月德雷恩被撤掉后接任大队长，最终他在这个位置上成为了美国海航战绩最高的王牌飞行员。麦坎贝尔总飞行时间达到了2000小时，其中800小时在F6F上度过。

当被问及应该由谁来接任VB-15的中队长时，麦坎贝尔先推荐了阿特·吉赛尔少校，不过后者拒绝上任。吉赛尔自称耳朵不好，不能俯冲轰炸，但是他当时正在负责一个俯冲轰炸机中队的训练，看来只是不想在勃朗宁手下服役。接着麦坎贝尔又推荐了詹姆斯·米尼少校，这个人在VF-6中队打过仗，也是安纳波利斯海校的毕业生，但是根本就没飞过SB2C。米尼勉为其难地接受了这个职位，他在“大黄蜂”号驶向太平洋的前一天才加入中队。

队里最有经验的约翰·布里杰斯负责帮助新中队长熟悉飞机。米尼没有用“地狱俯冲者”在陆地上降落过，首次用这种飞机降落就是在“大黄蜂”号上，自然结果很糟糕，头两次着舰都撞进了阻拦网。布里杰斯后来说：“米尼是中队里最烂的飞行员，也是最好的军官。我们很快就开始喜欢他，尽管在座舱里的时候他距离灾难总是仅有一步之遥。”最终VB-15在他的领导下成为了一个创造纪录的作战单位。

勃朗宁也要求一个有经验的战斗机中队长。于是麦坎贝尔自从VF-4时代就认识的查尔斯·布鲁尔少校成了新中队长。他是中队里射击成绩最好的人，在夏威夷训练时曾经有过30%命中率的记录。詹姆斯·里格接任中队执行官，不过因为麦坎贝尔自己太喜欢上场带领战斗机中队，很多人都觉得他才是真正的中队长，布鲁尔和里格的存在感和权威都不怎么强。当航空母舰离开东海岸前往巴拿马运河后，勃朗宁要求飞机起飞甲板长度不能超过122米。VF-15的“地狱猫”倒是没有太大问题，VT-15的“复仇者”也勉强还行，VB-15的“地狱俯冲者”就遭殃了。这种飞机多少有动力不足的毛病，飞行员们觉得这根本没可能，除非有相当好的甲板风。然而勃朗宁听不进任何反对意见，于是两周之内2架SB2C在起飞时坠毁，乘员全都身亡。接着又是2架SB2C在降落时相撞，VB-15的士气跌落到了谷底。

2月10日，“大黄蜂”号抵达巴拿马运河，开始驶向圣地亚哥。在抵达圣地亚哥前又发生了四起事故，VB-15中队上下已经到了和勃朗宁干架的边缘。第15大队就这样被勃朗宁放在了砧板上，他建议大队获得更多“训练机会”，太平洋航空兵指挥部同意了这个看法。于是整个大队被丢下了船，不过他们对被从船上踢下来倒是相当高兴。第15航空大队又训练了六周，每天都飞行几个小时，用实弹演练协同空袭。直到4月20日麦坎贝尔接到通知，他们将在月底登上“埃塞克斯”号航空母舰。

对于替换下第15大队这件事，第2大队的飞行员们感到莫名其妙，他们当时还不知道自己走进了真正的“大黄蜂巢”。结果倒也是预料之中，勃朗宁迅速毁灭了与第2大队的人际关系，他像一头困兽在舰桥上游荡，咆哮着下达每一道命令，船上每个人都怕他或者干脆恨他。第2航空大队也深受其害，因为他对第2航空大队提出了同样的起飞要求：甲板长度不能超过122米。VB-2立刻就遭殃了，“地狱俯冲者”在甲板前缘跌跌撞撞起飞，冲出舰首后立刻下落，飞行员要向海面稍微下降一些高度才能积累足够速度。等到收起起落架和襟翼后才重返甲板以上高度，每个看着它们起飞的人可能都胆战心惊，更不说那些飞行员了。

确实有时候“地狱猫”也会遭殃，3月18日进行例行空战巡逻时，VF-2的2架“地狱猫”起飞后就相撞坠海。未来的王牌飞行员，兰迪斯·多纳看见2架飞机消失在舰首下时深感震惊。虽然发生了这么多不愉快的事件，作战计划还是要按时执行。

3月末，特混舰队对帕劳群岛进行了为期两天的空袭。帕劳群岛与大阪市在一个经度上，西边800公里就是菲律宾。各个航空大队广泛预计这里会向特鲁克那样，展开一场大规模空战。

最后这个期望落空了，至少第一天没有发生。特混舰队在进入攻击区域前就被发现，一些尾随舰队的飞机被空战巡逻机击落。30日早晨，72架F6F起飞执行惯例的战斗机扫荡任务，只有大约30架战斗机起飞迎战。这里面有好几种飞机之前从没遇上过F6F，包括日本陆军航空兵的主力战斗机——中岛生产的“隼”式。这种中岛战斗机在天上看起来与零战很像，但是飞行速度比零战慢20节。VF-5中队对处理这种飞机毫无问题，他们在返回“约克城”号后声称击落了10架敌机。今天的其他时候“地狱猫”们都在努力压制防空炮火力，为俯冲轰炸机和鱼雷机清道。傍晚7架“天山”舰攻妄图偷袭特混舰队，但是他们被雷达发现了，VF-31中队的“地狱猫”前往截击，这些鱼雷机被悉数击落。

第二天空战规模迅速扩大，超过40架日本战斗机从菲律宾转场到这里。接战的“地狱猫”飞行员们报告说大多数飞机看起来外观崭新，就好像是直接从工厂下线的飞机。不过大多数日本飞行员和他们的飞机一样新。在帕劳群岛上空一小时长的空战中，VF-5中队的约翰·格雷上尉闹出了最让人泄气的事——他把其他F6F当做敌机打了一顿，不过往好处看的话，他和僚机还是将一个零战四机编队全数击落。

31日傍晚，VF-31中队长罗伯特·温斯顿少校正带着他的四机小队执行空战巡逻任务，战斗机引导官指示他们前往特混舰队西面120公里处，调查一个不明目标。他们飞到这个位置后，发现9架敌机编成三个V形编队向舰队靠近，温斯顿认出这些飞机是零战，立刻带队攻击。仅仅10秒时间，

1944年3月30日，VF-5中队的布莱克少尉空袭帕劳群岛后返航。他的飞机可能由于战损而控制失灵，在扯断阻拦索后撞上了航空母舰的舰岛后侧炮塔，后机身和右翼全都被撞断。飞机残骸在甲板上滑了一阵后停了下来，坚固的“地狱猫”救了他，拍照时少尉正自己从座舱中爬出。

海军的抗荷服

空袭帕劳群岛，这是“邦克山”号新搭载的第8航空大队首次执行作战任务，其下属战斗机中队为VF-8，中队长是威廉·柯林斯少校。这也是另一件令人惊奇的新装备首次战斗测试，这件新装备是抗荷服，当时叫做零重力服或者“Z-服装”。在1943年早期，VF-8的战术军官斯科特·麦卡斯基曾经是佛罗里达州塞西尔机场测试“Z-服装”的三位教官之一。他曾经在VF-42中队服役，参加过珊瑚海和中途岛海战，有6.5个战绩。麦卡斯基立刻认识到了这件衣服的价值，它能让他在不产生灰视的前提下多拉出大约1.5G加速度。这相当于几乎不增加任何重量就提高了飞机机动性。这件衣服在飞行员的小腿、大腿和腹部套上气囊，通过空气压力挤压飞行员，阻止血液在高重力情况下流向下半身，它的重量只有大约2.3公斤，而且F6F的气压系统只需要很小改进就能使用它。

1943年6月，麦卡斯基前往弗吉尼亚州的庞戈海军航空站报到时，就咨询过关于使用“Z-服装”的问题，他被告知现在

没有可用的抗荷服。一个位于西海岸的评价组报告说不推荐使用，但是麦卡斯基想起以前接收测试服时见过生产商，他没有浪费时间：“我给康涅狄格州哈特福德的伯杰兄弟公司打电话，我曾经在塞西尔机场见过他们，他们私下向我提供了衣服。”麦卡斯基回忆说，“海军也同意了在VF-8中队的F6F上使用抗黑视装备。”所以VF-8就成为了唯一半官方使用抗荷服的“地狱猫”中队。

抗荷服接收工作比较慢，一些VF-8的年轻飞行员不怎么信任这种奇怪的新装备。麦卡斯基认为要让一个素食主义者吃牛排，最好的方法就是让他尝尝味道。所以他向中队所有飞行员发起挑战，进行一场模拟空战，他会穿上抗荷服，其他人不穿。在模拟战斗中没有人能在令人意识模糊的3G至5G机动中跟上他的节奏。麦卡斯基成功了，在训练结束之后VF-8中队的49名飞行员中只有3人不愿意使用抗荷服。

头几天战斗过后，即使是那3个顽固分子也改变主意了。姑且算是一个小奇迹，在帕劳群岛上空中队初战里，他们拿到了11个声称战绩，还有3个可能击落，自己毫无损失。麦卡斯基本人击落2架飞机。

在美国本土飞行训练的VF-8中队机群。

他就击落了长机和两个僚机，然后他才发现这些根本不是零战，而是“彗星”俯冲轰炸机。科尼利厄斯·诺伊少尉也敲掉了3架飞机，另外两名“地狱猫”飞行员解决了最后4架。这场战斗标志着这两天空袭的结束，战斗机飞行员总共声称击落93架飞机，其中VF-5中队占了29架，“蒙特里”号的VF-30中队占了25架，这也是后者在这个作战期的最后一次战斗行动。

接下来米切尔少将指挥舰队转向西加罗林群岛，又是一轮战斗机扫荡、空袭和巡逻任务。在雅浦岛、乌利西环礁和沃莱艾岛上空，“地狱猫”击落18架日机。这几天结束后，各个“地狱猫”中队最终空战声称击落数为111架，地面击毁数46架。这两天声称数确认不太准确，按某些说法，日机在空战中被击落的数量只有35架。但是就空战本身来讲，仍然是一边倒的态势，因为空战中损失的美国飞机只有3架。不过猛烈的防空炮火将“地狱猫”损失数量增加到11架。

从1月1日到3月31日之间，美国海军航空兵的王牌数量翻了一倍，这是相当可怕的增长率。战争的头25个月产生了不到30名王牌飞行员，然而1944年的头三个月30多名“地狱猫”和“海盗”飞行员达到了5架战绩的王牌标准。内中21人的座驾是“地狱猫”，“海盗”王牌则全都出自陆基的VF-17中队。

特混舰队回到马朱罗环礁，只休息补给了一周时间，

他可不是飞行员，飞机维护长芬尼·艾伦正在填写表单，“他的”飞机在1944年3月执行任务后返航维护。

就为了参加西南太平洋战役出航。这次任务是消灭新几内亚北岸塔纳默拉湾周边日军航空兵力，陆军大兵们预定在4月22日涉水登上霍兰迪亚，所以舰载航空大队在登陆日之前的4月20日开始干活。在这一次行动中，日军航空兵抵抗微弱，四天的战斗结束后，各个战斗机中队只有30个声称击落战果，“地狱猫”飞行员们多数时候都在执行对地支援任务。

1943年8月31日至1944年4月30日，第5航空大队的计分板，他们的作战期到此结束。板子上画着95架空战战绩，195架地面击毁。击沉了15艘船共计57500吨，击伤44艘共计234500吨。打着问号的战绩表示可能击落/可能在地面击毁，分别为15个和117个，可见地面击毁的判定比空战还要不准确。

登陆日这天，“列克星敦”号和“企业”号的战斗机编队在海岸山区靠内陆一侧飞行，他们正在搜寻已经接近绝种的日本飞机。VF-16中队升空的小队长之一是弗朗西斯·弗莱明上尉，他在过去5个月内急切地想得到王牌头衔。自从上一年11月吉尔伯特群岛那两天狗斗之后，弗莱明的击落数一直停留在4.5个，今天这样子看起来也没希望了。

不过运气这种东西，只有想找的人才能找到，弗莱明注意到1架双发轰炸机正在低空被2架F6F袭扰。他从3650米高度朝着这个目标直冲下去，弗莱明选择的接近航线很合适，这让他能从目标右后方理想的角度切入，然后迫不及待地在很远距离上就开火了。“我看见曳光弹越过敌机，稍微修正了一点，于是命中敌机机身和翼根位置。这架飞机的右翼油箱和发动机舱立刻起火。”弗莱明从敌机后方脱离攻击，接着看见敌机撞上地面并爆炸，他抢下了这个战果，而且现在他终于是王牌了——还多了半个战绩。

在霍兰迪亚行动中，只有2架“地狱猫”被日军高炮击落，空战发生得很少，不过舰载航空大队认为在地面击毁了103架飞机。真实数字其实完全没法确定，因为其中很多飞机看起来之前就被陆军航空兵的飞机炸射过一遍。

参战的“地狱猫”中队，1944 年 1 到 4 月	
中队名	配属航空母舰或地区
VF-2	大黄蜂
VF-5	约克城
VF-6	勇猛
VF-8	邦克山
VF-9	埃塞克斯
VF-10	企业
VF-12	萨拉托加
VF-18	邦克山
VF-23	普林斯顿
VF-24	贝劳森林
VF-25	考佩斯
VF-30	蒙特里
VF-31	卡伯特
VF-32	兰利
VF-34	所罗门群岛

如果霍兰迪亚行动对于“地狱猫”中队来讲算是失望的话，他们很快就会欢呼起来，特混舰队即将再度攻击特鲁克。

七、回到特鲁克

此时距第一次空袭特鲁克已经过去两个多月，在这个间隙中，该地的日军航空兵力已经部分程度上重建了。到了4月29日，环礁机场上又有了超过100架可用的飞机，这虽然远远少于二月中旬集结的数量，但是仍然颇为可观。结果就是，“兰利”号轻型航空母舰的VF-32中队的两个四机小队作为主要扫荡机群先锋出现时，多达62架零战升空迎击，而主扫荡编队也不过只有24架“企业”号和“列克星敦”号起飞的“地狱猫”，并且都带着炸弹。

幸好低空云层有效阻止了日机集结，VF-32中队长埃迪·奥特洛少校和手下飞行员们只需要直接面对“仅仅”30架左右零战。两个小队从3050米高度靠近礁湖，奥特洛少校带着8架飞机原地盘旋了10分钟，以评估态势。他的第二小队队长霍利斯·希尔斯上尉看见一个奇怪的编队在西面大概13公里之外1800多米高度飞行，这个编队正在靠近他们。希尔斯上尉保持高空掩护，奥特洛少校的小队下降高度查看这些飞机。

这30架左右零战全都以三机V形编队飞行，在后方的飞行员开火示警时，整个编队猛然分散开来。奥特洛少校从比他们高600米的高度开始俯冲攻击，他的小队由日机编队右侧进入，每架“地狱猫”在第一次攻击中都有所斩获。

被突袭的日本飞行员表现得毫无纪律性，也没什么有计划的战术，他们明明应该主动出击，但最后居然只是组成了一高一低两个防御圈。

奥特洛俯冲到3架飞成一串的零战正后方，从近距离将他们挨个点燃。唐纳德·李维斯中尉也同样攻击了3架零战，其中2架燃烧爆炸。在高空掩护的希尔斯上尉此时也俯冲下来，追着1架零战猛扫，他的子弹命中零战座舱，当他在近距离超越那架零战时看见“飞行员的头被打掉了”。看见奥特洛在射击另一架飞机，希尔斯顺便击落了追着中队长的2架零战，此后又有一个可能击落。而后奥特洛则声称打下了第5架零战，这让他在一场空战中获得王牌称号。

整场空战中，VF-32中队的两个四机小队都保持在能有效互相支援的距离，让结成防御圈的零战反而没有机会有效射击。奥特洛的分队长机是一位瘦高个子飞行员理查德·梅中尉，这位温文尔雅的俄勒冈州人击中3架零战，它们着火或者爆炸了，他还命中了3架飞机，这几架飞机掉进了阴云中，所以他没有声称击落这些

防御圈

防御圈是第一次世界大战时发展出来的古典战术，在第二次世界大战中也有广泛运用，战斗机或者机动性较好的攻击机均可运用。这种阵形由法国飞行员吕夫贝里发明，也被称作吕夫贝里圈。多架飞机沿着同一个圆环航线飞行，能让圈中每一架飞机掩护前方的友机。就互相掩护这一点来讲与萨奇剪相同，但是后者只需要2架飞机就能执行，灵活性更高，在水平方向上的飞行距离也更远，比防御圈进步了很多。这一阵形对于切入防御圈追射的敌机很有效，但是在第一次世界大战中就已经产生了破解方法——高速俯冲攻击，偏角射击后立刻脱离。飞行速度较慢是水平防御编队的硬伤，防御圈中的飞机只能对这样的攻击者实行偏角快速射击，或者还来不及掩护，前机就已经被击落。而无论是偏角射击，还是快速击落坚固的美国战斗机，都恰好是日本战斗机和飞行员的劣势所在。

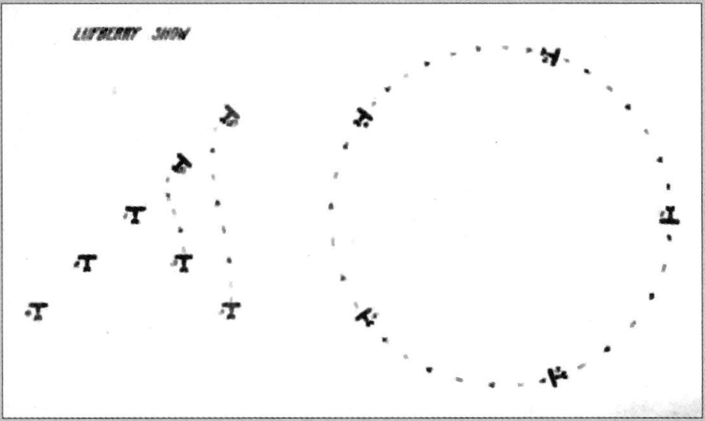

第一次世界大战时绘制的防御圈示意图。

飞机。梅的僚机约翰·庞德少尉也在空战中敲掉了2架飞机。

VF-32中队作战记录写下了这场一边倒的战斗，他们总共声称击落20架飞机，外加两个可能击落，只有1架F6F受损。奥特洛成了一日王牌，梅中尉战绩也上升到5架，此前他曾经在埃尼威托克岛和沃莱艾岛取得过两个战果。表现最抢眼的人则是希尔斯上尉，这个深色头发的加利福尼亚人是唯一在两个国家服役过，又击落过两个主要轴心国飞机的美国飞行员。他第一次战斗是在两年以前，在加拿大空军的战斗机中队里参加了1942年8月迪耶普登陆战，在空战中他击落了1架FW 190，他当时驾驶安装艾利逊发动机的“野马”I战斗机，这是“野马”战斗机的第一个空战战果。

另外几个空战较少的部队，例如第2航空大队，主要的对手是岛上防空炮，不少飞机在任务中被高炮击中，但是VF-2中队的飞机全都返回了母舰。VT-2的“复仇者”倒是被防空炮打掉2架。

今天还有值得一提的就是亚历山大·弗拉修声称击落了2架零战。他曾在第一次空袭特鲁克时击落过4架飞机，在VF-6中队调回国的时候他转到VF-16中队继续作战。当第一

第二次空袭特鲁克过后返回“大黄蜂”号的F6F-3，左翼被防空炮打了个大洞，座舱盖也被打飞，残余框架挂在座舱右侧。

在特鲁克上空巡逻的VF-2中队飞机，注意副油箱也采用了类似机身的涂装方式。

1944年4月24日，这架VF-6中队用过的“地狱猫”被送返格鲁曼公司，它将在工厂里翻新后再送往训练中队。中队长爱德华·奥黑尔曾经驾驶过它，送返后曾被用于战争债券宣传活动，飞机没有补油漆，特意展示了它在塔拉瓦、马金等地作战留下的超过200个弹孔，格鲁曼的飞机坚固得令人惊讶。在宣传活动中飞机还涂了九个战绩标记。

另一架在后方修理的“地狱猫”，它也满身弹孔，填补过后还没有涂漆掩盖。日本的航空机枪，尤其是7.7毫米口径的，通常只会让格鲁曼飞机带着子弹回家。

次降落在“列克星敦”号航空母舰上时，他的“地狱猫”座舱盖旁边涂了一个“A级”汽油限量供应标志。在战争时期“A级”意味着汽车司机每周会配给15.14升汽油，不过“地狱猫”在挂了一个副油箱之后需要1514升汽油才能加满。

第二次对特鲁克的空袭又持续了一天，与第一次空袭相同，日本航空队在第一天就被打得失去战斗力。狂风大雨持续到早晨10点，然而此后的空袭中，特混舰队没有再损失任何飞机。战斗结束后，各个“地狱猫”中队总共声称击落65架飞机，还有85架飞机在地面上被炸弹或者扫射摧毁。这一次空中击落声称数颇为准确，日军记录表明有59架飞机被击落，但是在地面被击毁的只有34架。5架美国舰载机在空战中损失，越来越危险的高射炮打下了另外21架飞机。

以“企业”号的一名空袭领机的话说“我们废了这个地方！”现在特鲁克已经失去战斗力，这里也没有任何重要船只停泊，特混舰队离开时，机场上能用的飞机只剩十余架。特鲁克曾经号称“太平洋上的直布罗陀”，现在它已经彻底完蛋，没什么东西能阻止美国人向马里亚纳群岛前进了。

向马朱罗环礁返航时，特混舰队顺路在5月1日空袭了波纳佩岛。此前的攻击已经让日本人没什么防御能力，连防空炮也没剩下多少。1架VB-2的“地狱俯冲者”带着炸弹返回母舰降落，着舰冲击让翼下挂载的45.4公斤炸弹松脱了，炸弹在甲板上爆炸，炸死2人，炸伤25人。飞机回收并未因此停止，第2架“地狱俯冲者”撞进了阻拦网。接下来是罗伊·沃里斯的“地狱猫”，他踩刹车过分用力，尾钩没有抓住阻拦索，飞机机头栽到了甲板上，螺旋桨在木质飞行甲板上挖出一个凹槽。

5月4日，舰队在埃尼威托克环礁下锚。在5日晚上，

5月20日，VF-15中队这架飞机在马库斯岛上空被防空炮击伤，但是坚固的“地狱猫”顺利返回了航空母舰。照片上看来它的襟翼已经无法放下，正准备在这种状态下着舰。

1500人聚集在“大黄蜂”号机库甲板上看电影。电影进行中有一段时间鸦雀无声，忽然有人听到了嘶嘶声，好像点燃的引信。有人开始大叫：“有个炸弹松脱了！”机库内顿时大乱，水手们互相推挤，都想从这里跑出去。还有几个人自己跳进了海里，或者被其他人挤了下去。勃朗宁舰长一把抓起麦克风，开始对着人群大骂。大副提醒有人跳海之后，他还拒绝放下小艇去救他们。这件事导致十余人受伤，为了这件事，海军成立了调查委员会，最终结果是27日勃朗宁被撤换。

5月18日至20日，“埃塞克斯”号和“黄蜂”号再度空袭了马库斯岛，空袭中仍然没有日本战斗机出现。VF-15中队首次参战，中队的1架“地狱猫”被防空炮击落，还有几架受损。航空大队长麦坎贝尔的“地狱猫”在19日的空袭中严重受损，降落后因为没有修复价值被地勤推入海里。23日，两舰与“圣贾辛托”号会合攻击了威克岛，不过没什么值得一提的事情发生。

八、马里亚纳战役

5月27日，美军在比亚克岛登陆。日军联合舰队司令长官丰田副武大将决定要先对抗这个行动，准备将联合舰队派往此处进行反击。但是,之前1架日本侦察机发现美国第五舰队仍然在马朱罗环礁，这个情报让日本参谋军官不知所措，他们觉得美国人不可能同时发起两个主要攻势。这种思路只是再一次暴露了日军的情报机构水平，可以说到现在仍然不能正确估计美国的战争潜力。

最后,丰田判断比亚克岛是主攻方向，6月10日以战列舰“大和”号、“武藏”号为首的水面舰队被派往此处。11日早晨，机动部队也离开了塔威塔威泊地以支援水面舰艇。中午联合舰队司令部收到了美军第五舰队出现在马里亚纳群岛的情报。丰田终于惊觉这才是美国海军的主攻方向，于是小泽的机动部队在菲律宾海域等待了一阵，直到水面舰队返回与他会合。这个会合行动使得美国潜艇发现了他的行踪。

在美国海军这一侧，1944年6月的第二周，征粮者行动即将开始，第58特混舰队的15艘航空母舰起航前往马里亚纳群岛，这些航空母舰总共搭载了479架“地狱猫”，包括27架F6F-3N型。五艘护航航空母舰也跟着出发，它们要负责支援滩头登陆部队，其中三艘搭载了总共66架“地狱猫”。这是迄今为止最大一次“地狱猫”机队集结，总共有545架各型F6F参加战役。再加上其他舰载机，特混舰队一共有956架飞机。海军历史学家们喜欢把这一战役叫做第一次菲律宾海海战，对于“地狱猫”飞行员和普罗大众来说，这场战役通常被叫做“马里亚纳火鸡大狩猎”。

距离上次航空母舰会战已经过了一段时间，美国人已经快速扩大了海军航空兵和舰队，日本人在这方面做得就很慢，不得不在一定程度上避战休养，才终于集结了不少兵力。从美国人的角度看来，马里亚纳群岛的重要程度使得日军必定前来反击，他们想对了，但是日本海军的战术方案却出乎其意料。

日本人的航空兵力看起来比美国人更多，虽然只是在纸面上如此。驻扎在马里亚纳群岛的各个航空战队共有672架飞机的编制，不过不满员，而且维护成问题，能使用的只有300多架，平均质量也相对一般。此后，前来支援的第一机动部队航空母舰上另有426架飞机的配备，平均水平比陆基飞机稍强。

诺曼底登陆日刚刚过去，米切尔的七艘大型航空母舰和八艘轻型航空母舰就已然就

绝对国防圈

马里亚纳在地理位置上非常重要。1943年9月，日军大本营决定沿千岛群岛、小笠原群岛、马里亚纳群岛、加罗林群岛、新几内亚群岛西部建立防线，即为所谓的“绝对国防圈”。1944年2月起开始加强该地区的防御。2月25日，大本营将中太平洋地区所有陆军部队整编为第31军，小畑英良陆军中将出任司令官，负责该区域的岛屿守备。

马里亚纳群岛由16个火山岛组成，主要岛屿包括塞班岛、提尼安岛、阿格里汉岛、罗塔岛。整个群岛南北绵延600多公里，距离东京2000多公里，距离马尼拉2200多公里，位于“绝对国防圈”中央。

这里可作为进攻基地，切断日本本土与东南亚的联系，也可作为未来登陆日本本土的后勤基地。而且更为关键的是，这里很合适作为战略轰炸日本的航空基地。中太平洋上大面积的岛屿不多，可以较早攻占，而且距离适当的只有马

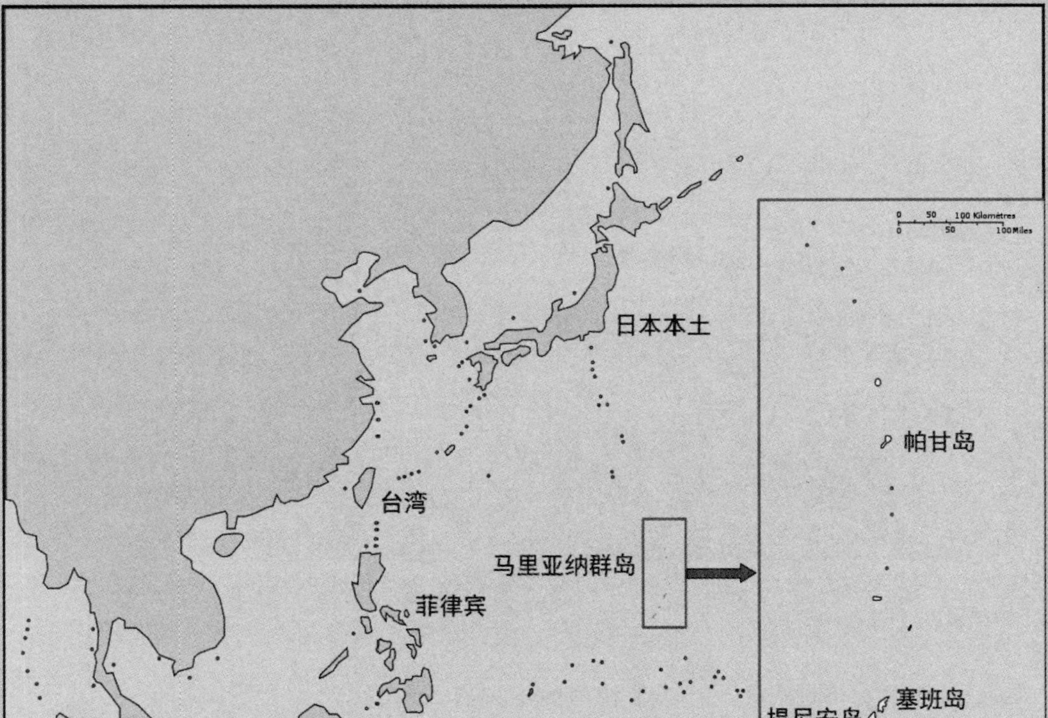

马里亚纳群岛地理位置示意图。

里亚纳群岛。

眼下正要开始交付的波音B-29超重型轰炸机，以最大起飞重量起飞，并且挂载9吨炸弹时的作战半径为2600多公里，大编队集结的话还要近一些。中国成都附近的新津、广汉、彭山、邛崃机场距离日本九州即有2500多公里，距离东京3300多公里。而且成都附近的基地后勤补给需要从印度空运到中国，沿着地球绕半圈，成本异常高昂。

从马里亚纳群岛起飞的话，B-29的作战半径则足以覆盖日本四岛大部分面积，同时补给相当方便。在马里亚纳战役结束后，塞班岛临近的提尼安岛被建设成了一个机场岛屿，北机场和西机场可以停放数百架B-29轰炸机，这里成为了对日战略轰炸的核心。

从空中俯瞰巨大的提尼安北机场，三条跑道可以让大量B-29轰炸机同时起飞，这还是建成初期，后来又继续扩大。

位，准备开始行动。不过塞班岛登陆日要等到6月15日，这给战斗机部队留出了四天时间在马里亚纳群岛上空取得制空权。在进攻菲律宾群岛之前，这里是中太平洋最后一个主要目标。最后，就争夺制空权这个结果上来讲，两天就足够了。

米切尔的参谋们认为现在日军已经习惯在两栖攻击前几天会有清晨战斗机扫荡，这样的扫荡任务会提醒日军地面部队严阵以待。所以他们制定了一个新方案，保证登陆的突然性。按照以往的习惯，战斗机扫荡将会在6月12日清晨开始，但是这一次改在11日下午。这个时间表也不算太早，这天早上1架日本观测机发现了特混舰队，到中午为止空战巡逻机业已击落4架侦察机。其中VF-50中队的约翰·斯特兰奇少校击落了1架“彗星”俯冲轰炸机，这是其为期两个月战役里的第一个战绩。

中午12点刚过，快速航空

母舰转向14节风速的迎头风，开始起飞战斗机，这一攻击波总计有208架“地狱猫”。每艘大型航母起飞四个小队，独立级轻型航母则起飞三个小队。整体来说这次攻击计划颇为复杂，克拉克少将指挥的58.1特混大队下属“大黄蜂”号、“约克城”号、“贝劳森林”号和“巴丹”号，它们负责攻击关岛。蒙哥马利少将的58.2大队和李维斯少将的58.3大队负责塞班岛和提尼安岛。最小的特混大队由哈里尔少将指挥，它只有三艘航空母舰——“埃塞克斯”号、“兰利”号和“考佩斯”号，其主攻目标是帕甘岛，此外也要协助攻击提尼安岛。马里亚纳群岛由南到北分布，塞班岛到关岛的距离就有240多公里，帕甘岛离关岛更远，这意味着战斗机中队要飞行大致290至380公里距离才能到达目标。

1944年6月，“邦克山”号航空母舰的地勤正在甲板上推567.8升副油箱，舰队即将空袭马里亚纳群岛。

6月15日，VF-8中队的F6F-3正在甲板上暖机，对塞班岛的空袭即将开始。

“地狱猫”机群在各处目标上空都遇到了日本战机拦截，战斗机扫荡编队在各个岛屿和周边空域战斗过后声称击落敌机超过70架。声称数中有一半由“大黄蜂”号的VF-2中队贡献，看来在换了舰长之后，飞行员们的运气也好了起来。中队长威廉·迪恩中校带领手下飞行员抵达关岛，他们掩护轰炸机攻击岛上机场。在霍华德·达夫中尉被防空炮击落时，迪恩的注意力被吸引到这一边。他在达夫中尉头顶上300米高度兜圈，试图引导SB2C到迫降水域投放救生筏，然后他听到沃尔夫中尉在无线电里大吼：“抬头！”

一抬头，VF-2的飞行员

们发现接近20架日本战斗机从600多米的云底高度朝他们俯冲攻击。2架零战向领头小队追去，迪恩和他的僚机戴维·帕克中尉立刻左右分开并同时进入爬升转弯，在零战能够展开有效攻击前，他们反客为主，将2架零战全都打起火。此后迪恩看见1架中岛“钟馗”战斗机正在爬升，他将油门推到最大并打开喷水加力，追上了爬升中的日机，将其打成一团火球。在战斗结束前，迪恩又击落1架零战，这样自从1943年11月到现在他积累了5.5个战果，加入了王牌行列。最先发现日机的沃尔夫中尉则声称击落了3架零战，这一场空战过后VF-2中队总声称战绩数为21架零战和2架“钟馗”。

VF-1中队准备起飞参加空袭马里亚纳群岛，注意该中队在机翼上也用大号字体涂装了飞机编号。

“埃塞克斯”号在塞班岛外海回收VF-15中队的“地狱猫”，左侧飞机正被地勤们推向停机区。

VF-2中队今天的战斗还没结束，“大黄蜂”号派出的空战巡逻编队就前往支援一艘雷达哨舰，他们在驱逐舰头顶击落3架一式陆攻。对关岛的第二波战斗机扫荡中又击落7架零战、2架“钟馗”和1架月光夜间战斗机，中队自己无一损失。下午晚些时候，又有1架月光夜间战斗机被记录在计分板上，将VF-2中队的总声称战绩增加到37个。这一天中队里只有达夫中尉被击落，空战结束后他已经消失，没人看到他身上到底发生了什么。

VF-31的三个小队在道格拉斯·马尔卡希上尉指挥下负责高空掩护，马尔卡希上尉是这群飞行员中唯一曾经获得过战果的人。今天过后情况就不同了，这12架“地狱猫”声称击落了13架飞机，还有2个可能击落。其中，三名飞行员分别击落2架飞机。最后他们还在地面打坏4架飞机。唯一的损

6月某次空袭塞班岛过后的“埃塞克斯”号前甲板。地勤们看起来比较闲散，可能暂时不会再有空袭任务了。

失是惠特沃思少尉，他迫降成功，但是在海里泡了三天后才被捞起。

“贝劳森林”号的VF-24中队只在关岛附近击落1架飞机，至少这让队员们很鼓舞。一个四机小队在岛屿北面看见了一架孤单的零战，立刻开始追击。他们发现零战时距离大概有五公里，飞行员们将油门和转速都推满，喷水系统开始运转，进气压表立刻飙升到60英寸汞柱，转速表达到最大每分钟2700转，空速表读数也随之上涨到240节。他们追击了将近13公里距离，终于追上这架零战，进入机枪射程，这时“地狱猫”飞行员们都还没有扔掉副油箱。零战在虽然在中低空速下机动性比“地狱猫”好，而且后者还挂载着副油箱，但是现在寡不敌众，最后被西伦中尉咬住击落。这次空战充分证明了F6F-3比它的主要对手飞得更快。

这天还必须要提到另一个单独击落，但是理由则不同。在北面远处的塞班岛附近，“埃塞克斯”号新上任的第15航空大队指挥官看见1架零战从云层中飞下。戴维·麦坎贝尔中校立刻转向三菱战斗机并打了三个点射。零战冒着浓烟坠落，它成为了麦坎贝尔长串战绩中的第一个。麦坎贝尔中校对于第一个空战胜利表现得从容不迫，他的态度带着职业性冷静：“我知道我能击落他，而且我击落了他。这就是这么回事。”这种淡然的态度倒是与其他久经沙场的中队长和大队长类似。

加上后继任务中的战果，6月11日结束时“地狱猫”中队的总战绩已经上涨到了98架，自身损失则总共为11架，其中三名飞行员被救回。罗伯特·普赖斯少校被击落时正带领“考佩斯”号的VF-25中队攻击一个日军运输船队，他在海中漂流了长达两周的时间，独自在救生筏上努力生存，最终获救。

整体来说第一天扫荡非常成功，几乎耗光了日军在马里亚纳群岛的航空兵力，日本航空兵在几小时内就被打成半残，因此第二天空战中日军战机少得多。在12日的空战中，战绩最好的仍然是VF-2中队，他们取得了14个宣称击落战果，包括11架零战和1架“钟馗”。该中队的沃尔夫中尉在救生潜艇上空巡逻时遇见了1架“月光”，他追了很久才将日机击落，至此战绩达到5架，跻身王牌行列。约翰·瑟西上尉的飞机被大口径高炮击中，他迫降后被“黄貂鱼”号潜艇救走。因为没什么敌机可打，VF-15中队攻击了一些船队，声称击沉几艘小船和一艘护航驱逐舰。

到了13日，“地狱猫”已经完全统治了群岛上空，美国飞机来去无阻，四处空袭日军设施和船只。第15大队又击沉了一艘运输船，第2大队也攻击了一个船队，第一攻击波离开时一艘运输船和两艘驱逐舰正在熊熊燃烧。

在第二攻击波飞向轰炸船队时，第2航空大队的大队长杰克逊·阿诺德中校已经开始组织志愿者空袭关岛。唐·勃兰特少尉在这次任务中担任大队长僚机，当编队到达奥罗特角时阿诺德看了下手表——现在是9点13分。飞行高度是大约3960米，大队长回忆说：“我们开始轰炸后，防空火力越发猛烈，勃兰特少尉的飞机几乎立刻就被打中了——涌出一大团烟！当他打开座舱想跳伞时，我立刻向他呼叫，让他别跳伞。我认为在这个位置他不会降落到水中，而掉在地上意味着被日本人抓住，死定了。据说他们根本不抓俘虏。”

勃兰特自己倒是没忘记该怎么逃跑，他俯冲逃离高炮弹幕，飞机速度增加到了每小时580公里。勃兰特害怕这个速度下跳不出去，早早松开安全带，打开座舱盖，风压立刻把他吸到机外。风把勃兰特吹离海岸400多米，他头朝下挂在降落伞下，落水的时候也是这个姿势，还好勃兰特抽出生存刀切开了伞绳，但是降落伞又连带着救生筏被海浪卷走。他的队友们则驾机来回扫射海岸线，以阻止日本人下海去抓他。

10点14分，阿诺德联系上了“黄貂鱼”号潜艇，这艘潜艇当时正等在海岸外几公里。然后大队长命令SB2C轰炸海岸炮位——这里的大炮会威胁潜艇本身。一个“地狱猫”小队俯冲下去，对着一艘正想出海抓人的日本小艇扫射。勃兰特自己成功给救生衣充了气，他发现风向和海流正让他远离海岸。“当我看到飞机返回航母时感觉成了个没人要的悲凉少尉”，他后来说。日本人居然没对着他开火，就这样让他在水里漂着。

11点15分，“黄貂鱼”号艇长山姆·卢米斯少校得知勃兰特还在岸炮射程内。但是他仍然下令向港口潜航。这时头上又来了一个攻击波，“地狱俯冲者”对着港内日军船只扔下炸弹。其中一名飞行员勒莫因中尉看见了海里的勃兰特，放弃攻击飞过来向他扔下救生筏。

勃兰特爬进救生筏，认为日本人很快就会再派一艘船来抓他，用船桨向港口入口划去。他知道潜艇不会在这里救他，还不只是距离海岸太近的问题，而是他根本就在港口内部。他运气很好，马里亚纳群岛是大陆板块相撞形成的岛屿，港区入口直指深海，这里的海水很深，“黄貂鱼”号就利用这个条件悄悄潜了进来。

勃兰特后来说：“我突然看到潜望镜伸出水面半米多，它开始减速，然后停下了。我划到这里，用小艇上的救生绳拴住潜望镜。然后我们就开始开向港外了！后来我才知道潜艇在倒船，港内的转弯空间不够。”

这时阿诺德已经回到“大黄蜂”号，刚加油补弹完毕。他回忆说：“我们在下午2点30分返回那里，看见唐的救生筏还在港区内。我们就再次开始压制日军。其实我已经开始咒骂这个缺乏行动力的艇长了，接着我飞到低空查看，意识到唐的移动速度远比海流带来的速度高。当我再次通过他头顶时看见了下面的潜艇影子。他们正在把他拖出去！”

大队长带着一些第2大队的飞机在上空盘旋保护潜艇和飞行员。“终于，感觉过了很久很久，我们到了海岸外一公里多距离，他们收起了潜望镜，上浮到水面把我接进去”，勃兰特解释到，这个大费周章的营救行动终于结束了。勃兰特在船上居然遇见了前一天被击落的约翰·瑟西上尉，30天后潜艇把他们放到了埃尼威托克岛，直到7月末才回到VF-2中队。此后他们两人就一直作为分队双机共同飞行。

日军在马里亚纳群岛上已经无资源可用，他们只能从硫黄岛和加罗林群岛向马里亚纳调飞机。美军早已预料到前一条路径，硫黄岛和小笠原群岛差不多就在马里亚纳群岛和日本本土正中，是个完美的集结场地。58.1和58.4特混大队接到命令开向北面，尽管天气预报看起来相当糟糕，但是计划是在6月15日和16日空袭这里的机场，打断可能的日本航空兵增援。

悲观的天气预报很准确，舰队在15日下午到达起飞点时，云底已下降到很低高度，能见度也相当有限，并且海况很糟糕。尽管如此，机群仍然在硫黄岛东面大约217公里处起飞，44架“地狱猫”组成三个编队，分别前往扫荡硫黄岛和周边岛屿。其中部分飞机挂载了炸弹，准备在“地狱俯冲者”和“复仇者”机群到来之前先轰炸一遍机场。

硫黄岛上驻扎着大约100架飞机，但是台风带来的坏天气也有效干扰了日本人，在马里亚纳群岛受到攻击后，距离较近的硫黄岛急需加强防守。结果不仅支援没有及时到达，而且只有少数飞机起飞迎战。美国人本以为会是一次成功的突袭，而且携带了很多外挂，虽然没有料到会遇到截击，不过当战斗爆发后情况与往常没什么区别。新到“约克城”号的VF-1中队和“大黄蜂”号的VF-2中队包办了空战，他们几乎击落了所有起飞的零战。

VF-1中队的15架飞机最先到达目标上空，中队长斯特林带着他的四机小队从3050米高度开始进入50度角俯冲，他们向机场扔下破片炸弹然后扫射掩体中的战斗机。斯特林本人抓到1架正在起飞的零战，在90米低空将其击落，此时他手下的两个小队正在追赶反应迟缓的日本战斗机。

保罗·亨德森上尉的小队只有3架飞机，但是他们声称击落了10架日机，占到VF-1中队总击落数一半。亨德森和米哈格中尉各声称击落4架零战，但是亨德森自己在战斗中失踪。最后一次目击时，他正在追打小队三号机屁股后面的1架日机。小队三号机由莫纳少尉驾驶，他声称击落2架飞机，战斗结束后与米哈格中尉一同返回“约克城”号。此外，VF-1中队还有1架“地狱猫”被防空炮火击落。

接下来轮到VF-2中队的8架飞机上场，劳埃德·巴纳德上尉带着这些“地狱猫”飞临机场。中队长威廉·迪恩中校很民主地只派出了手下没有取得过战绩的飞行员来硫黄岛刷人头，给他们一个赶上的机会。他们不负众望，接下来25分钟内，巴纳德上尉凌空打爆3架零战，还将另外2架打落在海里。马文·诺布尔中尉和查尔斯·卡罗尔中尉各声称击落3架飞机，剩下的四名飞行员总共击落6架，总共战绩17架。

巴纳德上尉回到母舰后，写下了这样的战斗报告：

我们到达目标上空时，估计天上有30至40架零战。我们在4570米高度，接着我看见几架零战在攻击底下几架F6F，他们高度大约在3050米。我们就冲下去追击他们，正当此时又看见8至10架飞机从下方飞来。我俯冲下去迎头攻击了其中1架，交汇过后我转了个弯，看见他在天上爆炸了。机翼和残骸漫天飞舞。

我拉杆掠过一架飞机，另一架零战飞到我前面，这时高度是2740米，我在同高度从他的六点方向射击。他爆炸了，我从炸出的火球中穿过。

之后，我转弯看向周围，有1架零战正咬在某架F6F身后。我在这架零战的9点钟方向，对着他打了一个大偏角射击，他也爆炸了。到了这个时候，天空中各处都有零战在爆炸。

此后我四处转悠，直到看见一架飞机在海面上60米高度飞行。我击中了它，从八点方向射击，然后它翻滚着坠入水里。

我爬升回1500米，看见1架零战在我头上。它位于2400多米高度，正向一架1800米高度的F6F俯冲攻击。我跟着它俯冲到了海面，它开始逃跑而且做了个比我快很多的半圈筋斗，所以我拉起飞机做了个失速转弯。这时另外2架F6F靠近了，零战切到了他们内圈。在他们找到开火机会前，我从失速转弯中拉起，从8点方向将30米高度的零战击落。

飞机不能自己倒着滑行，那么要在甲板上向后移动位置该怎么办？这张图就解释了具体做法，图片右侧有一辆小车拉着飞机尾轮，地勤们则围成一圈将飞机推走。这是“约克城”号上VF-1中队的“地狱猫”。

高海况给返航的飞机带来了很大麻烦，飞行甲板来回乱晃。诺布尔的飞机被高炮打中，操控困难，实际上他最后摔在了甲板上，一侧起落架整个崩飞了。中队只有1架“地狱猫”没有返航，还是被高炮击落。飞行员们的报告里说到日本海航的战术很糟糕，看起来完全没有组织。

“埃塞克斯”号的VF-15中队姗姗来迟，他们抵达的时候天上只剩几架零战还在飞

同样，飞机要从机库推往升降机也靠人力完成。

行，飞行员们击落了3架。这几个战斗机中队总共有41架“确认的”击落，明显夸大了战果。不过按照日本记录他们也损失了大部分起飞的战斗机：第301航空队起飞了18架零战迎击，几乎被“地狱猫”打得精光，17架飞机被击落，16名飞行员身亡。接下来的时间，“地狱猫”、“地狱俯冲者”和“复仇者”就集中火力摧毁地面停放的飞机。

16日早晨，天气终于恶化到任何航空行动都无法展开。中午过后天气好转，对硫黄岛和父岛地面设施的空袭继续进行。防空炮让美军飞机损失增加到12架，不过在这些岛屿上的日军航空兵力已经完全被消灭。虽然跑道上的弹坑修复得挺快，但是没有飞机能及时从硫黄岛飞到马里亚纳群岛支援反登陆作战。空袭结束后，克拉克和哈里尔少将率领特混大队向南返回，准备参加主要战斗。日本海航本来在今天起飞了29架零战增援硫黄岛，到了中途却因为天气太糟只好返航。

日军飞机不在的时候，战况就相对平静了。只有少数几个中队在马里亚纳群岛上空找到了仗打，15日VF-51中队从“圣贾辛托”号轻型航空母舰起飞，这艘船得了个诨名“得克萨斯州海军旗舰”。他们声称击落7架飞机，外加一个可能击落。其中3架“飞燕”战斗机被中队得分王麦斯威尔上尉击落，他的小队在11日击落过2架侦察机。麦斯威尔上尉这次算是转运了，他此前在瓜达尔卡纳尔岛上驻扎的VF-11中队服役，那一个作战期对他来说才执行了五次任务就提前结束。他的“野猫”战斗机在空中与日本飞机相撞，撞击时被切掉了尾巴，但是他安全逃生，此后两周时间他都在日军控制水域内逃亡。马里亚纳群岛战役在部队的层面上也颇为重要，在整个六月里VF-51中队声称击落21架飞机，而他们在战争中的总战绩才29个。

登陆日之后，日军仍然组织不起有效的空中抵抗，但是这并未减少风险。“企业”号的航空大队长“杀手”凯恩就在16日遇到了麻烦事。今天他作为第一位滞空的空袭协同官升空，在清晨5点40分就带着僚机飞向塞班岛西岸登陆部队头顶，这时天还没亮。在这种时候仍然有防空炮对着天上飞机的黑影猛烈射击。大队长飞机左翼下表面有一发炮弹爆炸，“地狱猫”拖着泄漏的油雾和烟气在防空炮弹幕中继续飞行，他们离海岸还有40公里距离——下面猛烈的防空火力来源于美国军舰！

凯恩第一反应是跳伞，然后他发现飞机发动机还在运转，于是决定俯冲脱离防空炮射程。但他的动作慢了一拍，又一阵防空弹幕笼罩了“地狱猫”，飞机滑油箱被打烂，由于油压已经降到零，他只好在海面迫降。飞机突然减速，让他的额头撞上了瞄准具。

尽管在前额上撞出了一道伤口，凯恩并未昏迷。他爬出飞机打开救生筏并坐在里面，沐浴着日出的金光，看着飞机慢慢沉入大海。30分钟后他被救起，凯恩明白美国炮手可能在第一轮射击就把他击落，这让他抓狂不已。更糟的是由于头上的伤口他要停飞三天，休息恢复伤势。从他作为VF-10中队长在特鲁克击落3架飞机以来，时间已经过了整整三个月，现在一场舰队会战近在眼前，却只能在船上呆着养伤，凯恩火急火燎的心情可想而知。

17日，第58特混舰队的所有大队再度集结。征粮者行动总指挥官斯普鲁恩斯上将接到潜艇发来的报告，声称发现一支大规模日本舰队正在向马里亚纳群岛靠近。18日是星期天，这天特混舰队已经开始派出侦察机搜索日本舰队的位置。战斗机中队没有多少行动，只是派出一些飞机护卫侦察机。较大规模的空战只有一场，8架“贝劳森林”号的“地狱猫”在关岛上空被15架零战袭击，VF-24中队立刻反击并击落其中7架，其中3架是西伦少尉的战果。

VF-15中队的詹姆斯·杜菲少尉参加了侦察任务，他负责护卫2架“地狱俯冲者”。后来他回忆说：“搜索任务中最大的难点在于保持清醒，热带阳光穿过有机玻璃，座舱内酷热难当。我们终于到达了侦察航线的转弯点，我真的相当努力保持清醒。突然之间我注意到1架“地狱俯冲者”正在使劲摇晃机翼，飞行员指着下方。我看见1架飞机在我们的八点低方位，开始我想这只是我们的侦察机，但立刻又意识到我们总是多机飞行，所以我决定靠近看看。”

杜菲油门全开向下俯冲，直到波浪上空15米才改平。“等我追上那架飞机，从他下面飞过时，我惊讶地看见了机翼下的红色大肉球。”这是1架中岛“天山”舰攻，正在大约300米高度飞行。杜菲拉起飞机进入快速爬升，然后转向绕到日机后方。“这个日本佬的涂装是难看的芥末棕，发动机罩是红色。我对着他打了个短点射，飞机立刻就开始燃烧。后座机枪手在飞机抬头时试图逃离，接着飞机滚转了半圈，朝下掉进海中消失不见了。我现在终于从‘痛殴学院’拿到了学位证书。”他所谓的“痛殴学院”是指海航的战斗机飞行员培训学校。

VF-2的埃弗雷特·哈格里夫斯中尉回忆说：“我们很多人都接到了侦察任务，要搜索距离航空母舰611公里的区域，扇面横向宽度为80公里。对战斗机来讲这是很不寻常的远距离侦察任务。我们必须信任‘大黄蜂’号，它应该会保持预定航线不变。如果舰队改变航线，我们必须收到提醒，这样才能更准确地计划航线，并被导航回到舰队。大部分这类任务要滞空五小时或者更久，而我们的汽油总共能用大概六小时。这意味着我们的导航必须尽量准确，因为还可能要在降落前等着航母清空甲板飞机。尽管我们尽了最大努力，仍然没人发现日本舰队。”

小泽的机动部队也在侦察美国舰队位置，所以“地狱猫”在舰队附近击落了几架侦察机。显然日本人已经大致知道了美国舰队的方位。

第58特混舰队这边，现在大家似乎都认为19日发生第五次航空母舰会战，米切尔手下的人们都对舰队必须保持在滩头160公里距离内的命令颇为愤怒，尽管保卫滩头看起来也很必要。

日本海军集结了九艘航空母舰，包括五艘舰队航母和四艘轻型航母。在小泽治三郎中将指挥下分成三个航母战队，它们总共搭载了426架飞机，其中230架是零战。这些零战中，有147架是作为战斗机运用的52型，还有83架改装为战斗轰炸机的零战21型。除了一些日本陆军航空兵的飞机从加罗林群岛飞往关岛以外，日本战斗机主力仍然为零战，这又将会是一场零战对“地狱猫”的大战。其他舰载机包括78架“彗星”、66架“天山”、35架九九舰爆和17架九七舰攻。

“地狱猫”和“地狱俯冲者”此前从未执行过攻击敌军航空母舰的任务，相对地，60%日本飞机是在战争开始时参加过偷袭珍珠港的型号或者改进型，但美国海航的飞机更新，平均水平更高。虽然大量日军陆基飞机将双方数量对比拉平了，但是日本陆军和海军之间协调能力特别差，而且支援来得太晚，第58特混舰队只需要单独对付舰载飞机或者陆基飞机。最后仅仅就战斗机来讲，特混舰队的“地狱猫”数量就与小泽舰队所有飞机数量相当。

除了以上这些，F6F飞行员们还有一个重要的优势。虽然VF-1、VF-14、VF-15、VF-27、VF-28和VF-51这六个战斗机中队是首次踏上大规模战场，美国新飞行员却经历过长时间全面的训练，每个中队也都有其他部队调来的老兵，部队的战斗力比较平均而且都不错。

他们的对手则没那么好，虽然仍然包括不少老手，而且大量新飞行员的训练时间看起来尚能接受，但实际上训练水平远不如美军的新手。日军在所罗门群岛的航空消耗战造成了严重后果，现在已经体现了出来。日本飞行员的战术训练也更浅显，此外航空调度和配合方面的问题将在接下来的战斗中显现出来。小泽制定了一个远距离攻击计划，机群从航空母舰起飞，攻击美国舰队后飞往岛上着陆，在岛上装弹加油后再空袭一次美国舰队，最后返回航母。这是典型的穿梭轰炸计划，马里亚纳群岛和美国舰队之间的距离要比双方舰队之间的距离近，因为不需要攻击机群直接飞返程，额外延长了攻击半径，日本航空母舰也不容易被美国侦察机发现。这个战术并非完全不可行，美国陆军航空兵用此类战术的次数还不少。不过问题是前往目标的航时增加了，会凸显调度和配合上的不足，实际上在中途飞行时，日机就被迫重新集结过。

无论如何，日军的航空兵力仍然不可小视。大规模机群仅仅靠数量优势就能穿透特混舰队的空战巡逻线。战斗机要起降并来回于巡逻线与母舰之间，它们在船上要加油、补弹、修理，飞行员也需要休息，还要有足够数量的预备飞机。由于这些原因，“地狱猫”机队规模虽然很大，但是不可能将所有战斗机一次全放飞到空中，甚至大部分放飞都不可能。实际上，有超过三分之一的飞机在天上作战就相当不错了。而且，在天上飞行的战斗机也无法全部同时接战，总有许多飞机在赶往战场，还有不少因为需要补充弹药或者燃料而向母舰返航。于是在战斗中，拦截方的“地狱猫”经常会面对数量优势的敌机，空战会演化为多个“地狱猫”编队连续参战并不断地削弱来袭大编队，最后才能将其完全打散。雷达预警、航空管制、飞行员技巧、飞机性能以及精心制定的空战原则都会影响胜负的天平，在这场马里亚纳战役中这些因素都加在美国人头上。

19日昼间晴朗，早晨天气温暖，低空有10节速度的东风，非常适合飞行。这样的天候对于防御方的战斗机飞行员来讲可谓完美。即使有雷达引导，活塞时代的战斗机仍然要靠飞行员目视确认目标才能进行攻击。仅有的几片碎云无法掩护大型编队，飞机在低至6100米高度都会产生凝结尾迹，让它们无所遁形。

在航空母舰战役这么复杂的军事艺术中，通信的重要性无以复加，但是即将发生的战斗时间对美国航空母舰来说，略为不合时宜。因为特混舰队正在升级无线电设备，四个特混大队只能共享两个战斗机引导频道。在战斗机引导官发布战术信息和引导指示的时候，战斗机飞行员必须停止通常对话，切到这两个频道上。

四位新晋战斗机引导官要承担尤其大的责任，他们要负责引导各自特混大队的战斗机。特混舰队主引导官是“列克星敦”号的约瑟夫·埃格特上尉，与其他引导官一样，他是个年轻预备役军人，战前在纽约市当股票经纪人。这天会是对他管理能力的最大考验，这几个年轻人的经验、技能和判断力将在战斗中发挥最重要的作用，他们实际上在战术层面控制着这一次历史上最大的航空母舰对战。

当负责侦察的“复仇者”和护航的“地狱猫”出发寻找日本航空母舰时，今天第一次接触出现了。早上5点30分，特混舰队的雷达在最南面58.2大队的西方发现一个回波。VF-28中队早已从“蒙特里”号上起飞了一个小队，他们正在前往空战巡逻线，于是被引导前往调查。小队长是菲茨帕特里克中尉，到达位置后他发现2架“彗星”俯冲轰炸机以紧密梯队飞行，已经飞到“蒙特里”号西面只有48公里距离。这2架飞机很可能是关岛起飞的侦察机，菲茨帕特里克和他的僚机位置比敌机高150米，他们从敌机右侧开始俯冲攻击，航线夹角大约有30度。

菲茨帕特里克开火并命中领头“彗星”的座舱前方位置，他保持俯冲由敌机左下侧脱离攻击。第二个“地狱猫”分队看见这架飞机拉起机头，然后滚转反向，最后螺旋着坠入海中。另一架“彗星”在受到攻击时就分散逃窜，它飞入了1200米高度的一片云层，然后就消失了踪迹。获得今日第一个战绩后，他的小队被召唤返回母舰。

快到8点时，两个VF-24中队的小队抵达关岛奥罗特机场上空调查可疑雷达回波。这8架“地狱猫”遇到了大量飞行中的零战。VF-24的飞行员们一边在无线电中大呼求援，一边杀进零战机群，他们最后以1架“地狱猫”受损为代价声称击落和可能击落10架零战。接下来空战发展成一连串细碎的战斗，到了9点30分已经有超过33架“地狱猫”在各处参战。这段时间内空战在关岛上空和周边时断时续，“地狱猫”飞行员总共声称击落了30架零战和5架轰炸机，他们还在报告有更多敌机正在起飞，地面也有相当数量飞机。米切尔认为这种情况“很可能是由于他们正在同时与陆基和舰载飞机作战”，于是，在10点前几分钟，关岛上空战斗机全部被召回母舰。

几乎同时，“大黄蜂”号的雷达发现大规模敌机出现在舰队西面大约240公里处。10点04分舰队拉响警报，额外的“地狱猫”在五分钟内紧急起飞增援已经在天上的60架空战巡逻机。“亚拉巴马”号战列舰的雷达室估计第一波敌机攻击队有大约50架飞机。实际上它们数量有64架——14架零战护卫机，44架零战轰炸型，7架“天山”舰攻，早晨7点从机动部队最小的三艘航空母舰起飞。

在美国人不知道的地方，小泽早已到达了攻击范围，7点25分，第3航空战队的航空母舰转向迎风开始放飞攻击波。这是所谓的“特别攻击”，如上所述，主要由轰炸型零战组成，而不是传统攻击机主导的空袭编队。

日机到来的时候，天空中总共有八个中队的74架“地狱猫”。在100公里外，VF-31中队就开始截击日机，接着其他中队的飞机赶来支援。VF-15中队则由队长查尔斯·布鲁尔中校带队前往截击，他的中队距离敌机大约88公里。9点35分，他在无线电中通告发现目标，日机飞行高度为5500米，布鲁尔带着两个四机小队从7300米高度准备进攻。在发现敌机三分钟后，布鲁尔滚转进入俯冲，接下来他连续击落3架零战和1架“彗星”。他的僚机理查德·福勒少尉在遇到一次从左侧来的攻击后与中队长失散了，不过福勒反应倒是很快，他独自参加空战，并且声称击落4架零战。VF-15中队的其他飞行员声称击落12架飞机，其中5架归于乔治·卡尔中尉，不过他和中队长一样把“天山”认作“彗星”了。

整个特混舰队的战斗机引导频道里充满了各种“古典战吼”，所有人都在叫喊，让全部战斗机一起保卫舰队。“地狱猫”以小队和分队为单位向日机扑过去，下方船上的人们看着天空中到处都是爆炸，还有飞机拖出来的火焰与浓烟，太平洋战争中最大的空战揭开了帷幕。

接下来25分钟内，来自其他中队的54架“地狱猫”杀进了战场。说一边倒都还不足以形容这场空战。VF-15中队开战仅仅三分钟后，VF-2中队长威廉·迪恩带着七名飞行员加入战区，他们被指示爬升到“天使25”（即25000英尺，约为7620米高度），去截击“100架以上”敌机。途中他们先看到了日本的攻击编队，就从高空俯冲而下。9架零战和3架“天山”被击落，中队长自己声称击落1架零战，丹尼·卡迈克尔则击落2架“天山”和1架零战，由此达到王牌标准。剩下的飞机按下机头俯冲逃离，他们拉开了距离，VF-2的8架F6F-3战斗机在后面穷追不舍。

回到“大黄蜂”号以后，号称开膛手的VF-2中队居然直率地认为这些零战“是我们遇到过的最好的”。迪恩对他的航空情报军官说：“差不多整一个小时我都在战斗保命。”中队长与僚机分散后被零战攻击，他自己又打掉2架飞机，最后俯冲逃脱。就空战结果来看他的话有点言过其实了，但是至少日军飞行员表现出了相当斗志。勒罗伊·鲁滨逊的飞机被零战打坏，但是他开着飞机降落在最近的一艘航空母舰上，此后返回了“大黄蜂”号。在第一次截击任务中VF-2中队实际上没有飞机被击落。

日机大编队飞了大概32公里远就被连续袭扰的“地狱猫”切成零碎，这些“地狱猫”来自于VF-1、VF-25、VF-27和VF-28中队。这个阶段中21架“约克城”号的“地狱猫”唱主角，第1航空大队长彼得斯带领6架“地狱猫”在天上巡逻，VF-1中队长斯特林带着另外10架在9点过起飞，还有5架飞机自成一队。空战在广大区域内展开，彼得斯和斯特林的编队从9150米打到1500米，最后他们报告说总共遇到35架零战和“飞燕”，声称击落30架，其中“飞燕”显然是识别错误。队里的伊斯特蒙上尉获得四个战果，其他四名飞行员各获得三个战果，中队长本人击落2架飞机。

此时的“卡伯特”号轻型航空母舰上，罗伯特·温斯顿少校和手下两个少尉同时冲向甲板上最后1架可用的“地狱猫”，少校跑得比谁都快，抢到了这架飞机。当他起飞时又差点被2架坠落中的日本飞机砸到。温斯顿从3月底以来就没再击落过什么，这让他有一种深深的挫败感，当升空后发现战斗已经结束，只有一队SBD在周围打转，顿时更为沮丧。

剩下的日机多数也没有跑掉，最终只有少数日机能摆脱“地狱猫”继续前进，即使如此他们也将弹药浪费在了战列舰上。“南达科他”号战列舰被一枚炸弹命中，阵亡50人，但是战舰本身损伤轻微。

第一波日机只有19架零战和5架“天山”幸存。全部“地狱猫”中队只损失了3架飞机，这3架飞机的飞行员没有生还。其中1架飞机属于VF-25中队，另外2架属于“普林斯顿”号的VF-27中队。后者包括他们的航空大队长欧内斯特·伍德少校，他是个挺有天分的钢琴家，喜欢弹奏《月光》。伍德在攻击日机编队时进入了垂直俯冲，当他滚转拉起时，飞机的水平尾翼由于受到的压力太大而脱落，使他坠机身亡。他在安纳波利斯海校的同班同学，VF-27中队的弗雷德·巴德沙少校接替了他的职位，同时担任大队长和中队长。

第二波飞机也很快出现了。7点45分，小泽的几艘大型航空母舰也开始转向迎风开始放飞攻击波。第1航空战队总共放飞了128架战机，包括48架零战、27架“天山”和53架“彗星”，是实际上的第一攻击波。“大凤”号预定要起飞的飞机包括16架零战、17架“彗星”和9架“天山”。此时没人知道美国潜艇就在附近的海里，已追踪日本舰队多时。美军潜艇，“大青花鱼”号对着“大凤”号发射了六枚鱼雷，一枚被小松关雄兵曹长的飞机撞毁，另一枚击中了航母右舷。几个小时后“大凤”号将因为鱼雷引起的油气泄漏爆炸沉没，但是现在它完成了机群起飞作业，其他航母也完成了攻击波起飞。

虽然有少量飞机由于各种原因提前返航，这个攻击波中的大部分飞机顺利到达了美军特混舰队上空，这一波飞机冲到比较近的距离上才被截击——从不到100公里打到了20公里。尚未降落的“地狱猫”，再加各艘航空母舰还在不断加派飞机，使得战斗机引导官的资源充裕，他们先后安排了162架次战斗机截击这个编队。

这次VF-15中队的领队换成了航空大队长麦坎贝尔。10点26分，麦坎贝尔带着11架“地狱猫”向日军编队俯冲攻击，他们已经飞到58.7特混大队西面80多公里处。

麦坎贝尔的小队开始攻击飞在“天山”上方的“彗星”，其他两个小队的8架飞机则在高空与负责掩护的零战缠斗在一起。实际上大队长本人根本没看见那些与他手下交战的零战，他一直在追打“彗星”——宣称击落了5架。他报告说第1架“就在我脸上爆炸”。VF-15中队攻击效果非常壮观，当麦坎贝尔有空观察周围时，看见了令他无法忘怀的景象：坠落的日机在水中激起了一连串水花，还有四周五颜六色的降落伞。

约翰·斯淮上尉与僚机詹姆斯·杜菲是VF-15掩护小队的一分子。杜菲后来说：“我朝上望去，看见2架零战在右边，2架零战在左边。他们划过一道优美的弧线，开始攻击目标，这是我见过最美的飞行航线。不幸的是，目标就是我们！”杜菲试图规避，但为时已晚。“我看见零战从我们下面穿过，所以向右滚转，想打他们中的1架。但是我的速度不够，零战做了个很大的爬升急转，其中1架绕到我后方。他的距离相当近，我都能扔个石头砸到他。我全力急转，但他稳定地切到我内圈。然后他开火了，不过提前量太大，我看见他的曳光弹从面前飞过。”

杜菲滚转反向转弯，但是零战仍然紧紧咬在他后面。“我当时很想知道约翰在哪，我正不断地转弯做剪刀机动，尝试甩掉那架零战。”下一个急转时杜菲拉杆过猛，他的“地狱猫”失速了。“我被机枪打中，声音听起来就像有人用大锤敲打飞机。”他终于意识到继续与零战比盘旋迟早会被打死，就推杆让飞机进入俯冲，这时零战仍然咬在后面。杜菲完全不知道斯淮上尉就跟在零战后面，正所谓螳螂捕蝉，黄雀在后。他们一起向海面俯冲，飞到一半距离，零战就被斯淮打得起火坠落。

回到“埃塞克斯”号之后，斯淮跑来恭喜杜菲，他自称发现了新战术，叫做“杜菲剪刀”。只要杜菲当诱饵，他就能把日本人全部敲掉。杜菲茫然了好一会才发现这是个笑话。

其他几乎所有战斗机中队的“地狱猫”都参加了截击。其中最大规模的是“列克星敦”号的VF-16中队，他们出动了27架次。第一批VF-16的飞机由中队长保罗·布伊带领，亚历山大·弗拉修也在其中。

弗拉修后来详细描述了这次空战：

作为保护塞班岛行动的美

国特混舰队的一部分，我们预期在1944年6月19日早晨会有超过400架日本舰载机前来攻击。大群不明飞机在接近时被雷达发现，航空母舰上的战斗机紧急起飞支援已经升空的空战巡逻机队。我是VF-16值班小组的一员，所以包括我在内的12架F6F-3“地狱猫”从“列克星敦”号起飞。

当我们以军用动力爬升时，我听到“蓝宝石基地”就是“列克星敦”号的战斗机引导官开始广播：“方位270度，天使25，快速。”VF-16的中队长保罗·布伊带领三个四机小队，我是第二小队的领机。

在我们的头顶，可以看见其他航空母舰的战斗机拖着凝结尾迹飞向同一方向。过了没多久，中队长的飞机开始甩下其他人，他的飞机才换了台新发动机，接着甩下我们消失了。我们看见他的僚机布里克霍姆中尉掉队，全功率爬升对于他的发动机来说负荷太重了。布里克霍姆的螺旋桨不转了，他下降高度准备迫降。幸好14个小时之后一艘驱逐舰把他救起。

我的发动机开始向风挡上甩越来越多的滑油，逼得我只好收回油门。小队成员则与我呆在一起，然后又来了另外2架飞机加入编队。我发现这台劳累的发动机没法将增压器切入高速挡，这将我们的作战高度限制到了6000米左右。我只好将现在的困境上报给“蓝宝石基地”。

因为我们处于无线电静默状态，一路上我的僚机荷马·布罗克迈尔少尉不停地用手指着我的机翼。我想他发现了敌人，我试图让他当领机，但是每次我尝试的时候他都只是摇头。完全不明白他想表达什么，我终于决定完全不管他了，集中注意到面前即将发生的任务上。我后来才知道机翼没有完全锁定，上面的红色锁定警告圆筒从上表面凸了出来——这就是为什么布罗克发疯了一样指我的机翼。

在我们这堆人到达日本攻击波之前，大战已经结束了。我被命令回到特混大队上空，在6000米高度盘旋。我们刚到达战位就又被引导官指向265度方向。他声音中的某种东西告诉我们他找到了好东西。不明飞机此时位于120公里以外，我们向这些飞机进发，希望能在半途遇到他们。我看见另外两队“地狱猫”向右侧汇集，一队有4架飞机，另一队有3架。

飞了40公里远，我通知发现3架不明飞机并向他们靠拢。我的意识告诉我这应该不止3架飞机，我还记得战斗机引导官的严肃声音。专注地四下张望，我突然发现一大群飞机，至少有50架，分散在一个宽大的编队中，在我们的左侧大概低600米高度的位置飞行，正在靠近。我的肾上腺素瞬间就激发了，他们距离特混舰队大概56公里，还在快速接近。我还记得当时想的是这可能会成为战斗机飞行员一生一次的幻梦。

我带着困惑与疑心看向高空，试图找到应该在攻击机上空的日本战斗机，但是什么都没看见。到了这时候我们的位置相当完美，正适合从侧面对敌机进行一次俯冲攻击。我摇了摇机翼，开始向最近的飞机飞去，这是1架“彗星”俯冲轰炸机。

不过我的眼角余光注意到了另一架F6F，他看起来似乎和我选择了同1架“彗星”。他靠得太近了，而且似乎没看到我，所以我脱离了攻击航线。天上有很多饼干分给每个人，我这么想。于是从编队下方溜了一圈，好好观察了一遍敌机。他们包括“彗星”、“天山”和零战。然后我打开无线电做了个详细报告。

在拉起飞机爬高之后，我挑了另一架在编队边缘的“彗星”。它正在温和地机动，日本机枪手正在向俯冲跟随到后方的我喷子弹。我靠到近距离给了他一个点射，快速打燃了飞机。这架“彗星”带着一长串烟坠向水面。

我再度拉起飞机，发现另外2架“彗星”以松散的编队飞行。我来到他们后方，将其中1架打得燃烧坠落。按下一侧机翼，我侧滑到另一架后方将其击坠。它也燃起了大火，我看见机枪手还在不停地向我喷子弹，但是飞机下坠的弧线越来越陡峭，他随着飞机消失了。有那么一瞬间我差点觉得对不起这个小混蛋。

这已经是三个击落，我们越来越靠近舰队了。敌机数量减少了很多，但是剩下的也不少。看起来我们没法打个大满贯，然后我向战斗机引导官报告。天空中充满了飞机冒出的烟和散落的碎片，我们仍然在努力围猎剩下的敌机，并试图把他们包围在整体的大编队中。

另一个肉球从编队中脱离，我滑到他身后，再次从近距离射击。我的风挡盖了不少滑油，看不清楚，只有靠近才行。我对着他打了个短点射，但是这足够了，子弹飞进他翼根的弱点，其他子弹不是打中了飞行员就是打断了操纵缆，这架飞机以一种疯狂的形式燃烧着失控。

尽管我们努力截击，“天山”舰攻仍然开始进入鱼雷攻击航线，剩下的“彗星”舰爆则准备开始轰炸。我飞向一组3架‘彗星’，他们组成了一个长队列。当我追上最后1架时，已经飞到了外侧掩护驱逐舰的正上方，但是高度仍然颇高，第1架“彗星”正要开始俯冲。当他按下机头时，我注意到一团黑云出现在他旁边——我们的127毫米高炮开火了。

尽量不顾虑高射炮，我追上最近的1架轰炸机。看起来我还没怎么扣扳机，他的发动机就被打烂了。这架“彗星”开始冒烟，接着变成了一个火炬，消失在了我身下。

在我追上去之前，下1架“彗星”已经在俯冲之中了，看起来正冲向一艘驱逐舰。这次一个短点射造成了令人吃惊的结果——他在一次巨大的爆炸中成了碎片。我猜我一定是打中炸弹了，我曾经见过飞机爆炸，但是从来没见过这样的爆炸！我使劲拉起飞机，躲避飞机爆炸产生的碎片和其他杂物，同时在无线电中说：“击落第6架，还有1架在前方，他正向一艘战列舰俯冲，不过我不认为他能成功。”

他飞进了战列舰打出的钢铁帷幕上，一发炮弹直接命中这架“彗星”，不用再担心这架飞机还能在战争中发挥多大作用了。

这时望向周围，似乎天上除了我以外只有其他“地狱猫”了。回头观望我们来的方向，我只能看见“地狱猫”和50多公里长的碎片和浮油。

这天让我很满足，我觉得从个人角度来讲已经为珍珠港报仇了。不过这种感觉很快就消失了，在我返回“列克星敦”号时有些炮手向我开火，试图把我打下去。我打开了敌我识别器，又从正确的方向靠近，而且按规定作了两个朝右的360度盘旋，这些看起来对于一些打炮上瘾了的炮手来讲什么都不算。我记不得在无线电中用了什么字眼制止了这种蠢蛋行为，我想应该不太糟糕。

在这次传奇的空战中弗拉修只用了360发子弹，八分钟内击落了6架飞机。他的队友们在中午这段时间内击落了另外16架飞机，将整个日本编队打得支离破碎。

在“普林斯顿”号上，一次什么都没发生的空战巡逻任务之后，弗雷德·巴德沙躺在甲板上享受日光浴，忽然来了一道紧急起飞命令。他带着两个四机小队急急忙忙起飞了，这次起飞如此匆忙，在他

VF-16中队的“地狱猫”正从“列克星敦”号起飞，飞行员不明，但是飞机侧面有五个击落标志。近处有一艘北卡罗来纳级战列舰。

降落在“列克星敦”号航母之后，亚历山大·弗拉修高兴地从“地狱猫”中离开，举着六根手指，表示他的六个战果。

绑好降落伞绳索之前飞机已经爬升过3050米高度。VF-27的飞行员们在4260米高度开始迎面截击日机，这时他们奇怪地发现高空掩护零战毫无反应。巴德沙迅速击落1架轰炸机，然后追着1架被他打冒火的飞机俯冲。等到他与中队队员会合，战斗已经结束了，其余战斗已经延伸到了更远的东面。VF-27的得分王是迪克·斯塔姆布克上尉，他声称击落2架零战和2架“彗星”。

巴德沙少校对这次空战记忆犹新：

我们爬升到4260米高度时发现一大群有护航的单发日本轰炸机。我被日本护航战斗机的毫无反应迷惑了，他们保持在轰炸机头顶蛇形飞行，下方日本轰炸机正和美国战斗机正面冲撞。

接着混战开始了，今天的几场之一。日本护航机仍然对拦截者没有反应，混战开始后也没采取有效行动。我还记得我有2架声称击落。第2架是九九舰爆，它俯冲逃跑，把我引出了空战，追到大概2100米高度他起火坠落。这时空战已经基本结束，天空中点缀着许多燃烧和坠落的飞机，还有些降落伞和舰队高炮的火光。

VF-27中队相当强调无线电和通讯纪律，在这场空战中表现明显。大致上来讲，小队仍然维持了完整性，即使在通话有限的情况下。我们学到了一点，F6F的机腹副油箱是个关键识别特征。那些抛掉了副油箱的人很容易被其他美国飞机攻击。

我们的主要截击战术并不是很精炼，相当容易受到护航的零战攻击，他们通常都有一定高度优势。而且我们对于轰炸机没有高度优势，只能从侧面进入攻击，接着转为尾随攻击。我所有的射击都没有偏角，我觉得很典型。另外就是日本人毫无疑问地受到燃料限制的约束。

日军剩余机群再次分散力量，试图同时攻击战列舰大队和两个航空母舰大队，少量穿透放空火网的飞机没有造成任何值得一提的损伤。包括高射炮造成的损失在内，日本人丢了32架零战、41架“彗星”、23架“天山”，这么巨大的损失却没有换来任何像样的战果，不仅没有击沉任何舰只，也没打下几架美国战斗机。分到各个中队头上的话，参与截击的“地狱猫”损失看起来就更微不足道了：VF-1、VF-14和VF-15中队各损失了1架飞机和一名飞行员，VF-8中队的一名飞行员跳伞。此外VF-1中队将一架受损严重的飞机扔进了海里，另一架“地狱猫”在水面迫降。各战斗机中队在第二攻击波中声称击落94架日机，倒是颇为准确。

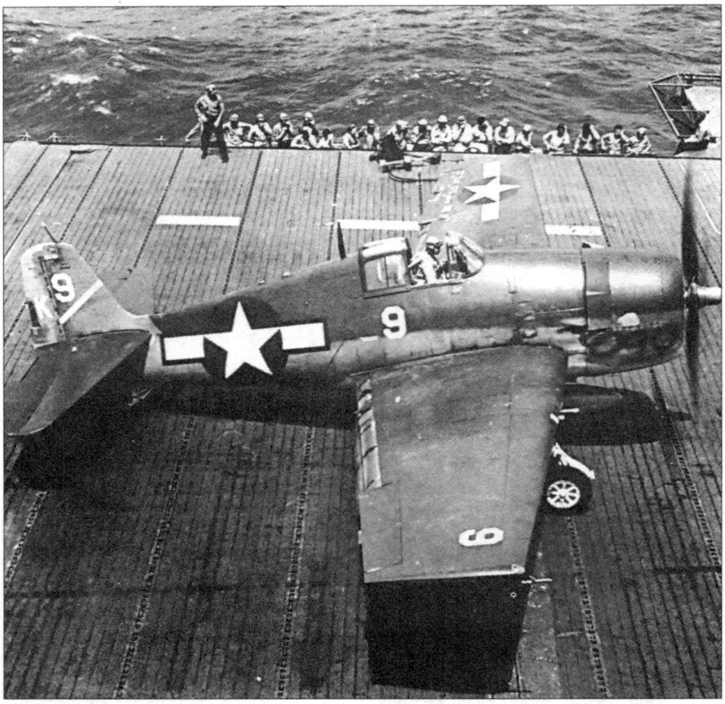

6月19日，VF-1中队的威廉·莫斯利中尉正在从“约克城”号起飞，他在“火鸡大猎杀”中取得了两个战果，成为王牌飞行员。但是仅仅过了十余天，就在7月4日阵亡。

VF-1中队的“地狱猫”返回了母舰，地勤们将飞机围了起来，两位军械员似乎正在检查机枪弹链。

到了中午12点，雷达屏幕上几乎什么都看不到了，绝大多数已升空的战斗机都被召回降落补给。然而仅仅过了几分钟，又有一个疑似目标出现，一些VF-10中队的战斗机距离不到64公里，被引导前往查看。但是最先到达现场的却是威廉·拉姆上尉，新任VF-27中队执行官，他在上一攻击波中击落了2架鱼雷机，此时正在独自飞行。这个加利福尼亚人尾随着一群“天山”舰攻，小心翼翼地保持在自卫机枪射程外，报告了日机位置并向舰队求援。待他报告完毕就开始攻击，他的机枪有毛病，经常只有一挺能射击，所以他一遍又一遍进入攻击航线，将其中3架打得螺旋坠入大海。在弗雷德·巴德沙看来这“就像是第一次世界大战时约克军曹射击德国巡逻队，一次一个，好像在打火鸡，从后面！”还有一些“彗星”俯冲轰炸机跟在日机编队后下方，被前来支援的“地狱猫”驱散。

第三波空袭一开始便毫无进展，小泽的第二攻击波总共有47架飞机。第2航空战队起飞了15架护航的零战52型，25架零战21型和7架“天山”。这次攻击机队甚至都没找到美国航空母舰，但是护航的零战在12点过被“约克城”号的雷达发现，他们在1点钟飞到特混舰队防空圈内。正好VF-2中队的空战巡逻编队在向西面飞行，“大黄蜂”号上的引导官接过控制权，引导他们前往截击。12架参与拦截的“地狱猫”声称击落14架零战，不过日军记录上被击落的只有7架。日机编队被驱散，再加上找不到目标，剩下的40架飞机返回了日本航母，这是当天损失最少的一个攻击波。

上午11点过后，小泽的机动部队再度被美军潜艇偷袭。“棘鳍”号潜艇曾在17日向斯普鲁恩斯报告发现日本舰队，10点48分再度看见了日本舰队。“翔鹤”号航空母舰此时正在接收空战巡逻飞机，11点18分“棘鳍”号发射了六枚鱼雷，三枚击中航母右舷。鱼雷命中后造成了火灾，最后引发的连锁爆炸使这艘参加过偷袭珍珠港的航空母舰在下午两点过沉没。美国情报机构不知道“大凤”号和“翔鹤”号在当日被击沉，9月份才得到足够情报，知道“大凤”号已经沉没。这个因素一定程度上影响了后来莱特湾大战中的决策。

10点15分，小泽中将的第三攻击波开始起飞。第2航空战队放飞了另一个攻击波，共有64架飞机，但是这天结束后几乎没剩下几架。飞行中途就不断有人掉队失散。一个6架“彗星”和2架零战的小机群找到了58.2特混大队，他们向“黄蜂”号和“邦克山”号滑翔投弹，此时两艘航空母舰正在回收飞机，这对于日本人来说是个天赐良机，但是没有哪个飞行员命中目标。这个编队在投弹过后迅速逃离，被防空炮和“地狱猫”夹击之后仅有两架生还。

10点20分，第1航空战队又起飞了18架飞机。这些飞机在关岛西南面160公里处白白搜索了很久却什么都没发现。一个错误的位置报告让他们误入歧途，当机群开始返航时遇到了“列克星敦”号起飞的搜索队。这个搜索队只有2架TBM和1架F6F，他们面对的是足足14架零战和4架“天山”，不过16航空大队的几位飞行员毫不畏惧，立刻向友邻单位求援并且转向攻向日机，连TBF都杀了进去，追打零战。所谓的支援（其实也仅仅是附近的另一个搜索队）到达的时候，这个小搜索队居然已经击落3架零战，一场混战后又有3架零战被击落。

由于没有找到目标，第2航空战队的攻击波主力返回了关岛奥罗特机场，并准备在这里降落，这批飞机共有49架，包括27架九九舰爆、20架零战和2架九七舰攻。4点钟，正当日机降落时，四艘航空母舰派来的41架“地狱猫”接连飞临上空，接踵而至的空战在几分钟内就一边倒地结束了，日本人被打得猝不及防。

这场空战的起因却完全是个意外事件。实际上与第一波日机交战时，特混舰队就开始准备空袭关岛，“大黄蜂”号的第2航空大队出动了F6F-3、SB2C-1和TBF-1组成的混合编队。攻击波目标是岛上机场，以及那些可能在这里降落的日机。机群由威廉·“厄运”布莱尔上尉带领，他是VF-10中队转调来的老兵，因为打了很久仗还没拿到战绩，就被取了个“厄运”的绰号。这次他终于摆脱了厄运，遇到日机时击落了2架“彗星”俯冲轰炸机。威廉·沃恩少尉的运气从某种程度上来讲不比布莱尔好到哪里去，这次他声称击落3架零战，战争结束时有4个击落和4个可能击落战绩，差点就够王牌标准。格里芬上尉击落2架零战，他在这次任务中成了王牌，安迪·斯孔和查尔斯·卡罗尔中尉各击落2架“彗星”，后者的战绩也达到了5架。

在战斗中，一发20毫米炮弹在卡罗尔中尉的座舱位置爆炸，将他炸伤。还有2架“地狱猫”被击中，其中1架的右翼被防空炮打了个大洞，降落时整个机翼散架了，这2架飞机都只有报废。

下午1点，大队又开始征集志愿者去压制关岛的防空炮阵地，威尔伯·韦伯少尉参加了这个任务。韦伯少尉是俄克拉荷马人，刚过了18岁生日就应征参加海军，在“科罗拉多”号战列舰的炮术和无线电分队服役过，后来又转去当OS2U翠鸟侦察机的后座无线电员。1942年到了彭萨科拉海军航空站学习飞行战斗机，最终在1943年12月加入了VF-2中队。

2点30分，空袭编队开始起飞。韦伯少尉回忆说：“起飞和集结都一切如常，我们继续前往预定目标，一路爬升到8500多米。我的小队负责高空掩护，在鱼雷机和俯冲轰炸机空袭目标时要一直呆在头顶。此后我们才降低高度用227公斤炸弹和机枪攻击阿加纳市周围的目标。在空袭完分配给的目标之后，我们继续穿过关岛，一边飞向奥罗特半岛一边集结，这个半岛位于岛屿西侧。我们在大概900到1200米高度完成集结，之后整个空袭编队开始向‘大黄蜂’号返航。”

在奥罗特角西侧时，韦伯看见一名美国飞行员坐在橡胶救生筏里，正在撒播染色剂。他向小队领机埃利奥特报告，后者很快从空袭指挥官，第2航空大队长那里获得了许可。韦伯负责掩护这名飞行员，埃利奥特则去与1架负责营救的“翠鸟”会合。

韦伯后来说道：“我飞到救生筏上空，收回油门并且放下起落架和襟翼减速，这样就能在他头上做小半径盘旋。我的第一个念头是扔给他更多染色剂，以免在天黑前他还没被救起，另外再给他一个救生筏。我打开座舱盖，抽出小刀从救生背心上切下两节染色剂，将它们丢给水里的飞行员。我当时在他头上大约30米高度盘旋，在丢出染色剂后，我开始从降落伞下面抽出救生筏。”

韦伯在干这件事时向关岛看了一眼，发现一长串飞机在山间缓行，正在向岛上下降。似乎飞向北面的机场。“我开始想‘为什么我们的飞机排成一串还放下了起落架？’”韦伯很快发现他认错了飞机。“第1架飞机飞向我，当他们飞到不到90米距离时我才发现这些是日本人的九九舰爆，这种飞机的起落架是固定式的，以3架一组飞行。头上的飞机除了舰爆还有零战。当他们开始准备降落后侧转飞开，我看见了飞机机身侧面的大红肉球。我估计这里有30到40架飞机。这时我不怎么关注自己的位置，我只是想‘小子，时候到了，好好干一场，在他们发现之前打掉尽可能多的飞机！’”

韦伯迅速用无线电通知了埃利奥特这个情况，然后转向敌机：“到目前为止还没被日本人发现，所以我决定不爬升高度，而是溜到他们的编队里，在被发现前尽量多击落几架。”当他溜进日本编队时拿起麦克风，在无线电上广播：“任何在奥罗特半岛附近的美国战斗机听着，有40架日本佬的飞机在我周围，我需要一点帮助。嘿，乡巴佬！”正是这个广播招来了大量“地狱猫”，让小泽的攻击波在这里覆灭。

放下了麦克风，韦伯距离一个九九舰爆三机小队只有不到20米了，日本人这时仍然没发现跟在后面的是“地狱猫”。他后来说道：“我就做了一件事，飞进奥罗特机场上空盘旋等待降落的编队，溜到3架飞机后面。当我开始超前时放下了起落架和襟翼。我从六点方向对着左侧的飞机开火，它烧了起来。接着我转向中间的飞机，照做了一遍，它也烧了起来。当瞄准第3架飞机时我的速度已经开始加快，我正要飞过目标。他的后座机枪手也开始向我射击，不过他没打中我的飞机。我按住扳机不放，但是这架飞机完全没有起火的意思。我开始念叨‘烧啊，小杂种！’念了好几遍，它终于爆炸了。如果它没有爆炸的话可能就直接撞上去了，我想大概会这样。当舰爆爆炸时，我直接穿了过去，碎片在我的F6F上打了好几个洞。”

击落前3架飞机后，韦伯在机场上空转了圈，飞到另外一个舰爆三机小队后面。“飞机的后座机枪手在不到30米距离上向我开火。我能看见他飞行服的颜色，头盔和皮肤。接着他似乎放弃了，把手抬起来遮住脸——也许他认为我要撞上去——几发12.7毫米机枪子弹立刻打中了他的胸口和脸。这架飞机开始燃烧，飞行员从侧面跳伞逃生。尽管他的降落伞打开了，我们当时高度不超过60米，我很怀疑他能不能活下来。”

舰爆领机逃跑了，韦伯咬住右边的僚机。“当我开火后，它开始掉零件，而且冒出了浓烟。接着它的尾部解体了，飞机就这么直接掉下去。”

空战正在进行中，地面日军发现情况不对，相当多的高射炮便开始射击。“我看见曳光弹连续从前面飞过”，韦伯回忆说：“我猜他们从未见过哪架‘地狱猫’飞得这么慢。那时我还没意识到飞机已经被击中了。”

天上塞满了各种飞机，其他“地狱猫”也开始加入战局。“不论我往哪里看，都可以看到燃烧的飞机，或者降落伞。就好像个疯狂的飞行马戏团，但这就是现实。”

击落第5架飞机后韦伯的机枪卡壳了。他脱离战斗，重新给机枪上膛，直到每侧都有一挺机枪能开火，才又返回战区。1架九九舰爆从大概300米高度向他飞来，韦伯开火后又有一挺机枪恢复了。这架舰爆看来炸成了两节，飞行员跳出了座舱。此后他的机枪又卡壳了，再度上膛让三挺机枪能射击后又返回空战。韦伯打死了1架舰爆的后座机枪手，因为太靠近奥罗特半岛的悬崖，他拉起脱离，没有看见舰爆是否坠毁。此后他的机枪第三次卡壳，这次上膛之后只剩一挺还能开火。

韦伯说：“这时我看见了1架‘地狱猫’，在水面上大概60米飞行，后面追着1架零战。这架‘地狱猫’看起来不妙，虽然我只剩一挺机枪，但还是打掉了零战上的零件，把它赶走了。后来才知道这架‘地狱猫’的飞行员是比尔·莱弗灵中尉，我们船上的夜间战斗机飞行员。”

尽管只剩一挺机枪，韦伯仍然呆在战区：“我向许多舰爆和零战射击，打掉了其中一些的零件，还让另一些起火，但是没有看见哪一架坠毁。当所有机枪都没用了之后我才向外海飞去。”韦伯这时才意识到座舱盖被打烂了。“我的护目镜没了，无线电坏了，汽缸头温度很高，而且滑油洒在整个整流罩和风挡上。后来我在飞机上发现了超过100个洞。我当时开始想如何——或者如果，我能回到自己的母舰。这时另一架VF-2的‘地狱猫’和我会合了。我很快用手势告诉他当领机。那是威廉·沃恩少尉的飞机，我从没因为看见某个人那么高兴过。”

韦伯的照相枪在卡住之前拍下了四个战绩，米切尔中将推荐他受颁荣誉勋章，不过最后只授予了海军十字勋章。这次空战中他的战绩有6架九九舰爆，2架可能击落。

“大黄蜂”号的“地狱猫”一共来了8架，包括3架VF(N)-76夜间战斗机中队的飞机，他们在空战中表现出了最好的射术。罗素·赖塞雷尔上尉是该中队的飞行员，他的经历很类似。跟进降落航线后，他放下了起落架和襟翼，以保持跟在那些固定起落架的九九舰爆后方，然后有条不紊地击落5架飞机。另外两位“大黄蜂”号的飞行员击落1架零战、1架九七舰攻和1架九九舰爆。

VF(N)-76中队的分遣队飞行员合影，照片上前排左侧站立者即为罗素·赖塞雷尔上尉，他在战争结束时总共有10.5架战绩。前排中央为约翰·迪尔上尉，他总共有7架战绩。后排左侧蹲在机翼上的飞行员是弗雷德·邓根中尉，他也击落了7架飞机。

19日从“蒙特里”号舰桥拍摄的照片，不少VF-28中队的飞机停在甲板上。各舰防空炮正在射击日本飞机。

戴维·麦坎贝尔此时也在天上，他带着另外12架“埃塞克斯”号的战斗机，他一度没搞清日机航线，先绕道去了罗塔岛，在这里什么都没有遇到。回到关岛上空，他觉得“所有事情我们都能安全处置”。这几个VF-15的小队攻击了几架零战，麦坎贝尔击落了其中1架，当他开始追击第2架时刻意违反了自己指定的战术原则，他想在战斗中实验一下。非常好奇的航空大队长想知道F6F在带着副油箱时能不能在海平面高度追上零战——有人告诉他追不上。

实际上，前几天VF-24中队已经试过了，他们的F6F-3带着机腹副油箱时能追上零战。当麦坎贝尔开始瞄准他的猎物时，零战忽然拉起向左爬升急转，形势立刻反转。“我没法跟零战盘旋格斗，所以我丢掉了副油箱，把座位降低躲在装甲板后面，向奥罗特机场溜走，希望我能遇到友机。”麦坎贝尔回忆说。“不到四分钟我就回到了奥罗特，从300多米高度通过机场上空，并且在无线电里大叫：谁有空，请下来帮我敲掉屁股后面的日本佬！”结果有3架“地狱猫”回应了呼叫！

大队长开始向母舰返航，途中他遇到1架零战在追打他手下的飞机。日机正开始做看来完美的桶滚机动，只是做到一半就被麦坎贝尔击落。清晨他还只有两个战绩，这天结束时已经有九个了。

“考佩斯”号、“圣贾辛托”号和“企业”号的战斗机在天上被清空前也找到了一些目标射击。前往奥罗特机场降落的49架日军飞机在空战中被击落30架，19架成功降落在奥罗特机场。但是在各中队的“地狱猫”扫射过后，这些降落的飞机要么严重损坏无法修理，要么直接烧成一堆碎片。

几个岛屿上空的战斗机扫荡一直持续到天黑，驻扎在这里的日本战斗机凑了一些飞机升空还击，虽然战果寥寥，但是其中之一仍然让美国人痛心。因为VF-15中队就要负责部分岛屿空战巡逻，在回到“埃塞克斯”号时，麦坎贝尔发现布鲁尔中校正带着两个小队起飞前往关岛。VF-15中队长呼叫航空管制，问整个特混大队是不是只有这点飞机能执行任务了。他得到肯定的回答。在无线电中听到这里后，麦坎贝尔切进通话频道，他呼叫布鲁尔，向他建议说关岛上空全是敌机，他最好“进入的时候爬升得尽量高些，另外要更加小心”。

布鲁尔在下午6点25分到达奥罗特机场上空，他发现几架“彗星”正试图降落。他俯冲下去击落1架，但是这个攻击行动消耗掉了他的高度优势。然后16架零战向他们俯冲攻击，布鲁尔和他的僚机托马斯·塔尔少尉立刻转向日机反击，他们各击落了1架零战，但是最后都在此阵亡。19日VF-15中队总共损失了三名飞行员，包括布鲁尔和塔尔。

这天早些时候，VF-16中队长保罗·布伊在听取“列克星敦”号的情报军官对他手下部分飞行员的任务报告。一位处于狂喜状态中的年轻飞行员将这场一边倒的空战比作“一场旧日的火鸡狩猎”。布伊向米切尔复述了一遍，这句话立刻就流行了起来。

开始13小时后，马里亚纳“火鸡大狩猎”落下了帷幕。

战果如何？

19日的战斗是历史上最著名的空战之一，留下的记录也较多，但是仍然难以精细地统计。这天日本飞机总损失数为325架，包括随着“大凤”号和“翔鹤”号航空母舰沉没的22架。“地狱猫”在战斗中总共损失了16架，其中9架被击落。另外有6架飞机因为各种事故损失，包括被友军防空炮击落的1架。14名F6F飞行员在空战和事故中身亡。

不幸的是，各种来源的“地狱猫”击落声称数都对不上。中队战史和行动报告中总共有354个声称击落，不包括派出去执行搜索任务的“复仇者”的几个声称数。“埃塞克斯”号的VF-15中队参加拦截了第一、第二和第四波飞机，他们以68.5个声称击落数在特混舰队中排名第一。第二是“大黄蜂”号的两个战斗机中队，总共有45个声称数，后来修正成总共51个。“列克星敦”号的中队有46个声称数。接下来是“约克城”号的37架，轻型航空母舰“普林斯顿”号搭载的VF-27中队声称击落30架飞机。超过三分之二击落数由大型航空母舰贡献，它们的战斗机中队参加了更多战斗，对于战斗机较少的轻型航空母舰来讲这是必然结果。

舰队的初步总结报告则显

19日各中队统计的战绩		
中队	航空母舰	声称数
VF-1	约克城	37
VF-2	大黄蜂	37
VF(N)-76	大黄蜂	8
VF-8	邦克山	21
VF-10	企业	29
VF-14	黄蜂	12.5
VF-15	埃塞克斯	68.5
VF-16	列克星敦	45
VF-24	贝劳森林	10
VF-27	普林斯顿	30
VF-28	蒙特里	18
VF-31	卡伯特	28
VF-32	兰利	2
VF-51	圣贾辛托	8
总数		354

示共有365个空中击落声称和15个地面击毁数。

在米切尔的报告中，F6F的击落数包括210架战斗机、93架俯冲轰炸机、43架鱼雷机和10架其他机型，空战击落数变成了356架。另有19架飞机被认为由舰载高炮击落，13架飞机在地面击毁，总数为388架。

太平洋部队总司令部的统计又不一样：空中击落366架，防空炮击落19架，17架飞机在地面击毁，总数402架。

除了“地狱猫”以外，舰载俯冲轰炸机和鱼雷机中队获得了4.5个声称战果，护航航空母舰上的FM“野猫”战斗机击落了另外4架飞机。

不论是哪个结果，总声称数都超过了日机实际损失量。小泽的舰队只执行了354个飞行架次，包括24个侦察架次。另外水上飞机飞行了19架次。总共373飞行架次，其中243架次飞机未返航。此外，接近60架陆基飞机由于战斗、事故或者在机场上被扫射而损失。

因此，日军总损失的325架飞机，扣除22架随航母沉没的，再去除地面被击毁和被防空炮击落的，最后在空战中被击落的飞机有大约275架。当然，这里不包括很多无法修复、没有再飞行过的飞机。粗看起来，“地狱猫”中队的声称数比实际损失数多出了80至90架，这意味着有75%左右声称数是真实有效的。不过这个比例对于一场大规模空战来讲，并不过分虚假，甚至可以说还算比较准确的。

“地狱猫”的飞行员们飞行了超过400个架次，其中有大约290架次与敌机接触，大部分日机折损在这些飞行员手中。表现突出的有VF-1、2、16、16、27这些中队，他们的声称击落数比飞行架次数还多。六名飞行员获得了五个或者五个以上战果，三名隶属于“埃塞克斯”号的第15航空大队：戴维·麦坎贝尔在两个作战架次中击落7架，查尔斯·布鲁尔在两个架次中击落5架，乔治·卡尔中尉在一个架次中击落5架。麦坎贝尔的战绩是今日榜首，只有另外四名美国战斗机飞行员达到了这一成果，而且从未有人能超越——除了麦坎贝尔自己。

“大黄蜂”号的威尔伯·韦伯和罗素·赖塞雷尔大概捡到了最容易的战果，他们两个人击落了11架正准备降落的飞机，这些飞机都没有任何躲避动作。亚历山大·弗拉修的6个

“彗星”战果将他的总战绩增加到了18个，此时不仅在航空母舰飞行员中，在整个海军中也是位列第一。

这六个人声称击落的33架飞机中只有5架零战。这个结果反映了当前战斗形势：如果“地狱猫”冲进日本攻击机群，无论老旧的九九舰爆，还是比较新的“天山”和“彗星”都没法保命。但是在远距离发现美国战斗机并俯冲逃离的话，“地狱猫”会难以追上它们，当然它们仍然无法有效自我防卫，而俯冲逃离也可能会意味着放弃任务。

特混舰队的飞机损失相当少，在舰队附近和关岛损失总数为23架飞机，被零战或者防空炮击落。执行侦察任务的飞机总共损失了3架，还有6架由于事故损失。

日本飞行员展现出了相当的勇气，尽管遭受了可怕损失，却仍然继续前进。大约一半飞机穿透了空战巡逻线，但是目标选择不善，经常直奔战列舰而非航空母舰。飞行员技巧和航空战术协调能力也不怎样，将攻击波拉长，变成了添油战术，结果没有任何美国航空母舰被命中。负责掩护的战斗机也与攻击机脱节，基本没有起到有效掩护的作用，且不论空战开始后零战自身难保。零战飞行员的空战技巧与以往无甚区别，能发起攻击，但是不能迅速准确地命中“地狱猫”。后者在空中多生存一分钟，美国飞行员就能更进一步地配合反击，或者逃脱追击，使得零战飞行员毫无建树。

由于失去了几乎所有攻击机，无法再对美国舰队造成有效威胁，第一次菲律宾海海战到此已经演变成了日军的战略性失败。剩下的七艘日本航空母舰向西撤离，到日落为止美国侦察机都没有找到它们。

20日清晨，“埃塞克斯”号、“兰利”号和“考佩斯”号再次起飞空袭编队扫荡关岛地区，但是作战中只击落18架敌机。日机已经几乎从空中消失，不过特混舰队的飞行员们声称在满是弹坑和残骸的机场上击毁另外52架飞机，当然这个战绩很难用可靠来形容。到了中午，岛上机场显然已经无法对特混舰队造成任何威胁，而撤退的日本航空母舰仍然杳无音信，它们还呆在美国侦察机搜索范围外。

由于在西面没有发现任何船只，侦察范围开始转向西北。中午12点20分，“列克星敦”号的航空大队长欧内斯特·斯诺登带着12架VF-16中队的“地狱猫”执行美国航空母舰有史以来最长的侦察行动，最远要飞到764公里距离上。这些飞机以扇形展开，覆盖340度真方位角的左右20度范围。这12架飞机都带着副油箱，外加一枚227公斤通用炸弹，一旦发现航空母舰就要立刻进行攻击。另外有8架VF-51中队的“地狱猫”跟着他们，负责高空掩护。

下午3点整，20架“地狱猫”到达飞行半径极限。VF-16的飞行员们丢掉炸弹开始返航，这种飞行时间长达六小时的任务在通常营救距离以外，一旦迫降麻烦就大了。无怪乎斯诺登在出发前只要求志愿者参加。

在“大黄蜂”号上，搜索队在早晨4点半就起飞了。VF-2的8架战斗机护卫4架俯冲轰炸机进行半径523公里的搜索任务。他们也没发现任何船只，“地狱猫”打下了1架零式水侦和1架九七舰攻。这2架飞机显然来自于小泽的机动部队，它们出来侦察美国特混舰队追近到什么程度了。中午12点30分，查理·哈伯特带领第二个侦察编队起飞，他们又声称打下了2架“天山”舰攻，但是仍然没找到机动部队。

“地狱猫”飞行员们麻木地返航时，情况开始有了进展。下午2点28分，在斯诺登的飞机开始返航半小时之后，

2架“企业”号VT-10中队的“复仇者”发现了机动部队。如果小泽能再躲一整天的话，他就可以带着剩下的航母完好无损地撤退，但是现在形势有变。

此前第五舰队的航空参谋们几乎要公开叛乱了，他们早在18日就主张让第58特混舰队向西进发，抢先截击日本舰队，以防日军威胁登陆舰队。但是斯普鲁恩斯反对这个方案，他认为如果航空母舰开得太远，就没法有效掩护登陆舰队，日本人的空袭很可能得手。就前两天的结果看来，如果能在20日发现日本舰队，很可能也会在相当远的距离上。问题就是如果不能及时靠近距离，那么空袭机群就没有足够的时间在昼间返航，舰队中只有少数人有夜间降落资格。斯普鲁恩斯也同意了在白天向西行进，因为就风向来说，航母要转头远离日本舰队才能放飞机群。现在，发现敌舰的消息抚慰了很多人的心情，也让下一步如何行动有了定论。

米切尔立刻准备起飞所有飞机，至少要在猎物跑得更远以前开始攻击。即使如此，这仍然是个充满变数的任务。“复仇者”与日舰接触时，机动部队距离特混舰队大约354公里，方向西北西。

下午3点过后，带头的101架“地狱猫”开始迎着东南风起飞，起飞方向几乎与目标方向完全相反。他们要负责为77架俯冲轰炸机和54架鱼雷机护航。半小时以后，所有236架飞机起飞集结完毕，向290度真方位飞去。为了节约燃料，所有飞机都在缓慢爬升，因为目标位置接近编队飞机的作战半径极限。很快情况又变得糟糕了许多，回报机动部队位置的“复仇者”飞行员在导航时搞错了角度，实际上机动部队距离还要远96公里左右，他在4点钟修正了报告，但是攻击波起飞已经是板上钉钉的事情了。问题的关键是，加上航空母舰起飞航向与日本舰队航线相反，使得编队实际上要飞行大概480公里。显然编队回程时只有进行夜间降落了，同样明显地是很多飞机将只能在水面迫降。米切尔取消了第二次攻击计划，他希望第二天早上还能有飞机用。

这个攻击波中包括了58.1、58.2和58.3特混大队的飞机，除了“普林斯顿”号以外所有航空母舰都起飞了一些飞机。其中“卡伯特”号、“蒙特里”号和“圣贾辛托”号没有起飞战斗机，所以最后12艘航空母舰中只有8艘派出了“地狱猫”参加攻击波。VF-1、2、8、10、14、16、24和50中队各派出了二至四个小队，相当部分“地狱猫”携带了227公斤炸弹以扩大攻击效果。

特混舰队的飞行员在起飞前就意识到了时间问题，白天剩下的时间已经很短了。VF-2中队的哈格里夫斯中尉后来说

6月20日下午，“约克城”号甲板上准备起飞的“地狱猫”，注意舰桥下方有人举着一块板子，上面是修正过后的目标位置。

道："第2航空大队决定派出14架战斗机，给12架俯冲轰炸机和8架鱼雷机护航。虽然每架战斗机都挂载了一枚227公斤炸弹，以增强打击力。但因为这是1942年10月以后第一次与日本航母作战。我们可以在遇到敌机时抛弃炸弹迎战。"

下午2点45分，"大黄蜂"号就发出了飞行员上机命令，他们坐上飞机，被推向起飞位置时，广播开始放送敌舰位置更新的信息。顿时所有人都开始担心距离问题，他们要飞一个来回，而目前的位置已经超出了绘图板上的航程圈。威廉·沃恩少尉发现飞机上的陀螺地平仪坏了，这对于可能会需要仪表飞行的返航路程很危险，但是他仍然从"大黄蜂"号起飞。VB-2中队的杰克·泰勒中尉今天过23岁生日，机动部队就算是生日礼物了。

起飞后，飞行员们都迅速将混合比切换到了贫油，并且降低发动机转速，以减少油耗，他们要用尽一切办法让飞机飞得更远。很多人喜欢在低速时打开座舱盖飞行，现在飞行员和机枪手们全都关上了座舱，减少飞机阻力。泰勒中尉的僚机，拉尔夫·雅西少尉想不出能飞回来的理由，但是仍然义无反顾地跟着长机。他后来回顾说："我们一路向西，向西，再向西。好几次有人觉得看见了前面的舰队，但是最后发现那只是云层在海面上的影子。"

下午5点20分，攻击机群终于发现了日军舰队，此时三个航空战队分散在64公里宽的海面上，向西北航行。慢速的油船和其他辅助船只被拖在后方大约80公里处，这些船只首先被发现。"黄蜂"号的第14航空大队留下来攻击它们，其他飞机都忽略了辅助船队，继续向前飞行。

拉尔夫·希夫利中校带领"邦克山"号的攻击编队前往靠南的航空母舰编队，他坐在带照相机的"地狱猫"里，看着VB-8中队的8架SB2C飞机开始展开并准备轰炸。防空炮火非常猛烈，但是没有造成多少实质性伤害，希夫利的轰炸机从目标上空拉起改出，这大概是"千代田"号轻型航空母舰。然后"卡伯特"号和"蒙特里"号的飞机接着进入攻击航线。

只有第8航空大队遇到了比较麻烦的拦截者，大队长和他的僚机也参加了战斗，他们与6架零战在集结点附近交战。这2架"地狱猫"向好几架零战射击，希夫利声称击落了2架，然后从屁股后面追击的3架零战前逃开。

日机截击了几乎所有攻击编队，除了"大黄蜂"号的以外。70架零战起飞前来截击，他们以6、7架飞机的小编队进攻。小泽虽然起飞了很多飞机，但是组织得并不好，没给美国人造成多大损失。VF-10中队的飞行员们参与了最多空战，声称击落7架飞机，自己损失1架。"杀手"威廉·凯恩带着"企业"号的机群攻击位于中央的航空母舰，他补上了昨天没有参加空战的份，虽然16日迫降造成的伤还没好，在飞行头罩下缠着绷带。今天上午滞空5小时的侦察任务中，他击落了1架水上飞机和1架"天山"。在机动部队上空，他和僚机又击落1架零战。

第16航空大队也飞来空袭中央航母编队。9架"地狱猫"分成2架和3架的分队在高空掩护，有人报告他们的七点方向有不明目标，于是大部分飞机爬升去查看。亚历山大·弗拉修带着2架僚机在第16大队机群右侧护航，这时一群零战从编队后下方发起攻击。他们打燃了1架TBM，然后其中8架转过来攻击弗拉修和僚机之一的布罗克迈尔少尉。

1架零战追到布罗克迈尔后方并开始射击，弗拉修推下机头转到这架零战后面，他仔细瞄准敌机，用两个点射将它打得凌空爆炸。但是布罗克迈尔的“地狱猫”已经被击中，带着烟柱向海面坠落。飞机就这样栽进海里，一点试图拉起的迹象都没有，布罗克迈尔可能早已在座舱内阵亡。现在弗拉修自己背后来了2架零战，他猛踩方向舵踏板，同时将操纵杆向后猛拉到底进入减速急转。当他转回头时正好面对1架零战，迎头射击后零战冒着烟滚转了半圈，然后消失了踪迹。这时弗拉修再观察了一圈四周，发现自己完全孤立在天空中。

北面的航空母舰编队只剩“瑞鹤”号一艘，但是起飞了不少零战迎击美国编队。两个轻型航空母舰的战斗机中队，VF-24和VF-50中队分别声称击落3架和4架飞机，自己损失了3架“地狱猫”。“贝劳森林”号的8架战斗机在这里颇为苦战了一番，敌机数量比他们多不少，还好射击水平还是一如既往的差。

VF-1和VF-2中队都朝着日本航母飞去。“烟雾”斯特林带着12架挂载炸弹的“地狱猫”先进行了一次扫荡，猎杀起飞的敌机，然后转回到中央编队，向三艘航空母舰之一俯冲轰炸。VF-1的飞行员们自称有三枚炸弹直接命中，五枚炸弹在航母附近爆炸。由于场面混乱，高射炮火也很猛烈，实际命中数无法确定。斯特林的手下可能命中了某一艘航空母舰，因为“隼鹰”号和“飞鹰”号在美机空袭的20分钟里都受到了损伤。

几架VF-2的“地狱猫”向某艘轻型航空母舰俯冲投弹，但是这些“开膛手”显然不怎么会轰炸，没有任何炸弹命中。另外一个小队轰炸了另一艘航空母舰，返航之后报告称“确定”命中了一发，最后2架轰炸了一艘巡洋舰，他们自己也不确定是否命中。沃里斯中尉在机动部队上空击落1架敌机，是该攻击任务中VF-2中队唯一的空战战果。

VB-2的俯冲轰炸机则对着下面看起来最大的航空母舰俯冲投弹，俯冲到海面高度才拉起，然后来回摇摆躲避乱飞的防空炮弹。他们以为轰炸的是“翔鹤”号，但其实这是姐妹舰“瑞鹤”号。

哈格里夫斯中尉就是对着巡洋舰扔下炸弹的飞行员之一，他回顾了这个任务：“VF-2的飞行员们飞到了发现目标的区域，但这里根本就看不到日本航母。大队长命令我们继续前进，越过安全返回点。终于在太阳落山时，我们看到了日本舰队。现在没有战斗机拦截，只有浓密的高炮弹幕。威廉·迪恩带着他的小队一马当先，我的小队也跟上去开始俯冲。在扔掉炸弹后我们试图集合，但是黑暗已完全降临。”哈格里夫斯对着一艘巡洋舰扔下了他的227公斤炸弹，他说：“我想这次俯冲是这辈子里最长的一次。就算不是高度最大的，那也必定是时间最长的。我看着自己打出的曳光弹，尝试将它们从朝我飞来的那些里面区分出来。好像投下炸弹的时刻永远都不会到来。其实在俯冲时我一直用机枪对着下面打短点射。”

尽管这次攻击编队有200多架飞机，却只击沉了“飞鹰”号航空母舰。“黄蜂”号的机群攻击了后方油轮编队，炸沉两艘油船。然后VF-14中队立刻与几架零战打成一团。空战结果是五比一，舰队拍照技术最好的“地狱猫”飞行员科顿上尉迎头撞上1架零战，双方都没来得及规避，他们一起坠毁在了海里。

攻击编队总共声称击落28架日机，其中22个是“地狱猫”的战果。这次傍晚战斗让绝大多数飞行员印象最深的是防空炮火，凶猛异常，好像一堵墙，不被击中就别想穿过去。昏暗天空衬托下，各种颜色的曳光弹非常壮观，大口径高炮爆炸的烟云也有粉色、蓝色和白色，布满了大片天空。“约克城”号的航空大队长詹姆斯·彼得斯中校总结了大多数飞行员的感受，他说这场战斗看起来就像“在看马戏团表演，同时狮子笼后面有一个狙击手向你射击”。

高炮看起来相当吓人，但是实际效果没那么好。在高炮和零战的夹击下，只有10架轰炸机被击落，“地狱猫”则损失了4架。剩下的“地狱猫”与“地狱俯冲者”、“复仇者”一起，向东方的黑暗天空飞去。所有“地狱猫”在起飞时都挂载了567.8升副油箱，这意味着起飞时总油量有1514升，所以它们比大多数轰炸机燃油情况都要好。即使如此，飞行员们在返航时也仍然把飞机调整到经济巡航状态。他们还要飞400公里才到自己的母舰。

那位起飞时觉得回不来了的拉尔夫·雅西少尉回顾说：“在开始返航时我发现已经孤单一人。后来我看见了另外一架飞机，追上去想编队，但是他溜掉了。他可能觉得我是架日本飞机。当然我也不想耗费更多汽油追上去，就继续自己飞行。”过了一会儿雅西看见另外2架VB-2的“地狱俯冲者”，分别由哈尔·比尔和戴夫·斯蒂尔驾驶。“我们结伴飞行了一段时间，感觉方向不对。我联系了戴夫，说担心这个问题。还说如果我们不改变航向，我就离开编队自己飞。”比尔说服雅西继续呆在一起，他们共同向右转了2.5度——这是雅西建议转向角度的一半。“我们最后到达了舰队左侧，但还好仍然在目视范围内。”

哈格里夫斯中尉说到回程的情况：“天上没有月亮，云层也没有反光，只有我们的仪表盘和其他飞机的航行灯在发亮。我们面前是完全的黑暗，只能在云层中间或者附近完全依靠仪表飞行。这真是一次危险而又非常可怕的返航路。”

“当我们在黑暗中不断前行时，我开始怀疑导航出了偏差，因为理应在很久之前就找到航母了。我又看了遍时钟，看来在找到特混大队前还要再飞半个多小时，前提是在导航的时候确实无误地算对了航母运动位置。导航绘图都是在昏暗的红光灯下完成的，这种颜色的灯有助于保护夜间视力。在想着导航可能出错时，我又稍微调低了点混合比，然后看着发动机汽缸头温度，确保不会超过上限。”

现在时间已经到了晚上7点15分，机群仍然在向东飞行。航空母舰的雷达开始探测到飞机，作战情报中心的雷达屏幕上光点越来越多，很快返航的飞机即将全部飞到舰队头顶。在飞机起飞后的四小时内，特混舰队已经向西行进了将近150公里。7点30分，航空母舰掉头转向正对东风，并加速至20节，此时每个特混大队间隔24公里。58.1大队指挥官克拉克少将在无线电中听到了飞行员们恐慌的声音，他命令手下的航空母舰打开最亮的灯光。巡洋舰则开始打照明弹，护航的驱逐舰自发打开探照灯对着航空母舰。

米切尔意识到发生了什么的时候，克拉克的特混大队已经亮得好像嘉年华。他沉思了一会，决定冒着被日军潜艇偷袭的风险开灯，让那些焦虑的飞行员们着陆，然后下达了那一道著名的命令：“打开灯光。”舰队中几乎所有船都开了灯——不过这个出于好意的英勇举动造成了更多麻烦。

大量“地狱俯冲者”和“复仇者”由于燃料不足在特混舰队周边海面迫降，“地狱猫”机群到达时则仍然有足够油量排队降落，如果没有太多推延的话。有些飞行员飞到时，难以相信地看着舰队灯火通明。亚历山大·弗拉修向“列克星敦”号呼叫，问航空母舰是否打开了灯光。“确认打开”，列克星敦回复道：“请降落到最近的母舰上。”弗拉修先向一艘埃塞克斯级航空母舰降落，最终进场时被降落信号官指令复飞，然后他换了一艘航母成功着舰，这是“企业”号。

其他人没这么好运气，“杀手”凯恩直奔“企业”号，降落时也被指令复飞，然后他迫降到了海里。今天两次任务中他总共飞行了10小时，早已精疲力竭。着水时脑袋又受了一次伤，直到22日才被送回“企业”号。根据惯例，送他回去的驱逐舰收到了几加仑冰糕作为交换。

降落在自己母舰飞行甲板上也不意味着安全有保证。VF-1的托米上尉在“约克城”号上安全降落，他还坐在座舱里尚未下机，另一架飞机就重重拍在甲板上，反弹了几次最后与托米上尉的飞机相撞，托米当场身亡。

哈格里夫斯中尉也回到了自己的航空母舰“大黄蜂”号上，他的运气显然比托米上尉好。“终于甲板清空了，我有个机会降落而不是再度复飞。我在最终转弯时看见了降落信号官，一路都是‘明白’通过，最后顺利钩住了第四号阻拦索。”哈格里夫斯收起着舰钩，被引导前往第五阻拦网前方15米处停机，这是几次坠机事故后唯一还能用的阻拦网。折叠了战斗机机翼后，他开始往座舱外爬，忽然想起绘图板还在座舱里。“我的飞机维护长忽然丢下所有东西跑向右舷，离我远远的。当然有个再好不过的理由，他在往后看时发现一架‘地狱猫’在甲板上直冲，错过了所有阻拦索，朝我们撞过来。接下来几秒钟我的心脏都跳到了嘴里，我没什么地方可以躲啊！幸好第五阻拦网兜住了‘地狱猫’，让它向左舷偏移。在几十厘米的距离上错过了我的飞机，撞上另一架‘地狱猫’，这让它更向左侧偏移，最后翻下甲板，掉落在左侧四联装40毫米防空炮位上。”这架飞机的驾驶员是新上任没多久的大队长杰克逊·阿诺德，他转飞F6F的时间很短，在白天都没降落过几次。

VB-2中队的杰克·泰勒说道：“我在晚上9点才回来，飞机的汽油剩下不到190升。‘大黄蜂’号的甲板上发生了一起事故，我们进场四次，全都被命令复飞。”他告诉机枪手搞好救生筏，准备水上迫降。“在第四次复飞后，我收起起落架向前直飞，直到发动机停转，然后迫降。还好海面很平静，着水虽然很突然，但是也没什么问题发生。我们都到了救生筏上，因为今晚很暗，我们在信号枪里装填了曳光弹，向天开火指示位置。”大概30分钟之后，“布拉德福”号驱逐舰将他们捞起。

雅西少尉最后也在水面迫降，很快被“安东尼”号驱逐舰救起。他本来被指示可以降落在任何航母上，但是无线电中一片混乱，每个人都在说话，没人搞得清楚谁说了什么。他的飞机余油更少，前两次复飞过后都收起起落架，结果第三次进场的时候忘了放下来，又被指示复飞，最后油尽落水。

所谓“超越黑暗的任务”终于完结了，起飞时由226架飞机组成的大编队，只有115架返回了它们的母舰。

在特混舰队降落时因事故总共损失了14架“地狱猫”，坠毁在甲板上或者迫降在海面。VF-2中队有5架飞机在阻拦网上撞坏，其中3架撞在“约克城”号上，另有2架迫降在海面，后者之一是沃恩少尉，就是起飞时地平仪损坏的那位。还好最终所有VF-2的飞行员都毫发无伤地回到“大黄蜂”号。

“巴丹”号的VF-50是飞机损失排第二的中队，2架战斗损失和1架事故损失。那些损失轻微的中队则分散到了各处，比如VF-14中队只有五名飞行员在母舰“黄蜂”号降落，其他10人散落在五艘不同的航空母舰上。

不算“无畏”俯冲轰炸机的话，“地狱猫”的损失最少。派出的飞机只有五分之一损失，“复仇者”损失了一半数量，“地狱俯冲者”则几乎全部完蛋了。“地狱猫”标配的副油箱是高生还率的主要原因，不过降落的飞机也只剩大概150升汽油，在着陆状态和较低动力输出的条件下可以飞接近一小时。这不算太多，但是比成功着舰的“复仇者”要好几倍，后者一般只剩下40升左右汽油。

在损失分析时，参谋军官们认为水面迫降的主要原因是缺乏经验。很多缺乏夜间着舰经验的飞行员浪费了宝贵的时间和汽油，他们对着灯光大开的巡洋舰和驱逐舰进场。需要相当训练才能仅仅依靠灯光判断船只类型，在多数情况下，即使老手也只能在近乎着舰距离前区分出船只类型。

由于这个开灯的决定，米切尔受到高度赞扬。手下飞行员们几乎把他当父亲一样尊重，其他熟知米切尔的人也认为他不会做出这个以外的决定。他的决定让很多飞行员从那片拥挤又危险的天空中安全回家，也许最好的例子来自将军最喜欢的飞行员：多年以后弗拉修将他最小的儿子命名为米切尔。

这两天战斗的结果已经注定了日军要丢掉这个群岛，机动部队损失了包括水侦在内的439架舰载机，外加超过200架陆基飞机。日本海军花了一年时间重建的舰载航空兵，在短短两天内损失了90%，虽然联合舰队还有好几艘航空母舰，但是已经没法再组织足够的飞行员让这些战舰拥有相应的战斗力。舰载机部队在两天战斗中受到了毁灭性打击，再也没有恢复过元气。但是缺乏情报的美国海军对此几乎毫无知觉，仍然认为日本航母是个严重威胁。

特混舰队在21、22日花了两天时间打捞落水飞行员，同时在21日凌晨对日舰进行了进一步追击，但是小泽已经跑没影了。这两天，“地狱猫”完全控制了马里亚纳群岛的天空，直到23日才再次遇到像样的敌手。早晨5点30分，麦坎贝尔带领12架VF-15中队的飞机前往关岛执行扫荡任务，在奥罗特机场上空遭遇18架零战。前两天美国飞机前来时日军完全没有迎战，只有1架一式陆攻机被击落，但是今天不一样，日本人准备好了等着美国飞机。麦坎贝尔带着中队绕了一圈，回到奥罗特机场上空时发现4架飞机以标准的美式编队飞行，但这些飞机其实是零战。还没到“地狱猫”进入攻击距离，这些飞机先组成了一个防御圈。麦坎贝尔带队绕着这些飞机转并等待时机，然后带着8架“地狱猫”扑过去。看见这个势头，埋伏在太阳方向的6架零战立刻俯冲下来，这个情况还在预料之中，负责掩护的4架“地狱猫”立刻追上去，又惹来更多零战。至此混乱的形势已经完全无法控制，一场恶战后飞行员们声称击落11架飞机，还有3个可能击落。大队长获得了1.5个战绩，那半架与普兰特少尉分享。损失则是2架F6F和2名飞行员，其中布鲁斯少尉从他的飞机中跳伞，但是再也没有被搜救队找到。

扫荡任务继续进行，不过直到VF-15当日的第四次任务才再度遭遇日机。4架零战飞来攻击“地狱猫”，德韦恩·莫理斯上尉先敲掉其中1架，接着卡尔中尉和他的僚机各击落1架零战，剩下1架仓惶逃离。

这天所有任务结束后，三个特混大队向埃尼威托克岛返航，他们需要修整和补充。特混大队指挥官中最富有攻击性的克拉克少将则决定再打一场，58.1特混大队转向北方开往硫黄岛，航空母舰“大黄蜂”号、“约克城”号、“巴丹”号和“贝劳森林”号将再次发起空袭。硫黄岛一直作为向马里亚纳群岛集结的基地，这次目的仍然是干扰其运作功能，就像15日和16日一样。

日军横须贺航空队派出增援的30架零战终于在23日下午抵达硫黄岛，这天硫黄岛上共有122架飞机，一半以上由航空母舰转场过来。

这架VF-15中队的“地狱猫”正在起飞，它要参加对马里亚纳群岛的战斗机扫荡任务。

VF-51中队的“地狱猫”正在马里亚纳群岛上空巡逻。

1944年6月8日，从“提康德罗加”号航空母舰起飞的“地狱猫”，注意飞机上的旧式编号系统涂装。80-F表示这是VF-80中队的飞机，该中队和航空母舰都没来得及参加马里亚纳战役，他们正在努力训练，以期日后参战时有好的表现。

前两次空袭硫黄岛时天气很糟，到了24日早晨仍然不好。“贝劳森林”号的所有战斗机都留在舰队上空进行空战巡逻。VF-1、VF-2和VF-50的51架“地狱猫”在370公里以外起飞，每架都挂载一枚227公斤炸弹。

攻击编队在途中穿过一片厚云，跟着1架装备雷达的TBF导航机绕过几处最糟的天气区域。在目标附近他们遇到大群零战。此前日军有架侦察机发现了特混大队并通知硫黄岛，岛上雷达也在早晨发现了空袭机群，于是这些飞机就起飞了。日本机群中包括两名著名王牌飞行员——阪井三郎和武藤金义，42架零战穿过云层，向旭日的光辉爬升。

当看见零战前来拦截时，大多数“地狱猫”立刻丢掉了炸弹准备进入空战，对于VF-2中队那些老手们这就是轻车熟路。当时带领“大黄蜂”号的15架“地狱猫”的是罗伯特·巴特勒上尉，靠近硫黄岛时看见那些零战从云层中出现，向下方的“地狱猫”编队冲来。VF-2中队立刻转向日机开始攻击，第一轮交火就有飞机被击落，接着落在后方的“地狱猫”也赶了上来，空战规模迅速扩大。交战开始时，温亚德中尉看见一大群日机在硫黄岛附近，另一大群在西面更远处。在接下来的空战中，温亚德声称击落4架零战。埃弗雷特·哈格里夫斯中尉同样有4个战绩，还有一个可能击落，带队的巴特勒也有3个战绩。

卡罗尔·卡尔森中尉则先把1架零战打起火，然后在大偏角状态下向其他几架飞机快速射击，接着又死咬住1架零战。这时他的机枪卡壳了，但是他决定不能让这个必然获得的战绩溜走。这架零战试图俯冲摆脱，自己控制不住栽进了水里，卡尔森一枪未发。大战过后VF-2中队损失了1架“地狱猫”和它的飞行员，另一架飞机严重损坏，但还是返回了“大黄蜂”号，他们总共声称击落25架零战和8架“彗星”。罗伊·沃里斯中尉获得了他的第五和第六个战果，从1942年11月参战直到1944年6月，总算成了王牌飞行员。

“约克城”号的VF-1中队起飞了四个小队，他们称在硫黄岛南面八公里处遇到大约35架日机，这些飞机正在一片4600米高度的阴云下。VF-1损失了1架“地狱猫”，但是飞行员们声称击落18架敌机，外加5个可能击落。击落榜第一名是施罗德中尉，这位一头黑发的苗条飞行员在五分钟内击落3架零战。施罗德先从正后方点燃第1架，第2架零战追着1架“地狱猫”从他面前横穿，被当场打爆。过了一会施罗德发现他的第三个猎物在水面上低飞，他俯冲下去从侧面攻击，零战没有起火，而是直接栽进水中。

在日军这边，武藤金义向2架“地狱猫”俯冲，自称将它们全部打起火，接着又打燃2架“地狱猫”。无论这几个声称数的真实性如何，日本王牌飞行员仍然能有效利用零战与美国战斗机作战。但是其他绝大部分菜鸟飞行员到了天上与靶子没多少差异。正如哈格里夫斯中尉所说：“敌军飞行员没有表现出多少技巧。我发现一个四机小队，就从最后一架打到领机。他们中没有任何一个做了规避机动。”他向第5架零战开火，但是它冒着烟逃开，由于立刻被其他零战缠上，只好开始躲避，他只好声称可能击落最后那架零战。

阪井三郎被几架从云底出现的“地狱猫”攻击，但是他迅速溜掉，“地狱猫”就转去追打菜鸟飞行员。他忽然意识到只有一只好眼睛在空战中是多么的劣势，一度暂时看不到空战情况。阪井看见附近有一个编队，就朝他们飞去，以为那些是零战。飞到近距离才发现那是“地狱猫”，现在已经跑不掉了！接下来的空战是阪井三郎的传奇故事之一，在20分钟里，他摆脱了每次美国战斗机的射击，证明他的技术一点都没退步。

在战争结束后，阪井三郎回忆说：“第一架格鲁曼想跟我比转圈。有那么一会，他的机腹塞满了测距圈，我打出了一个点射。航炮炮弹沿着机身爆炸，下一秒大量黑烟从飞机上冒出，它失控了，开始狂野地朝海面俯冲。”

“我身后至少有6架格鲁曼，机翼上都喷出火焰，正在向我开火。再次向左转向——快！那6架战斗机从我身旁飞过，进入高速爬升并右转。我将油门全力前推，进入超压位置，然后向右转。零战快速拉近距离。到了50米远，我用航炮开火了，看着炮弹沿着机身命中，消失在座舱中。“地狱猫”的座舱玻璃下冒出了明亮的火焰和浓烟，疯狂地转向，一侧机翼带着浓烟下坠。”这是阪井三郎的第63和64个战绩，但是空战还没结束。他被团团围住，连续不断地扭动转弯，一刻都不能停下。几架F6F组成小队和分队朝他攻来，但是每次都失望地看着他逃开。几分钟之后，阪井意识到美国飞行员没他们的飞机那么好，反倒被他们笨拙的攻击激怒了。他转向一个小队与他们迎头相向，将长机打的冒烟坠落，另外3架很快把他围上。阪井自己飞进螺旋，坠入下面的大片云层才逃脱追击，忽然又开始害怕风暴云中的闪电打中他的座驾。

这个机动让"地狱猫"以为已经把他击落了，从云底飞出时他已经孤身一人。筋疲力尽地飞回硫黄岛降落。地勤蜂拥而上围着零战，发现没有哪怕一发子弹打中他的飞机。对于攻击他的"地狱猫"数量和战斗过程多少有点夸张了，但是阪井三郎的表现无疑对得起他的名声。其他飞行员就没这种技术，更没有什么运气，不论是零战还是攻击机飞行员都同样如此。早晨总共80人起飞，战斗结束后只有30人返回机场。日本海航声称击落了一些美国飞机，但是确实有战绩的很可能只有武藤金义和阪井三郎两人。

由于零战拦截，只有4架F6F向机场扔下炸弹，这根本无法阻止两个攻击编队起飞朝向特混大队进发。第一个编队由大概20架鱼雷机组成，他们在舰队上空被尽数击落，它们被认作九七舰攻，但实际上很可能是"天山"舰攻。VF-2中队的空战巡逻机声称击落其中17架，VF(N)-76中队的约翰·迪尔上尉驾驶着夜间型"地狱猫"击落3架，舰队防空火力又敲掉了剩下的几架飞机。

第二个编队包括9架"彗星"、9架"天山"和23架零战，由于恶劣的天候，他们起飞后根本没找到美国舰队。但是空战巡逻的"地狱猫"在雷达引导下找到了他们，14架VF-2中队和几架VF-50中队的飞机将他们暴打了一顿，7架鱼雷机迅速坠落，接着又击落10架零战。零战之一被哈格里夫斯击落，今天他累计了5架战绩，成了VF-2中队的第三名一日王牌。罗伯特·沙克福德今天总共声称击落4架零战，也达到了王牌标准。

天气糟糕让空战声称数更不准确，"地狱猫"机队称击落了超过100架敌机。而日机实际损失为34架战斗机、27架鱼雷机和5架俯冲轰炸机。硫黄岛的80架零战损失了接近一半，58.1特混大队损失了6架"地狱猫"，声称数夸大了许多，不过实际战果仍然不错。VF-2中队损失了一名飞行员，但是有67架声称击落，已经与日军总损失相当，这个数字至少说明了VF-2是今日空战主力。这段时间开膛手中队表现不错，他们从6月11日起的两周内总共声称击落117架敌机，到目前为止总战绩为187架，是马里亚纳战役期间成绩最好的战斗机中队，也是目前为止战绩排名第一的中队。

这天在马里亚纳群岛方向没发生什么大事，虽然舰载机再度空袭了关岛，但没有遇到日本战斗机拦截。VF-15中队发现了一艘运兵船，飞行员们俯冲下去来回扫射它。

1944年6月24日，这架VF-1的"地狱猫"即将撞上阻拦网。

克拉克少将和这个被攻击了多次的小小硫黄岛还没完，至少现在如此。补充完毕后，7月3日、4日他的特混大队又回来空袭这里，拉尔夫·戴维森少将指挥58.2特混大队也加入战局。这次空袭是F6F-5首次战斗，戴维森少将的特混大队还包括一艘新的埃塞克斯级航空母舰，“富兰克林”号（绰号“大本”），搭载着第13航空大队，下属VF-13中队队长是科尔曼中校，中队装备的飞机全部都是F6F-5型。

对于克拉克和戴维森的战斗机飞行员来说，F6F-5的零长火箭发射架是个大新闻。这让飞机可以挂载和发射127毫米高速空射火箭，六枚火箭齐射的威力相当于一艘驱逐舰的一次侧舷齐射，“富兰克林”号的飞行员们将会有效使用它们。

空袭硫黄岛对于VF-1和VF-2中队已经是家常便饭，飞行员们都知道接下来会遇到什么。VF-1的中队长斯特林回忆说：“我们每次到硫黄岛都受到了热烈欢迎，这一次也没有任何区别。”

43架“地狱猫”起飞执行7月3日的战斗机扫荡，VF-2的中队长威廉·迪恩带队。这次对手是31架零战，不过它们刚刚起飞。VF-2中队派出的26架飞机中有11架携带了改成触发引信的深水炸弹，在零战出现前，“地狱猫”将炸弹扔到了跑道上。这次日本战斗机表现得老练又充满攻击性，一直保持着高度优势，但糟糕的是不能有效利用这个优势。迪恩和另外四名“开膛手”各取得三个战果，又有三名飞行员达到了王牌标准。中队总声称数共有33个，他们只损失了2架飞机。而VF-1中队的17架飞机在900至1500米云层下与日机交战，他们声称击落11架飞机，外加5架可能击落，自己损失了1架“地狱猫”和它的飞行员，还有3架飞机受伤。另外，这天也是零长火箭发射架初次实战。

日本人的损失仍然比“地狱猫”声称数低，但是这不会让他们好过到哪里去，起飞了

美国海航的后勤体系

美国海军航空兵有很多勤务中队，负责运作舰队基地，执行飞机大修和维护，以及负责供应和后勤事务。它们的存在使得战斗机中队能在外海换装新飞机。负责海上运作的是第10勤务中队，在美国海军的历史上它是最经常被忽略的组织之一。它主要负责舰队油轮、补给舰和其他辅助船只，第10勤务中队还要管理几艘护航航空母舰。这些小航母有两个任务：为辅助船只提供航空掩护，还有就是向大型和轻型航空母舰运送补充和替换的飞机。这样快速航母编队就能在海域中活动更长时间，而不用返回马朱罗环礁或者乌利西环礁这样的舰队基地。

勤务中队的水手和工作人员在海上和岸上辛勤工作，很少有人来赞美他们，几乎永远都上不了新闻头条。但是即使日本人也清楚他们的价值，战争结束后东条英机承认这是日本战败的主要原因之一：美国海军能支持特混舰队长期在海上作战。

由于这些勤务中队的存在，F6F-3向F6F-5的换装可以在大洋上或者前线锚地进行。与此同时，美国海航可以将飞机和飞行员分开的组织结构也有利于战斗力补充。在替换掉作战期结束的大队时，新来的航空大队可以基本抛下此前配属给他们的飞机，利用此前大队的飞机和装备，仅将人员和补充的飞机送上航空母舰。

31架零战截击美机，有17架被击落。这些飞机是横须贺航空队在上个月24日空袭后又派来的援军，两名王牌飞行员，武藤金义和羽切松雄各声称击落3架“地狱猫”。同上次一样，很可能只有两名王牌飞行员拿到了战绩。而且这根本就是杯水车薪，其他菜鸟仍然与靶子无异，由于新飞行员水平无法提高，日本航空兵在消耗战中的形势越来越恶劣了。

硫黄岛上空，这是个很危险的行为。某架“地狱猫”切入零战和后方“地狱猫”之间，还带着副油箱就参加了空战。照相枪在工作就说明后方“地狱猫”正在或者刚停止射击，希望他没有把友机打坏。

地勤正在准备高速空射火箭弹，可见88.9毫米直径的火箭弹体，前端弹头为127毫米直径。后期型号弹体直径也扩大至127毫米，以容纳更多推进剂。

第二天早上，已经消耗殆尽的日军航空队勉强凑了8架“天山”和9架零战，据称飞行员们接到命令撞击美国航空母舰。此时距离大规模神风攻击还有四个月时间，这次日机飞行员根本就没有自杀的机会。“卡伯特”号的VF-31中队用俯冲攻击庆祝了美国独立日。新任中队长华莱士少校带队从3050米开始俯冲，飞行员们大打出手。科尼利厄斯·诺伊中尉击落3架飞机，还有一个可能击落战果，曼新上尉也击落了3架飞机，然后日机编队被消灭。17架飞机几乎被打光，只剩下4架零战逃进云层返回硫黄岛。在三次战斗后，“地狱猫”机队摧毁了硫黄岛上80架零战中的70架。

VF-13中队在这次行动中获得了最初四个战绩，哈德森上尉旗开得胜，拿下了第一个击落，他的小队早晨在硫黄岛上空共击落3架零战。但是飞行员们似乎对使用高速空射火箭更有兴趣。VF-13的“地狱猫”带着这些火箭攻击小笠原群岛周边的各种日军船只，效果看起来很不错。飞行员们声称用火箭和机枪攻击了一个护航队，击沉其中四艘小运输船。

第1航空大队也派出了16架飞机搜寻日本海运线。“约克城”号的飞行员找到了三艘船，他们辨识其中两艘是“护航驱逐舰”，另一艘是中型货轮。“地狱猫”们迎着猛烈的防空炮火俯冲，连续不断地扫射两艘驱逐舰，直到其中一艘船尾的深水炸弹发生大爆炸，“好像爆米花一样”，有人说道。当VF-1中队离开时那艘船正在大爆炸中震颤，另一艘起火燃烧，货轮则冒出浓烟。VF-1最新进的王牌威廉·莫斯利中尉没有返航，前一天他才击落了第5、第6架飞机。莫斯利中尉获得过两次飞行优异十字勋章，现在被追授航空勋章。

这两天空袭结束后，各个战斗机中队总共增加了92个声称数，VF-31中队的科尼利厄斯·诺伊中尉累计到了19个战绩，他成为了战绩最高的轻型航空母舰飞行员。

特混舰队在7月5日撤往远海加油，由于天气和海况都不好，航空母舰没法安全起降飞机进行空袭。到了6日，因为硫黄岛上已经没有可用的战斗机，横须贺航空队的幸存飞行员们乘上运输机返回日本本土。

7月8日，特混舰队再度空袭关岛，VF-31中队称击落9架日机。其他中队都没遇到敌

1944年7月6日，这是在“汉科克”号航空母舰舰首拍下的照片。这架VF-7中队的“地狱猫”没成功钩住阻拦索，冲出了舰首，飞行员正在试图让飞机再度腾空。但是不知道他有没有成功。

7月在帕劳群岛的空战照片，这架零战正在被12.7毫米子弹击中，它已经开始冒烟。

7月20日，VF-51中队的F6F-3正在结伴飞行，飞机发动机整流罩上画着两个骰子，这是中队队徽。

7月30日，正在维护的15航空大队长座机“Minsi Ⅱ”号，正如涂装所展示的信息，这是架新来的F6F-5。螺旋桨下方的架子用于机枪校准，航空母舰上空间不足，只能使用这种简易工具。

1944年7月24日，加利福尼亚州的穆古岬附近。这些久经沙场的F6F-3型正要卸船，它们将在翻新过后作为训练机使用。

机，集中攻击地面目标。几名VF-2的飞行员在塞班岛降落，从陆军和陆战队的大头兵手里购买纪念品，包括后来发现其实是陆军大兵自制工艺品的日本旗帜。武士刀和日本手枪等等也开始出现在船上，大部分武器被迅速没收。然后又来了一道命令，禁止飞行员驾机进行“购物飞行”。

接下来一天舰队又空袭了罗塔岛，也没有遇到日本飞机拦截。月中时分，季风季到来了，低云、狂风和大雨经常干扰航空作业。以这种不紧不慢的节奏，7月21日至8月8日期间特混舰队继续空袭帕劳群岛、加罗林群岛和小笠原群岛。空战很少，但时常有“地狱猫”被防空炮击伤或者击落。25日，舰队在雅浦岛发现40架日机，查理·哈伯特上尉带着VF-2的编队扫射了一通。

VF-19中队在8月4日旗开得胜，麦克朗林和布莱克斯利

VF-19——第一个“熊猫”中队的成立

1943年8月15日，VF-19中队在洛斯阿拉米托斯海军辅助航空站成立了。第一任中队长是休·温特斯少校，1913年3月11日生于海军家庭，他的父亲是安纳波利斯海校1909届毕业生。温特斯毕业于安纳波利斯海校1935届，这届学生中有两人获得了荣誉勋章，40人在战争中身亡，包括15名海航飞行员。好几个王牌，包括VF-20的中队长弗雷德·巴库提斯，还有VMF-121中队的伦纳德·戴维斯，VF-3中队的诺埃尔·盖勒，VF-32中队的埃迪·奥特洛，VF-45中队的戈登·谢克特，VF-44中队的马尔康姆·沃德尔也是这一届学员。

在被调来这个新中队之前，温特斯在VF-9中队当过执行官，那时VF-9中队刚开始接

收F4F-4，换掉了旧型F4F-3。温特斯在这里呆到1943年，然后被调回国内负责新战斗机中队。VF-19中队才成立时他手里有1架F6F-3，1架J2F-5水上飞机，还有1架派珀J-3“幼狐”。中队取了个很适合他们飞机的名字，叫做“撒旦的小猫”。队徽由华尔特·迪斯尼公司设计，上面是一只愤怒的猫，骑在飞行的三叉戟上，爪子中握着“闪电”。这个标志用了35年，后来过继给了第二代VF-191中队。

这个中队与其他新成立的战斗机中队稍微有些不一样，温特斯手下的飞行员有很多长期担任教官的尉官，他们不想继续呆在后方了。还有些被其他中队丢出来不要的人，最后是几个前俯冲轰炸机和水上飞机飞行员。

埃塞克斯级航空母舰在进入舰队前遇到了一些不可避免的麻烦，第19航空大队现在有些空余时间。VF-19中队开始找些消遣活动，情报官杰克·惠勒上尉搞了个老虎机。一般的老虎机上面画的是樱桃、钟、水果糖，这台上面画的是零战、一式陆攻、九九舰爆。这个“武装的坏蛋”老虎机被官方称为“可视辅助识别机械”，还有个缩写“VARM”。

在VF-19建立前，洛斯阿拉米托斯曾经是个愉快又平淡的小机场，这里基本没什么大事。作为一个最终训练基地，学员们可以用N2S双翼机练习俯冲攻击，但是所有行动都要文雅地保持在海军规定范围内。

但是不平凡的休·温特斯和他的手下，迟早会从平凡中脱颖而出。或者换个角度说，搞出一些事情。一个飞行员穿着飞行服从机库往单身军官宿舍跑，他被值班军官抓到了，但是拒绝接受停下的要求。然后当基地指挥官试图没收“VARM”时，温特斯觉得已经够了，他不想再忍了。他自己飞到圣地亚哥海军航空站，直接面见舰队航空指挥官。自称“VARM”对于VF-19的士气和效率有重大意义（当然没提到中队的派对基金从哪来的），然后达成了一个妥协方案，VF-19可以继续留着这个东西，条件是温特斯要收下两个其他任何中队都不要的中尉。

这两个“犯人”之一不能在夜间航母降落，另一个在阿纳海姆市做了一次未经许可的降落。温特斯同意了，他说：“我还有更糟糕的人，连在旗子靶标上打了60个洞的家伙都不如。”VF-19就这样继续他们的“识别训练”，然后在“阿尔塔马哈”号（CVE-18）护航航空母舰上完成了航母上舰许可考核。

1944年2月末，第19航空大队向夏威夷进发，他们预定登上“列克星敦”号航空母舰。温特斯和手下停留在毛伊岛，集中训练射击、编队和仪表飞行，还有强制性的社交活动。三月末中队遭受了一个重大打击，20名飞行员要被转调到VF-100中队——这是舰队战斗机飞行员储备池——换来了一些受训时间较少的飞行员。很多新来的人从来就没飞过“地狱猫”，还好他们很快就作为僚

在毛伊岛上空训练的VF-19中队。

机融入中队，而且表现还能接受。

中队现在算是成型了，飞行纪律和无线电流程都很好，射击分数高于平均水平。“撒旦的小猫”已经准备好作战，但是官场总是很难对付。在某次灯火管制时，两名少尉“借”了基地执行官的吉普车，开到了毛伊新闻社，这是个日-英双语报社，据说这是“一个快乐的地方，女孩们会奉上清酒之类的东西”。很快这两人被海岸巡逻拦下，他们很可能被罚返回本土。但是中队长温特斯立刻实施了惩罚性措施，立刻禁止飞行员开吉普。他的判断很正确，这两个犯事的家伙完成作战期后都成了王牌。

6月末，航空大队在埃尼威托克岛登上了“勇猛”号航空母舰，7月9日转场到第38.3特混大队的“列克星敦”号上。第二艘“列克斯夫人”（“列克星敦”航母的绰号）将是VF-19接下来四个月的家，也是中队35年历史中最重要的120天。“撒旦的小猫”即将迈入战场，现在他们有35架F6F-3，还有2架F6F-3P照相猫。

撒旦的小猫队徽，VF-19中队在1948年改编号为VF-191中队，这个第一代VF-191中队于1978年解散。

在第一次作战之前，包括温特斯在内只有四名飞行员有战斗经验。VF-19中队在7月18和21日参加了对关岛的空袭。“地狱猫”在每次任务中都挂载了227公斤炸弹，而且没有遇到过敌机。虽然日本人的防空火力被描述为“轻度”，但是也不能无视，两名VF-19的飞行员就这样阵亡了。

7月末到8月初，中队空袭了帕劳群岛和小笠原群岛。7月25日，一名VF-19的照相猫飞行员，约翰·赫托上尉和1架二式水上战斗机缠斗了一场，他声称可能击落这架飞机。此后8月4日和5日的任务中，VF-19中队获得了最初的两个胜利——硫黄岛附近击落2架零战，自从中队成立后已经过去了接近一年。但是按照中队的历史记录，防空炮火是“到目前为止见过的最凶猛的一次”。4架F6F和3名飞行员损失，包括伯内特上尉，他也许曾经是舰队最好的SBD飞行员，在1942年所罗门群岛时击落过2架日本飞机。

尽管有些损失，飞行员们的士气依然高涨，他们还参加了甲板上的运动会，又期待着大规模战斗。现在训练压在偏角射击上，大部分人对此感觉相当自信，他们能和日本飞机好好打一场。当然中队的空战原则继续强调团队合作的重要性。正如温特斯所说：“在空战巡逻时，保持安静，好好听清，观察周围。在护航时，没有任何战斗机飞行员可以离开轰炸机和鱼雷机去追打日本飞机，除非他们在攻击被护航的飞机，或者你的飞机。”

少尉共同击落了1架零战。克里彻少尉在救生潜艇上空的巡逻任务中击落另一架零战。

不过今日VF-19的损失比战果大，在硫黄岛上空一人阵亡、一人失踪。此后另一个任务中12架“地狱猫”前往攻击母岛的水上飞机基地，第一次攻击时，埃尔文·林赛的僚机就被击落。林赛发现他在水里漂着，没有救生筏，就降低高度将自己的救生筏扔下去，接着他的“地狱猫”也被防空炮击中。在试图引导救生潜艇救援僚机失败后，林赛的飞机也支撑不住了，他迫降在潜艇附近，此后在船上呆了一个月才回到母舰。

特混舰队在父岛附近空袭了五艘船组成的船队，港内的十艘船也被炸了一顿。天空中根本就没有日本战斗机的影子，VF-2的空战巡逻机倒是在5日击落了2架二式飞行大艇。

海军向VF-2中队长威廉·迪恩颁发了飞行优异十字勋章，以表彰他的中队在6月11日和20日的杰出表现。战争结束后哈格里夫斯评价了迪恩的领导水平：

“‘比尔’·迪恩中校本可能成为一名战绩非常高的飞行员，如果他总是在预计会有敌机出现时带队的话。但是他总是想让手下所有飞行员都获得战绩，而不是像其他中队长那样让一些其喜欢的飞行员拿到战绩。比尔经常带队空战巡逻，或者给轰炸机护航，而不是去飞战斗机扫荡任务。这给了我们所有人作战的机会，所以VF-2在单个作战期内产生了28名王牌——在美国海军内屹立不倒的记录。”

太平洋上的仲夏就这样无情结束了。密克罗尼西亚大部分天空中都出现过“地狱猫”的身影，7月初成功空袭让日本在该区域内的航空力量几乎绝迹，迈入8月时第58特混舰队新增加了44名战斗机王牌。马里亚纳战役一直持续到8月才正式结束，战役中总共声

1944年8月，VF-1中队的“地狱猫”准备起飞，该中队即将结束当前作战期。远处还有一艘埃塞克斯级航空母舰和一艘独立级轻型航空母舰。

参战的“地狱猫”中队，1944 年 5—8 月

中队名	配属航空母舰
VF-1	约克城
VF-2	大黄蜂
VF-8	邦克山
VF-10	企业
VF-13	富兰克林
VF-14	黄蜂
VF-15	埃塞克斯
VF-16	列克星敦
VF-19	列克星敦
VF-20	企业
VF-21	贝劳森林
VF-24	贝劳森林
VF-25	考佩斯
VF-27	普林斯顿
VF-28	蒙特里
VF-31	卡伯特
VF-32	兰利
VF-50	巴丹
VF-51	圣贾辛托

称击落敌机917架。以“地狱猫”为主的65架美国舰载机被日机击落，交换比高达14:1，即使扣除其中的水分，这个战绩仍然相当好。这还不包括美国舰载机飞行员们声称在地面摧毁了306架日本飞机。

随着F6F-5进入服役，“地狱猫”机队步入它最成功的时期——战争最后12个月。虽然日本海军航空兵已经不能在航空母舰上与美国海军航空兵对抗，他们将从陆地机场起飞继续战斗。美国海军准备开往菲律宾群岛，更大的战役即将开始。

九、欧洲上空的“地狱猫”

F6F设计之初完全是为了在太平洋战场迎接挑战。它的航程和性能都被设计用来在这一片占了接近地球四分之一表面的大洋上击败日本人。如果将欧洲地图重叠到太平洋上，莫斯科放在珍珠港的位置。那么从莫斯科到苏格兰的距离只不过是珍珠港到东京距离的一半。

太平洋战场上广阔无垠的海面，在大洋上驰骋的宏大舰队，使得大西洋战场看起来远为渺小。德国海军缺乏水面航空力量，这也让“地狱猫”少有用武之地，不过它仍然参加了一些战斗。与德国人作战的需求，和与日本人作战的需求经常相差甚远，在北海和地中海服役的“地狱猫”从没被要求去获取某处的空中优势，或者保卫航母编队。“地狱猫”只在一次主要两栖登陆中负责航空支援。在这个战场，英国皇家空军和美国陆军航空兵抢走了绝大部分任务，英国人战前在海军航空力量发展上的短视直接造成了这种让人遗憾的情况。虽然就地理位置上来讲，他们确实有充分理由将重心放在空军上。

皇家海军的舰队航空兵在战争开始前不久才脱离空军，在战争期间的独立性仍然比较低，飞机和飞行员长期依靠皇家空军。很多英国舰载机仅仅是改为舰载的空军型号。由于权限和经费的严重限制，英国海军航空兵从未像美国和日本同行那样获得主导地位。对于这个结果，某位英国飞行员说得好：“在这次世界大战的第一天到最后一天之间，我们从未获得哪怕仅仅一架既适合航空母舰运作，又没有在服役时就落后的英国产舰载机。”

这个问题表现最严重的部分就是舰载战斗机。英国舰队航空兵对舰载战斗机的任务观念更倾向于间接吓阻，而非直接威胁。如果一次截击中战斗机击毁了敌机，那么这很好。但是他们希望舰载战斗机仅仅出现在空中，就能够将敌军侦察机或者轰炸机逼退，而且曾经认为航空母舰不应当在陆基飞机攻击半径以内活动。

实际操作经验很快证明这个概念有问题。航空母舰不仅要在敌军陆基飞机压力下作战，还经常要这样做。然而英国舰队航空兵又走了条错误的道路，他们希望使用双座战斗机，一位飞行员加一位无线电员，用双人机组保证海上导航和联络。这种概念最后产生了布莱克本的“贼鸥”式和费尔雷的“管鼻燕”式。纵使不提这两种飞机的设计思路有问题，在服役时它们的技术指标也落后了，无力与同期单座战斗机抗衡。当然，舰队航空兵也准备了一些替补方案，比如舰载型的“海斗士”战斗机，但这是种古旧的双翼机，担不起大梁。战争迫在眉睫，此前所有准备都显得远远不够，舰队航空兵才终于希望用皇家空军最新的战斗机改装为舰载机。空军的强势在这时起到了相当大作用，不如说从海军的角度看来，他们就是在从中作梗。英国海军部最初希望在1940年7月获得50架舰载版的“喷火”，最初要求飞机带有可折叠的机翼，这个要求一度惹怒了空军，后者发现这会让他们损失比较多的飞机产量。不得已，海军只得将折叠机翼的要求推后，就算做出了这么大的让步，仍然拖到了1942年中才开始拿到飞机。还好空军在开战后不久就开始嫌弃“飓风”，这让舰队航空兵能拿到一些改进的“海飓风”作为补充过渡。下一个问题是“海火”Ⅰ战斗机还没生产出来性能就又落后了，这种飞机本质上是舰载化的“喷火”Ⅴ型，在1941年“喷火”Ⅴ型被FW 190打得满地找牙。皇家空军为了对付敌机已经开始装备性能强许多的“喷火”Ⅸ型。更不论“海火”Ⅰ本身不是很适合在航空母舰上使用，它的航程很短，而且机身脆弱，容易在降落时损坏。在战争结束时，英国自产的舰载战斗机主力还是“海火”Ⅲ，性能相对“海火”Ⅰ没有本质提高，虽然终于能折叠机翼了，但也继承了旧型号的大量缺点。

美国参战改变了舰队航空兵的形势，皇家海军立刻找上了山姆大叔以及勒罗伊·格鲁曼。

F4F“野猫”战斗机，在英国被叫做“岩燕”，是第一种在英国海军中服役的美国舰载机。英国人在美国参战前就花钱订购了一些飞机，以图尽快提高舰载战斗机的水平。因为坚固而可靠，它赢得了英国人的欢心，到1945年为止，舰队航空兵接收了接近1100架F4F和FM战斗机。

当美国公司能提供更现代化的战斗机时，英国人自然会感兴趣。1943年夏季，舰队航空兵接收了第一批F4U和F6F。最后皇家海军收到了2012架“海盗”，比其他美国战斗机型号都多。在这年6月，第一

交付给英国海军的第3架“地狱猫”Ⅰ型飞机。

英国海军的“地狱猫”Ⅰ型照片。英国飞机通常都有迷彩涂装。机身和机翼上表面由海灰色和深海灰组成，下表面是浅灰色。

编队飞行的“地狱猫”Ⅰ型，舰队航空兵的飞机没有中队或者航母专属的识别标志，所以看不出这是哪里的飞机。

个英国“海盗”中队于匡塞特角海军航空站成立。

一个月后，“地狱猫”也进入皇家海军服役，舰队航空兵第800中队将他们老旧的“海飓风”换成F6F。在英国命名体系下，F6F-3被叫做“鲣鸟”，这是一种体型较大的白色海鸟，通常在岛屿的石滩中筑巢，善游泳、捕捉小鱼和昆虫。到了1944年1月，皇家海军决定换回美国人自己的名称，于是“岩燕”又变回了“野猫”，“鲣鸟”变回“地狱猫”，“大海鲢”变回“复仇者”。“海盗”一直在用本名所以不用更改。

尽管舰队航空兵打了六年仗，他们只获得了455个空战胜利，美国战斗机贡献了超过三分之一：“野猫”和“岩燕”有67个，“地狱猫”有52个，“海盗”有52.5个。

第800中队的F6F-3型是舰队航空兵接收的252架飞机中第一批，此后又接收了930架F6F-5型，被称作“地狱猫”Ⅱ型。

“鲣鸟”初次战斗是在1943年12月，第800中队从护航航空母舰“皇帝”号起飞，在挪威海岸执行反舰任务。这是一长串攻击挪威目标任务的第一个，实际上，英国F6F在欧洲水域的主要行动就是这些。

“地狱猫”Ⅱ型，这架飞机没有涂装迷彩，而是保留了格鲁曼的光泽海蓝色。它还挂载了两枚炸弹。

“海盗”安装了英国式样的马尔康姆座舱盖以改善后向视野，这种座舱盖在中央向外凸出，给飞行员更多头部空间。这架“地狱猫”也改装了马尔康姆座舱盖，但是这种舱盖没有在“地狱猫”上推广使用。

这张照片摄于1943年末，皇家海军的爱德华·沃特哈尔少校正在检查刚接收的“地狱猫”Ⅰ。

与“海火”和“海飓风”不同，“地狱猫”的航程颇远，即使不能与陆军航空兵那些要为战略轰炸护航的战斗机相比，它也比欧洲各国普遍使用的短程战斗机好。因此“地狱猫”有充分的潜力作为一架远程战斗攻击机，并且由于斯堪的纳维亚半岛缺乏德国空军驻扎，英国“地狱猫”主要任务就变成了压制防空炮和轰炸。

英国海军一直关注着“提尔皮茨”号战列舰，它是德国海军最大的水面舰艇。此时躲藏在挪威崎岖海岸的峡湾中。这艘战列舰对盟军海运线是个巨大的威胁，即使它只是顺着锚链在海浪中摇荡，仅仅由于其存在就不能被忽视。

于是在1944年4月，六艘英国航空母舰部署到了北海，准备空袭“提尔皮茨”号，英国海军希望能就此击沉它。第800和第804中队参加了行动，“皇帝”号是这次任务里两艘护航航空母舰之一。费尔雷生产的“梭鱼”俯冲轰炸机停放在“胜利”号和“暴怒”号航空母舰上，这种笨拙又难看的飞机将担任主攻。

舰队计划进行两波飞机组成相同的攻击，20架“地狱猫”和20架“野猫”为21架“梭鱼”护航。第一波攻击于4月3日早晨4点15分起飞，起飞点在卡夫峡湾西面190多公里处。为了规避雷达，飞行员们一直保持低空飞行，大部分路程中飞行高度甚至低到15米。他们飞抵海岸时仍然未被发觉，在晨曦中隐约可见远处山峰顶着白雪，对于不少“地狱猫”飞行员来讲这是个新奇的景色。

5点27分，攻击编队到达目标，飞行员们可看见“提尔皮茨”号仍然在下锚停泊状态。同时地面和船上的德国人看见了英国飞机，但是已经太迟了。德国人急急忙忙开始释放烟雾，试图遮盖战列舰，防空炮也开始疯狂射击，但是却没什么准头。在目视接触目标后仅仅90秒，“地狱猫”和“野猫”就开始向高炮位俯冲并用机枪压制高炮射击。战斗机群干得非常漂亮，他们为“梭鱼”争取到了时间，后者需要额外一分钟瞄准投弹。这里是斯堪的纳维亚半岛防空炮火最密集的区域，最后只有1架“梭鱼”被击落，飞行员们认为九枚炸弹直接命中“提尔皮茨”号战列舰，还有五枚近失弹。

第二攻击波在早上6点40分起飞，他们干得同样好，声称又击中战列舰五枚炸弹。格鲁曼战斗机也再度有效压制了防空火力。最终1架“梭鱼”和1架“地狱猫”被击落，虽然并未将“提尔皮茨”号击沉，但是该舰需要修理4个月。

8月份，舰队航空兵又发起了七次空袭，然而由于天气糟糕，这些行动只取得了很小成果。其中两次在准备时就取消，另外两次半途返航。最后三次空袭在8月24日发起，第1840中队的“地狱猫”负责掩护，最后只对战列舰造成了轻微的损伤。

1944年5月，皇家海军在北海进行反舰扫荡任务，这给英国“地狱猫”带来了仅有的几次空战胜利。战斗主角仍然是第800中队，“皇帝”号、“暴怒”号和“探索者”号航空母舰都参加了行动。当时，第800中队的战斗机正在为一队“梭鱼”护航，德国空军的战斗机就杀到了。

德机编队由JG 5联队的Bf 109G和Fw 190A组成，这两种战斗机都比“地狱猫”飞得更快一些，不过在低空优势不怎么明显，它们的俯冲和爬升性能比较好。“地狱猫”的优势则是盘旋能力超过德机，在这场战斗中第800中队的飞行员们有效利用了这点。虽然有1架“地狱猫”立刻就被击落，第800中队在反击中击落

3架德国战斗机。布莱思·里奇上尉声称击落1架Fw 190，他是位相当有经验的战斗机飞行员，此前在旧式“海飓风”上已经获得了3.5架战果。不过德国人的记录是损失了3架Bf 109。

六天后的5月14日，第800中队又发现了德国飞机，不过这次轻松得多。里奇向1架双发He 115水上飞机俯冲攻击并将其击落。然后与同一艘航空母舰上指挥804中队的斯坦利·奥尔少校会合，协助他将另一架He 115打进北海的冰水中。里奇上尉姑且算是第一个英国“地狱猫”王牌，但令人悲伤的是此后不久他就在飞行事故中身亡。

英国人的“地狱猫”回忆

斯坦利·奥尔少校也是一名王牌飞行员，只不过在飞“地狱猫”前就已经有六个战绩。作为1940年11月就参战的老兵，他开始在第806中队飞管鼻燕战斗机，在地中海战区转战多月，1941年末回到英国时已经成了王牌。

当了一段时间教官之后，他被派到美国指挥第896中队，这个中队正以“岩燕”为基础组建。1943年3月，该中队随着“胜利”号航空母舰开往太平洋，但是奥尔却因为脊髓灰质炎回到英国修养。8月病好后又被派往负责第804中队，这个中队正将老旧的“海飓风”ⅡC型改换为“地狱猫”Ⅰ。奥尔少校描述了这架飞机在他中队里的情况：

毫无疑问，这段时期“地狱猫”是最好最受欢迎的舰载战斗机。它没有任何“海盗”的失速和视野问题，非常容易飞行和降落。它赋予飞行员无限信心，这点很重要，在那些日子里光对付敌人就够手忙脚乱了。实际上它是个相当稳定的平台，在我们空袭“提尔皮茨”号战列舰的时候飞机都装了炸弹挂架。很快所有飞机都这样装了挂架，让我们能在不用掩护“梭鱼”和“复仇者”时攻击地面目标。

在4月、7月和8月的“钨”、“吉祥物”、“古德伍德”行动完成后，大型舰队航空母舰离开了挪威水域。这里交给了小型的护航航空母舰，它们的主力攻击飞机仍是“地狱猫”。

除了绝妙的飞行特性以外，“地狱猫”的可靠性也相当好。这种飞机很少处于无法使用的状态，对于护航航空母舰的中队来讲特别关键，他们经常只有8到10架飞机——如果有50%的飞机无法使用，会对任务效率造成巨大的影响。

在1943年8月，我到达埃格林顿时进入我的新中队时，维护性能是最初遇到的问题之一。中队的新“地狱猫”Ⅰ刚从美国船运到达，飞机备件还没送到！尽管在这种运气相当不好的情况下，我们仍然开始了机种转换训练。发生的第一件事就是飞机尾轮很快就磨损并爆胎，这是因为我们的甲板着陆训练安排得太多。

中队已经到了停飞边缘，还好我们想到了一个好主意，将旧卡车轮胎橡胶层压到30.48厘米直径的金属盘上，再安装到尾轮上——这让舰队航空兵的工程部羞愧难当！在飞机到达两个月后，我们的备件才终于送到。

1943年10月，我们在“破坏者”号护航航母上完成了上舰资格考核，接着被指派到第7海军战斗机联队麾下。12月中队登上“皇帝”号开始一次护航任务，目的地是美国。在这次旅程中我们习惯了在航母上运作，而且新年到达诺福克海军基地的时候储备了足够的备件。

我们回到英国后继续用新战斗机训练，既有陆地训练又有海上训练。在北上前往哈茨顿皇家海军航空站之前，我们在奥克尼群岛与其他“梭鱼”和“复仇者”中队一起演练，给空袭“提尔皮茨”号的“钨”行动排练。当任务预定的1944年4月3日到来时，我们已经将任务流程演练到同时钟一样准确。

这天黎明时天气很好，第804中队的任务是给第二攻击波的19架“梭鱼”护航，这些“梭鱼”隶属于第52鱼雷轰炸侦察联队。起飞时间是第一攻击波开打后一小时，那一波攻击队由第800中队护航。六艘航空母舰参与了空袭，飞机起飞点位于卡夫峡湾西北面190多公里。至少40架战斗机，包括“海盗”、“野猫”和“地狱猫”给第二波护航。我的中队处于攻击编队右侧高空。

在保持位置上我们遇到了些麻烦，“梭鱼”带上炸弹之后只能勉强飞到135节（比护航的“地狱猫”慢很多）。距离海岸30多公里攻击编队爬升到3050米高度，我将“地狱猫”带到还要高300米的位置，以190节空速进行剪刀飞行。中队以非常不错的调子保持着编队，绿色和白色小队连续不断地交叉飞过中央编队上空，不停的观察周围。

“海盗”在我们头上，看起来分成了3架和4架的小队。在我看来，如果遇上任何敌人战斗机时，他们很难在第一时间确定敌机位置。到达“提尔皮茨”号上空后，我发现德国人放的烟雾已经在峡湾两侧升到了半山腰。但是A炮位的重型防空炮视界清晰而且正在连续开火，还有另外三四个防空炮台也在向我们的方向射击，所以在确认没有德国战斗机在这个空域中之后，每个小队前往攻击预定的高炮位——后来在战后我才听说本该保护战列舰的德国空军JG5联队暂时返回了德国，他们正好在几天前回去换装飞机，然后因为天气很糟被困在原地。不过我不能确保这个故事的真实性!

我们以50度角俯冲，从2500米高度下降到300米高度，对着高射炮台打三到五秒的点射。A、D、E、F几个炮台都暂时停止射击。白色小队试图攻击烟雾环绕的B炮台，他们从“提尔皮茨”号的舰尾附近飞过，这时船尾正在放烟。在中队飞出卡夫峡湾时还扫射了一艘装了高炮的货船。然后各个小队在海面上空集结，继续为在低空向舰队返航的“梭鱼”护航。

“地狱猫”在任务中证明了它是一个杰出的射击平台，4月5日我在给“皇帝”号舰长的战斗报告中写道：“如果我们挂载了炸弹的话——‘地狱猫’很适合这种任务——我们可能为击伤‘提尔皮茨’号做出一些贡献。”

刚过了一个月我们就又回到了挪威海域，寻找各种目标。5月9日我们开始“吠犬”行动，在戈森岛附近搜索一个船队——我带领了8架“地狱猫”，“探索者”号的第898中队也派出了差不多数量的“野猫”V。我们花了一点时间搜索该地区，很快认识到这里根本找不到任何船只，所以我带队向南飞行。飞过弗杰托夫特岛时发现2架德国空军的BV 138水上飞机正在起飞，于是我命令黑色小队（包括第898中队的“野猫”）前往攻击，这2架飞机被迅速击落——我们的“地狱猫”带着炸弹，我想在有“野猫”V护航的情况下没什么必要带着它们去攻击敌机。

我们继续执行任务，从奥勒松附近的油轮到卡瓦斯维克外海一个岛上的鱼油工厂和仓库都被炸了。克兰韦尔中尉驾驶的“地狱猫”被防空炮击落。

5月14日，两个“地狱猫”中队各起飞了9架飞机，参加

“聚餐A”行动——空袭勒尔维克外海的敌军船运。8架“地狱猫”作为轰炸机，另外8架作为战斗机，最后2架飞机要在打击编队到达前五分钟对目标区域进行一次武装侦察。在维克腾岛附近我带领编队爬升到1500多米高度，此时侦察飞行员回报说在勒尔维克外看见几条大船。

我们从南向北进入目标区域，此时“地狱猫”战斗机扫射了港内的高射炮台，我带领第804中队装了炸弹的飞机开始轰炸勒尔维克北面的两艘船，同时第800中队的飞机攻击南面的两艘船。

在这一切发生时，第800中队的“战斗机”四机小队发现了5架He 115水上飞机，德国飞行员立刻意识到他们没有可能与四处劫掠的“地狱猫”对战，试图贴着海面溜走。2架亨克尔在第一次攻击时就被击落——其中1架由布莱思·里奇上尉敲掉——其他飞机正恐慌地降落在勒尔维克北面。在成功轰炸了目标之后，我带着红色小队加入攻击亨克尔飞机，我想我对着里奇上尉的He 115猎物打了一次，正好在这架飞机坠毁之前。

这时我们已经降低了速度，然后转回来再度攻击它们，剩下的3架水上飞机在水面上沉沉浮浮，好像煮熟的鸭子。白色小队在扫射了其余He 115后弹药耗尽，剩下的由我们解决——我与别人共同击沉1架，接着又打燃另外1架。第800中队有架飞机被He 115的自卫火力打中，霍尔韦中尉在返回“皇帝”号途中跳伞，遗憾的是再也没找到他。

D日之后第804中队被合并到第800中队里，正式解散。到了9月1日又在南非用“地狱猫”Ⅱ重组，此后开赴远东战场。斯坦利·奥尔少校的前线生活至此结束，9月他被调回亨斯特里奇皇家海军航空站，在这里当主飞行教官。后来又进入帝国测试飞行员学校，战后作为试飞员继续在舰队航空兵服役。

5月14日的He 115战绩是皇家海军“地狱猫”击落的最后德国飞机。“地狱猫”在欧洲战场的下一次也是最后一次战役发生在南面2400公里以外，地中海温暖的海水中。尽管皇家海军的“地狱猫”也参加了作战，却没再击落过敌机。

皇家海军出动了七艘护航航空母舰，以掩护1944年8月在法国南部的登陆行动，战役代号是“铁砧/龙骑兵”行动。亨德森少校在“皇帝”号上指挥经验丰富的第800中队参战，中队此时拥有24架“地狱猫”Ⅰ型。另外两艘航空母舰搭载的是“野猫”战斗机，还有四艘航空母舰在使用“海火”战斗机。

两艘美国护航航空母舰作为增援加入舰队，这些小航母分成两个特混大队。美国海军的“图拉吉”号和“卡山湾”号分别搭载了一个有24架飞机的F6F-5中队。“图拉吉”号上的中队比较特别，中队长是30岁的田纳西人威廉·布林格尔少校，他的VOF-1观察战斗机中队于1943年12月成立，最初装备F4U-1战斗机，次年4月换装“地狱猫”并通过航空母舰起降资格考核。

布林格尔的飞行员们要负责引导舰队炮击，他们在俄克拉荷马州锡尔堡的美国陆军炮兵学校接受了一周强化训练。这些舰载机飞行员们学会了测定点位的技巧，会使用地图和坐标方格，还会照片判读。这些技巧可以让某位战斗机飞行员引导舰炮射击，而不仅仅是一个坐在战斗机中的观察员。

“卡山湾”号搭载的是普通战斗机中队VF-74，中队长为哈利·巴斯少校。VF-74中队原定正常发挥战斗机中队的功能，但是这里没什么飞机可打，中队几乎只飞侦察打击任务，问题是他们没有对应装备。VF-74只有普通战斗机飞行员，它们不像VOF-1中队的队员那样，接受过侦察或者炮兵观察训练，在7月上船前也只打过几发火箭弹。无论如何，这些小伙子最后还是投入到了各种对地攻击任务中，实际上，最后这场战役中35%战果都是VF-74中队用炸弹和火箭获得的。

盟军的九艘护航航空母舰上一共有220架战斗机，其中97架“海火”、52架“野猫”和71架“地狱猫”。两种F6F型号由于航程最远而且能携带火箭弹，在这次战役中最为有用。它们向西可以飞到图卢兹，或者沿着罗纳河而上320公里到马孔，向西能到达距离意大利边境不远的戛纳。另外VF-74还派出了一支夜间战斗机分遣队，驻扎在科西嘉岛西岸的阿雅克肖，他们拥有7架F6F-3N夜间战斗机，负责在晚上保护船只和滩头。

“铁砧/龙骑兵”行动的登陆日是1944年8月15日。这天早上有些雾气，“地狱猫”中队起飞向附近四个海岸炮阵地展开空袭。雾气和低云让飞行员无法进行切实的毁伤效果观察，但是飞行员们仍然保持节奏对整个登陆区域进行武装侦察，他们的座驾挂载着炸弹、火箭弹还有引信调成触发模式的159公斤深水炸弹。

登陆最开始就出现了问题，毕竟陆军和飞行员的本质是不同的。VOF-1中队的飞行员们要负责支援美国陆军第12军，观察飞行员们收到了一大堆“精确攻击敌人据点”的要求。然后陆军经常就不再提供更细节的信息了，或者即使有坐标网格也说不清在哪，令人相当生气。从天上几乎不可能看出步兵前进时遇到了什么样的障碍，反而需要由飞行员来描述攻击目标位置。

其他一些任务就要容易完成得多，比如切断阿尔勒通过来的铁路。切断交通线是对登陆行动至关重要的支援。德国人会由此将部队和车辆开到登陆场。“地狱猫”飞行员们发现很多通往海滩的道路被前进的德军阻塞。弗雷德·肖夫勒上尉看起来下面的双车道道路好像“5点下班时波士顿的交通堵塞”。

“图拉吉”号和“卡山湾”号的战斗机在登陆日总共飞行了100架次任务，其中VF-74中队飞了60架次。仅有的损伤是1架VF-74的飞机在中午被小口径防空武器击中，炮火导致飞机着舰钩无法放下，它只好飞往科西嘉的圣凯瑟琳机场着陆。2架VF-74的F6F-3N在夜间巡逻保护登陆舰队，但是晚上什么都没发生。

16日，对地攻击继续进行，哈利·巴斯将一枚227公斤炸弹扔进菲沃到布里尼奥勒的铁路隧道口，隧道被这枚炸弹完全炸塌。VOF-1的一个小队则炸毁了土伦港入口的四门德国大炮。

到了17日，VF-74中队又损失了2架飞机和它们的飞行员，当时飞行编队正在内陆山

1944年8月，这架VOF-1中队的F5F-5飞机在“皇帝”号护航航母上加油完毕后再度起飞，在登陆战役中英国和美国护航航母通力合作，可见右侧停放的英国“地狱猫”。

8月15日，VF-74中队的“地狱猫”挂载着火箭弹从“卡山湾”号甲板上起飞。

8月16日，“图拉吉”号的VOF-1中队准备起飞。发动机已开始暖机，地勤坐在起落架旁边，等待着移除轮挡的信号。

谷中搜索目标。这天天气不好，飞行地域内有暴风雨和闪电，能见度很差。一个长机和他的僚机与其他6架飞机失散了，此后再也没出现过，可能在恶劣天气中失事撞山。

到目前为止德国空军都没有出现，直到19日早晨才首次看见带有万字徽的飞机。当时8架VOF-1中队的飞机正在塔拉斯孔北面巡逻，他们看见3架He 111轰炸机，由于已经飞行了很久，燃油不足无法进行追击。最后有2架飞机就近降落到“皇帝”号，它们的油箱都快空了。

这天傍晚，VOF-1中队撞上了好运。他们正沿着罗纳河执行战术侦察任务，两个“地狱猫”小队遇到2架亨克尔He 111轰炸机，这2架飞机正在维埃纳附近向南面飞行。约翰·桑德尔少校立刻带着他的小队俯冲下去，亨克尔立刻分散逃窜。雷内·普塞尔上尉和阿尔弗雷德·伍德少尉从正后方将其中1架打燃，这架飞机坠毁在附近，这里正好是普塞尔上尉父母的家乡。

另外一边桑德尔少校和僚机戴维·罗宾逊少尉追上了第2架轰炸机，他们从轰炸机右侧后方210米距离上进行偏角射击。中弹的轰炸机在一块野地上迫降，2架“地狱猫”飞回来扫射它，轰炸机成员组在逃跑时被卷进了桑德尔和罗宾逊射出的弹幕，当场身亡。

伍德少尉在继续侦察时，发现了第3架He 111，位置仍然在维埃纳。他从600米高度下降，接近到轰炸机正后方，打燃了它的两侧发动机。燃烧的亨克尔爆炸了，残骸撞进一片树林。除了这3架德国飞机，他们还声称击毁了21辆用树枝树叶伪装的卡车，打烂一个火车头，并点燃拖带的10节车皮。

VF-74中队在19日也有所斩获。中队长巴斯少校在早晨8点05分带着他的四机小队击落1架Ju 88轰炸机。这架飞机正在罗纳河附近飞行，这次战斗更像是一场行刑。这架容克飞机只进行了很小幅度的摆脱机动，“地狱猫”小队所有四名飞行员都命中了它，最后分享了这个击落。接近8小时之后，在里昂南面两个四机小队遇上了1架孤单的Do 217。有6架“地狱猫”追了上去，大多数飞行员为了抢这个战果太早开火，只有卡斯坦提奥中尉和哈拉德少尉等到距离够近时才射击，他们两人分享了这个战果。

接下来是登陆日后第5天，对于美国“地狱猫”中队来讲是最糟糕的一天。VF-74中队损失了3架飞机和两名飞行员。中队长巴斯也在阵亡名单中，他在夏穆雷附近扫射地面目标时被防空炮击中，而后飞机失控坠毁。

VOF-1中队也损失了2架飞机。戴维·克罗基特上尉正在土伦港上空给炮火定位，然后被防空火力命中，不得不跳伞逃生。他降落在城市北面，被德军俘虏，成了战争中最短期的战俘之一。德国人把他关在城中一个要塞里，仅四天后守军向盟军投降，克罗基特上尉就被放了出来，26日便返回“图拉吉”号。另一位飞行员是詹姆斯·奥尔斯顿上尉，他在维勒弗朗什附近扫射一队汽车和马车，防空炮将“地狱猫”击中，他拉起到1500米高度，刚跳伞飞机的一侧机翼就断裂开。特混舰队监听到一个无线电报告，说奥尔斯顿还活着，有大概75辆车辆被毁或受损。

21日发生了更多空战，也遭到了更多损失。爱德华·欧雷维斯基中尉和理查德·英特少尉发现3架Ju 52运输机在罗纳河上空飞行。它们似乎在从马赛撤离德国的重要人员，虽然这两架“地狱猫”在之前的战斗中受损，他们仍然开始追击。欧雷维斯基从德机V形编队右侧发起攻击，两次攻击后击落第3架运输机。这时只剩一挺机枪还能射击，他用这挺机枪击落了另一架僚机。英特从Ju 52长机九点方向进行了三次大偏角射击，这架运输机最终燃烧着坠落。

两名飞行员在这架“地狱猫”上各击落了2架德国飞机：阿尔弗雷德·伍德少尉和爱德华·欧雷维斯基中尉。

今天VOF-1中队又损失了1架“地狱猫”。科因中尉的飞机在圣·安娜斯塔西娅附近俯冲攻击卡车队时解体，他的降落伞在坠地前才刚刚打开。这是第9架在战役中损失的美国“地狱猫”。不过该中队的对地战果很不错，两个小队在罗纳河上打坏了很多驳船，另外一个小队发现大量德国车辆堵塞在撤退的道路上，他们用机枪、火箭、深水炸弹对车队猛打了一顿。

傍晚时分，美国海军的两艘护航航空母舰从战区撤退，花了两天时间补充，24日才重返战场。美国护航航母不在战区的两天中，皇家海军的“皇帝”号在22日损失了3架“地狱猫”，很可能都被防空炮击落。

铁砧/龙骑兵行动的最后六天比前一周安全得多。只有

1944年11月，第898中队的四机编队低空飞越开普敦基地。

在24日和29日分别损失了1架“地狱猫”，这2架都是VOF-1中队的飞机，均安全迫降于水面。飞行员之一是布林格尔少校，他在马赛上空被防空炮打中，油箱被打漏导致燃料不够回到母舰。两名迫降的飞行员都被救起，安全返回母舰。

在为期13天的战斗中，“图拉吉”号和“卡山湾”号的两个“地狱猫”中队损失了11架“地狱猫”，接近舰载数量四分之一。不过他们在对地攻击上战功显赫，共摧毁825辆车辆，打坏超过334辆，还击毁84节火车车皮。由于德国空军很少出现，空战战果仅有8架飞机，在切断铁路和公路交通线方面表现突出。

护航航空母舰大队指挥官，皇家海军的特鲁布里奇少将对F6F的攻击能力大为赞赏。他在行动报告书中专门挑选出F6F的部分，写道：“这些美国飞机，尤其是‘地狱猫’，证明了它们的优势。”

在欧洲作战的“地狱猫”中队	
中队名	配属航空母舰
VOF-1	图拉吉
VF-74	卡山湾
800	皇帝
804	皇帝
1840	暴怒

十、重返菲律宾

1944年夏，在罗斯福总统的协调下，麦克阿瑟、尼米茨以及参谋长联席会议的成员共同开会商议，在会上同意夺回菲律宾作为反攻跳板，而不是登陆中国本土或者台湾岛。海军原本的战略构思是绕过菲律宾，而夺取台湾岛，这里是更好的前进基地，陆军航空兵的轰炸机从这里起飞到日本的距离也更近。

麦克阿瑟在1942年逃离了菲律宾，离开时他说了那句名言：“我还要回去。”麦克阿瑟影响力颇大，极度想要兑现这个许诺，甚至以辞职相威胁。太平洋战区的兵力不足以同时攻占菲律宾和台湾这两个大地区，所以罗斯福只能同意麦克阿瑟的计划。

正好这时第五舰队参谋部和斯普鲁恩斯到了轮换期，哈尔西和他的班子到达舰队换下了前者，舰队名也从第五舰队改为第三舰队。斯普鲁恩斯和哈尔西就好像美国陆军在欧洲的布雷德利和巴顿，斯普鲁恩斯和布雷德利总是把个人荣誉放在后面，先满足更高层战略的需求。巴顿和哈尔西的性格类似——更大胆的攻势，愿意为了胜利和声誉承担更大伤亡。

8月修整期内，特混舰队换装了更多F6F-5，航空大队轮换也照常进行。这个月25日，米切尔登上“大黄蜂”号，给第2航空大队的人员授勋。28名VF-2队员获得了飞行优异十字勋章，12人是第二次获得这个勋章。作为王牌飞行员最多的战斗机中队，VF-2理应获得这些奖励。

到了29日早晨6点30分，特混舰队从埃尼威托克出发，航向帕劳群岛。16艘快速航空母舰搭载了520架两种型号的“地狱猫”，菲律宾战役即将开始。第38特混舰队在7日和8日对帕劳群岛进行了空袭，作为热身运动。

1944年9月9日，三个特混大队在距离棉兰老岛仅80公里处放飞战斗机。在遥远的东面，38.4特混大队正在空袭帕劳群岛，当然主要打击目标是菲律宾群岛。第一批目标是棉兰老岛上九个已知的机场。

“地狱猫”机群在百米低空以超过200节的速度飞行，飞行员们看见晨光照耀的海滩迎面扑来。小队长机们检查导航方位，僚机们保持警戒，搜索那些可能现身的日本战斗机。

奇袭成功了，在扫荡机队飞越海滩前，日本人根本不知道附近有美国飞机。低飞的“地狱猫”突然从机场周围的热带雨林背后出现，立刻转入浅俯冲，向机场上的飞机和设施扫射、发射火箭弹、投掷炸弹。绝大多数日军除了四散奔逃和找掩体躲避以外什么也干不了，只有少数飞行员还有胆子起飞，他们立刻被“地狱猫”围住击落。

参加突袭的战斗机中队之一是VF-19，中队长休·温特斯亲自带领攻击编队。第19大队于7月初换下了此前在“列克星敦”号上的第16大队，现在温特斯带领战斗机中队的飞机空袭伦比亚机场和德尔蒙机场，这两个机场都在卡格扬河谷中。没有任何日机及时升空，VF-19中队声称在地面击毁27架飞机，这占到两天空袭中地面击毁战果的差不多一半。

第15大队的战斗机分成两组，分别由中队长和大队长带领，在扫荡任务中击落了他们看见的4架日机：2架三菱Ki-57运输机和2架九九舰爆。接着飞行员们开始攻击东海岸外一个运输船队，这个船队有42艘近岸货船。然后第15大队的其他飞机也到场参加，船队毫无还手之力，总共18艘船被击沉，还有很多受损。不过对海攻击总会有一些危险，有时候甚至不是来源于防空炮火。来自北卡罗来纳州的约翰·巴里上尉在扫射一艘弹药运输船时飞得太低，他飞过运输船时船上弹药发生了大爆炸，飞机被卷入爆炸，巴里当场阵亡。

这天的空袭宣告菲律宾战役正式拉开帷幕。虽然6日到8日之间，特混舰队的“地狱猫”已经空袭过贝里琉岛，严格来说是战役的一部分。但是这里对战斗机飞行员来说很无趣，天上根本就没有日本飞机，机场上的飞机也是一堆破烂。在“搬泥巴”的过程中还有2架“地狱猫”被高炮打下去。

10日空袭继续进行，几乎没有日机升空迎战，“地狱猫”机队一如既往地转入对地攻击。上午VF-15开始扫荡任务，任务中福希少尉就被高射炮击落，迫降海面后失踪。接着飞行员们发现了1架月光夜间战斗机，他们不管从哪个角度上来讲都过于求胜心切了，蜂拥上前攻击，戴维斯上尉和格林少尉就这样在空中撞到了一起，最后已官晋中尉的托马斯·塔尔将这架飞机击落。空袭结束前，中队长里格少校看见了一架一式陆攻并将其击落。

头两天的扫荡任务结束后，战斗机中队只有13个声称击落数。特混舰队的突袭让日本人来不及组织抵抗，立刻就丢掉了制空权。日本人又花了几天才回过神来。

麦克阿瑟上将的陆军在下个月才会在莱特湾登陆，棉兰老岛的日军航空力量被消灭之后，米切尔将视线放在了其他几个目标上。9月12日和13日，战斗机开始扫荡打击菲律宾中部目标，莱特岛、萨马岛、内格罗斯岛和宿务岛都在攻击范围内。这时日本航空兵终于回过神来，组织了大批飞机反击。

第2航空大队仍然配属在“大黄蜂”号航空母舰上，尽管上级一再向他们保证即将从前线退下修整，“最后再打一次战役”这句话在VF-2中队准备室里已经一半是嘲讽一半是幽默。不过飞行员们将会发现这“最后一次”战役给他们带来很多战绩。开膛手们在12日声称击落16架飞机，他们首次确实遇到日本陆航的战斗机。此前曾经声称击落过几架“钟馗”，但是那些基本上不可能是零战以外的飞机。菲律宾战役中也因为海航飞行员不熟悉日本陆航的战斗机，经常自称击落了海航的飞机，例如单发战斗机都可能被认作零战。反过来也同样，零战自己也会被当成“隼”。不过老旧的九七式战斗机因为有固定起落架，不那么容易认错。最后因为菲律宾南部没有日本海航驻扎，所有在这个区域被击落的海航型号实际上都是日本陆航飞机，由于无法确证具体机型，战绩仍然只能用美国飞行员识别的型号表示。

带领第一次任务的是查理·哈伯特上尉，他们护卫着第2大队的攻击机飞往莱特岛。在飞到宿务岛附近时他发现10到12架零战，哈伯特立刻带领两个小队迎击。他追着1架零战“飞了岛的一半距离”才将其击落，在他击落这架飞机前克莱德·斯皮特勒中尉大开杀戒，斯皮特勒在不到五分钟时间内连续击落4架零战，成为中队第24名王牌。中队其他队员们另外声称击落3架零战和2架“月光”。

安迪·斯孔中尉差点击落另一架“月光”，这位日本飞行员头脑相当冷静。当时这架“月光”正在低空飞行，斯孔将它的左侧发动机打起火，然后惊讶地看着它在附近机场上安全着陆，并顺势滑行进入护墙，这时发动机仍然在燃烧！

下午1点10分，第二次任务是空袭内格罗斯岛的阿利坎特机场。VF-2只有两个小队参加任务，他们声称击落了6架零战，转飞“地狱猫”的大队长阿诺德拿到了他唯一的空战胜利。大队长的僚机理查德·布来兹少尉和另一名飞行员扎斯克中尉各击落1架飞机，他们是VF-2的第25和26名王牌。下午2点，该大队执行了今日最后一次任务，轰炸两艘运输船，其中一艘被炸沉。

第15和19航空大队已经习惯协力作战了，现在他们都隶属于38.3特混大队。“埃塞克斯”号和“列克星敦”号分别放飞两个四机小队，飞行员们要在相当恶劣的天气下对维萨亚斯群岛进行一次扫荡任务。温特斯中校带领VF-19和VF-15的联合编队，后者的中队长詹姆斯·里格少校虽然也在机群中，但是只作为副指挥。在半途中他们发现宿务岛上有大批日本战斗机正在起飞，在美国人看来对方的数量可能有80架，战斗立刻爆发。

由于天气很糟，这场狂野的混战在低云下蔓延至广泛区域。两个“地狱猫”编队在第一次攻击过后就分散了。里格少校直接俯冲攻击正从欧本机场起飞的2架零战，他从零战的十点方位射击，其中1架当即被击坠在跑道南面尽头旁边。然后里格看见2架“钟馗”在前面爬升，于是从敌机八点方位低处将“钟馗”长机打着火。这时中队长的僚机不见了，他正孤身一人，然后试图找另一架F6F编队。他没找到“地狱猫”，却找到宿务港外水面上空1架零战，里格从零战正面上方攻击，将其打进海里。中队长终于决定爬升恢复高度，刚爬升到1500米就又俯冲下去将1架在宿务城区上空飞行的零战打成两截。他的第五个猎物是1架在低空急转的飞机，正试图从该区域中逃离，里格追到正后方将其击中，然后这架飞机滑翔到水面迫降。

里格仍未满足，他终于找到2架VF-19的“地狱猫”，会合后又去追击麦克坦岛上空很低高度飞行的1架零战。这架零战飞行员的技巧相当出众，3架“地狱猫”围着他打了接近10分钟，只有几发子弹击中。

当里格成为第15大队的第四名一日王牌时，温特斯中校也击落了3架飞机，其中2架刚刚起飞就被打落到地上，然后他又在丛林上空追着1架“飞燕”猛打，直到这架飞机爆炸为止。VF-19中队积分榜首是阿尔伯特·塞克尔上尉，他声称击落了4架敌机。这场战斗是VF-19中队初次大规模空战，飞行员们的总声称数为14架，没有损失。VF-15中队则为17架，但是同时损失了两名飞行员。后来的行动中第19大队的队长卡尔·荣格中校在水面迫降时受伤，温特斯接替了他的位置成为大队长。

此后的护航任务由第15大队的大队长麦坎贝尔带队，这次任务中，飞行员们击落了10架飞机，其中4架由大队长本人击落——这丝毫没有减少队员们的失落感。里格少校写的评价值得注意：“我们损失了两名非常有经验的飞行员，换来了仅仅17个击落（这里添加了强调）和一个可能击落。”损失的两人是克劳德·普兰特少尉和亨宁中尉，普兰特少尉是一位有8.5个战绩的王牌，他们两人是中队第五和第六名被敌机击落阵亡的飞行员。

这天结束后，“地狱猫”的总战绩有82个，大部分由战斗机飞行员贡献，但是很小一部分稍微有些不同。一些VB-14俯冲轰炸机中队的飞行员被调过来飞战斗机，这反映

克劳德·普兰特少尉的座机撞进了阻拦网，机头着地。这张照片摄于9月初，机身侧面已经有七个战绩标志，还有个战绩标志只有一半，表示0.5架击落。12日的空战中他击落了最后1架零战，再也没有返回母舰。

了舰队对战斗机的需求增长。很多“地狱俯冲者”飞行员对转飞“地狱猫”表示欢迎，但是这有个很大的问题，这些轰炸机飞行员从未接受过像样的航空射击和战斗机战术训练。即使如此，VB-14的飞行员们仍然打得特别卖力，今天有5人在内格罗斯岛上空取得了总计8个战果。在这段时期，VB-2中队的里奇中尉也驾驶“地狱猫”击落了1架零战。

接下来的9月13日与前一天没什么区别。VF-15中队继续执行战斗机扫荡，在这天的两次任务中声称击落29架飞机，其中清晨的战斗机扫荡任务击落了21架飞机。当时三个小队遇上了接近50架敌机，这些敌机里有各种稀奇的飞机，包括20至25架固定起落架的中岛九七式战斗机、15至20架零战和“隼”，还有4架一式陆攻。到了1944年，中岛九七式无论从哪个方面来讲都是非常落后的型号，相对于现在的战斗机它相当轻小，飞行速度颇慢，武装也很弱，这个时期大概只能用来做高级教练机。但是与其他旧式战斗机一样，它的盘旋性能相对于新型战斗机好得不可思议。麦坎贝尔在战斗开始时一度攻击了2架九七式，然后与其他飞行员飞散了，他呼叫僚机到巴科洛德机场南面16公里处会合。但是他的僚机罗伊·拉欣上尉此时正在掩护迫降的布雷克斯少尉，脱不开身。于是麦坎贝尔只能独自飞行，当时1架九七式俯冲下来攻击他，这架飞机接近到非常近距离才被发现。偷袭失败后，这架战斗机立刻拉起机头脱离，没有对麦坎贝尔的飞机造成任何损伤。形势对大队长不利，但是他想要一个战果，就扔掉了副油箱，推满油门并打开喷水系统，尽力爬升然而仍然追不上九七式。

九七式的飞行员意识到了他此时拥有优势，滚转了半圈俯冲下来，从正面上方攻击麦坎贝尔。大队长可不吃这套，但是他的“地狱猫”正处于慢速爬升的状态，只能推下机头俯冲脱离。在击落1架“隼”之后回到“埃塞克斯”号，他报告说：“1.九七式机动性比零战更好。2.在110节至120节空速时九七式爬升比F6F更强。3.这个‘参战学员’，如果他是的话，一定会毫无困难地完成训练课程。”

其他大部分的“参战学员”并未造成太多麻烦。VF-15中队声称击落了11架九七式，温德尔·范少尉和拉里·塞尔夫少尉各击落3架，另外据认为有19架日机在巴科洛德机场上被击毁。

在VF-2中队这边，他们在内格罗斯岛上空遇到了一个零战和中岛九七式的混合编队。威廉·布莱尔上尉带着飞行员们快速解决了日本战斗机，他们击落3架九七式和4架零战。布莱尔上尉打掉了其中1架九七式，他成了中队第27名王牌。

这段时期里，埃塞克斯级搭载的航空大队抢走了大部分报酬丰厚的任务，不过轻型航空母舰上的战斗机中队有时候也会交好运。“卡伯特”号的VF-31中队在13日清晨战斗机扫荡任务中就遇上了这样的事情。21岁的亚瑟·霍金斯中尉将他之前的经验好好运用了一番，在马里亚纳“火鸡大狩猎”中他声称击落3架敌机，7月又击落另一架，今天他的第三次战斗中以击落5架零战一举超过以往所有战绩，同时荣登一日王牌行列。霍金斯中尉的小队长詹姆斯·史都华上尉总共击落4架飞机，队友科尼利厄斯·诺伊中尉也击落3架敌机。全中队这次都冒着猛烈的防空火力在低空追打日机，今日总战绩达到24架。

“地狱猫”机队在13日的战绩总声称数接近100架。日军损失惨重，例如日本海军第201航空队此前增强到了60架零战52型，打了两天仗之后损失了80%力量，包括10名老兵阵亡。

13、14日这两天最多战果还是在地面击毁敌机，VF-19中队一如既往地喜欢扫射地面飞机。他们返回“列克星敦”号航母时又在内格罗斯岛和班乃岛上留下30个燃烧的残骸，从12到14日这三天，该中队总共声称在地面击毁110架敌机。

麦克阿瑟指挥的陆军在15日登陆摩罗泰岛，第38.1特混大队负责提供空中掩护和支援。VF-2中队只击落了1架跟踪舰队的双发轰炸机。16日过后特混大队返回与舰队会合。

9月中旬的空袭可谓大获成功。超过170个空战和超过300个地面战绩声称数记录在了各个中队日志上，而被日军击落的舰载机只有区区8架。然后特混舰队受命在21和22日攻击吕宋岛，情报估计这里有500架左右日本飞机驻扎。20日晚上约翰·麦凯恩中将电告38.1特混大队下属的各个中队：“明天将会在陆地和海洋的上空大战一场。”他说中了，不过这次轻型航空母舰的中队战绩最好。到了第二天早晨天气和海况都开始恶化，使得起飞延迟了一些，到了7点整第一波飞机才全部升空。每三个轻型航空母舰的战斗机中队组成一个攻击编队，第28航空大队的罗杰·梅尔少校和第27航空大队的弗雷德·巴德沙少校分别带领一个这样的编队。

大队长巴德沙带领三艘轻型航空母舰的48架“地狱猫”前往尼科尔斯机场和尼尔森机场。战斗开始前，VF-27中队的“地狱猫”在大约3650米高度飞行，巴德沙和僚机先将1架双发“屠龙”战斗机打成碎片。接着日本战斗机就杀了过来，一场大混战立刻开始。

巴德沙回忆说：“我的编队共有48架F6F，攻击了尼科尔斯和尼尔森机场。我们分成三个小编队：普林斯顿的飞机（即巴德沙的四个四机小队）在3650米，另外16架在4880米，最后16架在6100米。我们毫无阻碍地到达目标上空，在尼尔森机场上空3000米高度，我和僚机击落1架“屠龙”战斗机，打响了第一枪。日本人根本没看见我们，12挺12.7毫米机枪开始的点射造成了绝妙的效果。我们的目标包括尼科尔斯和尼尔森机场上停放的飞机，还有些在杜威大道上。我的右侧副翼和尾钩都被打掉了，然后转往一艘大型航空母舰，用阻拦网降落。”

大队长本人苦战了一番，先被几架零战围着打了一顿，在脱离战斗前他反击敲掉了其中2架，最后撞进一艘大型航空母舰的阻拦网里。除了他自己，其他所有VF-27飞行员都返回了“普林斯顿”号航空母舰，其中包括今天战绩最好的约翰·罗杰斯上尉，他声称击落4.5架“飞燕”。不过罗杰斯上尉的好运就只限于今天，此后再也没击落过什么东西。

卡尔·布朗上尉差点就回不去了，他击落了1架零战32型和1架“飞燕”，然后被1架零战咬上，一串准确的子弹将发动机打得停止运转。布朗做了一个半滚倒转摆脱零战，然后决定趁着还有高度赶快跳伞。他刚做好准备跳出去，忽地又转念一想“我觉得还可以再试试……我按下注油然后试图重启发动机，这鬼东西居然又响起来了”。等到降落以后，这个得克萨斯人在一片螺旋桨叶上发现两个20毫米航炮打出的弹孔，螺旋桨竟然没断掉！

这其实还没完，布朗上尉到准备室汇报完毕后，负责飞机的地勤把他叫到飞行甲板上。到了这里布朗看见他坐着的降落伞支离破碎。在飞机上时他根本不知道另有一发20毫米炮弹打进机身爆炸，破片把降落伞打碎了。上尉颇为幽默地谈道：“我要是跳伞出去了，肯定会往下掉得比预计更快。”

VF-27中队的16架飞机在

这里声称击落38架敌机，甚至比他们在马里亚纳“火鸡大狩猎”中的战绩还要多8架。

巴德沙的编队与日本人大战时，梅尔的编队向克拉克机场发起攻击，VF-31中队在这里表现出色。中队从“卡伯特”号起飞时挂载了227公斤炸弹，在飞到目标附近时遇到日机拦截。科尼利厄斯·诺伊中尉与他的僚机陶思本带着炸弹进入空战，这违反空战原则——而且大家都知道这种行为很危险。但是他们表现出色，总共声称击落7架飞机，诺伊的战果是2架零战、2架“钟馗”和1架“飞燕”，陶思本则击落2架“飞燕”。而且他们还将炸弹扔在克拉克机场的机库上。由于表现了出众的技巧和勇气，诺伊再次获得海军十字章，他的总战绩也增加到15个。今天中队其他飞行员们声称击落另外22架飞机。

当天下午，查尔斯·马洛里上尉带领6架VF-18中队的“地狱猫”给“勇猛”号的攻击机群护航，目标仍然是克拉克机场。此时天气转好，马洛里上尉带着飞机爬升到7300米高度，他可以从云层间隙中看见轰炸机向机场俯冲。然后日本战斗机开始向轰炸机攻击，马洛里上尉正准备带头俯冲，此时僚机呼叫称八公里之外有两打敌机。日机从左侧靠近，高度比“地狱猫”低1500米。

马洛里小队的高度优势发挥了很大作用，上尉第一次攻击就打爆1架“飞燕”，他回忆道：“接下来几分钟变成了自由混战。”他的僚机遇到了机枪故障，只得一直呆在掩护位置上，然后马洛里接连击落3架敌机。这时他看见中队某位飞行员正在被5架“钟馗”围攻，其中1架紧跟在“地狱猫”后面大概30米距离，这让掩护射击难度非常高。马洛里的瞄准点实际上放在友机前方，在这种大偏角射击时，错误的提前量会使上尉将“地狱猫”友机击落，当然这并未发生。一个点射过后“钟馗”燃烧着翻滚下坠，这场空战中的第五个战果，显然也是最精彩的一个。

马洛里拉起飞机脱离后，其他“钟馗”转为向他射击，一些子弹把飞机左侧升降舵打掉，液压系统也被打坏，以至于起落架自己展开，机翼上还穿了好几个大洞。他进入高G半滚倒转机动摆脱追兵，然后带着其他飞行员向母舰返航。其他5架飞机也严重损坏，两名飞行员受伤，但是所有人都安全着陆。当他爬出座舱跳到硬木甲板上时，飞机维护长告诉他在飞机上数出了67个弹孔。“我的格鲁曼把我安全带回家了”，马洛里回忆说。

这场空战造就了两名一日王牌，马洛里上尉和同中队的哈维·皮肯上尉，后者也是5架战果。中队的其他飞行员在今日总共声称击落16架飞机。

VF-2中队在早晨8点起飞，他们掩护空袭编队前往马尼拉。正当鱼雷机和俯冲轰炸机攻击船只时，20到30架战斗机出现了。勒罗伊·哈里斯上尉回忆说：“那些‘托尼’攻击了一个小队。我们开始做剪刀机动，接着转向并进入爬升，很快就到了可以从后下方攻击的位置。领头的‘托尼’按下机头向左转向——我的机枪打出了点射，命中它的座舱，这架战斗机爆炸了。第2架和第3架被我的僚机射击，坠入了大海坟墓中。然后我们又击落1架试图逃跑的飞机。过了一会我看见‘吉布’有麻烦了，3架‘托尼’围着他转。我们俯冲下去，日本人被吓跑了。这真是件好事，因为我们快没子弹了。”

外号叫“吉布”的迦伯列自己也击落了1架“飞燕”，他们一共击落了5架“飞燕”。安迪·斯孔带领的小队则攻击了一个“飞燕”和“隼”的混合编队，后者又被当成了零战，他们击落了其中5架。

斯孔和他的分队长机各击落2架飞机，僚机之一的李斯特·赛普斯中尉击落了1架飞机，这个战果让他成为了VF-2中队的第28名，也是最后一名王牌飞行员。日本战斗机被击退之后，攻击机编队报告说在港内炸毁了15艘运输船。

马克·米切尔正在祝贺获击落了第19架飞机的亚历山大·弗拉修。

9月21日，空袭结束后各个中队返回了母舰，前一架“地狱猫”翻在了“考佩斯”号甲板上，经过它正试图降落的是VF-22中队长克莱门特·克雷格。

接下来几天空战少了很多，VF-15中队好不容易才再获得一个击落战果。24日由麦坎贝尔带队执行任务，大队长与别人分享了1架零式水上观察机战绩，现在他的总击落数从18.5架增长到了19架，与亚历山大·弗拉修并列第一。

运气比较好的VF-19中队在一次护航任务中声称击落6架“飞燕”，外加3架可能击落。22日早晨6点30分，“大黄蜂”号空袭编队起飞。一小时后舰上雷达发现了日本编队，其中1架挂载了炸弹的零战穿过了防御网，它扫射了“大黄蜂”号的甲板，还好挂架似乎出了毛病，没能向航母投下炸弹。扫射只造成了三人受伤，其中一人伤势严重。战斗持续了30分钟，剩下的日机逃脱返航，好几架被护卫的巡洋舰和驱逐舰击落。VF-2中队也击落了其中2架：1架“飞燕”和1架零战。

9点40分，第2航空大队开始空袭马尼拉，温亚德中尉和韦伯中尉击落了2架前来拦截的“飞燕”，这是该中队最后的战绩。此后他们又带着想回国的焦虑心情飞了一天任务，24日对米沙鄢群岛进行了远距离空袭。执行第二次空袭任务

克雷格摔在了甲板上，他的飞机转了180度，把主起落架折断了，最后停在舰桥旁边。

时奥布赖恩少尉被防空炮击落身亡，他是中队的最后一个伤亡。

此后特混舰队回到乌利西环礁和马努斯岛修整，在这里迎来了替补的航空大队和一艘新航空母舰。第2航空大队终于被第11航空大队替换下船，他们在10月18日抵达珍珠港，29日回到圣弗朗西斯科市。回国欢迎派对连续开了三天。VF-2中队在前线打了10个月仗，总共声称击落261架飞机，海军在初步核算过后承认了248架，队内总共产生了28名王牌飞行员。地面击毁数则为245架。

中队里的老成员对这点很好奇：美国海军预备役的玛丽·汤普森少尉会不会欢迎他们回家？去年10月，当中队从东海岸的大西洋城出发时，她来这里与中队人事官杰克·霍拉迪上尉道别。结果中队的每个飞行员都与玛丽吻别。麦凯恩中将很可能知道这件事，他告诉中队成员：“祝好运，小伙子们，享受你们挣来的美好时光。”

离开“大黄蜂”号时，VF-2中队把他们的飞机留给了VF-11中队，这时他们都还没完全换装新型号，交出去的飞机里面混杂了F6F-3和F6F-5两种。VF-11的中队长是费尔法克斯少校，一个坚韧又富有攻击性的人，他在1939年时是安纳波利斯海校拳击队队长。两艘轻型航空母舰也更换了战斗机中队，“卡伯特”号和“兰利”号现在接受了VF-29和VF-44中队。VF-31中队带着146个战绩离开了“卡伯特”号，这是轻型航空母舰的战斗机中队在单个作战期中击落数最高纪录。

新来的航空母舰是“汉科克”号，它搭载着第7航空大队，现在快速航空母舰增加到了17艘。VF-7战斗机中队长是伦纳德·切克少校，他的中队全都是后期型号“地狱猫”，共有37架F5F-5和4架F6F-5N型。此外，VF-18、VF-20、VF-21和VF-22中队也全部装备了后期型号。

到现在为止，F6F-3和F6F-5这两种主要型号已经使用了足够时间，飞行员们已经对飞机形成了一些看法。他们的共识是最好不要在一个编队中同时编入两种型号，因为F6F-3飞行速度稍慢，共同飞行时需要消耗更多汽油才能跟上编队。例如VF-2中队在换装时先将F6F-5分给小队长和分队长，而僚机继续使用旧的F6F-3。在8月20日开始的三天测试中发现新飞机性能比老飞机稍好，F6F-3在空战机动中要跟上长机略显困难。于是就将两种型号分开配置了。

其他方面则有一些微妙的分歧，比如部分人说F6F-5型爬升比老型号更快，另外的飞行员则称F6F-5型更重，垂直方向机动性更差。不过很明确的是F6F-5型有更强对地攻击能力，所有人都认为这点最有价值。

10月上半月，特混舰队向琉球群岛发起一次佯攻，同时空袭台湾和吕宋岛。10月10日攻击冲绳岛时日军再次被奇袭，空袭开始时大部分飞机停在地上。各战斗机中队，例如VF-19中队基本没有在空中遇到任何敌机，只有大队长温特斯在舰队西面接近50公里的距离上遇到1架“银河”，他轻松将其击落。VF-14中队则在空中击伤2架日本飞机。

“埃塞克斯”号的VF-15运气好些。虽然早晨第一次战斗机扫荡时，他们也没在天上遇到敌机，该中队的飞机用机枪和火箭攻击了四艘小船。到了中午的第二次扫荡任务中，飞行员们先敲沉一艘8000吨级运输船，接着遇见了升空的日机。他们遇到了一群“飞燕”、“隼”、零战和九七式的混合编队。

伯特·德韦恩·莫理斯上尉在混战中击落了1架“飞燕”，这个帅气的30岁加利福尼亚人一头金发，他的另外的称号更广为人知——影星韦恩·莫理斯。莫理斯是作为飞行员参战的好莱坞演员之一：吉米·史都华在英国当B-24轰炸机中队长；泰隆·鲍华在陆战队飞运输机；罗伯特·泰勒也在海军开飞机，不过是作为一名教官；克拉克·盖博在B-17轰炸机上当过机枪手。莫理斯与其他影星的区别是他成为了一名“好莱坞王牌”，这1架“飞燕”是他的第五个战绩。另外莫理斯其实娶了麦坎贝尔的侄女，之前想成为战斗机飞行员，但是海军却认为他“长得太壮”不适合飞战斗机，碰壁几次后跑去恳求只大他四岁的叔叔麦坎贝尔，后者把他弄进了VF-15中队。大战过后飞行员们总共声称击落8架飞机，其中4架是“飞燕”。

在1943年的作战期中，VF-11中队还在瓜达尔卡纳尔岛驾驶F4F，当时只有很轻微的人员伤亡，现在他们发现战争形式转变得有多快。“地狱猫”冒着猛烈防空火力空袭宫古岛锚地中停泊的船只，这天各个航空大队获得了10艘船只战果，其中有两艘可能击毁的归在VF-11中队名下。中队里最年轻的飞行员，年仅19岁的肯·蔡斯少尉在空袭时贴着海面低飞，他的目标是一艘5500吨级运输船，只见227公斤炸弹从挂架上落下，碰到水面又被弹起，打着水漂撞进运输船侧舷。然后在跟着小队长吉米·萨维奇上尉脱离时被高炮击中，蔡斯和他的“地狱猫”一起坠落在海里。萨维奇还记得蔡斯

韦恩·莫理斯在他飞机上的照片，拍摄时已经成了王牌，飞机上有七个战绩标志。

10月10日，在冲绳岛外海，这架“地狱猫”刚离开“兰利”号轻型航空母舰的甲板。

的母亲与蔡斯吻别的情景，她告诉萨维奇照顾好她儿子。萨维奇上尉完全不知道该如何向她解释，隐藏的防空炮对于任何飞行员都非常致命，其他人对这种事情也毫无办法。乔治·林德史密斯少尉击落1架九九舰爆，这是VF-11中队第一个空战胜利。

空袭持续到日落才结束，大约100架地面停放的日机被击毁。特混舰队由于各种原因总共损失了21架飞机。第二天舰队空袭了吕宋岛北部，只遇到了轻微抵抗，战果也很小。负责空战巡逻的“地狱猫”只遇见了3架侦察机。接下来10月12日的情况就不一样了，这天的空袭目标是台湾。

十一、空袭台湾

日军在台湾岛驻扎了大约350架飞机，接近一半是战斗机。虽然特混舰队航行到日机巡逻范围内还没被发现，但12日早晨6点战斗机起飞时还是被日军雷达探测到。230架飞机立刻起飞迎战，第一次空袭特鲁克后最壮丽的战斗机大战即将开始。

丹·史密斯中校的绰号叫“狗”，他的第20航空大队此时正配属在“企业”号上，自从8月作战期开始以来就没遇到过大规模空战。这次战斗机扫荡由VF-20中队长弗雷德·巴库提斯少校带领，他的三个小队遇到了大约30架战斗机。才从飞行学院毕业一年的道格拉斯·贝克中尉首次参加空战，他击落了3架“钟馗”和1架零战。中队另外的飞行员声称击落7架飞机，其中一个战果由中队长获得。接着大队长史密斯带着另外10架“地狱猫”赶来，击落1架试图攻击“复仇者”编队的玩命的零战。VF-20中队只有一人被击中跳伞，他被日军抓住当了战俘。

38.3特混大队的攻击机群由“列克星敦”号和“埃塞克斯”号的战斗机护航，攻击目标是台中周边机场。在飞行途中遇到大批零战和“钟馗”拦截，截击机群中还夹杂了一些“隼”和“雷电”。空战结束后之后，VF-15中队声称击落20架日机，自己被日本战斗机击落1架“地狱猫”，还有两名飞行员由于被防空炮击中和发动机故障迫降。克拉伦斯·博利少尉在这次空战中表现最好，他取得四个战果，包括2架“隼”、1架零战和1架“钟馗”。此后的战斗里中队又添加了三个战果，今天总共有八位飞行员获得了一个以上的战果，刚晋升中尉的温德尔·范击落1架零战和1架“雷电”，这是该中队首次在空战中识别出这种新型战斗机。

VF-19中队派出的战斗机编队运气没这么好。他们的四个小队在混乱中四散，有时一小队“地狱猫”被大量敌机围攻，数量差距可以高至6:1，美国飞行员们则顽强反击。中队损失了3架“地狱猫”和2名飞行员，包括中队长库克少校和飞行官特里普上尉。新泽西州来的约瑟夫·帕斯科斯基少尉击落了4架敌机，然后在特混舰队附近海面迫降。几乎所有返回“列克星敦”号的飞机都带着严重的损伤，例如伽博上尉击落了3架敌机，他自己的飞机在座舱后方被打了48个弹孔。

卢瑟·普拉特中尉的经历也与之类似，他击落了1架咬在库克少校身后的零战，然后看见少校在扫射机场时坠毁在地上。之后几架零战俯冲下来攻击他，普拉特逃进云层，在返航途中顺便击落1架零战。等到了“列克星敦”号上空，他发现着舰钩由于战伤无法放下，然后完成了海军航空兵中最棘手的壮举——不用尾钩在航空母舰上降落——而且没再造成任何额外损伤。这场战斗结束后，大队长温特斯、帕斯科斯基上尉、马索纳中尉的战绩达到了王牌标准，伽博上尉和奥玛拉少尉各击落3架飞机。激烈而血腥的空战过后，VF-19中队共声称击落28.5架敌机。今日晚些时候中队又执行了三次小规模扫荡任务，将总声称战绩增加到33.5个。

虽然VF-15和VF-19中队在上午空战中的声称击落的敌机加起来接近50架，但是最壮观战斗的参加者却是VF-8和VF-18中队。38.2特混大队攻击目标为新一机场和松山机场，两个中队总共起飞了32架“地狱猫”，其中VF-18中队的飞机从“勇猛”号起飞时全都挂载了227公斤炸弹。飞到新一机场上空后，VF-18中队的飞机进入60度俯冲，将炸弹扔在机库上，然后返回2400米高度会合前往松山机场。途中他们看见4架九九式双发轻型轰炸机和1架九七式重轰炸机正在桃园机场降落。前南卡罗来纳州教师，曾经在“野猫”上击落过2架飞机的塞西尔·哈里斯上尉带着他的分队俯冲下去攻击这些飞机，不到两分钟这些轰炸机就全被击毁，哈里斯击落了其中1架九九式和那架九七式。

接着15到20架零战从3650米高度的云层中飞出来，他们偷袭了飞在后方的高空掩护小队。这些零战干的相当好，到开始攻击时才被发现，而且在空战中的大部分时间都保持着高度优势。以“勇猛”号飞行员们的专业眼光看来“这些日本佬飞得很漂亮”。接下来几分钟不断有零战小编队前来支援，最后大约有40架零战参加战斗。

空战范围大概有20平方公里，高度从3050米到树梢顶。所有“地狱猫”都只能保持萨奇剪刀，保持观察周围并准确射击。不过这就够了，被零战追击的“地狱猫”领着追击者穿过长机或者僚机的面前，然后被后者击落，一遍又一遍重复这个过程。亚瑟·莫伦豪尔少尉此前击落了那些轰炸机中的1架，接下来几分钟他被10架零战攻击，在防御中打光了所有子弹，声称击落4架零战，由此成为一日王牌，这还是莫伦豪尔的首战。另外伯利中尉击落3架零战，哈里斯上尉和哈里尔上尉也各击落2架零战。

VF-18中队在战斗中损失了4架飞机和3名飞行员，他们声称击落20架战斗机和5架轰炸机。返航的飞行员们说天空中至少保持着一顶降落伞飘荡，最多的时候同时有五顶降落伞。

VF-8中队成员发现了一件事，不过性质很微妙地不同。斯科特·麦卡斯基，就是此前推广抗荷服的那位，注意到可以用翼尖水蒸汽流从远处分辨出日本飞机。日机的翼尖气流很细而且连续，“地狱猫”的则较粗而且不规则。

当双发“屠龙”战斗机开始从桃园机场起飞时，VF-8中队的麻烦开始了。12架“地狱猫”开始下降高度，他们的中队长柯林斯少校则带着他的四机小队保持高空掩护。跟在最后面的僚机拉莫若中尉忽然大呼大群敌机位于3650米高度，这时比VF-8中队高出一两千米。柯林斯抬头看过去，他估计有50到75架战斗机。

接踵而至的空战里，柯林斯有条不紊地击落2架零战和2架“隼”，拉莫若中尉一直在保护他的中队长，也击落了2架零战。然后柯林斯还是被打中了，他拉杆到底做了一个高G急转，尽管穿着抗荷服仍然发生了黑视，追击的零战完全跟不上这一高速机动。当柯林斯从云中飞出时发现正前方有架一式陆攻，而且似乎根本没注意到中队长的“地狱猫”，于是这架飞机被他顺手击落。

其他VF-8的飞行员在混战中也干得不错，麦卡斯基向5架敌机射击过，声称击落了1架“屠龙”和2架零战。另外还有五名飞行员各获得了三个战绩。在混战中还时不时遇到

VF-18中队的飞机，这两个中队都被打散了。返回“邦克山”号航空母舰后，VF-8中队总共累计了32架击落数，1架“地狱猫”由于损坏严重被投入海中。再加上VF-18中队的战果，这一次战斗机扫荡任务总共声称击落57架敌机，损失则为5架F6F。

空战持续了一整天，虽然早晨激战过后节奏就要慢得多。VF-8和VF-18中队在12日结束前将总声称战绩分别增加到49架和40架，柯林斯也成了一日王牌。

傍晚时分，日本海航发动了一次鱼雷机攻击，一些“地狱猫”前往拦截。“卡伯特”号的VF-29中队在空战中击落6架一式陆攻，VF（N）-41中队击落另外3架陆攻机，日机的攻击完全失败，这是今天最后一场战斗。“汉科克”号的VF-7中队今日首次参战，这个新进中队声称击落7架敌机。而VF-11中队终于取得了第二个空战战绩，但是此前取得该中队第一个战果的林德史密斯少尉在攻击船只时阵亡。

今天的空袭结束后，战斗机飞行员的总声称击落数为188架。当然并不是所有空战都发生在台湾上空，还有100多架次日机向特混舰队空袭，包括侦察机在内。负责空战巡逻的“地狱猫”总共击落了36架敌机，由于空战形势混乱，飞行员们声称可能击落的飞机都累计到了27架。

13日是星期五，这天空战仍然比较激烈，但是相对昨日减少了很多，“地狱猫”机队在台湾和周边空域击落总共37架飞机。VF-19中队新任指挥官罗杰·博尔斯上尉击落了1架“钟馗”，他的中队一整天就只看见这架敌机。“列克

10月12日中午，“邦克山”号航空母舰正整备飞机，地勤们开始移动这架“地狱猫”。

1944年10月，这架VF-29的飞机在战斗中受损，紧急降落到了“勇猛”号航空母舰上。

“列克星敦”号航空母舰升降机上发生了一场“猫斗”，两架飞机打了个平手。升降机操作失误造成了这起事故。

星敦”号的其他飞行员围着一个训练机场轮番扫射，这里停放了很多小巧玲珑的九三式双翼教练机。这些飞机让“地狱猫”飞行员们想起在彭萨科拉或者科珀斯训练时用的波音N2S教练机，对于战斗机来讲都是很轻松的靶子。

年仅20岁的肯尼思·弗林少尉在VF-15中队服役时已经有了五架战绩，刚刚达到王牌标准，今天他在琉球群岛上空被击落，接着被日军俘虏。他是第一个成为战俘的海军王牌飞行员，在战俘营中度过了九个月，可惜在日本投降前三周因为营养不良身亡。

VF-20和VF-21中队持续扫荡台湾上空，同时执行了不少空战巡逻任务，这天的空战战果大部分都由这两个中队取得。VF-20的乔·劳勒上尉在水面上空掩护一名跳伞的飞行员，还没等救援潜艇到达，1架零式水上观察机和1架零式水侦先后过来凑热闹，于是它们都被劳勒击坠。VF-20中队在空战巡逻中又声称击落5架双发轰炸机，其中1架被夜间型“地狱猫”击落，当时这架飞机正从其他航空母舰转场返回“企业”号。

第11航空大队在高雄市上空遇到了较强抵抗，飞行员们返回“大黄蜂”号后报告船只、海岸以及周边山地上的防空火力极其猛烈。内布拉斯加州出生的年轻中尉布莱克·莫兰维尔被飞行吸引，放弃了读大学转而参加海军航空兵。这天在高雄市上空他震惊了，这里的防空炮打的“好像圣诞树上一串串灯泡一般闪亮”，后来他如此形容道。“大黄蜂”号的航空大队长弗雷德·施拉德毕业于安纳波利斯海校35届，他顶着这样疯狂的高炮弹幕扫射1架停泊的水上飞机，接着他的F6F被防空炮命中坠机。

到了傍晚，日本鱼雷机又来试图偷袭舰队，3架低飞的一式陆攻潜行到38.4特混大队炮火射程内，直奔“富兰克林”号。一位VF-13的飞行员正在盘旋准备降落，发现一式陆攻后立刻转过去攻击，他与防空炮共同击落1架陆攻。剩下2架飞机射出了鱼雷，但是都擦着航空母舰驶过，没有命中。

“堪培拉”号巡洋舰就没有“大本”这么好的运气，它被一枚航空鱼雷命中，瘫痪在台湾外海，距离海岸只有不到150公里，而距离最近的盟军基地乌利西环礁有2100公里。最后只好让其他船将它拖走，两艘轻型航空母舰——38.1大队的“考佩斯”号和38.2大队的“卡伯特”号也脱离舰队为其提供航空掩护。VF-29中队今日在“堪培拉”号上空击落了2架“彗星”和2架“飞燕”，日本人显然知道了这条船已经受伤。

预料之中，14日大量日本飞机前来攻击特混舰队，似乎铁了心想把“堪培拉”号打沉。接近200架次飞机接近或者攻击了特混舰队，还有225架次没有找到舰队位置。在美国海军这一方，第38特混舰队向台湾发起了250架次空袭，不过下午和傍晚在外海的空战更为激烈。

VF-11中队的7架“地狱猫”在纳尔逊·戴霍夫上尉带领下正执行空战巡逻任务，战斗机引导官将他们领向一个较大的攻击机群，这个机群有12架“彗星”俯冲轰炸机，再加上15至20架护航的零战和“飞燕”。在遇敌之前，戴霍夫的无线电坏了，然后另一名小队长萨维奇上尉的罗盘也跟着坏了，所以现在轮到查尔斯·斯廷普森上尉指挥，斯廷普森早在瓜达尔卡纳尔岛就参加过空战，在“野猫”上就成为了王牌。

萨维奇在5200米高度发现敌机，斯廷普森继续爬升负责高空掩护，让萨维奇对付轰炸机。经验丰富的斯廷普森上尉有个绰号“骷髅”，他蹑手蹑脚地偷摸到2架零战背后，在零战还没有任何反应，连副油箱都没有抛下时就将它们打爆。斯廷普森的僚机弗雷德·布莱尔少尉也击落1架飞机。然后他们两人俯冲下去支援萨维奇，后者的小队正在被其他日本战斗机围攻。斯廷普森一个短点射打爆其中1架，萨维奇自己也击落2架零战，他再回头看时身后只剩1架“飞燕”，而且刚被斯廷普森击中，冒着烟下坠，不过这架飞机没有被击落。此后布莱尔又击落1架追着斯廷普森的零战，到这时有3架“地狱猫”也被击落了，包括戴霍夫的在内。

3架“地狱猫”被击落后，日本战斗机的数量优势在比例上表现得更明显，斯廷普森和布莱尔同时从两侧受到攻击，他们只能开始传统的萨奇剪刀。斯廷普森先打掉1架布莱尔身后的“飞燕”，布莱尔再转回来打燃1架零战。斯廷普森再次转回去的时候已经晚了，1架零战打中布莱尔的飞机油箱，“地狱猫”开始燃烧下坠。斯廷普森拉出一个大偏角将这架零战机翼打断，然后将最后的子弹射向另一架跟着飞下去的零战。最后这架零战脱离了俯冲，但布莱尔的“地狱猫”已经燃烧着坠入海中。

VF-11中队终于成功将这个攻击编队驱散，以4架“地狱猫”和三名飞行员为代价击落14架飞机。斯廷普森成了“地狱猫”和“野猫”的双料王牌。

下午时分，有16架“银河”轰炸机带着鱼雷接近38.3特混大队，中队长弗雷德·巴德沙带着VF-27的两个小队前往截击。巴德沙击落3架飞机，其他飞行员们打下了10架，幸存的飞机扔掉了鱼雷逃之夭夭。

同属38.3特混大队的VF-19中队有20架升空的战斗机，分别在执行空战巡逻任务和搜索任务。下午4点到5点之间他们遇到了30架敌机，声称击落其中10架，其中3架“天山”舰攻由驾驶F6F-5N型的加里克少尉击落。在搜索任务中，布莱克斯利中尉正在为1架“列克星敦”号的SB2C护航，19架日本双发轰炸机从他们下方沿着完全相反的航线飞过，“地狱俯冲者”的飞行员立刻就看不见“地狱猫”了，布莱克斯利已经驾机俯冲下去。几分钟后从无线电中听到布莱克斯利的声音，他已经击落2架轰炸机，自己的飞机也被防卫火力打坏，滑油油压已经降到零，然后他补充说正尝试进行一次水面迫降。这是他最后一句话，这位勇敢的密歇根飞行员消失在了大海之中。

VF-18中队的塞西尔·哈里斯今天击落了3架一式陆攻，将个人战绩增加到13个，哈维·皮肯上尉也击落了3架飞机。其他飞行员击落14架，今日中队总战绩达到20架。

14日的主要战绩贡献者是VF-11、VF-18和VF-27中队，而所有战斗机的总击落声称数为92架。尽管“地狱猫”机队击落了大量日本飞机，坚韧的日本人终于有了点成绩。“休斯敦”号轻巡洋舰在傍晚被一枚鱼雷击中，正好与“堪培拉”号编组到一起，这两艘受损的巡洋舰和几艘护航舰只组成了一个“残疾中队”，缓慢地从日机活动半径中向安全海域爬行。而VF-29中队在“残疾中队”周围击落了3架日本鱼雷机，自己也损失了1架飞机和它的飞行员。

10月15日，三个特混大队向南面撤离，舰队需要加油。在补充燃料完毕之后，各航空大队再度空袭莱特岛。VF-20中队在尼尔森机场附近遇见大约30架战斗机，一场混战之后，飞行员们声称击落其中12架。

38.1特混大队留在后面掩护那两艘巡洋舰，它们正在以4节的速度被缓慢拖行。这天VF-14中队从“黄蜂”号起飞拦截日机，他们总共声称击落31架敌机，队里有四名飞行员战绩达到王牌标准，另外也损失了一名飞行员。VF-11中队只声称击落3架“彗星”和1架“银河”，他们也有一名飞行员与VF-14的那位相同，在跳伞后失踪。VF-29中队则又在“残疾中队”周边空域击落3架侦察机。

日军的航空攻势在16日又猛烈了起来，超过60架飞机攻击了“残疾中队”，现在暂时只有两艘轻型航空母舰的46架“地狱猫”负责掩护。主要战斗任务都落在了VF-29中队身上，阿尔弗雷德·费克上尉的小队与马克斯·巴恩斯上尉的小队在舰队北面32公里处会合，然后在3050米高度向西飞行。下

这架VF-20中队的“地狱猫”在战斗中左侧水平尾翼被打掉了一半，它紧急降落在“列克星敦”号上。航空母舰识别标志上方涂着航空局编号：58468。

VF-20中队的F6F-5正在甲板上维护，这几架飞机已经挂好了副油箱，随着任务航时越来越长，副油箱已经成了标准配置。照片摄于1944年10月15日。

午1点35分他们看见了敌机，日军攻击机群由“银河”轰炸机、“天山”舰攻还有少数九九舰爆组成，大约20架零战在3350米左右高度掩护。巴恩斯带着小队准备攻击轰炸机，费克小队则向右侧爬升引开护航战斗机。

零战不为所动，他们看起来像是在掩护最后方的轰炸机，于是两个“地狱猫”小队跟着领机直接杀了进去。巴恩斯先击落2架“银河”，然后姗姗来迟的6架零战追得他逃进云层。僚机罗伯特·墨累少尉在第一次攻击中就击落了1架“银河”，由于巴恩斯逃进了云层，他完全找不到长机了，只好加入费克的小队。接着墨累又击落2架“天山”，在飞过第2架时他看见日本飞行员打开座舱站起来，对着他的“地狱猫”挥舞拳头，然后这架飞机撞到水面。墨累最后还击落了1架零战。

在零战到来之前，费克上尉攻击了编队末尾的轰炸机，1架“银河”被打得燃烧下坠。接着他又迅速击落3架“天山”，然后与其他2架“地狱猫”一起了结了第4架。费克的僚机威廉姆斯少尉在第一次攻击之后也跟丢了长机，他本能地打掉1架跟在其他“地狱猫”后面的零战，然后他自己的飞机被打坏，只得驾机在水面迫降。还好很快救援就赶到，将威廉姆斯捞起。

费克小队的四号机是罗伯特·布坎南少尉，在空战中击落了2架“银河”和2架“天山”。他独自返航，在途中将一个16架零战组成的编队当成了F6F，一度试图加入编队。布坎南很快发现了自己的错误，他开始向5200米高度的云层爬升过去，试图在这里躲藏起来。2架零战一高一低追在他身后，较低的那架在“地狱猫”下方250米处失速掉了下去，这给了布坎南一个大好机会，他现在可以只用对付1架零战。转了半圈之后他从零战的3点钟方向打了次大偏角射击，曳光弹命中了零战发动机罩，飞机立刻在空中爆炸。

另外费克小队的松纳中尉在这次战斗中击落2架“天山”和2架“银河”。费克这个四机小队打的很不错，共声称击落了15架敌机。

仅仅8架“地狱猫”击败了一个大型编队，声称击落的日机总数打到了26架，自身损失只有1架飞机。布坎南和费克各击落5架飞机，松纳和墨累各击落4架。今天VF-29中队的总战绩则达到了34架。

VF-22中队找上了剩下的日机，他们声称击落12架飞机，包括克莱门特·克雷格上尉击落的4架鱼雷机。尽管两个中队的“地狱猫”全力拦截，还是有1架鱼雷机穿过战斗机和防空炮将鱼雷打在“休斯敦”号轻巡洋舰上。不过，这艘巡洋舰再度被击中之后仍然顽强地浮在水面上。“残疾中队”的两艘巡洋舰最终都脱险了，两艘轻型航母的“地狱猫”中队在防卫战中起到了至关重要的作用。

在台湾发生的大战中，特混舰队损失了大约30架“地狱猫”，日本人损失了350架左右飞机，驻扎在岛上的日本陆海军航空兵被迅速打残，所以接下来一周特混舰队在吕宋岛东面徘徊时战斗强度大为下降。

10月18日是星期三，这一天战斗机飞行员们颇为忙碌，在陆地和海面上空都有小规模但是很激烈的空战发生。中队长弗雷德·巴库提斯在清晨带着三个VF-20的小队前往马尼拉周边，执行战斗机扫荡任务。他们一直爬升到7620米高空。到达目的地之后，飞行员们发现7架“钟馗”从克拉克机场起飞爬升，巴库提斯带着两个小队俯冲下去攻击它们，接着更多日本战斗机到达战场，于是负责高空掩护的“地狱猫”小队也俯冲下去参战。比尔·福伊中尉在这场混乱的狗斗中击落了2架日本战斗机，此后又在无线电中呼叫队友，说他正在苏比克湾附近坠落，最后他跳伞离机。VF-20中队的飞行员们没有找到福伊降落在哪，还好后来他被菲律宾游击队救走。

约翰·赫因克少尉在一场盘旋对决中撞上了1架“隼”，他的飞机左翼被撞掉一米长度。日本战斗机显然受损比他的更严重，它翻滚着消失了，赫因克少尉控制住了飞机，然后艰难地向母舰返航。巴库提斯和另一架“地狱猫”与他伴飞，途中又来了1架“隼”，对着赫因克的飞机来回攻击了五六次。中队长改变了以往他在防御剪刀中的机动方式，迅速转回来将这架“隼”击落，这也是他今天的第三个战果。道格拉斯·贝克少尉与查克·赫弗伦德少尉今日表现良好，各击落3架飞机。VF-20中队在早晨扫荡任务中声称击落18架敌机，这天的其他任务中还另外击落11架，自己损失了2架“地狱猫”。

VF-11中队也有四个小队起飞前往克拉克机场，他们也遇到了大量日机，并称击落其中19架。中队执行官罗伯特·克莱门茨少校击落了2架飞机，斯沃普和莫兰维尔这两个老油条也各击落1架飞机。理查德·西尔上尉在今天空战中表现最好，有四个击落战绩和两个可能击落。不过VF-11中队在空战中损失了两名少尉飞行员。

VF-14中队向吕宋岛中部地区执行了两次战斗机扫荡任务，他们遇到了强劲对手。日本战斗机向爱德华·特纳上尉所在的小队俯冲攻击，直接击落了小队领机。然后其他人形容特纳“发狂了”，上尉的反击也许可以用暴风骤雨来形容，他击落了5架敌机，其他飞行员则总共声称击落11架。

其他大部分战斗机中队在18日遇到的空战则比较少。VF-15中队在早晨扫荡维萨亚斯群岛时遇到少量日本飞机，他们击落其中6架。VF-19中队在同个地区击落2架九七舰攻，这个中队没怎么参加空战，飞行员们在休·温特斯中校带领下实验用低空水漂炸弹攻击货轮。护航航母上的中队很难得捞到了战绩，“苏万尼”号的VF-60中队与“切南戈”号的VF-35中队各击落1架日机。

19日，日本飞机几乎从天空中消失了，VF-35的飞行员运气不错，在1架九七式重轰炸机降落前将其击落。但是耶

10月21日，“埃塞克斯”号正在准备攻击波。VF-15中队的41号机即将抵达飞行甲板。

1944年10月，VF-15的“地狱猫”腾空而起。

难得一见的场景，舰员们正在“桑加蒙”号护航航空母舰甲板上做体操，旁边的“地狱猫”属于VF-37中队。坐在飞机里的似乎是值班飞行员。

西·肯尼迪少尉的“地狱猫”被一枚高射炮弹直接击中机腹油箱，飞机凌空爆炸。

3架带着炸弹的零战在20日袭击了“桑提”号护航航空母舰，日机先攻击了一次，在返回继续攻击时1架VF-35中队的“地狱猫”赶到，将其中1架零战逼离攻击航线并将其击落。第2架零战在飞越“桑提”号舰首之后被另一架VF-37的“地狱猫”击落，后者刚从“桑加蒙”号起飞。最后1架零战见势不妙，转开将炸弹扔向“桑加蒙”号，炸弹撞上了船舷却没有立刻引爆，弹飞并在270米外沉入海中后爆炸。这架零战投弹后刚飞越

参战的“地狱猫”中队，1944 年 9 到 11 月	
中队名	配属航空母舰
VF-2	大黄蜂
VF-3	约克城
VF-4	邦克山
VF-7	汉科克
VF-8	邦克山
VF-11	大黄蜂
VF-13	富兰克林
VF-14	黄蜂
VF-15	埃塞克斯
VF-18	勇猛
VF-19	列克星敦
VF-20	企业
VF-21	贝劳森林
VF-22	考佩斯
VF-27	普林斯顿
VF-28	蒙特里
VF-29	卡伯特
VF-31	卡伯特
VF-32	兰利
VF-44	兰利
VF-51	圣贾辛托

船头，还没来得及逃离就被防空炮打炸。

第二天，麦坎贝尔带队前往扫荡民都洛岛的圣何塞机场，大队长和僚机拉欣各击落1架九三式教练机。接着麦坎贝尔又发现1架百式司令部侦察机，他飞过去轻松将其击落。这两个战果将大队长的总成绩提高到21架，现在他不仅是海军第一王牌，而且是第一个超过20架战绩的人——他坐上这个位置之后，在战争期间从未受到过有力挑战。不过新闻总要花些时间传播，亚历山大·弗拉修，前任海航第一王牌对此评论道：“我们其实并不怎么清楚地知道其他人做得如何。你起飞，出去转几圈，可能打掉一些飞机，再飞回来。在晚秋重新回到‘列克星敦’号之前，我都不知道戴维已经超过我了。”

十二、莱特湾大战

10月24日早晨，三个特混大队开进莱特湾。第38.1特混大队返回乌利西环礁修整，留下的11艘航空母舰准备起飞侦察机和空战巡逻机。今天的开头一切都与以往相同，但是大战即将打响。整个特混舰队本有大概550架“地狱猫”，少了一个特混大队使得飞机数量也减少了许多。另外第77特混大队的护航航空母舰上还有65架“地狱猫”，但是他们发挥的作用较小。

谢尔曼少将的38.3特混大队位于最北面，“埃塞克斯”号、“列克星敦”号、“普林斯顿”号和“兰利”号四艘航空母舰在吕宋岛东边160公里处巡航。莱特湾海战的第一天，这些船上的航空大队将承担几乎所有主要战斗。“列克星敦”号的第19航空大队主要负责整个特混大队的侦察任务，VF-19中队刚扩张到41架飞机，他们拿到了24架崭新的F6F-5。第19大队起飞了37架飞机侦察舰队西面扇区，侦察半径达到480公里。从245度到295度真方位角被分成5个搜索区，覆盖了中菲律宾地区，19架F6F和18架SB2C被分配到这些区域中侦察。另外一个“地狱猫”小队被派到320公里外的马尼拉湾南部，他们起到无线电中继的作用。

早上6点07分侦察编队起飞，由于天气不好，许多F6F和SB2C在特混大队与吕宋岛之间的厚云中飞散了。其他向南侦察的飞机在民都洛岛与棉兰老岛之间发现日军主力水面舰艇，而“列克星敦”号的飞机却只找到了一些沿岸运输船。参军之前，布鲁斯·威廉姆斯上尉在威拉姆特大学攻读法学，在“列克星敦”号上他的呼号是“威利·莫霍克”。他在9月22日至10月25日期间打掉了7架飞机，轰炸了一艘战列舰，获得了海军十字勋章，还获得过三枚飞行优异十字勋章再加一枚航空勋章。他的表现让他在整个舰队中出了名。由于“列克星敦”号的呼号是“莫霍克”，他就得了个“威利·莫霍克”的绰号。威廉姆斯曾经开着受损的“地狱猫”向母舰返航，他担心特混大队离开了预定回收区域，在无线电最大通话距离上呼叫：“这里是‘威利·莫霍克’，我被击中了，我要将飞机带回来。”当他到达回收点时“列克斯夫人”仍然在这，让他成功降落。威廉姆斯觉得坐镇“列克星敦”号的米切尔中将让舰队保持西行，好回收落单的“地狱猫”飞行员。

多个侦察编队中，只有威廉姆斯上尉带领的三机小队击沉了几艘小船。他们在仁牙因湾发现了一些弹药运输船，威廉姆斯俯冲下去攻击，他将挂载的227公斤航空炸弹扔在一艘只有10米长的小船上，这艘不比“地狱猫”大多少的小船被炸得粉碎。爆炸冲击波将他的飞机在漫天碎片中往上推了60米。返回母舰途中他们遇上了日机编队，威廉姆斯小队被一些“钟馗”偷袭，1架“地狱猫”逃进了云层。接着威廉姆斯和还与他在一起的拉瑞·卡伯中尉追着几架双发九七式轰炸机猛打，在他们两人弹药耗尽之前击落了其中5架。

相邻搜索区内，从华盛顿州帕卢斯来的前农场主埃尔文·林赛上尉的四机小队飞到了克拉克机场附近，在这里他们数到17架“钟馗”向“地狱猫”小队俯冲下来。林赛和僚机马丁少尉立刻开始反击，林赛声称击落1架日机，可能击落2架，马丁声称击落2架日机，这次日本人的攻击显得缺乏协调而又没有战术原则。马丁的飞机在空战中受损，但是稍后他和林赛又各击落1架九九舰爆。回到舰队上空后，马丁在一艘驱逐舰附近迫降并被救起。另外一个双机分队称击落了3架“钟馗”，这个四机小队以1架“地狱猫”为代价换来了8个战果。

威廉·马索纳中尉的小队遇上了今天最大一次空战，他们在搜索途中发现20架双发飞机分为四组飞行。马索纳中尉在瓜达尔卡纳尔岛服役时就击落过2架飞机，有一定经验。今天空战中他的照相枪留下了1架一式陆攻、1架百式司侦和4架九六式陆攻的毁灭场景，这些战绩让他成了一日王牌。

马索纳中尉在战斗报告中详细记录了今天的战斗：

我的小队要进行一次480公里的搜索行动，负责给4架SB2C护航。当我们在吕宋岛东岸外追上他们时，他们已经发现了一队“贝蒂”（即一式陆攻），我看见他们击落其中2架。我发现4架或者5架“贝蒂”四散奔逃，所以就带着小队追赶其中1架。我从斜后方开火并打中他的机尾。看见他炮塔里的20毫米炮正在还击，但是我的燃烧弹打中了他的机身和右侧翼根，他燃起了大火并坠毁到海里。

我拉起飞机，看见8架“黛娜”（即百式司侦）在头顶高出30米的位置飞翔，他们转向并稍微散开。我从下方向右侧的飞机攻击，一个长点射打中了他的右侧发动机。它开始燃烧——接着火势扩大，它变成一个火球掉了下去。

这时候已经没有飞机可打，所以我们重新会合继续搜索。飞了大概80公里后1架轰炸机呼叫说发现2架“内尔”（即九六式陆攻）。我们俯冲下去追了八到十公里远，我扔掉了挂载的炸弹，然后追上了他们。我从后上方攻击其中一架，他的右翼起火，然后爆炸并坠落。掉进水里之后还在燃烧。然后我就开始攻击另一架“内尔”，但是它已经开始燃烧并坠毁，我的僚机打掉了它。

然后我们又和SB2C会合，开始返航。当我们接近吕宋岛时又发现5架“内尔”在大约150米高度。僚机和我同时向他们俯冲，他点燃其中1架，然后这架飞机坠毁了。但是僚机的机枪这时没法再开火了，于是他拉起飞机。我从斜后方高处攻击了1架“内尔”，我看见了子弹命中，然后做了一个爬升失速侧转并绕到他的后下方，这样可以避开飞机上正在开火的机背炮塔。我在非常近距离上击中他的机身，然后他爆炸了，碎片满天飞。剩下的机头朝下直落并撞入水中。

然后我从后上方接近下一架“内尔”，子弹击中飞机翼根，他也爆炸了，大块碎片向我飞来，我只好拉起规避。他就这样燃烧着坠毁。

马索纳的僚机飞行员是科普兰中尉，他将自己的战绩从3架增加到6架，还说：“马索纳先生总是有办法把我带进麻烦之中。”科普兰自己的战绩很有趣，6架飞机，6种型号：九七式战斗机、一式战斗机、九九舰爆、九六式陆攻、一式陆攻、九九式双发轻型轰炸机。马索纳小队其他3名飞行员的战绩为7架轰炸机。最终15名VF-19的飞行员在这一次滞空时间5小时的搜索任务中声称击落30架飞机。另外“埃塞克斯”号上VF-15中队的侦察编队在同样的任务中击落7架敌机。

在美国特混舰队四处侦察时，日军重开攻势。大约450架飞机已经集结到了菲律宾，于是到了早晨7点50分，38.3特混大队各艘战舰的雷达屏幕上充满了回波光点。三个日本攻击波，每个都有50至60架飞机，以24公里间隔飞向特混大队。这时没人再想起飞攻击编队去打击西南面的日军水面舰艇，全部战斗机要立刻紧急升空保卫航空母舰。

“列克星敦”号航空母舰甲板上，11架“地狱猫”前后排开准备起飞，VF-19的飞行员们冲上甲板，向他们的飞机奔去。那些经历了一整年航空母舰战争的高炮手们全都开始欢呼，好像这些战斗机飞行员不是去开他们的飞机，而是在进行橄榄球比赛，周围围绕着主场球迷的喝彩。也许没有比这些炮手更好的拉拉队了，在这一场竞赛里，对手任何得分都可能会意味着失去一个朋友。

罗杰·博尔斯上尉带着飞行员们起飞离开特混大队，朝向215度方位角爬升。战斗机引导官的指示是“大门”，需要立刻前往截击，所以飞行员们都开着最大功率飞行，这时巨大的普拉特·惠特尼发动机每分钟会烧掉超过15升汽油。天空中有十分之三的云层，某些区域下着雷阵雨，“地狱猫”们飞过一道弧线，以250节空速划过天空。飞出32公里远之后，领先的博尔斯小队发现了少数几架打先锋的日机，他们先行接敌并击落了2架零战，博尔斯则追着1架“屠龙”俯冲到30米高度才将其击落。

1944年10月，正在从“邦克山”号起飞的VF-8中队。

接着邦扎尼上尉带领第二个小队到场，只有3架“地狱猫”的第三个小队尾随在他们后方。邦扎尼小队发现大队日机：一些零战在高空掩护着九九舰爆向特混大队飞行。零战开始转向西面，暂时无法掩护九九舰爆，于是邦扎尼小队这4架飞机完全不管零战，直接从九九舰爆侧面展开攻击。邦扎尼打燃3架飞机，他的高度也从5200米下降到了2400米，其他3名飞行员击落另外4架，还与从“兰利”号起飞的VF-44中队分享了1架。第三个小队只击落了1架“天山”舰攻，队里的哈巴赫少尉在追击1架敌机时报告自己发动机出了故障，然后他就失踪了。这样VF-19中队在舰队上空拿到了11.5个战绩，自己损失1架飞机。

与此同时，其他战斗机中

队也在紧急起飞拦截，VF-27中队实际上更早投入战斗。在紧急起飞命令下达前，他们就有三个小队在天上例行空战巡逻，包括詹姆斯·薛利上尉和卡尔·布朗上尉带领的小队。有着“大红”呼号的薛利上尉收到两次方位引导，他带队前往并击落2架侦察机，布朗上尉也收到两次方位引导，他每次前往查看都发现是没有打开敌我识别器的“复仇者”——在紧要关头还真是能捣乱。

稍后薛利小队飞到6100米高度，布朗小队则在3050米高度，他们同时收到方位引导，并且有“大门”指示。薛利小队立刻向前冲去，布朗小队则开始爬升获取高度。“当我们同时收到一样的方位引导”，布朗回忆说，“我知道这里肯定麻烦大了”。他想的没错。

仍然在全力爬升时，布朗来回问了好几次前面有多少敌机。忙碌的战斗机引导官一直刻意忽略过他的提问，最后一次终于烦躁地爆发了，在无线电中吼叫道：“很多！很多！很多！很多！” 布朗的小队爬升到5500米时，薛利小队已经发现了2架敌机并击落了它们。这两个小队再度会合，然后看见正面有个巨大的敌机编队，从6100米延伸到7000米。布朗向“普林斯顿”号报告说：“短柄斧基地，估计80架敌机。”他得到一个明白并祝好运的回复，然后准备接敌。几乎同时薛利在无线电中叫道：“成百架敌机，高空有，低空有，中间也有。我要打到没子弹为止！”

接下来几分钟，日本飞机以可怕的频率坠落到海里。对于“普林斯顿”号上面的人们来说，“大红”薛利是“一个真正的杀手”，这天他表现得对得起这一名号。在弹药打光前薛利击落了5架飞机，包括1架“屠龙”、1架零战和3架“钟馗”，在仅仅三场空战中他的总击落数就累积到了12架。

此前没干什么事的最后一个“地狱猫”小队也赶到战场，战况进展到了最激烈的时刻。在疯狂的混战中，薛利小队里的托马斯·康罗伊少尉声称击落6架飞机，3架零战和3架“钟馗”。吉恩·汤森德上尉也声称击落5架。拉尔夫·泰勒上尉的“地狱猫”被击中，他腿上受伤返回了“普林斯顿”号，奥利弗·斯科特少尉则永远没有回到母舰。

布朗上尉的头五分钟过得很艰难，零战找上了他，而他高度比对手低，速度也处于劣势。好几架零战与他连续缠斗，但是布朗表现得比以往更好，空战结束后声称击落了5架飞机，还有两个可能击落。他回忆说：

我不知道空战到底持续了多久，确实很长——我猜有三到五分钟。当我决定结束战斗时屁股后面还有4架零战，他们一定在争论由谁来干掉我。我用了最后一招：尽全力将操纵杆向前推，然后收回油门并将转速也收到最低，没人能跟上并开火，所以你至少能获得几秒的思考时间。在我开始下降后，又使劲将操纵杆向右打，进入螺旋俯冲。因为零战在高速时不能好好向右转弯，所以我甩掉了他们。

“普林斯顿”号被击中了，“列克星敦”号和“兰利”号都不想接受我的飞机，因为它受损太重，可能会把他们的甲板搞得一团糟。我的仪表盘被打烂了，座舱内的一根汽油管也被切断，在底部漏了5到10厘米深的汽油。飞机左侧升降舵几乎被打没了，尾钩卡死，而且也没法紧急打开舱盖。

在我的左腿上有两个弹片造成的伤口，还好都不大。我问“短柄斧”（“普林斯顿”号），此时该舰虽然正在燃烧，但是无线电仍然在线，让他们通知领头的驱逐舰，我要在他前面迫降，请将我捞起。“短柄斧”回话说已经传达。这时‘埃塞克斯’号开始呼叫，说道：“短柄斧31号，如果你现在立刻降落，我们会接收你。”你能想象我放松了多少。

我用紧急气瓶放下了起落架——这时液压已经没了，所以我没法放下襟翼，空速计也没了（被打烂），散热片和着舰钩都没法用。“埃塞克斯”号的舰长既热情又有勇气，我从150多米高度开始一个“英国式”进场。降落信号官一直举着“明白”信号，接着发来了过快过高信号，最后是“停止”信号。我试了下操纵杆，发现没法把它拉到最后面。我关了油门使劲将操纵杆往后拉，能拉多少算多少。我的机尾撞在甲板上，把着舰钩震了出来，钩住了第一道阻拦索。

曾经在布朗小队里的保罗·德鲁里少尉也参加了10月24日早晨的拦截任务，他在这一天中充分感到了命运的起伏。在拦截日本攻击波时成为了王牌，而后又因为“普林斯顿”号沉没而只得转到其他船上。他从僚机的角度记录了今天的战场：

我这辈子最大也是最梦幻的出场就是在莱特湾大战中，今天什么事都挤在了一起——1944年10月24日，我这辈子里最长的一天。实际上我想这部大戏从23日晚上就开始了，日本人派出了各种各样的侦察机试图找到我们的特混舰队。我认为他们确实找到了我们，然后持续追踪我们直到早上开始进攻。

我们的特混大队包括两艘大型航空母舰，“埃塞克斯”号，这是谢尔曼将军的旗舰；“列克星敦”号，米切尔中将在上面；“普林斯顿”号和“兰利”号两艘快速航空母舰；战列舰“马萨诸塞”号和“南达科他”号；巡洋舰“伯明翰”、“里诺”、“莫比尔”、“圣塔菲”，外加13艘驱逐舰。

包括我在内，VF-27中队的八个人在晚上就被告知要参加第二天早晨的空战巡逻，我们预计会遇到很多日机。于是我在24日早晨4点就醒了，我们起飞时外面仍然很黑。航母仍然实行着灯火管制，一片漆黑，但甲板上的人都很兴奋，因为雷达屏幕上已经出现了不明飞机，我们急急忙忙地起飞了。我没有飞经常用的那架飞机（“PAOLI LOCAL”号），也不在经常呆的那个小队里（卡尔·布朗上尉的小队）。

现在我是詹姆斯“大红”薛利的僚机，他现在是中队里第一王牌。不过这不是什么大问题，太阳一出来我可以溜回自己的小队，此时仍然保持着无线电静默，就正好发信号让那个顶了我位置的飞行员哪来的就滚回哪去。但是这个场景没能发生，因为我们四个刚起飞会合后就被导向一个不明飞机，我们快速解决了它。在我们返回战位时，卡尔·布朗上尉的四机小队又被调走去另一个雷达回波处，事情就继续这样发展——我一直没机会回到原来的小队。

在这些截击跟踪飞机的任务之后，我们八个人全都被指向一个大型编队，而且要求全速前往。由于卡尔·布朗的小队刚解决了最后一个跟踪机，相比他的小队，我们小队在进入狗斗前有一个高度优势。我们很合适地先发现了敌机，这时太阳正好完全升起，我能清楚地看见这个攻击波有多大。

“大红”薛利很快在无线电中向“普林斯顿”号呼叫：“发现敌机——80架日本飞机”，接着补充了一句“最好派来支援”。

航空母舰回答了一声“知道”，然后说他们能再派出12架飞机来帮忙，再加上联系“埃塞克斯”号派一些飞机。

我们的任务是确保敌机不过于靠近特混舰队。这时和航母的距离大概有90多到110公里，因为我们的职责是保护舰队，这意味着实际上没多少选择——只希望援军赶快起飞赶到这里。不过我明白战斗机准备起飞要花多长时间，但是无论如何知道援军就在路上让人相当宽慰。

就这样想的时候，我们四个开始向日本编队俯冲。我想在首次攻击时每人都击落了1架飞机，然后编队就分散了。一场大混战开始，所有飞机在其中乱斗，看谁能把谁打掉。我想我们四个人在早上敲掉了15架日本飞机（这个小队的官方击落数是14架飞机，除了薛利的5架以外，托马斯·康罗伊击落6架，第四名队员名字不详）。然后我们弹药耗尽而且汽油也不够了，所以收到了返回特混舰队的指令。

我想我是“普林斯顿”号被轰炸前最后降落的飞行员之一，当我从飞机里出来，回到准备室报告时，一大团黑烟从通气系统涌进了舱室。接着很快就是一个确认我们被轰炸了的通告，所有飞行员都被要求上甲板，站到飞机旁——我想舰长一开始肯定觉得我们还能起飞，但是炸弹穿透了甲板在机库里爆炸。

不幸的是，这时我们所有的鱼雷机都在甲板下武装完毕，还加满了汽油，仅仅一枚炸弹不会造成这么大破坏。它引发了连锁反应，一枚鱼雷就在我旁边不远处爆炸了，我正在飞行甲板上，站在我的“地狱猫”旁边，接着又一次爆炸毁灭了前升降机。舰长立刻意识到现在是时候弃船了，他通知除了消防队以外的所有人下船。我从船舷一侧的绳子滑了下去，游泳到“欧文”号驱逐舰上，到了船上就因为筋疲力尽瘫倒了。在活过下一波空袭后，我的“新”船接到了用

VF-27中队在1架F6F-3前方合影，飞机的大嘴涂装非常显眼。海军航空兵通常没有这类个性化涂装，VF-27算是相当特立独行。

鱼雷了结“普林斯顿”号的命令，但是鱼雷方向指示器受损，发射的两枚鱼雷都没命中。于是“里诺”号巡洋舰被叫来做完这事。

这时发生了一次大爆炸，一朵巨大的蘑菇云升到了几百米高空。等烟云稍微消散之后我们再想寻找航空母舰的位置，但是“普林斯顿”号已经没了。现在是下午六点，我这辈子最长的一天迎来了终结。

VF-27中队的传奇还没结束，航空大队长弗雷德·巴德沙正准备按计划带领一次空袭任务，接着紧急起飞命令来了。于是在空袭进行的时候，20架战斗机从“普林斯顿”号升空，原初的飞行计划是在大约2300米高度飞往距离特混大队120公里处，这个高度勉强在低云上方。巴德沙想申请爬升到更高位置，但是无线电话筒出了毛病，还没等他干什么日本人就来了。

大约30架战斗机，从美国人眼里看来都是“隼”，从比他们高1500米的地方俯冲下来。奇怪的是他们并未表现出攻击性，大多数直接冲进了云层，而不是追打刚刚展开防御剪刀的“地狱猫”。少数飞机在交错的瞬间互相射击，2架“隼”带着烟消失，巴德沙的发动机吃了几发子弹，在他座舱盖上洒了一片滑油。“这台老R-2800仍然在运转”，大队长说。后来他的僚机亚瑟·曼森少尉击落了1架迷路的九九舰爆。

在回母舰路上，巴德沙和剩下的飞行员才知道“普林斯顿”号的问题不仅仅是甲板损坏。上午9点38分，

VF-27中队的F6F-5降落在“埃塞克斯”号甲板上。远处海面上的那团烟就是正在燃烧的“普林斯顿”号。

7号机正被推向停机区，前方是“埃塞克斯”号的“复仇者”机群。

1架“彗星”俯冲轰炸机从低云中窜出，将一枚炸弹扔在飞行甲板上，位置接近后部升降机，其他“地狱猫”击落了这架飞机，但是航空母舰的火势无法控制。6小时后它爆炸沉没，“甜蜜的P”（“普林斯顿”的绰号）是在战争最后三年里唯一被击沉的美国快速航空母舰。

“普林斯顿”号的孤儿们在“埃塞克斯”号上受到了最热情的欢迎。没有任何其他飞行员为了他们的母舰战斗得更勇猛，涂着猫嘴的“地狱猫”将36架日本飞机打进了海里。这天有7名“地狱猫”飞行员击落了5架或者以上飞机，其中4人属于VF-27中队。虽然他们现在已无法作战，但是很多人最终仍会返回战场。

在“埃塞克斯”号航空母舰上，上午8点20分，戴维·麦坎贝尔的F6F-5“Minsi Ⅲ”号被推上左舷弹射器，这架飞机的名字来源于大队长的朋友，住在密尔沃基市的玛丽·布拉茨。他本来也和巴德沙一样，预定带领一次空袭，由于日机来袭被弹出升空，两个小队随着起飞。一个小队领机出了毛病无法起飞，这样包括大队长在内，VF-15中队总共有7架“地狱猫”升空。

爬升到1800米高度后，麦坎贝尔接到指令前往北面61公里处调查一个雷达回波。仅仅飞了三分钟他就看到大约40公里外有个大编队。初看起来像是第38特混舰队的某个攻击编队，但是很快就能辨认出这些飞机是敌机，编队由大约60架“老鼠”、“鹰”和“鱼”组成。

大部分“老鼠”（VF-15中队对他们的称呼，表示战斗机）位于4250米高度，比现在VF-15的“地狱猫”高些。但是当麦坎贝尔领队靠近时，战斗机忽然转了一个方向，导致整个编队被拉开了。现在大队长命令他的第二小队去攻击“鹰”和“鱼”（分别指代俯冲轰炸机和鱼雷机），他自己的小队则准备对付战斗机。

命令还没下达完毕，无线电忽然坏了，大队长顿时失去了战术控制力，还没等到切换频率，队里的5架战斗机就向下方敌机冲去。这5架“地狱猫”在云层之间追打轰炸机和鱼雷机，其中4名飞行员最终击落6架飞机，但是重头戏在他们头上的战场上演。

今天大队长的僚机仍然是罗伊·拉欣，他们两人今天可以说“正确的人，在正确的时间，出现在正确的位置”。座舱下这些日本战斗机将考验大队长的经验和专业技巧。总的来说这有大概40架飞机，多数是带着炸弹的零战，还有几架看起来是“隼”的战斗机伴随。他们组成了一个巨大而又有序的防御圈，每架飞机都保护着前方飞机尾后。麦坎贝尔和拉欣试探了几次，想找个突破口，但是没什么结果，仅仅两架“地狱猫”要击溃这么大一个编队还是太困难了。麦坎贝尔和拉欣拉起飞机后每人点燃一支雪茄，时间是他们的盟友。此时2架“地狱猫”位于5500米高度，麦坎贝尔在多年后讲解了如何在机内吸烟：先暂时将氧气面罩解开，点燃雪茄后再戴上。然后将座舱盖开一个缝，让多余的烟雾随着空气散出。此后就可以时不时拉开面罩抽一口缓慢燃烧的烟蒂。快抽完时顺手将烟头扔出去即可。

麦坎贝尔认为日本人“可能没那么多汽油消耗”，迟早会解散编队，由此产生的混乱会让这些飞机变成好靶子。

接下来90多分钟，两人一边等待一边玩耍。他们一直保持在日机上方懒洋洋地盘旋，对这个大编队保持压力。日本飞行员表现得毫无主动性和进攻性，而且也没敢解散编队反击，麦坎贝尔后来认为很可能是自杀飞机编队，这些行为都是由于缺乏训练导致的结果。

最终日本飞机的燃油可能不够了，也可能是下定决心逃命，终于开始向马尼拉方向返航，这两头狼——或者说是老虎也许更贴切，开始撕咬这个危险羊群的侧翼。他们两人特别谨慎，以免将自己暴露在没必要的风险面前，先只集中攻击那些试图爬升的飞机，压下他们的高度，防止日本飞行员找到机会反击，还有那些落到后方或者距离太远而不能有效互相掩护的飞机。空战完全按照他们两人计划的节奏进行，麦坎贝尔预料到今天会很长。“直到我们击落5架飞机之后才开始打得很顺手，于是我决定用铅笔在仪表盘上做标记计数”，他回忆说。

麦坎贝尔花了30分钟呼叫支援，最后他才接通“埃塞克斯”号的战斗机引导官，这位引导官名叫约翰·康纳利，未来的美国海军部长。终于援军来了，但是只有1架F6F，飞行员是VF-15中队的阿尔伯特·斯莱克中尉。无论如何，1架飞机的援军也总比没有强，现在他们开始攻击更大编队的敌机，在两次攻击后每人都打燃了3架飞机。斯莱克在击落4架零战后打光了子弹，只好返航，留下麦坎贝尔和拉欣继续作战。

大队长和他的僚机来回攻击了18至20次，弹药几乎打空，油料也不够了，他们也开始返航，此时日本编队只剩下18架飞机还在飞行。麦坎贝尔击落了9架飞机，包括5架零战，2架短机翼的零战32型，还有2架“隼”。另外有2架飞机螺旋着向海里坠落，但是没有确认，只能作为可能击落战绩。拉欣击落了5架各式零战和1架“隼”，还击伤3架飞机。这两架“地狱猫”只有少许表面凹痕和擦伤，都是被爆炸飞机的碎片碰到所致。

这次任务中麦坎贝尔创造了美国和盟军战斗机飞行员的作战记录：单个飞行架次中击落9架飞机。他的总战绩增加到了30架，暂时和美国陆军航空兵的理查德·邦少校并列第一，这两人是美国航空兵“王牌中的王牌”。僚机拉欣则将他的战果翻了倍，从6架增加到12架。

麦坎贝尔和拉欣一同返回特混大队，但是大队长降落到了“兰利”号上。他的油箱在紧急起飞前没有加满，没法等到“埃塞克斯”号慢慢回收完毕那些排队的飞机。麦坎贝尔带着爱尔兰祖传的好运，在他试图从阻拦位置上滑行离开时发动机将最后一滴汽油烧光，在甲板正中停机，接着“兰利”号的地勤告诉他机枪只剩几发子弹。

第二次紧急起飞命令下达时轮到伯特·莫理斯上尉带队，好莱坞王牌带着两个四机小队起飞，他们在80公里外拦截了一个混合编队。接着边打边飞，追打了40多公里，8架“地狱猫”声称击落10架飞机。“埃塞克斯”号的这两

10月24日，完成了历史性的任务后，麦坎贝尔的“Minsi Ⅲ”降落在“埃塞克斯”号航空母舰上。注意这时飞机上只有19个战绩标志，所以该照片摄于22日的说法更为可信。

次紧急起飞命令中总共有15架F6F升空，击落多达25架日本飞机。在防御战斗中，整个特混大队的战斗机中队声称击落85架飞机，只有1架穿透了防线——就是那架炸坏了“普林斯顿”号的“彗星”。

上午过了一半之后，特混舰队开始组织反攻。早些时候在锡布延海和苏里高海峡发现的日本水面舰队一整天都被跟踪着，还受到了好几次空袭。38.2特混大队的“勇猛”号和“卡伯特”号航空母舰率先起飞攻击机群，36架飞机向锡布延海的主力舰队飞去，这一攻击波里有21架是“地狱猫”。10点26分，机群开始攻击栗田健男中将的舰队。日本舰队上空没有战斗机掩护，美国飞机穿过猛烈的高射炮火向军舰投弹。这次空袭与后来几次相同，许多“地狱猫”挂载了炸弹协助俯冲轰炸机和鱼雷

VF-29中队的F6F-5正准备从“卡伯特”号起飞。

“卡伯特”号航空母舰在菲律宾拍下的照片，看起来相当吓人。这名飞行员的着舰技巧多少有点问题，这次拙劣的进场差点让飞机撞上航母舰尾，降落信号官发出复飞信号后拿着信号板就开始逃跑。不过这架飞机咆哮着爬升离开，最终没有撞上航母。

正准备从“埃塞克斯”号航空母舰起飞的“地狱猫”，注意它们的涂装，前方这架飞机是F6F-5，后方则是F6F-3。此时VF-15中队还没有完成换装。

第19航空大队长休·温特斯中校，参战时他还是中队长，很快升到了大队长位置。

机中队。栗田舰队中有五艘战列舰，包括世界上最大最强的两艘：“大和”号、“武藏”号。仅仅36架飞机无疑完全不够造成什么决定性的损伤。

日机空袭结束后，位于北面的38.3特混大队立刻准备起飞攻击波。10点50分，“埃塞克斯”号和“列克星敦”号放飞了16架“地狱猫”、20架“地狱俯冲者”和32架“复仇者”。第19航空大队长休·温特斯中校负责协调攻击，他带着机群穿过吕宋岛南部和外海的恶劣天气。这一整天里低空阴云和只有8公里的能见度都在困扰着美国飞行员。

VF-19中队的飞机没有挂载炸弹，他们本预计会和日本战斗机交战，结果到场之后大部分时间都在扫射战舰。约瑟夫·帕斯科斯基上尉这次带领了一个小队参加空袭，他刚扫射了一艘船，拉起飞机时看见几架“地狱猫”正在围攻1架零式水侦，帕斯科斯基转到这架水上飞机后面，一个点射将它点燃，抢到了战绩。这是栗田舰队上空发现的4架飞机之一。

下午3点，攻击机群回到特混大队上空，温特斯注意到防空炮正在射击，他正准备呼叫“列克星敦”号询问情况，就看见1架“彗星”在海面上空被2架“地狱猫”追着跑，另一波日机空袭正在进行中。温特斯脱离编队俯冲下去，咬住“彗星”正后方，用一次精准的射击将它打炸。

埃尔文·林赛上尉今天已经是第二次起飞执行任务。他带着两个小队杀进大约30架零战之中，这个编队在1200米高度飞到了距离舰队只有24公里距离。林赛上尉从正后方打燃2架零战，这是他在24日的第三和第四个战果。另外五名VF-19的飞行员打下7架飞机，终于让这个编队溃散。

位于最南面的38.4特混大队开始放飞搜索—攻击机队。“企业”号和“富兰克林”号负责这个任务，第20航空大队队长绰号为“狗”的史密斯中校带领机群，他们在棉兰老岛附近发现了西村祥治中将的舰队。史密斯的攻击波只有12架“地狱俯冲者”，另外18架是“地狱猫”，这种实力不足以击沉两艘战列舰，他们只造成了一些损伤。VF-20中队长弗雷德·巴库提斯少校带着他的“地狱猫”用火箭攻击战舰，中队长的飞机在攻击时被防空炮击中发动机。由于滑油被打漏，发动机无法支撑到返航，他扔掉了副油箱后在水面迫降。接下来他在苏禄海上漂了一周，最后被一艘美国潜艇救起。

其余空袭任务都针对栗田舰队，他的舰队明显威胁更大。其他“地狱猫”中队，例如VF-18就挂载了227公斤半穿甲炸弹，协助攻击日军水面舰艇。VF-20的飞机则挂载了127毫米高速空射火箭，用于压制巡洋舰和驱逐舰。

下午3点后，又一波机群前往攻击栗田舰队，这次空袭结束后“武藏”号战列舰总共吃了17枚炸弹和19枚鱼雷，晚上7点36分它翻沉在海里。栗田扛不住这么猛烈的连续空袭，他命令舰队掉头，暂时向西撤退。美国人没料到几小时后他又向东返回，直指圣贝纳迪诺海峡。

特混舰队总共向栗田发起了259架次空袭，接近100架次是“地狱猫”。18架飞机被战列舰和巡洋舰为主的防空炮火击落，另有10架飞机在侦察和空战巡逻任务中损失。

这漫长又疯狂的一天结束了，日本航空兵的攻势给美国战斗机和轰炸机飞行员带来了270架声称击落战绩。不仅“地狱猫”上有七名飞行员达成了一日王牌标准，护航航空母舰的FM-2“野猫”飞行员也有两人达到了这个标准。“地狱猫”机队累积了接近200个声称击落战绩，快速航空母舰的战斗机中队贡献了超过170个，其中“列克星敦”号的VF-19中队以53个声称数位列第一，VF-15中队以43个排名第二。

护航航空母舰的表现好得令人惊讶，它们搭载的各个“野猫”和“地狱猫”中队总共声称击落敌机54架。VF-37的厄尔·凯尼恩中尉表现不错，在无线电损坏后仍然继续巡逻任务，击落了3架九七式重轰炸机。

日军实际损失了大约150架飞机，低于声称数不算太多。其中相当大的部分被北面的38.3特混大队的几个“地狱猫”中队击落，而最大的战果就是炸沉了“普林斯顿”号。这天也有些中队运气不好，没遇到什么敌机。例如VF-29的空战巡逻队就只遇到了1架零战、1架九七舰攻和1架一式陆攻，这3架飞机当场都被击落了。

当然，对战斗机飞行员来讲，空战是一件事情，攻击战列舰完全是另一件事。他们扔炸弹的水准不是很高，实际上有点拖累航空母舰的攻击力。虽然可以用机枪压制防空炮位，但是这也意味着要与小口径高炮对射，还是打一场华丽的空战更好。他们的愿望似乎要成真了，日本航空母舰再度出现。下午4点40分，美国人发现了小泽舰队。

这架“地狱猫”被防空炮火击中，受损严重，但是它带着飞行员安全回到了“勇猛”号航空母舰。最终在降落时解体，拆下可用零件后，剩余残骸被抛入海中。

从24日夜间到25日凌晨，快速航空母舰编队保持北进。第三舰队总指挥哈尔西渴望在一场大战中打败日本航空母舰，不想让它们像马里亚纳战役时那样溜走。马里亚纳战役时缺乏可靠情报对现在的判断产生了影响，他完全不知道这四艘航空母舰是诱饵，船上总共只编制了108架飞机。小泽还在24日清晨起飞了75架飞机做孤注一掷的攻击，然而被空战巡逻打散，剩余飞机转往陆地机场降落。这让他在美国舰载机来袭时，只剩少量飞机自保。

第三舰队主力就这样离开了圣贝纳迪诺海峡，让栗田的战列舰和巡洋舰可以毫无阻碍地穿过去，这支强大的水面舰队会在萨马岛攻击留在此处的美国舰队，那些留守的护航航空母舰和驱逐舰将以英勇无畏闻名天下。第38特混舰队的飞行员们当然完全不知道这件事，在日出前很久他们就挤满了准备室，焦躁地等着任务简报，急不可耐地想前往攻击日本航母。这时很少有飞行员曾经见过一艘日本航空母舰，在6月20日的马里亚纳战役中前往攻击小泽舰队的航空大队只有三个还在战场上，其他全都完成了作战期，被换下回国，新来的人自然摩拳擦掌，想干一票大的。

一到可以起飞的时刻，F6F和SB2C就开始向西面和北面侦察。为了节省时间，攻击编队也直接起飞了，他们在特混舰队北面80公里处盘旋，等待着敌舰位置报告。早晨7点10分，VF-15中队的一个无线电中继小队发现了日本舰队，带队的约翰·柯林斯上尉立刻报告他们发现了四艘航空母舰、两艘航空战列舰和11艘护航舰只，位置在特混大队北面240公里出头。

“埃塞克斯”号和“列克星敦”号的机群一马当先，残余的零战起飞抵抗，但是就现在的战斗形势来讲这些飞机只是个心理安慰。VF-15中队立刻上前接战并击落其中9架。约翰·斯准上尉一个人就击落了4架零战，然后因为发动机中弹在海面迫降，到了下午，一艘美国驱逐舰将他救起。

麦坎贝尔这次作为空袭协调员出场，此时的呼号叫做“99叛军”，他已经准备好监督前两次空袭。麦坎贝尔先指示他手下的飞机与其他中队协同攻击“千岁”号航空母舰，“千岁”号立刻吃了几枚炸弹。罗杰·博尔斯上尉带领着VF-19中队的飞机，在前往“千岁”号途中击落了1架零战，接着与“列克星敦”号的轰炸机一起攻击这艘不幸的航母。早上9点37分，它向左侧翻沉。

麦坎贝尔在日本舰队上空呆到替换到达。第19航空大队队长温特斯中校带着第三攻击波到达战场，这时日军另外两艘航空母舰已经受损。

温特斯的机群是最大的一个，有超过200架飞机。他先指挥鱼雷机攻击唯一完好的航空母舰“瑞鹤”号，在被命中七枚鱼雷和九枚炸弹后，这艘经历了多次战役的航空母舰于下午2点14分沉没。另外两艘受损的航空母舰“千代田”号和“瑞凤”号也被一并击沉。

由于留守的第7舰队绝望的求援电报，中午11点15分哈尔西终于率队南下，留下部分兵力继续攻击小泽舰队。这天的航空作业结束时，特混舰队总共发起了六个攻击波，总计527个飞行架次，最初四个攻击波造成了大多数损害。下午5点第五攻击波开始攻击，这时很多飞行员已经是第三次起飞执行任务，连续作战的疲劳对攻击效果产生了明显影响。“地狱猫”机队飞行了超过200架次，并且在这次对舰战斗中，它们的炸弹有实质性的命中，总算是多少发挥了战斗轰炸机的作用。作为对比，在马里亚纳战役时挂载了炸弹的“地狱猫”在攻击任务中表现得很糟糕，当然恩加诺角海战在时间上很充裕，而且基本没有日本战斗机前来截击干扰。

虽然日本航空母舰已并无实际的战斗力，但是毫不知情的美国人终于将这些航母击沉，算是了却一桩心愿。这场战斗造成了巨大争议，由于第三舰队主力离开菲律宾近海，在萨马岛附近，防御薄弱的护航航空母舰正在被栗田的水面舰队猛轰，但是它们和驱逐舰英勇奋战，向栗田舰队猛烈反击，并造成了可观的巡洋舰损失。在这种情况下，栗田最终选择撤退，没有对战役总进程造成影响。

那些护航航空母舰上的主力战斗机是FM2“野猫”，只有塔菲1的几艘船上有“地狱猫”，它们稍后也起飞参与了反击。在“地狱猫”前往支援塔菲3之后，塔菲1遭到了神风攻击，“桑提”号和“苏万尼”号都被击中，但是受损不重，两舰保持战斗位置继续进行航空作业。

第38.2特混大队掉头开始追击栗田水面舰队。10月26日，VF-18中队带着炸弹起飞，理查德·塞沃利上尉带着炸弹击落了1架尾随的零式水侦。到达日舰上空并开始攻击后米查姆少尉被防空炮击落，但是炸弹击中了“大和”号与

“金刚”号战列舰。VF-15的“地狱猫”则击伤了两艘巡洋舰和一艘驱逐舰，另外顺手击落2架零式水侦。

VF-11中队派出飞机执行搜索任务，几个小队在任务中遇敌，他们击落了5架飞机。与此同时，另外2架VF-15的“地狱猫”，分别由汤普森和威斯特中尉驾驶，在距离舰队320公里处作为通信中继点盘旋。大约30架日机组成的攻击编队从他们面前飞过，日本战斗机立刻和他们打了起来，轰炸机则匆匆离开。在以寡敌众的空战中，汤普森声称击落2架零战，威斯特中尉则是1架零战，返回后他们说还击中了很多飞机，但是形势紧迫，没办法确定这些飞机是否被击落了。

栗田撤退后海战告一段落，但是登陆作战还在继续。特混舰队在26日重开对菲律宾的空袭，第二次对尼科尔斯机场的空袭由麦坎贝尔协调指挥。他和僚机拉欣击落了2架零战，这2架零战表现得比较好，至少它们几乎耗光了两架“地狱猫”的子弹。战斗结束后麦坎贝尔只剩一挺机枪还能开火，拉欣则剩两挺。接下来的空袭任务里，VF-11中队在尼科尔斯机场上空又击落2架“钟馗”。

部分四散的日机在各处被“地狱猫”击落。VF-15中队的拉里·塞尔夫少尉的发动机出了故障，只能输出大约三分之二的功率，但是他仍然开着这架飞机击落了1架“飞燕”。

23日至26日的莱特湾大战落下了帷幕，日本海军在这几天内遭到了毁灭性打击，完全失去了攻击能力。四艘航空母舰、三艘战列舰、六艘重巡洋舰、两艘轻巡洋舰和九艘驱逐舰沉没。美国海军飞行员声称击落657架飞机，85%由“地狱猫”飞行员贡献。特混舰队总共损失了140架飞机。这次战役由于作战任务繁重，损失量也相当高。不过大部分飞机损失在高射炮手中，日本陆航和海航的战斗机则表现很差。另有一件事情比较重要，日军从莱特湾开始有组织地使用神风战术，这即将大幅度改变美国航空母舰的运作方式，战斗机中队则会因此再度整编。

10月29日，第38.2和38.4特混大队空袭吕宋岛上的机场，四个航空大队在这里取得了相当不错的战果。“汉科克”号、“富兰克林”号、“勇猛”号和“企业”号的“地狱猫”在一系列空袭任务中声称击落70架飞机，还在地面击毁10余架。10架“地狱猫”被防空炮或战斗机击落。VF-18中队的成绩最好，他们在第一次扫荡任务中击落了13架飞机，中队长爱德华·墨菲就击落2架飞机。此后三次任务中又声称击落25架飞机，中队的损失是空战中2架，事故1架。另外该中队的塞西尔·哈里斯上尉击落3架“钟馗”和1架零战，这是他第三次在一天之内击落4架飞机。

到了中午，又一个日军大编队来袭，负责截击的“地狱猫”动作慢了一步，1架飞机穿过了空战巡逻线。这架飞机有效利用了恶劣的天气，一头撞在“勇猛”号右舷的20毫米防空炮位上。航空母舰受损不算严重，仍然留在特混大队里继续作战。但是这个轻微损伤并不能改变糟透了的事实——日本航空兵对快速航母编队的第一次自杀攻击成功了。

神风已至！

第二天，38.2和38.4特混大队在莱特岛外海进行航空作业。连续作战致使“地狱猫”机队可用的飞机数下降到了危险水平，一些神风自杀机成功穿透空战巡逻线，或者干脆没有遇到任何拦截。5架飞机就这样朝38.4特混大队俯冲，只有防空炮手在拦截它们。其中3架被炮火击中坠入海中。

剩下的2架穿过炽热而绵密的防空火网，达成了预计目标。1架撞上了“富兰克林”号，在飞行甲板上炸出个大洞，33架飞机被炸毁，超过100人伤亡。另一架撞向“贝劳森林”号，它也直接撞中，造成150人伤亡，摧毁了一打飞机。这两次撞击让两艘航空母舰暂时失去战斗力，38.4大队不得不返回乌利西环礁，将飞机已经不足的38.2大队单独留在战场上。

在乌利西环礁的短期修整途中，约翰·麦凯恩中将换下了马克·米切尔，担任38特混舰队指挥官，同时新参谋班子立刻开始制定反制自杀攻击的措施。对菲律宾战斗报告的分析表明，神风自杀机总是来源于最近的陆地，通常分为两队或者三队，第一队有3至6架飞机，接下来两队则有3至15架飞机。他们几乎必然会在各个不同高度飞行，上限为5500米。

现在仅有可行的方案是先补充各个战斗机中队，大型航空母舰的战斗机中队要保证有54架满编“地狱猫”，轻型航空母舰的中队要有24架。麦凯恩中将还决定保留更多战斗机用于舰队的空战巡逻，所以只有减少攻击编队的护航战斗机数量。水手和空勤们也开始传播各种流言，关于这些无法理解的敌人：自杀飞机

10月31日，VF-7中队的“地狱猫”挂载着高速空射火箭起飞。

1944年10月，这架VF-15中队的F6F-5撞进了阻拦网。注意飞机的副油箱摔在了甲板上，还好看起来没有破损，否则又会是一场火灾。

VF-18中队的“地狱猫”正在降落，这2架飞机降落间隔太短，前方的8号机还没来得及滑行到阻拦网前方。后方的18号机着舰时发生了弹跳，没有钩住阻拦索。

的飞行员被锁在座舱内，如果他们想返航就会被其他日本飞机击落。

到了1944年10月末，特混舰队进化成了另一种形态。超过一年的战斗和运作经验让整个舰队达到了相当高水平。舰队里编组了专职夜战航空母舰，让舰队能在任何时间处理作战半径内的目标。战斗机的重要性进一步提升，整个舰队中有60%的飞机是各种型号F6F，最终战斗机部队将执行所有种类的任务，除了鱼雷攻击以外。舰队航空管制和引导人员获得了最好的电子设备，在他们的引导下"地狱猫"和后来上舰的"海盗"让舰队几乎免疫于一般的空中攻击。

与神风的战斗将是对战斗机本身和它们飞行员技巧、知识和经验的终极考验。

18号机立刻撞上了前方飞机，8号机飞行员韦斯科特少尉当场身亡，18号机也开始起火。

这架F6F-3最终归宿是威尔伍德海军航空站外的一片荒地，飞机属于VF-16中队，所有中队完成作战期回国之后都要继续训练，如果没有被重组编入其他中队的话。摄于1944年10月30日。

十三、过渡期

舰队上空的战斗进入了新阶段，同时约翰·麦凯恩中将开始带领第38特混舰队实施作战，第一个目标是吕宋岛。11月3日起，三个特混大队开始为期四天的空袭。由于一直提防着自杀攻击，麦凯恩减少了护航战斗机。他将更多"地狱猫"留在舰队上空巡逻的决定是正确的，吕宋岛上的日本战斗机部队早已被打得支离破碎，基本无法组织起有效的拦截。

"大黄蜂"号的新任航空大队长埃米特·里埃拉中校才来第11航空大队没几天，他此前在"企业"号的VB-20中队当中队长，被匆匆调来当大队长，替换在台湾阵亡的弗雷德·施拉德中校。他从1939年起就是一名俯冲轰炸机飞行员，调来"大黄蜂"号之后，在海上航行时才开始学习F6F操作。也许对于F4U和SB2C来说这是不可能的事情，但是F6F确实更容易驾驶，里埃拉第一次"地狱猫"飞行就是直接从"大黄蜂"号起飞的。

因为里埃拉尚未取得"地狱猫"飞行资格，11月5日的扫荡任务由VF-11中队的队长吉恩·费尔法克斯带领。在任务

刚上任的埃米特·里埃拉中校准备从“大黄蜂”号航空母舰起飞，他没有接受正规的机种转换训练。

1944年末，正要从“大黄蜂”号起飞的F6F-5，飞行员是詹姆斯·斯沃普上尉。注意虽然没有挂载空射火箭，但是零长发射架仍然留在飞机上。

中，38.1和38.2特混大队的战斗机在克拉克机场上空遇到了大批日机，这是这次空袭行动里，日军组织的唯一大规模拦截。

5日清晨6点15分，38.1特混大队起飞了52架“地狱猫”和35架轰炸机，他们要飞过257公里距离去攻击克拉克机场和周边设施。第一批到达的“地狱猫”在晨曦中扫射地面飞机，此时还看不到任何起飞的日机。但是VF-11中队的一个小队领机，詹姆斯·斯沃普上尉发现周边机场上有一式陆攻正在起飞，分队长机布莱克·莫兰维尔中尉俯冲下去将这架陆攻机击坠。

忽然之间，VF-11中队的飞行员们发现空战已经开始了，转瞬之间相当数量日本战斗机现身空中。绰号“兔子”的莫兰维尔中尉打到一半发现只有一挺机枪还能射击，他将1架“钟馗”逼到低空，不断地逼迫它，最终“钟馗”一侧翼尖碰到了地面，立刻撞毁。空战结束后，费尔法克斯、斯沃普和莫兰维尔各声称击落2架“钟馗”，另外七名飞行员击落了9架战斗机。VF-11中队唯一损失是曼恩少尉和他的F6F-5P，空战开始时他没有扔掉副油箱，1架可能是“隼”的日本战斗机把飞机副油箱打燃，他的长机也没来得及掩护。

38.1特混大队的攻击编队安然返航，没有任何额外损失。不过这次空袭中遇到的大批日本战斗机使得空袭计划不得不有所变更。第二波攻击编队由更多VF-11和VF-14中队的“地狱猫”掩护，从北面攻击克拉克机场。这个编队遇到了更多日本战斗机，在空战中VF-11中队损失了1架飞机，同时查尔斯·斯廷普森上尉声称击落3架，他的战绩继续在中队里保持第一，从11架增加到了14架。

在克拉克机场上空的战斗中，“地狱猫”飞行员总共声称击落58架飞机，接近一半由VF-11中队贡献。而VF-14中队则在两次战斗机扫荡和三次空袭任务过后，总计声称击落21架飞机，但是他们在空战中损失了队内第一王牌，已有7.5个战绩的奈特上尉。而且他们的完美护航记录也被打破了，1

架轰炸机被零战击落。

这天晚些时候，第15和19航空大队空袭马尼拉和周边地域，戴维·麦坎贝尔带领一个小队负责空袭协调。由于没有多少飞机可打，VF-15中队攻击了两艘驱逐舰和“那智”号巡洋舰，飞行员们用机枪、火箭和炸弹轮番攻击，但是他们的投弹技巧不怎样，一枚炸弹都没有命中。麦坎贝尔抽空击落了1架零战和1架九九舰爆，僚机罗伊·拉欣击落1架零战，这是他的第13个战绩，也是最后一个。其他VF-15中队的飞行员声称击落10架敌机，除此之外整个38.3特混大队的战斗机就没有再遇到多少空战了。

VF-19中队在下午第三次空袭马尼拉周边，带队的是大队长温特斯，他击落了1架“隼”。中队长罗杰·博尔斯上尉阵亡，他在马尼拉南面被防空炮火击中。三周内VF-19中队连续阵亡两名中队长，可谓祸不单行。不过日本人也不愉快，“那智”号重巡洋舰没有活过今天的运气，在这次空袭中被“复仇者”和“地狱俯冲者”炸沉。

下午，一些零战前往攻击38.3特混大队，这次舰队居然没成功预警，“列克星敦”号的战斗机只击落了其中1架，另外4架穿透了空战巡逻线。3架被“列克星敦”号的防空炮撕成碎片，但是第4架撞上了航母舰岛右侧，爆炸造成187人伤亡，还好火灾持续20分钟后被控制。

“提康德罗加”号的VF-80中队今日第一次参战，中队长是勒罗伊·基思少校，约翰·费尔上尉获得了中队第一个战果，全队总计声称击落12架敌机。中队长本人击落2架飞机，后来该中队的第一王牌，帕特里克·弗莱明上尉也击落2架敌机。VF-80自身损失了4架

查尔斯·斯廷普森上尉，他是VF-11中队的头号王牌，总战绩16架。站在座舱外的飞行员是詹姆斯·斯沃普上尉，战绩9.66架。

埃尔文·林赛上尉，VF-19中队在12月回国前的最后一任中队长，他也是击落了8架飞机的王牌飞行员。

飞机，对于这个初出茅庐的战斗机中队来讲还算过得去。各个中队全部返航后，上报的声称击落战绩已经达到了97架。

11月6日是这次作战的最后一天，而且VF-19中队的作战期就在今日结束。刚接任中队长的埃尔文·林赛上尉带队继续扫荡克拉克机场，两个小队在机场周边声称击落12架敌机。林赛以8架战绩结束了战争，接任时年仅25岁，是美国海军历史上最年轻的中队长。阿尔伯特·塞克尔上尉击落1架“隼”和1架“紫电”，这是美国飞行员第一次在空战中辨认并击落这种新型战斗机，其实此前他们已经与“紫电”打过仗了，但是毫无知觉。

第13个战果由罗伯特·法恩斯沃思少尉拿下，他不怎么遵守战斗机空战原则，顽固地与1架“钟馗”迎头对射，根本没想过躲开。日本飞行员先忍不住了，但是拉起的时机也已经太晚，他的机翼与“地狱猫”的机翼相撞。撞击之后“地狱猫”仍然难以置信地在天空中飞行，少了一边机翼的“钟馗”侧翻着坠毁。法恩斯沃思少尉带着一大块插在他机翼中的日本铝皮回到了“列克星敦”号。真是个适合VF-19中队的结束，该中队在单一作战期内空战击落数达到155架，在所有中队里排名第八。队里产生了11名王牌飞行员，他们的总战绩为76.5架。另外有16名飞行员在这个作战期中身亡。

第19大队还有一个成就，没有任何“地狱俯冲者”或者“复仇者”被日本战斗机击落，实际上VT-19和VB-19中队分别声称击落2架和11架敌机。后者表现相当抢眼，可能是空战战绩最高的“地狱俯冲者”中队。

VF-14中队在6日也是最后一战，他们自从5月中旬开始就在“黄蜂”号上。绰号“钢铁天使”的VF-14中队总共有140个空战击落声称数，地面击毁声称数则有242个，在六个月长的作战期内损失了20名飞行员和43架飞机。阵亡的飞行员里包括最初的两位中队长，他们都在7月被击落，接下来又换了四任中队长。他们使用过两种“地狱猫”主要型号，飞行员们称F6F“证明了它自己是目前为止最好的全能型飞机”。而F6F-3的机尾毛病，即尾翼蒙皮起皱和稳定面部分损坏这两点受到了批评，但是飞行员们仍然高度赞美“地狱猫”。

麦凯恩中将也有一些好话，在与VF-14中队的道别会上，他说该中队是“一个伟大的战斗组织”，另外祝愿每个人“满载好运、佳酿和美女”。

这四天的空袭任务中，舰载机部队总共声称击落和击毁439架飞机，战绩中的大部分是地面击毁数。该数字相当程度超过日军实际损失数，尤其是地面击毁报告，相当不准确，但是空袭效果毋庸置疑：低空飞过菲律宾郁郁葱葱的绿色陆地，美国飞行员们报告发现了很多日本飞机隐藏在距离最近机场很远的掩体里。有些飞机甚至藏到了56公里以外，看起来是通过公路被拖过去的。这说明日本人已经开始放弃机场设施，不再期望他们的航空兵能阻止美国海军的攻势。

11月中旬，特混舰队再次空袭菲律宾，但是只遇到了轻微抵抗。日军在菲律宾的航空战力正在被有系统地摧毁。11月11日，又到了一战停战纪念日，VF-15中队与日本战斗机打了一场。在莱特岛西北部，柯林斯上尉与汤普森中尉遇见了3架“隼”，日本战斗机的飞行高度有优势，但是他们仍然爬升上去迎战。在各击落1架“隼”之后另外3架“隼”前来助战，柯林斯上尉击落其中1架，但是汤普森中尉被击中坠海。

空战进行时，大队长的小队正在掩护一队攻击机，后者在轰炸四艘运输船和一艘驱逐舰。麦坎贝尔又在空战中做实验，回到母舰后他报告说：“非常值得提到的是，F6F-5在使用应急功率时能在大约3分钟内克服900米高度劣势，追上在3300米高度飞行的“隼”，这是后者性能最好的高度。”他击落了这架“隼”。

空袭结束后，各中队飞机开始在集结点会合，这时日本战斗机又来挑事。福尔茨中尉开着照相型“地狱猫”前来支援，他和僚机各击落1架“隼”，其他VF-15的飞行员们击落另外5架。

这天新来的VF-4中队首次参战，他们换下了“邦克山”号的VF-8中队，不过没多少战果。到了14日，他们才在零散的空战中击落8架飞机。

12日，另一个新来的中队VF-3也参战了，他们在空袭马尼拉附近目标时遇见了5架零战，空战结果毫无悬念，3架零战被击落。

13、14日特混舰队保持着前几日的强度继续空袭。VF-20中队连续两天扫荡克拉克机场周边地域，第一天在这里和日本战斗机爆发大规模空战，飞行员们声称击落20架飞机。

第二天VF-11和VF-20中队联合攻击了卡门机场，飞行员们汇报说大概在地上打烂50架飞机，不过实际上完全不能确定到底有多少是在这次空袭中击毁的。VF-11中队的斯廷普森上尉在14日获得了他最后两个战绩，1架零战和1架“飞燕”，总战绩达到16架。同队的“兔子”莫兰维尔打掉了1架百式司令部侦察机，成为王牌飞行员。

11月14日也算是个值得纪念的日子，麦坎贝尔和他的第15大队完成了作战期。大队长在最后的空战中又击落了1架“隼”，还击伤了1架。他的最终战绩是34架飞机，这时只比陆军航空兵的理查德·邦少校少2架。邦在前线一直打到12月中旬，战绩最终提升到40架。当然，麦坎贝尔的个人和部队记录仍然是个里

第15航空大队的指挥官们，从左至右分别为大队长戴维·麦坎贝尔，VB-15中队长詹姆斯·米尼，VT-15中队长V.G.兰伯特，VF-15中队长詹姆斯·里格。

戴维·麦坎贝尔在作战期结束时的照片，此时飞机上已经涂了34个战绩标志。左侧站立者是麦坎贝尔的飞机维护长威廉·欧文斯。

程碑。

在6个多月战斗中，VF-15中队总共声称击落310架飞机，地面击毁数与此相当。这些数字，再加上给日本运输船造成的损失，可以说这是美国海军中总战绩最好的战斗机中队。另外VF-15中队还产生了26名王牌飞行员，这项纪录仅次于VF-2中队。该中队总共损失了21名飞行员，空战中被击落、防空炮击落和其他事故损失的比例相当。18日第15航空大队开拔回国，另外还有五个“地狱猫”中队也在同一时期被新中队换下，除了之前提到的VF-8以外还有VF-14、19、27、28这几个中队。

只有两名陆航王牌超越了麦坎贝尔的总战绩，而单次任务中的击落数仍是第一。他还有7个可能击落以及21个地面击毁战果。马里亚纳战役和莱特湾战役中，两次在一天之内击落5架或以上飞机，美国飞行员中只有麦坎贝尔达成过两次“一日王牌”记录。由于他个人战绩和领导能力都非常出色，戴维·麦坎贝尔是战争最后三年里唯一被授予荣誉勋章的舰载机飞行员，也是唯一的“地狱猫”飞行员。

VF-15中队队徽，这个队徽被称作“撒旦的玩伴”，画的是一个恐怖的猫头，张着血盆大口，带着火焰和翅膀飞行。

戴维·麦坎贝尔访谈

1987年9月9日，伯特·金泽采访了退役在家的戴维·麦坎贝尔。他们谈到了对“地狱猫”的看法和美国海军航空兵第一王牌的战斗生涯。

金泽：我们从“地狱猫”开始说吧，作为一个所有战绩都在“地狱猫”上取得的飞行员，这架战斗机给你印象最深的地方是什么？

麦坎贝尔：“地狱猫”是一架杰出的战斗机。它的性能不错，容易操纵，而且是个稳定的射击平台。但是我记得最清楚的是它坚固异常而且容易维护。我通常先降落，然后僚机罗伊·拉欣再降落。有次我的飞机被拖到前面去，我从飞机上下来之后，罗伊才降落并向前滑行。如果战斗机没出问题，我们会对地勤做个竖起大拇指的手势，表示在下次起飞前只需要加油补弹。罗伊对着地勤竖起了大拇指，但是我看见他发动机上的九号汽缸正在泄漏滑油，他甚至都没注意到这里受损了。这就是我所谓的坚固，它能承受相当的战损并继续飞行。被我击落的家伙们不是爆炸就是起火。“地狱猫”可不会这样表现。而且它很容易维护，我还记得我们的机械师能在四小时内换掉整个发动机。飞机上大部分零件能轻松够到，而且维护工作也很简单。

金泽：你曾经飞过F4U“海盗”，它与“地狱猫”对比起来如何？

麦坎贝尔：“海盗”飞得快一些，爬升率也稍微好些。我有个朋友飞“海盗”，我飞“地狱猫”，我们进行了些模拟空战，速度和爬升率给他带来了少许优势。当然这两架都是伟大的战斗机。

金泽：我发现其他飞行员在其他战斗机上遇到了不少机枪卡壳问题。你在“地狱猫”上遇到过吗？

麦坎贝尔：从来没有，我的机枪总是表现得完美无缺。我手下的飞行员们也不会遇到这些问题。除非他过于亢奋，用过长的点射损坏了枪管。我们机枪校准的方式与海军武器局规定的不同。我们的设置是让92%或者93%的子弹落在飞机前方305米处0.914米直径的圈内，没什么飞机能挡得住这么强的火力。

金泽：我看这么多子弹密集打在小圈内甚至可以给一条船造成不少伤害。

麦坎贝尔：我们实际上在攻击船只时不会靠得这么近。如果有防空炮火的话我们不会下降到457米以下，虽然子弹通过300米后就会散开，但是仍能造成可观的损伤。

金泽：你通常打多长时间的点射？

麦坎贝尔：从不超过三到四秒。

金泽：经常有人说射术最好的飞行员是那些小时候就会打猎的家伙，你也是这样的么？

麦坎贝尔：啊是的，我在11岁时就有了一支霰弹枪，我打过很多鹌鹑。我经常与巴里·戈德华特（后来成了亚利桑那州参议员）一起出去打猎射击，当时我们都在斯汤顿军事学院。每个海军航空站都有双向飞碟靶场，一有机会我就去练习射击。

金泽：你是第15航空大队的队长，你的中队还有TBF“复仇者”和SB2C，对这两种飞机有什么看法？

麦坎贝尔：SB2C有个挺合适的绰号——“野兽”。航空大队的海试是随着新的“大黄蜂”号航空母舰，它也在海试。我们第一批4架“地狱俯冲者”中3架在起飞时掉进了水里。他们问我什么鬼地方不对，然后告诉我说起飞距离是按规定标准设置的。我说这些距离是按有经验的飞行员的飞行结果计算而出。但是我们的飞行员全是新手，有些只在SB2C上飞了六七小时。他们自从训练的早期时段过后就没再从航母起飞过。我们最后把他们向后移动了30.5米，解决了这个问题。

金泽：那“复仇者”呢？

麦坎贝尔：这是种好飞机，我们从没遇到过什么毛病。

金泽：你的第15大队用过炸弹或者鱼雷么？

麦坎贝尔：我记得仅用过一次鱼雷，那是1944年10月25日的莱特湾大战。我们在那时已经接受了更好的Mk.18型鱼雷，之前的鱼雷没什么优点。其他时候“复仇者”都挂载炸弹。

金泽：它们被用作水平轰炸机吗？或者说它们如何投弹？

麦坎贝尔：它们通常滑翔轰炸，俯冲角大约在40至45度。我们在“地狱猫”上俯冲轰炸时角度大概有70度。

金泽：我在某些地方读到，说“地狱猫”飞行员经常放下起落架减速，在俯冲轰炸时把它们当做减速板。你做过这件事吗？

麦坎贝尔：没，这也许可行，但是我从来没干过。

金泽：当俯冲轰炸时，你会带什么炸弹？

麦坎贝尔：大部分时候带一枚227公斤炸弹，有时会是一枚454公斤炸弹。有那么几次我带了两枚227公斤炸弹。还有时同时带着一枚炸弹和火箭弹。在换到F6F-5之后，我就几乎总带着火箭弹了。

金泽：第15大队的战绩杰出，我们来讨论下这件事吧。你对你的航空大队有什么可说的？

麦坎贝尔：在我们的作战期间，从1944年4月到11月，我们的母舰从没被打中过。我们也在护航空战中从未损失一架TBF或者SB2C。我们确实被防空炮打掉一些攻击机，但是从没被日本战斗机击落过。航空大队里有27名王牌飞行员，总共有318架击坠战果，其中315架是“地狱猫”的战果。我们在地面上还击毁了348架飞机，不是以前报到的313架。

金泽：“埃塞克斯”号不

是在1944年11月被一名自杀飞机撞中了吗？

麦坎贝尔：是的，在我们离开后刚一周还是两周。我们在“邦克山”号上回国。

金泽：我看得出来你真地很喜欢“地狱猫”，那它有没有什么值得你注意的毛病？

麦坎贝尔：有，有个东西我不喜欢。当机翼折叠之后，在机翼和机身间的空隙很小，让人没法轻松地爬进座舱。有两次，当我挤在机翼和座舱间时，机翼锁定解除了，开始向展开位置移动。它把我拍在机身上。有一次还让我的背受伤了，这事让我烦躁了好几周。除此之外我对“地狱猫”就没什么抱怨了。

金泽：让我们把话题转到你的个人经验上，当你学习飞行时，还记得什么？

麦坎贝尔：当被指派到VF-4中队飞F3F时，我在“蹦跳的乔”克利夫顿手下飞行。他在1930年代曾经是海军橄榄球队的后卫，这人挺抽风的。在飞行时他经常不把手放在控制杆上，而是举到仪表盘上方。随着他抖脑袋，飞机也跟着抖。要跟他保持编队飞行真是相当困难。

金泽：我记得在战争初期你曾经是降落信号官。

麦坎贝尔：是，我在“突击者”号和“黄蜂”号都干过。

金泽：我觉得当航母倒开时，从舰首降落很有趣，你在作信号官期间曾经指挥过舰首降落吗？

麦坎贝尔：我记得在“黄蜂”号上做过。当你从后方降落时，如果要复飞，你要向左转。但是从舰首降落时，如果遇到复飞则应该向右转。这个飞行员本能地向左转，差点就撞上舰桥。

金泽：我看到过一张照片，第二艘“约克城”号正在接受从舰首降落的飞机。你在“埃塞克斯”号或者其他埃塞克斯级上做过这种事吗？或者看其他人做过？

麦坎贝尔：没，我也从没

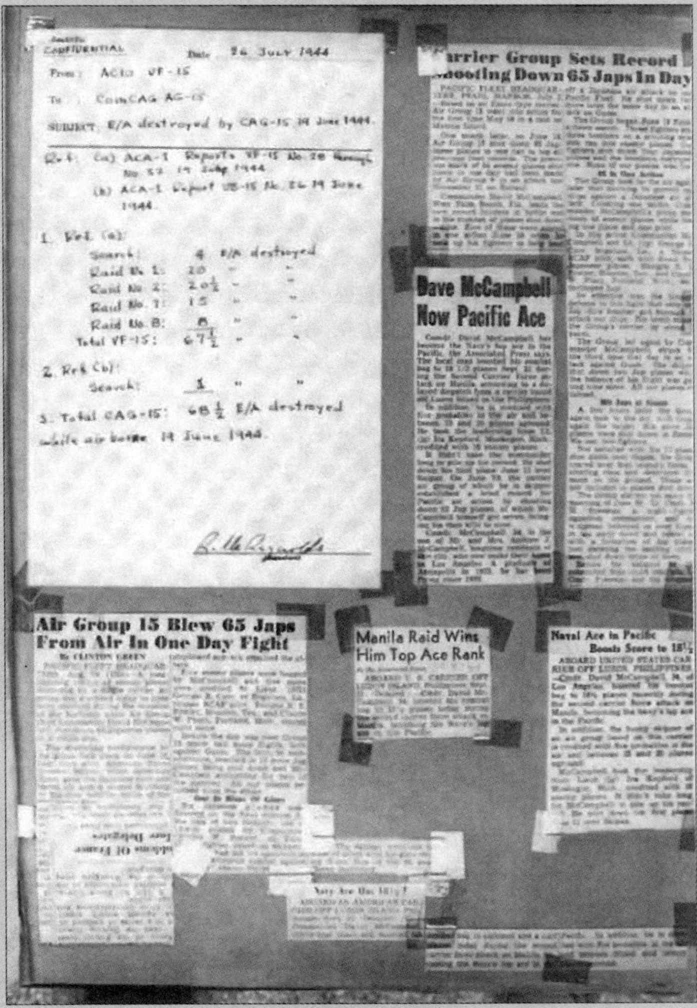

麦坎贝尔个人剪贴簿的一部分，左上角是他自己记录的战绩。美国海军检查修正过各中队战绩，导致不同来源的战绩数字有所差异。

见过谁这样在“埃塞克斯”号上降落。

金泽：你提到了飞F3F，我知道你飞过F4F，其他格鲁曼战斗机飞过么？

麦坎贝尔：我飞过所有型号，直到F9F“美洲狮”。战后我在帕塔克森航空站做测试协调员，这里什么飞机都有。给了我个好机会，挨个试飞它们。

金泽：你总是有自己的专用飞机，大队里的其他飞行员也是如此？

麦坎贝尔：不，只有我有专属的飞机。在战争期间我的飞机维护长也是同一人，除了最初两次任务，我的僚机也没再变过。不论是我带领空袭还是战斗机中队长带领空袭，我们两人很少同时升空。

金泽：第15大队显然非常善于击落敌机。这让我想起瓦伦西亚在VF-9中队里带领的小队。他们是四个人一直配合飞行，从未变动过，并用计划好的战术击落敌机。你的第15大队里可曾有这样的小队？

麦坎贝尔：没有，这是件很困难的事情。飞行员会生病，也没法一直飞行。某名飞行员要能执行所有任务，并且能担当任何位置。确实瓦伦西亚他们干得很好，但是没法推广到所有地方。我认识瓦伦西亚，是个好飞行员，在墨尔本海军航空站我曾经训练过他航母降落。

金泽：让我们回到你的个人经验。方才你提到过击落的日本飞机通常爆炸或者起火，可有飞行员逃生过？

麦坎贝尔：我只见过一次降落伞，来自于我击落的“银河”轰炸机。但是那是机组乘员，不是飞行员。我决定试试火箭弹，向那架飞机打出去。肯定是吓到了机组，他就跳伞了。然后我用机枪把那架飞机击落。

金泽：你最危险的时候是哪次？

麦坎贝尔：是我空袭马库斯岛的第二次任务。我当时带着副油箱，它肯定被40毫米炮弹打中了。造成的火灾烧进了机身，把我的无线电烧坏。还好在无线电完蛋前韦恩·莫理斯告诉了我飞机起火。我飞机的左侧副翼也掉了，最后进行了无襟翼降落。我用应急二氧化碳气瓶放下了起落架。在降落后，有人取下了飞机上的时钟，然后就把飞机推到海里去了，它实在是烧得太烂。从那之后我几乎总是在进入战斗前丢掉副油箱。我的第一任僚机，弗雷德·伯纳姆在马库斯岛上空阵亡，他被防空炮击落了。

金泽：当我在许多年前听你讲话，我记得你讲述了那次击落9架飞机的著名飞行后降落的事情。能不能再说一遍那时的经历？

麦坎贝尔：那次也很危险。在回程时我呼叫“埃塞克斯”号，告诉他们我的燃油没多少了，要尽快降落。他们告诉我说没问题，可以立刻回来。当我到达时我看见飞行甲板上塞满了飞机。他们叫我坚持15分钟，但是我说连10分钟的燃油都不够了。所以我只好降落在“兰利”号上。着舰钩从阻拦索上取下来后我推油门向前滑行，发动机就不转了，我没油了。你看，在飞机平飞时还有几加仑燃油，放下起落架时基本没了。就这么少燃油，所以到了航母上发动机就停转了。

金泽：你不也没子弹了么？

麦坎贝尔：是啊，他们检查了我的机枪，说只剩六发子弹在一挺外侧机枪里。

金泽：你的飞机在空战中严重受损过吗？

麦坎贝尔：没有，最多就几个小洞。

金泽：你经常滑跑起飞还是弹射起飞？

麦坎贝尔：我总是第一个起飞，如果要进行大规模空袭，他们会在甲板上尽可能多堆放飞机。这让我没空间滑跑起飞，所以我经常用弹射器，而且总是用右舷弹射器。后面的飞机会接着用弹射器起飞，直到空间足够为止。剩下的飞机就可以直接滑跑了。

金泽：能总结下你飞过的任务吗?

麦坎贝尔：我飞过72次任务，飞行时间220小时，或者说每次大概三小时。在61次任务中参加了战斗。大部分时候是在攻击地面目标，然后是攻击船只，最后才是空战。我经常带领航空大队，有时也会是空袭协调员，领导所有航空母舰上起飞的飞机。我从没飞过空战巡逻任务。紧急起飞也只有两次，第一次是6月19日的马里亚纳“火鸡大猎杀”，那天我在两个架次中击落了7架飞机。第二次就是10月24日那次，我击落了9架飞机。接下来那天我就担任空袭协调员，我们追上去打沉了“瑞鹤”、“瑞凤”、“千岁”和“千代田”这四艘航空母舰。

金泽：你在空战中击落了34架飞机，地面击毁数量是多少?

麦坎贝尔：我声称在地面击毁21架飞机，再加11架可能击毁。

金泽：除了马库斯岛的任务以外，罗伊·拉欣一直担任你的僚机，他有多少战绩?

麦坎贝尔：罗伊打掉了13架飞机，基本都是零战、零战32型或者“隼”，全都是战斗机。那天罗伊和我经过正在沉没的“普林斯顿”号，炮手们显然太过紧张了，“大黄蜂”号127毫米炮向我们射击。我们飞得太高，他们打不中。不过“大黄蜂”号上有个炮术官是我的老朋友，我给他说过这件事。

金泽：你在“友好”火力下损失过飞机吗?

麦坎贝尔：据我所知没有。

金泽：你是否经常用喷水系统来增加动力?

麦坎贝尔：很少，我记得有次我距离僚机很远，在一次攻击后我看见背后有架飞机，我看不出他是谁。我想他可能是日本人，我就打开了紧急功率，但是那架飞机还跟着我。终于我在无线电里呼叫：“罗伊，如果是你跟在我后面，摇摇机翼。”他照做了，我才知道形势正常。不过我几乎不用喷水系统。

金泽：你击落9架飞机的那次飞行被记录得很好，而且也发表了许多次。这会有个表展示你的战绩，但我仍然想听听关于你的飞机和个人标志。大部分人知道“Minsi Ⅲ”号，还有其他飞机用这个名字，是不是你的所有飞机都叫“Minsi”？

麦坎贝尔：不是，我的第1架飞机，就是在马库斯岛上空被打中那架，叫做“季风姑娘”。我的飞机维护长是E.卡罗

这是已知仅有的一张“Minsi”号照片，是一架F6F-3型，麦坎贝尔的第二架“地狱猫”。照片拍摄时，这些“地狱猫”正准备在大队长的带领下起飞攻击硫黄岛。

尔，从那次之后我就在飞机座舱两侧都涂上标志。

金泽：有什么照片上拍下了带这些标志的飞机?

麦坎贝尔：没，至少我不知道。其实我都记不清那个标志到底长什么样了。

金泽：你的第2架F6F-3就叫“Minsi”。

麦坎贝尔：是的，Minsi是那个女孩的小名，她的真名是玛丽·布拉茨。

金泽：我只见过“Minsi”的一张照片，它上面没有击落标记，这架飞机曾经涂装过击落标记吗?

麦坎贝尔：没有，我没在这架飞机上击落过什么东西。

金泽：飞机名字的Minsi用的什么颜色，是在两侧都涂了?

麦坎贝尔：我确实记不得什么颜色了，但是在座舱两侧都有。我记不清楚那架飞机了。

金泽：接下来的就是F6F-5“Minsi Ⅱ”号，这架飞机的涂装如何?

麦坎贝尔：这架飞机上最多涂过10.5个击落标志，两侧都有。飞机名字也在两侧都有。但是这架飞机的发动机在高空停机过两次，每次我都成功再启动了，然后只有呼叫航母要

这就是被麦坎贝尔称作“Minsi Ⅳ”号的飞机，注意击落标记的位置比“Minsi Ⅲ”更靠前，小太阳旗的方向也相反。此时飞机上还没有“Minsi Ⅲ”字样。

戴维·麦坎贝尔在采访时提供的战绩列表	
日期	战绩
1944/6/11	1架零战
1944/6/13	1架一式陆攻
1944/6/19	5架“彗星”
	2架零战
1944/6/23	1.5架零战
1944/9/9	1架“银河”
1944/9/12	1架“雷电”
	2架零战
1944/9/13	2架九七式
	1架“隼”
1944/9/22	1架百式司侦
1944/9/24	0.5架零式水观
1944/10/21	1架百式司侦
	1架九七式
1944/10/24	5架零战
	2架零战32型
	2架“隼”
1944/11/5	1架零战
	1架九九舰爆
1944/11/11	1架“隼”
1944/11/14	1架“隼”

求紧急降落。我没法留着这架飞机，机械师们找不到什么地方有问题，所以我把它处理掉了。

金泽：然后是“Minsi Ⅲ”，最著名的一架飞机。我有张彩色照片，飞机名字是黄色的。在两侧都涂装了么，击落标记也在两侧都有？我从没见过在左侧实际拍摄的照片。

麦坎贝尔：飞机名字和击落标记与“Minsi Ⅱ”相同，在两侧都有。不过击落标记是贴纸而不是油漆涂上去的。有时CAG（即为航空大队长缩写）三个字母被加到了机尾的白色色带中。

金泽：我见过飞机照片上有各种不同数量的击落标记，它曾经有过所有34个标记么？

麦坎贝尔：不，“Minsi Ⅲ”上面大部分时候只有30个。“Minsi Ⅳ”才是一直带着34个标记的。

金泽：我承认我根本不知道有“Minsi Ⅳ”号，请告诉我这架飞机的情况。

麦坎贝尔：好，我叫它“Minsi Ⅳ”。这架“地狱猫”在我回国后才交给我，在1945年1月的三周时间里，我开着它飞过了23个海军航空站。我向观众展示电影《战斗的女士》，接着回答提问。他们把34个击落标记全都涂在飞机上，后来又加上了“Minsi Ⅲ”，就像我在作战中开的那架。但是对我来说这架飞机是“Minsi Ⅳ”。

金泽：你保有在单次任务中击落敌机最多的记录，还有在单个作战期中击落最多的记录。你也得到了荣誉勋章。那最值得骄傲的事情是什么？

麦坎贝尔：实际上是我从没被击落过，也没跳过伞。我的飞机在空战中只有过轻微损伤，很多顶尖王牌没资格说这话。

空袭持续到接近11月末，集中在马尼拉周边地域。19日，各中队总共上报击落、击毁116架敌机，包括8架在特混舰队附近击落的飞机。弗雷德·巴库提斯少校的VF-20中队称在卡门附近一个伪装很好的机场上击毁70架飞机。VF-11中队则单独攻击了另一个大机场。由于日本机场连续遭受空袭，很多已经损坏的飞机再度被炸射一遍，近期的地面击毁声称数变得越来越不靠谱。

六天后，日军终于再度组织了一次大规模空中攻势，此时38.1和38.2特混大队都已回到吕宋岛外海。25日中午过后，雷达发现了不明目标，位于距离舰队仅48公里处，由于没有足够时间分析这个信号，一些“地狱猫”匆匆忙忙赶往截击。接下来有3架零战穿过了防线，老故事再度上演，

VF-18的“地狱猫”准备起飞空袭吕宋岛。

其中2架被防空炮击落，最后1架撞上了“勇猛”号。五分钟之后又来了2架零战，1架被击落，另一架又撞上了航空母舰。“勇猛”号烧了两个小时，超过150人伤亡，它只得退出战场，随舰的VF-18中队也只能提前结束作战期。在只有11周的作战期内，VF-18中队拿到了187个击落战绩，头号王牌是塞西尔·哈里斯上尉，他在最后一天击落了4架飞机，将总战绩增加到24架，其中23架在“地狱猫”上取得。

VF-18中队的塞西尔·哈里斯上尉是排名第二的海军航空兵王牌飞行员，回国后参观格鲁曼公司时拍下了这张照片。左侧指着飞机模型的人是约翰·拉比，第9航空大队队长。

11月24日，满载“地狱猫”的“蒙特里”号轻型航空母舰回到了乌利西环礁。

实际上，他是美国海军航空兵排名第二的战斗机王牌，有人称他才是美国海军中最杰出的战斗机飞行员。他每次都能最大程度地利用空战中的机遇，只是因为“勇猛”号带着航空大队返航才没能挑战麦坎贝尔的地位。

无线电中继任务相当无趣，但是实践证明这种任务也会时不时遇上日本飞机。25日，VF-80的帕特里克·弗莱明上尉和保罗·博德里少尉就在无聊地转圈时遇见了5架“银河”轰炸机。他们很高兴地将这些飞机打了一顿，弗莱明击落2架，博德里击落1架。下午，该中队的三个小队被战斗机引导官导向拦截一个日机编队，这个编队似乎由零战32型和52型混编，至少中队飞行员的8架声称击落里面有这两种型号。

神风自杀攻击还没结束，轻型航空母舰“卡伯特”号被撞中，接下来“埃塞克斯”号也被撞击。这两次成功撞击的代价是32架日本飞机被击落。两艘航空母舰受损，还有一艘严重损坏，虽然只有“勇猛”号退出战场，快速航空母舰编队仍然回到了乌利西环礁。现在看来至少要有三个特混大队一起行动，才能保证在神风攻击下坚持足够长时间。

十四、“大蓝毯”

自杀飞机攻击的最好时机是早晨和接近日落，这些时间段内舰队通常无法保持足够的空战巡逻战斗机，因为它们早晨才开始起飞，而日落后将全部降落。不过由于自杀机飞行员的水平普遍低下，不能在昏暗光线下有效导航，还是有大量自杀机在白天之中向特混舰队攻击。

特混舰队参谋们花了很多时间，发展出了一种反制“神风”的战术，在11月末开始实行。这个战术被称为“大蓝毯”，由麦凯恩中将的主作战军官约翰·萨奇带领规划。萨奇可谓厥功至伟，不仅发明了重要的防御剪刀战术，又在反“神风”作战中起到了主导作用。

“大蓝毯”包括四个要素：

第一，舰载战斗机部队将在作战半径内所有机场上空进行覆盖式巡逻，好像一张“毯子”铺在地上，尤其是那些确定有自杀飞机活动的机场。为保证全时间覆盖，夜间战斗机也将在晚上执行同样任务。

第二，舰队上空的空战巡逻飞机数量将增加并重新设置。每个特混大队头顶必须保持20至24架“地狱猫”。此外要在防空炮射程范围外的低空保持四个双机分队，他们的飞行高度不会超过914米。大队每个方向都会有2架“地狱猫”，这种低空机组被称作“夹克巡逻队”，他们的任务是截击低飞的自杀飞机或者侦察机，由于地球曲率和海面杂波，舰载雷达无法探测到低空飞机，所以需要专门战斗机对应。

第三，两艘一组的雷达哨戒驱逐舰将被安放在特混舰队至少64公里以外，两三个可能有敌机来袭的方向都要安排雷达哨舰。这种驱逐舰被称为“汤姆猫”，每组“汤姆猫”上空至少要有一个战斗机四机小队，以提供前出截击能力，这种任务顺便就被叫做“汤姆猫巡逻”。此时舰队里大部分船只有战斗机引导能力，哨戒驱逐舰也能一定程度上引导战斗机。这样的布置除了提供早期预警以外还能给返回的友机“除虱”。任何试图悄悄尾随返回机群的敌机都将由执行“汤姆猫巡逻”的战斗机识别并处理。

最后，特混舰队的战斗机引导权将下放，这样会让特混大队的战斗机引导官们更容易协调。新的原则是如果任何舰船在雷达屏幕上发现敌机，而且它们可能会与舰队接触时，都可以引导空闲战斗机前往截击。这增加了战术灵活性，而且能在分秒必争的时候节约很多时间。

显而易见，“大蓝毯”战术需要更多战斗机和战斗机飞行员。大型航空母舰的战斗机中队要再度扩大，此前在1944年中期，各个中队已经从36架扩大到了54架的水平，现在要进一步增加到73架。新的大型战斗机中队标准编制为67架标准战斗机、2架照相型和4架夜间战斗型，飞行员数量也随着增加了，编制人数从81人左右增加到105至110人。

航空母舰上的空间有限，增加战斗机就意味着减少鱼雷机和俯冲轰炸机。于是SB2C和TBF中队被削减到15架飞机。麦凯恩中将仍然不够满意，他还想要更多战斗机。由于“地狱猫”本身有一定轰炸能力，既能携带较重的炸弹，在必要时也可以挂载一枚鱼雷，麦凯恩严肃地认为可以取消所有大型航空母舰上的SB2C中队，以及所有轻型航空母舰上的TBF中队。在这一计划下，快速航空母舰编队将只运作“地狱猫”和“复仇者”两种飞机，而轻型航空母舰的航空大队转为战斗机大队。

这个计划多少有点激进，

也从未完全实施，只有一艘航空母舰实验过类似的布置。临近10月末的时候，“邦克山”号就是一艘全战斗机航空母舰，船上搭载了VF-8和VF-4两个战斗机中队，各编制50架战斗机。这产生了不少问题，船上还有很多怨言。VF-8中队的斯科特·麦卡斯基回忆说：“这个计划在VF-8中队的飞行员之间造成了严重士气问题。我们刚飞了三个‘最后一次任务’，回到母舰又被叫去再度起飞。这个时期的飞行计划，我还记得，要让经验丰富的VF-8人员分散到经验较少的VF-4中队里。这会毁了我们的团队战术，我们都强烈反对。”

所以这个实验很快就结束了，虽然其实不是“全战斗机航空母舰”这个概念的错。VF-8中队在船上打了7个月仗，此前航空大队的其他人已经在马努斯岛下船。最后下船的队伍由麦卡斯基手下的20名军官和士兵组成，他后来说道：“他们实际上已经登上了回国的飞机，由于莱特湾海战被踢了下来。长话短说，我们最后终于途经新几内亚回国。”

尽管有各种问题，当12月11日第38特混舰队离开乌利西环礁时，“地狱猫”机队正在顺利扩大。五艘埃塞克斯级航空母舰搭载了73架飞机的大中队：38.1大队的VF-3；38.2大队的VF-7、VF-11和VF-20；38.3大队的VF-80。另外38.3大队里的“埃塞克斯”号也有个较大的战斗机中队，实际上它搭载的VF-15中队从10月中旬开始就增加到了64架飞机，这次调来的第4航空大队暂时将“地狱俯冲者”留在岸上，所以VF-4中队现在有91架战斗机。另外“黄蜂”号的VF-81中队也与VF-4同样有91架飞机。

为了满足战斗机中队人员需求，大量SB2C飞行员在11月末开始转飞各型F6F。第一个改编的是“汉科克”号的VB-7轰炸机中队，中队长为约翰·埃里克森少校。转换训练完成后他的“地狱俯冲者”被“扔在了海滩上”。不幸的埃里克森少校在一次转换训练起飞事故中身亡，除此以外没出什么问题，各个阶层的人员都接受了转换训练计划。

这算是花了很长时间，麦凯恩中将从来就没怎么喜欢过“地狱俯冲者”，很多飞行员和地勤也不喜欢这种飞机。有个轰炸机中队的机械师说：“SB2C比B-17少三台发动机，但是多四组液压配件。”它投入部队是某种不可抗力：当时已经在全速生产，而且没有替换机种，又不可能让部队继续用老旧的SBD轰炸机。

在麦凯恩于当年夏季离开华盛顿时，就计划用“地狱猫”作为战斗轰炸机。西海岸的训练中队都在实验用“地狱猫”和“海盗”作为俯冲轰炸机，他们发现这两种战斗机的轰炸能力比“地狱俯冲者”还好。麦凯恩中将出海时以为他的计划已经生效了，在训练场和武器生产线上顺利进行。

但是在夏天到秋天的某个时候，换装计划分崩离析。有很多势力反对：生产“地狱俯冲者”的寇蒂斯-莱特公司有很强的政治影响力，一些军需官也在搞阴谋，各个不同阶层中那些说不出名字的爱国者也被煽动起来。麦凯恩中将第一次知道这事是在11月初，他手下的一名新任作战军官向他报告。比尔·伦纳德少校后来回忆说：“第一次与麦凯恩中将会面，打了招呼后他的第一句话是‘F6F和F4U的轰炸表现如何？’我告诉他比以往更好，但是……”当麦凯恩中将知道SB2C不会被完全替换后发怒了，好像要爆炸一样。伦纳德少校补充说：“我以为他要踹我，然后他亲切地冷笑了一分钟，告诉我去找萨奇，又写了封泄愤的急信让我带过去，他想要计划重回正轨。”

结果是到了年末，“神风”自杀机逼迫美国海航扩大战斗机比例时，换装计划才真正得到推行。当然，驻扎在国内的航空大队也同步进行机种换装训练。

特混舰队预定要支援民都洛岛登陆战，计划是在12月15日。14日早晨“地狱猫”机队开始战斗机扫荡，这天和接下来两天都没有太多升空的日本战斗机让它们打空战。最大的一场战斗是在14日，VF-80中队的两个小队与27架从吕宋岛前来支援的零战交战。这8架“地狱猫”发现零战时，后者正以颇低的速度组成一个松散的编队，于是战斗完全按照VF-80的节奏进行。一场旋风般的空战之后，“地狱猫”飞行员们声称击落19架飞机，自己毫发无损。击落排行榜第一名是罗伯特·安德森上尉，他击落了5架飞机，成为又一名一日王牌。接着是击落4架飞机的弗莱明，以及击落3架飞机的理查德·科米尔上尉，后者算是个有趣的人物，他本来不是战斗机飞行员，最初在大西洋上驾驶“复仇者”执行无聊的反潜任务，很早就转做战斗机飞行员，此后在“地狱猫”上取得了8个战绩。大队长沃尔斯中校在返航时击落了1架“隼”。伦斯福德少尉的“照相猫”在吕宋岛上空击落1架日机，安德森上尉和麦吉少尉救生潜艇上空巡逻时分享了1架九七舰攻，这是今天该中队的最后两个战果。

与此同时“大蓝毯”正在生效，超过500架昼间和夜间战斗机覆盖了作战半径内所有日军机场，挫败了日机几乎所有空袭企图。14日，总共有69架日军飞机起飞，三分之二的数量——46架被击落。萨奇的毯子如此有效，以至于第一天没有任何飞机攻击特混舰队。当然从战斗机控制不了的区域，日本飞机起飞并击沉了登陆部队的两艘船，击伤另外

1944年12月，1架“地狱猫”正开始从“列克星敦”号航空母舰上滑跑起飞，它将参与护航空袭吕宋岛的机群。

VF-80中队准备起飞，领头的是2架F6F-5N型飞机。

“提康德罗加”号航空母舰甲板上，这架VF-80中队的“地狱猫”刚降落，看上去撞断了阻拦网，地勤们正在围着飞机检查。座舱附近穿着防火服的是消防队员。

四艘。

各个航空大队声称击毁了大约200架飞机，基本都是地面战果。特混舰队总共损失了27架舰载机，其中有12架“地狱猫”，多数是在机场上空被密集的防空火力击落。这些“地狱猫”里面有3架由王牌飞行员驾驶，在当日均宣告失踪。

在早晨对克拉克机场周边进行的战斗机扫荡任务中，刚晋升中尉的道格拉斯·贝克在零星空战里击落3架零战，击落第4架之后再也没人看到过他。10月和11月间，VF-20中队配属在“企业”号时贝克击落了12架敌机。返回“列克星敦”号点名时，队友才发现年轻的俄克拉荷马州人不在这里。他的最终战绩为16.33架，是美国海军航空兵阵亡的王牌中战绩最高的一个，也是增长最快的一个：10月12日击落第1架飞机，12月14日阵亡，只打了两个月仗。最后菲律宾游击队找到了他的“地狱猫”残骸并带走了身份牌。

VF-29中队在空中相撞事故里损失了2架飞机，两名飞行员都成功跳伞，其中一人是沃尔特·毕晓普中尉，他有5架战绩。第二天他在苏比克湾海滩上朝着低飞的舰载机挥手，但是此后神秘消失，没有被营救队找到。

第三名在14日坠机的王牌运气好些。他就是一直在前线打仗的亚历山大·弗拉修，这已经是他的第三个作战期。在前两个作战期他分别成为了VF-6和VF-16中队的榜首。回国的短暂期间，弗拉修与凯瑟琳·合恩结婚，婚后仍然渴望回到战场，他的申请很快就被通过了。

安静又友善，弗拉修是在地面行为反映不出座舱内行为的“老虎”之一。当其他人在长期作战中承受不住压力时，他还保持着体力和热情。有部分原因是现在的太平洋战争和以往不同了。一年多以前弗拉修参战时，大部分航空母舰作战任务是打了就跑类型。对于这段时期，弗拉修评论道：“你出击，飞几圈，稍微打几场，就又回到珍珠港或者本土。”自从马里亚纳战役以来，舰队呆在前线的时间越来越长，飞行员的作战架次越来越多。

这次弗拉修本被安排到了“列克星敦”号，他报到时航母还在维修，所以在第19大队只呆了很短的时间。很快他就转调到VF-20中队，随着该中队转移到“企业”号航空母舰。他在弗雷德·巴库提斯手下飞行的时间不长。第二次任务中，弗拉修驾驶一架航空局编号为58831的“地狱猫”起飞，在任务目标的班班机场上空被防空炮命中，日本的高射炮手完成了一个“伟业”，他们的飞行员们可没法做到。弗拉修飞机的滑油被打漏，最终导致发动机损毁，他跳伞逃生。后来弗拉修经常自称格鲁曼的最佳顾客，此前就将2架“地狱猫”迫降在海里，这次又丢了1架飞机。

当他落地时立刻就被一群游击队员包围，他不知道这群人想干什么，也不知道会不会说英语，但是先将闪过脑海的第一句话说出口，“不管你信不信，我当时说‘带我去见你们的队长’”，弗拉修回忆道。

发现飞行员降落伞的日本人从三面围拢，试图抓捕美国飞行员。现在除了逃跑别无选择，他的注意力还集中在即将发生的事上，一个菲律宾人走近并用标准的英文问：“我现在只想知道两件事，玛德琳·卡罗尔再婚了吗？还有狄安娜·窦萍生孩子了吗？”弗拉修的思绪顿时被打断，与外界联系切断了三年，菲律宾人还在八卦好莱坞新闻。

接下来六周时间里，弗拉修成了游击队的名誉少校，他自己带着一支180人的队伍打游击。他们看起来更像西部电影里的墨西哥坏蛋，而不是普通游击队员。当弗拉修在1945年1月遇见美国陆军时，他手下许多人都骑着马，还带着一队号手。弗拉修自己跨在马上，胡子已经有两三厘米长，带着两把手枪：他自己的点45口径M1911半自动手枪，外加一把日本手枪。另外挂着一把缴获的武士刀。回到“企业”号后，他交还了道格拉斯·贝克的身份牌，此前菲律宾游击队将这块牌子转交给他。弗拉修要求继续留在战场上，但是被上级否决，美国海军此时的政策是不让在敌人阵线后呆过的人重返战场。至此亚历山大·弗拉修的漫长战争结束了，他被送回本土继续服役，总战绩19架飞机，地面击毁21架，在美国海军航空兵王牌行列中排名第四。

这架F6F-5正在“埃塞克斯”号上降落，这是1944年12月19日发生的事故。降落时的震动将挂载的高速空射火箭全都抖了下去，在甲板上乱跳。飞机停下之后地勤们要迅速将危险的火箭弹扔到海里。

VF-7中队和VF-20中队在16日前往吕宋岛执行扫荡任务，他们遇见了6架战斗机和2架一式陆攻组成的编队，正在向特混舰队飞行。数量占优的“地狱猫”立刻围了上去，将它们全数击落，VF-20中队打掉了5架战斗机，VF-7中队解决了剩下的3架飞机。

十五、南中国海

1944年12月末，特混舰队再次回到乌利西环礁，16个月以来，快速航空母舰上的主力战斗机只有F6F一种，现在统治期结束了。两个海军陆战队的F4U中队加入第4航空大队，他们到达“埃塞克斯”号时换下了俯冲轰炸机中队。现在“埃塞克斯”号上有54架“地狱猫”和36架“海盗”，还有一个只有15架飞机的“复仇者”中队，他们要留下执行重挂载的攻击任务。“地狱俯冲者”持续减少让麦凯恩中将尤为高兴。

新来的陆战队飞行员此前从未上过航空母舰，他们遇到了很大麻烦。上船的头九天就有一大堆飞行事故，导致七名飞行员身亡，比日本人造成的损失严重多了。还需要几周时间磨合，“海盗”才能安全地在航空母舰上运作，但是这并不会改变替换计划，接下来两个月里另外四艘航空母舰也将接收“海盗”。

12月30日，特混舰队开拔上阵，这次的计划野心颇大，要在相当广的范围内巡航并攻击台湾、琉球群岛、吕宋岛，再回到台湾，最后进入南中国海。整个行动将耗时接近一个月，而且几乎全程伴随着坏天气。

1945年1月3日，特混舰队开始向台湾和澎湖列岛发起战斗机扫荡任务。起飞点在台湾外海距离陆地225公里处。攻击编队在台湾东海岸外遇到相当厚的云层，飞进了浓得像汤那样的云层后，飞行员们只能靠仪表飞行，不过最后的目标很合算。

“提康德罗加”号的VF-80中队继续走好运。中队里排名第一的王牌弗莱明上尉领导上午的扫荡任务，他们一到达台湾上空就发现低空有4架零战，科米尔上尉的小队俯冲下去抓住其中2架并将之击坠，弗莱明的小队击落了另外2架。这些“地狱猫”攻击了一个机场后向集结点返航，却

1944年12月，美国舰队正以单列纵队航行，近处的轻型航空母舰是“兰利”号，中间的大型航空母舰是“提康德罗加”号，“华盛顿”号战列舰紧随其后。

12月末在乌利西环礁修整的美国舰队，摄影师位于“提康德罗加”号航空母舰，远处还有四艘埃塞克斯级，由近至远分别为：“黄蜂”、“约克城”、“大黄蜂”、“汉科克”。

前线的F6F-5越来越多，后方也同样在用新飞机换下F6F-3。图为正在法伦海军辅助机场附近训练的F6F-5，隶属于VF-17中队。该中队将在几个月后参战。

在这里发现5架日本战斗机。休·普赖斯上尉击落其中1架，然后被另一架咬上，他的僚机艾尔伯特·帕里什少尉展现了传统的配合方式，迅速将普赖斯身后的零战打掉。弗莱明在这场空战中击落了2架飞机，现在他的总战绩上升到了10架。只有罗伯特·瓦格中尉与菲利普·曼尼拉少尉的2架“地狱猫”深入到了台湾内陆，这是个错误的决定。他们先攻击了2架“钟馗”，曼尼拉将其中1架打起火，自己的飞机被围上来的“隼”击中，他在跳伞后被日本战斗机射击身亡。瓦格击伤了1架“钟馗”，在逃走前又击落1架“隼”。

1945年1月5日，VF-17中队正在准备起飞，该中队目前还有部分F6F-3。注意两架飞机的涂装差异。

VF-3中队在任务半途中拍摄的照片，图中“地狱猫”飞行员看着镜头笑。

下午天气继续恶化，所有飞行计划全都被取消。4日早晨天气转好，空袭再开。VF-20中队的4架飞机在一个运输船队上空被高炮击落，但是最终空袭机群声称击沉了三艘日本护航驱逐舰。由于天气预报显示未来台湾地区天候会越来越坏，舰队只能提前离开，转而航向吕宋岛。

回到菲律宾后，特混舰队计划进行两天空袭，情报表明日军在这里又恢复到了大约500架飞机。1月6日，糟糕的天气阻止了“大蓝毯”战术有效实施，飞行员们在铅灰色的云层下飞行，他们发现整个吕宋岛北部铺满了低云。有些地方云底高度甚至只有60米，恶劣天气使得战果寥寥，只有14架空战战绩和18架地面击毁战绩。VF-3中队的“地狱猫”在马尼拉附近扫射了一些车辆，而后返回了“约克城”号航空母舰，着舰后地勤发现1架飞机的机翼和座舱上被溅了少许泥土，这也许是对糟糕天气的最佳说明。

7日云层稍微散开了一些，目标地域上空能见度有所改善，但是天公仿佛是在故意捣乱，海况急剧恶化，风力也增强了许多。这个情况让特混舰队在事故中损失了18架飞机，不过总算取得了一些战果，各中队估计在地面上有75架飞机被击毁。“大蓝毯”再度生效，“地狱猫”和“海盗”在周边所有机场上空取得了制空权，绝大部分日机没能起飞，只有4架敌机升空后被击落。从3日到9日，“大蓝毯”战术让自杀机起飞架次数不超过100，护航机起飞架次数不超过40。

1月9日，舰队又回头空袭台湾，空袭编队仍然没有遇到多少敌机。低飞的战斗机飞行员们回来报告说日本人在机场上安置的假飞机越来越多，这让美国人完全没办法像样地估计地面击毁数量。不过从另外一方面看来，日军似乎已经认为台湾岛难以继续立足。

1月10日，VF-80中队拆分为两个中队，VBF-80中队正式成立，古丁少校出任中队长，弗莱明上尉作为执行官。这是第一个在战区拆分的舰载战斗机中队，此后其他中队也会逐渐执行这个流程。拆分完毕第二天VBF-80就获得了战果，麦卡菲上尉的小队包括墨提中尉、弗兰克维克和克雷格少尉。战斗机引导官让他们去截击一个小编队，遇敌后他们发现这是4架零式水侦，这几架毫无反击能力的飞机被尽数击落。

与台湾不同，法属印度支那是另外一回事，自从1940年起这里就被一个亲维希的政府统治，又完全被日本操纵，而且长期以来没受到过盟军攻击。1月12日早晨，空袭编队已经准备好起飞，自从太平洋战争开始之后，这是盟军水面舰艇第一次出现在南中国海。

第一个攻击波头上仍然笼罩着灰色的云层，但是“地狱猫”和“海盗”立刻夺取了空中优势。升空抵抗的日本飞机不多，各个战斗机中队只声称击落15架敌机。战斗机和轰炸机在600多公里宽的沿岸地区飞行，向南最远的编队甚至飞到了西贡。法属印度支那最主要的目标是运输船队，整个舰队的14艘航空母舰一共起飞了1457架次飞机，占机队多数的“地狱猫”飞了1065架次。大部分作战架次都是去执行反舰任务，最后击沉了日军46艘各种船只，包括2艘驱逐舰和1艘轻巡洋舰。

早晨，一些“地狱猫”在金兰湾水面上打烂大约20架双浮筒的日本水上飞机，这一整天还有估计70架飞机在地面被摧毁，其中大部分在西贡机场上，后来这里改名为新山一机场，在越南战争时非常有名。

空袭印度支那三天后，特混舰队准备攻击香港的日军港口设施。1月15日，舰队先对台湾和中国大陆沿海进行了几次空袭，空袭机群只进行了少量空战，总共声称击落16架敌机。其中VBF-80中队击落了4架零战和1架百式司令部侦察机。

VF-11中队长吉恩·费尔法克斯的小队包办了5架。这天费尔法克斯带队起飞执行战斗机扫荡任务。飞到香港以东80公里处时，费尔法克斯发现1架零式运输机——日本生产的DC-3，还有4架零战护航。他正确地得出机内有大人物的结论，然后命令“不要管运输机，先把护航机打掉”。零式运输机显然不可能从“地狱猫”手里逃掉。

费尔法克斯回顾了这次简短的空战：“1架零战转向我们，我顺势向他迎头射击，但是没有命中。他飞得太高了，也可能是我太低了。其他护航机与运输机呆在一起，于是我就从正后方攻击这个编队。护航机中的1架开始向左转向，这决定了他的命运，我切到他

“地狱猫”飞行员的千里逃难路

西贡机场在1945年1月12日的空袭中写下了个最有趣的脚注。VF-11中队早上就对这一地区进行了战斗机扫荡，下午早些时候，由于需要攻击西贡机场的机库，两个小队将前往这里。詹姆斯·斯沃普上尉自告奋勇带队起飞，另外还有7架“地狱猫”也跟着起飞了，所有飞机都挂载了127毫米高速空射火箭。

机群从低空掠过这个大型机场，每名飞行员进行了三至六次攻击，对着机库和其他建筑发射火箭。外号“兔子”的布莱克·莫兰维尔中尉刚对着某个机库打了最后一发火箭，就被僚机的嚎叫吓了一跳：“嘿！兔子，你起火了！”

莫兰维尔的飞机实际上没有真的起火燃烧，但是他的发动机正在泄漏滑油和汽油，在飞机后面拖了条长长的液雾，看起来好像就是在冒烟。他的飞机被一发20毫米高射炮弹击中。斯沃普与小队会合，他带着其他人向南面飞行，希望能飞到海岸边，这样莫兰维尔就能在某艘救援潜艇附近迫降。但是莫兰维尔的发动机在遍布沼泽的三角洲上空停机了，还好他在西贡南面大约120公里的地方找到了一片稻田，在这里用机腹安全迫降。

莫兰维尔打开敌我识别器的自毁装置开关，跳出飞机。这时斯沃普正在他头顶上盘旋，他看见莫兰维尔围着“地狱猫”转悠，很奇怪他为何不走开。斯沃普本准备扫射飞机，但是他自己的发动机开始运转不顺，只好先返回母舰。最后离开的队友看见莫兰维尔还站在稻田里检查飞机的损伤。

莫兰维尔很快找到了几个友好的当地人，他们将他带到一个村庄里。到了晚上一个维希法国官员到了这里，将莫兰维尔带往法国陆军据点。于是曾经击落了6架飞机的布莱克·莫兰维尔中尉成为了一名战俘，在战争中只有两名美国海军王牌飞行员当了战俘，莫兰维尔就是第二个。

他在战俘营中倒是并不孤单。这一天另外有10架“地狱猫”损失，舰队的飞机总损失为21架。“汉科克”号航空母舰有3架飞机失踪，其中1架是埃尔默·斯特拉顿中尉驾驶的照相型“地狱猫”。斯特拉顿中尉、一名“埃塞克斯”号的陆战队飞行员、一名圣贾辛托的“复仇者”机组乘员也一起当了战俘，他们四个人都被关在西贡中央监狱。到达监狱后，这群人的情况反而好转了些。

印度支那的政治状态正在快速变化，1940年维希政府只能向日本占领军妥协，但是现在美国海军正自由地在这一地域行动。战争的形势已然明显，继续与日军密切合作看来不

图中做手势者即为布莱克·莫兰维尔，几经周折后安全抵达昆明。

是什么好主意。于是法国监狱长将这几个新囚犯当做客人接待，此前自由法国瞄上了他，称要将他审判并处刑，所以现在他对待美国人的行为带有明显的高卢实用主义色彩，这些美国人是监狱长的回家票。

在监狱长睁一只眼闭一只眼的管理下，反维希政府运动组织成员可以给美国人带各种东西，包括食品、书籍、杂志、烟草、一台收音机，另外还有烈酒——相当多。虽然莫兰维尔还没满22岁，却是这几个人里面最老的一个，他意识到他们的处境比任何人想象中的亚洲战区战俘要好很多。飞行员们可以在监狱中大部分区域自由行动，每天晚上可以到一个小空地上运动。他们通过惊吓一条养在水泥池子里的虎鲨取乐，还觉得这真是个不错的体育项目：看着这条野兽将扫帚柄咬成两段。他们呆在这里最大的限制是绝不能被日本人看见或者听到，否则日本兵立刻就会冲进来。

最终日军还是察觉西贡某处藏了美国人，他们派兵四处质询搜查，监狱长开始发现情况不妙。所以他安排了一辆卡车将飞行员们向北送到河内，他们被交给驻扎在城外的一个法国外籍军团部队，到了这里就没那么愉快了。这里除了大米以外可以吃的不多，而且储存在很脏的地方，他们几个都得了痢疾。情况还在继续恶化，又过了几天日本兵攻击了附近一个法国陆军驻地。日本人意识到形式发生了变化，正在毁灭任何可能的抵抗源头。

现在只有一条路可走，200名外籍军团官兵决定向西穿过山地，一直走到莫边府，这里还没被日军占领。几名飞行员不再被看管，还向他们发了几支步枪并邀请共同逃离。逃亡的前景不怎么令人愉快，但是留下来显然更差。然后这队人马在13天时间内徒步走了接近480公里，穿过了东南亚最糟糕的地形，最终只有四分之一到达目的地。其他人不是病死就是在一次穿过稻田时遇到的日军夜袭中被击毙。莫兰维尔和斯特拉顿他们几个运气好，活了下来，一个头脑灵活的军士带着他们安全穿过了热带雨林。

到达莫边府的人情况都不太妙，疾病缠身、筋疲力尽而且饥肠辘辘，他们现在要等天气放晴，才能坐飞机到中国的安全地区。又等了一周，日军正在步步逼近，地面战斗相当激烈，守军伤亡逐日增加。然而天气一直很恶劣，丝毫不见好转，让飞机无法降落在这里的简易机场。

到了28日，云层终于散开了，1架C-47从昆明飞来。几个美国人赶紧登机，还带着几个一路上买来的茶壶做纪念品。在昆明休养时，莫边府陷落的消息传来，莫兰维尔总结说：“我不会为了这段经历收100万美元，但是谁也不能付我这么多钱让我再做一次。”

的内圈，在大约45°的高偏角下射击并将他打起火。等我转回来时，所有护航机已经燃烧着坠海，接着我们排队攻击这架运输机，我想这可能过度杀伤了。我和我的僚机杰克·萨德雷斯少尉都认为是自己先把这架飞机打燃，最后我们抛硬币决定谁击落这架运输机，结果萨德雷斯赢了。”

这段时期，“大黄蜂”号上有个名叫基思·惠勒的随舰记者，他写了一篇报道说由于VF-11中队的行动，日军可能阵亡了一位将军。他猜对了，这个大人物是畠山耕一郎海军中将，南中国海战区指挥官，正前往香港视察部队。

接下来一天香港受到了空袭，日军航空兵稍作抵抗，但是没什么效果，13架日机被击落。高射炮部队则表现得与孱弱的战斗机大不相同，很多舰载机飞行员见识了从未见过的猛烈弹幕，他们形容说“强烈到难以置信”，特混舰队在香港上空损失的22架飞机几乎全都是被防空火力击落。

VF-11中队在防空火网中损失了2架“地狱猫”。中队执行官罗伯特·克莱门茨少校带着两个小队为4架TBM和4架SB2C护航，后者任务是攻击港内停泊的船只。在对日军油轮和货船的空袭中，炸弹、火箭弹和鱼雷都派上了用场。克莱门茨回忆说：“防空炮火相当凶猛。那4架TBM开始从低空进入港区，其中1架还没飞到目标就被击落，另一架在飞过目标拉起时被击落，第3架损坏到无法返回母舰，回来的那1架被打得千疮百孔。”

攻击过后，克莱门茨少校和僚机马特·克里恩少尉返回港区拍摄损伤评估照片。克里恩的“地狱猫”被一发炮弹直接命中，从座舱后冒出了火焰。克莱门茨带着克里恩向外海岛屿飞去，希望先尽量远离港口，克里恩刚从飞机上跳伞，他的“地狱猫”就断成了两截。

克里恩安全落水，但是他的救生筏飘走了。克莱门茨在上空盘旋呼叫救援，他回忆说：“我找到了架轰炸机，他们飞过来往海里扔下一个救生筏，但是克里恩在拉上面的绳索时救生筏爆裂开了。我找不到其他VB中队的飞机，所以只好把我自己的救生筏解开扔了下去。这次总算没问题了，克里恩爬了进去。顺便说一句，这并不是什么很容易的流程，你要在60米低空飞行，保持看着水里的人，站起来解开安全带和绳索，将放在最下面的救生筏取出来，最后还要扔到人旁边。”

暂且不论克里恩，克莱门茨自己的问题还没完。尽管汽油越来越少，执行官仍然在水面上盘旋，用无线电联络潜艇，并吓走接近克里恩的小船。克莱门茨终于联络上了一艘潜艇，对方却告诉他岸边水太浅，没法靠近救援。然后他的无线电坏了，执行官仍然在原地盘旋，希望能吸引一些注意。

最终，油量表显示飞机只剩大概110升汽油，他很不情愿地离开，途中又遇到1架掉队的飞机。着舰钩挂住阻拦索时，飞机所有汽油都烧光了。此后也没有任何飞机发现克里恩少尉，他被列为作战中失踪人员。

克莱门茨讲完故事的结尾：“战争结束后，克里恩到安纳波利斯来找到我，他告诉我一条中国舢板把他捞了起来，然后带到安全地带交给游击队。他和一队人结伴走路到昆明，经历和‘兔子’莫兰维尔差不多。”实际上克里恩在昆明遇到了莫兰维尔，他们简直不敢相信有这样的巧合。

1月17日，一个搜索小队在三亚附近被6架零战围攻，这个小队由1架VB-20的“地狱俯冲者”和2架VF-20的“地狱猫”组成。这次很难得，日本人打得不错，1架“地狱猫”和“地狱俯冲者”被击落，零战只损失了1架。

1月16日，VF-16中队的“地狱猫”在“好人理查德”号降落瞬间，它正好撞上阻拦网。

地勤们正在排布VF-11中队的“地狱猫”。

特混舰队在21日回到台湾岛外海，从距离陆地160公里处放飞攻击编队，目标是船只和机场。战斗机中队只在天上发现3架飞机，他们击落了2架，绝大部分时间都在扫射地面飞机，虽然声称击毁了大约100架，但是也没人知道里面有多少假飞机。

接着“神风”自杀机再度出现，此前特混舰队都没有受到反击，三个日机编队在中午现身，航向美国航母。VF-80和VBF-80两个中队共有28架空战巡逻机在巡逻，但是只拦截下了5架日机。接着“兰利”号吃了一枚炸弹，将航空作业中断了三小时。中午12点过后，又1架零战穿过了空战巡逻线，一头撞上“提康德罗加”号航空母舰，飞机上带了枚250公斤炸弹，爆炸导致了航母发生大火。刚过了40分钟，又一波日机出现，共有8架飞机。2架自杀机逃过了战斗机追击，一架被防空炮打碎，另一架又撞上了“提康德罗加”号，本来船上的火灾还没扑灭，火焰和烟柱非常显眼，让日本飞行员容易瞄准。第二架飞机撞中了航母舰岛，最终两架自杀机造成143人死亡，202人受伤。

第一次撞击过后，几名战斗机飞行员跑去操作防空炮，替换掉一些受伤的炮手。第二架零战撞击时，帕特里克·弗莱明上尉正在用一门20毫米厄利孔机炮猛扫，一大片残骸砸在他的头盔上，把他打下海。一艘驱逐舰迅速将他救起，让美国海军不至于以这种奇特的方式损失一位杰出的战斗机飞行员。此后“提康德罗加”号在护航战舰簇拥下返回乌利西环礁，搭载的第80航空大队转移到“汉科克”号上，后者的第7航空大队则被换下回国。

自杀攻击还在继续，第一波袭击时乱糟糟的无线电频道严重妨碍了战斗机引导作业，航空管制只好用最强烈的语气警告飞行员们严格遵守无线电纪律。下午，两个“神风”编队靠近特混舰队，其中一个由7架自杀机和6架护航战斗机组成。VF-22中队的代理中队长克莱门特·克雷格上尉率领两个“地狱猫”小队截击了这一编队。该中队在特混编队里算是资格最老的中队之一，1943年秋季就完成了第一个作战期，第二个作战期从1944年9月开始，他们配属到“考佩斯”号轻型航空母舰上。队里的飞行员们作为老兵声望很高，这次也没有失误，击落了其中一部分日机，并赶走了剩下的袭击者。代理中队长毕业于巴特勒大学新闻学院，这次空战中他声称击落5架“钟馗”，总战绩上升到12架。这个功绩为他挣来了一枚海军十字勋章，战斗机飞行员一天内击落5架飞机已经成为海军最高荣誉授勋标准。VF-22中队总共声称击落16架日本飞机，队里的吉姆·布莱斯中尉和本·阿姆斯登少尉都成了王牌。

这天第三波自杀飞机也没获得什么成果，13架日机被驱散，没能撞击特混舰队，这是从吕宋岛起飞的最后一波自杀飞机。VF-20和VF-44中队都在21日取得了最后一个战绩，他们的作战期至此宣告结束，而后被其他中队换下返回美国本土。

在第二天，特混舰队为了收集情报对琉球群岛进行了一次空袭。空袭中VF-11击沉了一艘2000吨级运输船，所有航空大队的任务完毕后，舰队向乌利西环礁返航。

第一次“神风”自杀战役到此结束，从10月25日至1月25日，总共持续三个月。按日军记录，这段时期内共有447架次自杀攻击，四分之三飞机是零战，均从台湾或者菲律宾机场起飞。日本人声称有44%的架次，这意味着有201架飞机向美国舰船俯冲，进行了自杀攻击。另外总架次数里只有67架确定被击落，或者由于天气和事故损失。有179架次飞机返回了基地，他们或者没有找到任何目标，或者被“地狱猫”和“海盗”组成的空战巡逻队驱散。

美国报告中的数字与这些不同，在战时双方统计完全不同也算是正常情况。但是造成的损害是确实的，六艘快速航空母舰被自杀机撞中，包括四艘大型和两艘轻型航母。登陆舰队的其他船只受损更严重，因为那些运兵船和护航舰只，还有护航航空母舰都需要在岸边很近的距离执行任务。

反自杀机的“大蓝毯”战术在实战中证明了它的效果，但现在的问题是，这个战术必须在近乎100%时间内维持生效。随着更多“海盗”中队上舰以及“地狱猫”中队扩大，

拍摄时间不明，这2架“地狱猫”属于VF-51中队，它们降落在了塞班岛。后方是陆航第6夜间战斗机中队的P-61，远处则是第318战斗机大队的P-47。

参战的“地狱猫”中队，1944 年 11 月到 1945 年 1 月

中队名	配属航空母舰
VF-3	约克城
VF-4	邦克山
VF-7	汉科克
VF-11	大黄蜂
VF-15	埃塞克斯
VF-18	勇猛
VF-19	列克星敦
VF-20	企业
VF-21	贝劳森林
VF-22	考佩斯
VF-28	蒙特里
VF-29	卡伯特
VF-44	兰利
VF-45	圣贾辛托
VF-51	圣贾辛托
VF-80	提康德罗加
VF-81	黄蜂

增强了的战斗机部队能更好地处理舰队防御问题。眼下看来，虽然会在一定程度上削弱航母编队的打击能力，但是舰队首先要自保，所以可用的战斗机越多越好。

战斗机中队的改组还在进行之中的时候，下一个目标终于排到了日本本土。

十六、夜间猎手

俗话说得好，坏事传千里。确实如此，1943年末，爱德华·奥黑尔少校在吉尔伯特群岛夜间任务中身亡的消息很快就在海军中传开。

除了阵亡以外，这个事件的其他细节都不甚清楚。海军航空兵第一位战斗机王牌，荣誉勋章获得者，爱德华·奥黑尔在11月开始指挥“企业”号的第6航空大队。此时因为原配的VF-6中队被派去做其他事了，VF-2中队临时配属给了“企业”号，作为舰上的战斗机中队。奥黑尔本人对战斗机夜间在航空母舰上作业兴趣浓厚，他发明了一种三机配合战术，包括1架TBF“复仇者”鱼雷机。在实行时，由“复仇者”的对海搜索雷达寻找敌机，另外2架没有雷达的“地狱猫”则受“复仇者”指挥。他把这种编队叫做“蝙蝠小队”。

在舰载雷达发现敌机后，“蝙蝠小队”才会起飞。首先由舰载雷达将小队导向大致位置，然后“复仇者”再将“地狱猫”引导至轰炸机附近，让飞行员能看到陆攻的排气焰，最后“地狱猫”就能在近距离击落日本轰炸机。24日凌晨3点，这个组合进行了第一次截击实验，当时VF-2的中队长威廉·迪恩和罗伊·沃里斯驾驶“地狱猫”，VT-2的“复仇者”负责引导。几个小时后他们还是什么都没找到，早晨8点，这3架飞机回到了母舰。第二天，低云阻止了航母在夜间放飞“蝙蝠小队”。

11月26日的日落后，舰载雷达立刻发现了敌机，发出“上机”命令时，奥黑尔正在吃饭，他抓起地图板冲进VF-2的准备室。稍后在5点58分至6点01分之间，2架“地狱猫”和1架“复仇者”从“企业”号起飞，奥黑尔担任长机，僚机是安德鲁·斯孔少尉，“复仇者”的飞行员是VT-6的队长约翰·菲利普斯少校。这次实验从开始就不顺利，2架“地狱猫”几乎找不到“复仇者”的位置。等到“地狱猫”终于飞到“复仇者”后方时，奥黑尔还在无线电中通知菲利普斯，他说：“嘿，菲利，关掉那些航行灯，我要确定我打的是个黄皮鬼子。”

大概15架一式陆攻前来偷袭舰队，“复仇者”的雷达操作员兰德发现了2架陆攻，兰德在接下来30分钟里将“复仇者”引向敌机。但是奥黑尔和斯孔都没能保持足够长时间目视接触，他们没法发动攻击。不过最后结果令人惊讶，菲利普斯将2架日机击落，他的“复仇者”只有两挺12.7毫米航向机枪，火力颇为贫弱。此后警觉的一式陆攻分散到了茫茫夜空中。

奥黑尔他们起飞后30分钟，第二个“蝙蝠小队”也起飞了，包括迪恩、沃里斯，“复仇者”则由鱼雷机中队的执行官驾驶。航母的战斗机引导官再次没能让3架飞机有效集结。

在菲利普斯击落第二架陆攻后不久，斯孔看见了奥黑尔的飞机影子，位于他的右侧，“复仇者”的五点位置。此时“复仇者”上的机枪手阿尔文·克南在后上方发现1架陆攻机，正好在奥黑尔的六点方向。他立刻用机背炮塔向日机射击，日本人也马上反击，奥黑尔此时处于双方交叉火力之中。几秒后奥黑尔的“地狱猫”向左侧滑脱离编队，以大约160节空速向前飞行并消失在黑暗之中。菲利普斯呼叫奥黑尔却没有回应，最后斯孔回答说：“菲利普斯，这里是斯孔。我看见奥黑尔的灯光关掉了，同时飞机似乎在向黑暗中坠落。”菲利普斯后来回忆说“地狱猫”下坠时似乎有东西飞出，几乎垂直下落，而且速度非常低，不可能是降落伞以外的东西。最后还好像看到了某种“白灰”色的东西，可能是飞机坠海的水花。

菲利普斯向“企业”号报告了位置，黎明时3架飞机起飞搜索，但是没有找到奥黑尔。他被记录为任务中失踪，后来才确认阵亡。12月4日，菲利普斯接任大队长。这个小队的所有人都被授予了海军十字勋章，奥黑尔则是追授，理由是他们进行了美国海军的第一次夜间作战任务。

开始很多人认为“复仇者”的机枪击落了他，20世纪末的研究则说奥黑尔确实被一式陆攻击落。机鼻机枪手的7.7毫米子弹运气好，穿透了座舱盖左上侧，而又没有碰上装甲板。但是就实战中的情况来看，自卫机枪手的准确度不高，无法完全否认第一种情况。可能双方都射中了他，总之真相已经随着奥黑尔消失于夜空之中。这才是夜间飞行试验第二天，虽然TBF有两个战

VF-6中队长，荣誉勋章获得者爱德华·奥黑尔。

绩，但是昼间型战斗机显示出了在夜间作业的致命缺陷：它们没有雷达，效率相当低下。

实际上在奥黑尔阵亡一年以前，美国海军就开始计划舰载夜间战斗机，他们准备充分利用英国技术和使用经验。不过最初安装在F4U-2试验机上的截击雷达由麻省理工学院专门制作，是完全的美国产品。

海军夜间战斗机项目被称作“断言计划”，1942年早期在匡塞特角海军航空站开始。项目产生的第一个中队是VF（N）-75夜间战斗机中队，这个中队装备的是“海盗”战斗机。从秋季开始在所罗门群岛作战，此后中队的一半人员和装备被分出去组成VF（N）-101中队，以四机小队为单位分派到舰队航空母舰上。第二和第三个夜间战斗机中队装备F6F-3E型，也以四机小队为单位分派出去，于1944年初形成战斗力。

“海盗”和“地狱猫”作为夜间战斗机的能力差距很小，夜间飞行时视野都还算不错，也都能够安装雷达设备。飞行性能差距与一般昼间型号相同，“海盗”飞得快一些，

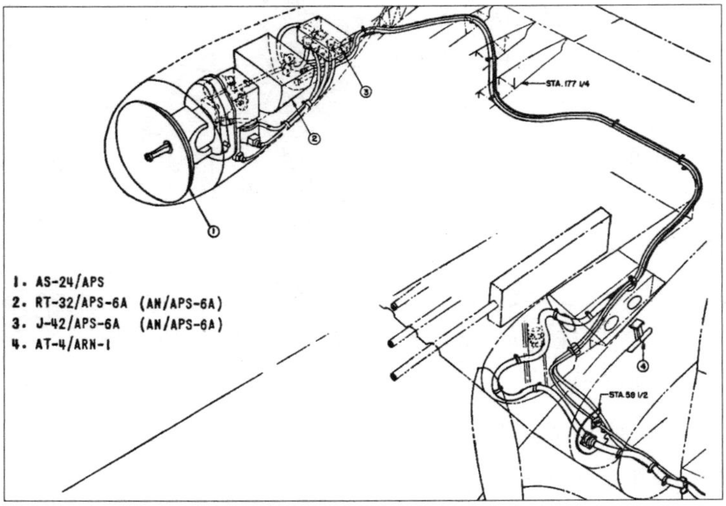

AN/APS-6雷达安装解剖图：（1）AS-24/APS天线、（2）RT-32/APS-6A发射机、（3）J-42/APS-6A集线盒、（4）AT-4/ARN-1天线。

“地狱猫”的起降性能更好，作为射击平台也更稳定。再加上“海盗”在上舰测试中出了问题，海军决定转用“地狱猫”作为主力夜间战斗机。

1943年7月，第1架XF6F-3N夜间战斗机原型机安装雷达完毕，送往位于匡塞特角海军航空站，准备测试。海军最初热情似火，决定此后一半“地狱猫”将是夜间战斗型，但是技术和人力资源的问题立刻让美好的计划回到了现实。雷达还没进入量产阶段，数量相当少，夜间战斗机飞行员特别训练课程长达29周，让夜间战斗机在相当长的时期内无法普及。

尽管如此，海军仍然有理由乐观。飞机右翼挂仓内安装的AN/APS-4雷达重量为81.5公斤，搜索范围只有大致6.4公里。它的设计很简单，飞行员可以比较轻松地使用，而不会从驾驶飞机上分出太多精力。

用AN/APS-4的F6F-3E产量很低，这只是个临时型号。不到200架F6F-3在完工时附带了可以安装雷达的飞机组件，然而实际安装了雷达的只有18架。这些飞机全都送到VF（N）-76和77两个中队，在1943年末至1944年初期间分成小队登上几艘航空母舰初步测试。此后正式夜间型号为F6F-3N，安装了更新的AN/APS-6雷达。

虽然比前代产品重将近32公斤，AN/APS-6的性能提高了很多，在搜索模式下作用范围增加到8至8.8公里。距离近至120米的目标也可以探测到，对于大型船只则能在32公里外发现，一个特混舰队这么大的舰船编队至多可能在64公里外就有反应。不过它的射击控制能力仍然不可靠，不少夜间战

1943年10月，VF（N）-76中队在“军马”号护航航空母舰上进行起降考核。注意飞机侧面的编号涂装采用了早期方案。

查尔斯敦海军辅助机场的训练中心，门口的炸弹壳上写着“穿过这些门的是世界上最受欢迎的飞行员”。

斗机中队禁止仅使用雷达引导射击。

AN/APS-6最大的改善是所谓的“双点”显示系统。除了目标实际雷达回波会用一个点显示出来以外，还有一个“鬼”点会显示在实际回波点正右侧，这个点用来显示目标在夜间战斗机上方还是下方。这样一个显示屏上同时展示了目标的方位和高度。这个功能再加上雷达本身也非常容易使用——除了开关以外只有六个转盘和按钮，让飞行员们非常喜欢AN/APS-6，很多人甚至顽固地认为它比此后很多年的雷达更优秀。

F6F-3N型成为了夜间战斗机装备和技术的验证平台。座舱灯光也是其中很主要的部分，还有红色的仪表盘照明，标准曲线风挡被换成平板状，以尽量减少眩光。飞机上还增加了一个雷达高度计，它可以在仪表飞行时提供准确高度，这对于看不到地面的夜间飞行来讲很重要。最后还有APS-13报警雷达，能检测飞机尾后左右60度扇形区内的目标，探测范围最远730米左右。虽然在改装完毕之后，“地狱猫”的飞行性能下降了一些，但仍然足以对付会在夜间遇到的日军飞机。

匡塞特角海军航空站从1943年夏季起开始训练夜间战斗机飞行员。到了8月，查尔斯敦海军辅助机场完工，这里作为匡塞特角的卫星基地负责了大部分训练任务。此后在查尔斯敦西面大约16公里处的威斯特利海军辅助机场完工，这是第三个夜间战斗机训练基地。

第一批受训的夜间战斗机中队有四个：VF（N）-76、77、78、89，其中VF（N）-79

在查尔斯敦辅助机场，用于训练的飞机起落架整流罩和螺旋桨毂都被涂成了白色，在夜间地面操作时容易让他人注意到飞机的存在，以防事故发生。

地勤打开了这架飞机的雷达仓后盖，他们似乎正在检查雷达组件。

后来被改编为VF（N）-41。而VF（N）-76是第一个夜战中队，队长是埃文·奥兰德少校，1943年10月在“军马”号护航航空母舰上获得起降资格。

在1944年，夜间飞行员们要到维罗海滩海军航空站接受为期六周的初级电子和夜间战斗机培训。到了1945年，训练课程改为先让没有夜间飞行经验的人到金斯维尔航空站进行五周的预先训练，再转到维罗海滩海军航空站。此后陆战队飞行员和海军飞行员分开，前者接受对地攻击训练，后者接受九周时长的战斗机战术训练。最后两者再花九周时间训练，并在一艘护航航空母舰上取得起降资格。获得起降资格后最终转往夏威夷的太平洋夜间攻击和空战训练单位，在这里进行最后一步作战培训。

维罗海滩的课程主要包括仪表飞行资格认证，学员们要在SNJ教练机（即著名的北美T-6教练机海军型）上进行昼间盲飞，此后再用SNJ、SNB和F6F在夜间飞行训练。飞行员们的夜间训练要在地面引导员指示下飞行，让他们尽快熟悉如何依靠引导员的指示飞到目标后方。作战培训完成后飞行员们才分派到各个作战部队。

太平洋上的夜间空战相对欧洲少很多，日本航空兵从未

1945年8月，在匡塞特角上空进行飞行训练的F6F-5N小队，看起来所有飞机都是两门20毫米航炮加四挺机枪的配置。

像英国和德国空军那样组织过大规模夜间轰炸，但是能坚持不懈地进行多架次连续骚扰袭击，或者跟踪美国舰队汇报位置。偷袭者偶然一次打中航空母舰也会造成很大损失，所以夜间战斗机飞行员没有理由松懈。

1944年上半年，“大黄蜂”号、“约克城”号、“邦克山”号、“黄蜂”号、“埃塞克斯”号、“列克星敦”号航空母舰搭载了F6F-3E或者F6F-3N型，它们帮助特混舰队建立了夜间战斗机部队。此时飞机接收仍然很慢，主要是因为以昼间作战为主的航空母舰要有效在夜间进行航空作业有一些困难。通常来说，快速航空母舰的昼间飞行计划总长有15小时，从凌晨4点30分至傍晚7点30分。天黑的时候，甲板人员和地勤们经过了一整天飞机起降、加油补弹和维护修理，已经筋疲力尽，在夜间继续进行整备维护任务的效率会低很多，更不愿意再去回收一架只是可能与夜袭者交火的战斗机。

结果，夜间战斗机飞行员们经常长时间无所事事地待在准备室，闲得都快生皮炎了。而且长期闲暇让飞行员们技巧越来越生疏，在关键的时刻很容易坏事。这样就造成了一个恶性循环，同时早期夜间战斗机的任务情况更让人缺乏信心。1944年2月，特混舰队空袭特鲁克，17日晚上1架“约克城”号的夜间型“地狱猫”追着日本鱼雷机飞进了舰队防空炮射程，它让防空炮引导官不敢下令开火，生怕把格鲁曼一起击落。结果最糟糕不过：“勇猛”号被这架日机的鱼雷击中，先转往珍珠港，此后又回到旧金山维修。

直到3月底这个情况都毫

夜间识别

二战时期，雷达才刚刚运用于军事领域，机载雷达的性能颇为低劣，无法判断出敌机型号，需要飞行员肉眼辨认。主要的识别方法是观察飞机剪影和排气焰形状。在能见度较低的夜晚仅靠这两点认错飞机是家常便饭，这是无法避免的情况。负责航空情报的TAIC自然也要注意日本飞机的识别方式，由各种来源的情报和缴获的实机绘制了识别图片，以下为部分TAIC绘制的日本飞机后方剪影与排气焰特征。

从上至下为：零战52型、二式水上战斗机、“月光”夜间战斗机、“雷电”、“隼”。

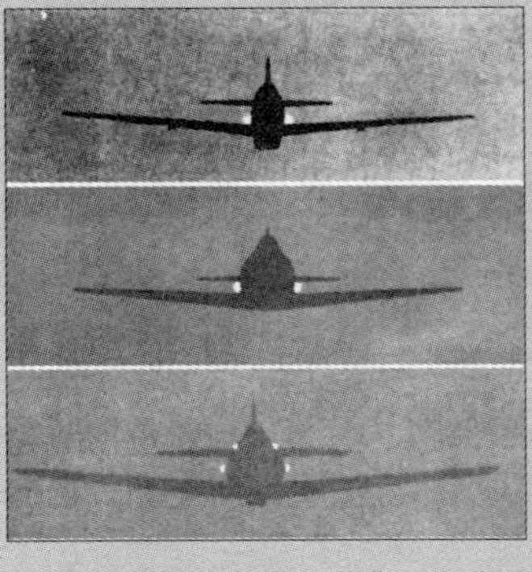

从上至下为：“飞燕”、“钟馗”、“疾风”。

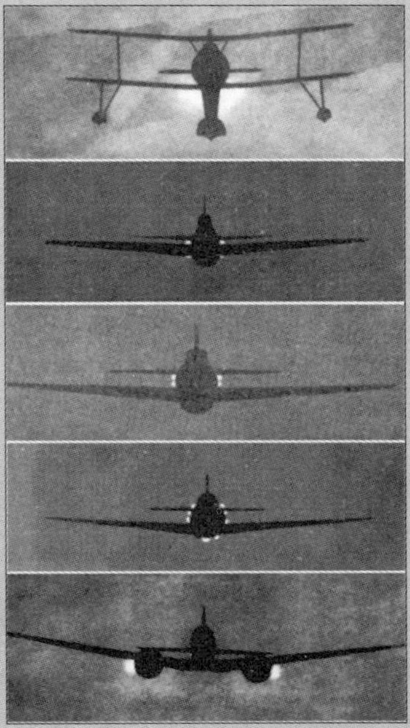

从上至下为：零式水上观察机、“彗星”Ⅱ型、“彗星”33型、“彩云”侦察机、百式司令部侦察机。

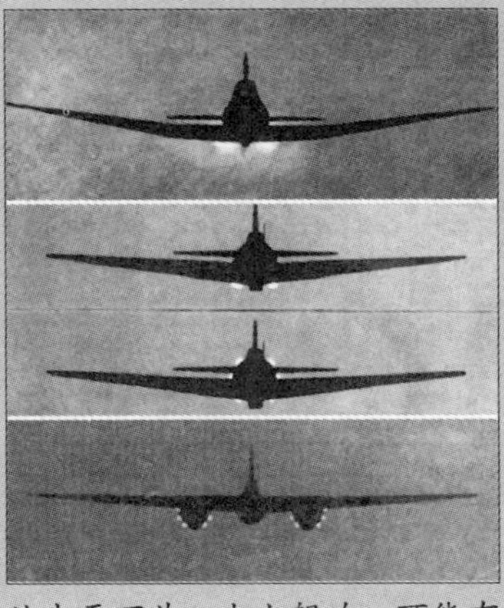

从上至下为：九七舰攻、可能有两种排气焰的“天山”舰攻、“银河”轰炸机。

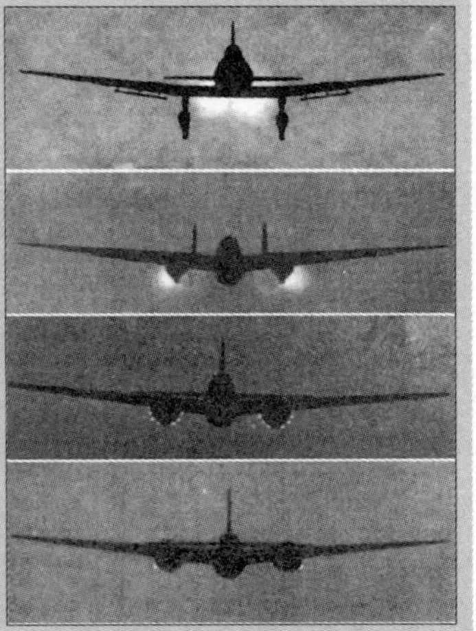

从上至下为：九九舰爆、九六陆攻、一式陆攻、“吞龙”重型轰炸机。

从上至下为：九七式飞行大艇、二式飞行大艇。

无改善。在帕劳群岛附近一次行动中，“列克星敦”号在凌晨发现雷达屏幕上有不明飞机回波，4架F6F-3N起飞查看。接近三小时后，天已经亮了很久，1架普通“地狱猫”发现了夜战型“表弟”，还把它们当成了敌机。自以为捡到了便宜的昼间战斗机飞行员立刻开始攻击，1架夜间战斗机当场被打坏，然后在水面迫降，还好飞行员被捞起来时仍然颇为高兴。

1944年1月至9月，只有三个夜间“地狱猫”中队随着特混舰队行动：VF（N）-76、VF（N）-77和VF（N）-78，他们分散在九艘航空母舰上。最成功的是“大黄蜂”号上VF（N）-76分遣队，从4月至9月，罗素·赖塞雷尔上尉的小队共有25架声称战果得到海军承认，超过这段时期夜间战斗型总战绩的一半。但是只有八个是真正的夜间击落，其中七个在一次攻势任务中获得。

这次任务时间是7月4日，当天凌晨0点30分，弗雷德·邓根中尉和约翰·迪尔上尉起飞对父岛进行骚扰袭击。他们挂载了227公斤炸弹，主要任务是搜索并攻击日军船只，这是因为预计岛上没有日本飞机。2架“地狱猫”在巡航等待了四小时之后，一大队船只终于离开港口。迪尔刚对着一艘驱逐舰扔下炸弹，就听到邓根在无线电中呼救，有3架二式水上战斗机正在围攻他。

实际上总共有9架水上战斗机起飞，迪尔上尉很快打掉其中2架，然后与另外的飞机在黑暗中狗斗了半小时。最后邓根中尉声称击落4架飞机，迪尔则在剩下的敌机脱离战斗之前又击落1架。2架“地狱猫”都严重受损，邓根肩膀上中了一发子弹，他先降落到“约克城”号上，着舰时发动机滑油刚好漏光，迪尔跟在后面降落。父岛是个难啃的硬骨头，而且不仅仅有水上战斗机，赖塞雷尔上尉在父岛受到猛烈防空炮火攻击，返航时脸

夜间航空大队成立

即使最好的水手也不能阻止敌方侦察机在夜间尾随舰队，除了夜间战斗机，没有其他手段对付这些飞机。结果越来越明显：一个纯夜间航空大队和一艘专门负责夜间作战的航空母舰是最有效的解决方式。

特纳·考德威尔少校是安纳波利斯海校35届毕业生，他在瓜达尔卡纳尔岛战役中的表现成为了传奇，作为SBD中队的队长在这里赢得了三枚海军十字勋章。1944年1月20日，他被调到匡塞特角海军航空站指挥VF（N）-79中队，接着处于婴儿期的部队又转移到罗德岛的查尔斯敦航空站。月底，查尔斯敦成为“断言计划”的永久基地。

考德威尔以三名上尉为中心开始建立整个中队，他们全都是前SBD飞行员，1942年都在所罗门群岛作战。中队执行官是威廉·亨利上尉，一个强壮的蓝眼睛加利福尼亚人，曾经是轰炸机飞行员，但是他将成为美国海军中最成功的夜间战斗机飞行员。中队的其他人全是考德威尔在作战训练中亲自挑选出来的少尉。其中之一是杰克·伯克海姆，是个20岁的纽约人，他能在喝了两杯啤酒后站着睡觉，日后海军最高效率的夜间猎手，遗憾的是还不到22岁就阵亡了。

在查尔斯敦航空站训练了四个月之后，VF（N）-79中队转移到圣地亚哥，准备部署到太平洋战场。7月份中队抵达夏威夷，下属的“地狱猫”和“复仇者”交由夜间空战训练学校的格里芬上校检查。夜间战斗机飞行员们现在准备充

分，精通仪表飞行，具有昼间和夜间航空母舰着舰资格，射击和雷达操作也相当熟练。长期训练甚至让他们的夜间视力有所提高，即便只是用眼角余光观察，飞行员们也能在黑暗中大致辨认出目标形状。

大部分飞行员在“地狱猫”上的飞行时间接近300小时，相当部分是仪表飞行时间。为了执行三至四小时的夜间任务，他们要让仪表判读成为第二天性，并完全依赖仪表，同时要强迫自己忽视感觉告诉他们的飞行状态。眩晕会产生致命的结果，因为人的内耳会产生错误的感觉，例如在飞机的侧向加速度计完全置中时，飞行员仍然觉得他在斜着飞，应该向右转弯修正。

与此同时，精力充沛的考德威尔正在四处宣传他的“纯粹”夜间航空大队概念，无论谁愿意听，他都会上去滔滔不绝地讲解。当“独立”号轻型航空母舰可以为他所用时，这一概念的前景又变好了点，这艘航空母舰刚回到夏威夷，准备转往美国本土进行为期六个月的大修。航空母舰的舰长埃文上校发现考德威尔的热情相当有传染力，但是他船上的中队长有不同意见，对这个计划的形容是“一个新的自杀实验”，后来还坦白地承认这事就像所说的：“人不是为了飞行而生的，一点也不。如果他是为了飞行而生，那他一定不是为了从船上起飞而生。如果他是为了从船上起飞而生，那他也肯定不会是为了在晚上从船上起飞而生。”

尽管还有些不确定性，在8月末，考德威尔终于获得了他想要的一切。VF（N）-79中队解散并重组为VF（N）-41中队，中队里的“复仇者”飞机和机组在扩张后改组为VT（N）-41夜间鱼雷机中队。考德威尔现在成了大队长，掌管第41夜间航空大队，同时仍然没有将战斗机中队指挥权转交给其他人。VF（N）-41现在有14架F6F-5N型和5架标准的F6F-5。

第一个夜间航空大队配属于“独立”号轻型航空母舰，图中VF（N）-41中队的夜间型飞机正准备起飞，时间是1944年10月。

威廉·亨利上尉，VF（N）-41中队执行官，美国海军航空兵排名第一的夜间战斗机王牌。他有6.5个夜间战绩和四个昼间战绩。

上受伤。

尽管夜间战斗机显示了在这类任务中的潜力，眼下仍然有很多问题。现在同一时刻内只有很少夜战“地狱猫”处于可用状态，这是由于电子系统的维护计划连续不断，它们比海军预想的更麻烦，造成飞机长时间停放在机库内。特混大队的指挥官们也起到了负作用，他们不怎么想用大家都不欢迎的夜间巡逻起降打断日常夜间计划。另外，很多舰长在应对夜间轰炸机时，仍然更相信他们的操舰规避技术和防空炮。

8月29日，“独立”号随同第38特混舰队从埃尼威托克岛出发，独立夜间航空大队实战检测开始了。舰队出发并参战后不久，失望感就充斥着第41夜间航空大队。大部分时间里，该大队都作为普通部队参战，夜间“地狱猫”将雷达和吊舱拆下，以免在菲律宾陆地上迫降时被日军缴获。这让飞行员们感到非常难受，此前飞机已经按照有雷达吊舱的状态完成了调整配平，现在重新配平相当麻烦，甚至操纵杆都不能自然置中。

昼间空战巡逻和战斗机扫荡任务花掉了VF（N）-41的大部分时间，飞行员们的抱怨越来越重。虽然清晨和傍晚的空战巡逻尽量交由夜间战斗机单位执行，显然为了夜间作战的专业训练基本都没派上作用。埃塞克斯级航空母舰上的夜间战斗机分遣队飞行员们也是同样感受。许多，或者说是绝大多数夜间战斗机飞行员发现他们自己在执行日常昼间任务。一些夜间战斗机分遣队解散了，飞机和飞行员被吸收进他们所在航空母舰的普通战斗机中队。在舰队中有“独立”号时，其他夜间战斗机分遣队得不到足够的夜间飞行任务，使它们没有必要继续维持下去。

9月12日，情况稍微有了点好转。在白天，两名VF（N）-41的飞行员在特混舰队附近击落1架前来侦察的一式陆攻机。到了晚上，他们终于迎来了第一个真正的夜间空战胜利，威廉·亨利上尉现在已经累计到了2100飞行小时，完成了傍晚空战巡逻任务正开始返航。“独立”号的雷达发现了1架不明飞机，接着引导亨利的四机小队前往查看，但是此时入侵者已经飞到了舰队防空火力圈内。

亨利回顾了接下来发生的情况：“当战舰向那架日本飞机开火后，他转弯朝向莱特岛，同时开始爬升。我们被指示跟在他后面，当爬升到6400米，几乎飞到萨马岛时，我的雷达终于搜索到了这架飞机。由于我们的流程要求是先识别飞机再开火，所以我几乎飞到了他的头顶，发现这是1架百式司令部侦察机。于是我收小油门退到后方并开火，这架飞机开始燃烧，我向左避让了一点。这时飞在旁边的杰克·伯克海姆向这架飞机开火了，我也再次开火，百式司侦在空中爆炸。在这次战斗之后我们就一直带着雷达飞行了。”

然而夜间航空大队最初的成功没有对现状产生决定性影响。过了几天，11名普通战斗机飞行员被调到“独立”号加强该中队的昼间战斗实力，这个月接下来的空战也都是普通的昼间交战。第一个月结束后，VF（N）-41的飞行员们总共拿到10架声称击落战绩，包括22日对吕宋岛进行扫荡任务时，亨利击落的2架九九舰爆和伯克海姆击落的1架零战。9月中队还被分派了很多骚扰任务，通常由F6F掩护TBM执行，但是与中队的空战相同，绝大多数任务都在明媚的阳光下，而非昏暗的月光下执行。

对于考德威尔的飞行员们来讲，10月是个决定性的月份。空袭台湾和登陆菲律宾给了夜间战斗机飞行员们很多机会证明他们的价值，以及他们训练的意义。中队总共声称击落12架飞机，其中10架是在完全黑暗的夜间或者半黑暗情况中击落的。

亨利上尉又一次在正确的时间出现在正确的位置上。10月12日晚上7点前不久，亨利的小队完成了傍晚空战巡逻，从台湾上空返回航空母舰，正准备降落。一个零散的陆攻编队开始攻击特混大队。“我们立刻被指示前往，当我飞过某艘驱逐舰上空时雷达发现了一个目标”，亨利回忆说。“我们大约在150米高度飞行，天空塞满了低云，还有小雨。我接近到大概210米距离才看见一式陆攻。我向这架飞机射击，它的两侧翼根都开始燃烧，然后撞击在海面并爆炸。引导官通知我们转向其他方向，我又发现了一个目标。我们遇见另外2架陆攻，我击落了其中1架，我的僚机吉姆·巴尼特少尉击落了另一架。”

小队的另外两名飞行员，奥本诺少尉和摩尔少尉在战斗中失去无线电联络，此后再也没有出现。这一夜的战斗还没结束，13日凌晨5点，伯克海姆和克洛克在对台湾岛的一次骚扰任务中遇到3架二式飞行大艇，伯克海姆声称击落其中2架，克洛克击落第3架。

此前的11日，“企业”号的詹姆斯·格雷中校在夜间驾驶F6F-5N击落1架一式陆攻。他是个从战争初期就参战的老兵，前VF（N）-78的中队长。由于VF（N）-78的飞机被分散到各艘航空母舰上，在夜间战斗机特遣队改组时中队被解散，飞机和飞行员都划归给当前航空母舰的战斗机中队，他本人现在就归属于目前“企业”号搭载的VF-20中队。

15日，特混舰队仍然呆在台湾岛外海。凌晨时分，中队执行官亨利上尉坐在他的“地狱猫”里面，保持二级警戒状态，今天轮到他值班。半夜时分，舰载雷达发现一个不明目标，2点45分亨利上尉弹射升空，他的机载雷达立刻发现前

1944年10月，VF（N）-41中队的夜间型战斗机正从“独立”号航母上起飞。

从舰桥上拍摄即将起飞的F6F-5N型，显然飞行员们又一次出动执行昼间任务。

方4.8公里处有目标反应。接着回波飞进了阵雨区，亨利暂时关掉了雷达，以免雨区杂波淹没雷达显示屏。AN/APS-6这样的早期雷达没有能力过滤掉此类杂波，会将它们全都显示出来。飞出雨区后亨利又打开雷达，正好再度捕捉到目标，他接近到大约210米距离，辨认出这是1架二式飞行大艇，然后射击并命中敌机左翼。航空母舰上的船员看见了这架巨大的飞机爆炸并撞到水面。也许这个胜利比中队的其他任何胜利产生了更大影响，让很多船员目睹了夜间战斗机的成果，这一战例也充分表现了夜间战斗机飞行员在黑暗中获得战果需要的技能：完全掌握仪表飞行和装备技术知识。

夜间航空大队已经证明了是个成功的概念，上个月转调来加强昼间战斗能力的飞行员们又转回了原来的中队，这是海军对第41夜间航空大队和VF（N）-41中队信心的标志。

特混舰队从台湾外海回到菲律宾水域，差点又损失一名飞行员。在离开西海岸前，哈里·约翰逊的妻子对亨利上尉说："照顾好哈里"，于是执行官把约翰逊少尉编入自己的小队，作为僚机之一。在第一次空袭克拉克机场时，约翰逊的飞机被零战打坏，他在返航途中迫降。被救起回到航空母舰后，约翰逊来脾气了，他直接去找亨利上尉："你这不算照顾好我。"

10月24日，庞大而又混乱的莱特湾海战开始了，不算前一天潜艇行动的话，VF（N）-41也许可以说是打响了这场大海战的第一枪。凌晨2点15分，杰克·伯克海姆击落1架二式飞行大艇，一小时20分钟后击落1架九七式飞行大艇。到了清晨，米勒少尉和僚机又声称击落2架侦察机。

入夜后，日本侦察机照常回来跟踪舰队，其中有一架九七式飞行大艇相当难对付，中队的夜间型"地狱猫"花了很长时间追击它。大部分侦察机在被发现之后都会溜走，但是这架铁了心要整晚跟踪第三舰队。击落它势在必行，因为这架飞机在白天已经向日军发回了第三舰队的位置报告。

终于，在25日凌晨1点35分，2架VF-20中队的夜间型"地狱猫"从"企业"号起飞，长机是刚就任中队长的詹姆斯·格雷中校。因为前一天下午空袭时，VF-20的中队长巴库提斯被击落，此时还飘在水上，所以格雷中校接过了中队指挥权。

他们两人被引导官指示向西南，飞行了64公里后雷达发现目标。VF（N）-41的战斗机没击落这架侦察机的原因开始显现，在无月的黑暗天空中，即使格雷用上了双筒望远镜也连续三次丢失目视接触。看起来格雷中校作为夜间战斗机飞行员的运气不怎么样，8月底他的VF（N）-78中队还存在时就错失一个唾手可得的战果，当时他飞机的机枪被错误地装载了曳光弹链，在追踪射击1架一式陆攻时暴露了自己的位置，结果陆攻机顺利溜走。

今晚形势转变了，这架坚持不懈的九七式飞行大艇本可能摆脱追兵，但是飞机的机尾炮手开火了。他的曳光弹送给格雷中校一个完美的瞄准点，格雷在敌机正后方大约270米距离开火，大量子弹击中飞行大艇机身，这架大飞机燃烧着坠落到海里。

格雷中校后来自豪地回忆道："哈尔西上将说这是整个战争中第二重要的单一击落战绩（排第一的是击落山本五十六大将）。如果没击落这架飞机，第三舰队在早晨将会受到'神风'自杀机的精确攻击。"

同一天半夜早些时候，1架VF（N）-41的"地狱猫"发现了锡布延海中的日本战列舰和巡洋舰大编队，他们正向东前往圣贝纳迪诺海峡。这是战争中最重要的战术侦察成果之一，本可大幅度改变莱特湾海战进程，但是该情报没有被重视，因为哈尔西上将早已经决意攻击日本航空母舰。

VF（N）-41中队在几天以后以另一种方式证明了他们的价值。29日傍晚，一个大型攻击编队从吕宋岛返回特混舰队，途中忽然遇到一阵狂飙，同时能见度有相当严重的降低，这让机群无法飞太高。恶劣天候使得降落作业无法继续进行，空袭机群在天上胡乱兜圈子，除了继续飞行什么都做不了。这时很少航空大队有夜间降落资格，于是VF（N）-41中队的夜间战斗机起飞寻找失散的飞机，并把他们带回各自母舰。如果不是这些夜间战斗机，恐怕马里亚纳海战时的那一幕会重演，很多飞机都会因为燃油耗尽在海面迫降。

11月6日，2架VF-15中队的夜间战斗机起飞骚扰马尼拉附近的机场。两名飞行员打得相当奔放，他们先把炸弹扔在尼科尔斯机场上，又扫射了一通。然后转往尼尔森机场继续扫射，最后在曼达鲁永机场上空发现1架双发飞机正在起飞，它刚离开跑道就被罗伯茨少尉敲掉。

在11月里，VF（N）-41中队总共拿到了9个声称击落战绩，其中只有一个是在白天。19日夜间，亨利上尉击落1架二式飞行大艇，他就此成为美国海军航空兵里第一位在夜间达成王牌标准的飞行员。仅仅一小时后，执行骚扰任务的伯克海姆少尉在吕宋岛上空击落1架“隼”，成为第二位夜间王牌飞行员。

几乎整个12月，“独立”号都留在菲律宾海域。VF（N）-41中队终于倒霉了一次，他们在10月中旬后就没再损失过飞行员，到了12月中旬才又遭受损失。14日2架“地狱猫”被击落，还在事故中损失了1架飞机。其中哈里·约翰逊少尉的飞机被高射炮击中，他在一个湖里迫降，这次花了长得多的时间才回到母舰。后来菲律宾游击队将他护送到安全地带，但遗憾的是另外两名飞行员阵亡了。

两天后的晚上，伯克海姆少尉带着僚机飞到吕宋岛上空，他在无线电中通知僚机，“我看见马尼拉上空有架飞机亮着航行灯，我要去追他。”稍后僚机看见空中发生了一次大爆炸，此后再也联络不上伯克海姆。他可能与被攻击的目标撞上了，也可能被防空炮击中，在阵亡前总共获得了7.5个战绩，其中5.5个夜间战绩，在中队里仅次于亨利上尉。在12月，夜间型“地狱猫”又声称击落5架飞机，其中3架在16日击落。

1945年1月，第41夜间航空大队完成了作战期，飞行员们又声称击落了10架飞机，其中1月6日在吕宋岛上空击落6

VF（N）-41中队在1月拍摄的照片，他们即将完成作战期。

架，最后一个战果在1月16日取得。中队总战绩增加到46架，有10.5架战绩的威廉·亨利上尉排名第一，有6.5架夜间战绩，已故的伯克海姆仍然排名第二，其后是有4.167架战绩的沃利·米勒少尉和3.33架战绩的吉姆·巴尼特少尉。

亨利回顾了最后那段时期的中队任务：

我们从中国海出来几天后开始空袭台湾，我们正常地飞空战巡逻任务，或者在整个夜间待机直到天明，这时自杀飞机一堆一堆地出现。所以舰队决定让VF（N）也起飞帮忙。

我坐在飞机里，打开发动机，这时飞机还停在降落区。然后我看见所有人都从飞行甲板上跑下去了。很快我就看见了原因，1架“彗星”从左前方靠近。我唯一能做的事情就是坐着看他撞过来。当他飞过旁边的战列舰头顶时，炮手们打中了他，飞机滚转了半圈栽进我们的尾流里。然后甲板人员决定不让我起飞。

下午晚些时候，他们又决定让我们之中的某些人起飞。这次我驾驶的飞机在左侧弹射器上。我还没启动，又来了架零战。他看来没办法推杆撞上我们了，然后从头顶飞了过去，接着拉起飞机撞向旁边那艘轻型航空母舰的侧舷，大概是“兰利”号。零战着了火，掉进水里后火焰熄灭了。起飞又被取消！大概30分钟之后我看见一艘航空母舰在我们船首右侧燃烧。那是“提康德罗加”号。

考德威尔的构想，以及他对队员们的信任得到了回报，虽然并不是没有代价。中队总共有35名夜间战斗机飞行员，1944年8月至1945年1月期间有10人阵亡，接近30%比例。不算此时仍然被认为失踪的哈里·约翰逊少尉，有6名飞行员和7架飞机在敌对行动中损失，3名飞行员在事故中身亡。实际上，考德威尔证明了仔细选择飞行员，再加上细致入微的训练，夜间战斗机中队的飞行事故率能比多数昼间战斗机中队更低。

夜间在轻型航空母舰20多米宽的甲板上起降了五个月，特纳·考德威尔终于放下心来，长舒了口气。他对这件事的最后评价：“我能说的只有一点，我们终于从这里面逃出来了！”

第41夜间航空大队的后继者是第90夜间航空大队。大队长威廉·马丁中校一直是航空母舰夜间作业的提倡者，他开过SBD和TBF两种飞机，是美国海军航空兵中夜间俯冲轰炸和鱼雷攻击的先驱。他们的待遇比第41夜间航空大队更好，一艘舰队航空母舰接纳了第90大队——永不沉没的“企业”号。第90航空大队的实力也更强，拥有32架“地狱猫”和21架“复仇者”。由于有更多飞机和大型航空母舰更高的航空作业效率，马丁中校能执行更多攻势任务。战斗机中队的队长是罗伯特·麦卡洛少校，中队下属的“地狱猫”包括19架F6F-5N、11架F6F-5E和2架照相型“地狱猫”。下属的VF（N）-90夜间战斗机中队由VF（N）-103中队改编，还吸收了另外三个较小的中队：VF（N）-104、105、106。

1945年1月6日，VF（N）-90中队首次进行空战，卡尔·尼尔森上尉在白天击落1架百式司令部侦察机、1架“隼”和1架零战。此后中队又在白天击落1架敌机，才迎来第一次夜间空战。1月21日半夜，詹姆斯·伍德上尉独自在台南机场上空飞行，他声称击落1架“银河”轰炸机，2月19日独自飞行时又声称击落1架“吞龙”轰炸机。飞行员们此时还表现得缺乏经验，1月末有个四机小队起飞执行骚扰任务，扫射某个台湾西南部的机场。他们追击了“一个亮橙色的灯光”

（上下图）飞行中的F6F-5N战斗机，这架编号为21的飞机属于VF（N）-90中队。

相当长距离，终于发现那其实只是一颗星星。

到了2月，另一个夜间航空大队也编组完毕，第53航空大队配属于“萨拉托加”号航空母舰。这个大队更接近于一个混成大队，它混合编制了夜间和昼间战斗机中队。VF（N）-53夜间战斗机中队装备了F6F-5N型“地狱猫”，VT（N）-53中队装备的是TBM-3D，大队下属的昼间战斗机中队VF-53则装备标准的F6F-5型战斗机，航空母舰上总计搭载了53架“地狱猫”和17架“复仇者”。2月17日第53航空大队开始作战行动，本来预定在登陆硫黄岛时该大队会提供全时段航空掩护。

没过几天，这个勇敢的混编实验就提前结束了。2月21日，“萨拉托加”号与三艘驱逐舰作为分遣队离开舰队主力。在准备向父岛发动空袭时，雷达发现了一群飞机正向航母飞行，却不知为何将其当成友机。于是所有人都疏忽了，只有2架在执行空战巡逻的“地狱猫”被派往查看。到达后，飞行员在无线电里惊讶地汇报说是日本飞机。这2架“地狱猫”与零战纠缠起来，日本攻击机趁机溜了过去。

6架日本飞机利用低云溜到航空母舰上空，仅有三艘驱逐舰的掩护火力完全没法阻止攻击者，三分钟内五枚炸弹命中了“萨拉托加”号，其中3架飞机还撞在船上。第53航空大队的36架飞机毁于一旦，船上有315人伤亡。两小时后它又受到了攻击，进一步损伤了飞行甲板，不过“萨拉托加”号顽强地活了下来，第三次也是最后一次退出战斗。

VF-53中队的F6F-5，注意飞机的识别色带，水平尾翼内侧色带是1944年版本的涂装方案。垂尾和主翼的识别标志是1945年的新方案。

从2月23日至3月2日，VF（N）-90中队的"地狱猫"一直在火山列岛上空执行空战巡逻、战斗机扫荡和骚扰任务。中队总共累计了175飞行小时，其间发生了一起严重事故，雷克斯少尉在降落时操作失误，飞机摔在甲板上成了三大片。肯尼思·史密斯上尉在这期间获得了中队唯一的战果，于24日夜间击落1架"吞龙"轰炸机。

硫黄岛战役期间，VF（N）-90中队向其他航空母舰以某种"类似租借法案的形式"提供了14名夜间战斗机飞行员。这种吃力不讨好的选派任务没人自愿去，最后只得以抽签方式决定人选，不过这也会带来一些意想不到的机遇。肯尼思·史密斯上尉和威廉·皮斯科波中尉被派到"本宁顿"号上与第82航空大队共同飞行，在四月第一周里，他们两人总共获得3个击落和1个可能击落，全都是夜间战绩。被派到"邦克山"号上VF-84中队的沃尔多·威斯特少尉在这个月也击落3架飞机。

2月21日，VF（N）-53中队正要起飞时航母前甲板被撞击，注意左侧的夜间战斗机已经损坏。

"萨拉托加"号被撞击后的照片，大火席卷了机库。这架"地狱猫"整个后机身被烧成熔化状态。

3月18日凌晨，夜间型"地狱猫"异乎寻常地活跃。特混舰队准备大规模空袭九州目标，日军则派了很多飞机前来侦察和跟踪舰队。在低云和雨区内躲进躲出，日军飞机一直保持在特混舰队视线范围内，几个小时后才被F6F追上。沃滕伯杰中尉追着1架"吞龙"轰炸机"飞过了整个西太平洋"，最后转回特混舰队附近时才将其击落。新罕布什尔州来的威廉姆斯中尉打得更艰难，他和1架狡猾的侦察机捉迷藏三个小时，终于把它抓住击落。另外两个战果分别是1架"银河"轰炸机与1架零式水侦，可能击落的是1架零式运输机。到目前为止，这是VF（N）-90中队干得最好的一

1945年3月12日，停放在“企业”号甲板上的F6F-5N型战斗机。“企业”号白天跟随舰队航行，夜间战斗机中队仍要执行一定的昼间任务。

个夜晚，总共声称击落4架飞机。不过约翰·科尔中尉的飞机损失掉了，他不幸被友舰防空炮火击落，还好很快被驱逐舰救起。

与此同时，“大黄蜂”号上的一个夜间战斗机小队在凌晨4点起飞，对鹿屋机场实行骚扰任务。VF-17的飞行员们关掉导航灯飞行，享受了半小时猎杀。这4架“地狱猫”在鹿屋机场上空声称击落6架日本飞机，其中1架零式运输机成为了罗伯特·汉弗莱上尉的第一个猎物，汉弗莱上尉将在接下来三个月时间里再获得4个夜间战绩。

其他夜间战斗机飞行员在4月和5月击落了不少飞机。4月6日，VF-83中队的唐纳德·阿福斯上尉在两个飞行架次中击落了4架飞机。第一个战果在凌晨日出前获得，他追了1架一式陆攻半小时，在冲绳岛最北侧将其击落。当天傍晚阿福斯飞往集结点，准备与另外2架夜间型“地狱猫”会合执行空战巡逻任务。此时战斗机引导官将他们导向三个小型日机编队，总共5架“隼”式和3架九九舰爆。天气不算好，有很多低云笼罩在天空中，能见度也开始下降，几架夜间型“地狱猫”借着最后的余晖将这些飞机尽数击落，他们自己毫发无损。阿福斯上尉击落1架舰爆和2架“隼”，巴恩斯少尉把每一种飞机都击落了2架，最后1架“隼”被萨默斯少尉击落。

在4月末天气不好的时期中，夜间战斗机展示了它们的效能。例如在24日，由于低云完全覆盖了冲绳区域，“伦道夫”号航空母舰只起飞了4架次飞机，全都是夜间型“地狱猫”。日本人也被云层困在地上，只有带雷达的夜间战斗机才能在这种天候下正常作业。

5月4日凌晨2点，仍然在冲绳岛附近，VF-9中队的戴尔·克诺夫上尉击落了1架川西二式飞行大艇。接着轮到约翰·奥思中尉表现，他在凌晨3点起飞，负责黎明前夜间空战巡逻。他本来应该被引导前往西北方向，但是在到达前“伦道夫”号的战斗机引导官给了他一连串指示，先让他截击第一个目标。

从后方靠近目标时，奥思放下了起落架和襟翼让飞机减速，速度降低到合适程度后才又收起它们。他将目标辨识为一式陆攻，然后向这架轰炸机开火，将它的左侧发动机点燃。陆攻立刻俯冲逃跑，还不停地向左向右滚转。奥思又放下了起落架和襟翼以免超越敌机，他看着陆攻的火焰蔓延到整个左翼，最后撞上水面爆炸了。击落敌机后奥思回头爬升，此时得到了另一个目标方位，他飞过去找到第2架一式陆攻，这次他在60到90米距离猛烈开火，击中陆攻左侧发动机和两侧翼根。日本飞行员推杆开始俯冲，奥思追下去又打了两个点射，将它送进海里。

奥思爬升回到2440米，开始原地盘旋，直到“伦道夫”号给了他第三个目标指示。这架陆攻在头上接近4000米高度飞行，奥思接近到400米距离后目视发现了它。他再次飞到目标背后，在近距离开火，将敌机两侧发动机都打着火，陆攻坠向海面后爆炸。这次任务将奥思中尉的夜间战绩增加到6架飞机，成为海航仅有的四名夜间战斗机王牌之一，夜间战绩在美国海军航空兵和陆战队航空兵中名列第二，仅次于威廉·亨利上尉。因为表现杰出，他获得了一枚海军十字勋章。

当普通战斗机中队的夜间分遣队享受胜利时，威廉·马丁中校将租借到其他航空母舰上的VF（N）-90中队飞行员全部召回，他在规划一次特别雄心勃勃的夜间攻击任务，5月12日至13日夜间，第90大队将出动攻击九州地区目标。马丁中校带领16架“复仇者”轰炸佐世保和长崎的机场与港口设施，以阻碍日军对特混舰队的攻击计划。天空中出现最初的辉光时，TBM机群已经完成投弹并开始返航，在此之前夜间型“地狱猫”进入战场。罗伯特·麦卡洛少校带领的7架F6F-5N型早已于2点30分起飞，一路潜行至目标地区，今天他们拿到了整个作战期里最好的战绩。

欧文·杨上尉抢到了第一个战果，他在鹿屋外海发现1架飞机的排气焰在夜空中闪耀，靠近后辨认出这是直列汽缸的火焰，据此认为这是“飞燕”战斗机。杨上尉第一次攻击时俯冲得太快，超越了目标，于是他放下起落架减速，转到目标后方并开火，这架飞机燃烧着坠落。

杨上尉和肯尼思·史密斯上尉飞到鹿屋以东，下方机场上正在滑行的飞机开着航行灯，在黑暗中闪闪发光。但是此时天色仍然太暗，无法目视射击目标，所以他们连续进行俯冲，做出要扫射的样子，以阻止日机升空。光线好了些之后，他们一共击毁4架仍未起飞的战斗机，但是史密斯上尉的飞机左翼被防空炮打中好几发，他只好脱离战场返回母舰。还没飞离机场多远，2架“飞燕”就向他俯冲攻击，其中1架犯了个致命的错误，攻击后拉起脱离，正好飞到“地狱猫”正前方。史密斯可不想错过这个机会，也没错过，他拉起机头一个点射将“飞燕”打爆。另一架飞机逃回了机场，这正是史密斯上尉期望的结果，他飞机的状况不适合继续空战。这架被击落的“飞燕”是他的第五个战果，也是唯一的昼间击落。

同时杨上尉重演了一场小型“火鸡大狩猎”，3架零式水侦从鹿儿岛湾起飞，他俯冲下去将其挨个击落。杨在仅有的这一次空战中击落了4架飞机。而整个VF（N）-90中队的总声称数为10架飞机，包括六种不同型号。第90夜间航空大队没有损失任何飞机，也没有日本飞机在这次攻击任务中骚扰特混舰队。

到了13日夜间，查尔斯·拉特罗布击落了1架一式陆攻，大概20小时前他才击落了2架三菱零式水上观察机。这是VF（N）-90中队的第34个战果，第16个，也是最后一个夜间战果。

14日凌晨3点，15架夜间战斗机从“企业”号起飞前往九州岛和四国岛。去九州岛的10架飞机在清晨与3架“隼”打了起来，哈里森中尉声称击落其中1架。当“地狱猫”机群回到特混舰队上空时，日机正在进行空袭，他们被指令盘旋等待。泰勒中尉受到战斗机引导官指示，前往截击1架孤单的零战，中尉将这架零战击

5月14日被撞击后的“企业”号航空母舰，图上的“地狱猫”已经烧坏，甲板上全是消防泡沫。

落，这是中队最后一个空战胜利。早上7点，1架带着炸弹的零战从云底穿出，冒着猛烈的防空炮火向“企业”号俯冲，被打碎后撞在“企业”号的前升降机位置上，随后产生巨大的爆炸。“大E”已经拿到了20个战斗之星，参加过除了珊瑚海以外所有航空母舰会战，现在船上的一个升降机被炸飞了，船上冒出地狱般的大火。看起来它活不过一小时，但是损管人员最终成功控制了火势，把“企业”号救了回来，人员伤亡数只有80，倒不像航空母舰本身受损那么严重。第二天“企业”号用自己的动力带着第90航空大队向美国东海岸返航。

从1月参战起到返回本土为止，VF（N）-90中队总共声称击落36架日本飞机，在地面击毁19架，14架“地狱猫”由于各种原因损失。有5架被日军击落，其中只有1架已知是被日本飞机击落。

VF（N）-90中队还有由6架飞机组成的分遣队留在其他昼间航空母舰上，直到战争结束，这6架飞机包括4架F6F-5N和2架F6F-5E型。

1500余架夜间型“地狱猫”中的80架送到了英国，剩下的也不是全都交给了美国海军航空兵。美国海军陆战队也接收了夜间型“地狱猫”。海军陆战队第一个装备F6F的夜间战斗机中队是VMF（N）-541，最初的基地位于帕劳群岛，到了1944年秋季，由于战况进展，这里已经变成了大后

这2架夜间型“地狱猫”在樱桃岬陆战队基地上空训练，编号77的飞机由VMF（N）-542中队执行官罗伯特·霍金斯少校驾驶，他在部署前的训练事故中身亡。

1944年8月4日，VMF（N）-534的F6F-3N降落在关岛奥罗特机场。这是最早到达的飞机之一。背后是一式陆攻残骸。

方。飞行员们不得不努力控制住无聊的心情，到了10月31日晚上米切尔少校终于击落1架零式水侦。这一次陆军航空兵的霉运给海军陆战队带来了好机会，单发日本战斗轰炸机对于陆航的P-61来说飞得太快，截击效率很低。显然需要一种性能更好的夜间战斗机来解决这个问题，于是VMF（N）-541被调往塔克洛班，将这里的陆航P-61中队替换下场。

1944年12月3日，中队抵达塔克洛班。待他们整顿完毕，绰号“蝙蝠眼”的中队长皮特·兰布雷希特发现手下的12架飞机很少执行典型陆战队航空兵任务——近距离航空支援。他们也很少飞纯粹的夜间巡逻，主要任务是清晨和黄昏空战巡逻。把情况搞得更麻烦的是陆军的雷达操作员经验不足，也不懂海军和陆战队的作业流程。某次任务中他们把一名飞行员引导到了错误的方向，让他远离了目标，甚至一度找不到“地狱猫”到哪里去了。

尽管如此，中队到达菲律宾两天后就取得了第一个夜间战绩。罗德尼·蒙哥马利中尉在5日夜间找到并击落1架“隼”，第二天夜间又击落2架敌机。

VMF（N）-541中队的夜间战果就到此为止了。这个月他们在白天声称击落17架飞机，其中11架在12日清晨击落，当时中队正在一个船队头顶巡逻，与来袭的日机编队大打了一场。截至1945年1月3日，该中队总共在六场空战中击落22架飞机，他们又在塔克洛班呆了八天，没有任何额外成绩。12日中队返回帕劳群岛。麦克阿瑟将军非常感谢VMF（N）-541中队做出的贡献，他们是唯一被授予陆军优异部队奖章的海军陆战队中队。

某个不知名的诗人写了句打油诗：“在上帝和一些海军陆战队的帮助下，麦克阿瑟回到了菲律宾。”

VMF（N）-541中队在菲律宾初见成效，琉球群岛则轮到VMF（N）-533、VMF（N）-542和VMF（N）-543中队登场。后两个中队在4月7日和9日分别抵达冲绳岛战场，每个中队都有15架夜间型“地狱猫”，从护航航空母舰上起飞转场。

此时前线急需夜间战斗机，冲绳岛在日本本土路基飞机活动半径内，经常有夜间空袭。VMF（N）-542中队驻扎在读谷机场，中队长是威廉·凯勒姆少校。该中队成为了战术航空军的第一个夜间战斗机中队，但是中队却不得不四处求人帮忙，因为要等到5月1日，配属的地勤才跟上部队。此时

罗德尼·蒙哥马利中尉站在一个废螺旋桨做成的战绩牌前拍照留念。

情况仍然不怎么好，已有的机场设施不是未完工就是临时建筑。驻扎在嘉手纳附近的VMF（N）-543中队也是这样的情况。

与菲律宾战役时期不一样，冲绳岛的夜间战斗机既要飞夜间任务，也要经常飞昼间任务。在夜间和昼间打击任务中，标准战术组织是双机编队，夜间空战巡逻则是单机飞行。两个中队很快就有机会空战，4月16日夜间他们都有所斩获。

VMF（N）-542中队的阿西诺少尉和坎贝尔少尉正在执行一次傍晚空战巡逻，他们在冲绳岛西南海岸以西72公里处遭遇2架单发战斗机。短暂的战斗结束后阿西诺声称击落了1架零战，坎贝尔声称击落1架“疾风”，时间都是6点45分。实际上无法确定他们到底击落了什么飞机，因为通常不会有这样的日本陆海军组合编队。10分钟后，VMF（N）-543中队的詹姆斯·埃瑟里奇上尉在嘉手纳上空拿到了中队第一个战果。上尉和他的僚机正在执行空战巡逻任务，他发现1架“疾风”正试图攻击机场，立刻向这架飞机俯冲，从敌机左侧进行了一次大偏角射击。“疾风”被命中并开始冒烟，接着起火燃烧，在一个向右的滚转中撞上了海滩。美国防空炮把埃瑟里奇的“地狱猫”当做敌机打了一顿，还好他安全着陆。

第二天晚上，VMF（N）-543中队的恩格曼少尉在那霸机场外海击落1架九七式重轰炸机。日机飞行高度很低，少尉在攻击后拉起过晚，飞机的螺旋桨打在水面上，造成发动机停机。恩格曼拉起飞机上升到十多米高度，他立刻打开座舱盖，放下襟翼并向后拉杆到底，然后“地狱猫”落在海里。四小时后一艘路过的船只把他救起。坏事还没完，清晨时分两个中队在机场上各损失了1架飞机和1名飞行员，原因都是起飞安排太拥挤，导致飞机相撞。

在4月份，读谷机场几乎每天晚上都会被轰炸，尽管到了月底VMF（N）-542中队已经声称击落5架飞机，VMF（N）-543中队也声称击落2架。5月初骚扰仍在继续，而后5月10日VMF（N）-533中队也进驻读谷机场，此前另外两个中队又各击落2架飞机。新来的中队长是马里昂·马格鲁德中校，绰号“黑麦克”，他的中队在埃尼威托克岛呆了一年，那里根本见不到日本飞机。现在中队终于转运了，他们将创造海军陆战队夜间战斗机中队圈子里几乎每一项有价值的记录，这很大程度上归功于该中队相当程度改造了的射击瞄准具。

Mk.8型反射瞄准具投射出中央瞄准点，外围有两个圆环，中央瞄准点上下还有很多短线，最后还有两根斜线，这些都用于测距和在大偏角射击时辅助瞄准。然而在夜间这些光圈和光点造成太多眩光，瞄具自带的可变电阻器也无法将亮度降低到合适的程度。于是中队将瞄具周围的灯光全部遮住，只留下中央瞄准点，这个手段相当程度地改善了飞行员的夜间视力。

VMF（N）-533中队在5月15日凌晨3点取得了第一个战果，正好是另外两个中队初次获得战果后一个月。威尔海德中尉在久米岛上空把1架一式陆攻打得起火坠落，不幸的是第二天晚上他在伊江岛附近追踪2架不明飞机时，被友军防空炮击中身亡。

18日中队便创下第一个记录，在两小时以内击落5架敌机。地面雷达将勒费夫雷中尉引导至迎头相遇航线上，中尉自己的雷达在五公里外发现敌机。勒费夫雷转了半圈飞到目标后方，追了40公里才靠近目标，他将这架飞机辨识为零战32型。日机完全没有意识到身后有“地狱猫”，两个点射后被凌空打炸。很快勒费夫雷发现第二个目标，但是这架飞机高速逃脱。半小时后第三个目标出现，这架一式陆攻很快被中尉击落。

韦尔伍德中尉在这天晚上也表现出色，10点过后他打爆了一架一式陆攻，又将另一架打得螺旋下坠，追着第三架冲进了友军防空火网，他的F6F-5N被打出18个洞，无线电也被打坏。他转回来时看见海面上陆攻机的燃烧残骸，回到机场后地勤发现击落这3架飞机只用了517发机枪子弹。

这天夜间出现了六个目标，其中五个被VMF（N）-533中队击落，“黑麦克的杀手”展示出了致命的拦截效率，这还是在雷达引导战斗机的初创时代。经历过高度训练的飞行员和操作熟练的地面雷达引导官，再加上六个雷达站，这些对日军夜间战机来说，将冲绳岛的夜晚变成了一个屠戮场。但是日本人不会那么轻易放弃，他们又在自杀攻击这个老主题里面找到了新灵感。

VMF-511是个混编中队，队里除了“海盗”以外还有8架F6F-5N“地狱猫”。图为该中队的“机库女皇”号正从“布洛克岛”号护航航空母舰上起飞。该中队只在1945年7月3日取得了1架战绩。

“布洛克岛”号的阻拦网兜住了这架飞机，垂尾上的小M字样表示海军陆战队。

5月24日至25日夜间，布鲁斯·波特少校在完成飞行计划后，于10点整降落在读谷机场。前一天，威廉·凯勒姆少校被调往参谋部填补空缺，波特就任VMF（N）-542中队长。25岁的波特少校是陆战队最年轻的中队长之一，1943年他在VMF-121中队飞F4U战斗机，在所罗门群岛取得三个战果，此后又在“布洛克岛”号护航航空母舰上担任过VMF（N）-533和VMF-511中队的执行官。日本人用特别的方式欢迎了新中队长上任。

VMF（N）-533的“地狱猫”正在夜间巡逻，斯穆尔中尉和特拉梅尔中尉在9点过后各击落1架一式陆攻。德拉马诺中尉在伊江岛附近击落1架一式陆攻和1架零式水侦，这时距离波特少校降落只有20分钟。

10点20分德拉马诺中尉发现另一个目标，目视辨别为九七式重轰炸机，他从接近4000米高度追击到3050米，而后又放下起落架减速跟在敌机后方。一个长点射点燃了九七式，它坠落到海里。中队更新了他们的记录，这次是在90分钟内击落5架飞机。此外在清晨5点43分又击落1架一式陆攻。

这些飞机可能故意作为诱饵被牺牲掉了，其中1架也可能是迷航的敢死队飞机。波特少校刚到他的帐篷里，就在山坡上，可以看见中队的飞机掩体。指挥部立刻打电话过来，说日本飞机降落在机场上。这看起来不可思议，但却是事实。

日本人的自杀攻击达到了新阶段，他们组织了“义烈空挺队”，原计划总共136人乘坐12架飞机从熊本起飞，预定降落在读谷机场和嘉手纳机场，破坏美国飞机和机场设施。途中几架飞机因故障返航，1架在外海被击落，到达读谷机场的只有5架飞机，4架被猛烈的防空炮击落。最后1架飞机于10点30分左右在机场迫降成功，11名敢死队员从飞机里冲出，奔向停机坪上的飞机，一边扔手榴弹一边用轻武器射击。

这些意料不到的日军在美国人中造成了短暂的恐慌情绪。顿时谣言四起，有人说超过一打飞机已经降落，还有人说嗜血的日本人正杀向停机坪。飞行员和地勤赶紧跳进散兵坑，抓起各种枪械准备自卫。空勤们看着曳光弹在机场上空来回横飞，一些飞机也开始燃烧，接着装满了26.5万升汽油的油库开始像火山一样爆发。大火随着汽油蔓延，似乎在缓慢向美国大兵们靠近，很多人开始向阴影中的目标胡乱射击，也不管是真有目标还是纯粹的幻觉。这场“狂欢般的”战斗持续到黎明，终于陆战队的步兵和装甲单位到达机场，将事态控制住。

陆战队员检查了日本人身上携带的文件，日军有相当准确的读谷机场和周边设施地图，他们的意图令人胆寒。为了决定性地削弱夜间战斗机中队的作战效率，敢死队员们的主要任务之一是溜进飞行员营地，尽可能杀死更多的夜间战斗机飞行员。另一个主要目标是机场的油库，日军敢死队员成功摧毁了油库，还好此后被击毙，没能杀入战斗机中队驻地。

美国人的伤亡很轻微，只有2名死者，还有18人受伤。但是机场停放的飞机中有9架被完全摧毁，接近30架受损，包括3架F6F。油库熊熊燃烧了两天，飞机损失倒是很快被替换或者修复，第一次，也是最后一次“义烈空挺队”的特攻就这样宣告结束。

“义烈空挺队”造成的影响很快就过去了，29日晚夜间战斗机中队又开始击落日机。VMF（N）-543中队声称击落2架飞机，其中在上个月夺取了中队第一个战绩的詹姆斯·埃瑟里奇上尉梅开二度，他声称击落1架零式水侦。今天晚上表现最好的人则是VMF（N）-533

日军“义烈空挺队”的九七式重轰炸机，只有这架飞机成功迫降在读谷机场。

的斯穆尔中尉。地面雷达引导他前往伊江岛西北面，这里有架不明飞机一直转悠。斯穆尔从正面接近这架飞机，打开雷达控制板，立刻看到显示屏上有一个回波，距离只有大约200米。斯穆尔立刻向外望去，明亮的月光下零式水侦清晰可见，于是他向左急转，掉头后接着右转切入日机内圈，然后拉出个大偏角并开始射击。射击时2架飞机距离不到50米，斯穆尔都不用怎么瞄准，一个短点射将子弹打进浮筒之间的机身位置。这架飞机从中间折断了，两边机翼向中央挤压将它变成一个蛋状物落入水中。此时距离发现日机才过了45秒。降落到读谷机场后地勤发现飞机只打了62发子弹，这可能是陆战队夜间战斗机中最迅速、最准确、最高效率的一个击坠战绩。

到了5月末，三个夜间“地狱猫”中队又增加了29个声称战果。533中队占了15个，全都在下半月击落。除了传统的夜间战斗机任务以外，夜间型“地狱猫”也执行了不少骚扰任务，以VMF（N）-542中队为主导，夜间战斗机带着炸弹和火箭起飞寻找地面目标，他们总共在敌方阵地上空执行了26架次任务。另外542中队在16日损失了一名飞行员，坎贝尔少尉在击落1架敌机后再也没有返航，正好是他获得第一个战果后四周整。

6月开始了，在3日凌晨，VMF（N）-542中队的威廉·史密斯中尉拿到了当月第一个战果，他击落了1架“月光”夜间战斗机。7日夜间，VMF（N）-543中队的彭德里中尉对着1架九九舰爆打光了1200发子弹。VMF（N）-533中队在9日终于获得战果，斯托克斯中尉在天亮前声称击落1架“飞燕”，罗伯特·贝尔德上尉则在晚上击落1架零式水侦。贝尔德在前线呆了很长时间才获得这个战果，他曾经在VMF（N）-532中队飞夜间型“海盗”，整个作战期过后什么都没遇见。

VMF（N）-542中队的弗雷德·希利亚德中尉在10日下午击落1架不明型号的飞机，接着他报告说与另一架飞机接触，此后再也没有回音。虽然试图搜索过他的下落，但是什么都没找到。希利亚德这个战果被记录下作为中队唯一的昼间击落，他则是中队第二名，也是最后一名在战斗中阵亡的飞行员。

15日夜间，轮到VMF（N）-542中队长布鲁斯·波特少校执行夜间空战巡逻，滞空时间预定五小时。他自己的F6F-5N外号叫“黑死神”，与中队的其他飞机不一样，只有这架飞机装备了20毫米航炮。中队长负责的时段从晚上8点开始到午夜过后，超过一半夜间战绩都在该时段取得。这天晚上多云，一点月光都没有，刚过9点，地面雷达引导员就告知他有个不明目标。地面操作员引导波特向西飞行，在爬升到接近4000米后他自己的雷达发现了目标，靠近后他辨识这架飞机是双发“屠龙”战斗机，于是将武器上膛，射击了两次。

“20毫米炮的投射量真是棒极了。”波特说道。他的机炮和机枪组合火力将这架“屠龙”切成两段。晚上9点18分伊江岛雷达站确认了这个击落。

罗伯特·贝尔德上尉，海军陆战队唯一的夜间战斗机王牌，他击落了6架日机。

一小时之后，同一个引导员报告发现另一目标。中队长惊讶了，此前中队里有四名飞行员各获得了两个战果，但全都是在两次任务中分别获得，到目前为止还没人在单次任务中击落2架飞机。他也许多少有点兴奋，开始向这个目标爬升，这架飞机飞得又高又快，几乎已经越过了外围防空火力圈。10点25分，波特飞到了这架一式陆攻后下方，日机此时仍毫无知觉，这让波特可以专注瞄准，接着他扣动了扳机，所有武器打了一个长点射。一式陆攻的油箱立刻爆炸，飞机变成了一团橘黄色火球。

在两年零三天以前，波特在所罗门群岛击落了第1架飞机，在美国海军陆战队中可能只有他在“海盗”和“地狱猫”上均击落过多架飞机。中队长回到读谷机场后，中队军医打开了几瓶白兰地庆祝中队长的胜利和射术。中队队员平均每一个击落要用785发子弹，波特这两个击落则消耗了500发12.7毫米机枪子弹和200发20毫米炮弹。

VMF（N）-533中队在当月15日转场到伊江岛，16日晚上该中队的罗伯特·贝尔德上尉也在单次任务中击落2架飞机。第1架是一式陆攻，在伊江岛附近7000米高度被发现。这架飞机已经转入轰炸航线，即将飞入防空火力圈，所以地面雷达引导员通知贝尔德盘旋等待。贝尔德抗议说他的雷达已经稳定跟踪目标，请求继续攻击。地面引导员拗不过他，只好同意继续攻击，于是贝尔德靠近到敌机正后方不到100米，再次辨认目标身份，接着开火。因为只有三挺机枪还在开火，他打了三四次点射，陆攻机身被多发子弹击中并开始燃烧，最终坠落。

一小时以后，地面引导员再次联络贝尔德，另一个不明目标正在靠近。贝尔德放下起落架减速，从6400米缓慢下降到5500米，然后“地狱猫”的雷达发现2.4公里以外有一个目标。他飞到目标侧面，迎着东方蒙蒙亮的天际观察这架飞机的剪影，它看起来是架九六式陆攻。贝尔德减速到160节指示空速，滑到目标后方90米距离再开始射击，这次只有两挺机枪开火，但是也足够了。九六式陆攻的右侧发动机起火，旋转着坠落。

接近一周后的6月22日，533中队第三次在一天内击落5架飞机。贝尔德上尉再获战绩，他在今日表现突出。从凌晨0点45分至2点33分，连续击坠2架轰炸机，1架“银河”的机尾被他打掉，另一架一式陆攻则燃烧坠落。至此贝尔德的个人战绩增长至5架，他成为了美国海军陆战队第一个也是唯一的夜间战斗机王牌。在冲绳岛的三个夜间战斗机中队里，也只有他连续两次在单一任务中击落2架飞机。这个期间，卡尔·威特与马奥尼两人各声称击落1架九七式重轰炸机。

今天最后一个战绩属于VMF（N）-533的中队长马格鲁德中校。晚上才轮到他执勤，10点40分地面雷达引导员将他带去追击2架双发轰炸机，“地狱猫”自己的雷达在

VMF（N）-533中队的夜间型“地狱猫”，拍摄于1945年7月27日，冲绳岛附近。该中队是海军陆战队里战果最好的夜间战斗机中队。

难得一见的场景，VMF（N）-541的"地狱猫"和1架TBM-3在乌利西环礁的维护站修理，摄于1945年7月。

4.8公里外发现目标。马格鲁德开始靠近目标以获得目视接触，这期间1架轰炸机转弯脱离，中队长只好继续追赶剩下的1架。靠近目标后他开始向右缓慢转弯，转向过程中以20度偏角从敌机五点方位打了三次点射，这架一式陆攻的两台发动机都被打冒火。陆攻机带着火焰和"谋害的意图"转向马格鲁德，他迅速拉起飞机，看着敌机从4250米高度直栽进海面。

1945年5月，在乌利西环礁驻扎的VMF（N）-541中队，海军的飞机很少有所谓的"机鼻艺术"。不过驻扎在大后方的中队看来也找不到多少其他事情可做了。

整个6月里，VMF（N）-542中队获得了五个战绩，VMF（N）-543只获得了两个，VMF（N）-533则以击落15架敌机遥遥领先。4月以来，夜间型"地狱猫"在冲绳岛的总战绩已经累计到58架。陆军航空兵在6月向冲绳岛派驻了第548夜间战斗机中队，他们使用P-61战斗机，到月底为止只击落3架日机，由于飞行性能较差，陆航的夜间战斗机从未取得陆战队这样的成果。

543中队在7月抢到了第一个夜间击落战绩。3日凌晨，安德森中尉仅用80发子弹就击落1架"飞燕"。到了7月8日，533中队的执行官福尔松少校从马格鲁德手里接过指挥权，14日转场与542中队驻扎在一起。后者在这一整个月都没有击落过任何飞机，即使表现优异的前者到了月中才有一个战绩。罗伯特·贝尔德上尉拿下了他的第六个战果，这个战果值得一提。

贝尔德的飞机被选中进行20毫米航炮换装测试，内侧的两挺点50机枪被替换成航炮。虽然新到的大多数F6F-5N型都是两门20毫米加4挺点50机枪的配置，但是航炮总是被拆除掉或者换成机枪，原因是它们的消焰器一直送不到。在夜间用没有消焰器的20毫米炮射击会严重损害飞行员的视力，所以这些武器不能留在飞机上。

“当我们将20毫米炮装回去时，立刻又遇到了大问题”，贝尔德上尉回忆说，“我最后击落敌机那天是首次使用20毫米炮，我试飞了一架飞机，第六次射击时这些航炮才能正常开火，而不是立刻卡壳。那已经是鼓捣这些航炮的第五天或者是第六天了，我们即将放弃这些不可靠的东西。但是最后决心得到了回报，这些武器表现非常出色”。

它们确实如此。在地面引导下，贝尔德从远离不明飞机，而且高度低很多的位置开始靠近，他以每分钟600米的爬升率上升到5500米高度，接着改平加速追向将近13公里外的目标。靠近后，日本飞行员似乎发现了“地狱猫”的存在，开始进行规避机动，但是贝尔德轻松地在S形转弯中跟着他的目标。现在时间是14日凌晨4点41分，他已经接近到这架轰炸机下方30米处，他然后拉起机头对着这架一式陆攻打了个长点射，两台发动机都被他击中。这架飞机各处油箱都燃起了大火，它保持平飞了10秒，然后滚转了半圈朝下坠落，在大约3000米高度上碎裂成两段。

贝尔德上尉发现20毫米炮就像他听到的那样致命，四周前他遇到了前队友布鲁斯·波特少校，542中队的队长将感想告诉了贝尔德。上尉这一次只打出了50发炮弹和120发机枪子弹，他将这个武器组合的威力形容为“难以置信”。不过遗憾的是在冲绳岛的陆战队夜间飞行员中，只有贝尔德和波特用航炮击落过敌机。他们的陆航同胞使用的P-61倒是装备了四门前向射击的20毫米航炮，但是这种飞机在冲绳岛的表现不怎么样。

VMF（N）-533中队在18日与19日均声称击落2架飞机，占到了陆战队夜间战斗机中队本月总战绩的一半，再加上陆军航空兵的第548夜间战斗机中队击落的1架，所有夜间战斗机中队总共击落9架。四个月前在冲绳岛取得第一个战绩的VMF（N）-542中队拿到了最后一个战绩：8月8日，威廉·詹宁斯中尉在凌晨3点08分击落1架“飞燕”。这架飞机是岛上陆战队的夜间战斗机中队总计第69架击落。

菲利普·麦克唐纳少尉，他在一次战斗中击落了4架敌机。

1945年8月，VF（N）-91中队的夜间战斗机在“好人理查德”号甲板上补充弹药。注意该机的排气管比普通型号长不少，在照片中表现得比较明显。许多F6F-5N安装了这种排气管，以防排气焰在夜间干扰飞行员视力。

三个夜间战斗机中队里，VMF（N）-533以击落35架飞机排名第一，VMF（N）-542以18架排名第二，VMF（N）-543只有16个战果。四名战绩最高的夜间战斗机飞行员都隶属于533中队，贝尔德击落6架，德拉马诺、黑姆斯塔德、韦尔伍德各击落3架。所有中队击落1架日机平均射击的子弹数量为567发，其中533中队以平均420发领先——这项纪录归功于修改过的瞄准器。“黑麦克的杀手”并非浪得虚名。

陆战队的夜战型“地狱猫”在冲绳岛空域获得最后一个战果五天后，海军夜间战斗机中队也击落了最后几架飞机。“好人理查德”号是加入战场的第四艘夜间航空母舰，搭载的是第91航空大队，大队包括VF（N）-91夜间战斗机中队，还接收了部分VF（N）-53的飞行员，他们在“萨拉托加”号受损之后一度无家可归。由于日军目标逐渐减少，即使人员增加了也很难击落敌机，8月13日晚之前，整个中队只声称击落5架飞机。

那天傍晚7点40分，2架F6F-5N起飞执行“汤姆猫巡逻”，去掩护日本本州外海的一艘哨戒驱逐舰。他们刚向驱逐舰的战斗机引导官报到，就立刻被导向西面40公里处的目标。到达之后长机基林上尉立刻发现下方有两个不明目标。“地狱猫”在大约1370米高度追上2架“屠龙”双发战斗机，立刻开始攻击。基林在第一个点射时发现有四挺机枪卡壳了，但是他仍追打目标，直到它燃烧着坠毁。他的僚机菲利普·麦克唐纳少尉用两次点射了结了另一架“屠龙”。

爬升回到1370米高度后，麦克唐纳发现1架“银河”重轰炸机在正前方大约5.4公里处，他靠近这架飞机，打燃了其右侧发动机，然后向左侧俯冲脱离，基林接着射击这架飞机。“银河”拖着火焰逐渐下落，直到30米低空才有个降落伞出现，然后飞机坠毁。还没

1945年9月12日，VF（N）-91中队的夜间型“地狱猫”在上海附近巡逻。20毫米航炮的消焰器涂成了白色，看起来颇为显眼。

参战的“地狱猫”夜间战斗机中队，1944 年至 1945 年	
中队名	配属航空母舰或地区
VF(N)-33	桑加蒙、切南戈
VF(N)-41	独立
VF(N)-53	萨拉托加
VF(N)-76	分散在多艘航母上
VF(N)-77	分散在多艘航母上
VF(N)-78	分散在多艘航母上
VF(N)-90	企业
VF(N)-91	好人理查德
VMF(N)-533	冲绳岛
VMF(N)-534	马里亚纳群岛
VMF(N)-541	帕劳群岛、菲律宾
VMF(N)-542	冲绳岛
VMF(N)-543	冲绳岛

等他们休息，哨戒驱逐舰又发现一个目标，正好向2架“地狱猫”迎头飞行。跟上次相同，由麦克唐纳担任主攻，他对着日机射击了大部分子弹，日本飞行员跳伞逃生。

这一连串交战发生得相当快，第3架“银河”出现时第1架还在水面燃烧。麦克唐纳将这架飞机左侧发动机打起火，接着它俯冲到一些云块之中，没了踪影。这架飞机被算作一个可能击落。

爬升与长机基林会合后，又有一个目标出现，1架“屠龙”在他们前方约3.6公里处横向飞行。麦克唐纳加速追上去将其击中，看着这架飞机落入低空雾气中。基林也看见了这架飞机起火，认为它不可能拉起逃脱。

在麦克唐纳再度与长机会合前，他的雷达屏幕上又出现两个回波，此时他尚有弹药，于是追到了本州陆地上空。不过基林叫回了这位充满攻击性的堪萨斯小伙子，此后他们返航降落。

这是一场夜间战斗机飞行员的狂欢，在不到40分钟的时间里，2架“地狱猫”发现8个目标，声称击落其中5架，还有1架可能击落。麦克唐纳创下了美国夜间战斗机飞行员的单次任务击落记录，这场战斗为夜间型“地狱猫”在战争中的故事画上了圆满的句号。

十七、“照相猫”

随着战况进展，美国海军很快就发现他们需要远程照相飞机，在战场上的枪林弹雨之中拍下战地照片，带回航空母舰判读，以评估战斗结果。最初“复仇者”机队被赋予了这项任务，由一位接受过照相训练的乘员负责控制相机，飞行员则尽可能接近目标，这些目标大多数是敌军严密防守的设施或者阵地。

照相型“地狱猫”看起来与普通战斗机没什么区别，后机身上的相机舱口在稍远的距离上就看不出来了。机头P开头的编号表示了照相型的身份，CASU则代表航空母舰航空勤务单位，说明这架飞机没有送往前线。照片拍摄时间是1945年7月2日。

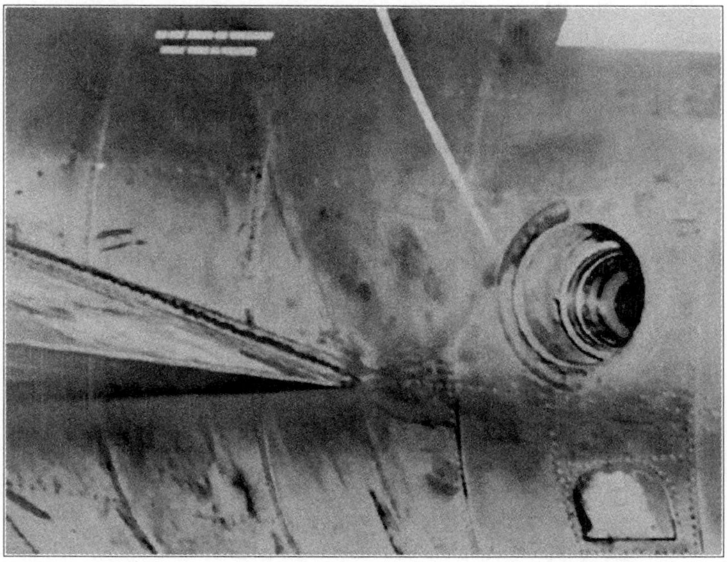
F6F-3P/F6F-5P的相机舱口，尺寸不大，从远处基本不可能识别。

海军陆战队组建了一个照相中队VMD-354，这架飞机就属于该中队。这张照片于1945年在关岛拍摄，看起来它只有内侧两挺机枪。

图为1944年正在训练中的VMD-354中队，图中2架“地狱猫”都是F6F-5P型，近处的飞机只有部分涂装了深海蓝，相对于其他标准涂装的“地狱猫”，看起来颇为奇特。

VMD-354中队的F6F-5P转场前往硫黄岛途中。

不过经常会有风险更高的目标需要飞机接近照相，比如从几百米距离上拍摄碉堡群、机场、防空阵地照片，“复仇者”很难在这类高风险环境下存活，舰队显然需要更快的飞机来执行任务。飞行性能最好的战斗机显然是首选，而且只会让一个人身处险境，而不是三个人。

由普通型号在战地改装而成的照相型“地狱猫”，被一些飞行员昵称为“照相猫”。它们不仅数量稀少，而且现在留下的记录也不多。当舰队需要时，地勤们会拿出锯子和焊枪，在某架F6F-3或者F6F-5上开个洞，将支架和摄像机装在后机身内。自从特混舰队有了这种需求之后，格鲁曼公司也开始直接改装新飞机，然后交付舰队。

“地狱猫”空旷的后机身足够装下大型K-14照相机，相机安装后，镜头正对战斗机左侧。相机本身和大型胶卷盒可以从机身下方的检修口维护更换。

相机和支架给飞机增加了大概140公斤重量，而且这个重量被添加到错误的位置——在飞机原来的重心后方很多，由于重心后移，飞机的操纵性恶化。其他战斗机添加的后机身油箱，例如“野马”和

在硫黄岛附近，这架VMD-354的照相猫正在给1架“复仇者”护航。

“喷火”的油箱也导致了飞机稳定性下降，但是油箱会逐渐烧空，最后让飞机回到稳定状态，而相机却是永久性的死重。如果用弹射器起飞，“照相猫”用起来还没什么问题，一般滑跑起飞时离开甲板的速度更接近失速速度，飞行员们要保持平飞，甚至稍微俯冲一点，加速之后才能开始爬升。

从飞机外面看起来，照相机镜头就像个舷窗，位于左翼后缘上方。飞行员要靠改变飞机姿态让照相机对准目标，具体做法是用飞机左翼翼尖后缘对准要照相的区域，然后启动相机。

“照相猫”的编号是F6F-3P或者F6F-5P，取决于改装前的基础型号，它们还能保留标准的武器配备。飞行员们很喜欢这个特点，在被“自愿”派去侦察日军阵地时，可以用机枪威吓敌军。“照相猫”经常与中队的其他“地狱猫”一起出动，它能正常空战，队友也会保护它，即使在落单时也可以用机枪自卫。当然作为一名自重的海军航空兵战斗机飞行员，他有理由主动出击，所以照相型“地狱猫”经常作为普通战斗型参加空战。有时在俯冲拍照完毕后积累了足够的速度，飞行员也会将飞机拉起去偷袭不小心的零战或者其他什么日本飞机。

1944年6月24日，VF-15中队的阿瑟·辛格驾驶1架“照相猫”前往罗塔岛拍照。在岛屿上空4架零战向他俯冲攻击，辛格转向攻击者迎头反击，他声称连续击落2架敌机。在交战中他自己的飞机也被打中，脸上被一块弹片擦伤，然后成功逃脱返航。

9月21日，在菲律宾克拉克机场上空的大战中，VF-18中队查尔斯·马洛里和哈维·皮肯上尉的各五个战果也是驾驶F6F-5P照相型飞机取得的。这是“照相猫”在正常空战中表现最出色的一次。

10月10日，2架VF-15的“照相猫”前往久米岛和伊江岛侦察，辛格上尉在这次任务中声称击落3架“银河”轰炸机和1架九七式重轰炸机。这些战例充分展现了照相型“地狱猫”作为普通战斗机的作战能力。

防空炮从来不是什么容易糊弄的对手，即使“地狱猫”的生存力比“复仇者”高很多，对着日军阵地拍照也不是个轻松的任务，不少飞机在照相侦察任务中被击落。查尔斯·克罗姆林中校，此前那位独眼将受损的飞机开回“约克城”号的人，最终就在1架“照相猫”上阵亡。1945年3月28日，他驾驶着1架照相型飞机在冲绳岛南部尖端处拍照，在躲避防空火力时与另一架飞机相撞。当时飞行速度很高，高度又很低，飞机直接撞进了海里，克罗姆林根本没有机会跳伞。

由于其他机型缺乏专用照相型号，海军和陆战队的“海盗”战斗机中队只能混编“地狱猫”。甚至到了战后，“照

VF-85中队的“照相猫”正在执行拍摄任务，该中队是个“海盗”中队，但是装备了几架夜间型和照相型“地狱猫”。

照相型飞机拍下的日占岛礁照片，相比缓慢的“复仇者”，“地狱猫”的生存能力更强，可以在更近距离上照相。

相猫”仍然与各种普通或者夜间战斗机混编在一个中队里。例如在1947年，标准的F8F-1/2和F4U-4/5中队由24或者32架普通战斗机组成，外加2架F6F-5P型飞机。

十八、冲绳岛以及日本本土

1945年1月末，快速航空母舰编队增长到12艘大型航空母舰和6艘轻型航空母舰。这18艘船总共搭载了1365架飞机，其中接近四分之三是战斗机。舰队防御问题就这样以纯粹增加战斗机数量的方式解决了。

目前大型航空母舰的航空大队平均有102架飞机。各种型号F6F仍然是战斗机主力，共有820架，占比超过80%。F4U的数量开始见长，现在有174架分布在“埃塞克斯”号、“黄蜂”号、“本宁顿”号和“邦克山”号上。实际上第84航空大队已几乎全部装备“海盗”，他们有71架F4U-1D型，由于“海盗”没有照相型可用，大队保留有6架照相型“地狱猫”。

忠实的F6F-3几乎已经完全退出舰载战斗序列，在整个特混舰队中只剩下63架，零散分布在八个中队里，等到足够的F6F-5型送到之后也将被替换。还在使用旧型号的中队里有四个隶属于轻型航空母舰，不过旧型号最多的是VF（N）-90夜间战斗机中队，他们还留着16架F6F-3E。

特混舰队对战斗机的注重令人惊讶，各艘航母上的鱼雷机中队只有十来架“复仇者”，只有少数航空母舰还保留有“地狱俯冲者”。例如“黄蜂”号的第81航空大队曾经夸口说他们共有127架战斗机，包括91架“地狱猫”和36架“海盗”，不过当时该舰似乎只是由于运输补充飞机，才装了这么多。另外有5艘航空母舰也搭载了至少70架“地狱猫”，如果再加上“海盗”，那么总共10个昼间航空大队里有8个的战斗机编制数超过70架。两个例外是“汉科克”号的第7航空大队和“本宁顿”号的第82航空大队，前者只有64架“地狱猫”，后者有33架“地狱猫”和36架陆战队的

“海盗”。

与大型航空母舰的装备情况相比，轻型航空母舰的状况则稍差一点。此前消耗殆尽的第22航空大队此时只剩9架“地狱猫”，这让“考佩斯”号轻型航空母舰看起来颇为空荡。“卡伯特”号的VF-29中队也还未得到补充，只有16架飞机。其他几个轻型航空母舰中队装备齐了24架飞机。

1945年，冲绳岛外海。“埃塞克斯”号航空母舰甲板上放着“地狱猫”，升降机已经降到机库，可见机库内停放的“海盗”。

1945年2月末，VF-11中队返回美国本土，修整时继续训练，不过再也没有机会返回战场。图为该中队的2架飞机在圣塔罗萨海军辅助机场上空飞行。

本月早些时候，海军航空兵再次更改了管理方式，这将直接影响航空母舰上的战斗机中队。此前中队扩张到73架飞机和105至110名飞行员，中队规模过于扩大后，行政管理变得相当困难，所以海军决定将这么大的中队平均分成两半。在拆分时，一半人员会留在原战斗机中队配属下，另一半则新成立为战斗轰炸机中队，前缀代码为VBF。原中队执行官自动成为战斗轰炸机中队的队长，从专业性的角度来看这个任命很合适。这种拆分法简化了纸面工作，又能增强任务效率。

那些全部搭载F6F或者后来全部搭载F4U的航空母舰在后勤维护上很有优势，因为战斗机中队和战斗轰炸机中队全都使用同样的型号，所以他们可以共享完成维护的飞机。不过有时候仍然不能避免这些麻烦，当装备“海盗”的飞行中队上舰时，部分中队与“地狱猫”中队驻留于同一艘航空母舰，结果舰上仍然要保留两套不同的维护和后勤体系，因为这两种飞机只有很小部分组件可以通用。

对于那些已经出海的航空大队，可以自主选择是否将大型战斗机中队拆开。所以并非所有战斗机中队都决定拆分，例如"大黄蜂"号的VF-11中队，由于他们已经接近作战期末尾，即将被换下回国，就决定不进行拆分。"黄蜂"号的VF-81中队从1944年11月起参战，认为保持大型中队较好，也没有拆分。VF-81有91架"地狱猫"，此前也有这么多"地狱猫"的"埃塞克斯"号接收了一个"海盗"中队，"地狱猫"数量下降了，于是VF-81现在是整个海军航空兵中最大的中队。

重组后的VF-17中队长马歇尔·毕比少校说到了中队拆分这件事：

实际上，F6F在装备了机翼挂架和中央挂架后可以发挥两倍的用处，它既是战斗机又是轰炸机。在阿拉米达海军航空站时，中队从36架飞机扩大到54架飞机。在夏威夷的短暂时期中又增加到了72架飞机和102个飞行员。

转给我们的飞机和飞行员来自VF-6中队，幸好他们在西海岸时接受过一些中队间战术配合训练。1945年1月在关岛时，我们平分成了两个36架飞机的中队——VF和VBF，出于管理原因。这两个中队执行几乎完全相同的任务。

毕比少校是加利福尼亚人，时年31岁。此前在"利斯康姆湾"号护航航空母舰上当中队长，领导一个"野猫"中队，直到该舰在吉尔伯特群岛沉没为止。16个月后的今天，还有7名"利斯康姆湾"号的飞行员与他在一起。现在的VF/VBF-17不再是以前的"海盗旗"中队，大部分人员是新人或者从其他部队调来。和那些新中队一样，由老手飞长机，新手当僚机，大致可以说代表了海军航空兵战斗机中队的平均水平，飞机也从"海盗"换成了"地狱猫"。这支部队本该没什么特别之处，但是运气不错，在后来的战斗中总是遇到大批日机，也好几次阴差阳错地与日本海军第343航空队撞上。在"地狱猫"中队里，他们算是与这支日本海航精锐部队交手最多的之一。

在美国西海岸和向夏威夷集结的战斗机中队全都按照指示进行了拆分。实际上，对于那些在国内的中队，已经于上一年末开始进行这个流程了。第一个到达夏威夷的是第12航空大队，他们准备登上新入役的"伦道夫"号航空母舰。大队长是几年前就在太平洋打仗的老手查尔斯·克罗姆林中校，一年多以前半瞎的他将残破的"地狱猫"降落到"约克城"号上，被送回后方疗养，现在重返战场。VF-12中队长是诺埃尔·盖勒中校，他也是个老兵，此后将暂时离开去麦凯恩中将手下当参谋。当VF-12分成两个中队时，新成立的VBF-12中队由爱德·鲍卡少校指挥。

第12航空大队代表了1944年末不完全成功实验的结果。原来的第9航空大队人员被分散，大约一半战斗机飞行员转调来组成第12大队下属战斗机中队的核心。美国海军航空兵发展了一种五人战斗机飞行员小队理论，一个五人飞行员小队共同成长，共同训练，最后送到特混舰队里的任意一个中队而只需要最低程度的调整和教导。

就这个理论本身来说也许是可行的，但是试验执行时另外的因素开始显现。安纳波利斯海校在战争开始后也在扩张，美国海军中又有了很多海校毕业生，他们累积了很长的飞行时间，经常又是教官，很正当地认为他们自己适合执行战斗任务。于是很多五人小队以这些海校毕业生为中心组织，再搭配一名有实际作战经验的飞行员作为第二分队长机，三名新人担任余下的位置，轮流飞行4架飞机。

一个之前从未料到的问题时有发生，就是团队的士气。这种分配倾向于将三种人推向各自的派系。安纳波利斯海校的高材毕业生聚集在一起，前线回来的老兵飞行员组成另一队，菜鸟新兵们也喜欢和其他菜鸟新兵扎堆。这样的结果一定程度损害了海军期望的团队精神。问题更大的是，一些分队领机在他们的日志中表现出了相当的失望情绪，他们不能自己指挥小队，而学院派却成为了长官。

没人说这种小队组织是失败的，它只是在某些中队内部产生了争执，另外让中队构成增加了不必要的复杂性。这个结果并不算很糟糕，海军航空兵正处于航空母舰战术和技术的快速发展时期，有些问题是理所当然的事。

航空技术的发展也将为飞行员们带来新装备，正准备投产的F8F“熊猫”战斗机他们享受不到了，由于格鲁曼不再改进“地狱猫”，更强劲的R-2800 C系列发动机也无福消受。但是有这么一件小装备，它本可以大幅度提高现役战斗机的作战效率。

陀螺稳定的计算式瞄准器出现了，英国最初在1939年开始发展这种瞄准器，随着时间推移，Mk.Ⅱ型陀螺瞄准器在1943年末开始小批量投入使用。陀螺瞄准器在使用中表现出了非常高的击坠效率，美国陆军航空兵和海军航空兵也开始许可生产，前者即为著名的K-14瞄准器，在陆军航空兵中被称为“王牌制造者”。海军的型号则为Mk.18，于1944年秋季开始小批量测试，1945年初改进过的Mk.21型出现在了特混舰队里。陀螺瞄准器通过可调活动光环测量目标翼展的方式判定距离，再加上预设的翼展尺寸和武器初速等参数，以及本机运动状态，最后计算出正确的射击提前量。此前飞行员完全依赖个人感觉进行偏角射击，需要相当程度的练习和些许天分才能准确命中敌机，但是计算式瞄准具与此不同，经过一般程度的练习就能为任何人提供致命的准确度。尤其在与目标距离低于180米时，只要飞行员将活动光环中心压在目标上就能命中，不需要准确测距。

陀螺瞄准器并不完美，例如只有在目标后半球较小角度内射击时效果很好，在偏角过大和迎头射击这类情形容易导致飞行员来不及调整光环，这会让测距产生误差，使得瞄准具无法提供正确的提前量。另外随着射击距离增加，瞄准具的测距和计算误差也会增大，同时机翼武器的弹道在经过汇聚点之后又会散开，所以在大约700米或者更远距离上效果就不太好了。

到了实际使用的时候，上面这几条根本不成问题，因为一些中队在参战前连最低程

1945年，一个空袭编队正在向目标巡航。注意画面上最下方的“地狱猫”是1架夜间战斗型，其中1架“复仇者”则是早期型号，保留了三色迷彩，在深蓝色的机队中颇为突兀。

度的使用练习都没能保证。而且与抗荷服同样，有很多人还是不信任这些“新鲜的小玩意儿”。例如在即将到来的作战期中，VBF-12中队大部分时候都将陀螺瞄准具只放在固定挡位上使用，此时瞄准器只显示固定光环，与此前旧型号瞄具没有任何区别。

下一个战役即将开始，米切尔中将再度负责指挥，编号也改回了第58特混舰队。现在一共有五个特混大队，其中四个昼间特混大队，再加一个夜间大队。

所有航空大队中，有七个初次参战，另外有两个进入新作战期。后者之一包括克拉克少校的VF-30中队，这是个轻型航空母舰搭载的小中队，配属在第58.1大队的“贝劳森林”号上。1943年11月至1944年3月的作战期中，这个中队总共声称击落了50架敌机，在新作战期里他们将把击落数翻倍。

第58.2特混大队里有另一个返回战场的老兵航空大队。“列克星敦”号的VF-9中队仍然由赫伯特·霍克少校担任队长，大队长也还是菲利普·托里。虽然在1944年3月回国后中队许多人员被调往协助重组VF-12中队，留下的老兵仍然不少。

第9航空大队在帕斯科海军航空站重组，很多新来的少尉没飞过“地狱猫”，他们此前在其他机种上完成了训练。而且VB-9中队也正在换装“地狱猫”，由于飞机暂时不足，这两个中队只能共同用VF-9的飞机。新飞行员完成了机种转换训练后，密集的战术训练安排立刻开始：射击、对地扫射、轰炸、发射火箭，还有按战斗机引导官指示进行截击，萨奇剪依然是分队战术的基础。随着训练进展，与VB-9和VT-9的协同演练也开始了，最后是航母降落资格考核。

8月末，大队接到通知战斗机中队要扩大到54架飞机和81名飞行员，同时VB-9又要用“地狱俯冲者”重组。于是VF-9中队接收了31名VB-9的飞行员，许多训练科目又要再来一遍。

12月18日，第9大队结束训练准备开赴战场，队员们开了个派对，用烟雾弹和消防水龙瞎庆祝了一番。20日登上“蒙达”号护航航母（CVE-104）开赴战区，新年第一天他们到达马努斯岛，接着转往北面博纳姆岛的机场，在这里进行最后一轮训练，集中练习大队协同空袭。就在这个岛上，VF-9中队被拆分为两半，VBF-9在8日正式成立。

飞行员们不怎么喜欢岛上的时光，这里没有仗打，也不浪漫，每天吃罐头，还不下雨，太阳一直挂在脑袋上，就像要创什么日照持续时间纪录似的。终于，飞行员们在月底登上了“巴恩斯”号护航航母，2月3日到达舰队的新锚地乌利西环礁，在这里他们换下了“列克星敦”号的第20航空大队，接过他们的飞机。

第9航空大队在这段时期的经历是国内替换大队的一个缩影，历经人员调换、补充，编制也连续更改，当然他们是运气不错的大队，能再度上战场。另外有些大队回国之后一直训练到日本投降。

2月15日傍晚，距离战斗开始不到12小时，16艘航空母舰顶着风浪向西北航行。米切尔中将通知所有航空大队，第二天早晨的目标是东京地区。三年前，杜立特的B-25轰炸机从上一代“大黄蜂”号起飞空袭东京，现在特混舰队终于重返敌国首都上空。10日舰队出发时本以为目标是硫黄岛，因为预定于19日将开始登陆作战，但是出乎所有人预料，目标改在了东京。

VF-9中队的日志写道：“在路上我们真正震惊了，第一个空袭目标竟然是东京。队里有些人相当焦虑，这简直难

“地狱猫”王牌小队

美国海军航空兵从未组织过什么精锐部队，但总会有那么些小群体特别出众，1944年的修整时期，就是美国海航最成功小队的开端。

尤金·瓦伦西亚已经升任上尉，他曾在上个作战期中击落7架飞机，现在正好距离上次在特鲁克附近的空战后一年。在几个月修整期中他并未无所事事，瓦伦西亚找到了三名非常热情的小伙子加入他的小队：约瑟夫·洛克摩尔作为他的僚机，詹姆斯·弗伦奇是分队长机，克林顿·史密斯是弗伦奇的僚机。他们进行了密集的战斗机空战训练，瓦伦西亚无止境地让所有人上天飞行。弗伦奇回顾说：“我们在帕斯科海军航空站呆了六个月，其他大部分飞行员每个月训练70至80小时，尤金让我们每个月飞行超过100小时。”由于训练量超过标准，瓦伦西亚需要额外的汽油，传闻说他和他的飞行员从其他地方盗用了汽油，但是弗伦奇否定了这点，“他们说我们偷汽油，实际上是交易获得的。我们把配给的酒送给了地勤，地勤就把我们的飞机加满油。”这么看来管理不严的反倒是地勤，不过无论如何，这段时期的高强度训练在日后造就了一个传奇。

瓦伦西亚自己制定了一种战术，叫做“割草机”，要求小队的两个分队，或者分队的2架飞机通力配合。每个分队或者飞机要连续转换角色，当一个分队或者飞机攻击敌机编队时，另外的飞机要在高处保持掩护，而不是跟着一起冲下去。攻击完毕的分队或者飞机改出爬升后，负责掩护的飞机再开始攻击，这时前者要留在高空掩护。不断地重复这个过程，就像割草机的刀片不断转动切草一样。与萨奇剪相同，其中没有新鲜的飞行动作，却同样地强调配合：将各分队随意的俯冲攻击-拉高掩护秩序化，以仅有4架飞机的小队同时保持进攻态势和高空掩护。

瓦伦西亚小队不停地演练这种战术，两个分队来回扮演友机和敌机，还要在保持战术的前提下从不同角度进行偏角射击练习，以尽可能完善他们之间的配合。史密斯后来回顾：“在天上飞的时候从来没有哪一分钟无聊过，总是在训练，就像正要或者正在执行任务一样，不停地训练战术。”

1944年10月18日，第9大队转移到了珍珠港，在福特岛上继续训练了两个月，除了一般战术训练外，整个大队也进行了几次协同空袭演练。在前往夏威夷的路上，瓦伦西亚的僚机飞行员洛克摩尔由于肺炎不幸身亡。在测试了好几个飞行员之后，瓦伦西亚决定让一名VB-9的飞行员做僚机。哈里斯·米切尔中尉时年21岁，来自得克萨斯农场，他说话慢条斯理，别人对他说话时脸上总带着微笑。他承认在帕斯科海军航空站看瓦伦西亚小队训练时相当嫉妒，所以很快就融入了小队在夏威夷的训练飞行，也学会了“割草机”战术。

瓦伦西亚上尉不仅让他的飞行员飞行很长时间，还在小队之中建立了一种军团精神。他曾经想在飞机上涂紫色的闪电链，但是海航的规章禁止这种行为，所以只能在小队飞行员的头盔画上华丽的装饰。比如弗伦奇的头盔上画着黑桃A图案。热烈、灵活而又经常性急的瓦伦西亚在这些方面颇有天分。

飞行训练结束后，小队成员喜欢用磨砂玻璃杯啜饮香槟或者鸡尾酒，而不像其他飞行员那样沉浸在更常规的娱乐中。瓦伦西亚几乎不去讨上级欢心，不过他的飞行员们自知已经准备好进入战场。他在国内的时候评论过：“有些人说日本战斗机比较差，我们对此很气愤。他们可以随意说，但是零战仍然是最好最快的飞机。那些日本佬知道他们开的是火绒盒，但是仍然学会了如何操作它们。他们不会像战争开始时那样冒不必要的险，现在仍然是相当好的飞行员。”虽然这时候的零战和日本菜鸟飞行员远远达不到他说的这种水平，但是在战场上尊重对手尤其有必要，而且美国飞行员不会知道哪架日本战斗机里坐着王牌，不能大意失荆州。

瓦伦西亚小队个人照片，从左至右分别为：哈里斯·米切尔、尤金·瓦伦西亚、詹姆斯·弗伦奇、克林顿·史密斯。

以置信——空袭东京本身。”斯普鲁恩斯上将做出了这个决定，他认为对东京的空袭可以严重打击日本人的士气，让他们不敢来干扰硫黄岛登陆。

不过现在海军航空兵有个问题：现在舰队中有大量新来的航空大队，拆分的战斗机中队和战斗轰炸机中队也是首次大量投入战斗，空袭日本本土的第一战将会检验许多飞行员的能力。尽管如此，米切尔仍然很有信心地期望获得舰载航空兵开战以来最大的胜利，他告诉手下的年轻飞行员们说，日本飞行员“比起你们害怕他，他可能更害怕你们”。

这天，许多飞行员同哈里

“大黄蜂”号的飞行甲板，特混舰队准备空袭东京地区，所以地勤正在装载227公斤炸弹。

斯·米切尔一样，他回忆说：“肾上腺素，可以这么说，整晚自由地在全身上下流动。”

其实早在2月12日，所有航空大队就收到了空袭备忘录。备忘录首页打着大大的“秘密”印章。打开信封之后，可以看见第一页是这样写的：

备忘录

致第58特混舰队飞行员

主题：给飞行员的空战注释

在所有准备室张贴和发布

1.即将到来的空袭东京行动，对于舰载航空兵来讲，将带来战争中最伟大的空中胜利。但是只有所有大队长、中队长、战斗编队领机、小队长以及每个飞行员，遵守从战争开始时就一直教导他们的基本空战规则这个前提下。

2.战斗主要会是战斗机空战。敌人会被迫出动，以保护帝国首都。他们会富有攻击性，而且渴望在他们的人民面前展示能力。他们急切而且缺乏经验，这只会让他们中的众多人迎来末日，但前提是你必须保持头脑清醒，以及最大限度地团队配合。

3.在战斗机扫荡削弱了敌军战斗机力量后，VB和VT中队会起飞，给敌人最痛的地方造成一些永久性伤害。

此后接着三页概要介绍。各中队的具体目标位置则在中队内详细指示。另外，例如VBF-12中队的指示中概括了飞行员们的目标优先度：1.空中的飞机；2.地面的飞机；3.机库和机场设施；4.炮位。

特混舰队照常在黎明前起飞战斗机扫荡编队，航空母舰迎着20节的东北风放飞飞机。起飞时分有低云，导致能见度很有限。起飞点则距离东京周边目标机场有200公里，当“地狱猫”和“海盗”在暗中摸索到半途时，天气变得更坏了。部分“地狱猫”飞行员穿着保暖服，他们此前从未想象过需要在太平洋上空穿着这些衣物，相当数量F6F-5型在交付时没有安装座舱加热设备，因为预计不会用到这个东西。

只有58.2特混大队的战斗机编队遇到了可观的敌机，它们负责的区域是东京湾东面的千叶半岛，大约100架日机起飞迎战。“列克星敦”号的扫荡编队由VF-9中队长赫伯特·霍克带领，该中队起飞了五个小队，起飞后遇到了雨夹雪和狂风。好不容易才与VF-80和VF-45中队的飞机会合，然后一路向西飞行。到达海岸后天气略为好转，但是霍克看到主要目标木更津机场仍然笼罩在云层中，就带着编队前往香取市机场。中队长带着几个人俯冲下去扫射了一番，声称击毁8架飞机，可能击毁6架，击伤12架。此后爬升回接近2300米高度，转向茂原市机场，在这里他们遇到了前来拦截的日本战斗机。

日本陆航和海航在东京周围有很多部队，比如陆航的第47飞行战队装备了新式“疾风”战斗机，第23飞行战队则还在用古董的“隼”式。海航的部队则由零战和“紫电改”组成，包括201、252、302、601等航空战队。

最早与VF-9接触的日机看起来是中岛九七式，可能属于某个训练单位，5、6架九七式开始向“地狱猫”俯冲时零战出现了，有20至25架。尽管空战已经开始，而且立刻变得混乱起来，两个小队仍然在弗朗格上尉小队的掩护下扫射了机场，称击毁、可能击毁、击伤地面飞机各4架。

在茂原市机场上空的小队都被卷入了混战，开始做萨奇剪，打退连续以单机来袭的日本战斗机。弗朗格虽然想保持小队完整，但僚机仍在混乱中打散了，此后飞到千叶半岛东岸外八公里集结，却又遇上了另一场混战。

霍克带着他的小队扫射机场后正准备飞向集结点，零战开始从云底出现。中队长对着相同高度而且正在靠近他的零战打了个长点射，这是个45度的大偏角射击，但是他立刻发现只有一挺机枪在开火——寒冷的天气冻住了其他机枪。他看着零战拖着烟雾交错而过，开始进入俯冲，因为周围充斥着日本战斗机，他没法跟着下去追击。就这样在只有一挺机枪的情况下，霍克射击了多架零战，然后发动机开始运转不顺，他只好脱离空战飞向集结点。

霍克麾下的另一个分队也在空战中被打散了，零战出现时两名飞行员立刻开始做防御剪刀。长机威廉·爱默生中尉迎头打掉1架零战后不久，另一架零战咬上了僚机罗伯特·帕克少尉。爱默生转向这架零战，日本飞行员开始俯冲躲避攻击，帕克少尉滚转了半圈跟着零战俯冲，此后他就失踪了。他很可能被某架日本战斗机击落，在这种混战中单机追击敌机非常危险。

其他人的空战经历很类似，其中霍华德·哈德森上尉打得尤其沮丧，他已有两个战绩。这次打中了4架九七式，但是没有击坠其中任何1架，后来又打中1架零战右翼，但是也没将其击落。他的僚机倒是声称击落1架百式司侦。在这个问题上，亨利·钱皮恩中尉也许到了崩溃的边缘，他的机枪也出了毛病。“那天我的运气糟透了”，他回忆说，“我射击了几架飞机，检查了机枪发现只有三挺能开火，这意味着我的火力不足以打掉他们。我至少对着12架飞机开过火，我也许可以把他们全都打下来！”他击伤了6架飞机，每次都看着敌机从他旁边飞过，最后终于打中了1架零战的座舱和发动机区域，零战开始燃烧并失控，看起来子弹打中了飞行员。钱皮恩追上去又打了两个点射，零战爆炸了，成了他第一个战绩。

首次任务中，VF-9声称击落的敌机有14架，还有至少23个击伤战绩。主要是由于持续的萨奇剪机动，大部分射击时间都很短，再加上很多人的机枪被冻住了，导致火力不足，难以直接击落敌机。

较大部分战果由“汉科克”号的第80航空大队贡献，至少数字上看来如此，该大队的大队长是阿尔伯特·沃尔斯少校。他是位真正的老兵，从太平洋战争开始就参战，驾驶F4F战斗机，在上一代“列克星敦”号，接着是“萨拉托加”号和“企业”号上都呆过。不过第一次扫荡由VF-80的中队长勒罗伊·基思少校带领，他们这次有12架“地狱猫”升空。靠近海岸时云底升高到2300米，基思看见1架孤单的零战在八九公里距离外。中队长推满油门，追到机枪射程内将这架战斗机打得燃烧坠海。编队继续跟着VF-9的编队前往主要目标香取机场，到达后他们轮番扫射地面飞机和设施，还用火箭弹轰炸各种目标。才开始攻击时机场上的防空火力还比较弱，“地狱猫”点燃了机场西侧机库，拉起脱离时炮火才逐渐增强起来。

基思拉起脱离时正好迎面遇上1架“隼”，他直接迎头射击将其击落。接着按他的说法，日本战斗机“忽然从所有方向和所有高度”俯冲而下，接下来的一个小时就像中队日志里记录的那样“他们让我们苦战了一场”。

战况确实激烈，中队长又声称击落了3架飞机，1架中岛九七式、1架零战、1架也许是九九舰爆的飞机，这次出击总共击落5架飞机，成了一日王牌。他的僚机阿克曼少尉击落了1架准备咬中队长机尾的九七式，又另外击落1架零战和2架九九舰爆。与此同时，基思小队的分队长威廉·爱德华兹上尉从300米高度打到1200米高度，对着各种日本飞机射击，他声称击落2架九七式、2

架零战和1架“隼”。爱德华兹上尉后来说如果一直有效利用高度优势，只进行快速又角度陡峭的俯冲攻击，F6F可以让有机动性优势的日本战斗机无从发挥。

这次VF-80派出的第三个小队只有1架战绩，基思多少对他们有点失望。这次任务中，飞行员们总共声称击落24架飞机，再加5架可能击落。有一名飞行员因为发动机故障没能参战，还有一名飞行员的机枪在寒冷中全部卡壳。

回到母舰后，飞行员们清点战果，告诉还没起飞的其他人糟糕的天气、拥挤的机场还有看起来出色的战绩。VF-9的中队长霍克冲过中队准备室，一边往舰桥走一边脱飞行服。某个飞行员在他身后喊道：“战况如何，中队长？”霍克消失在舱门后，声音传回准备室，“零战无处不在”。

这天接下来的空战都以这个节奏进行。“列克星敦”号和“汉科克”号的战斗机继续演主角，VF-9中队的第二个扫荡编队包括了尤金·瓦伦西亚的小队，上午10点45分，他们随着大队长菲利普·托里起飞，钻进只有200多米高的雨云底。第80航空大队的第二个扫荡编队也由大队长沃尔斯少校带领，VBF-80出动了三个“地狱猫”小队，另外还有两个VF-45的小队也起飞加入编队。这次目标是印旛机场和周边机场群，实际上和第一次扫荡在一个大区域中。机群在路上只能依靠仪表飞行，直到海岸附近才从6000米高度飞出云顶。这里的云底也有所升高，到了2400米左右。

托里少校先带着编队在机场上空盘旋，没有发现战斗机和防空炮火，就和三个小队向机场下降，瓦伦西亚小队留在高空掩护。开始俯冲后日本战斗机出现，带着火箭的“地狱猫”迅速向机场方向胡乱发射了火箭弹，然后加入空战。空战持续了40分钟，不停地有小队零战和“飞燕”参加进来，后者可能是244飞行战队的飞机。

空战才开始的时候，瓦伦西亚在飞机后视镜中发现了什么，他在无线电中呼叫说不明飞机在6点高位置。然后立刻开始爬升转弯，暂时将米切尔中尉甩在后面，对着日本战斗机直飞而去。还在机枪有效射程外时，瓦伦西亚对着敌机发射了四枚火箭，127毫米高速空射火箭不是很适合对空，火箭弹飞行速度比机枪子弹慢很多，稍远距离上的散布也毫无规律，它们理所当然地全部落空。米切尔这时也转了过来，同样发射火箭而没有命中。米切尔向外看去，瓦伦西亚的飞机忽然消失在了右侧，于是他也不管那么多，总之先打开瞄准器，继续迎面飞向日机。他的第一轮射击命中了一架“钟馗”的发动机罩，发动机开始冒火，当米切尔转回来时看见日本飞行员已经跳伞逃生。

立刻又来了3架“飞燕”，这时小队的两个分队已经散开。1架“飞燕”从后方直奔瓦伦西亚，但是日本飞行员根本就没打中，然后直接超越了“地狱猫”，瓦伦西亚顺着这个节奏跟在了“飞燕”后方，一个长点射打中它的座舱和散热器。“飞燕”开始冒烟，接着起火并开始坠落。

分队长机詹姆斯·弗伦奇跟着“飞燕”中的某架急转，然后将它的机翼打燃。这时他开始担心找不到僚机史密斯了。他呼叫大队长，想知道史密斯会不会在集结点，但是没得到答案，只好自己继续空战，加入队友的行列。此后在集结点遇到了史密斯，弗伦奇说：“我还以为他被击落了，但是还好我们再度见面，他向我发信号表示击落了第一个日本佬。我也击落了第一个，我们都挺高兴的。”史密斯也击落了1架“飞燕”。瓦伦西亚的“飞行马戏团”就这样带着6

架战绩返航，他们自己毫发无损。

比尔·邦诺上尉小队中的一名飞行员打光了弹药，邦诺命令希尔卡恩上尉在僚机陪伴下返回集结点。途中他们被6架零战围攻，其中1架打中了希尔卡恩的“地狱猫”，在座舱位置造成爆炸，希尔卡恩可能当场阵亡，他的飞机也落进了海里。僚机则高速俯冲逃脱了攻击。

12点25分，日本战斗机开始慢慢散去，菲利普·托里带着他的小队飞往印旛机场。1架“钟馗”从云底出现，直接对着托里的飞机飞去。托里和日本飞行员迎头接近，他们互相射击，交汇后“钟馗”做了个半滚倒转机动向右侧拖离。几分钟后托里的飞机开始连续不断地俯冲爬升，僚机唐纳德·肯特中尉试图跟上，但在第三次俯冲后就再也没看见托里。他的“地狱猫”看不出明显损坏，可能本人受伤了。

米切尔回忆说：“我们回到船上，百感交集。菲利普·托里和另外两名飞行员失踪了。” 托里是个有能力，爱说俏皮话，也很受欢迎的领导。这件事打击了飞行员们的士气，霍克在给托里夫人的信中写道：“他是最好的伙伴，作为一个朋友，也作为一位领袖，他是我们的榜样。菲利总是比他应当的任务飞得更多。在这之中他赢得了大家的尊敬。”VF-9中队今天声称击落总计25架飞机，自身损失为3架。

参与第二波扫荡编队的VBF-80队员则在印旛机场上空遇到了大约30架日本飞机，他们声称击落其中13架。亚历克斯·安德森上尉以今日累计2架“隼”、1架零战、1架“飞燕”和1架“钟馗”的战绩成为一日王牌。大队长本人声称击落2架零战、1架九九舰爆和1架百式司侦，其他飞行员们击落了8架飞机。

与此同时，第80航空大队自己的扫荡编队在另一边奋战。中午时分，帕特里克·弗莱明上尉带着9架VF/VBF-80的混合编队前往茂原机场，他们轰炸了机场的五个机库，目测有三枚炸弹命中。弗莱明接着发现一些零战在高空飞行，于是他从下方偷偷爬升上去。日本战斗机完全没注意到“地狱猫”，2架被他打得起火坠落，另外2架俯冲逃跑。弗莱明追着这2架飞机，追到地面十几米高度，将它们打爆。此后又从正后方击中1架零战，虽然这架飞机被记为可能击落，弗莱明上尉仍然获颁海军十字勋章。加上护航任务中的空战战果，今日第80航空大队总共声称击落71架飞机，再加15个可能击落。不过他们两次任务都与VF-9共同进行，相同的空战条件下，后者的声称数里面击伤敌机多于击落敌机，第80大队的飞行员们可能将击伤也当做了击落上报，所以战绩高出很多。

“圣贾辛托”号的VF-45中队今天也表现出色，虽然作为轻型航空母舰的战斗机中队，他们飞机数量不多，但是在今日排名第二，总声称击落数为28架。他们多数时候都跟着第9大队和第80大队作战，中队长戈登·谢克特中校成了一日王牌。“独立”号的VF-46中队首次参战，在这个大场面中只击落了1架零战，还和其他中队分享了半架一式陆攻。

“大黄蜂”号的VF/VBF-17两个中队空袭了东京南面287公里的八丈岛，接着是滨松和立山机场，下午又空袭了横须贺和立山，但是空战战果不多。再加上“黄蜂”号的VF-81中队，添加了15架飞机到总战绩中。

“约克城”号的VBF-3中队在2月1日才脱离VF-3宣告成立，该中队在今日获得了23个战果。“伦道夫”号的VF/VBF-12第一攻击波包括16架“地狱猫”，由爱德·鲍卡带领前往攻击铫子机场，但是在这里没有击落敌机。此后卢·梅纳德上尉却获得了一个很特别的战绩，他的小队当时正在追击1架“飞燕”，这架飞机贴着海面跑得相当快，距离越来越远。梅纳德绝望地发射了一枚火箭，火箭越过“飞燕”落入水中爆炸了，冲击波震得这架飞机旋转坠海。

下午轰炸机和鱼雷机也开始加入空袭时，日本航空兵已经偃旗息鼓。第9大队的“地狱俯冲者”和“复仇者”轰炸了中岛飞机工厂，“地狱猫”还挂载了高速空射火箭。整个编队在空袭中都没有遇到日本战斗机，在用光挂载后开始返航。飞离海岸后，才有大约25架日本战斗机姗姗来迟，这些日机只追打落在后面的飞机。“地狱猫”在鱼雷机和轰炸机头顶做防御剪刀，以免日本战斗机攻击它们。被击落击伤几架后，日本人放弃了追击。

第五波扫荡编队向西飞行了更远距离，他们实际上到达了东京。第58.2特混大队的战斗机群遇到的天气比较好，VF-4的“地狱猫”和VF-84的“海盗”成为了第一批到达日本首都上空的舰载战斗机，不过遇到的敌机数量稍微少些，例如VF-4中队一整天才击落16架飞机。

16日结束时，各个舰载战斗机/战斗轰炸机中队总共声称击落将近250架敌机，“地狱猫”占了超过四分之三的战绩。同以往恶劣天气下的大规模混战一样，声称击落的飞机数量远远超过了日机实际损失数量。此外特混舰队的损失也比较严重，例如“黄蜂”号的VF-81中队在与日机空战中损失了5架飞机及其飞行员。VF-82中队在初次战斗中也打得很艰辛，4架“地狱猫”在厚木机场附近被日机击落。中队里最受欢迎的飞行员保罗·斯普拉德林少尉被友军误击中身亡，他当时正试图在水面迫降，第58.1特混大队的一艘驱逐舰将他当成了日本人，用舰炮向他射击。

天气本身也成了敌人，“伦道夫”号的VBF-12中队有三名飞行员由于空中相撞或者飞行事故身亡，包括中队执行官西曼上尉。这天结束后，VBF-12中队的飞行员罗伯特·加德布瓦在飞行计划表下方写下了这样一行字：“东京上

VF-82中队的“地狱猫”准备起飞，可见它们挂载了火箭弹。

2月17日的“约克城”号航空甲板。VF-3中队的“地狱猫”挂载了高速空射火箭，正要起飞。

空的第一天，东京玫瑰今天非常、非常安静。”这可以说是对日本人心情的最佳形容。

17日天气继续恶化，特混舰队头顶的云底下降到了45至60米高度，以至于很多计划好的空战巡逻任务根本就没法执行。随着VF-9中队参加了两个作战期的鲁本·登奥夫上尉现在领导一个VBF-12的小队。雷达发现有不明飞机正在靠近特混大队，天气预报说云顶只有1200至1500米高，于是登奥夫带着三名飞行员从“伦道夫”号的甲板升空，组成紧密编队开始爬升。到了所说的1500米高度根本见不到蓝天，继续爬到4500米仍然没有脱离云层。几位飞行员忙得不可开交，他们一直在靠仪表飞行，又要保持紧密编队，还要开始穿戴氧气面罩。

他们爬升到6700米高度后终于飞出云顶，此时已经距离母舰32公里远。登奥夫上尉回忆说：“我都不知道为什么居然没有在云层中失散。”战斗机引导官将他们引向不明飞机，登奥夫发现这些飞机是个“海盗”小队，询问他们是否需要帮助。“海盗”的飞行员们忘记了打开敌我识别器，在了解情况后谢绝了帮助。于是登奥夫带着小队向母舰返航，冲进云层后他一直觉得快撞进海里了。下降到30米高度后终于又看见了母舰，这时能见度也减少到了大约600米。幸好所有4架“地狱猫”安全着舰，登奥夫形容这次飞行是“战争时期唯一直到现在都让我做噩梦的经历”。

目标区域上空的情况也是如此，在米切尔中将取消进一步行动之前，只有少量战斗机扫荡编队穿过了云层到达目标上空。VF-9中队的四个小队起飞执行扫荡任务，VBF-80中队照常起飞了12架飞机参与行动，他们在云底和浪尖之间一路飞向海岸线。靠近海滩时一名飞行员叫道：“发现目标，陆地在2点钟方向八公里外。”另一人回答道，“我很好奇这是哪里？”第三个声音插进来：“我肯定这里是地狱，反正不是旧金山。”中途VF-9的飞机就开始出故障，几架飞机陆续返航，最后只剩下霍克和瓦伦西亚这两个小队。

赫伯特·霍克刚接过大队长职位，约翰·基钦上尉则接任中队长。他们先攻击了茂原机场，这里的天气还能让飞行员们进行一番扫射。攻击过后，霍克决定带队爬升高度飞往香取机场。两个小队在4200多米至4500多米高度遇到了日本战斗机，霍克命令开始做防御剪刀，这个机动很有效，每个分队互相掩护。霍克自己用大偏角射击命中1架零战，这架飞机正从他面前由左至右飞过，子弹打中了零战的发动机和座舱区域。日本飞行员进入半滚倒转，试图逃跑，但是大队长追了下去，再度击中飞机左翼。片刻过后僚机看见零战爆炸了，这是霍克的第六个，也是最后一个战绩。

瓦伦西亚看见1架零战正开始攻击霍克的另一个分队，他追上去，零战在飞过那个分队后进入了螺旋下降。他以90度偏角开始射击，开火同时拉杆切入零战航线，最终偏角只剩30度。被击中的零战从座舱位置冒出了一股烟，瓦伦西亚见状脱离了攻击，跟在他后面的弗伦奇看见零战飞行员跳伞逃生。五分钟之后，瓦伦西亚击落了另一架攻击霍克分队的日军战斗机。一架“隼”从一点方向对着霍克俯冲，瓦伦西亚拉起机头对着它打了个长点射，子弹打在“隼”的整个机身和机翼上。瓦伦西亚看着它燃烧并螺旋消失在云层中。

VBF-80的第一个扫荡编队由弗莱明上尉带队，在与VF-9分开后，弗莱明以击落4架中岛九七式揭开了今日的空战帷幕。此后VBF-80又击落了2架飞机，VF-80也击落1架“钟馗”和2架“隼”。

VF-81中队击落了11架飞机，谢里尔中尉达到了王牌标准。VF-4中队的战果是9架，该中队的莱尔德上尉在今日成了唯一击落过德国和日本飞机的“地狱猫”王牌。VF-32中队的霍利斯·希尔斯上尉确实也有同样的成绩，但是他在击落德国飞机时服役于加拿大空军。

第17航空大队今日四处出击，攻击了多个机场和横滨港内的船只。“伦道夫”号和“卡伯特”号的“地狱猫”空袭了立川发动机工厂，VF-29中队在这里击落了5架防御工厂的日本战斗机。回程时，第12大队的队长查尔斯·克罗姆林中校被几架“飞燕”偷袭，他的发动机出了毛病，转速只能达到每分钟2120转。克罗姆林只好一边躲避一边呼叫支援，博尔达克上尉和麦积利少尉及时赶到，击落2架“飞燕”。

“约克城”号的VBF-3中队又取得了13个战果，这两天空战后，约翰·琼斯中尉成了队里唯一的本土王牌。中队长弗里茨·沃尔夫少校也达到了王牌标准，但是要加上此前在“飞虎队”获得的战绩。大型战斗机中队拆分时，转到VBF-80的帕特里克·弗莱明连续两天声称击落4架飞机，现在他的总击落数增加到18架，目前是特混舰队中战绩最高的王牌。

这天著名的日本王牌飞行员武藤金义驾驶一架橙色的测试用“紫电改”升空迎战。日本的宣传上说他一个人迎战了12架“地狱猫”，把他塑造成了孤胆英雄，但是实际上还有另外九名日本飞行员参战。对手VF-82中队则总共损失了4架“地狱猫”。

航空局编号78846，这架F6F-5隶属于VF-3中队。在空袭东京的战斗中方向舵被打了一个大洞。

17日的混战中，各“地狱猫”中队声称击落68架敌机，“海盗”中队另外有29架声称击落数，这个战果仍然不可靠。这两天“地狱猫”和“海盗”机队总共声称击落将近350架飞机，地面摧毁190架，这也许是美国海航战果判定最离谱的一次，日军记录说在空中被击落的数量只有78架，这意味着大部分飞行员实际上没有击落日本飞机。但对于日本人来讲这并不值得欣慰，首都上空出现了庞大的美国舰载机群，而保卫本土的战斗机部队又完全无力阻止他们。不像那些从看起来遥不可及距离起飞的超重型轰炸机，现在美国舰队逼近了，恐慌开始在民众之间蔓延，这预示着战败的结果。

空袭结束后，舰队总共损失了60架各型飞机，不过部分飞行员被救回。其中之一是VF-29中队的罗伯特·布坎南少尉，当他在给前往攻击立川发动机工厂的机群护航时，中队在某个机场上空与日本战斗机交战。飞行员们总共声称击落5架敌机，外加2架可能击落，布坎南少尉的飞机被击中，他只好在东京湾的湾口处迫降。阿尔弗雷德·费克上尉和他的僚机联络了50公里外的救生潜艇“鲳鱼”号，他们两人在潜艇和布坎南少尉上空掩护超过一小时。水域中可能有雷区，海岸附近的浅水也很危险，再加上十来个日本机场就在80多公里开外，“鲳鱼”的舰长约翰·赫斯中校仍然决定执行营救。这次大胆的营救行动还另外捞起了一名第17航空大队的飞行员。VF-29中队非常感激这个行动，称“鲳鱼”的行为足以让好莱坞嫉妒得脸红。

飞行员亨利·罗兰中尉与飞机方向舵合影留念，在战斗中他声称击落1架日机。

影响击落判断的恶劣天候在另外一个方面表现得也很厉害，实际上在损失的飞机中，由于各种事故造成的多达28架。到了中午时分，所有编队都已返航，特混舰队离开日本海岸向南驶向硫黄岛。在空袭开始之前，美国人对大东京地区的防卫力量缺乏可靠情报，有些中队情报官一度认为有5000架战斗机保卫帝国首都，起飞机群将会是10:1的数量劣势，但是最后遇到的抵抗远低于预期。日本电台在缓过劲之后倒是照常瞎吹，东京电台说美国人在损失了142架飞机和20艘战舰后被击退，其中还包括一艘舰队航空母舰。

这就是最后六个月战争的开幕式。

2月18日，舰队即开始空袭父岛，岛上机场、水上飞机基地、防空炮阵地和附近船只都受到了轰炸。19至22日之间，舰队持续为硫黄岛登陆战提供空战巡逻掩护和近距离空中支援。

23日特混舰队掉头北上，再度试图空袭东京周边地域。舰队在24日撞进了风暴，导致一艘驱逐舰沉没，一艘严重受损。战列舰和巡洋舰尚好，航空母舰则不那么愉快，大浪冲上“伦道夫”号甲板，打烂7架飞机，毁掉了舰首的40毫米高炮炮位和侧舷走廊。在这种情况下，空袭只能直接取消。

攻击继续推迟，直到25日之后天气稍微好转，但是大部分作战计划仍然无法执行。只有很少战斗机扫荡编队到达目标地域，第12航空大队就是其中之一，他们在空战中声称击落8架敌机。VF-3中队运气也不错，击落了9架飞机。VF-81中队今天打了最后一仗，获得了4个战果，3月初该中队的作战期结束了，下船回家。

到了26日，美国人还顽强地想继续空袭，但是天公不作美，特混舰队最终转向南下。

3月份是多事的一个月，特别是对于第58特混舰队的战斗机飞行员来说尤为如此，因为冲绳岛战役即将开始。3月1日，第80航空大队攻击了九州到冲绳岛之间的海运线，直到下午之前都没有任何日本飞机出现。当3架九七式重轰炸机出现时，VF-80的“地狱猫”

2月19日，这架“地狱猫”左侧副翼被整个打掉，但仍然返回了“约克城”号航空母舰。

1945年2月26日，由于阻拦索断裂，这架“地狱猫”撞上了“桑加蒙”号护航航空母舰的舰岛。这张照片正好在撞击瞬间拍摄，飞机左侧主油箱被撞破，燃油全都喷了出来，断掉的阻拦索也在天上飞舞。尽管看起来很糟糕，飞行员本人却没有受伤，可见格鲁曼飞机的坚固性。

2月25日，VF-9中队正从“列克星敦”号起飞，前2架飞机已经挂上了弹射器。

同一天的照片，VF-9中队的阿尔顿少尉在降落时撞进了阻拦网。阻拦网的钢索将副油箱扯烂，油箱内的燃油正在泄漏。

泄漏的燃油很快被发动机排气焰点燃。还好少尉成功逃生，只是受了点伤。

追之不及，只击坠了落在最后的1架，半小时后2架一式陆攻现身，这次的2架飞机都没有跑掉。此后特混舰队为了补充修整返回了乌利西环礁。

11日傍晚，舰队从乌利西环礁起航前三天，锚地上演了一场烟火秀。16艘航空母舰正在这里修整，日本人不请自来。24架双发轰炸机从南岛出发，飞过1200多公里距离偷袭美国舰队。最后只有3架“银河”轰炸机到达乌利西环礁，1架撞毁在环礁上，1架掠过1艘航母，撞进了海里。但是最后1架运气相当好，一头撞在“伦道夫”号船尾。爆炸和火灾毁灭了航空母舰的后部甲板和机库，使它退出战斗接近一个月时间，另外有30多人丧生或失踪。还好撞击发生时大部分舰员和航空大队人员都挤在前机库看电影。第12航空大队

1945年2月，VF-82中队的“地狱猫”正在起飞。

“列克星敦”号航空母舰准备室，1945年3月13日拍摄。飞行员们后面的墙上写着“开往东京”。

1945年3月，“伦道夫”号航空母舰上的新“地狱猫”。大部分飞机在发动机罩和垂尾根部有数字编号，但是这架飞机只在垂尾根部有一个C字，这可能是大队长的座机。

VF-17中队的F6F-5正要起飞，摄于1945年3月。

由此错过了冰山行动的开头。但是大队长查尔斯·克罗姆林中校一如既往地走了些关系，让他自己临时编制在另一艘航空母舰下。但是非常不幸，在登陆前三天的3月28日，他在一场空中撞击事故里身亡。

为了给冲绳岛登陆战做准备，米切尔中将计划先用两天时间空袭九州，尽量先期消灭自杀飞机和打击日本海军。

3月18日早晨，战斗机扫荡编队从九州东南150公里处起飞，目标覆盖45个日军机场。庞大的美国舰队没有逃脱日本侦察机的追踪，所以日军早已获得警报。大部分机场上只有少量飞机，其余飞机不是早已向北撤离出美国战斗机作战半径，就是起飞前往攻击美国舰队了。不过VF-17中队在鹿屋周边打了一场大仗。

接近鹿屋时，VF-17中队的20架“地狱猫”发现1架孤单的零战，托马斯·哈里斯上尉和他的僚机解决了这架飞机。然后毕比少校带着6架“地狱猫”向机场俯冲，此时日机正开始起飞，另外两个“地狱猫”小队仍然保持在上空掩护。在几次快速的对地扫射后，飞行员们称击毁地面日机15架。接着大量零战、“疾风”、“飞燕”俯冲下来与VF-17中队打成一团。在低

VBF-17中队的飞机正在提升到甲板上。

“大黄蜂”号航空母舰上整装待发的F6F机群。

“邦克山”号航空母舰的VF-84中队实际上是一个“海盗”中队，但是由于缺乏夜间战斗型号和照相型号，该中队装备了10架夜间型和照相型“地狱猫”。这张摄于1945年3月6日的照片上可见6架F4U-1D，3架F6F-5P，4架F6F-5N。在空袭九州的三周时间内，为了便于空中识别，飞机的发动机罩均涂成了白色，不过夜间战斗机除外。

除了VF-84中队以外，第84航空大队还包括VMF-221和VMF-451两个陆战队的“海盗”中队。近处的2架“地狱猫”是VF-84中队的F6F-5P。

空混战中，毕比声称击落3架“疾风”和2架零战，他手下的一个小队长罗伯特·科茨上尉也称击落5架飞机，全部是零战，该中队在一场空战中产生了两名一日王牌。当上午结束时，全中队总共声称击落32架日机，再加3架可能击落，自己无一损失。

因为“列克星敦”号回国修理改装，VF-9中队转到了“约克城”号上。他们今天负责清理九州东北部的三个机场。第一个空袭编队除了四个“地狱猫”小队，还有12架“地狱俯冲者”和13架“复仇者”。目标地点之一的大分机场上空云层较多，赫伯特·霍克带队从一个云洞中穿下去进行了空袭。第二波攻击编队还包括了VF-10中队的“海盗”，空袭了宇佐机场，但是仍然没遇到日本战斗机。同时，VF-9中队在築城机场上空的三个小队总算见到了几架飞机。飞行员们击坠1架九九舰爆，另一架舰爆奇迹般从5架“地狱猫”的围攻中溜掉，它下降到低空，沿着山丘贴地逃离。

此后，特混舰队连续空袭了九州多个机场，但是日机没有再大规模回击，“地狱猫”飞行员们只在陆地上空击落了另外4架飞机。

其他日军飞机倒可以说稍微成功，其实今天有总共多达440架次日机起飞，日本陆地机场与美国特混舰队呈现出对攻的态势。相当部分日机找到了美国舰队，它们对快速航空母舰编队实施了多次攻击，第58.4特混大队作为被攻击的焦点，“企业”号、“勇猛”号和“约克城”号都略微受损。负责拦截的“地狱猫”和“海盗”在舰队附近空域大打出手，在空战巡逻的VF-29中队

3月18日，VF-9中队参与空袭了多个日本机场。这是赫伯特·霍克带领第9大队空袭大分机场的照片，在这次空袭中，该中队声称击毁地面飞机17架。

VF-9和VF-10中队在18日空袭宇佐机场的照片。VF-9的飞行员们称在地面击毁3架飞机，击伤15架。

就击落了10架飞机。加上在九州上空的战绩，今日总声称击落数达到了102架。在日本这边，总共110架飞机，其中包括32架“神风”自杀机没有返航，当然有不少飞机被舰队的高炮击落，即使考虑到这点，今天的战果统计仍可以说比较准确，至少比空袭东京时好多了。

第二天，特混舰队开始攻击濑户内海沿岸日本船只，主要目标是吴港内的日本海军大型舰艇，几乎所有战斗机中队都带着高速空射火箭和炸弹起飞，因此减少了在日本机场上空的巡逻战斗机数量。

五个VBF-17的“地狱猫”小队在早晨6点18分起飞，他们在集结后向吴港进发。本来预定和16架“海盗”会合，再协同空袭吴港地域的机场，但是后者巡航速度更快，在“地狱猫”到达前就迫不及待地投入了战斗。VBF-17的飞机在大约3960米高度巡航，接近目标时，一队日本战斗机冲上来拦截，这些飞机是343航空队的“紫电改”。今天这支日本海航的精锐部队大规模出动拦截美国飞机。343航空队的飞行员表现得既有能力又富有攻击性，有效地缠住了美国战斗机。罗伯特·克拉克中尉一开始被这个阵势吓到了，他看见一大群飞机从侧面飞来，而且显然不是友机。克拉克在空战中声称击落2架敌机，他的回忆比较具有代表性：

飞行员们在无线电中叽里咕噜地叫个不停，有人需要帮忙，有人大声建议。我注意到头上高出大概1000米的位置有一圈日本飞机，他们似乎在整场空战中都在那里闲转，但是我很快看出了其中的玄妙。那是个防御圈，第一次世界大战式的，他们在等着1架“地狱猫”飞进去咬住其中某个日本佬的尾巴，然后就能抓住他把他打掉，再回到上面的防御圈内。这个战术生效了，1架“地狱猫”从我旁边尖啸着俯冲而过，它的机腹副油箱着火了。有人在无线电里狂叫“扔掉它！看在上帝的份上，扔掉它——你着火了！”天空被燃烧的飞机变成了万花筒，还有一闪而过的机徽和长枪一般的曳光弹。四五个降落伞在天上飘，缓缓朝下落去。

回到“大黄蜂”号之后，我们集结起这次悲惨扫荡的幸存者。我们损失了8个人，击落了25架日本飞机。另外发现我们的俯冲轰炸机和鱼雷机以最小代价成功攻击了吴港。

实际上在交战开始时，第343航空队的“紫电改”有高度优势，而且背向阳光。“地狱猫”不得不拉起机头朝向“紫电改”，交火开始后立刻就有2架被击中。然后混战开始了，343航空队表现相当不错，从高空以2架飞机的分队为单位俯冲攻击，爬升后再度俯冲攻击，还会从两侧同时攻击。他们的战术和协调水平倒是与美国海航的很接近，或者说与其他大部分日本战斗机部队不同，跟上了时代发展。VBF-17中队的飞行员们立刻意识到了这些日本战斗机非比寻常，这场空战不会那么容易得胜。

在混战中，查尔斯·韦斯上尉不停地对周围飞机射击，他声称击落2架飞机，击伤3架，但是没能返回母舰报告他的战绩。1架“紫电改”从后方向他猛烈射击，他震惊地看着仪表盘在面前炸裂，本能的规避机动让他从这次攻击中活了下来。而后他又看见另一架“紫电改”俯冲下来，就拉起机头对着它射击，但是发现副翼已经没反应了。2架战斗机互相击中了对方，韦斯最后的记忆是飞机机翼撞到一起，他被甩出了机舱，眼前一黑。恢复知觉时他已经挂在降落伞下飘荡。

理查德·摩尔上尉的分队

表现也不错，他先咬住了1架日本战斗机，僚机盖洛德·埃德灵少尉紧跟在他后面。这时2架“紫电改”突然冲到“地狱猫”之间，埃德灵少尉咬住左后方的1架，从大约270米距离上射击，子弹击中“紫电改”座舱周围，它忽然向左转向落进海中。然后埃德灵与小队失散了，他聪明地决定返回母舰，途中从日本战斗机炮口下逃脱两次。

摩尔咬住1架“紫电改”，将它打得碎片乱飞，然后“紫电改”翼根冒出火苗，并开始坠落。上尉想最后解决这架飞机时，他自己的“地狱猫”不知被谁打中了。滑油溅满了风挡，发动机顿时开始震颤。他也开始返航，途中被“紫电改”追击，一度右翼起火。在发动机停机后他迫降在水上，只漂了15分钟就被潜艇救走。

扣除被救回的两人，VBF-17损失了六名飞行员，三人被俘、三人阵亡。而第343航空队损失了四名飞行员。在第一场大战中，日军343航空队证明了他们的实力，足够与美国海航正面对抗。

VBF-17的任务报告这样写道：“这个中队的飞行员更有经验，这些参加了狗斗的人比在东京地区遇到的日本飞行员强很多。他们操纵飞机的能力很好，特别具有攻击性，而且组织、纪律、战术都很好。他们的战术与美国海军的类似。在战斗飞行中表现出了良好的训练和经验。”不过由于认不出“紫电改”，“地狱猫”飞行员们上报的敌机型号各种各样，“疾风”、“钟馗”、零战都有。

在前一天空袭各处机场之后，19日特混舰队的目标转向了吴港和周边地域。

日军343航空队的报告也表现出了对敌人的尊重：“美国飞行员大多数都是哈尔西和斯普鲁恩斯指挥下的老兵。此外我们的对手都是战斗机飞行员。这点从他们坠毁的飞机上可以看出来，涂装有胜利标志。”

另外许多中队都参与了吴港空袭，VF-9和VF-83的“地狱猫”就在VBF-17中队后面不远，他们在不久之后也进入了战区。

VF-83的任务报告中说六名飞行员与20至30架日本战斗机交战，声称击落5架“雷电”和1架“隼”，还有1架可能击落。他们确实击落了飞机，不过型号也认错了，实际上只有407中队的16架“紫电改”前来迎战。令人惊讶的是日本战斗机经常放下襟翼，让攻击的“地狱猫”超前。虽然身处混战之中，“地狱猫”飞行员们仍攻击了机场上的飞机，发射了57枚空射火箭，然而那些“飞机”实际上只是“紫电改”模型，还被飞行员们当成了“隼”。虽然日本人声称在空战中击落了这一波“地狱猫”中的几架，但是VF-83中队的飞机基本都返航了，只是3架飞机上有些机枪弹孔。唯一的损失是因为飞机燃油耗尽，而非在空战中被击落。

防空炮的威胁丝毫不比“紫电改”小，VF-9中队的1架“地狱猫”在低空扫射后，整个垂尾和平尾都被打没了。它被防空炮直接命中，飞机当场坠毁在一个机库上。伯特·埃卡德上尉的小队遭遇了一组日本战斗机，可能有6至10架，在接下来的空战中，埃卡德上尉声称击落1架“疾风”，但是这架飞机也很可能是343航空队所属的“紫电改”。日本战斗机先下手，它从后方向埃卡德攻击，但是没有打中而且超越了“地狱猫”。埃卡德对着超前的日机射击，它开始冒烟，此后僚机凯林少尉看见这架飞机坠毁了。凯林少尉自己在稍后的空战中击落1架零战，还声称可能击落1架“钟馗”。

特混舰队向吴港和周边地域派出了超过300架次飞机，12个战斗机中队派出了总共111架“地狱猫”和52架“海盗”参战。另外还有15个轰炸机或者鱼雷机中队参加了空袭。VBF-17中队的击落声称数最多，在九州上空击落25架日机。VF-83中队前一天刚换下VF-4中队，该中队的飞行员在今日击落9架飞机，是个不错的开头。再加上其他战斗机中队，总声称数为63架。日本海军第343航空队的声称数则为52架，还不包括其他部队的声称数，双方的战果记录都非常不可靠。第58特混舰队实际在空战中损失了14架战斗机，其中还包括返回后被扔进海里的飞机。战斗机飞行员损失则为10人，其中两人在扫射机场时被防空炮击中身亡。另外“地狱俯冲者”和“复仇者”分别被防空炮击落了11架和2架，没有飞机被战斗机击落。第343航空队总计损失了15架战斗机和13名飞行员，还有1架“彩云”在侦察时被击落。

第343航空队司令官源田实对第343航空队的声称战绩相当满意，但是长远来看，战斗结果对他的部队很不利。美国海航的训练和编制方式让他们拥有远比航空母舰多的战斗机中队。而且所有中队都以老兵搭配新兵的方式编成，这样能让各个部队保持较为均衡的战斗力。而第343航空队却相当程度地集中了日本海航残余精锐，由于343航空队的飞行员损失数高于美国海航，即使在战斗层面上打了个平局，在战役层面上却只能算是败仗。

源田希望在战斗机对战中证明实力，他确实做到了，他的部队给了许多美国战斗机飞行员当头一棒。但这算不上是个好政策，对于防御方来讲，最优先的目标应该是不要让敌机扔下炸弹。源田直接放弃了这个目的，343航空队如果能优先截击攻击机群，让其他航空队拖住“地狱猫”和“海盗”，就不至于让“地狱俯冲者”和“复仇者”中队可以比较自由地轰炸了。只要有足够的截击机出现，不管飞行员水平如何，都可以较为容易地逼迫携带炸弹的战斗轰炸机抛弃外挂进入空战，这样即可削弱敌军的打击能力。对于日本人来讲运气颇好，美国人的鱼雷机和俯冲轰炸机在混乱的战场上表现不太好，他们炸伤了三艘航空母舰、两艘战列舰和一艘轻巡洋舰，但是没有击沉任何一艘。第二个问题是美国海军的空海救援迅速而且有效，7名战斗机和轰炸机飞行员因为战损或者燃油耗尽在海面迫降，此后被水上飞机或潜艇救走。所以飞行员损失反而低于在本土作战的日本航空兵。这倒不是源田的错，由于特混舰队经常控制着海洋和天空，日军很少能阻止救援行动。

实际上，当天日军航空兵的轰炸机取得了远超第343航空队的战绩，他们继续和特混舰队对攻，几架轰炸机穿过了防空网，成功命中航空母舰两次。早晨大约7点，一枚穿甲炸弹击中“黄蜂”号，穿透甲板后又穿透机库甲板装甲，最后在乘员舱爆炸，造成了370人伤亡。几乎同时，另1架轰炸机将两枚穿甲炸弹投到“富兰克林”号上，这时甲板上堆放了31架满油满弹的飞机，机库内的22架飞机中也有16架满油，还有5架挂载了武器。日本炸弹引发了连锁爆炸，从机库到甲板上的飞机都被引爆，12枚小提姆火箭弹也跟着爆炸了。一时间爆炸、火焰、浓烟将战舰完全笼罩，最终损管队员通过超人的努力将它救了回来，船员和第5航空大队总共伤亡1200多人，“富兰克林”号和搭载的航空大队都只能退出战斗。

3月21日下午，另一种新的自杀方式出现了——火箭动力的樱花自杀飞机。美国人在二月就知道了这种飞机的存在，把它们称为“八嘎炸弹”，八嘎这个词在日文中是笨蛋的意思。但是这种武器本身非常危险，与这个绰号听起来给人的印象完全相反。

当天下午，18架挂载了樱花的一式陆攻机在30架零战护航下飞向第58.1特混大队。到达距离舰队约113公里时，VF-17和VBF-17中队各有一个小队从“大黄蜂”号紧急起飞，“贝劳森林”号的VF-30中队另外派两个四机小队来支援。VF-30中队的飞机上前牵制零战，“大黄蜂”号的战斗机则直取一式陆攻。

“地狱猫”一遍又一遍进攻，有条不紊地挨个击落那些慢速而笨重的陆攻。VBF-17中队的亨利·米切尔上尉先击落了4架陆攻，接着看见1架俯冲到海平面高度往回逃跑的飞机，米切尔飞到这架陆攻头顶，向下逼迫日本飞行员。这架飞机被他挤进了海里。此外墨累·温菲尔德上尉也声称击落4架陆攻，其他飞行员击落了剩下9架。空战在20分钟内就结束了，只有1架VBF-17的“地狱猫”被击落，换来了击毁全部18架陆攻机和它们挂载的樱花炸弹。负责掩护的VF-30中队则声称击落12架零战。

接下来几天又开始下雨，天空中布满了雨云，日军空袭暂停了一段时间。各个航空大队则抓紧机会在风雨中继续空袭冲绳岛的各处日军目标。

28日，VF-45中队的飞机从“圣贾辛托”号起飞执行搜索任务。哈里·斯温伯恩和他的队友们想找出一些大型船只，但是却没那么好运气。不过他们发现了几艘大约18米长的小炮艇。斯温伯恩的崭新“地狱猫”挂满了高速空射火箭弹，他向这些小船俯冲下去，接近到“不可能打歪”的距离上。此前他曾经被这些火箭的精度吓到过，它们经常乱飞，所以他必须飞近到几百米距离上再发射。第一轮两枚火箭命中了，撞在一艘炮艇上爆炸，碎片漫天飞舞，打在他光鲜的飞机蒙皮上。第二次攻击时，斯温伯恩在稍远的距离上发射火箭，另一艘船被击中爆炸。

接着VF-45的飞行员们开始用机枪扫射其他炮艇，剩下的船试图在周围俯冲的“地狱猫”之间闪躲，并用机枪和小口径机关炮反击，但却没什么效果。大部分小船很快就被击沉或者开始熊熊燃烧，然后领队下令停止攻击。此时正在低空飞行的斯温伯恩决定对最后一艘还在移动的炮艇扫射一轮。

这次他看见一串曳光弹直飞而来，一发20毫米炮弹打进左侧机翼。然后机翼开始燃烧，受热的机枪自己开始射击。斯温伯恩只好飞开，转

转瞬即逝的“樱花”

在日本人绝望的自杀狂潮中，各种各样的飞机都挂载了炸弹向美国舰队冲过去，其中“樱花”是自杀飞机的巅峰。

樱花自杀飞机设计得简单而且直接，或者说可以算是一种由人操纵的导弹，它有一个雪茄形机体，加上短小的机翼和两个方向舵，座舱位于后机身。樱花11型能在机头安装1200公斤的弹头，最大平飞速度为每小时650公里，俯冲时的瞬时最大速度可以达到每小时1000公里以上。飞机发动机是一台固体燃料火箭发动机，火箭发动机带来的飞行速度指标与飞机加速性能比较优越，开始加速后，当时任何服役中的美国舰载战斗机都不能有效追击。但是固体燃料发动机的工作时间相当短，使得樱花炸弹航程很近，必须由母机挂载，飞行到舰队附近再投放。樱花载机都是改装过的一式陆攻，在机腹挂载一枚樱花炸弹，炸弹的重量和阻力使得载机非常笨重，更容易被拦截。

此后还有一些其他不同发动机和载机的改型“樱花”，但是只有11型投入了实战。

在博物馆中展出的“樱花”炸弹。

向其他方向，免得机枪打中队友。终于，打空了子弹的机枪停下了嘶吼，机翼上的洞看起来很大，持续的火焰还把它越烧越大。他打开座舱盖并站起来准备跳伞，但是耳机线把他扯回来，这时才发觉其他人正在跟他说话。

队友劝他在水面迫降，斯温伯恩突然想到这真是个糟糕的主意，海面上满是漂浮的日本水兵，他们刚刚才被猛敲了一顿，肯定怒火冲天。他宁愿呆在飞机里，保持在跳伞高度直到翼梁被烧断或者油箱着火为止。中队开始向母舰返航时，他的机翼还在缓慢燃烧。在落日余晖下，这个大洞看起来相当显眼，还一路冒着火星和一点很薄的火焰。大家都觉得肯定是飞机的左侧主轮在机翼内燃烧，斯温伯恩曾经一度想放下起落架，但是这又可能造成更多问题，而且会让他的回家之路更为漫长。

回程有大概380公里，途中火焰自己熄灭了。因为黑暗降临，机翼上的大洞也看不清了，让斯温伯恩莫名松了口气。回到舰队上空时他又悲喜交加，处于友军之中让人安心，但是“圣贾辛托”号拒绝他这架严重损坏的飞机在夜间降落。眼看着中队的战友们着舰完毕，留着他一个人在天上盘旋。

这时“大黄蜂”号发电说可以接收他的飞机，埃塞克斯级航空母舰的甲板更大，有助于避免事故。斯温伯恩兴奋地在黑暗中寻找“大黄蜂”号，其间错误地向某艘驱逐舰降落，还好在撞上前及时拉起。终于他对准了航母，他告诉降落信号官现在的情况：没有襟翼、一侧机翼上有个大洞、很可能只有一侧机轮，他不可能复飞。空速表也在很早之前停止了工作，现在只能靠感觉飞行，尽可能降低速度。

斯温伯恩很清楚自己的状况，这架“地狱猫”要以高于正常的速度着舰，否则那个大洞和无法使用的襟翼会让飞机失控坠海，他应该比平时飞得快10至15节。当“地狱猫”接近甲板时，信号官发出了“过快”的信号，接着又改成“严重过快”，但是斯温伯恩毫无办法。

信号官终于发出“停止”信号，虽然这可以说是个强制命令，但是斯温伯恩很聪明地选择了执行时间，稍微等了一下才收油门。“地狱猫”的左轮烧得只剩下支柱，切过两根阻拦索，接着着舰钩钩住了另一根让飞机停下。斯温伯恩坐在座舱里回想刚才的危险情况，降落信号官跑过来与他交谈。信号官说根本没听到飞机损坏了，他只听见“不能复飞”几个字，以为飞机只是没油了。筋疲力尽的斯温伯恩还是谢过了信号官在这次危险降落中给予的帮助。

这架“地狱猫”被认为缺乏修复价值，第二天斯温伯恩看了一遍机翼，上面的洞可能有两平方米大。地勤们拆下了毫无损伤的座舱盖，斯温伯恩说服他们把只用了八天的时钟拆给他。飞机剩下的部分被拖到船舷扔进大海。

总的来说这天没发生多少空战，VF-17中队在九州南部进行了一次扫荡任务，只击落2架飞机。VF-82中队另外击落了5架飞机，包括1架拖着滑翔机的九六式陆攻。

29日，VF-46中队前往鹿儿岛执行扫荡任务，由队长卡尔·鲁尼中校带队。他们自称在这里与日本陆航的“疾风”发生了空战，但是这种新型战斗机这次表现不佳，中队长本人击落1架，其他飞行员击落另外4架。

4月1日，冲绳岛登陆开始了。这个大岛距离九州最南端只有560多公里，这意味着它在日军陆基飞机作战半径内。美国海军集结了1400艘各种船只进行这场战役。特混舰队则有11艘埃塞克斯级航空母舰和6艘独立级轻型航空母舰，它们分成四个特混大队，搭载的战斗机则有大约850架。因为舰队一直停留在冲绳外海很小的一块海域中，使得日军可以毫不费力地找到主要目标。而且舰队在这个危险的海域呆了两个月，从三月中旬一直到五月中旬。

对于美国舰队来说，这可能是整个太平洋战争中最难忍受的两个月。日本统帅部不想丢掉冲绳岛，这里是一个登陆日本本土的理想基地。所以日本航空兵不断进行大规模自杀袭击，同时夹杂着常规空袭，美国飞行员和船员在这种压力下连续作战。战斗机飞行员们的责任和压力都最大，他们的第一任务非常单纯而又无比重要：在攻击者撞上航空母舰之前将他们击落。同时还要执行攻势任务，打击日军船只和进行对地支援。

为了改善预警态势，冲绳岛周围建立了16个前哨雷达站位。冲绳岛西岸陆地尖端的残波岬被称为“博罗点”，所有哨戒雷达站位都以这里为基点。站位距离“博罗点”的平均距离是52海里，其中PR-13号位置最近，距离海岸仅有29公里，PR-8号距离最远，在东南方153公里以外。每个站位通常由两艘驱逐舰巡逻，船上都搭载了接受过严格训练的战斗机引导小组，此外还有一些辅助船只支援。

登陆战役开始的头两天，各“地狱猫”和“海盗”中队顶着坏天气对岛上目标执行战斗机扫荡任务，各处机场被打了个遍，日本航空兵基本没有起飞拦截。

4月3日发生了第一次规模稍大的空战，VF-47中队在喜界岛机场上空巡逻时遇到了日机，中队的11名飞行员宣称击落了其中10架。在特混舰队周围的空战巡逻机则打散了一些小型混合编队，VF-83中队诞生了第一名王牌飞行员，泰德·科尔曼上尉。VF-29中队也在这些战斗中击落10架飞机。

登陆日后五天，日军开始发动菊水一号特攻。4月6日，日本航空兵起飞了355架自杀机，再加上大约340架战斗机和轰炸机参与行动。

下午和晚上，在冲绳岛与舰队上空爆发了一系列大规模空战。第58.1特混大队的三个战斗机中队最先遇上连续不断的日本飞机。第17航空大队的17架“地狱猫”拦截了“一窝蜂准备自杀的日本人”，这些飞机正向登陆场方向飞行。“大黄蜂”号的飞行员们猛冲进去敲掉其中33架飞机，接着其他中队才到场支援。在这场空战中，威利斯·哈代上尉声称击落1架零战、2架“彗星”和2架九九舰爆，击落最后1架时只有一挺机枪还能开火。下午晚些时候，两个执行空战巡逻任务的VF-17小队在舰队北面攻击了一个日机编队，这个编队全是九九式和“彗星”俯冲轰炸机，8架日机被击落。当天的战斗结束后，“大黄蜂”号的VF/VBF-17两个中队总声称战绩分别累计到了25和21架。

VF-30中队遇到的空战完全按“地狱猫”飞行员们的节奏进行，他们把这次战斗称为“第二次火鸡大狩猎”。下午3点30分，在冲绳岛上空，吉莱斯皮上尉指挥的14架F6F-5到达巡逻位置后立刻开始遇到多个小规模日机编队。在持续两小时的空战中，以编队或者单机来袭的九九舰爆、零战、“钟馗”还有少量“隼”，总数大约达到了60架。“地狱猫”飞行员们发现对手毫无空战经验，而且缺乏攻击性，射击技术更是糟糕透顶。每个飞行员都击落了日机，在回到“贝劳森林”号航空母舰时，只有1架“地狱猫”受损，这架飞机被打了16个洞。开洞的子弹是美国12.7毫米航空机

VF-30中队的“地狱猫”正在起飞，摄于4月28日。

这架VF-30中队的“地狱猫”在冲绳岛上空被高射炮击中，飞机损伤不小，但是成功返回了“贝劳森林”号。

4月1日冲绳岛战役打响时，“安提坦”号航空母舰正在海试。舰上有两个战斗机/战斗轰炸机中队，VF-89中队装备的是“地狱猫”，VBF-89中队则装备“海盗”。这张图正好展示了这两种战斗机最主要的挂点区别，“海盗”在每侧机翼下有四个火箭挂点，“地狱猫”要少一个。

枪发射的，原因是1架夜间型“地狱猫”兴奋地打错了人。

VF-30中队的14名飞行员总共获得了26.5架击落战绩，包括14架零战、5架“钟馗”和2架“隼”。今日击落数最高的全是少尉，其中三人成为了一日王牌：卡尔·福斯特6架战绩、肯尼思·达姆斯5.5架战绩、尊尼·米勒5架战绩。米歇尔·马佐科击落了3架敌机，再加3个0.5架的分享战绩，总计4.5架。另外还有三名少尉各击落了4架飞机。4月6日结束时，VF-30中队的击落总数累积到了47.5架，中队长汤姆林森发电询问特混大队指挥官克拉克少将“这超过捕获量限制了么？”克拉克少将回电：“没有……现在自由打猎。”

VF-83中队对现在的状况挺满意，他们从早晨打到下午，累计声称击落56架敌机，打得顺风顺水。夜间战斗机飞行了四个架次，它们为中队贡献了9架击落数。其他46架战绩在两次任务中获得，一次是搜索船只，另一次是空战巡逻。搜索任务的飞行计划是向西北方向飞行480公里，由15架“地狱猫”和12架VBF-83中队的“海盗”共同执行。机群以小队分组，每一组负责搜索10度角的扇面。结果由于日机大规模来袭，没有几架飞机飞过了半程，每个小队都在途中与日机交战。他们总共攻击了53架日机，13名“地狱猫”飞行员声称击落了六种不同型号共26架飞机，自己损失了1架，还有8架受损。“海盗”飞行员另外击落了6架飞机，这次将搜索任务的总击落数增加到32架。

这次搜索任务结束1小时后，2架VF-83的“地狱猫”在与路岛上空执行空战巡逻时遭遇日机，9架挂载着炸弹的零战向特混舰队方向飞行。长机休·巴滕中尉有效利用了天上十分之八的云层和雾气，他和僚机山姆·布罗卡托中尉从日机后方悄悄接近。第一轮攻击直接击落了4架飞机，此时零战还没开始规避机动。等剩下零战反应过来时，2架“地狱猫”通过猛烈的机动保持配合，又击落了另外4架。他们两人一共只用了大约1500发子弹，而且所有的战果都有照相枪或者附近目击者佐证。

尽管手下飞行员表现很好，今天VF-83中队的幸运儿是队长萨瑟兰中校。他没有那么多击落数，只敲掉了2架“飞燕”，但总战绩刚好到5架，终于成为了一名王牌飞行员。1942年时他就在瓜达尔卡纳尔岛奋战，当时隶属于VF-5中队，还与阪井三郎在空中对决过。

另外表现比较好的战斗机中队包括VF-45和VF-82，前者有23.5个战绩，后者则有27个战绩，同时造就了三名王牌飞行员。

4月6日声称击落的总计257架飞机中，有超过200个是“地狱猫”的战果，冲绳岛战役中最大的一次昼间航空攻击就这样结束了。日军的航空攻势组织不怎样，各种飞机分批混乱地前来攻击，变成了添油战术，让“地狱猫”和“海盗”能逐个拦截。在一整天战斗结束后，日军损失了超过一半飞机，但是也成功命中了19艘舰船，撞沉了6艘，其中3艘是雷达哨戒驱逐舰，这是未来严酷考验的预警。

除了空战以外，这天还发生了另一件事，两艘潜艇发现了“大和”号战列舰在护航舰只的簇拥下离开日本本土。7日早晨，1架“埃塞克斯”号的“地狱猫”也发现了它正向冲绳岛航行。几小时后，各艘航空母舰上起飞的舰载机开始攻击这个自杀舰队。这次“地狱猫”机队主要辅助支援攻击机群，挂载炸弹的飞机不多。由于此时没有日军飞机掩护“大和”号，飞行员们就飞下去用机枪压制舰上防空机炮。很多飞行员贴着海面进入扫射航线，让防空炮手疲于应付。

下午2点20分，在被命中鱼雷10枚，炸弹24枚后“大和”号开始向一侧翻转沉没，接着弹药库发生了大爆炸，产生的蘑菇云迅速超过了周围舰载机的高度，甚至可以从九州海岸望见。日军自杀舰队只击落了10架飞机，其中有2架“地狱猫”。

同样是下午，不过在战场的另一端，两个VF-9的小队起飞在冲绳岛周围执行空战巡逻，其中就有瓦伦西亚的小队。他们发现了1架“银河”，然后追着这架轰炸机飞到海面高度。小队的四个人都打开了喷水加力，但是五分钟之后仍然没追上“银河”。终

“大和”号战列舰翻沉时爆炸产生的蘑菇云，至此，世界上最大、最强的两艘战列舰都被美国海航击沉了。

VF-6中队的“地狱猫”正在降落，拍摄时“汉科克”号航空母舰还没有受损。

VF-23中队的乔治·贝利少尉在返回母舰后与飞机合影。4月11日，他在喜界岛上空被一群“飞燕”追杀，他的“地狱猫”在被击中之后成功逃脱。

1945年4月，正在舰队上空巡逻的VF-82中队。

于带头的瓦伦西亚绝望了，对着大致方向打了一梭子，曳光弹竟然吓到了日本飞行员。“银河”开始向左缓慢转向，弗伦奇的分队立刻与瓦伦西亚交错而过，向这架“银河”开火，一些命中弹迫使“银河”飞行速度下降。最后米切尔靠近并解决了这架轰炸机，将它打落到海里。

在4月7日的零散空战中，“地狱猫”飞行员们声称击落32架飞机。“汉科克”号航空母舰吃了一枚炸弹，造成飞行甲板严重损坏，只得带着第6航空大队返回修理，直到6月初才再度返回前线。VF-6中队自从3月再度参战以来，仅有15架声称击落战绩，现在他们丢掉了最后的空战好机会。

水面特攻作战失败后，空袭的节奏越来越快，不过特攻飞机数量没有随着增加。日军对登陆舰队和特混舰队又发动了九次大规模自杀攻击，四月有三次，五月有四次，六月两次，飞机数量从185架至45架不等。另外还经常有小规模袭击，但是不论大小，“地狱猫”和“海盗”都要截击他们。

日本航空兵在4月12日发动了菊水二号特攻。实际上在这次攻势中，VBF-17中队又遇到了第343航空队，后者出动了44架飞机，正在飞往冲绳岛，他们要为特攻助战。双方遭遇时，三个VBF-17的“地狱猫”小队正在攻击岛上机场，“紫电改”这次又有高度优势，日机一部分留在高空掩护，另外一部分俯冲下去展开攻势。带领“地狱猫”机群的是埃德温·科南特上尉，听到其他飞行员的紧急呼叫后他立刻带队迎战。两个“地狱猫”小队开始爬升直面攻击者，科南特先将1架“紫电改”打得碎片乱飞，但是这架飞机溜掉了。转回来之后，他看见1架“紫电改”正咬着另一架“地

4月9日，这架VF-25中队的“地狱猫”尾钩破损，它正在进行无尾钩降落。阻拦网没有兜住这架飞机，它撞进了前方停机区，接着引发的火灾烧毁了4架飞机。

狱猫”，他飞过去从不到100米距离击中日机座舱，打死了日本飞行员后，这架飞机爆炸了。接着又1架“紫电改”从前方飞过，科南特转到敌机后方，靠近到20至30米距离，将它打进海中。

空战开始时，VF-17的中队长马歇尔·毕比少校正带着三个小队在喜界岛北面16公里处巡逻。他听到了无线电中飞行员们的吼叫，立刻带着编队转向南面。到达战场时，混战中溜出1架“紫电改”，直奔毕比的小队。中队长追上去并从日机左侧开始射击，偏角从60度逐渐减少到20度，子弹命中了发动机和翼根部分。受损的日机试图反咬少校的僚机，但是被另一架“地狱猫”赶跑，然后俯冲到海平面高度开始逃跑。毕比打开喷水加力追了下去，因为“地狱猫”飞得不比“紫电改”快多少，追了大概8分钟才将这架“紫电改”击落。

西斯唐克中尉则先与1架“紫电改”迎头对射，打中了一些子弹但不致命。他转到敌机后方，日本战斗机做了个半滚倒转，但是没有逃脱，被再次击中之后飞行员跳伞逃生。VF-17中队的到来吓了343航空队飞行员一跳，从他们的角度看起来敌机忽然就变多了。接着VMF-112中队的12架“海盗”也被吸引过来参加空战，战斗规模再度扩大。

终于在下午1点15分左右空战结束了，曾经纠缠到一起的飞机都已散去，幸存的“紫电改”集结起来返回了鹿屋机场。这场空战中，VF-17和VBF-17中队均声称击落13架飞机，只有后者损失了一名飞行员。陆战队的“海盗”则声称击落20架飞机，自己也没有损失。美国飞行员们实际上都不知道他们的对手到底是谁，自以为与“神风”自杀机和护航战斗机进行空战，声称击落的型号也照样很多错误。

第343航空队则报告说与超过80架“海盗”和“地狱猫”交战，击落20架“地狱猫”和3架“海盗”。他们的损失颇大，总共10名飞行员丧生，还有4架飞机迫降。日本人对于这场大败的总结是由于编队分散了，发动机故障又让部分飞行员返航，以至于无法保持有效配合。就这一整天的总战绩来讲，第17航空大队共声称击落33架日机，其中VF-17贡献了17个战绩，VBF-17贡献了16个。

在战场的其他区域，很多中队都在截击战中获得了战绩，例如VF-30中队击落了15架飞机，其余战斗机中队击落数则都不超过10架，不过总声称数加起来仍然有144个。VF-9中队在这段时间运气特别差，每次都错过了日机主力，今天他们只击落了3架飞机。“苏万尼”号上新来的VF-40中队在前几天什么都没打掉，终于在4月12日由中队长吉姆·朗吉诺少校击落了第1架日机。朗吉诺少校将这架飞机辨识为中岛“彩云”侦察机，虽然这种飞机以一个“身后已无格鲁曼”的故事著称，但是事情经常不以这种节奏发展。

VF-31中队的米歇尔·马佐科在12日算是认识到了“地狱猫”有多硬，当时他的飞机稍有损伤，但是无碍于继续执行任务。马佐科在任务中与1架“钟馗”空战，这名日本飞行员飞行技巧相当不错。在接近5500米高度，“地狱猫”遇到了“钟馗”，他们互相追逐了一番，然后马佐科和日本飞行员迎头接近，他们同时开火，同时击中了对手。这个纽约佬意识到：“他就没想过转向，空中相撞不仅仅是看起来那么不可避免，肯定是他计划好的。”

我忍到最后一刻，心脏都跳到喉咙里了，再使劲拉起并向右转弯。他的飞机左翼穿过我螺旋桨的下方，撞出一大堆碎片漫天飞舞。飞机疯狂震动，连我的骨头都跟着抖动，有那么一会我完全没法控制飞机，我感觉这一刻长到永无止境。

当我恢复控制后看见他正缓慢地螺旋下坠。僚机检查了我的飞机，告诉我说机腹副油箱吸收了大部分撞击伤害。我居然成功地扔掉了副油箱，然后在航母上紧急降落。“我的格鲁曼”显然是一架制造非常坚硬的“地狱猫”。愿上帝保佑格鲁曼先生。

第17航空大队的表现继续令人瞩目，下属的两个中队在14日又声称击落19架飞机。另外第12大队在这天的战果中包括2架“彩云”。

除了保护舰队和支援地面部队以外，特混舰队也对日本本土发动过空袭，不过这类任务已经减少了很多。4月15日中午1点30分，VF-17中队带头空袭鹿屋机场，他们出动了32架“地狱猫”，还有VF-12、VF-30、VF-46、VF-82中队的飞机起飞配合，第一波空袭编队有接近90架飞机。下午2点50分日本雷达才发现来袭机群，一些飞机开始紧急升空迎击。

战斗结束后，VF-17中队声称击落9架飞机。第二波扫荡机群又在鹿屋上空声称击落13架飞机。而负责舰队防空的各个中队则击落32架自杀机。

不过以上这些数字在今天都是小事，今日重头戏是VF-46中队。该中队的两个小队也来到了鹿屋机场上空，他们正好遇到4架战斗机起飞迎战，其中2架才起飞就被击落。这2架飞机的飞行员之一是著名王牌飞行员杉田庄一，他的声称战绩高达70架，据称在3月19日第一次驾驶“紫电改”出战时就击落了3架“地狱猫”，不过无法确证。这看起来有点胜之不武，但是在第二次世界大战中，公平对战后决出胜负的空战反而是少数，大部分被击落的飞行员都对什么击落了他们毫无知觉。而且在这种态势下强行起飞本就是非常危险的行为，确实有停止起飞的命令，但是来得太晚，没能阻止杉田庄一起飞。

4月16日又是个大日子，菊水三号特攻来袭，接近400架日本海陆军飞机参加了这次攻势。各种各样的自杀机和普通攻击机开始向特混舰队飞行，而第343航空队也再度起飞参战，他们的任务仍然是缠住空战巡逻的“地狱猫”和“海盗”，尽量让攻击队顺利到达舰队上空。由于几架飞机故障，只有33架“紫电改”继续向南面飞行。

早晨7点30分，美国舰载雷达就开始发现日本飞机。各个中队的“地狱猫”开始被引导去截击来袭编队。VF-17中队的詹姆斯·皮尔斯上尉正带着两个小队飞向喜界岛南部，到达后又被导向奄美群岛。在奄美大岛上空他看见了第343航空队的飞机，皮尔斯带队爬升高度，此时他们还没被发现。

343航空队先看见了VF-47中队的“地狱猫”，由于他们有高度优势，准备先伏击这些飞机。与日本飞行员想象的不同，实际上VF-47的飞行员已经发现了他们，理查德·威尔逊上尉呼叫发现敌机，同时要求增援。343航空队还没开始攻击时，跟在后面的VF-17中队突然发难，日本飞行员被打了个措手不及。查尔斯·瓦茨中尉从240米距离上向1架“紫电改”射击，打中了飞机座舱，左翼根和机尾，它很快就冒烟坠落。另一架“紫电改”毫无知觉地经过瓦茨面前，他向右转跟上日机，把它打得碎片乱飞，冒烟坠落。沃纳·加里仕中尉开始攻击1架“紫电改”后，日本飞行员试图俯冲逃跑，但是受损的飞机让他坠进了海中。此后他又将1架“紫电改”打得冒烟螺旋下坠。乔治·约翰逊则追着1架飞机到了海面上空，才终于将其击落。墨累·温菲尔德上尉和杰克·克劳福德同时向2架“紫电改”攻击，这2架日本战斗机都被击中起火，坠落到海里。

偷袭不成反被偷袭，而VF-47的“地狱猫”也加入了战局，343航空队的形势雪上加霜。不过VF-47的飞行员把“紫电改”当成了“钟馗”。此后空战规模越来越大，第343航空队脱离战斗时，第201和601航空队的零战和“紫电改”又前来参战，结果空战一直持续进行了很久。

这场空战结束后，VF-17中队声称击落7架飞机，1架可能击落，5架击伤。他们总共打了3615发机枪子弹，自己毫发无损。VF-47中队则声称击落22架飞机，包括后来参战的零战和“紫电改”，其声称击落数虽然比日机实际损失更多，但仍可说是大胜。只有2架“地狱猫”轻微受损，其中1架用阻拦网降落。另一架被日本战斗机击中后又被战列舰的防空炮误击，只得在海面迫降，飞行员此后被救起。

日军第343航空队剩下的飞机灰溜溜地回到了鹿屋机场，比起飞时少了9个人。虽然声称击落3架“地狱猫”，但是这只能当做心理安慰。最近四天的战斗中，该航空队损失了21名飞行员，过高的损耗率对于这支精英部队来讲难以承受。

这天接下来的空战中，VF-17的约翰·克罗斯比中尉在冲绳岛北端的截击任务中击落3架“雷电”、1架零战和1架九九舰爆。此前他曾经在VF-18中队服役，1943至1944年间与别人分享了0.25架一式陆攻战绩，后来又击伤2架战斗机。今天他成为“大黄蜂”号的第10名，也是最后一名一日王牌。VBF-17的飞行员们击落了另外14架飞机，身材矮小却富有进攻性的“超级老鼠”约翰·约翰斯顿上尉击落了4架零战，将他自己的成绩翻了倍。

在16日，“大黄蜂”号总共起飞了三次空战巡逻编队，三次紧急起飞编队，还有一个扫荡编队。第17航空大队在连续的任务中总计声称击落45架飞机。毕比少校的VF-17中队贡献了其中31个战果。

VF-47中队在这天以23个击落数排名第二，其他几个中队也有所斩获，各“地狱猫”和“海盗”中队的总声称数为157架，正好比6日少100架。日本航空兵损失了163架飞机，击沉了一艘美国驱逐舰。没有被拦下的5架自杀机飞到了“勇猛”号上空，编队里各艘战舰的高射炮打下了4架，最后1架撞上了航空母舰的三号升降机。好消息是只有10名水手阵亡，坏消息是升降机卡死了，“勇猛”号必须返回美国修理。

4月17日，VF-9中队终于拿到了一次大胜。早上6点25分，“约克城”号起飞了三个小队执行空战巡逻任务，尤金·瓦伦西亚和菲利普上尉的小队受命前往第58.4特混大队北面80公里处。菲利普小队在3050米飞行，瓦伦西亚小队在6100米飞行。他们在原地盘旋了一小时，然后“约克城”号的雷达发现一个不明目标正在南下，航向特混大队。接到警报之后的瓦伦西亚带着小队飞向这个目标。最初雷达回波看起来很小，似乎只有刚刚超过10架飞机，于是菲利普小队就没有被一起派往查看。

早晨7点，日本海军第5航空战队起飞了62架零战、13架“彗星”、30架各种自杀飞机、4架“银河”以及34架“紫电改”，目标是冲绳岛北面的特混舰队。“紫电改”打头阵，为自杀机和攻击机群打开通路。很可能瓦伦西亚小队截击的就是这个编队。

克林顿·史密斯中尉看来是第一个发现来袭日机的人，他在无线电中对其他人呼喊，说敌机在三点方向，在下方大概4500米高度上。这时先发现敌机的詹姆斯·弗伦奇和史密斯双机位置无疑要更好一些。从现在开始，就像此前演练过无数次那样，弗伦奇转向日本飞机准备开始攻击。当他们靠近时，瓦伦西亚发现编队里有大概40架战斗机，他将这些飞机识别为“疾风”和零战，但实际上应该是“紫电改”和零战。这个错误的识别让小队在空战中出现了迷惑，至少后来无法确定到底击落了什么飞机。数量对比是40:4，僚机哈里斯·米切尔回忆说：“我明白了焦虑的真正意义，但是当我望向尤金时，他表现得就像个小孩子，发现自己最喜欢的玩具在圣诞树下。”

日本编队以3架或4架飞机为单位组成小队，再构成一个巨大的V形编队。至少2架飞机在主编队上空飞行，瓦伦西亚也把它们当成“疾风”，这是个大好机会，他和小队为此训练了无数小时。

弗伦奇和史密斯先攻，瓦伦西亚和僚机米切尔留在高处掩护。此时日本飞行员仍然没看到“地狱猫”，又应了那句老话——大编队和单机同样容易被偷袭。弗伦奇和史密斯每人瞄准1架带队的飞机，连续开火直到目标爆炸，弗伦奇声称击落了1架“零战”，而史密斯则声称击落1架“疾风”。就像训练那样，当他们拉起时，瓦伦西亚与米切尔俯冲下来咬住另外2架战斗机。瓦伦西亚在近距离向目标开火，将它打炸。跟在后面不远的米切尔打燃了另一架飞机，立刻拉起跟着长机爬升。

第一轮攻击过后日机编队似乎还没弄明白到底发生了什么，他们开始向左盘旋下降，但是仍然保持南下大方向。瓦伦西亚小队则继续执行“割草机”战术，这次瓦伦西亚分队先攻，他和米切尔俯冲到日机编队里，打燃另外2架飞机，瓦伦西亚称击落1架“疾风”，米切尔则是“零战”。他们很快爬升高度，换弗伦奇和史密斯进攻，这次弗伦奇说打燃1架“零战，”史密斯则说射击了1架“疾风”，但是它只是开始冒烟，后来被判为可能击落。

终于日机编队陷入了混乱，然后逐渐分崩离析。接下来瓦伦西亚命令弗伦奇分队自行寻找目标，他也和米切尔同样这么干。在低空远处的菲利普小队一直蒙在鼓里，直到他看见上空有爆炸才知道日本编队来袭。他们爬升以加入战局，开始追击那些被瓦伦西亚小队驱散的飞机。

日本飞行员似乎混杂着老兵和菜鸟，前者开始展现出攻击性，试图向“地狱猫”反击，还在被攻击时做出各种摆脱机动，但是大多数菜鸟只会简单地盘旋下降。此后其他中队的一些“地狱猫”也加入了空战，支援VF-9的两个小队。

瓦伦西亚分队连续攻击孤立的单机和小编队，他靠近1架“疾风”，在90米距离上开火。日本飞机开始冒烟，当飞行员试图转弯逃跑时飞机爆炸了。此后瓦伦西亚转向一个三机编队，这时他的注意力被曳光弹分散了，一串子弹越过他的飞机，还好没有命中。因为米切尔就跟在身后，他再度集中注意力到小编队上，然后对着编队中的1架飞机开火，米切尔也对着其中1架开火。他们跟着日本战斗机进入急转，后者虽然努力规避，但仍没有逃脱毁灭的命运，2架飞机都被打得起火坠落。这次瓦伦西亚称击落了“疾风”，米切尔则称是“零战”，这2架可能都是“紫电改”，或者都是零战。

瓦伦西亚立刻转向仅剩的1架飞机，靠到近距离将其打燃，日机在试图逃跑时发生了爆炸，这是他的第五个战绩。刚从攻击中拉起脱离，他就看见1架日本战斗机在靠近下方的2架“地狱猫”，瓦伦西亚立刻向这架“疾风”俯冲，连续开火直到它爆炸为止。瓦伦西亚曾经向1架冒烟的战斗机射击，然后又追着它打，但是只是让它冒了更多烟。更重要的是，他没看见这架飞机坠毁。

返回母舰时，瓦伦西亚还看见了1架战斗机，当他机动到射击位置时却发现子弹已经打空了。回到“约克城”号之后，小队统计了分数，瓦伦西亚声称击落6架“疾风”，1架可能击落和1架击伤；米切尔则声称击落3架“零战”和1架可能击落；弗伦奇则是4架“零战”；史密斯是1架“疾风”和1架可能击落。米切尔和弗伦奇都成了王牌，另外菲利普小队声称击落“疾风”、“隼”和零战各1架，看来他们在型号辨识方面搞得更奇怪。而后，由于对小队出色的领导和取得的成就，瓦伦西亚被授予海军十字勋章。

唯一受损的“地狱猫”是菲利普的飞机，机翼上有几个7.7毫米机枪打出的弹孔，瓦伦西亚小队的飞机只被乱飞的碎片擦挂了几下。

随着冲绳战役进行，日军损失了越来越多之前积累的飞机，向特混舰队派去的攻击编队也越来越小，但是仍然用各种型号飞机坚持不懈地空袭。从美国人的角度来说，这让他们可以腾出一些兵力，比较轻松地执行对地支援任务。

4月21日至29日，是菊水四号作战的进行期。22日，VBF-12中队的鲁本·登奥夫上尉带领四个小队在九州与冲绳岛之间执行屏障巡逻任务。他们遭遇了大约50架各种日本飞机组成的编队，其飞行高度大致在4800米至5500米之间。VBF-12中队立刻开始攻击，在日机躲到云层里之前，登奥夫上尉甚至瞥见了1架开放座舱的双翼机，可见日军航空兵已经孤注一掷地派出了所有可用的飞机，妄图毁灭美国舰队。由于天空多云，日机在云层之间来回穿梭躲避，给VBF-12的飞行员们造成了很多麻烦。“地狱猫”飞行员们随着日机

4月27日，VF-40中队的“地狱猫”正在海面上空飞行。

四处追击，混战中日机逐渐被击落或者逃离返航，最终大部分都没有穿过拦截线。登奥夫自己声称击落了1架“天山”舰攻，手下有4架飞机在空战中严重受损，只得转往冲绳岛美军机场着陆，落地后其中3架已无法修复。同样参战的VF-9中队则拿到了几天以来唯一的战绩：1架中岛“彩云”侦察机。

雷达哨舰上空的战斗从未停止过。5月3日，菊水五号作战开始。清晨4点55分，瓦伦西亚小队和另外两个小队起飞前往第一号雷达哨戒站位执行空战巡逻任务，另外两个小队的领机分别是伯特·埃卡德和詹姆斯·考德威尔上尉。他们在6点左右到达驱逐舰上空，瓦伦西亚小队在6100米最高处盘旋，考德威尔小队在大约3660米，最下方2440米左右是埃卡德小队。

VF-9中队的飞行员们还不知道日本航空兵已经发动了菊水五号作战。日本陆航起飞了大概50架特攻机，由35架“疾风”护航。日本海航则起飞了75架特攻机，由48架零战和35架“紫电改”护航，他们直奔冲绳而来。

埃卡德小队在7点15分换下了瓦伦西亚小队，后者则下降到此前埃卡德小队的高度。很快瓦伦西亚和僚机米切尔被引导向北面飞行，留下弗伦奇双机在原地盘旋。瓦伦西亚在这个高度没看到敌机，返回战位时才看见1架百式司侦和1架“疾风”在大约900米高度飞行，他俯冲下去攻击日本战斗机。

行动报告记录说：“瓦伦西亚从后方攻击‘疾风’，对着它打了两个长点射。‘疾风’从座舱下方的位置冒出了火焰，瓦伦西亚看见日本飞行员从座舱中站起来，向后看了看，又向上发现了他，坐回位置猛力拉杆，‘疾风’迅速抬头——他是想撞击瓦伦西亚的‘地狱猫’，瓦伦西亚也全力拉杆避开了撞击。”

“疾风”坠落到了海里，米切尔则去追击百式司侦，此时它已经俯冲到了浪尖高度。米切尔决定试试“一枚弹头”麦克沃特的打法，他只选择了两挺内侧机枪，稍微碰了下扳机。这个短点射打中了侦察机的右翼，它滚转了半圈，米切尔又打了个短点射，将它送进海里。他们返回雷达哨舰头顶，与弗伦奇分队会合，很快日本自杀飞机和护航机开始攻击船只，以单机或者小编队从薄云下方来袭。

看见5架九九舰爆飞来，瓦伦西亚从正面射击了其中1架，子弹打在飞机机身上，在第二次攻击之前它就爆炸了。返回战位时，瓦伦西亚和米切尔看见更多九九舰爆向舰队飞去，他从后方命中1架舰爆的机尾和机身，日机翻了半圈掉进海里。瓦伦西亚又对着1架“疾风”射击，它带着炸弹正准备向一艘驱逐舰投弹，驱逐舰的炮火已经打中了这架飞机，让它拖着烟雾。还有几架“地狱猫”也都在向这架“疾风”射击，但是瓦伦西亚从正面将其击落——后来只算了半个战绩。

与此同时，米切尔正在追击另一架飞向驱逐舰的“疾风”，靠近到相当近距离上才开火，因为距离已经低于机枪汇聚点，“疾风”两侧机翼都被打起火，它坠落到海面爆炸了。在船只上方盘旋时，他又看见1架“疾风”飞向驱逐舰，米切尔从侧后方接近，打了个75度的大偏角射击，子弹命中日本战斗机发动机和机身。“疾风”开始燃烧，但仍然继续向驱逐舰俯冲，还好飞过驱逐舰之后撞进了水里。

弗伦奇和史密斯双机在与瓦伦西亚分开后就暂时没再会合，他们有自己的事情可做。弗伦奇飞到1架“隼”后方，日本飞行员放下了起落架，试图让“地狱猫”超前，但是弗伦奇反应相当快，他也放下了起落架并对着“隼”射击。它在一艘驱逐舰上空拉起——这是日本飞行员原定目标——然后掉下去坠落到海里。在看见1架“疾风”进入了筋斗之后，弗伦奇跟上去追打它，但这时只有一挺机枪开火。他赶紧给其他机枪重新上膛并放下襟翼，拉出足够提前量再开火，子弹打中了机翼和座舱区域。日本飞行员做了个半滚倒转，然后直接冲进了海面。

史密斯则对着好几架飞机射击，但是都没有击落任何一架，最后他终于咬住了1架正在向驱逐舰俯冲的“疾风”。日本战斗机扔掉了炸弹并开始急转，但史密斯紧跟着它，一个长点射正中这架飞机，它也翻滚着掉进海里。史密斯继续在驱逐舰上空盘旋掩护，10分钟之后他看见1架“彗星”俯冲轰炸机贴着海面飞来，2架“地狱猫”向它射击但是都没打中。史密斯决定自己来干掉它，他俯冲到“彗星”后方，打了三个长点射，“彗星”冒出了火焰后掉进海里。小队最后一个战绩是中岛九七式，瓦伦西亚飞到敌机后方，扣动扳机却发现子弹已经打空了。他呼叫弗伦奇来解决这个目标，后者一个点射就将其击坠。

在驱逐舰上空掩护了两个多小时，整个瓦伦西亚小队总共击落11.5架飞机。由于燃料耗尽，不得不离开驱逐舰前往冲绳岛降落，他们离开后不久一艘船就被击中。小队返航路上又遇到了3架九九舰爆，它们本应该是到嘴的肥肉，但是现在燃料缺乏到只能看着这几架日机飞开的地步。降落到读谷机场后，史密斯的飞机只剩大概38升汽油，米切尔中尉则耗光了最后一滴汽油，地勤人员赶来将动弹不得的飞机拖离跑道。一同执行任务的另外两个小队则击落了4架飞机。

另外还有三个VF-9的小队在6点30分起飞，他们前往第14号雷达哨戒站位巡逻。由于暂时没发现敌机，爱德华·麦高恩上尉的小队飞往第1号站位支援，这个小队在1号站位击落了4架飞机。留在14号站位的两个小队则敲掉了3架。

霍华德·哈德森上尉的小队前往攻击了喜界岛机场。哈德森和僚机麦克劳林的飞机都是F6F-5P照相型，他们还要负责拍摄攻击效果照片。四名飞行员对着跑道扔下炸弹并且开始巡逻，下一个小队到达后，哈德森才带着僚机开始拍照。他的第二分队长机是亨利·钱皮恩中尉，此时则开始寻找日本飞机，他们发现了2架零式水侦，很快将其击落。这2架看来都是自杀飞机，第2架的炸弹很可能被引爆了，差点炸毁钱皮恩的“地狱猫”。他带着受损的飞机回到了“约克城”号，本人虽然没事，飞机却没有维修价值了，被地勤扔进了海里。

照相完毕后，哈德森和麦克劳林看见附近正在进行空战，他们立刻赶过去支援。空中有8到10架“紫电改”和零战，可能是菊水作战的飞机。麦克劳林先击落1架零战，在与哈德森会合时，1架“紫电改”咬在了他背后，20毫米炮弹打在他的飞机上，机翼、机身、机尾都有中弹，炮弹打烂了无线电后敲在装甲板上。哈德森立刻赶来救援僚机，转向“紫电改”逼迫它脱离攻击。但是这名日本飞行员相当富有攻击性，他又迎着2架“地狱猫”飞回来，继续对着麦克劳林的飞机射击。哈德森开始盘旋，直到他转到“紫电改”身后，从八点方向打出一个偏角射击，子弹击中日机的发动机和座舱部位。“紫电改”开始冒烟，很快坠落到海里。

在冲绳北面的伊是名岛上空，VF-83中队击落了24架自杀飞机。迈伦·特鲁瓦克斯少尉成了一日王牌，他的战绩包括3架九三式练习机，1架“隼”和1架九九舰爆。还没到中午，空战就基本结束了，VBF-12和VF-46中队又贡献了另外几个战绩。

各个中队的成绩加到一起，今天特混舰队的战斗机总共声称击落105架敌机，“地狱猫”贡献了73架战绩，包括凌晨的夜间战斗机战绩。VF-9中队有30.5个战绩，名列第一。

5月4日，第343航空队随着自杀机再度大举出动。36架“紫电改”在早晨6点起飞，前往奄美大岛。“伦道夫”号的VBF-12中队起飞了三个小队，每架飞机都挂载了两枚227公斤炸弹，他们在7点45分开始轰炸喜界岛上各处目标。343航空队在大约6.5公里距离上看见了几架“地狱猫”，部分“紫电改”立刻抛弃副油箱，进入攻击航线。

6架“紫电改”从太阳方向尖啸着俯冲而下，第一轮攻击就打中了威廉·杰米森上尉的“地狱猫”。还好他的僚机赶忙向“紫电改”射击，将杰米森救下。由于形势不利，他们开始做萨奇剪刀自保。过了一会，阿尔弗雷德·博尔达克上尉带着他的小队到达战场支援，几架“紫电改”脱离攻击，组成了两个防御圈。博尔达克带着小队俯冲攻击，他声称击落了4架飞机，其他人击落了1架。

无线电中的喧嚣引来了两名VF-9的飞行员——霍华德·哈德森上尉和威廉·麦克劳林中尉。麦克劳林在击落1架飞机后被另一架“紫电改”的20毫米炮弹打中，哈德森及时将他救下。哈德森先与1架“紫电改”迎头对射，接着转到了日机后方并向它射击，12.7毫米子弹击中了“紫电改”的座舱和发动机，这家飞机冒着烟坠落到海里。

这时，负责高空掩护的16架“紫电改”俯冲下来参战，他们保持着编队进攻，声称一边倒地击落12架“地狱猫”。此后343航空队集结起来返航，正好遇到一队自杀机向南飞去。这9架九四式侦察机被VF-85中队的“海盗”击落了5架，但是最终撞沉了“莫里森”号驱逐舰。

尽管343航空队自以为击落了十余架“地狱猫”，但是VBF-12中队实际只有3架飞机受损，VF-9中队有1架飞机受损，没有飞行员受伤。343航空队在空战开始时拥有高度优势，而且数量优势也很大，空战结束后自己却损失了六名飞行员。日本飞行员的射击技巧不足，在第一轮攻击时没有切实击落“地狱猫”。协调也不够好，被博尔达克小队攻击时，负责高空掩护的飞机却缺乏反应。“地狱猫”飞行员们则发挥出了应有的水平，迅速互相救援，同时射击准确，而且这次战斗的声称数相当可靠，很接近343航空队损失数。

1945年5月，“伦道夫”号航空母舰甲板上放满了飞机，图上至少有35架“地狱猫”。可见战斗机中队一再扩张的效果。

VF/VBF-12的“地狱猫”正在从“伦道夫”号起飞，中队拆分之后飞机涂装不会做任何改动，实际上就没有将飞机分开，所以从外观上无法区分战斗机中队和战斗轰炸机中队。

5月4日，准备放飞飞机的“伦道夫”号航空母舰，看起来该舰正在转向迎风。

5月11日，正值菊水六号特攻。瓦伦西亚的小“马戏团”打了最后一次空战。三个“地狱猫”小队起飞空战巡逻，除了瓦伦西亚的小队以外，另外两个小队队长是马尔文·弗朗格上尉和伯特·埃卡德上尉。至少55架日机分成多个编队从北面来袭，三个小队在引导官指示下分散开，覆盖32至48公里宽的正面。

大约8点，瓦伦西亚小队发现8架日本战斗机接近。这些飞机全部属于日本陆航，小队认出了“飞燕”、“隼”、“疾风”和“钟馗”四种型号。瓦伦西亚命令弗伦奇追击领队的4架飞机，他则去攻击太阳方向的2架。小队很快就分散了，不过弗伦奇和史密斯从头到尾呆在一起。爬升过程中瓦伦西亚发现那2架飞机是F6F，此后他看见1架“飞燕”击落了某架“地狱猫”。另一架“飞燕”则从第二个编队里脱离出来，开始攻击剩下的“地狱猫”。瓦伦西亚就开始追击这架“飞燕”，后者发现了他，开始猛烈机动试图逃跑。追打了一阵之后，瓦伦西

5月4日发生了一件不寻常的事件。“桑加蒙”号护航航空母舰将所有“地狱猫”全都派出去拦截自杀机了，除了这架正在更换机翼的以外。1架日机打坏了船上的通讯设备，于是该舰与其他船只和飞机的所有通讯都只能通过这架“地狱猫”进行。注意飞机下面安放的发电机，用于给无线电供电。

“布洛克岛”号的地勤将这架“地狱猫”扔进了海里，它在战斗中受损严重，已经没有修复价值了。照片摄于1945年5月。

这架F6F-5正在从“温丹湾”号护航航空母舰（CVE-92）起飞。注意该机没有任何识别涂装和机号，它实际上不属于任何一线航空大队，而是一架补充的飞机。抵达需要它的航空母舰后才会涂上识别标志。

亚发现他自己和“飞燕”变成了迎头对射的态势，几个长点射后“飞燕”机翼上大块零件被打飞，它很快失控坠落。

再度开始爬升时，瓦伦西亚发现头上有1架“隼”，他击中了日本战斗机的座舱周围和翼根，它燃烧着坠落。与另外2架“地狱猫”会合后，瓦伦西亚攻击了1架认不出型号的战斗机。这架飞机褐绿色，气冷发动机，长座舱，尾轮挂在机身外——这可能是1架Ki-100五式战斗机，当时盟军还不知道这种飞机的存在。瓦伦西亚从同高度的七点方向进行了一次大偏角射击，击中了它的发动机，造成了爆炸，这架飞机很快失控坠落。

米切尔从空战开始时就和瓦伦西亚分散了，在向最初的日机编队爬升时，3架“飞燕”俯冲下来攻击他。他做了个半滚倒转摆脱攻击，此后就没找到长机，因为此时整个空域中日本和美国战斗机已经打成一片——“地狱猫”、“海盗”和各种型号日本战斗机漫天飞舞。米切尔只好自己单干，先攻击了几架正被“海盗”追打的“飞燕”战斗机。他飞到其中1架身后，击中它的机翼和机身，“飞燕”直接爆炸。当米切尔尝试找到自己的小队时，发现另一架“飞

瓦伦西亚的马戏团在战绩板前合影，这个小队的四名飞行员总共有50架战绩。尤金·瓦伦西亚23架、詹姆斯·弗伦奇11架、哈里斯·米切尔10架、克林顿·史密斯6架。

燕”想从背后偷袭，这名日本飞行员技术不怎样，他被米切尔反咬后开始逃跑。米切尔全开油门，打开喷水系统，追了很长一段距离才将“飞燕”击落。

弗伦奇分队顺利攻击了预定的日本编队，弗伦奇先敲掉1架“隼”，然后追着2架“疾风”俯冲。他向其中1架开火，将其发动机打燃，“疾风”就这样燃烧着坠毁，第2架“疾风”也这样被迅速击落。此后他们终于和瓦伦西亚会合，正巧遇到1架试图攻击雷达哨舰的“银河”轰炸机。史密斯追上去，这架飞机飞得太低，以至于不好瞄准，但是最终左侧发动机还是被打燃，在距离驱逐舰不到一公里的距离坠海。

这场战斗结束后，“马戏团”在本作战期内的总声称数达到了42.5架飞机，占该中队总战绩的三分之一，最后三场空战就有34个战果。瓦伦西亚在1943至1944年随“埃塞克斯”号参战时曾经取得了七个战绩，加到一起后这四名飞行员总共有50个战绩，可谓美国海军航空兵最成功的一个小队。

另外一边，伯特·埃卡德上尉的小队在5500至6100米高度攻击了大约30架零战，他们追打敌机大约20分钟。埃卡德和他的僚机凯林少尉声称击中了12架零战，其中8架被击落，上尉的战绩是5架，少尉则是3架。另一个双机组声称击落1架零战和1架“疾风”，将该小队的总击落数提高到10架。另外埃卡德以5架零战战绩成为了第42名，也是最后一名“地狱猫”的一日王牌。

瓦伦西亚在自己的飞机旁，他的“地狱猫”上画了23面日军旗帜。

另一张宣传照片，50面日本旗组成50字样。

弗朗格上尉的小队只遇到1架日机，弗朗格迅速击落了这架“飞燕”。这是他的第九个也是最后一个战果。弗朗格在VF-9中队里打满了三个作战期，每个作战期中都击落过敌机。1942年11月，他在“突击者”号航空母舰上飞F4F-4战斗机，北非登陆战中击落了1架维希法国的霍克75A战斗机。第一次随“埃塞克斯”号出战时击落了5架飞机，跻身王牌行列，到了1945年击落最后3架飞机。

另外有一位VF-9的老队员也成绩斐然。当第9航空大队在1944年末重组时，哈罗德·维塔上尉被调往VF-12中队。他有个外号叫做“诚实的哈尔”，大概因为长得够帅，上过著名的《生活》杂志封面，与弗朗格相同也在北非获得第一个战绩，但是在1943至1944年的第二个作战期内运气不好，什么也没捞到。第三个作战期终于时来运转，随着中队转移至“伦道夫”号航空母舰，总共击落5架日机。

今天“邦克山”号被自杀机撞中，特混舰队刚保持了三周没有船只被撞的记录，航空母舰上有389人身亡，还有200多人受伤，不得不退出战斗。

13至14日，特混舰队向九州发起一系列空袭，希望能压制日本机场，减少“神风”自杀机的威胁。第17大队继续带头攻击，不过这两天他们没遇到多少敌机，只获得了11个战果。VBF-17中队在鹿儿岛上空声称击落5架“疾风”，这是该中队最后的五个战果，对于这段时期的出色表现来讲，算是很合适的落幕。而VBF-12中队在空战巡逻中击落12架自杀飞机，约翰森少尉一个人就干掉3架零战，VF-12中队的飞行员给航空大队添加了另外三个战果。

5月15日，VF-82中队出动了12架飞机掩护5架SB2C和6架TBM-3前往空袭和泉机场。中队长爱德华·赫塞尔少校带着编队到达机场上空并开始轰炸，这里连地面上都没有飞机，“地狱猫”飞行员们顿觉无趣。赫塞尔留下2架“照相猫”拍摄空袭效果，然后带着其他人飞往九州岛西岸。飞行员们在途中打烂两列火车，转往种子岛后中队长的飞机翼尖被高射炮打坏，赫塞尔决定不再继续冒险，他集结了手下向母舰返航。

但是对于那两名留下来照相的飞行员来讲，这个任务还没完。菲利·帕拉伯上尉和僚机约翰·霍格少尉在拍摄完毕后看见几条小船，他们冲下去打沉其中三艘，然后转向前往集结点。返航途中他们被多架“紫电改”攻击，这些飞机属于343航空队的407飞行队。帕拉伯与霍格做萨奇剪刀的技术相当好，“紫电改”一时难以下手。按任务报告的记录：“他们被多架敌机攻击，在无线电中呼喊‘嘿，乡巴佬！’试图寻求支援。但是这个无线电频道此时无人使用，因为某架飞机的麦克风卡住了，不停发出噪音，其他飞机被指令切换到另一个频道。3架日本战斗机向他们攻击，命中了霍格的右翼。立刻10至12架敌机到达他们头顶，这时他们在大约1200米高度，保持剪刀机动，而日本人的攻击性不那么强。他们挨个发动攻击，但是在射程外就拉起改出。在短时间里，两名飞行员用萨奇剪抗击了远多于他们的敌机攻击，霍格还击落了2架飞机，并使另一架坠海。”

终于帕拉伯的飞机被击中，他立刻打开座舱盖跳伞，脚却撞上了飞机尾翼。霍格少尉现在孤身一人，背后还有4架“紫电改”，他刚决定转回去拼命，然而“紫电改”却由于燃料不足脱离返航了。霍格最后在航母甲板上迫降，飞机砸成两半，他落水后被驱逐舰救起。虽然无法确证，但是海军给他记上了三个战绩。帕拉伯则被日军俘虏，日本投降时被释放。

另外，今天VF-40中队也打下了最后3架飞机：一个“地狱猫”双机分队击落3架九九舰爆。

在5月份，为了纪念格鲁曼公司的伟大成就而举行了一场小庆祝典礼。VBF-87中队接收了一批新交付的F6F-5型，其中之一是第10000架下线的“地狱猫”。当这架飞机还在生产线上按步骤组装时就受到了特别待遇，另外机尾挂了个桶，每往前进行一步，格鲁曼的工人们就往里面扔些零钱，这些零钱将作为福利基金赠与接受这架飞机的作战中队。最后桶里收集了几百美元，这些钱被转成一张支票送给了VBF-87中队。

当中队长波特·麦斯威尔中校驾驶着这架飞机降落到“提康德罗加”号时，格鲁曼公司的技术代表拉尔夫·克拉克已经做好准备。克拉克代表所有格鲁曼公司雇员将这张支票交给麦斯威尔和VBF-87中队。此前的1945年3月，“地狱猫”生产率达到了巅峰，当月生产了600架，此后稳定维持在每个月400架的水平。这架新飞机也将很快投入使用，因为中队在5月17日加入了战场。

5月23日，菊水七号作战开始了。日本航空兵也已疲惫不堪，派出去的飞机经常找不到目标，这次作战效果很差，只撞沉一艘运输船。VF-30中队在25日拿到了最后的战绩：1架“疾风”和1架一式陆攻。不久之后VF-31中队就前来将他们替换回国。

第10000架“地狱猫”正在交付途中。

波特·麦斯威尔中校驾驶的第10000架飞机降落在了“提康德罗加”号航空母舰上。

第10000架“地狱猫”交付时的照片。背景是“提康德罗加”号航空母舰的舰岛，站立人员从左至右分别为：查尔斯·英戈尔斯少校、格鲁曼代表拉尔夫·克拉克、VBF-87中队长波特·麦斯威尔中校、第87航空大队长埃弗雷特·法德里斯中校。

舰队活动范围被限制在很小的区域，必须面对大批陆基飞机空袭。而舰载战斗机和战斗轰炸机中队表现出色，飞行员们有效掩护了航空母舰。被炸弹或者自杀飞机命中的航空母舰共有九艘，虽然无一沉没，其中例如“富兰克林”号和“邦克山”号却再也无法参战。自杀战术确实起到了效果，然而就日军的总攻击架次来讲，这样的战果并不出色。

冲绳战役变成了双方航空兵意志力的决斗，日本航空兵顶着巨大的损失和不确定的战果坚持攻击，飞机、飞行员和士气都难以为继。而在美国海航这一边，虽然在空战中占有压倒性的优势，飞行员疲劳的问题也表现得非常明显。由于这个因素，海军将通常6个月长的作战期减少到了4个月。部分参加第二或者第三个作战期的飞行员发现他们已经开始犹豫不决，疑虑是否应当追击1架日本飞机深入九州内陆，他们觉得这种行为的风险大于收益。另外还有很多人的感受可以由某位王牌飞行员的话来形容，他在多年后说道：“我不因为击落了飞机而高兴，我知道多击落一架飞机并不会让战争结束得更早。”

特混舰队在冲绳岛战役要负责到将近6月末，虽然此前“邦克山”号退出了战场，但是舰队接到的命令是呆在这里。战役期间经历了十次菊水作战，最后几次日本陆航和海航都已是强弩之末，攻击效率下降很多。整个战役中，大约有3000架次日机攻击了特混舰队，却没有击沉任何一艘巡洋舰以上的船只。从4月1日登陆到战役官方结束的6月23日，

1945年夏季，VF-83中队的“地狱猫”正在起飞。该中队在冲绳岛战役期间战绩出色，在所有中队里排名第一。

VF-83中队正在挨个降落，注意飞机仍然把没用掉的火箭弹带回了母舰。

VF-83中队的“地狱猫”钩住阻拦索的瞬间。

这架F6F-5钩住了阻拦索，刚好在阻拦网前方很近的距离停下。

“列克星敦”号航空母舰上的计分板，搭载过的战斗机中队都将战绩画在上面，图上有超过300面日本小旗。

总计经过了83天，这段时期中“地狱猫”中队声称击落837架飞机，“埃塞克斯”号的VF-83中队以122架战绩名列榜首，“约克城”号的VF-9中队以93.25架战绩排行第二，这里还没计入VBF-9中队的44架击落数。

在抗击“神风”的战役中，三个主要因素让特混舰队获得了胜利。其中之一是关于日军本身，麦凯恩中将的参谋军官比尔·伦纳德少校对此进行了总结：“日机经常不以典型的编队靠近，而是分散成很多个单机，从各个方向、各个高度向我们飞来。实际上如果不是‘神风’敢死队员通常都相当程度地缺乏飞行经验，经常迷航或者搞错方向，我们会花大得多的力气。穿过防线的少数飞机已经够糟糕了。”

第二点，美国海军的战斗机引导官具有高超的技巧和充足的经验，他们在防御自杀机这个问题上起到了关键作用。只有准确调度、分配、引导空战巡逻编队和截击机编队，才能及时有效地拦下自杀飞机。

最后的第三点当然是坐在“地狱猫”和“海盗”座舱内的年轻人。在重要的空战巡逻任务中要保持飞行纪律，严守无线电使用条例，时刻保持警

参战的“地狱猫”中队，1945 年 2 到 5 月	
中队名	配属航空母舰
VF-3	约克城
VBF-3	约克城
VF-4	埃塞克斯
VF-6	汉科克
VF-7	汉科克
VF-9	列克星敦，约克城
VBF-9	列克星敦，约克城
VF-12	伦道夫
VBF-12	伦道夫
VF-17	大黄蜂
VBF-17	大黄蜂
VF-23	兰利
VF-29	卡伯特
VF-30	贝劳森林
VF-34	蒙特里
VF-45	圣贾辛托
VF-46	考佩斯，独立
VF-47	巴丹
VF-49	圣贾辛托
VF-53	萨拉托加
VF-80	汉科克
VBF-80	汉科克
VF-81	黄蜂
VF-82	本宁顿
VF-83	埃塞克斯
VF-86	黄蜂

惕。将战斗机飞行员所需的每份技巧转化为最终的瞄准和射击——击落敌机。

冲绳岛战役迈向了终点，现在战争的焦点开始集中在本土列岛上，“地狱猫”将在日本上空迎来战争胜利。

十九、胜利

冲绳岛战役要到6月23日才正式结束，此前第38特混舰队已经再度开始攻击九州。盟军本计划先于九州登陆，到了1946年早期再登陆本州，在将来一段时间，“地狱猫”飞行员们会面对无止境的空战巡逻任务，还要不断地轰炸地面目标，或者扫荡日军机场。海军预计会在未来的战斗中遇到更多日本新型战斗机，恶战似乎不可避免。

对九州岛的空袭于6月2、3和8日进行，意在消灭日军航空力量，为登陆作战铺路。在空袭中遇到的敌机相比前几个月不算多，各个“地狱猫”和“海盗”中队声称在地面击毁77架日机，自身损失为14架，主要损失原因是防空火力。由于日军已经开始储存飞机，以应对预计即将开始的美国登陆作战，所以特混舰队在这一整个月只声称击落20架飞机。

在6月2日的空袭中，VBF-12中队在广岛附近机场上空闹出了一件糗事。当时中队长鲁本·登奥夫上尉滚转进入大角度俯冲，迎着猛烈而准确的防空火力扫射机场。在一个闪耀的爆炸之后，中队的其他飞行员们看见他的“地狱猫”直冲地面，所有人都以为他坠地身亡，全都脱离攻击航线，悲伤地开始向“伦道夫”号返航。

接近预定集结点时，有一架很眼熟的“地狱猫”加入了编队，飞行员们以为见了鬼。“鲁本，是你吗？”其中一人战战兢兢地问道。“天哪，当然是”， 回复声从无线电中传来，大家舒了口气。“你去哪了？” 登奥夫还没明白到底怎么了。当那发高射炮弹爆炸时，从其他人的角度看来是直接命中了登奥夫的飞机，但实际上炮弹只是在飞机附近爆炸。登奥夫不为所动，继续俯冲下去扫射机场，自以为其他人全都跟着他，脱离攻击之后才发现所有人都不见了。由于这个突发事件，VBF-12放弃了主要目标，他们稍后转往广岛湾攻击其中的20艘自杀快艇。回到“伦道夫”号之后，登奥夫还有闲心推测日本炮手的想法，他们可是看见了仅仅一架美国飞机挑战机场上所有大炮。

头两天空袭过后，一部分船只在3日先行向莱特湾返航，它们需要补给，其中就包括“伦道夫”号航空母舰。

VF-9中队在6月份获得了最后几个空战胜利。6月3日，霍华德·哈德森上尉的照相小队与其他八个小队，再加上VF-46的三个小队一起攻击了九州南部的机场。在扫射过鹿屋机场后，哈德森小队开始照相，他们向东南方飞过机场。2架日本战斗机忽然出现，从大约2750米高度向位于2130米的第二分队俯冲攻击。哈德森的僚机威廉·布鲁尔中尉将它们辨识为1架“疾风”和1架零战，他直接追着零战而去，击中它的发动机和机翼，让它拖着烟开始无动力滑翔。零战在60米低空做了一个转弯，布鲁尔顿时就丢失了目标。

第二架飞机根本不是“疾风”，而是“紫电改”，也来自于407飞行队。第343航空队在早晨起飞了28架“紫电改”迎击空袭编队。日本飞行员没有打中目标，哈德森上尉转头追上去，追了有24公里才开火。日本飞行员做了个失速转弯试图逃跑，但是哈德森追着他继续开火，击中敌机座舱位置并且打燃飞机左翼，然后这架飞机坠毁在鹿儿岛湾。三天后他击落了1架“飞燕”，战绩达到了王牌标准。当时许多战斗机围攻了一个“飞燕”小队，1架“海盗”和1架“地狱猫”追打其中某架“飞燕”，但是都没有命中而且超越了目标，哈德森则准确命中了日本战斗机，将其击坠。

6月8日，VF-9、VBF-9、VF-87、VBF-87派出了22个小队总共88架飞机空袭九州南部机场。哈德森小队仍然负责拍照，两个分队散开照相。钱皮恩和布鲁尔在给志布志机场照相完毕后1架“飞燕”俯冲下来攻击他们，又很快脱离。过了一会儿来了一架“疾风”，接着又是越来越多的零战。在行动报告中记录着：“日本飞行员的攻击组织很好，利用他们的速度爬升并再度获取高度优势。他们表现得非常有攻击性。”

钱皮恩和布鲁尔立刻开始萨奇剪刀，但是发现有时2架日本战斗机会把他们牵制住，接着第3架前来攻击。迫使两名飞行员进一步加快剪刀节奏，这又让他们的配合越来越不顺利。日本飞行员所用的战术表明他们已经对美国防御战术有了不错的理解，尽管保持着全动力输出，转向节奏太快仍然使得“地狱猫”越来越接近失速速度。

布鲁尔终于打掉了1架攻击后超越“地狱猫”的零战，钱皮恩则击伤1架，又立刻转向下1架零战，击中它的发动机和座舱位置，它着火坠落了。2架“地狱猫”缓慢地移动到外海，最终俯冲逃离，还好日本飞行员的射击水平依然很烂。

6月14日，特混舰队已经全部回到莱特岛附近修整和补给，在这里停留了两周。至此VF-9中队完成了第三个作战期，第一个换装“地狱猫”的中队结束了它的战争历程，“约克城”号将迎来替换的

VF-88中队。VF-9中队在第三个作战期内声称击落128.75架敌机，地面击毁47架，作战飞行1574架次。武器消耗则是12.7毫米机枪弹543600发，炸弹超过300枚，航空火箭750枚。在使用“地狱猫”的两个作战期中，VF-9中队的总战绩为256.75架，是海航排名第二的战斗机中队，仅次于VF-15。中队里诞生了20名王牌飞行员，在VF-2的28名和VF-15的26名之后位列第三。战绩最高的尤金·瓦伦西亚则是海航排名第三的战斗机王牌。

陆军VS海军

在修整期间，一艘航空母舰被迫退出战斗，原因却不是日本人，而是一名美国陆军航空兵飞行员。1945年6月5日，先返航的船只已经抵达了莱特湾，开始修整。到了7日，2架P-38“闪电”战斗机飞到锚地围观停泊中的航空母舰，其中一个飞行员飞得太低，有人说他想围观海军的舰队，有人说他是在“模拟扫射”航空母舰。总之他高度判断错误，撞上了“伦道夫”号的飞行甲板前段，部分愤怒的高射炮手开始向第2架P-38开火，它灰溜溜地飞走了。由于此时所有舰载机都抽出了燃油，卸下了武备，没有造成连锁反应，火灾在20分钟之内就得到了有效控制。这次事故造成4人丧生，14人受伤，航空母舰前甲板被撞了一个大洞，一些20毫米机炮被毁，还有10架飞机损失。没有太大人员伤亡可以说是一个奇迹，稍早之前甲板上躺着一大群日光浴的水手，一片云飘来遮住了太阳之后大部分人回到了甲板下。

撞击发生时，航空大队的大部分飞行员都在岸上休息，他们还很好奇为何海上冒出了一根烟柱。直到小艇接他们回到锚地，才知道“伦道夫”号倒了大霉，登奥夫上尉发现P-38的一台发动机撞穿船壳，落到了他的铺位旁边，还在燃烧。

很不可思议的是，陆航方面竟然一时不能指认哪架飞机，哪个飞行员撞上了航空母舰。然后有人开始传播流言，说是日本人策划了这一起事件，还有人胡吹陆军向海军宣战了。直到11日，陆航才找到到底是谁撞了海军的航母。撞上去的严格来说不是P-38，而是一架P-38改装的F-5侦察机，隶属于第5航空军，第6照相大队，第8照相中队。飞机的机号为44-24559，由里维斯·吉莱斯皮上尉驾驶。当时他正在执行转场任务，从大约1200米高度向航空母舰俯冲，然后没能及时拉起飞机。他正要回家，这本是最后一次任务，结果成了真正意义上的“最后一次”。吉莱斯皮上尉的行动理由后来也有了个概论：他的兄弟在“伦道夫”号服役，也许只是想送个惊喜。

6月15日，“伦道夫”号还在维修中，第12航空大队的征程至此终结，接替他们的是第16航空大队。

被陆航F-5撞击后的“伦道夫”号航空母舰，此时还在冒烟。

虽然快速航空母舰上的“地狱猫”中队都在修整，护航航空母舰仍然在前线奋斗，陆战队的飞行员们从这些小航母起飞作战。第一个陆战队舰载航空大队包括两个中队，VMF-511战斗机中队和VMTB-233鱼雷机中队，母舰是第二艘“布洛克岛”号护航航空母舰（CVE-106）。实际上在五月初就参加了冲绳岛战役，战斗机中队的队长是罗伯特·梅兹少校，他手下的飞机很少，包括8架F4U-1D、8架F6F-5N、2架F6F-5P。

另外还有三艘护航航空母舰搭载着陆战队的飞行中队参加战斗，但在这里VMF-511是唯一使用“地狱猫”的中队。海军在两年前将“海盗”扔给了陆战队，所以他们接收的“地狱猫”数量不多。切斯特·史密斯中尉后来回忆起这段“地狱猫”和“海盗”共同作战的日子：“我经常作为四号机起飞，小队其他三架飞机都是‘海盗’，这是由于每种战斗机都需要有些预备。我检查了一遍夜间战斗机的装备，我们在白天有时候也会用到他们，尤其是天气不好时。‘海盗’比夜战型‘地狱猫’飞得快不少，在俯冲时加速也要快些，这让编队飞行相当麻烦。”

5月至7月，“布洛克岛”号来往穿行于冲绳和台湾之间，大部分时候在派出飞机执行对地支援任务，本来陆战队飞行员们也是为进行训练。此后这艘护航航空母舰被派往婆罗洲，去支援澳大利亚人登陆巴厘巴板。在这里VMF-511中队取得了他们唯一的空战胜利，7月3日夜间，布鲁斯·路透中尉驾驶着F6F-5N击落了1架零式水侦。

另外的海军陆战队战斗机中队多与VMF-511一样，混编“海盗”和“地狱猫”。长期使用“海盗”的陆战队不像海军那么喜欢“地狱猫”，但是因为缺乏专用型号只好将两个机型混编到一起。陆战队在1944年组织了一个照相中队VMD-354，全部装备F6F-3P和F6F-5P型，该中队的飞机被分散到关岛、贝里琉岛、乌利西环礁和冲绳岛服役。

因为修整的缘故，6月很快就过去了，“地狱猫”飞行员们只击落了少量敌机。补充完毕后，第38特混舰队最后一次起航参战，目的地仍然是日本本土。6月24日，新来的VF-88中队长在丰后海峡上空敲掉1架“雷电”，作为该中队的开门红。

随着战争进入最后的两个月，东京地区再度成为美国海军航空兵的目标，飞行员们再次在任务简报会上收到空袭东京平原地区机场的命令。

目前特混舰队包括八艘大型航空母舰，其中“好人理查德”号是现在的夜间航空母舰，外加六艘轻型航空母舰。14个航空大队中有六个是第二或者第三个作战期，包括弗雷德·巴德沙麾下那不知疲倦的第27航空大队。八个月前的菲律宾战役中在“普林斯顿”号上表现出色，现在大队的新母舰是“独立”号。这可能是战争中最快的一次扭转乾坤，巴德沙回忆说：“1945年1月1日，气温零下27度，我们在桑福德基地接到再次出征的通知……在‘普林斯顿’号呆过的一半飞行员登上了‘独立’号。我还记得当我们返回前线时，中队里所有的小队长和分队领机都至少击落过2架日本飞机。”这就是为什么作战助理约翰·菲茨杰拉德称VF-27是“战争中最大的小中队”。

7月10日日出后，舰队从海岸外270公里处出动机群，空袭东京任务开始。战斗机飞行员们要负责扫荡东京各处机场，但是他们返航时显得特别震惊与失望：一架升空的飞机都没遇到。低飞的战斗轰炸机完全没有受到任何日本战斗机袭扰，飞行员们自由地攻击停放于地面的飞机。而且实际上还放在机场上的飞机都不多，就像菲律宾战役时那样，日军已经将飞机疏散开，隐藏到距离机场相当远的掩体中。还好四处搜索的“地狱猫”和“海盗”仍然找到了相当数量飞机，总共声称在地面击毁约100架敌机。即使美国人也能明显地看出日军正在囤积飞机，等着他们登陆时再进行大规模自杀攻击。但是疏散行动也让这些飞机无法获得截击机和防空炮的有效掩护，一旦被发现就很难逃脱被摧毁的命运。

14日和15日特混舰队对本州北部和北海道发动了更多空袭，仍然没有日机前来截击。舰队靠近到了离海岸只有130公里的距离。1架孤零零的一式陆攻试图靠近舰队，很快就被击落。

恶劣的天气此前已经让空袭计划推迟了一天，现在虽然有所改善，却仍然给飞行造成很多麻烦。14日，VF-88中队长理查德·克罗姆林少校带领手下的“地狱猫”从“约克城”号起飞，与两年前他的哥哥查尔斯·克罗姆林一样，两兄弟都在“约克城”号上当战斗机中队长。中队起飞后组成编队，在浓厚的云层中飞行，途中克罗姆林少校的飞机机翼碰上了另一架“地狱猫”，他当场坠机身亡，3月28日，他的哥哥因为同样的事故身亡。这是一起怪诞而又令人毛骨悚然的事故，兄弟俩都是久经沙场的战斗机飞行员，却都以同样的方式身亡。

虽然天公不作美，大部分飞机还是抵达了目标上空，给日军船只造成了相当损失。各中队总共声称击沉26艘运输船、1艘驱逐舰、3艘护卫舰，15日又击沉5艘船只。这预示着接下来作战方向变化，由于没有空战，对舰攻击任务开始增加。

7月16日，四艘英国太平洋舰队的航空母舰加入美国编队，他们的编号是第37特混舰队。船上共有112架“海火”和“萤火虫”战斗机、73架“海盗”、62架“复仇者”。只有“可畏”号航空母舰上搭载了一只“地狱猫”分遣队，隶属于舰队航空兵第1844中队。

英国海军在太平洋使用“地狱猫”的历史可以回溯到1944年秋季。这段时间里，舰队航空兵唯一的专业照相侦察部队开始运作，第888中队配属在“皇帝”号上，他们装备的是“地狱猫”PR Ⅱ型飞机（即为F6F-5P）。

当年12月和第二年1月，舰队航空兵对苏门答腊的油田发动了一系列空袭，“不挠”号航空母舰搭载的第1844和1839中队参加了战斗，这两个中队装备的是“地狱猫”Ⅰ。这两个中队于1月4日在苏门答腊上空打掉了3架“隼”，24日击落5架飞机，29日又是5.5架。重组后的第804中队仍然呆在“皇帝”号护航航母上，3月1日在仰光上空与日本陆军航空兵的飞机发生空战，击落了2架“隼”和1架百式司侦。

英国舰队接下来参与了冲绳岛战役，4月8日，第888中队的“地狱猫”击落了3架侦察机，但是高射炮和事故让英国人心痛——第808和896中队的队长因此阵亡。4月12日，第1844中队取得了不错的战绩，声称击落4架“隼”、1架“飞燕”和1架零战，这是英国“地狱猫”在一天里击落飞机的最高记录。以美国海军航空兵的标准来看这只是小打小闹，但是证明了英国人可以有效使用这种飞机。

皇家海军的舰队航空兵虽然有各种各样的问题，但是在飞行员训练上绝不比任何人差。7月25日晚间，皇家海军展示了“地狱猫”在夜间的不同用法。一个小型日机编队被雷达发现，他们正在向英国舰队靠近，2架1844中队的“地狱猫”从“可畏”号上紧急起飞拦截。这2架飞机是普通的昼间“地狱猫”Ⅱ型，没有雷达，但是飞行员接受过夜间飞行训练，而且当天是满月。

接下来战斗机引导官将他们导向截击位置。飞长机的阿特金森上尉是加拿大人，僚机麦凯中尉则是新西兰人。与敌机接触之后，阿特金森上尉将其识别为“流星”鱼雷机，两人立刻开始攻击。阿特金森先将2架“流星”打进海里，然后麦凯敲掉第3架，追击时将第4架“流星”击伤，最后这架飞机成功逃离战场，夜袭宣告失败。

英军舰队航空兵的情况相当讽刺，在盟军的作战序列中他们的夜战经验一度领先，战争才开始没多久就夜袭塔兰托，而后“俾斯麦”号战列舰也在昏暗中被剑鱼击中。现在战争还有一个月就要结束，而皇家海军航空母舰甲板上竟然没有哪怕一架单座夜间战斗机。确实英国人收到了夜间型“地狱猫”，两个夜间战斗机中队也正在组建，但是第891和892中队没来得及赶上参战。

最后3架“流星”战果将英国“地狱猫”在太平洋战区的空战总战绩增加到52架飞机。第1844中队击落的飞机最多，这倒丝毫都不令人意外，他们的总战绩为32.5架。战绩最高的个人也在第1844中队里，威尔逊中尉的声称击落数为4.83架，只差一点达到王牌标准。第1839中队有7架战绩，第800中队有5.5架战绩，第808、804中队的战绩分别为4架和3架。

7月最后一周，特混舰队猛烈空袭了吴港、神户和名古屋地区。大部分飞行员都认同

1945年7月，“切南戈”号护航航空母舰上的“地狱猫”，注意飞机识别涂装上的色带为黄色，在黑白照片中亮度与白色色块明显不同。

7月17日，停放在“蒙特里”号上的“地狱猫”机群，近处甲板开口位置是弹药升降机。

1945年7月，“列克星敦”号航空母舰正在与台风带来的大浪搏斗。

吴港的防空火力最强，剩余的联合舰队舰只多位于此。不过横须贺的防御水平也不遑多让，这里有很多大口径防空炮，飞行员们看见天空中充斥着带染色剂的爆炸烟云，日军炮手很明显在以此观察炸点，便于修正射击参数。新来的VF-88中队长马尔康姆·卡格尔运气颇好，24日他在吴港上空击落一架“雷电”，击伤另一架，这是该中队第一个战果，不过这天最重要的空战发生在其他地方。

杰克·吉布森中尉和乔治·威廉姆斯中尉是VF-49中队的队员，他俩在5月才登上“圣贾辛托”号轻型航空母舰。吉布森是个阿肯色州的农家男孩，读大学时他梦想成为职业棒球手，1940年因为脚踝骨折回到农场，战争开始时加入了海军航空兵。威廉姆斯则是新泽西州的城里人，1937年参观海军开放日过后就爱上了海军航空兵，后来在彭萨科拉海军航空站通过训练成为了一名战斗机飞行员。

7月24日早晨7点58分，8架“地狱猫”和9架“复仇者”从“圣贾辛托”号起飞，加入庞大的攻击机群。为了加强攻击力度，7架“地狱猫”挂载了454公斤炸弹。另一边，源田准备再搏一场，343航空队准备了24架“紫电改”，早晨9点04分，它们开始起飞。“紫电改”机群在6000米高度盘旋等待消息和指示，最后决定前往丰后海峡。

343航空队在这里遇到了美国空袭编队，他们先集中攻击“本宁顿”号的机群。“紫电改”与“海盗”、“地狱猫”很快打成一团。这时VF-49的“地狱猫”从北面飞来，他们完成了轰炸任务，正在返航。很多飞行员还有弹药，正想跟日本飞机打一场。吉布森后来报告说：“我们听见前面有些战斗机正在呼叫，他们被敌机俯冲攻击了。我立刻加速前行去帮助他们。当我们接近时，我发现2架飞机朝我们飞来，我和我的僚机乔治·威廉姆斯中尉前往查看。”2架“紫电改”一见面就开始向海平面俯冲逃离。“我的分队立刻散开，我追着1架，威廉姆斯中尉则向另一架靠拢。F6F-5有喷水加力，我们毫无问题地拉近了距离。”

威廉姆斯回忆说：“日军飞行员可能知道“地狱猫”的盘旋性能比其飞机的差。他开始向右全力盘旋，正好我也到了射程内。我清楚地记得机枪子弹打中座舱周围和翼根，但是我没法保持跟着他。”在急转时威廉姆斯暂时黑视了，等他恢复时看见目标正在小半径螺旋下降，还冒着浓烟。在撞击海面之前2架VBF-1中队的FG-1D“海盗”飞来追打这架飞机。

吉布森靠近了另一架飞机，他能看见机身周围和水平尾翼前的白色色带，这是一架队长机。吉布森在任务报告中写道：“日本佬试图切我内圈，但是每次他开始转弯，我都对着他前面打一个短点射。把他逼回水平直飞。”55年后他补充说：“我在战前打过很多猎，经常有带提前量的射击，对我的空战射击技巧帮助很大。我与目标的距离正好在机枪汇聚距离上，在这里机枪子弹汇聚到一起，形成致命的杀伤区。进入有效射程后，我的第一个点射将他的起落架打到放下状态，这降低了他的速度。我超越了目标，只好拉起做了个单侧失速转弯，回到了他背后。为了保持距离，我放下了襟翼和起落架，这样就能用机枪持续地打他。他尝试侧滑转向，但是没有成效。到了此时我打中了他的座舱，他开始冒烟，一侧机翼下沉，然后坠入海中。”这架“紫电改”的飞行员是鸳渊孝大尉，日本海航王牌飞行员，343航空队的一名中队长。

VF-49中队的沃尔特·扬西少尉看见7架日本战斗机在丰后海峡上空靠近九州的一侧。这是407飞行队的7架“紫电改”。扬西后来说：“我报告发现敌机，与凯斯少尉一起带着小队转向180度并开始爬升。我们靠近1架敌机，但是他转向并俯冲逃跑。”扬西抛掉副油箱，靠近并对着“紫电”打了个长点射，日机开始冒烟并开始向右爬升急转弯。他也跟着向右爬升转弯，却看见另一架没法抛掉副油箱，落在后面的“紫电改”。扬西接近后打了个短点射，被命中的日机开始俯冲，他追上去继续射击，将其打落到海里。他拿到了1个击落战绩和1个可能击落。扬西和威廉姆斯在返航时相遇，结伴回到了母舰，在船上才遇到吉布森。

343航空队在此战中损失惨重，武藤金义才转调来没多久，这是他第一次随着航空队出击，也是最后一次。他的小队攻击了落后于大编队的2架“海盗”，这是VBF-1中队的FG-1D型“海盗”，飞行员是阿普尔盖特中尉和施佩克曼少尉。武藤的小队有高度优势，“海盗”也一度把“紫电改”当成高空掩护的“地狱猫”。但是空战却并不太顺利，“紫电改”开始攻击后只击落了施佩克曼的飞机。VF-88中队的2架“地狱猫”赶来查看空战情况，分别由刚接任中队长的马尔康姆·卡格尔上尉和肯尼思·内尔中尉驾驶。他们刚到场就被“紫电改”俯冲攻击，才开始做萨奇剪刀，内尔中尉就被击落阵亡。

卡格尔的副油箱扔不掉，他只能带着这东西独自空战。他迎头射击1架日机，然而没有命中。阿普尔盖特做了个180度转弯，以60度大偏角向1架“紫电改”射击，日机冒着烟俯冲逃开。他想追上去，但是“海盗”失速开始螺旋，改出后他发现屁股后面出现了1架“紫电改”。日本战斗机靠近到不到1架飞机的距离才向“海盗”开火，不过旋即被卡格尔击坠。

这时头顶上还有敌机，阿普尔盖特给卡格尔发了个信号，他们两人开始做萨奇剪互相掩护。剩下1架“紫电改”，很可能就是武藤金义的飞机，开始向他们俯冲攻击。“紫电改”从四点高方位开始俯冲，攻击后没有拉起脱离，而是继续转到10点方向继续进攻，他可能急于给队友复仇。萨奇剪刀的波浪飞行此时让阿普尔盖特中尉直面日机。双方迎头飞行，在300米外开始对射，阿普尔盖特看见他的曳光弹击中敌机机头，感觉自己的发动机也吃了五六发炮弹。双方迅速停火，此时距离到了150米左右，阿普尔盖特没子弹了，武藤可能也是如此，或者被击中了。从阿普尔盖特的角度看来，对方想撞击他，于是他猛地推杆避开。“紫电改”从头上三米距离飞过，飞过时阿普尔盖特看见飞行员已经倒在座舱中。交错过后“紫电改”滚转了半圈下坠，阿普尔盖特想追击，但是他的飞机情况也不妙，只能放弃这个想法，最终他和卡格尔都没看见“紫电改”坠海。

飞了没多久，阿普尔盖特的发动机终于停机了，他跳伞逃生，在水里漂了一晚上。第二天2架VF-34的“地狱猫”发现了他，终于联系上了潜艇，将他救走。卡格尔在被其他“紫电改”攻击后逃入云层，安全返回了母舰。

日本海军第343航空队损失了六名飞行员，鸳渊孝和武藤金义的阵亡对士气造成了毁灭性打击，尤其是后者经常被认为是无敌的飞行员，这场空战让整个日本海航感到震颤。343航空队声称击落了16架敌机，美国人损失了3架“地狱猫”、6架“海盗”、13架“地狱俯冲者”、6架“复仇者”。但是这些损失大部分是防空炮造成的，特别是那些几乎没受到战斗机拦截的攻击机。第343航空队击落的飞机至少有1架“地狱猫”和3架“海盗”，这个战绩相对于损失来说毫无疑问是场大败仗。

除了这些空战以外，这段时期战斗机中队最主要的任务就是追打内海里的各种小型船只。炸弹、机枪、火箭全都派上了用场，“地狱猫”和“海盗”向一切能动的东西扑过去，空射火箭冒着尾烟直飞薄皮小船，M2航空机枪则在目标周围打得水花四溅。波特·麦斯威尔中校的VBF-87中队炸沉一艘油轮，又打燃一艘运输船，后者冒着火焰瘫痪在水面上，最后又在2架水上飞机的机身上打了无数个弹孔，这就是该中队攻击四国西部区域的实况。此后VBF-87中队向新居滨机场展开一次突袭，麦斯威尔俯冲到距离地面不到10米高度，向1架教练机射击并把它打起火。这时日军炮手瞄准了他的飞机，接着开火打中了“地狱猫”。由于无法有效控制被打坏的飞机，麦斯威尔试图拉起到足够高度，然后飞到水面上空跳伞。“地狱猫”坠毁前他才从飞机中跳出，但是降落伞没有完全打开，又一位中队长阵亡。

25日，VF-31中队正在名古屋附近扫射机场，此时相当数量的日机俯冲下来攻击他们。正在第二个作战期，已经升职为少校的科尼利厄斯·诺伊发现了日机，他在无线电中警告队员，同时转向攻击者，接着立刻击落1架跟在其他“地狱猫”背后的日本战斗机。然后诺伊爬升并引开了部分日机，在声称击落2架、击伤1架、可能击落1架后才再度与小队会合。这次空战是他杰出服役生涯的最好总结，随VF-31中队参加的两个作战期中他只进行了五次空战，总声称击落数达到18架，一次空战中的击落数从没有低于过3架。

VF-16中队在28日打了一场较大规模的空战，飞行员们在小月机场上空声称击落13架飞机，其中12架是“疾风”，还有1架“紫电”或者“紫电改”。其中肯定有型号辨认错误，也许是“疾风”和“紫电”之间互相认错，抑或这些飞机本来就是其他型号。但是无论如何，今天造就了美国海航最后两名战斗机王牌：约翰·巴托尔上尉和克利夫兰·诺尔上尉，前者在今天击落1架飞机，总战绩刚够5架，后者击落3架飞机，总战绩为7架。其他中队的飞行员则击落了9架飞机。

重返战场的VF-27中队现在配属于“独立”号，弗雷德·巴德沙少校对近期的空袭行动评论说：“在1945年7、8月期间我们空袭了吴港、新濞、

7月30日，“约克城”号航空母舰上的“地狱猫”，航空母舰识别标志已经改为了字母形式。

室兰、横须贺、宇都宫。我想吴港的防御最强而且最壮观，他们用各种染色的炮弹来测距，就像我们舰炮用的那些那样。不过由于担心空中相撞，对防空炮的担忧反而减少了些。空袭规模很大，但是配合得很好，而且很集中。目标上空的美国飞机密度相当大。”

日本联合舰队剩下的大舰已经几乎无法使用，在多次空袭之后终于彻底完蛋。24日至28日，三艘剩下的战列舰和航空战列舰坐沉海底，三艘航空母舰也严重受损。在这几天的连续行动中，第38特混舰队总共损失了133架飞机，多数被防空炮击落。另外，包括343航空队的飞机在内，日军航空兵也很难得升空回击，于是“地狱猫”中队的飞行员们总共声称击落56架日机。

8月9日，第二枚原子弹在长崎爆炸，今天特混舰队目标是本州北面的三泽基地。侦察表明这里集结了大约200架双发轰炸机，可能准备对马里亚纳群岛的B-29基地进行一次大规模自杀攻击。全副武装的“地狱猫”和“海盗”连续扫射和轰炸了这个基地，几乎所有自杀飞机都在掩体中被炸毁。日本人虽然把大部分飞机留存起来了，但仍在对美国舰队执行侦察任务，这天1架

7月23日，“苏万尼”号的地勤们正在移动“地狱猫”，他们要准备空袭任务。

空袭结束后，1架“地狱猫”在降落时倾覆，机头撞在甲板上。

1945年夏季，VF-50中队的1架“地狱猫”在“考佩斯”号降落时发生弹跳，越过了阻拦网撞进停机区。

VF-88中队的“地狱猫”在大约9150米高度击落了1架高空飞行的“月光”侦察机。

战争即将结束，但当时看起来还要打很久，至少日本人没有立刻做出反应。不过各种流言开始在舰队中传播，说日本人即将投降。随着两枚原子弹爆炸，大家都觉得胜利指日可待，还有人开始期望陆军航空兵再扔一两枚核弹。趁着天气还没坏到完全没法起飞，特混舰队规划了更多空袭，日常空战巡逻也在继续执行。

8月13日，特混舰队的机群声称在东京周边地域击毁250架敌机，其中VF-6中队就有61架地面击毁战果。他们光是在长野机场就击毁49架飞机，还将机场设置炸得一塌糊涂。该中队在这里总共消耗了28枚227公斤炸弹，4枚454公斤炸弹以及113枚高速空射火箭。除了飞机以外还有两节火车头、一个储油罐、几个机库被炸烂，其他设施也损坏严重。而VF-86中队的“地狱猫”在9750米左右高度击落1架“月光”，这很可能是“地狱猫”的最高高度空战记录。

这段时期起飞攻击特混舰队的敌机不多，不过型号倒是颇为杂乱，负责空战巡逻的战斗机辨别出了八种型号，不少“天山”和“彗星”单独前来自杀攻击，然而这种程度的攻击完全不可能成功，总共22架飞机就这样被巡逻的战斗机击坠。不过这些飞机让几个中队拿到了最后的空战战绩。

8月15日，特混舰队计划对东京地区实施两次空袭。日出前的4点15分，第一波103架飞机起飞，预计将在日出时到达东京上空。6点35分他们开始攻击目标，第二波的73架飞机正在靠近海岸线，这时一艘航空母舰忽然插进了无线电频道。

> 所有攻击机注意，这里是硝酸盐基地。所有飞机立刻返回基地。不要攻击目标。战争结束了。
>
> 日本已经同意无条件投降。

一些正在日本上空的飞行员觉得难以置信。VF-6中队的理查德·纽哈费中尉后来说这条消息“带来了救世主赐予的所有希望和莫名的高兴。让人欢笑着留下眼泪，还有种难以置信的麻木感。对于现在的世界来说没什么可稀奇的，但是当时对于我们来讲就是个奇迹”。

对于双方部分飞行员来讲，这个新闻来得太迟了。第二攻击波扔掉了挂载向特混舰队返航，第一攻击波的许多飞机已经攻击完毕。VF-49中队的一个小队在水户机场上空击落了7架零战。

投下第二次世界大战最后炸弹的很可能是VBF-87中队的12架“地狱猫”，他们没有找到千叶半岛上的预定目标。查尔斯·冈纳尔斯少校在云层中找到一个空洞，他带着手下穿出空洞攻击铫子机场。这里是一个射击学校，还有一个大型工厂。冈纳尔斯向每个目标分派一个小队，当他自己从60度角俯冲中拉起时收到了停火命令。其他飞行员正在俯冲，准确地将炸弹投在各个目标上。23岁的宾夕法尼亚人约翰·麦克纳布中尉驾驶的是编队里最后1架飞机，他飞机上的227公斤航空炸弹则是最后一枚在日本土地上爆炸的炸弹。

但是战斗还在几个位置继续进行。VF-6中队的赫歇尔·帕尔上尉正带领小队返回“汉科克”号航空母舰，飞到相模湾上空时一队日本战斗机俯冲下来攻击他们。空战很快就结束了，4架“地狱猫”声称至少击落1架零战，再加2架“雷电”，自己无损失。其他几个中队也遇到了类似的情况，不过并非所有人都安全度过最后的战斗。

VF-88中队的12架“地狱

猫”在霍华德·哈里森上尉带领下执行战斗机扫荡任务，同行的还有“香格里拉”号与“黄蜂”号起飞的24架“海盗”，在穿越云层时编队飞散了，飞出云层后只剩6架“地狱猫”还在一起。到达所泽机场上空时他们收到了停火命令，但是17名日本飞行员无视指令，一个“雷电”、“疾风”、“紫电”和零战的混合编队从后上方突袭了位于2400米高度的6架“地狱猫”。

战争胜利后格鲁曼厂报刊登的漫画，强大的美国海军用格鲁曼飞机取得了胜利。

日本缴获的“地狱猫”？现在的说法是这架飞机在战争结束后不久迫降在横须贺。美国海军拆走了所有可用的设备，然后无所事事的陆战队员们给它涂上了日军的标志。

哈里森带着小队转向攻击者，立刻开火反击。在第一次交汇后飞行员们声称击落4架敌机，接着编队被日机冲散。汉森中尉是普罗克特中尉的僚机，在迎头射击时打爆1架“疾风”，接着长机普罗克特打断1架飞机机翼，同时汉森击落了第2架飞机。这个双机分队向右侧盘旋，发现1架“雷电”正咬着沙洛夫中尉的尾巴。普罗克特在210米距离打了一个点射，“雷电”直接爆炸。沙洛夫中尉的“地狱猫”此时已经被“雷电”打坏，正在冒烟，普罗克特告诉他向海岸外飞行。普罗克特本想护卫沙洛夫离开，但是翼尖上飞过一串曳光弹，他只好向右急转，让汉森射击这架讨厌的“疾风”。

此后普罗克特和汉森在沙洛夫头顶做剪刀状飞行，普罗克特在一次转向后看见2架敌机正在燃烧，但是他不知道这是谁干的。忽然前方窜出6架敌机，后面又跟来1架“疾风”，接着前方飞机莫名全部拉起脱离攻击航线，让普罗克特有个好机会解决背后这架孤独的日机。当“疾风”燃烧着断裂时，刚才那6架飞机又向他们飞来，普罗克特只好逃向云层，慢慢甩掉追击者。这些战斗机在他的“地狱猫”上打了几个洞，但是并未造成实质性损伤，让他在云层中安然飞到海上。

当态势安全之后，普罗克特立刻尝试呼叫其他人，然而只有汉森回话。他曾看见沙洛夫的飞机正在逃离当前空域，在云层中穿进穿出，这架冒烟的“地狱猫”最后似乎失去控制，转了两圈后坠落在海里。普罗克特和汉森返回母舰，报告声称击落9架飞机，4架“地狱猫”和飞行员损失。实际上他们可能由于被伏击，过于紧张以至于误判战果，因为有说法称日机没有损失。

不论结果如何，“地狱猫”在第二次世界大战中最后一次战斗机对战斗机的空战就此结束。

上午过了一半的时候，最后1架飞机降落完毕，停火正式生效。海军下达了停止所有攻击性任务的命令，但是哈尔西上将却指示战斗机中队“调查并击落所有的窥探者……以某种比较友好的方式”。轰炸机和鱼雷机的燃油被放空，武

1945年8月，正在急转的“独立”号轻型航空母舰。独立级航空母舰由轻巡洋舰船体改造而成，稳定性不怎么好，可见图中大家都斜着，还有心思玩球。

1945年8月，“黄蜂”号甲板上停放的F6F-5，属于VF-86中队。注意识别标志已经改变，不再使用几何图案，而是大号字母。垂尾上的X即表示“黄蜂”号。

8月24日，VF-86中队起飞执行监视任务。

装卸下，并在机库甲板拴好。战斗机和战斗轰炸机中队则加强了空战巡逻，额外预备了飞机时刻准备起飞。因为没人能保证日军不会对特混舰队进行最后一次自杀攻击。

从早晨剩下的时间到下午，8架飞机靠近特混舰队并被击落，还有几架被巡逻的战斗机赶走。在最后一天的战斗机扫荡、空袭和空战巡逻任务中，“地狱猫”机队总共声称击落24架飞机。包括较早时候VF-31中队在海上敲掉的6架零战，到了下午2点左右，队里的克拉伦斯·穆尔少尉又打掉了1架“彗星”，这是第二次世界大战中的最后一架在空战里被击落的飞机。

在日本投降前的30天这段时间里，美国海航飞行员的总击落声称数是89架。因为机遇不多，运气好的VF-16和VF-31中队以18和12架战果名列前茅。不过事情还没完，还有个惊喜即将到来。

9月2日早晨，“地狱猫”在第二次世界大战中发挥了最后一次作用。今天是正式受降纪念日，麦克阿瑟将军站在“密苏里”号战列舰甲板上刚刚说完“仪式到此结束”，450架负责飞行表演的舰载机就从他头顶飞过。

从座舱中向下望去，飞行员们可以看见东京湾内挤满了盟军战舰，还有一些日本舰船。但是他们没什么空闲观光，保持阵形就够忙活了，需要一边注意周围的飞机一边细微调整油门。

VF-88中队长马尔康姆·卡格尔上尉带领手下飞过了受降仪式，对于他们来说参与这个历史事件是无上的荣誉。当然空中撞击的威胁也充满了整场飞行表演，卡格尔回忆说：“这是个所有人都在随意调油门的编队，根本没有真正的秩序和组织。”

与很多飞机一样，世界大战结束后“地狱猫”在其他地方服役，法国和乌拉圭海军

“伦道夫”号航空母舰也在8月完成了识别图案修改，注意飞机垂尾和右侧翼尖上的L字样。即将从航母舰艏前通过的是一艘英国驱逐舰。

这架飞机是“安提坦”号航空母舰起飞的“地狱猫”。乍看上去没什么特别之处，不过下方的城市是上海，黄浦江上塞满了小船。拍摄时间可能是1945年9月。

都使用过。这种高质量的格鲁曼飞机在美国海军中也还有些作用，继续服役了八年。1953年8月，最后一个使用“地狱猫”的美国海军作战单位，第4混成中队上交了最后几架F6F-5N型飞机。

“地狱猫”在前线战斗的两年多里表现非常抢眼。海军和陆战队的“地狱猫”在太平洋战场总共声称击落5083架敌机，包括舰载中队的4875架战绩，另有资料称这两个数字分别为5156架和4948架。陆基“地狱猫”中队总击落声称数为208架，英国皇家海军的“地狱猫”在太平洋的击落数则是52架，欧洲战场的“地狱猫”另有13架战果。在太平洋战区确认被敌机击落的“地狱猫”只有270架，纸面上的空战交换比高达19:1。当然，空战战绩判定的误差从来都很大，不可能完全准确查证，列到其他原因损失的飞机中也有一些可能是被敌机击落的。将这两个因素考虑在内，“地狱猫”仍然可能有9:1左右的实际交换比，另外由于飞机型号识别相当不准确，统计“地狱猫”与某个特定型号飞机的交换比无疑缺乏实际意义，只能作为参考数值。不论究竟击落了多少敌机，“地狱猫”在太平洋战争后期作为美国海军最主要的战斗机，它的功绩毋庸置疑。

这些数据还不足以说明“地狱猫”在对日战争中的重要性。这种坚固的战斗机在战争关键时刻大批量服役，它用途广泛而且操作方便，再加上维护性出众，可出勤率经常高达95%，这意味着绝大多数飞机可以投入战斗。格鲁曼和海军建立的补充和替换系统也很有效，这些因素加到一起，让海军航空兵能在任何时刻将足够的飞机送到目标上空。

“地狱猫”不是太平洋上飞行速度最快的战斗机，它也没有很多飞行员期望的爬升率。其他飞机能更好地执行某些特定任务，因为它们就是为了这些任务而生的。只有“海盗”在多用途性能上可以与“地狱猫”相比，虽然它飞得更快，升限更高，挂载能力也略微强一点，但是它晚了一年多才登上航空母舰。此时“地狱猫”已经成功在航空母舰甲板上占据了支配地位。虽然特混舰队在持续换装“海盗”，但是到了战争的最后一周，“海盗”仍然没有达到舰载战斗轰炸机的一半数量。

仅仅声称空中优势没有多大意义，能行使这种优势才能取得战争胜利。也许“地狱猫”服役记录中最令人印象深刻的不是击落了多少飞机——这些声称击落数，如我们所知，总有很多误报。在保护攻击机的任务中，“地狱猫”毫无疑问取得了巨大成功，它是一种出众的护航战斗机，纵使提到这个名词总会让人联想到其他型号上。美国海军的记录显示，从1943年至1945年，只有42架舰载俯冲轰炸机和鱼雷机确认被日本飞机击落，这段时期当然就是“地狱猫”在航空母舰上作为最主要战斗机的几年。“地狱猫”和“海盗”在最后八个月时间里完全控制了天空，其间只有7架攻击机被日本战斗机击落。已经被削弱了很多的日本航空兵完全无力一边与“地狱猫”纠缠，一边拦截攻击机编队，这让美国攻击机飞行员能在没有日本战斗机压力的环境下投弹。

很显然，不仅仅是战斗机飞行员喜欢“地狱猫”。

参战的“地狱猫”中队，1945 年 6 到 8 月	
中队名	配属航空母舰
VF-6	汉科克
VF-9	约克城
VBF-9	约克城
VF-12	伦道夫
VBF-12	伦道夫
VF-16	伦道夫
VF-17	大黄蜂
VBF-17	大黄蜂
VF-27	独立
VF-30	贝劳森林
VF-31	贝劳森林
VF-34	蒙特里
VF-46	独立
VF-47	巴丹
VF-49	圣贾辛托
VF-50	考佩斯
VF-82	本宁顿
VF-83	埃塞克斯
VF-86	黄蜂
VF-87	提康德罗加
VBF-87	提康德罗加
VF-88	约克城
VF-94	列克星敦

在太平洋和印度洋地区的英国皇家海军“地狱猫”中队，1944 年 10 月至 1945 年 8 月	
中队名	配属航空母舰
800	皇帝
804	埃米尔，女皇，伊朗王
808	埃及总督，皇帝
885	统治者
888	不倦，女皇，皇帝，埃米尔
896	埃米尔，女皇
1839	不倦
1840	演讲者
1844	不倦，可畏

在太平洋战场参战的美国海军护航航空母舰“地狱猫”中队，1943—1945 年	
中队名	配属航空母舰
VF-24	桑提
VF-25	切南戈
VF-26	方肖湾
VF-35	切南戈
VF-37	桑加蒙
VF-40	苏万尼
VF-60	苏万尼
VF(N)-33	桑加蒙，切南戈
VMF-511	布洛克岛

战绩排行前 25 的“地狱猫”中队 1943—1945 年	
中队名	空战战绩
VF-15	310
VF-9	256. 75
VF-2	248
VF-18	176. 5
VF-31	165. 6
VF-17	161
VF-30	159. 83
VF-80	159. 5
VF-20	158. 16
VF-80	156
VF-19	155
VF-16	154. 5
VF-14	147
VF-83	137
VF-27	135
VF-5	126. 5
VBF-17	121
VF-29	113
VBF-12	109
VF-11	103
VF-1	101
VF-33	90. 5
VF-10	88
VF-13	86
VF-82	85
总计	3696. 84

在“地狱猫”上获得一日王牌成绩的飞行员名单				
名字	军衔	所属单位	日期	当日声称数
拉尔夫·汉克斯	中尉	VF-16	1943/11/23	5
埃迪·奥特洛	少校	VF-32	1944/4/29	5
劳埃德·巴纳德	上尉	VF-2	1944/6/15	5
戴维·麦坎贝尔	中校	CAG-15	1944/6/19	7
亚历山大·弗拉修	上尉	VF-16	1944/6/19	6
威尔伯·韦伯	少尉	VF-2	1944/6/19	6
乔治·卡尔	中尉	VF-15	1944/6/19	5
罗素·赖塞雷尔	上尉	VF(N)-76	1944/6/19	5
查尔斯·布鲁尔	少校	VF-15	1944/6/19	5
埃弗雷特·哈格里夫斯	中尉	VF-2	1944/6/24	5
詹姆斯·里格	少校	VF-15	1944/9/9	5
亚瑟·霍金斯	中尉	VF-31	1944/9/13	5
查尔斯·马洛里	中尉	VF-18	1944/9/21	5
哈维·皮肯	上尉	VF-18	1944/9/21	5
科尼利厄斯·诺伊	中尉	VF-31	1944/9/21	5
威廉·柯林斯	少校	VF-8	1944/10/12	5
亚瑟·莫伦豪尔	少尉	VF-18	1944/10/12	5
查尔斯·斯廷普森	上尉	VF-11	1944/10/14	5
阿尔佛雷德·费克	上尉	VF-29	1944/10/16	5
罗伯特·布坎南	少尉	VF-29	1944/10/16	5
爱德华·特纳	上尉	VF-14	1944/10/18	5
戴维·麦坎贝尔	中校	CAG-15	1944/10/24	9
罗伊·拉欣	上尉	VF-15	1944/10/24	6
威廉·马索纳	中尉	VF-19	1944/10/24	6
托马斯·康罗伊	少尉	VF-27	1944/10/24	6
卡尔·布朗	上尉	VF-27	1944/10/24	5
吉恩·汤森德	中尉	VF-27	1944/10/24	5
詹姆斯·薛利	上尉	VF-27	1944/10/24	5
罗伯特·安德森	上尉	VF-80	1944/12/14	5
克莱门特·克雷格	少校	VF-22	1945/1/21	5
帕特里克·弗莱明	上尉	VF-80	1945/2/16	5

续表

名字	军衔	所属单位	日期	当日声称数
威廉·爱德华兹	上尉	VF-80	1945/2/16	5
亚历克斯·安德森	上尉	VF-80	1945/2/16	5
勒罗伊·基思	少校	VF-80	1945/2/16	5
戈登·谢克特	中校	VF-45	1945/2/16	5
罗伯特·基德韦尔	少尉	VF-45	1945/2/16	5
马歇尔·毕比	少校	VF-17	1945/3/18	5
罗伯特·科茨	上尉	VF-17	1945/3/18	5
亨利·米切尔	中尉	VBF-17	1945/3/21	5
卡尔·福斯特	少尉	VF-30	1945/4/6	6
肯尼思·达姆斯	少尉	VF-30	1945/4/6	5. 5
尊尼·米勒	少尉	VF-30	1945/4/6	5
威利斯·哈代	中尉	VBF-17	1945/4/6	5
尤金·瓦伦西亚	上尉	VF-9	1945/4/17	6
约翰·克罗斯比	上尉	VF-17	1945/4/26	5
迈伦·特鲁瓦克斯	少尉	VF-83	1945/5/4	6
伯特·埃卡德	上尉	VF-9	1945/5/11	5

排名前十的“地狱猫”王牌		
名字	军衔	战绩
戴维·麦坎贝尔	中校	34
塞西尔·哈里斯	上尉	24
尤金·瓦伦西亚	上尉	23
帕特里克·弗莱明	上尉	19
科尼利厄斯·诺伊	少校	19
亚历山大·弗拉修	上尉	19
道格拉斯·贝克	中尉	16. 33
查尔斯·斯廷普森	上尉	16
亚瑟·霍金斯	上尉	14
约翰·沃思	上尉	14

第六章　战后时光

一、退役

“地狱猫”在太平洋战争中起到了关键性作用，但是喷气式战斗机即将统治天空，不过舰载型号还要过段时间才能服役，所以这段时间航空母舰的甲板上仍然要引入新型号活塞飞机。“地狱猫”本来就是一个临时计划，而且刚服役不久的F4U-4型“海盗”在某些飞行性能上也明显出色许多，海军不需要深思熟虑到底留下哪种飞机。

在最后1677架F6F-5订单取消时，“海盗”的生产订单也被大规模削减，但是并没有完全停止。固特异公司的生产线被关闭了，钱斯·沃特公司则将F4U-4型一直生产到1947年，接着又是F4U-5型和攻击机AU-1型。

“地狱猫”首飞比“海盗”晚两年，退役却比“海盗”更早，但是它在美国海军航空兵最需要新型战斗机的时候登场。“地狱猫”不是个非常杰出的战斗机设计，然而它完美地诠释了过渡方案应有的样子，海军航空兵主要靠它打赢了战争。

随着格鲁曼公司转向F7F和F8F，“地狱猫”正在快速从一线部队消亡，很多飞机转往训练单位当做高级教练机，另外的则转为储备状态。另有一批飞机被海军拿走，用于各种奇怪的实验。甚至有些飞机在朝鲜战场上被改成遥控，用于自杀攻击。

绝大多数F6F-5直接被海军除役，只有少数幸运儿被转交给盟国使用。留在海军服役的F6F-5型迅速减少，到了1946年11月，只剩十来个中队还在以“地狱猫”作为主力战斗机，而且也正在换装F4U-4或者F8F-1。1949年6月时，“地狱猫”已经基本退出

1945年9月，在夏威夷上空训练的VBF-13中队。

VF-1A中队的F6F-5，该中队配属于“塔拉瓦”号航空母舰。

少量F6F-5N服役了很久，图为VF-1E中队的夜间型“地狱猫”。此时配属于“培登海峡”号护航航空母舰。

服役，只有VC-3和VC-4两个混成中队还在使用夜间战斗型号，另外留下来的飞机分散在各个飞机勤务中队里。其他大多数飞机，尤其是旧型F6F-3，直接被拆毁并熔成铝锭，供给战后的各种新飞机项目使用。

在战争结束时，英国皇家海军有12个中队分布在本土、东印度和太平洋，他们将还能飞行的“地狱猫”全部交还美国，最后两个使用“地狱猫”的单位是第888和第892中队，分别于1946年4月和8月解散。不过有1架“地狱猫”Ⅱ长期

1947年4月5日，“普林斯顿”号航空母舰甲板上堆放的“海盗”和“地狱猫”机队。

弗吉尼亚州的某个拆解厂，大多数“地狱猫”就这样终结了一生。这张照片摄于1948年，其中不仅有“地狱猫”，还有SNJ教练机、“海盗”、“复仇者”，甚至有1架“天袭者”。

1946年，编队飞行中的第3航空大队。这张照片很明显是摆拍，最近处是一架“地狱猫”，还是大队长座机，接着是“地狱俯冲者”、“复仇者”，最远处是新来的“熊猫”。

留在英国，直到1953年都还处于可飞行的状态。

1946年3月27日，最后一批按照第二次世界大战教学大纲训练的飞行员毕业。海军从6月起开始实行新教学大纲：飞行前训练在彭萨科拉海军航空站进行，完成后转往科珀斯克里斯蒂用SNJ初级教练机进行10周的训练。最后再转回彭萨科拉完成基本飞行训练：在周围几个辅助基地里先进行4周时间导航飞行训练，接着是在PBY巡逻机上训练6周，以及8周航空母舰训练。完成以上这些之后，用3周时间完成航母起降许可考核。这时训练航母已经变成了“突击者”号，此后是“塞班”号、“莱特”号，最后是“卡伯特”号轻型航空母舰也转到训练用途上。

1947年，完成了基础训练后，学员们会被分配到高级训练单位。在这里他们将用类似日后服役所用的飞机飞行。大约75%的学员会被派到舰载机高级训练单位，剩下的人则被派往多发飞机训练单位。战斗机学员们会在这里飞“地狱猫”和“海盗”战斗机，完成训练的平均时间是14周。高级战斗机教学大纲包括22小时的昼间/夜间熟悉飞行，20小时昼间/夜间编队飞行，42小时仪表

这架F6F-5的航空局编号为80003，在1949年5月26日被转去用作武器和战术发展，主要用于各种火箭弹测试。

1950年，太平洋地区舰队航空电子训练单位使用的“地狱猫”。该单位缩写位于后机身NAVY（海军）大字下方。

飞行，12小时昼间/夜间导航，最后是35小时射击和10小时战术训练。

1949年教学大纲再次改变，学员们将在A、B、C、D、E、F六个阶段内完成各种科目训练，再到"卡伯特"号上完成12次降落。此时学员已在SNJ上完成了大约200小时飞行训练，他最终会被转往高级训练。这年的战斗机高级训练用飞机中增加了F8F"熊猫"，训练飞行时间将在100小时左右，科目包括：水上导航、夜间跨越陆地、夜间编队、空战战术、射击、火箭发射、滑翔轰炸，最后是战斗机上的航母起降许可。

太平洋地区全天候飞行训练单位使用的F6F-5N型飞机。训练单位缩写位于相同位置。

1952年12月15日，第3混成中队使用的F6F-5N，飞机编号为94071。

1945年末，海军陆战队战斗机高级训练中心使用的"地狱猫"。近处和远处的飞机机头下方写着"高级教练机"的英文单词。

1950年初级训练减少到了175小时，朝鲜战争开始后，训练用的"海盗"被转往战场服役，作为对地攻击机使用，而"地狱猫"则继续留在高级训练单位。1953年5月31日时，各个训练单位拥有319架F6F-5，1954年5月31日仍然有270架。此后随着喷气战斗机普及，"地狱猫"在训练单位的日子也慢步走向了终点。

第二次世界大战结束后，海军航空兵开始组织预备役部队。预备役分成两种：现成预备役和备用预备役。现成预备役的飞行员要按照正常航空大队、中队和训练单位的组织编制，这些飞行员要每年飞行至少100小时，并会因为他们的服役时间收到报酬。备用预备役则是没有报酬的志愿者，每年飞行50小时以保持熟练度。如果现成预备役人员转往服役，备用预备役的相应人员就会提升为现成预备役。因为预

1948年，杰克逊维尔海军航空站的第1高级训练单位仍在使用F6F-5，该单位的缩写位于后机身NAVY（海军）大字下方。

海军技术训练中心使用的F6F-5P型飞机，摄于1949年，飞机翼尖和方向舵都涂成了白色。

纽约海军航空站的预备役飞机，预备役飞机有另一套识别涂装，垂尾上字母中的F表示战斗机，R则是航空站代码。机身国籍标志周围的色带是橙色。

VF-695海军预备役中队的“地狱猫”正在哥伦布海军航空站附近编队飞行，时间是1952年。1948年后垂尾字母代码被改成了单个字母，只表示航空站位置，C即为哥伦布海军航空站。同时机身色带的位置也改变了。

1950年，VF-781预备役中队在他们的“地狱猫”前合影。

1949年，VMF(N)-513和VMF(N)-542中队仍然在使用F6F-5N，不过他们的日子很快就要结束了。

1952年，VMA-331中队的F6F-5，飞机垂尾上涂着MP字样。左侧远处有一群“海盗”，右侧远处是VMF-314中队的F9F“黑豹”喷气战斗机。

备役人员只在周末前来参加训练飞行，一些人称他们为“周末战士”。

海军最开始指定了15个航空站作为预备役基地，此后随着时间推移航空站数量又有增加。在1946年11月1日，总共20个预备役基地内拥有274架F6F-5。1947年时现成预备役改名为组织预备役，备用预备役则改叫支援预备役。在朝鲜战争爆发前又增加了七个预备役基地，战争开始后，所有组织预备役人员全都转为现役。

预备役基地的“地狱猫”机队数量在1949年达到了顶峰，6月15日这一天，25个预备役基地总共有501架F6F-5，每个基地有10至31架不等。“照相猫”也被划分到预备役行列，每个基地有2至4架，总共有62架F6F-5P型。接下来几年预备役“地狱猫”快速减少，到1953年5月31日只剩下了35架F6F-5、20架F6F-5N和2架F6F-5P，终于在1954年完全退出了装备行列。

二、“蓝天使”的诞生

有些飞行员声称著名的“蓝天使”飞行表演队一开始，至少是在精神上，诞生于太平洋战争末期。战斗机飞行员们经常在航空母舰和毗邻舰船上空执行空战巡逻任务，尤其是在舰队接近日本本土时。

大部分飞行员不怎么喜欢这类任务，曾经随着“列克星敦”号出战的第19航空大队长休·温特斯这样写道：“只是简单地在舰队上空转圈4小时，挤在一个很热、很吵的座舱内，屁股下面是又硬又粗糙的座位，头上是南太平洋的炙热阳光。”

即使如此，战斗机飞行员们不可能放弃任务，这群活跃而又无事可做的年轻人很快就开始玩他们的飞机，看能做到哪些机动，哪些不能做到。搞这些纯粹是为了娱乐，于是无数个飞行小时就被用来发展这些“其实也不是很有用”的技巧。高速筋斗、滚转和超密集编队等等，让飞行员们可以将注意力从无聊的任务中转移开。发明一种新的、精心计划的机动来给下一批轮换飞行员下马威，这真是个让人兴奋的方法，用来消磨时间再好不过了。

战争结束后，海军高层选出了罗伊·沃里斯来带领一支飞行表演队。沃里斯曾经在VF-2中队服役，随着“企业”号和“大黄蜂”号航空母舰征战沙场，此前在瓜达尔卡纳尔岛上空用“野猫”和日本人死磕，后来又成为第一批合格的夜间战斗机飞行员之一，同时也是一名王牌，总共有8架战绩。

关于到底用哪种战斗机表演，在飞行表演队还没获得名字时，海军内部就出现了激烈的争吵。已经升职到少校的沃里斯本人长期驾驶“地狱猫”，但是到了1946年“地狱猫”正在快速退役，新的“熊猫”战斗机数量不足，暂时不能提供给表演队。

看起来挺不错的“海盗”似乎成了很实际的选择，但是这架飞机有个毛病，在低速筋斗时容易毫无预警地进入失速滚转。这在空战中不是问题，这样的机动本身就会将自己变成敌机的好靶子，没哪个飞行员想做。但是飞行表演不一样，速度太快会让观众根本没法观赏，低速机动则是表演项目的基础。沃里斯明白一队“海盗”在密集编队中飞行时，这样的事故会让飞机连环相撞。

“地狱猫”则是架“诚实”的飞机，在轻载起飞时也算得上灵敏活泼。战争结束才仅仅一年，也许让这种功勋战斗机在美国民众面前做谢幕演出是个好主意。于是“地狱猫”被选中了，地勤们取下机

“蓝天使”飞行表演队于1946年开始组建，位于中央的飞行员即是队长罗伊·沃里斯。

枪，拆掉装甲，这又导致重心前移。为了配平，着舰钩被铆钉钉死在收起位置，周围则添加了压载用的铅。

飞机蒙皮被涂上了新油漆，颜色比战时标准的海蓝涂装更深一些。“美国海军”几个大字用黄色涂在机翼下表面和机身侧面，飞机上还有编号，从1到4。这些字的颜色其实不算单纯的黄色，海军通常比较谦逊，至少自以为如此，但是这次有人往油漆里面添加了金叶色，飞机本身也打了蜡，显得油光水滑。

第一次公开表演是在1946年6月15日，佛罗里达州杰克逊维尔的克雷格机场，当时此地正在举办航展。沃里斯和另外两名飞行员以300节空速飞入表演空域，拉起做编队筋斗，在过顶时速度下降到80节。他们三人全程都在努力踩舵，让编队保持紧密。

他们滚转通场，又进入快速爬升，接着表演古巴8字转。这次表演持续了12分钟，最后以干脆又夸张的航空母舰降落法着陆。在关掉发动机后沃里斯听到了场上的欢呼声，令人震惊的表演！小队带走了航展上颁发的最佳表演奖，这个奖章至今还在“蓝天使”的基地中展出。

此后又加入了其他表演项目，比如空战秀。1架北美SNJ训练机被涂成零战的样子，由队里一名飞行员驾驶飞入表演区域，其他的“地狱猫”则向它发起模拟攻击。

在观众的注视下，美国战斗机很快追上假敌机，后者有个绰号叫“甲壳虫炸弹”，这个绰号还传给了以后的新飞机。训练机后座乘员会开始使用发烟罐，接着扔出一个带降落伞的假人。飞行员此时驾机俯冲，利用周围的障碍物做出坠毁的样子，从低空飞走。

这个五分钟的附加表演非常受欢迎，几乎每次都要上演。但是有一次假人的降落伞没打开，它掉下去砸在一群海军高层的座位附近，表演安全问题立刻被提上台面，这个事故差点让表演队再也演不成了。一位头脑异常冷静的海军上将建议表演队以后将空战秀放到距离观众更远的位置。

虽然他们已经很出名，但是这队闪亮的蓝色“地狱猫”仍然没有名字。一大堆人向官方提案：“海鹰”、“康姆-蝙蝠”（英文空战的谐音）、“云层破坏者”、“斯塔提的猫”、“飞行蠢货”，还有其他各种各样奇葩名字，但是没哪个像样到可以用作正式名称。

在飞行员们到纽约为下一次表演做计划时，才终于发现了正确的名字。当时每个人都在一个广告前停了会儿，这是曼哈顿区“蓝天使”俱乐部的广告。“蓝天使”这个名称可谓完美，也与飞机的颜色配合无瑕，最初的来源是1930年代一部玛琳·黛德丽主演的电影。

仅仅过了几个月，“蓝天使”的“地狱猫”就要被换掉了，他们在1946年成功让海军的领导们十分满意，决定给表演队换装F8F战斗机。这本来也是表演队前往纽约的原因，“地狱猫”将在格鲁曼公司的

1946年，飞行中的“蓝天使”表演队，机身上US NAVY（美国海军）大字相当显眼。

贝思佩奇工厂上空做最后一次表演，表演完毕后就地降落并接收新出产的“熊猫”。

三、“地狱猫”无人机

成功的飞机通常都能担负各种任务，尤其是在生命周期后半部。战争结束后，“地狱猫”已经是一种成熟的产品，简单、坚固、可靠，而且现在是消耗品。

1946年3月2日，海军作战部长要求从拆解厂里取回360架“地狱猫”，用它们改装为无人机。计划原本要将这些飞机用于打靶训练，由于项目很成功，改装范围迅速扩大。改装过的飞机型号加上K后缀，以表示无人机。这些飞机用无线电控制飞行，地勤们会在飞机上安装接收机和遥控设备。F6F-3K和F6F-5K的所有基础控制系统都可以通过无线电控制，同时也被连上P-1K自动飞行系统。

地面上会安置一套控制设备，或者也可以由专门改装的控制飞机操作。控制系统里有一大堆按钮和开关，还有根小型操纵杆，让操作员操作无人机，起飞、降落，甚至是猛烈机动都可以实施。另外有个按钮可以让操作员直接将飞机恢复水平直飞，还有一个按钮能让飞机自行返回预定位置。

所有飞机都被涂成亮黄色，或者火红色，也有深橙色，在蓝色的天空或者海面背景中这些显眼的颜色让它们很容易识别。后几年一些飞机的垂尾上涂有“NOLO”字样，这是无操作员的缩写。有时候坠机或者迫降后的飞机仍然保持完好，消防队员们会勇敢地冲过去试图营救根本不存在的飞行员，这几个字可以提示他们不要过于激动。

一队“地狱猫”无人机被装上了“香格里拉”号航空母舰，在1946年7月参加了十字路口行动。原子弹在比基尼环礁爆炸时，为了飞行测试，4架F6F-3K飞进了蘑菇云，其中1架失控坠毁。剩下的3架被辐射烟云吹高了1800米。然后1架在外围飞行的控制机丢失了它的无人机，于是只剩2架F6F-3K还在测试。不过很快“香格里拉”号发现了迷失的飞机，该机已经飞到了爆心88公里以外，航空母舰将控制机引往这架飞机，将它带回。

这架F6F-3K在1946年6月20日被指派到海军航空兵导弹部门，现在由飞行员操纵。注意飞机后起落架被改成了固定式。

圣地亚哥附近，2架控制机跟着1架无人机飞行。为了避免某一架控制机的遥控系统失效造成无人机坠毁，在测试时经常使用控制机双机编队。

这3架沾染了辐射的飞机最后在罗伊-纳慕尔岛降落，他们的测试设备带回了空气样本，以及冲击波速度和加速度的数据。座舱内安置的摄影板则用来衡量辐射饱和度水平。

1946年7月25日，这天进行了水下原子弹爆炸测试。“香格里拉”号起飞了更多无人机参与测试，控制员们让无人机在爆心上方2700米高度飞行，收集爆炸蒸汽和烟云的样本。参加测试的飞机中有1架被留下来，送往国家航空航天博物馆展出。

整个20世纪50年代，“地狱猫”无人机一直用于海军的射击和导弹训练，显然每次训练结束都代表着1架或数架无人机被消耗掉。

1950年1月13日，第一次自动跟踪防空导弹打靶试验成功。一枚CTV-N-10导弹，飞行了15.8公里，从1架“地狱猫”无人机的杀伤范围内飞过，当时该机位于2286米高度。此后这种亚音速防空导弹发展终止，海军转向了RIM-2防空导弹。当然RIM-2导弹也用“地狱猫”无人机测试。

除了防空导弹测试，空空导弹测试也使用“地狱猫”进行。1952年9月11日，AIM-9响尾蛇导弹第一次对空测试，试

1946年4月23日，坐在椅子上的海军飞行员正在操纵飞机降落。这些飞机即将用于十字路口行动，左侧无线电控制车上挂着个“十字路口”的牌子。

这架全身红色的F6F-5K型分配到了约翰斯维尔海军航空站。这架飞机的尾钩被拆除了，机尾下方还添加了一个额外的刀状天线。

这架“地狱猫”用作导弹发射测试台，图中是该机挂载XAAM-N-2测试弹后的状态。

挂载导弹进行飞行测试的照片。

1949年11月在穆古岬，一枚XAAM-N-2测试弹刚从测试机上发射的瞬间。

验弹打中了“地狱猫”靶机，把飞机炸成一团火球。为了保证安全，研究员们改装了1架“地狱猫”无人机的雷达和挂架，从这架飞机上实施了第一次发射测试，当时导弹编号还是XAAM-N-2。这个项目最后发展出了AIM-7麻雀导弹。

随着无人机技术越来越可靠，海军开始试验将“地狱猫”用作武器而不仅仅是靶子。一旦无线电控制问题解决，装上一台电视摄像机和炸药的“地狱猫”可以成为有效而且很便宜的飞行炸弹。“地狱猫”曾经在太平洋上拦截日本的自杀飞机，现在它自己变成了自杀飞机。1952年8月，“拳师”号航空母舰带着6架这样的飞机和AD-2Q“天袭者”控制机来到朝鲜外海。

所有F6F-5K机身下都挂载了一枚拆除了尾翼的907公斤炸弹，电视制导吊舱安装于右翼。这种设置让飞机维护与运输都很麻烦，飞机只有左翼可以折叠，右翼一直处于展开锁定状态。28日，第1架无人机被连接到航空母舰左侧弹射器上，右侧弹射器上是“天袭者”控制机。

2架飞机弹射后飞行了190公里，来到咸兴铁路桥上空，

1957年，在“中国湖”试验场上空，一枚AIM-9B导弹击中F6F-5K的连续镜头。

在“拳师”号航空母舰上，1架“地狱猫”无人机已经连上了弹射器。右侧是负责遥控的“天袭者”。

由于控制失误，飞行炸弹一头栽到目标以外180米的平地上。第二天另一架“地狱猫”成功撞上了清津大桥，“拳师”号的舰员们聚在一起看着电视转播，当飞机撞上桥桩时人群中爆发出一阵欢呼。这是实验最成功的一刻。

此后对一个铁路隧道入口和水力发电站的攻击失败了，飞机没撞在目标附近，所有人都发现这个主意在纸上很不错，到了战场上没那么管用。本希望“地狱猫”能顺着铁路飞行，然后撞中隧道口，但是无线电操作延迟很大，于是所有人看着飞机撞在旁边山坡上。不过后来的侦察照片显示，爆炸产生的滑坡暂时让铁路中断。

第5架“地狱猫”根本就没飞到目标，由于某种设备故障直接损失掉了。最后1架的电视摄像系统故障，让操作员毫无可能准确命中。这一系列不怎么成功的测试后仍然有很多人支持攻击无人机项目。确实仍有那么多人觉得这个主意可行且有效，但是此后“地狱猫”无人机再也没有在战场上使用过。

四年以后，1架“地狱猫”无人机做了无数海军想干而从来没干成的事，他们也都认为这是最好的献身方式——

让空军丢人现眼。1956年8月在穆古岬外海的测试中，1架F6F-5K无人机“挣脱了缰绳”，它失去控制，自己开始乱飞。

当空军决定插手，而不是让这架飞机自己掉进西面几千公里宽的大海中时，事情就闹大了。2架F-89截击机从奥克斯纳德空军基地起飞，它们将解决掉这架橙色的“地狱猫”。空军的喷气战斗机装备的是巨鼠火箭弹，它们在理论上来讲能击落按军团计数的俄国轰炸机群。这2架飞机总共搭载了208枚火箭弹，到达位置后，它们向这架慢悠悠兜圈的海军活塞飞机发射了所有火箭。

可笑的是，没有哪怕一发火箭击中“地狱猫”，这已经足够让空军飞行员窘迫了。然而真正的糗事还在后面，任何人都知道，你往天上发射什么东西，只要没飞出大气层，那就总会掉回到地上。于是干燥的加利福尼亚乡村里下了阵火箭雨，造成了很多灌木火灾，其中一处还引燃了一个油田。还有很多火箭落到了帕姆代尔城区，破片在房子和汽车上乱穿，吓得很多居民惊慌失措。还好没有人员伤亡，真是非常走运。

“地狱猫”最终耗尽了汽油，栽进了一个机场外13公里的无人沙地中。当地居民将这个事件叫做帕姆代尔战役，无人受伤——除了空军的自尊心以外。

无人机闹出的事情还没完，厄尔·莫顿是一名退役“地狱猫”飞行员，他在西雅图当航空管制员，关于第二次失控事件他回忆说：“奥克兰管制中心提交了个问题，说1架海军的‘地狱猫’失控后向北飞行。这架飞机此时在8534米高度，由于强烈的顺风，飞机地速超过了500节。他们要求大陆防空司令部将这架飞机打下来，但是司令部拒绝了这个请求。因为几个月前他们派了2架F-89去击落穆古岬失控的F6F-5K，打空了208枚火箭弹却只造成了几场火灾。后来他们想安排2架空军国民警卫队的F-86去截击，但是飞机又不能按时完成准备。他们计算了F6F的飞行轨迹和什么时候会燃油耗尽，得出飞机将坠毁在斯波坎城。最后‘地狱猫’耗尽了燃油，坠毁在斯波坎西南方大约24公里处。我以这架独立自主的‘地狱猫’为豪，很遗憾它落到这样一个令人不高兴的结局。我觉得这件事向世界展示了‘地狱猫’能飞多快，而且空军害怕派出喷气战斗机拦截它。”

四、在其他国家服役

第二次世界大战中，除了美国海军以外只有英国皇家海军用过“地狱猫”。战后美国海军决定淘汰“地狱猫”时，另外两个国家表示愿意接受这种已过时的战机。乌拉圭和法国都不怎么在意这种正开始老掉牙的飞机，他们将用活塞飞机配合新喷气战斗机，尽快扩大航空兵实力。

在世界大战的几年中，法国的国力被很大程度地削弱了，此时正在努力保住它的殖民地法属印度支那，因此卷入了一场新的战争。1945年末，美国一点都不想帮助法国人继续统治越南，没有外界协助，法国军队用奇怪的组合加入战争：二战刚结束后接收的“海火”，包括古董般的“海火”Ⅲ型和稍微新点的“海火”ⅩⅤ型，再加上缴获的日本“隼”式。这些飞机完全不适合对地攻击和近距离支援，且不论夹杂了许多破旧二手货。接着法国人又将一批贝尔P-63战斗机投入战场，这些飞机在二战末期依据租借法案接收，虽然也不怎么适合当前任务，但至少是新飞机。

后来法国再度求援，终于得到了帮助。法国人最初想用共和的P-47“雷电”战斗机，在对地攻击任务上能与陆军最好地进行配合。但是越南的机场跑道太短，而且状态非常糟糕，所以这些飞机只能全部留在本土，以协助北约防务。

“地狱猫”与“雷电”同样坚固，而且它是舰载战斗机，正好能在越南的机场起降。法国海军接收了124架F6F-5和15架F6F-5N，从1950年末开始，三个法国战斗机中队换装了这些飞机。部分飞机配置了两门20毫米航炮和四挺机枪，大多数仍然是标准的六挺机枪。因为游击队防空能力正在逐步增强，法国陆军也很欢迎“地狱猫”的到来，他们收到了40架飞机，其中有数量不明的F6F-5N型，相当程度地增加了对地火力。

“地狱猫”在近距离任务中经常携带907公斤炸弹，经典的127毫米空射火箭也是日常配备。法国飞行员们都很小心地操作这些旧飞机，法国海军飞行员罗杰·韦尔肯写道：“这种伟大舰载战斗机的时代已经过去了，我们要很小心地将油门从全功率收小到怠速。”

法国陆军的“地狱猫”在1951年中期被美国送来的F8F“熊猫”替换掉，法国海军的飞机仍然留在前线作战。它们从南中国海的航空母舰上起飞，能攻击陆军的飞机达不到的目标。1951年法国买下了“阿罗芒什”号航空母舰，9月它带着“地狱俯冲者”和“地狱猫”来到越南外海，开始第二个部署期。

法国海军的“地狱猫”在这里打到1954年，在奠边府战役中发挥了重要作用。当时附

1950年，美国海军人员正在给法国飞行员讲解“地狱猫”。

在诺福克港，1架“地狱猫”正在被吊上法国海军的“迪克斯缪得”号航空母舰。

近的机场都受到了攻击，很多法国陆军的飞机被打坏。海军的F6F却能从航空母舰起飞，带着227公斤炸弹支援被围的部队。其间一个中队开始换装F4U-7，这是专门给法国生产的攻击机型号。奠边府失陷代表着法国在这场战争中已经失败，几年后美国人将直接介入越南。

法国“地狱猫”采用光泽深海蓝色涂装，带有黄色外圈的识别标志，方向舵上涂有蓝白红国旗色，中队和飞机代码通常用白色方字。很多飞机带有独特的标志，通常涂在主翼后方的机身侧面，或者垂尾上。海军的飞机还有大型黑色船锚图样，覆盖在法国识别圈和方向舵上。在法军撤出越南后，“地狱猫”被转往训练中队，在这里服役到1960年。其间还参加过阿尔及利亚的战斗，在天上搜索和击落给游击队运送补给的小飞机。

正在法军“拉斐特”号航空母舰上着舰的“地狱猫”，这艘航空母舰此前是美国海军“兰利”号轻型航母，1951年解封后转交法国海军。

1954年7月8日，法国海军的F6F-5N正在起飞，由于无用武之地，所以雷达舱被拆除了。

当法国人通过美国政府正式获得飞机时，乌拉圭则在走后门。为了不让他人认为美国政府支持这个南美小国，1950年代早期，乌拉圭通过第三方转手获得了“地狱猫”。

美国的科贝尔工业公司能合法向乌拉圭提供“地狱猫”飞机，但是不能带武器。这个组织在1950年就给乌拉圭带来了一些格鲁曼“复仇者”鱼雷机。这次12架“地狱猫”包括几种型号：F6F-3、F6F-5和F6F-5N。

美国政府在销售飞机上管得比较严，但是飞行员培训则基本没限制。12名飞行员从乌拉圭来到美国学习操作“地狱猫”，他们先从SNJ教练机学起。乌拉圭飞行员们颇喜欢他们的二手战斗机，这些飞机给他们的航空兵带来了很多可能性。他们对飞机的赞赏和热情感染了遇到的每个美国人，沃思堡甚至将这些人选为名誉市民。

当乌拉圭人在美国训练时遇到了两次事故，让飞机数量下降到了10架。这些旧飞机的发动机容易出故障，其中A-451号飞机的发动机在起飞时停机，此时飞行员发现高度只有100米，而且正飞向机场外的人口居住区。飞行员立刻

乌拉圭的“地狱猫”A-403号正在折叠机翼，这个南美小国没有航空母舰，不过折叠机翼有时对于在陆地操作也很方便。该照片很可能是飞机还留在美国时拍摄的，图中的地勤正在努力折叠机翼。

A-404号飞机，机身左侧编号后写着西班牙语“海军航空”。西尔维斯特猫标记位于发动机罩上。

将飞机转离航线，最后他在空地上迫降。飞机撞上了电缆，然后在地面滑行了很远，机翼撕裂，发动机罩撞烂，后机身也破裂了。飞行员虽然活了下来，但是飞机成了废品。

在另一次坠机中，乌拉圭飞行员将飞机迫降在得克萨斯湖里，他进行了一次近乎完美的收起落架降落。附近的人一直看着迫降过程，开了一条小船前来营救飞行员，飞行员刚从座舱里爬出来小船就到了，跳到船上时连脚都没湿。这架飞机最后被从水里捞出，运往乌拉圭作为拆解部件的备用品。

1953年，乌拉圭飞行员和“地狱猫”离开美国，转场14次回到乌拉圭，这些飞机在天上飞了52小时。这10架“地狱猫”相当程度地增强了乌拉圭的小型海军航空兵。虽然在作战行动中并不活跃，飞机数量在训练事故和日常飞行中持续下降。一次降落事故摔坏1架飞机，而且还滑进了潟湖中。日常维护时另一架飞机着火，最后完全烧毁。此后又是一场降落事故，飞机遇到了强烈横风，翻了个圈之后机背着地。

1960年5月25日，乌拉圭的“地狱猫”最后一次在阅兵典礼上出现，此后剩下的6架飞机从军队中退役。不知道是否有飞机被保存到现在。有些说法称乌拉圭的“地狱猫”是暗绿色，但是一些彩色照片显示飞机上半是光泽深海蓝，下半是浅灰色。蓝白红的识别圈，由阿蒂加斯旗变化而成，涂装在机翼上下表面。左翼上还涂有个很大的白色船锚，位于识别圈内侧。

飞机的垂尾上直接涂装了乌拉圭国旗，蓝白色带加上金色太阳，延伸到方向舵上。后机身则是白色的字母和数字，组成机号。通常“海军航空”小字位于机鼻左侧，在发动机罩和座舱之间。飞机上还有个特别标志，西尔维斯特猫的剪影，带着一个三叉戟，背后跟着影子和云海。

五、幸存者

“纪念空军”这个组织于1961年9月6日成立，这是个非营利性质的组织，主要目的是修复和保存二战时期的作战飞机。他们现在拥有很多旧飞机，包括1架F6F-5“地狱猫”。这架飞机现在属于南加利福尼亚联队，飞机的涂装按照海军第一王牌戴维·麦坎贝尔的“Minsi Ⅲ”号复原。“地狱猫”在航展中颇受欢迎，经常与“海盗”或者零战一起飞行展示。

负责驾驶和维护这架飞机的克里斯·拉欣曾经谈过这架飞机的情况。

多年前我开始到纪念空军的机库里来，因为我爱这些飞机，也认识其中一些人。我一直对航空史很有兴趣，没有比与这些旧飞机呆在一起更好的学习方式了。我觉得能与这么稀有的飞机在一起很幸运。要知道，现在能飞的老飞机不多。

这架“地狱猫”经过了大量的维护工程，它是架好飞机，不论从机外还是机内看起来都很赞。不过它曾经不这么好看，这架飞机在1961年才被发现，当时被废弃在明尼苏达州。原本是1架F6F-3型，带有很多F5F-5型的零件。它甚至一度被当做当地人的射击靶子。

新的主人是一位纪念空军成员，他让飞机恢复到能飞行的状态。但是又试图把这架飞机改成竞赛机，他切掉了翼尖，封上了散热片，还为了减重将多余的部件拆掉了。在一次迫降后这架飞机又被卖给另一位纪念空军成员，接着又转手一次。到了1986年，这架疲惫的飞机终于开始全面复原。

与其他R-2800发动机相同，“地狱猫”的发动机也喜欢泄漏滑油，找出并修复漏油点是日常家务。找备件也是个麻烦事，据我所知，现在只有5架F6F仍然在飞行。不过南加利福尼亚联队中有很多朋友愿意帮忙，我们也一直在寻找备件。比如尾轮的锁定销断成了两半，我们找不到零件，只好自己制作了一个。

很难说这架飞机有多接近最初的状态。这架飞机处于一个12年的翻新计划中，很多人会和飞机扯上关系，这才能保障它能再次起飞。因为它要飞行，就必须携带联邦航空管理局所授权用于目视飞行的装备。

另外的改变包括每侧机翼中的三挺假12.7毫米机枪。说起来奇怪，这架F6F现在装备“海盗”的刹车，这些零件更容易维护和找到备件。

这架飞机有2000马力，比我的北美T-6“得克萨斯人”强得多，后者只有600马力。它的重量也三倍于T-6，不过没有“得克萨斯人”那种在跑道上拿大顶的倾向，非常不错。

当我用T-6和朋友们一起飞行时，可能会有9架、10架甚至11架飞机组成一个编队，参加某些纪念活动。但飞F6F时，在同一个编队里的飞机总是不同型号，比如零战或者“海盗”。

有一次我降落在亚利桑那州的金曼去参加航展，还没等我从座舱里出来，有一家人就向我打招呼。他们家的祖父在世界大战中就飞“地狱猫”，我们把老人抬到座舱里，听他讲述那些伟大的故事。

航空管制员也不怎么习惯处理“地狱猫”。我曾经用“格鲁曼1078Z”的呼号，他们会返回来问什么型号的格鲁曼，我只好回答说“地狱猫”。后来我就一直说“地狱猫”了。

我被选来开这架飞机是因为我的判断力不错。我代表纪念空军的南加利福尼亚联队，以及美国航空力量博物馆，我很庆幸能开这架老飞机。

现在世界上可能只剩22架“地狱猫”，就一种生产了12275架的飞机来讲，这个比例相当低。作为对比，有超过100架“海盗”还留在世上。1架状态不太差的“地狱猫”，虽然还不至于有飞机同样重的黄金这么贵，价格还是在持续上涨。某架飞机可能会卖到超过一两百万美元。

大部分留存下来的飞机在1950、1960年代成为了博物馆的收藏品，它们在这些地方被擦亮，接受游客参观。在外飞行的“地狱猫”则由于各种事故越来越少，1977年，1架F6F-3在俄勒冈坠毁，而后这架飞机经历了缓慢的修复过程。2005年，名机博物馆的F6F-5在田纳西州撞上了电线，飞行员身亡，飞机坠毁在树林中，最后烧得只剩残渣。

因为留下的飞机数量非常少，收藏家们会尽全力找到其他机体。他们从南太平洋的雨林中搜索到加利福尼亚的沙漠，还要潜到海底寻找被世界遗忘的残骸。

1944年1月12日，罗伯特·托马斯少尉在圣地亚哥飞行时将飞机迫降到了太平洋里，飞机的航空局编号是66237，在1943年10月1日交付。当时托马斯少尉正在进行大修后飞行测试，正在6100米高度飞往测试空域。途中看见低空有一队教练机飞过，他俯冲下去挑逗它们，在拉起飞机时发动机停转。少尉迫降后被海岸警卫队救起，此后前往战区服役，在“地狱猫”上成了一名王牌飞行员。

在战争时期，格鲁曼每天都产出新飞机，当然没谁想过打捞它。这架飞机本身被认为失踪了，如果还有人记得这个“认为”的话，直到1970年终于有人找到了它。当年3月17日，洛克希德公司的“深海任务”号潜水器正好在这里测试，潜水器发现这架飞机保存得相当完好，接着公司联络了美国海军。

这架飞机在1036米深的海底躺了25年，10月份海军派来了“白沙”号维修船，小心翼翼地将它捞起。捞起后飞机送到了诺马角的潜艇支持设施检查，飞机上只有很少部分被腐蚀了。一挺机枪被拆下来，清理润滑后还打了30发子弹，没安装任何替换零件！此后这架大致完好的飞机在博物馆里展出了20多年。最后它终于被完

罗伯特·托马斯少尉的66237号“地狱猫”正在被打捞时的照片。

刚捞起的66237号“地狱猫”。

全修复，按照“卡伯特”号航空母舰的VF-31中队涂装，现展出于海军航空国家博物馆。

也许现在存活下来最有趣的1架飞机不那么显眼，它既不能飞行又不在博物馆里展示。它被安放在一个架子上，立在安德鲁斯空军基地门口。这架飞机的航空局编号是77722，是架F6F-5型。

它出厂的时间太晚，没来得及赶上第二次世界大战，甚至也没有成为哪个年轻飞行员的爱机，因为在它被运送到珍珠港的时候战争就结束了。作为一架只飞行了几个小时的新飞机，它很适合转作为无人机使用。于是在1950年代，它被改成F6F-5K，送到“中国湖”的海军武器测试中心，无数子弹打在机身上却没有击落幸运的77722号。1960年代，它被转移到穆古岬，又在这里幸运地活过了用来摧毁它的响尾蛇、麻雀和黄铜骑士导弹测试。飞机被撞击了很多次，还插了很多破片，每次地勤都将它修好再度送往天空。

很快77722号就成了唯一剩下的“地狱猫”，穆古岬基地的人们意识到这架飞机不仅是在当地机场，也是美国海军

1961年“中国湖”测试场上的废品“地狱猫”，后机身国籍标志下面很随意地涂着“穆古岬”的缩写。不知道它是从穆古岬转来，还是准备转往穆古岬。

2003年拍摄的77722号“地狱猫”，身后停机坪上正好有一队“蓝天使”的F/A-18战斗机。

最后1架。1961年5月，它为军队飞行了最后一次，再度逃脱了毁灭的命运。这架飞机在跑道上降落时弹跳失控，最后撞上了无线电控制车，吓坏了无人机驾驶员，仿佛就是在报复他的所作所为。

此后海军的最后一架“地狱猫”正式退役，基地里差点毁灭它的人们开始最后一次修复这架飞机。1962年9月，海军发布了一篇报道，标题是《这只“地狱猫”有很多条命》，内容里说这架飞机已经退役正待博物馆收藏，但是后来却从未送到博物馆。

它被涂成“富兰克林”号航空母舰的战斗机，最终送到安德鲁斯空军基地，这里同时也作为海军航空兵的基地。飞机下面的支架可以转动，起风时迎风而转，就像一个巨大的风向标。这个飞机雕塑用来纪念所有华盛顿特区的海军航空兵，但是很少有人知道它是海军的真正最后一架“地狱猫”。

附表1：F6F性能表

	F6F-3(1945 年 10 月)					F6F-3N（1945 年）	F6F-5（1945 年）		F6F-5(格鲁曼数据，1945 年 3 月 15 日)
空重(公斤)	4176.2					4232.4	4190.5		4118.1
全重(公斤)	5796.9			6275.49	6575.2	5903.5	5778.7	6258.2	5662.2
外挂	无			567.8 升副油箱	六枚空射火箭和 567.8 升副油箱	无	无	567.8 升副油箱	无
动力水平	战斗动力	军用动力	正常动力	正常动力	正常动力	战斗动力	战斗动力	正常动力	战斗动力
最大速度(公里/时，海平面)	505.2	500.4	477.9	455.3	432.8	490.7	511.3	—	563.2
最大速度(公里/时，高度/米)	598.5/5486.4	600.2/7132.3	592.1/7345.7	559.9/7284.7	529.4/7193.3	579.2/5486.4	611.4/5334	569.6/7284.7	627.5/6096
全重下失速速度(公里/时)	140.3			146.1	154.5	142.7	140.3	146.7	140.3
爬升至 10000 英尺用时(分钟)	3.2	3.6	4.2	4.7	5.3	3.3	3.6	5.2	—
爬升至 20000 英尺用时(分钟)	7	7.6	8.7	10	11.4	7.4	7.7	11.2	—
海平面爬升率(米/分钟)	990.6	947.9	765	673.6	603.5	941.8	914.4	612.6	—
使用升限(米)	11826.2	11826.2	11612.9	11155.7	10759.4	11612.9	11551.9	10698.5	—
起飞距离(米，无风)	195.1			237.7	281	211.8	—	243.5	—
起飞距离(米，15 节风速)	127.4			158.2	189.6	139.3	—	—	—
起飞距离(米，25 节风速)	89.6			113.3	137.8	98.8	—	117	—
最大航程/平均空速(公里，公里/时)	—	—	1536.6/257.4	2156/259	1890.6/259	1295.2/259	—	1760.2/329.8	—

备注：1.除了格鲁曼数据以外，其他飞行速度指标均包括了机身炸弹锁和翼下挂架，不包括火箭挂架。无任何外挂架时海平面飞行速度会提高每小时 11 公里，高空飞行速度会提高每小时 19 公里。

2.在各个不同时期，由于飞机设备稍有差异，重量和飞行性能也稍有不同。

3.-3 和-5 型使用同样发动机和螺旋桨，生产、维护和飞行员操作会让不同测试机性能有别，但是总的来讲-3 飞行速度略低。格鲁曼的原型机表现则更好一些。

4.起飞时使用军用动力。

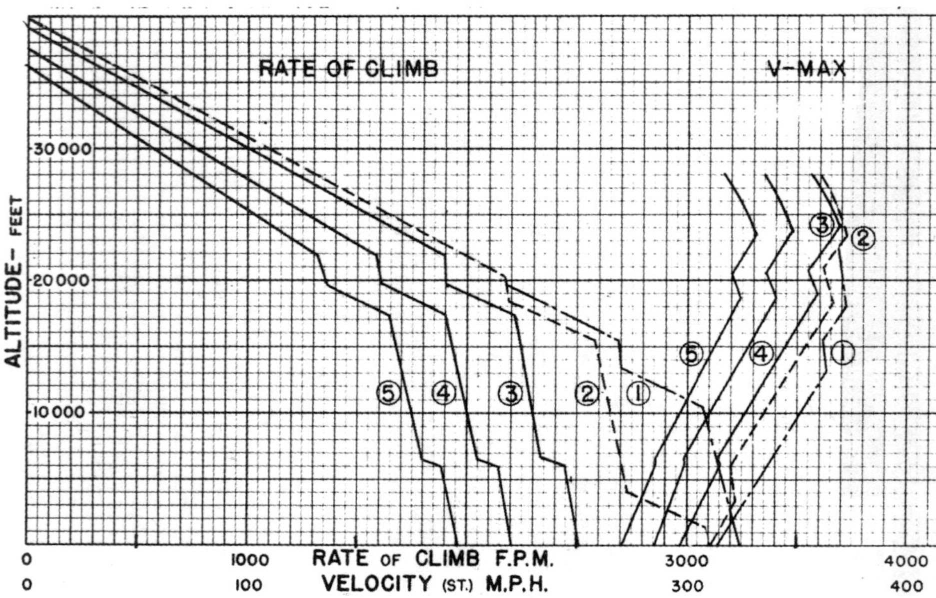

海军航空局在1945年10月发布的F6F-3飞行包线。纵轴坐标为高度，单位是英尺。横轴坐标有两种，爬升率的标尺写在上面，其单位是英尺/分钟。平飞速度的标尺写在下面，单位是英里/小时。左侧的几条折线是飞机爬升率包线，可见随着高度增加，爬升率越来越低。右侧则是速度包线，由于空气密度下降，飞机速度会在较大高度达到最大值，而后随着发动机功率下降而减慢。

图中①表示飞机以战斗动力飞行；②表示以军用动力飞行；③表示以正常动力飞行；④表示挂载一个567.8升副油箱，以正常动力飞行；⑤表示挂载一个567.8升副油箱和一枚454公斤炸弹，以正常动力飞行。

由于增压器工作挡位有三个，每个挡位能将功率维持到一定高度，而后输出功率快速下降，直到切入下一个挡位为止。这样的工作模式让飞行包线呈现出多段折线的状态。

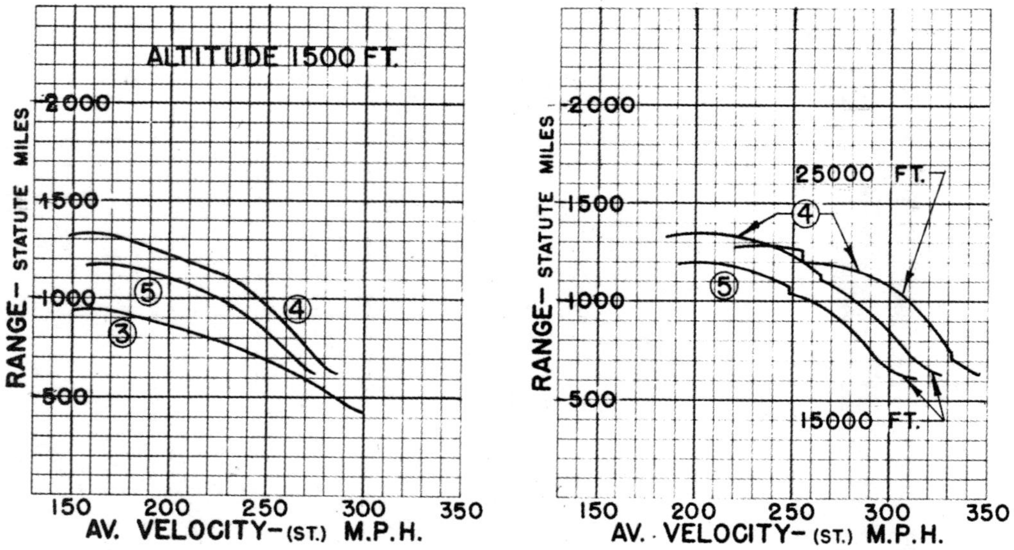

海军航空局在1945年10月发布的F6F-3航程包线。纵坐标是航程，单位为英里，横坐标是平均空速，单位为英里/小时。左图表示飞行高度1500英尺的情况，右图表示飞行高度15000英尺和25000英尺的情况。由于航空发动机耗油率增长比例大于功率增长比例，所以飞机飞行速度越快，航程越短。

本图中③、④、⑤分别对应前一张包线图中的飞机状态。

附表2：美国海军航空兵作战统计

F6F 战斗统计			总损失							
			战斗任务损失					击落敌机(声称数)		
		总作战架次	被防空炮击落	被敌机击落	其他损失	其他飞行损失	在舰上或陆上损失	轰炸机	战斗机	炸弹投掷量(吨)
舰载中队	总共(所有飞机)	147094	1428	452	1001	1988	974	1997	4487	45659
	海军(F6F)	62240	538	245	321	829	403	1307	3568	5967
	陆战队(F6F)	146	2	0	0	8	0	0	0	25
陆基中队	总共(所有飞机)	136979	554	455	344	1057	339	759	2048	57258
	海军(F6F)	2470	8	23	16	21	5	12	103	227
	陆战队(F6F)	1646	5	2	3	27	5	46	47	284
	所属不详(F6F)	28	0	0	0	0	0	0	0	0
F6F 总计		66530	553	270	340	885	413	1365	3718	6503
以舰种区分舰载中队战斗统计	航空母舰	41715	366	185	212	509	233	933	2641	3466
	轻型航空母舰	15099	128	58	91	279	122	406	876	1492
	护航航空母舰	5572	46	2	18	49	48	48	51	1034

附表3：“地狱猫”夜间战斗记录

夜间对海对地战斗统计				战斗任务损失		
	起飞架次	攻击目标架次	炸弹投掷量（吨）	被防空炮击落	被敌机击落	其他损失
舰载中队	301	267	19	4	0	8
陆基中队	1327	1300	268	3	0	2

夜间空战统计			被攻击的敌机		击落敌机（声称数）		损失数	
	参与任务飞机数	交战飞机数	轰炸机	战斗机和巡逻机	轰炸机	战斗机和巡逻机	被敌机击落	其他
舰载中队	149	85	70	36	62	33	2	4
陆基中队	87	61	39	32	38	40	2	1

附表4：“地狱猫”参战中队数量和飞行架次

	舰载中队		陆基中队	
时间	中队数	战斗飞行架次	中队数	战斗飞行架次
1943 年 8 月	3	108		
1943 年 9 月	3	85	4	169
1943 年 10 月	6	378	3	72
1943 年 11 月	15	1382	4	100
1943 年 12 月	7	208	3	261
1944 年 1 月	13	1386	3	254
1944 年 2 月	15	2166	1	149
1944 年 3 月	11	907	4	402
1944 年 4 月	16	2607	4	405
1944 年 5 月	7	402	1	358
1944 年 6 月	18	4538	1	231
1944 年 7 月	19	5804	1	23
1944 年 8 月	12	1122	2	44
1944 年 9 月	19	5546	2	44
1944 年 10 月	20	4972	3	23
1944 年 11 月	17	2453	2	273
1944 年 12 月	13	1600	2	26
1945 年 1 月	13	4482	2	68
1945 年 2 月	20	2465	2	206
1945 年 3 月	19	3853	3	245
1945 年 4 月	20	5652	4	164
1945 年 5 月	22	3583	6	232
1945 年 6 月	18	1425	4	274
1945 年 7 月	18	3473	6	116
1945 年 8 月	18	1789	3	5
总计		62386		4144

附表5：空战击落声称数和损失数统计（1944年9月1日至1945年8月15日）

型号	美国别名	声称击落数	被该型飞机击落
三菱 A6M	Zeke	1000	75
中岛 Ki-43	Oscar	396	26
川崎 Ki-61	Tony	275	11
中岛 Ki-44	Tojo	283	9
中岛 Ki-84	Frank	114	12
三菱 J2M	Jack	33	9
川西 N1K-J	George	28	0
中岛 C6N	Myrt	36	0
中岛 Ki-27	Nate	59	1
	不明单发飞机	90	6
	单发飞机总计	2314	149
爱知 D3A	Val	215	0
横须贺空技厂 D4Y	Judy	134	1
中岛 B5N	Kate	26	0
中岛 B6N	Jill	105	0
三菱 Ki-51	Sonia	21	0
	其他舰载轰炸机	14	1
	舰载轰炸机总计	515	2
爱知 E13A	Jake	50	0
三菱 F1M	Pete	18	0
三菱 A6M2-N	Rufe	15	0
川西 N1K1	Rex	0	0
爱知 E16A	Paul	6	0

续表

型号	美国别名	声称击落数	被该型飞机击落
中岛 E8N	Dave	0	0
	巡逻机总计	89	0
三菱 G4M	Betty	185	6
三菱 Ki-46	Dinah	48	0
横须贺空技厂 P1Y	Frances	118	0
中岛 J1N1	Irving	20	0
川崎 Ki-45	Nick	46	1
三菱 Ki-21	Sally	33	0
中岛 Ki-49	Helen	12	0
川崎 Ki-48	Lily	27	0
三菱 G3M	Nell	18	0
三菱 Ki-67	Peggy	6	0
	不明双发飞机	17	1
	双发飞机总计	530	8
	大型水上飞机	17	0
	运输机	36	0
	训练机	17	0
	不明	0	1
总计		3518	160

附表6：火箭弹消耗量与分类统计

F6F 每月火箭弹消耗数量（单位：枚）				
分类	航空母舰	轻型航空母舰	护航航空母舰	陆地机场
时间				
1944 年 7 月	1331	0	0	0
1944 年 8 月	156	0	713	0
1944 年 9 月	1927	1238	0	0
1944 年 10 月	3586	781	0	0
1944 年 11 月	2137	354	0	0
1944 年 12 月	2739	335	0	0
1945 年 1 月	5587	1601	0	0
1945 年 2 月	3574	693	0	0
1945 年 3 月	3887	2955	92	122
1945 年 4 月	3461	4018	4828	0
1945 年 5 月	2991	1936	3331	227
1945 年 6 月	505	538	2097	518
1945 年 7 月	6043	2210	48	53
1945 年 8 月	3088	1631	6	0
总计	41012	18290	11115	920

所有战斗机型号在目标上消耗的火箭弹(1945 年；单位：枚)		
分类	舰载中队	陆基中队
机场	29550	3539
其他军事目标	13462	10803
港口和海滨	1746	1004
地面运输工具	1128	410
工业目标	1167	0
其他不明地面目标	698	89
装甲战舰	295	0
非装甲战舰	1340	0
超过 500 吨级货船	3759	96
低于 500 吨级货船	1818	322
不明舰船	157	0
总计	55120	16263

附表7：航空炸弹使用量

所有战斗机型号的炸弹使用量（1945 年；单位：吨）		
分类	舰载中队	陆基中队
100 磅通用炸弹	33	69
250 磅通用炸弹	97	24
500 磅通用炸弹	2402	2008
1000 磅通用炸弹	455	2368
2000 磅通用炸弹	0	22
500 磅半穿甲炸弹	12	22
1000 磅半穿甲炸弹	7	119
穿甲炸弹	1	2
凝固汽油弹	373	1794
其他燃烧弹	2	34
破片炸弹	300	44
深水炸弹	7	25

附表8：航空枪炮弹药消耗统计

所有战斗机型号在目标上消耗的子弹和炮弹(1944年；单位：万发)		
分类	舰载中队	陆基中队
地面飞机	178.6	8.1
机场	246.3	67.9
防御设施、炮塔	389.7	295
人员、露营地	46.4	201.6
建筑、储藏区	270.7	236.8
码头和海滨	9.5	6.2
道路、桥梁、车辆	13.8	41
工业设施	13.2	1.9
城市区域	9.4	19.9
其他和不明地面目标	7.9	0.4
装甲战舰	25.1	0
非装甲战舰	50.7	2.3
超过500吨级货船	133	9.8
低于500吨级货船	66	40.4
总计	1460.3	931.3

主要参考书目

1. Barrett Tillman, Hellcat The F6F in World War Ⅱ, The Naval Institute Press, 1979.

2. Corwin Meyer & Steve Ginter, Naval Fighter 092,Grumman F6F Hellcat, Ginter Books, 2012.

3. Cory Graff, F6F Hellcat At War, Zenith Press, 2009.

4. Barrett Tillman, Aircraft of the Aces 10, Hellcat Aces of World War Ⅱ, Osprey Publishing, 1996.

5. Edward M.Young, Duel 62, F6F Hellcat vs A6M Zero, Osprey Publishing, 2014.

6. Thomas McKelvey Cleaver, Aircraft of the Aces 125, F4F Wildcat and F6F Hellcat Aces of VF-2, Osprey Publishing, 2015.

7. Edward M.Young, Aircraft of the Aces 119, F6F Hellcat Aces of VF-9, Osprey Publishing, 2014.

8. Henry Sakaida & Koji Takaki, Genda's Blade. Japan Squadron of Aces 343 Kokutai, Classic Publications, 2003.

9. Robert Gadbois, Hellcat Tales A U.S Navy Fighter Pilot in World War Ⅱ, Createspace Independent Pub., 2011.

10. LCDR Richard S.Dann, Walk Around 9 F6F Hellcat, Squadron/Signal Publications, 1996.

11. Jim Sullivan & Charles Scrivner, F6F Hellcat in Action, Squadron/Signal Publications, 2009.

12. Francis Dean, American's Hundred-Thousand U.S Production Fighters Of World War Two, Schiffer Publishing, 1997.

13. Francis Dean, Report Of Joint Fighter Conference, NAS Patuxent River 16-23 Oct.1944, Schiffer Publishing, 1998.

14. Graham White, R-2800 Pratt & Whitney's Dependable Masterpiece, Society of Automotive Engineers, 2001.

15. U.S Navy, Pilots Handbook of Flight Operating Instructions For NAVY Models F6F-3, F6F-3N, F6F-5, F6F-5N, 1945.

16. U.S Navy, F6F-3 Airplane Characteristics & Performance, 1945.

17. U.S Navy, F6F-3N Airplane Characteristics & Performance, 1945.

18. U.S Navy, F6F-5 Standard Aircraft Characteristics, 1947.

19. U.S Navy, Naval Aviation Combat Statisics, 1946.

20. U.S Navy, Japanese Aircraft Performance & Characteristics, TAIC Manual No.1, 1945.

21. Pratt & Whitney, R-2800 Overhaul Manual B Series, 1943.